绿色化学前沿丛书

绿色化学基本原理

何良年 等 编著

科学出版社

北京

内 容 简 介

绿色化学作为前沿交叉学科，不仅传承化学的理论与方法，而且在观念上创新发展，要求利用化学原理从源头上消除污染，合理使用资源，开发环境友好的技术与清洁工艺，设计安全、可生物降解的产品，贡献于可持续发展。本书以绿色化学前沿科学发展为基础，围绕绿色化学十二条原则，阐述了绿色化学的定义、基本原理，以实例分别介绍了绿色化学的内涵、评估原则、原子经济性反应设计、无毒无害的化学合成及发展趋势等内容。全书以绿色化学原理与评估方法为基础，就如何设计绿色化学反应展开论述，主要包含绿色化学手段、绿色化学的评估方法、基于绿色化学原理的环境友好合成技术、设计安全化学品原理、可再生资源的高效利用及工业实际应用，层次清晰，集科学性、应用性、时效性于一体。

本书注重引入最新的科研成果，跟踪本领域的发展动态，意在为从事创新研究的科学工作者提供绿色化学的原则和框架，可作为高等院校化学、化工、制药、环境、材料等相关专业本科生或研究生的教材，也可作为相关领域科技工作者的学习参考资料。

图书在版编目(CIP)数据

绿色化学基本原理 / 何良年等编著.—北京：科学出版社，2018.6
（绿色化学前沿丛书 / 韩布兴总主编）
ISBN 978-7-03-057791-7

Ⅰ.①绿… Ⅱ.①何… Ⅲ.①化学–无污染技术 Ⅳ.①06

中国版本图书馆CIP数据核字(2018)第129940号

责任编辑：翁靖一 / 责任校对：樊雅琼
责任印制：徐晓晨 / 封面设计：东方人华

科 学 出 版 社 出版
北京东黄城根北街 16 号
邮政编码：100717
http://www.sciencep.com
北京凌奇印刷有限责任公司 印刷
科学出版社发行　各地新华书店经销
*
2018 年 6 月第 一 版　开本：720×1000　1/16
2020 年 5 月第二次印刷　印张：27 1/4
字数：530 000
定价：148.00 元
（如有印装质量问题，我社负责调换）

总　　序

　　化学工业生产人类所需的各种能源产品、化学品和材料，为人类社会进步作出了巨大贡献。无论是现在还是将来，化学工业都具有不可替代的作用。然而，许多传统的化学工业造成严重的资源浪费和环境污染，甚至存在安全隐患。资源与环境是人类生存和发展的基础，目前资源短缺和环境问题日趋严重。如何使化学工业在创造物质财富的同时，不破坏人类赖以生存的环境，并充分节省资源和能源，实现可持续发展，是人类面临的重大挑战。

　　绿色化学是在保护生态环境、实现可持续发展的背景下发展起来的重要前沿领域，其核心是在生产和使用化工产品的过程中，从源头上防止污染，节约能源和资源。主体思想是采用无毒无害和可再生的原料、采用原子利用率高的反应，通过高效绿色的生产过程，制备对环境友好的产品，并且经济合理。绿色化学旨在实现原料绿色化、生产过程绿色化和产品绿色化，以提高经济效益和社会效益。它是对传统化学思维方式的更新和发展，是与生态环境协调发展、符合经济可持续发展要求的化学。绿色化学仅有二十多年的历史，其内涵、原理、内容和目标在不断充实和完善。它不仅涉及对现有化学化工过程的改进，更要求发展新原理、新理论、新方法、新工艺、新技术和新产业。绿色化学涉及化学、化工和相关产业的融合，并与生态环境、物理、材料、生物、信息等领域交叉渗透。

　　绿色化学是未来最重要的领域之一，是化学工业可持续发展的科学和技术基础，是提高效益、节约资源和能源、保护环境的有效途径。绿色化学的发展将带来化学及相关学科的发展和生产方式的变革。在解决经济、资源、环境三者矛盾的过程中，绿色化学具有举足轻重的地位和作用。由于来自社会需求和学科自身发展需求两方面的巨大推动力，学术界、工业界和政府部门对绿色化学都十分重视。发展绿色化学必须解决一系列重大科学和技术问题，需要不断创造和创新，这是一项长期而艰巨的任务。通过化学工作者与社会各界的共同努力，未来的化学工业一定是无污染、可持续、与生态环境协调的产业。

　　为了推动绿色化学的学科发展和优秀科研成果的总结与传播，科学出版社邀请我组织编写了"绿色化学前沿丛书"，包括《绿色化学与可持续发展》、《绿色化学基本原理》、《绿色溶剂》、《绿色催化》、《二氧化碳化学转化》、《生物质转化利用》、《绿色化学产品》、《绿色精细化工》、《绿色分离科学与技术》、《绿色介质与过程工程》十册。丛书具有综合系统性强、学术水平高、引领性强等特点，对相关领域的广大科技工作者、企业家、教师、学生、政府管理部门都有参考价值。相信本套丛书的出版对绿色化学和相关产业的发展具有积极的推动作用。

　　最后，衷心感谢丛书编委会成员、作者、出版社领导和编辑等对此丛书出版所作出的贡献。

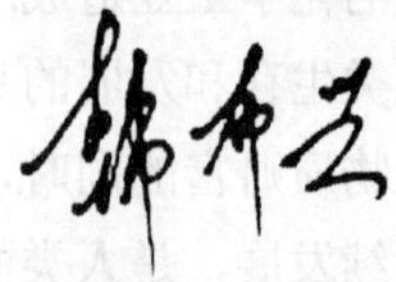

中国科学院院士

2018 年 3 月于北京

前　言

　　如何破解资源(能源)短缺、环境恶化、极端气候挑战人类生存与发展的问题，实现人类可持续发展，是 21 世纪科学技术最为关注、最重要的领域与热点。针对如何利用化学原理和技术解决传统化学与应用中遇到的环境问题，绿色化学作为一门从源头上防止污染的科学，其核心内容是运用化学科学的基本原理、方法和技术，以减少产品设计、制备、使用过程中危害性物质的使用与排放。这样不但可减少污染物的产生，还可大大减少污染治理的费用，因此绿色化学的发展也可促进产业升级与能源结构调整，迎接绿色产业革命。

　　现今，人类生活已经离不开化学，而化工及相关产业是传统的"高能耗、高污染、效率低"行业。因此，改变生产方式、调整能源结构、促使化学工业的绿色升级，是大势所趋。绿色化学于 20 世纪 90 年代应运而生，是人类追求经济发展和环境保护的必然产物。在环境问题与有效利用资源方面，绿色化学不回避问题，而是依靠化学科学解决问题、迎接挑战。绿色化学通过掌握与运用分子科学原理，借助不断发展的科学技术，从源头上消除污染，从而力求在基础研究方面有所突破，并在更高层次上解决面临的问题。因此，我们有理由相信更加美好的生活依赖于绿色化学及相关技术发展，绿色化学科学与技术将继续支撑人类的可持续发展。

　　在过去近三十年间，绿色化学备受关注，在理论研究及工业应用方面都取得了长足发展，自身内涵及其原理得以不断丰富。绿色化学是保护环境和有效利用自然资源(能源)的一个必不可少的工具，以满足人口的不断增长和随之而来的资源(能源)需求，保护人类赖以生存、能够提供源源不断的资源(食品、物资、能源)的美丽清洁的环境。21 世纪，绿色化学面临更为严峻的挑战：充分、合理、高效利用现有资源，不断开发新的可替代资源，保证人类对资源的永续利用，以满足当代与后代发展的需求，使人类生活的环境更加清洁美好。绿色化学的主要目标就是基于分子科学原理，设计高效、精准、原子经济性的反应与开发清洁的催化技术，从而简化制备步骤，使化学过程实现高效、绿色可控、环境友好、经济可行，以一种环境友好、可持续的方式向现代社会提供清洁能源和越来越多的食品、化学品、材料和药物。例如，以经济可行、环境友好方式，利用太阳能、水、二氧化碳和氮气生产化学物质及材料；以科学与经济可行的方式利用太阳能是人类从根本上解决能源和环境问题的途径之一。

1998 年出版的教材《绿色化学原理与应用》[①]，反映了 20 世纪中后期随着社会发展与科学进步、环境运动的兴起，绿色化学形成与发展初期本领域的动态。21 世纪以来，绿色化学与技术发展异常迅猛，迫切需求出版新的绿色化学相关著作。

本书以绿色化学前沿科学发展为基础，围绕绿色化学十二条原则，以实例分别介绍了绿色化学的内涵、基本原理与方法、评估方法、清洁技术、应用研究及发展趋势等内容。全书以绿色化学原理与评估方法为基础，就如何设计绿色化学反应展开论述，主要包括绿色化学手段、绿色化学的评估方法、基于绿色化学原理的环境友好合成技术、设计安全化学品原理、可再生资源的高效利用及工业实际应用。本书介绍美国"总统绿色化学挑战奖"项目，力图以此反映出当前的热点领域及政府重点支持的方向，可使读者更深入地了解绿色化学的实用性。

本书以绿色化学原理为主线，共分九章，由何良年教授组织编著并负责全书的统稿和审校。第 1 章由周智华博士、夏书梅博士编写，介绍环境运动演变与发展，内容包括绿色化学兴起、社会需求、当代绿色化学理念、科学目标与意义。第 2 章由宋清文博士编写，阐述绿色化学十二条原则，即绿色化学基本原理与框架，着重介绍原子经济性与反应选择性、低毒化学合成方法、催化反应、温和条件与能源使用效率、可生物降解产品设计、避免不必要的衍生化过程和设计安全的化学过程。第 3 章由马然博士编写，总结了绿色化学手段与方法，包括非传统反应物、非传统试剂、非传统溶剂、非传统目标分子、非传统催化剂及在线分析化学。第 4 章由李雨浓博士、高健博士编写，阐述绿色化学的评估方法，如何量化与评估化学的影响是设计绿色化学反应的关键，包括对人体与野生生物的毒性、对环境的影响、对原料的评估、对化学反应类型的评估、化工生产过程的绿色化评估。第 5 章绿色合成技术由苗成霞教授编写，从如何应用绿色原理开发绿色化学技术并应用于实际角度展开论述，主要合成技术包括均相催化反应、固相酸碱催化的设计与应用、生物酶催化技术、超声波与微波技术、环境友好的反应介质与分离试剂、精准有机合成反应。第 6 章由张帅博士编写，设计安全化学品原理是绿色化学永恒的主题，该章从毒性作用机理分析，构效关系，毒性的调控，降低化学品对人类、环境和生态的危害，辅助物质的使用等五个方面展开论述。第 7 章由杜亚教授和杨海申教授编写，讨论如何利用绿色化学原理，开发利用可再生资源，以贡献于保护生态环境和可持续发展，内容包括绿色化学与可持续发展、可再生资源利用与环境影响、生物质转化利用、二氧化碳的利用、水资源和

---

① Anastas P T, Warner J C. Green Chemistry: Theory and Practice. Oxford: Oxford University Press, 1998.

太阳能利用。第 8 章由王美岩博士编写,以基本原理的应用为主线,介绍如何基于绿色化学的基本原理开展高效催化技术,介绍绿色化学应用实例和美国"总统绿色化学挑战奖"。第 9 章由李晓雅、乔畅编写,基于作者教学与课题组研究体会,对绿色化学的发展趋势作展望,意在给人启示,以最大的空间与可能推进绿色化学理论创新与技术进步。涉及内容包括:①资源的可持续利用:传统化石能源的清洁高效利用、可再生能源的高效利用、替代性和可再生原料的利用;②设计环境友好的合成方法,设计高效、"精准"的化学合成方法,开发原子经济性反应,发展绿色、经济可行的合成技术;③将绿色化学工艺应用于设计与合成重要化工产品;④绿色化学评价方法并应用于实际。

　　本书不仅反映 21 世纪以来绿色化学领域的最新进展,而且基于作者近二十年的教学经历与南开大学绿色化学课题组研究积累,着重介绍对本领域的理解、研究体会、趋势与展望。本书注重引入最新的科研成果,跟踪本领域的发展动态。旨在帮助读者理解并利用绿色化学基本原理和清洁技术,并将这些原理与知识应用于科学研究和生产实际中,起到给人以启示、抛砖引玉、举一反三的作用。本书列举了大量、丰富的参考文献(研究论文、学术著作与进展评述),力图反映出本领域主流科学动态,注重原创工作的同时,确保文献的时效性,便于读者查阅与拓展。

　　绿色化学的核心理念是利用化学原理从源头上减少和消除工业生产对环境的污染,使反应物的原子全部转化为期望的最终产物。绿色化学的最大特点是从设计开始,在始端就采用预防污染的科学手段,因而过程和终端均为零排放或零污染。对于化学合成与工业生产过程的绿色化,无论是学术界还是工业界,无论是政府还是社会,都表现出巨大的关注、期待与热情。如何发展绿色化学,以满足可持续发展需求,不仅需要理论创新研究,还必须突破技术瓶颈。毫无疑问,基础理论、基本原理与原创技术的突破是关键。人类如何保护地球环境、实现生态文明和可持续发展的理想途径,需要多学科交叉,需要共同努力,需要志向高远、怀有梦想的人们为之奋斗。

　　在本书编写过程中参阅了大量文献资料和学术著作,借此机会谨向原文作者表示衷心的感谢。由于绿色化学发展迅速,科学成果层出不穷,涉及的学科知识面广,相关文献浩如烟海,在我们编写过程中难免出现挂一漏万的问题,书中不妥之处在所难免。敬请广大读者批评指正,以待修订。

2018 年 3 月

目 录

第 1 章
绪　论

第二次世界大战以来，全球经济高速发展。历史事实证明，经济的高速发展在一定程度上危及人类的生存环境。随着社会的不断进步，人们逐渐意识到生态环境在人类生产生活中的重要性。为了解决经济发展和环境保护之间的矛盾，绿色化学(green chemistry)作为一门新兴学科自20世纪90年代以来蓬勃发展。如今，"绿色化学"一词家喻户晓。作为一门从源头上防止污染的化学，绿色化学的核心内容是运用化学的基本原理和方法来减少化学化工产品设计、制备、使用过程中危害性物质的使用、排放[1]。如何利用化学原理和方法来解决传统化学遇到的环境问题，本书将从绿色化学的十二条原则、绿色化学的手段与方法、绿色化学的评估方法、绿色合成技术、设计安全化学品、高效利用可再生资源与可持续发展、绿色化学应用以及发展趋势等方面对该问题进行详细阐述。

1.1　绿色化学的兴起

1.1.1　化学在人类生活中的作用

化学创造了人类美好的现代生活，与人类的发展息息相关。远古时期，制陶、冶金、酿酒、染色等工艺的出现极大地促进了当时社会生产力的发展，成为人类社会进步的标志。随着近现代化学科学的确立，化学得到了空前的发展。如今，化学作为一门基础学科，也是中心科学，引领并支撑其他学科的发展。

俗话说"民以食为天"，而粮食的生产离不开化肥和农药的使用。20世纪初期，Haber-Bosch发明了催化合成氨技术[2]。氨作为重要的无机化工产品之一，可作为氮肥如尿素、硝酸铵、磷酸铵、氯化铵及各种含氮复合肥的合成原料。合成氨技术的巨大成功，改变了世界粮食的生产历史，是人类发展史上具有划时代意义的里程碑事件。此外，伴随着有机农药的发展，粮食产量大幅增加，解决了人类因人口增长而面临的粮食问题。

20世纪以来，化学医药行业飞速发展。1929年，英国细菌学家 Alexander Fleming 偶然发现了青霉素[3]。青霉素的发现，标志着抗生素时代的到来。此后，许多感染性疾病得以治疗。第二次世界大战期间，青霉素被提取出来用于防治战伤感染，这在当时是十分重要的战略物资。1936年，磺胺类药物的临床应用开创了现代抗微生物化学治疗的新纪元。目前，磺胺类药物仍然是重要的预防和治疗感染性疾病的化学药物。疟疾一直是严重危害人类健康的世界性流行病，科学家们也一直致力于寻找、开发、合成治疗疟疾的药物。20 世纪 70 年代，我国中医研究学者从中药黄花蒿里提取出抗疟成分青蒿素[4]。该研究成果于 2015 年被授予诺贝尔生理学或医学奖。除了有效治疗恶性疟疾，青蒿素对多种癌细胞具有较强的杀伤力，还可以协同其他化疗药物治疗肿瘤。毫不夸张地说，合成药物的发展保障了人体的健康，极大地延长了人类的寿命。

此外，新能源[5]、新材料[6]的开发利用改善了人类的生存条件。核能、太阳能、风能、生物质能等可再生能源的开发利用避免了常规能源(煤、石油、天然气等)使用过程中带来的环境污染问题。新材料技术则通过物理研究、材料设计与加工、实验评价等过程，创造出比传统材料性能更优越的新型材料。例如，20 世纪 40 年代发展起来的合成纤维具有强度高、耐磨等特点，目前已成为纺织工业的主要原料，广泛应用于服装、生活用品等行业。

我国著名化学家杨石先老先生曾说过"农、轻、重、吃、穿、用，样样离不开化学"[7]。化学为人类提供了数不清的物质保证，在改善人民生活、提高人类的健康水平方面做出了巨大贡献。因此，化学是带来重大发明创造的中心科学，同时也引领了相关科学与技术的进步，支撑着人类社会的可持续发展。

1.1.2　环境运动的演变

化学的发展对人类来说是一把双刃剑，其在为人类社会做出巨大贡献的同时，也对人类原本和谐的生态环境造成了一定的伤害。例如，化工产品生产过程中会产生大量污染环境的废弃物。具体来说，大量挥发性有机溶剂排放至空气中会导致光化学烟雾的产生；工业废水的排放污染着我们赖以生存的水资源；工业固体废弃物数量大，种类多，难以处理。目前，人类正面临着全球性的十大环境问题[8]：①气候变暖；②臭氧层破坏；③生物多样性减少；④酸雨蔓延；⑤森林锐减；⑥土地荒漠化；⑦大气污染；⑧水体污染；⑨海洋污染；⑩固体废物污染。这些问题或多或少与化学物质污染有一定的关系。它们的存在威胁着人类的生存，激化了人与自然之间的矛盾。

1. 大众意识的觉醒

1930 年 12 月 1～5 日，比利时上空大雾弥漫。此时，比利时列日市西部的马斯河谷工业区受狭长河谷地带的影响，气温发生逆转。由于这种逆温层和大雾的作用，工业区内多个工厂排放的工业废气和烟尘弥漫在马斯河谷上空，迟迟无法扩散。有害气体在大气层中越积越多，其浓度逐渐接近危害人类健康的极限。第三天开始，受二氧化硫、一氧化碳、氮氧化物等多种有害气体及粉尘污染综合作用的影响，马斯河谷工业区内有上千人患上呼吸道疾病。该事件导致当地一周内死亡人数达 63 人，死亡率达同期正常死亡率的十几倍。尸体检验结果表明，死者死亡原因为呼吸道内壁被刺激性化学物质损害。据推测，当时空气中二氧化硫的浓度为 25～100mg/m^3，又由于当时空气中同时含有氮氧化物和金属氧化物微粒，它们的存在会加速二氧化硫转变为三氧化硫，从而增加对人体的危害，最终危及性命。这次事件被称为马斯河谷烟雾事件[9]，是典型的大气污染事件，曾轰动一时，也让人们深刻意识到环境保护的重要性。

日本水俣病事件[10]是较为典型的因工业废水未经处理任意排放而引发的水资源污染灾难。1925 年，日本氮肥公司在日本熊本县水俣湾建厂。随着公司规模的不断扩大，其生产的氮肥、乙酸及氯乙烯等产品的年产量逐年提高。与此同时，工厂的废水排放量也逐渐增大。由于乙酸和氯乙烯在制备过程中要使用含汞催化剂，这使得排放的工业废水中含有大量的汞。该工厂未对含汞废水进行处理，直接将其排放到水俣湾中。汞在水生生物中会转化成具有神经毒性的甲基汞。长年累月的工业废水排放，使水俣湾中的汞含量不断增加，并通过食物链进入动物及人体内。当地居民由于受汞物质的侵害，开始出现异常行为。轻者表现为口齿不清、步履蹒跚、手足麻痹、感觉障碍；重者表现为精神失常，身体弯弓高叫，直至死亡。这种"怪病"曾轰动世界，日后被称为"水俣病"。该事件危害了当地人的健康和幸福，造成了无数家庭悲剧，也给当地的经济以沉重的打击。

1930～1940 年，世界农林害虫(蚊、蝇、虱等)日益猖獗、各种传染疾病(疟疾、霍乱、斑疹、伤寒)肆意蔓延，人类的生活及健康受到了极大威胁。此背景下，滴滴涕在控制农林害虫及杜绝流行疾病传播方面扮演了重要的角色。滴滴涕(DDT，化学名为双对氯苯基三氯乙烷，图 1.1)，其纯品为几近无味的白色晶体粉末；工业 DDT 是一种白色或浅黄色蜡状固体，有淡淡的芳香气味。DDT 的化学性质稳定，在常温下不易分解，是一种弱极性的憎水亲脂性化合物。1939 年，瑞士化学家保罗•赫尔曼•米勒(Paul Hermann Muller)首次发现 DDT 具有优异的杀虫作用。鉴于 DDT 具有价格低廉、生产简单、杀虫谱广、药效持久等优点，十分符合理想杀虫剂的各项要求，因而 DDT 在当时被广泛用做杀虫剂。可以说，DDT 的使用在促进当时农林业发展中起到了十分重要的作用，DDT 也一度被誉为"万能杀虫剂"[11]。第二次世界大战期间，DDT 消灭了大量蚊、蝇、虱等，有效制止了整个欧洲区域斑疹、伤寒、疟疾等致命疾病的传播，被誉为"上帝赐予人类的最好礼物"。DDT 在防止疾病传播和促进粮食增产上都取得了巨大的成功，为提高人类生活质量及健康水平做出了不可磨灭的贡献[12]。DDT 的发明者于 1948 年被授予诺贝尔生理学或医学奖。然而，DDT 具有高度的稳定性，可长期残存于土壤中，进而影响到家禽及鸟类的繁殖。1962 年，美国海洋生物学家 Rachel Carson 写作的《寂静的春天》在美国正式出版，该书被誉为人类首次关注环境问题的著作[13]。书中特别描述了以 DDT 为代表的农药的使用将可能使人类面临一个没有蜜蜂、蝴蝶及鸟类的世界。该书揭示了环境污染对于生态系统造成的影响，提出"我们必须与其他生物共同分享我们的地球"[14]。正是这部具有划时代意义的作品，在世界范围内引起了人们对野生动物的关注，同时唤醒了公众的环保意识。

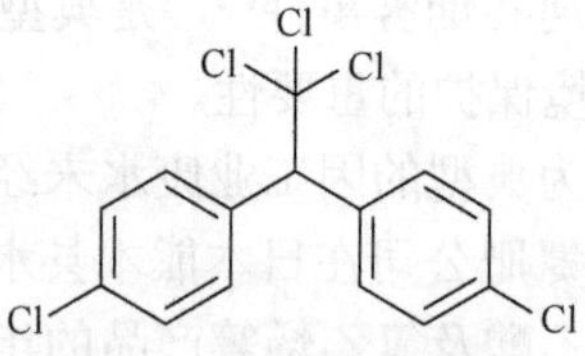

图 1.1　DDT 的分子结构

　　化学药物可以帮助人类抵抗疾病、延长寿命，但是对化学药物的盲目依赖和滥用就会给人类带来意想不到的危害，从而酿成悲剧。其中，典型的案例就是 1959 年的"反应停事件"[15]。反应停，又名沙利度胺，是一种具有中枢抑制作用的药物。20 世纪 50 年代至 60 年代初期，反应停因能够有效缓解妊娠期女性怀孕早期的呕吐症状，从而在日本和德国被广泛投入使用。1959 年，德国各地开始出现手脚异常、形如海豹的新生畸形儿。经调查，反应停的服用是造成婴儿畸形的主要原因。进一步研究表明，沙利度胺是一个含有手性中心的药物分子，它有两种光学异构体(图 1.2)。R-(+)构型的结构具有中枢镇静作用，而 S-(–)的异构体具有强烈的致畸性。由于对手性药物分子的认识不够，该事件导致了大量的畸形胎儿出生。截至 1963 年，在德国、美国、日本等国家，由于服用该药物而诞生了 12000 多名形状如海豹一样的畸形婴儿。此次事件引起了人类对化学药物的深思及警惕，呼吁政府及相关部门对化学药物的使用进行立法和管控。

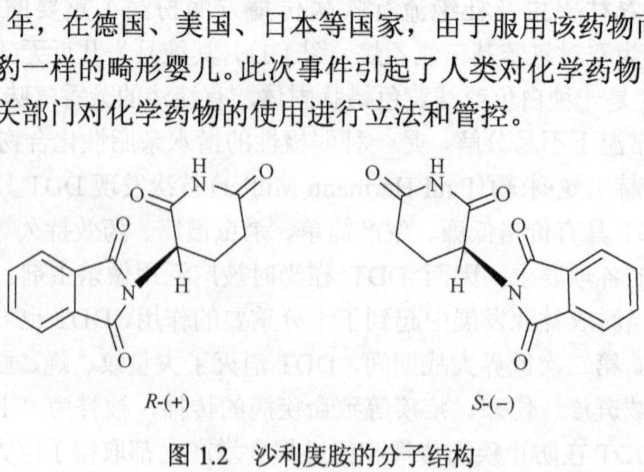

R-(+)　　　　　　S-(–)

图 1.2　沙利度胺的分子结构

　　化学化工产品给人类的生活带来了极大的便利，然而化学废弃物处理不当则易对环境造成污染，对人类的健康构成威胁。美国的时代河滩(Times Beach)和拉夫运河(Love Canal)事件就是典型的因化学废弃物处理不当而给人类健康和自然环境带来危害的例子。

时代河滩事件始于美国一家名为 Bliss 的公司将部分混有二噁英(dioxin，结构式如图 1.3，致癌物)的废油撒在密苏里州的一个名为时代河滩的小镇上。该小镇后来成为居民区及度假胜地。然而，人们逐渐发现该地土壤被毒性化学品二噁英污染。经检测，土壤当中二噁英的含量严重超标。1982 年圣诞节前夕，泰晤士滨城附近的梅勒梅克河发生洪水。此次洪水使时代河滩的居民受二噁英的影响更加严重。经调查，美国国家环境保护局(简称美国环保局)发现此地的二噁英浓度已经超过安全水平的 100 倍，要求全部居民即刻撤离。大约 700 户居民被迫迁移，近 2240 人受到影响。该事件引起美国环保局的关注，美国政府首次出资 3300 万美元承包了被二噁英所污染的泰晤士河沙滩地域。

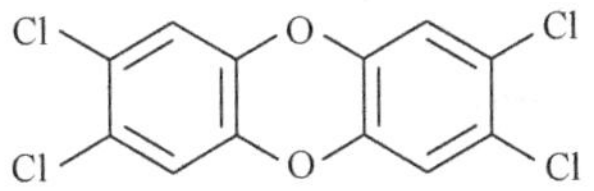

图 1.3　二噁英的分子结构式

同样因化学废弃物处理不当给人类和环境造成危害的拉夫运河事件始于 20 世纪 50 年代胡克公司将拉夫运河作为垃圾仓库，且连续 11 年向其中倾倒工业废弃物。该运河后来被政府购买用以建筑学校和住宅。多年后，该地区地面渗出黑色液体，且当地频繁发生孕妇流产、儿童夭折、婴儿畸形、癫痫、直肠出血等怪病。经检测，从地面渗出的黑色液体中含有高致癌物质，如苯、二噁英及卤代烃等，这些有毒物质严重影响着当地人民的健康。该地区成为重灾区，众多居民被迫搬迁。

化学在合成新化合物方面取得了空前辉煌的成就，满足了人们不断增长的物质生活需求。然而，化学品的开发、使用、管理、处置不当等行为均可给人类及其生活环境带来危害。由此可见，化学对人类社会的发展具有两面性，如何取优避弊是人类亟待解决的中心问题，也是改善人类生活环境的重要策略。随着人类环保意识的逐渐增强，保护环境、治理污染成了全世界人民广泛关注的焦点。

2. 稀释解决环境问题

20 世纪 40～50 年代，由于对化学物质的危害认识不够，人们企图通过稀释作用，即通过将化学物质稀释到一定浓度来减少其对环境产生的影响，从而解决污染问题。然而，由于生物富集作用的存在，该方法并不能从根本上解决污染问题。

3. "先污染后治理"与制定法律法规强制管控

"先污染后治理"是 20 世纪 60~70 年代西方发达国家工业化进程中处理污染问题的主要思路。它允许废弃物先排放，之后再对其进行处理。然而，历史事实充分证明"先污染后治理"的发展道路是不可取的。由于对生态环境的轻视，世界范围内的重大污染事件屡屡发生，如北美死湖事件、卡迪兹号油轮事件、墨西哥湾井喷事件、库巴唐"死亡谷"事件、西德森林枯死病事件、切尔诺贝利核泄漏事件……一系列的事实向我们证明，生态环境一旦遭到破坏，人类的居住环境将遭受重大打击，而且事后治理污染的费用比污染之前需要的费用还要高。尽管"先污染后治理"的发展道路给人类和自然带来了惨痛的伤害，然而，从当时的情况来看，这种选择也是受历史条件限制，不得已而为之。

随着对环境问题了解得逐渐深入，有关政府和部门开始制定相关法律法规用于强制性管理废弃物的处理和排放。其中，水污染、臭氧层破坏、大气污染等环境问题处理的结果告诉我们，法律法规的出台有助于加速环境保护工作的进程，并成为保护环境的一项重要措施。

莱茵河的污染和治理事件是其中一个比较典型的水污染治理的例子。莱茵河作为欧洲最大的河流之一，其流域生活着大约 5000 万人口。1986 年 11 月 1 日深夜，瑞士巴富尔市桑多斯化学公司仓库起火，大量硫、磷、汞等毒物进入莱茵河，河水含毒量大大超标，河段内的生物全部死亡，严重破坏了莱茵河的生态环境。此事件促成了 1987 年 5 月《莱茵河行动纲领》的出台。各国开始以前所未有的力度治理污染，从控制河流污染源入手，建立了大量污水处理厂，并通过立法的方式保障河流治理工作的顺利进行。1987 年 10 月 1 日，保护莱茵河国际委员会正式通过《莱茵河行动计划》，该计划标志着人类在国际水管理方面迈出了重要的一步。1993 年，保护莱茵河国际委员会又将防治洪水纳入其行程。2001 年，《莱茵河可持续发展 2020 规划》准予通过。经过多方努力，如今的莱茵河河水清澈，两岸风光秀丽。因此，此事件在环境保护方面也成为一个非常有利的历史契机。

保护臭氧层系列行动是因臭氧层遭遇破坏采取的保护措施。其中，氟利昂等化合物是导致臭氧层破坏的主要原因。氟利昂又名氟里昂，是饱和烃(主要指甲烷、乙烷和丙烷)的卤代物的总称。氟利昂具有化学性质稳定、不可燃、无毒等优点，因而被用作制冷剂、发泡剂和清洗剂广泛应用于家用电器、消防器材、泡沫塑料、日用化学品等领域。二氯二氟甲烷(CCl_2F_2)是氟利昂的一种。20 世纪 80 年代后期，随着氟利昂使用量的增加，大气中 CCl_2F_2 的排放量也急剧增加。CCl_2F_2 呈化学惰性，所以它们在对流层中化学稳定，但当进入平流层后，强烈紫外线照射促使其发生解离，释放出高活性的氯原子自由基；氯原子自由基可以和臭氧发生一系列连锁反应[16]，从而对臭氧层造成严重破坏，具体的反应机理如图 1.4 所示(图中的

O·源于 O_3 在紫外线照射下的分解)。研究表明，处于平流层时，氯氟烃解离的每个氯原子大约可以分解 10^5 个 O_3 分子。臭氧层的破坏导致大部分紫外线辐射到地球表面，对地球上的生物造成威胁。1987 年，联合国 26 个会员国在加拿大蒙特利尔签署了环境保护公约《蒙特利尔破坏臭氧层物质管制议定书》，对耗蚀臭氧层的一系列化学品如氟利昂等禁止使用，从此人类开始了全球保护臭氧层的行动。此外，1995 年联合国大会决定，每年的 9 月 16 日为国际保护臭氧层日。

$$CCl_2F_2 \xrightarrow{h\nu} CF_2Cl\cdot + Cl\cdot$$

$$O_3 + Cl\cdot \longrightarrow ClO\cdot + O_2$$

$$ClO\cdot + O\cdot \longrightarrow Cl\cdot + O_2$$

$$\cdots\cdots$$

图 1.4 CCl_2F_2 破坏臭氧层的机理

除了水污染治理、臭氧层保护，防治大气污染也是环境问题的一个重要方面。其中，温室气体的减排和雾霾的治理是较典型的防治大气污染的事例。

工业革命以来，人类活动导致大量的温室气体排放至空气中。"温室效应"对全球气候造成了一定的影响。全球气候变化将可能导致海平面上升，海岸线改变，一些沿海低地地区将面临被淹没的危险，这会给沿海地区带来巨大损失。农业方面，全球气温升高会导致干旱加重，从而使农作物减产。此外，全球气候变化可能影响整个水循环过程，加剧水资源的不稳定性及供需矛盾。为应对全球气候变化，1992 年 6 月 4 日，《联合国气候变化框架公约》正式通过。这是世界上第一个为减少温室气体排放、应对气候变暖对人类经济和社会带来不利影响的国际公约。1997 年，《京都议定书》达成[17]，其将减少温室气体排放规定为发达国家的法律义务。2014 年，我国政府代表出席《联合国气候变化框架公约》第 20 轮缔约方会议时表示，2016～2020 年我国将控制二氧化碳的排放量在 100 亿吨以下。2015 年 12 月 12 日，《巴黎协定》在巴黎气候变化大会上通过。该协定在应对全球气候变化问题方面促进了国际合作，也促进了全球低碳经济转型，并为其提供法律依据。这标志着全球气候治理进入了一个全新的阶段。

我国的环境保护事业开始于 20 世纪 70 年代。党和政府对环境保护高度重视，采取了一系列保护和改善生态环境的重大举措。1973 年，我国发布第一个国家环境保护标准——《工业"三废"排放试行标准》。1979 年，我国第一部环境保护法律——《中华人民共和国环境保护法(试行)》诞生。经过多年的发展，我国已经形成了完整的环境保护政策体系，即预防为主，防治结合；谁污染，谁治理；强化环境管理政策。

随着我国经济的高速发展，人民生活水平不断提高，大气污染成为不可避免的问题。受高速发展的工业生产及人类活动的影响，大气已不能通过自身净化能力实现净化，城市空气质量逐渐下滑。2013 年春节前后至 2014 年春节前后，我国中东部地区、华北地区、江南地区等大范围出现重度大气污染，各大城市出现严重雾霾[18]。恶劣的雾霾天气威胁着人类的日常活动和健康，导致周围能见度低、交通堵塞并引发多例呼吸道、心血管疾病等。针对大气污染现状，我国从 20 世纪 80 年代至今一直在对大气污染进行治理。在此期间，我国多次推出法律法规用以推进大气污染治理进程。例如，1987 年 9 月 5 日，我国制定了《中华人民共和国大气污染防治法》，并分别于 1995 年、2000 年、2015 年进行修订完善。目前，该法律已成为大气污染防治法中"最严厉的法律"。2012 年 3 月 2 日，我国将 $PM_{2.5}$ 的污染防治纳入新的《环境空气质量标准》，并于同年 5 月 18 日正式通过《重点区域大气污染防治十二五规划》，其对大气污染防治工作给予了明确的指示和规划。在制定防治大气污染法律的同时，我国还注重制定相应配套法规，如《清洁空气法》、《汽车排气污染监督管理办法》、《火电厂大气污染物排放标准》、《恶臭污染物排放标准》及《锅炉大气污染物排放标准》等，以促进《中华人民共和国大气污染防治法》的有效落实。

随着公众对环境保护问题的认知以及关注度的增加，民间环保运动也迅速发展。1970 年，美国的 Gaylord Nielsen 和 Denis Hayes 发起"地球日"活动，这是人类有史以来第一次规模宏大的群众性环境保护运动，旨在唤醒人类爱护地球、保护家园的意识，促进资源利用与环境保护协调、健康发展，从而达到改善地球整体环境的目的。2009 年，第 63 届联合国世界大会将每年的 4 月 22 日定为"世界地球日"。此外，为了保护我们赖以生存的环境，多个国际性环保组织如"世界环保组织""世界自然基金会""全球环境基金""国际绿色和平组织""地球之友"已经成立。

4.《污染预防法案》与绿色化学

在避免走"先污染后治理"道路的问题上，人们逐渐提出这样的疑问：我们能否在生产化学品的同时尽量减少对环境以及我们自身健康的危害？我们能否用化学的办法保护或清洁我们的环境[19]？因此，考虑从源头上制止或减少污染将更加有利于人类与环境的协调发展。

从 20 世纪 90 年代开始，绿色化学逐渐兴起，废弃物的处理与处置正式进入第三阶段。"绿色化学"一词最早由美国环保局提出。事实上，绿色化学的研究在 20 世纪 90 年代初以前就有，只是当时还没有这一明确的名称[20]。1991 年，美国化学家 Trost 提出"原子经济性"的概念[21]。1992 年，荷兰化学家 R. A. Sheldon 提出"E 因子"(环境因子，environment factor)的概念[22]。这两个重要基本概念的提出，标志着绿色化学开始萌芽。

与环境保护相比,绿色化学不是发展检测污染的技术以及处理污染的方法,而是用化学的手段来预防污染,不产生污染[1]。在这方面,美国国会于 1990 年颁布了《污染预防法案》,并将"污染防治"确立为美国的国策。1996 年,美国环保局正式设立"总统绿色化学挑战奖",这是首个由国家政府出台,并且针对绿色化学实施的奖励政策。该奖项包括:①学术奖;②小企业奖;③变更合成路线奖;④绿色反应条件奖;⑤设计绿色化学品奖。该政策通过促使个人、团体和组织发展更加清洁、经济、美好的化学,并且奖励能够体现绿色化学的化工产品设计、制造及使用的优质化学工艺,从而促进化工行业实现"污染预防"的目标。该政策大大促进了绿色化学在美国以及世界各地的发展。此外,英国皇家化学会于 1999 年创办了首个绿色化学杂志 *Green Chemistry*,用于报道绿色化学领域的主要进展。

1.2 绿色化学的研究意义

随着人类环保意识的逐渐增强,世界各国对于环境问题日益重视,绿色化学在环境污染治理出现困境的情况下应运而生。相比于"先污染后治理"与制定法律法规的环境保护策略而言,绿色化学是一种全新的化学思维模式,即通过降低化合物本身的危险性而不是减少人类暴露在危险环境中的机会来解决环境问题[23]。换言之,如果整个化工生产过程中不产生污染或者少产生污染,那么现在面临的环境问题将迎刃而解。因此,绿色化学提供了一种特殊的防止污染的方法,即从源头上根除污染。在实施方法上,绿色化学运用化学的原理或方法来减少污染源,通过改变化学产品或化学工艺的内在本质来降低其对于人类以及环境的危害,从而使发展具有可持续性,因而是一种较理想的防止污染的方法[23]。此外,现存能源结构及其利用方式加剧了环境恶化。因此,运用绿色化学发展可再生的清洁能源也是当今社会的发展要求。

1.2.1 绿色化学定义

从历史发展进程上看,绿色化学是人类对生态环境进行保护的必然产物[1]。传统化学为人类创造出了巨大的物质财富,然而,资源的不合理利用、有毒有害物质的滥用及废弃物的任意排放给我们的生态环境和自然资源造成了严重的污染和破坏。随着环境污染问题的日益加重以及人们对环境问题关注度的持续增加,化工行业在人们的心目中逐渐被质疑、被抵触。然而,化工行业又不能阻断其自身发展。因此,在人类对化学的不断思考下,传统化学开始向绿色化学转型。绿色化学通过改进生产生活所需化学品以及优化传统化学工艺过程,从而实现从源头上防止污染的目标[1]。

纵观人类在处理环境问题上的思路与方法,其伴随着人类的发展不断提升。总的来说,人类在处理环境问题时主要经历了四个层次:①对已经产生的废物进行处理,如焚烧、填埋等;②在废弃物排放前对其进行处理,从而减小其危害,如中和、过滤、沉淀等;③对废弃物进行回收利用,如溶剂的回收、工厂间废物的交换利用;④从源头上防止污染,即生产过程本身不产生污染,如防止泄漏、增强员工安全生产意识、使用低毒性的可替代物作为原材料、设计更绿色的化工过程等。不难看出,人类在处理环境问题时思考得越来越全面、深入,采用的方法和方式也愈加合理、有效。值得提出的是,绿色化学是解决环境问题的最高层次,也是最理想的方法。可以说,绿色化学是化学发展的未来,它的发展有利于促进人类和环境的协调发展。

什么是绿色化学?究其定义,绿色化学是指通过利用化学的原理及手段在产品设计、制备及使用过程中,减少或消除有毒物质的使用与产生[24]。绿色化学又称环境无害化学、环境友好化学、清洁化学[25]。从定义上看,绿色化学的宗旨在于发展可持续的化工过程,从而实现从源头上阻止有毒物的使用或产生,将末端治理变为源头上控制。从化学工作者的角度讲,实现绿色化学关键在于设计绿色化学反应以及开发环境友好的清洁工艺,确保反应原料、中间产物、反应工艺过程以及最终产品对人体无毒害,且与环境相互兼容。因此,绿色化学以改进合成工艺以及形成新的化学反应为手段,提供了一种防止污染、保护环境的新思路。

1.2.2　如何理解绿色化学

根据定义,绿色化学利用化学的原理和手段来减少整个化工产品生产过程中有毒、有害物质的使用及产生[24],是一门从源头上防止污染的化学[1]。那么,如何理解绿色化学?我们知道,化学品对人类造成危害需要同时满足两个条件,即:①化学品本身具有危险性;②人接触到危险化学品或暴露在危险化学品所处环境当中。换句话说,如果化学品本身无毒害或者人根本没机会接触到危险化学品,那么人的健康不会受到化学品威胁。然而,现实情况往往是介于两者之间的,部分化学化工产品具有一定的危害性,我们也会在某些时刻暴露在危险当中。例如,危险化学品意外泄漏会给周围居民带来危害。在面对化学与环境、化学与人类健康之间的问题时,工业界以及各国政府往往试图采用减少暴露[23]、减少与危险接触机会的方式来实现环境以及人类健康的保护。从理论上来说,减少暴露为缓解化学与环境以及人类健康之间的矛盾提供了一种看似可行的方法。然而,当具体执行该方法时,一些伤脑筋的问题接踵而至。例如,根据什么标准来制定危险化学品的允许排放量或可暴露量;达到允许排放的有毒物在环境中因累积作用导致危害;控制暴露的防护工具出现故障等。这些问题无疑都使得减少暴露的方法在应对化学与环境以及人类健康之间的矛盾时显得有些捉襟见肘。

相比于减少暴露，绿色化学则从降低化学品的危险性入手[23]，来减少其对环境以及人类健康造成的危害。换句话说，无毒或低毒性物质本身就不会或很少会对环境以及人身健康造成威胁。这种情况下，因使用减少暴露方法而遇到的难题也就不复存在。对比来说，通过降低化学品的危险性来减少危害的方法比通过减少暴露降低危险性的方法更有优势，而这也正是绿色化学解决环境问题的本质所在。

1.2.3 绿色化学评估——原子经济性和 E 因子

原子经济性(Atom Economy, AE)[21]，又称原子利用率，是评估绿色化学的一个重要指标，它是指原料分子或反应试剂中的原子转化到产物中的比例，其表达式见式(1.1)。因此，反应的原子经济性越高，反应中产生的废物越少，对环境造成的影响越小。相比于传统化学只注重目标化学品的产率，绿色化学强调采用最少的资源和能源消耗，从而产生最小的排放。理想的原子经济性反应要求所有的原料分子全部转化为产物，实现"废物零排放"。设计原子经济性反应，可通过设计反应路径、提高反应的选择性以及合理利用副产物等方法实现。

$$原子经济性(\%) = \frac{预期产物的分子量}{全部反应物的分子量之和} \times 100\% \tag{1.1}$$

以烯烃的合成为例来说明原子经济性问题。Wittig 反应是由仲烃基溴(经典)与三苯基膦反应形成稳定的溴化三苯烷基膦盐，膦盐在碱的作用下得到三苯基膦叶立德，三苯基膦叶立德再与醛或酮反应生成烯烃和三苯氧膦的反应，其反应过程如式(1.2)所示。该反应于 1954 年由德国化学家 Georg Wittig 发明，具有原料易得、操作简便、反应产率高等优点，被广泛应用于含碳碳双键化合物的合成中。基于 Wittig 反应在烯烃合成上的巨大贡献，该成果发明者被授予 1979 年诺贝尔化学奖。由于二烷基溴三苯基膦分子中只有烷基部分被利用，而且反应过程中产生了 278 份质量的三苯氧膦副产物。因此，从原子经济性上来说，该反应具有较低的原子利用率。

$$Ph_3P + R^1R^2CHBr \longrightarrow Ph_3P^+R^1R^2CHBr \xrightarrow[-HBr]{碱} Ph_3P = C \overset{R^1}{\underset{R^2}{\Big\backslash}} \xrightarrow{R^3 \overset{O}{\underset{}{\Big\|}} R^4}$$

$$\overset{R^1}{\underset{R^2}{\Big\rangle}} = \overset{R^3}{\underset{R^4}{\Big\langle}} + Ph_3P = O \tag{1.2}$$

相比于 Wittig 反应，烯烃复分解反应是近些年来研究较多的用于合成烯烃的反应。该反应是指烯烃在金属化合物的催化作用下，碳碳双键发生断裂、重组，从而形成新的烯烃分子，其反应过程如式(1.3)所示。从整个反应来说，烯烃复分解反应在制备多取代烯烃时只有28份质量的烯烃副产物产生。与 Wittig 反应相比，烯烃复分解反应的副产物减少，原子利用率更高，反应本身更具原子经济性。

$$R^1 \diagdown + R^2 \diagdown \xrightarrow{\text{cat.[Ru] 或 [Rh]}} R^1 \diagdown\diagup R^2 \quad + \quad = \quad (1.3)$$

对比以上两种合成烯烃的方法，我们可以明显看出原子经济性反应在有机合成中的优势。通过设计合理的反应路径，可有效减少潜在有害物质的产生和排放。目前，已经有越来越多的原子经济性反应投入工业生产当中，如烯烃氧化法制备环氧化合物。将原子经济性反应应用于工业生产，既可以提高资源的利用率，还可以减少污染。

此外，产品生产过程中往往面临着大量副产物的产生，E 因子[15]表征的是每生产单位目标产品所生成的副产物的量，如式(1.4)所示。为了评估副产物或废弃物对环境造成的影响，仅仅考虑 E 因子是不够的，需要同时考虑副产物或废弃物的量及其性质。环境商(environment quotient, EQ)是 E 因子与不利商 Q 的乘积，它是综合考虑副产物或废弃物的量以及其性质的评价指标，可用以衡量化学反应对环境造成影响的程度。很明显，为了减少副产物或废弃物对环境造成的影响，提高反应原子经济性、简化后处理过程是较有效的减少副产物生成和废弃物排放的方法。除此之外，英国化学工业公司(Imperial Chemical Industries Ltd, ICI)采用"环境负担因子"(environmental load factor, ELF)作为衡量环境破坏的指标，这是一个综合考虑产品生产所需原料、催化剂、溶剂等总量的评价指标。

$$E\text{因子} = \frac{\text{副产物(kg)}}{\text{预期产物(kg)}} \quad (1.4)$$

化工生产中，化学工业对环境的影响主要从两个方面考虑。一是化工生产过程中"三废"(废水、废气、固体废弃物)的排放；二是因化学品使用或排放带来的二次污染问题，如汽车尾气中含有的碳氢化合物、氮氧化物等一次污染物在光作用下发生反应生成臭氧等二次污染物，从而导致更严重的大气污染。

1.2.4   主要研究内容

绿色化学主要研究如何减少有毒有害物质的使用和产生以及发展环境友好的化学合成，是一门从源头上防止污染的化学[1]。"原子经济性"作为绿色化学的基本原则[21]，要求所有参与反应的原料分子最大限度地转化为目标产物，充分利用资源，且不产生污染。对化学反应而言，绿色化学要求以无毒害的可再生资源作为原材料，反应本身具有较高的原子经济性和选择性，反应的催化剂和溶剂要求无毒、无害，且产品环境友好。因此，实现绿色化学需要考虑以下两方面：①设计高"原子经济性"的新反应[2]；②改进现有化学工艺，减少污染。具体来说，实现绿色化学需要围绕化学反应、原材料、产品、催化技术、反应介质、合成工艺这几个方面来开展工作。

1. 化学反应

开发高效、高选择性、原子经济性的化学反应，如 1.2.3 节中提到的烯烃合成方法的改进。

2. 原材料

采用无毒、无害原材料，使用可再生资源，如二氧化碳的资源化利用、生物质的开发利用。

二氧化碳是温室气体的主要成分之一，具有无毒害、不易燃、可再生、价廉易得等优点，其本身可作为丰富的 C_1 资源[26,27]。目前，化石燃料作为主要的能量来源，其燃烧过程将大量的废气如二氧化碳排放至空气中。此外，有关化石燃料即将枯竭的传言时有耳闻。因此，从环境保护和资源利用的角度来说，有必要减少化石燃料的燃烧使用。二氧化碳作为可再生的 C_1 资源，它的开发利用是一个变废为宝的过程，有助于缓解环境问题和能源危机。目前，二氧化碳作为绿色的 C_1 资源已经被用于制备化工产品、高分子材料、燃料添加剂以及燃料等。其中，典型的二氧化碳规模化工业利用的产品包括尿素、聚碳酸酯、甲醇、水杨酸，如图 1.5 所示。

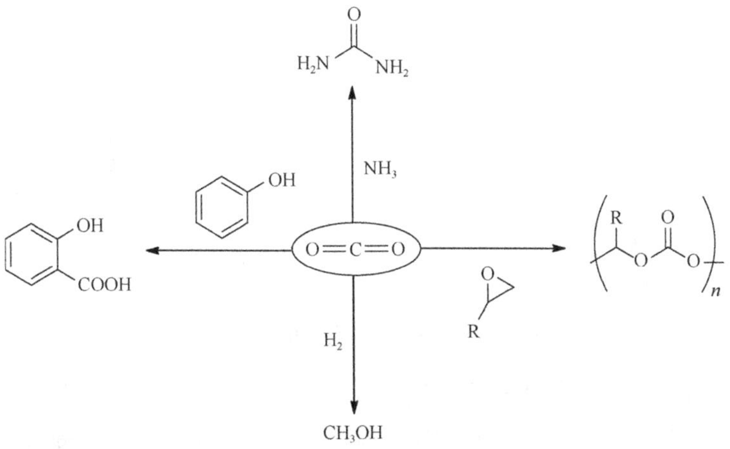

图 1.5 二氧化碳规模化工业应用实例

　　生物质是指一切利用光合作用产生的有机体，包括动物、植物和微生物[28]。因光合作用是一个将太阳能以化学能形式储存在生物体内的过程，所以生物体内蕴含大量的生物质能。作为太阳能的一种形式，生物质能取之不尽、用之不竭，是可再生资源的一个重要组成部分[29]。开发利用生物质能，有助于解决能源危机，符合当今社会可持续发展的要求。我国作为一个农业大国，拥有丰富的生物质资源，研究开发符合我国国情的生物质转化利用技术，有助于我国可持续发展战略的实施。目前，利用生物质制备液体燃料已成为全球广泛关注的热点。其中，生物质发酵制备乙醇技术已基本实现工业化[30]。

　　蓖麻油是一种价廉易得、环境友好的可再生资源，其主要盛产于中国、巴西及印度，可广泛应用于国防、医药及化工等领域[31]。癸二酸又名1,10-癸二酸、正癸二酸，是一种重要的化工合成原料，可被广泛应用于优质工程塑料、耐寒增塑剂、癸二酸酐及尼龙等材料的合成工艺中，具有广阔的应用前景[32]。鉴于我国蓖麻油产量丰富，近年来，以蓖麻油为原料制备癸二酸成为我国合成癸二酸的常用方法。该方法将蓖麻油依次皂化、脱氢、异构化、裂解、中和、酸化，得到粗品癸二酸，其过程如图 1.6 所示。得到的粗品癸二酸经减压精馏、重结晶、脱色等纯化途径，最终可得到高纯度的癸二酸。目前，癸二酸已成为我国的优势出口产品。

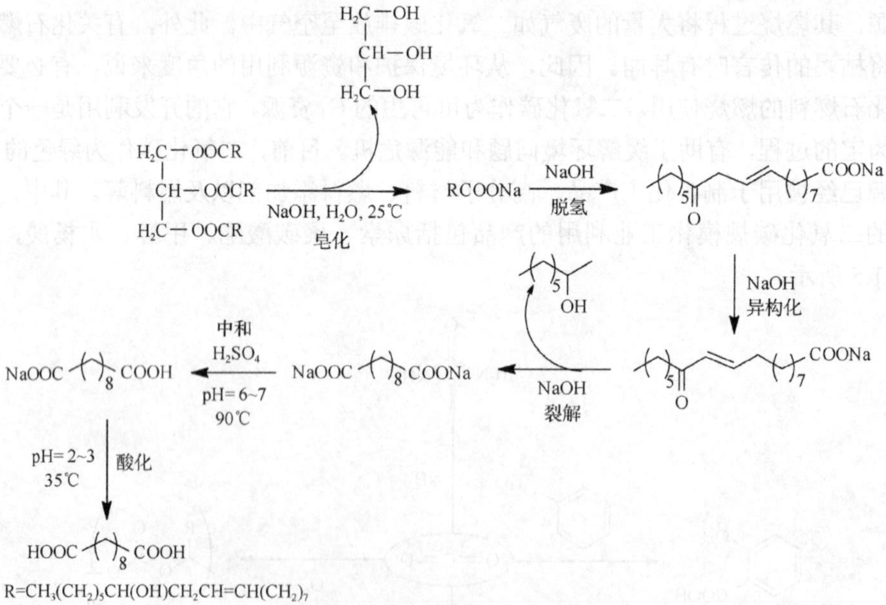

图 1.6　蓖麻油裂解制备癸二酸的工艺流程图

　　生物柴油是一类可替代石化柴油的可再生液体燃料，它是利用化学的方式将油料作物、动物油脂、水生植物油脂、餐饮垃圾油等原料油转化得到。与石化柴油相比，生物柴油具有良好的低温启动性能和安全性能，优良的环保特性以及燃烧性能。然而，由于生物柴油单独使用时排放出高浓度的氮氧化物，所以目前是将生物柴油添加至石化柴油中混合使用。生产方面，国家提倡生物柴油的生产应"不与人争粮""不与粮争地""不与人争油""不污染环境"的原则，因此，应逐步减少油料作物作为生物柴油的油源；微藻具有油脂含量丰富、产率高等优点，被认为是良好的生物柴油油源。目前，以工程微藻为油源制备生物柴油的技术路线如图 1.7 所示[30]。由于从水中分离微藻的成本较高，进一步深入研究相关技术路线降低生产成本十分必要。

图 1.7　微藻萃取酯交换法制备生物柴油

3. 绿色化学品

开发传统有危害化学品的替代物，如碳酸二甲酯代替光气作为羰基化试剂；设计安全、无毒害、可生物降解的化学品，如可降解塑料的发展使用。

碳酸二甲酯是一种无毒、环保的绿色化工产品，也是一种重要的反应中间体。因其结构中含有甲基、甲氧基和羰基官能团，其既可以用作甲基化试剂，也可以作为羰基化试剂。目前，碳酸二甲酯已被报道用作甲基卤代物、硫酸二甲酯、光气等物质的替代物用于甲基化和羰基化反应[33]。如图 1.8 所示，苯酚与甲基卤代物以及硫酸二甲酯发生甲基化反应得到苯甲醚、醇与光气发生烷氧酰基化反应得到碳酸酯，这些过程中，毒性的甲基卤代物、硫酸二甲酯以及光气均可以用绿色的碳酸二甲酯代替。

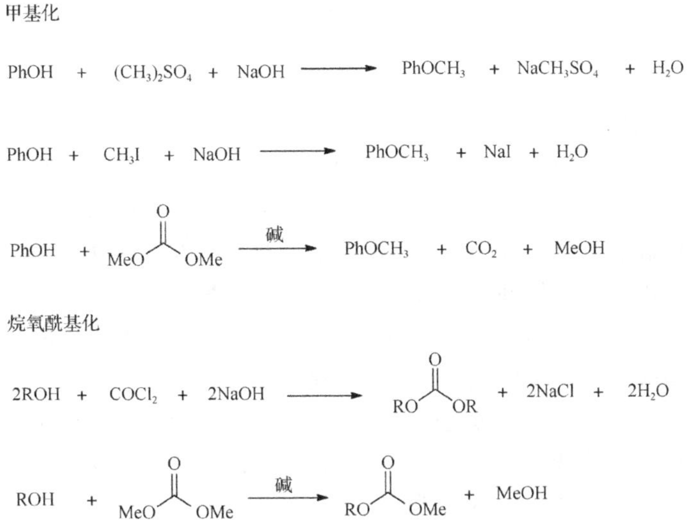

甲基化

$$PhOH + (CH_3)_2SO_4 + NaOH \longrightarrow PhOCH_3 + NaCH_3SO_4 + H_2O$$

$$PhOH + CH_3I + NaOH \longrightarrow PhOCH_3 + NaI + H_2O$$

$$PhOH + MeO\overset{O}{\underset{}{C}}OMe \xrightarrow{\text{碱}} PhOCH_3 + CO_2 + MeOH$$

烷氧酰基化

$$2ROH + COCl_2 + 2NaOH \longrightarrow RO\overset{O}{\underset{}{C}}OR + 2NaCl + 2H_2O$$

$$ROH + MeO\overset{O}{\underset{}{C}}OMe \xrightarrow{\text{碱}} RO\overset{O}{\underset{}{C}}OMe + MeOH$$

图 1.8　苯酚和醇的甲基化、烷氧酰基化反应

塑料制品如塑料袋、饭盒、地膜等因其强度大、质量轻、价格便宜，在我们的日常生活中被广泛应用。一方面，塑料制品极大地方便了人们的生活；另一方面，大量废弃的塑料制品因无法自动降解，造成了严重的环境污染。掩埋、焚烧是常用的处理废弃塑料制品的方法，然而掩埋不仅占用土地，而且易造成土壤污染；塑料制品焚烧过程中释放毒性物质二噁英，严重污染周围空气。为了解决这些问题，可降解塑料的研发显得尤为必要。可降解塑料因其生产过程中加入添加剂如光敏剂、生物降解剂等，稳定性下降，在自然环境条件下容易发生降解。目前，生物降解塑料已在农业、医疗、食品包装、汽车以及电子行业广泛使用[34]。例如，可降解地膜的开发使用；生物降解塑料用于药物缓释；纤维素、淀粉用于食品外包装等。

4. 绿色催化技术

开发高效、高选择性且无毒无害的催化体系，如新型固体酸碱催化剂代替传统无机强酸、强碱催化剂，酶催化、膜催化技术的开发利用。

催化技术是现代合成化学的核心，90%的商业化学品都是通过至少涉及一个催化过程的合成工艺产生的。因此，全球催化剂市场在过去几十年里得到稳步发展。尽管人造催化剂的发展和应用历史可以追溯到18世纪，但催化剂研究仍然是化学研究中最具活力的领域之一。在对减少能源消耗、保护环境和自然资源的强烈需求的背景下，合成化学家面临着比以往任何时候都要严峻的挑战。为此，他们积极追求"理想"的合成工艺，即以100%的产率生产有用化合物实现经济、节能、环保、可持续发展的目标。而催化技术显然是达到这个目的主要手段[35]。催化技术是化学反应的基础，发展绿色催化技术是实现绿色化学的关键。由于绝大多数反应需要在催化剂作用下完成，因此，发展新型绿色催化技术有助于提高反应的原子经济性、简化合成路线，从而实现绿色化学的目标。

苯和烯烃的烷基化反应是工业上一类非常重要的反应，传统工艺常以三氯化铝、氟化氢为酸性催化剂，反应容器简单，且反应条件温和。然而，这些催化剂易对设备造成腐蚀，且反应后产生的废水、废渣对环境造成污染。随着绿色化学的发展，活性高、产物选择性好、可回收利用且环境友好的固体酸催化剂被发展出来用以代替液体酸催化剂催化这些反应[36]。固体酸是一类能够化学吸附碱性物质的固体，它们的催化活性来源于固体表面上的酸性催化中心。常见的固体酸类型主要有金属氧化物、金属硫化物、固载化液体酸、沸石分子筛、杂多酸、阳离子交换树脂、天然黏土、固体超强酸。最早发展的用于催化苯和烯烃烷基化反应的固体酸催化剂是磷酸。与三氯化铝、氟化氢相比，磷酸对设备的腐蚀性以及对环境的污染程度明显降低，然而其催化效率较低。进一步发展的分子筛催化剂，催化活性高、选择性好、无污染，是绿色催化剂的典范。

5. 绿色反应介质

开发环境友好的溶剂，如使用水、离子液体、超临界流体作为反应溶剂。

有机溶剂是生产生活中常用的有机化合物，多数对人体有害。由于有机溶剂具有挥发性，易造成环境污染。因此，开发环境友好的绿色溶剂是绿色化学的一项重要内容。水作为地球上丰富的自然资源，价廉易得，无毒无害，操作简单，因此水作为溶剂是一个理想的选择[37]。事实证明，水的氢键效应、盐效应等理化性质，对某些反应起着至关重要的作用。

Diels-Alder 反应是指共轭双烯和亲双烯体发生环加成生成六元环的反应，如图 1.9 所示。该反应为碳碳键的形成提供了一种重要的合成方法，鉴于该反应对于有机合成的突出贡献，其发现者 Otto P. H. Diels 和 Kurt Alder 被授予 1950 年的诺贝尔化学奖。该反应在水相中的研究始于 20 世纪 30 年代。后期研究表明，1,3-环戊二烯和 3-丁烯-2-酮在水溶剂中反应更快，其反应速率为在异丁烯溶剂中反应速率的 740 倍[38]。这是由于水和 3-丁烯-2-酮之间存在氢键作用，这种作用降低了3-丁烯-2-酮最低未占分子轨道(LUMO)的能量，使 3-丁烯-2-酮 LUMO 轨道和 1,3-环戊二烯最高占据分子轨道(HOMO)间的能级差减小，从而更有利于成环。

图 1.9　Diels-Alder 反应

6. 绿色合成工艺

简化合成路线(步骤经济性)，减少废物排放等。

布洛芬是一类重要的抗炎药物，它的合成方法的改进是典型的绿色合成工艺发展的例子。传统合成布洛芬的方法[39,40]以异丁基苯为原料，在过量三氯化铝作用下与乙酸酐发生傅克反应得到 4-异丁基苯乙酮，4-异丁基苯乙酮与氯乙酸异丙酯发生 Darzens 缩合反应，之后再经水解、脱羧得到 1-(4-异丁基苯基)丙醛，最后经氧化或肟化、水解得到布洛芬(图 1.10)。整个反应过程需要五步或六步得到布洛芬产物，每步反应过程只有部分原料进入目标分子中，反应过程有大量无机盐生成。20 世纪 90 年代，Hoechst 公司和 Boots 公司联合研发了布洛芬的合成新方法(BHC 法，图 1.11)[41]。该方法先由异丁基苯和乙酸酐在催化量的氟化氢作用下反应得到 4-异丁基苯乙酮，之后再经氢化、羰基化得到布洛芬。BHC 法合成布洛芬只需要三步反应，且反应中用到的氟化氢可以再循环使用。相比于传统合成布洛芬的方法，BHC 法使用更少的原料和能源，减少了废物的排放。新方法不仅可以减少布洛芬生产过程中对环境造成的污染，而且给企业带来了更多的利润。

因此，BHC 法获得 1997 年的美国"总统绿色化学挑战奖"。

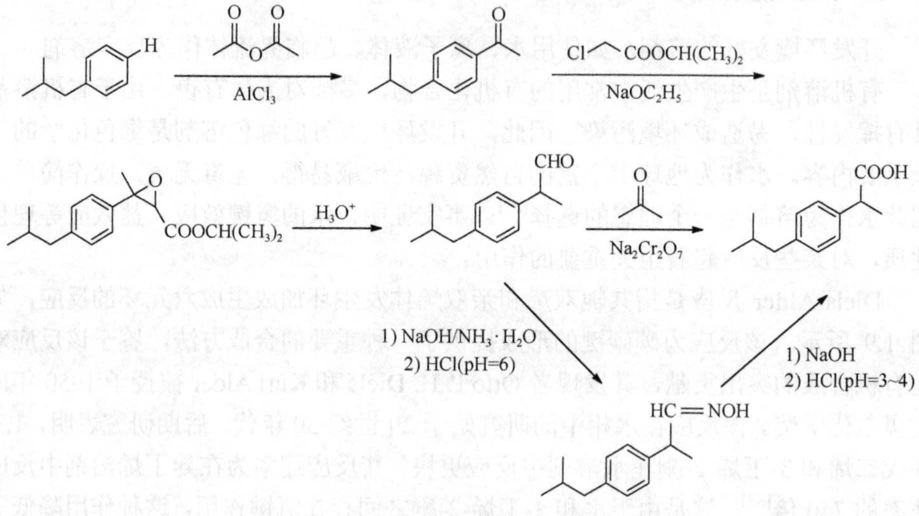

图 1.10　布洛芬的传统合成路线

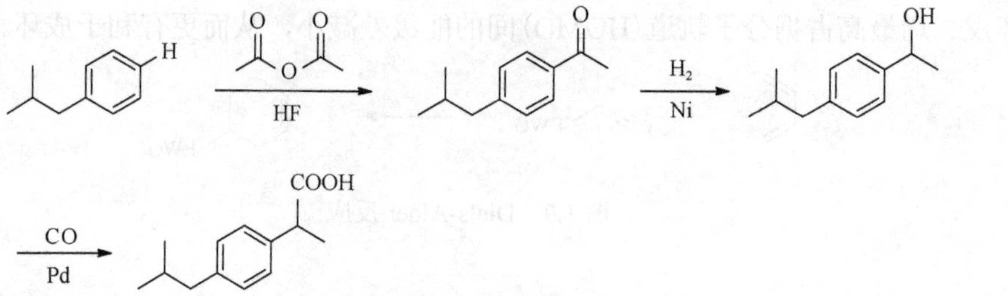

图 1.11　BHC 法合成布洛芬

1.2.5　绿色化学的特点

　　绿色化学是人类追求经济发展和环境保护的必然产物。在环境问题面前，绿色化学不回避问题，而是依靠化学科学解决问题，迎接挑战。绿色化学通过深入了解分子科学原理，借助已发展的科学技术，从而寻求在基础研究方面有所突破，并在更高层次上解决现在面临的问题。作为人类关注并寄予希望的新兴学科，绿色化学必将在 21 世纪大展宏图，成为化工行业发展的主流方向，其主要特点如下：

　　(1)绿色化学是一种全新的思维方式，其从经济效益和环境保护的双重角度出发，发展环境友好的化学。原子经济性或原子利用率是绿色化学的基本原则，理想的绿色化学反应要求反应过程的原料分子全部转化成目标产物，从而最大限度地缩小废弃物的排放，减少环境污染，实现环境保护以及资源的有效利用。绿色化学坚持开发环境友好的可再生资源如生物质(石油的理想替代品)及取之不尽的自然能源如太阳能、风能、潮汐能及地热能等，并将其应用于化工生产，从而实现经济与环境的可持续发展。

(2)绿色化学主要研究环境友好的化学反应和技术。对化学反应而言，绿色化学采用无毒害的可再生资源代替传统有毒、有害的物质作为原材料，反应本身具有高的原子经济性和产物选择性，反应过程使用环境友好的催化技术和反应介质。在这其中，绿色化学涉及的研究领域包括：①传统工艺的绿色改造，如开发新型绿色的固体酸碱催化剂(超强酸或超强碱固体催化剂、杂多酸催化剂等)代替易造成设备腐蚀和环境污染的传统酸碱催化剂；发展水、离子液体、超临界流体等绿色溶剂代替有机溶剂作为反应介质等。②新型绿色化学反应的设计，如以二乙醇胺为原料代替剧毒的氢氰酸、氨和甲醛生产氨基二乙醇钠；使用无毒害的二氧化碳代替剧毒光气为原料合成尿素、异氰酸酯等。③新技术的开发和利用，如酶催化、膜催化、现代生物技术的发展。

(3)绿色化学注重污染预防，污染预防主要是预防并杜绝有害物质在生产工艺的源头及整个生产过程中的使用和产生，即从源头上防止污染生成。环境治理属于末端治理，即对已经污染的环境进行治理，是一种治标不治本的方法。实践证明，末端治理需要耗费大量资源及能源，降低经济效益，甚至衍生二次污染。因此，绿色化学的目的即是将"从源头上消除污染"的理念应用到化工生产当中，从而实现人类的可持续发展。

1.2.6 绿色化学与传统化学的区别

绿色化学作为化学发展的未来，它与传统化学有着诸多不同之处。传统化学更多关注经济的发展，忽视了自然资源的有效利用及生态环境的保护，从而在工业生产过程中产生了大量的废弃物，造成了一定的环境污染和破坏。绿色化学与前者最大的不同在于其将经济发展和环境保护统筹兼顾，通过合理地利用资源，减少有毒有害物质的排放，从而促进人与自然的和谐发展。换句话说，传统化学将化学工业体系作为一个独立的个体来看待，而忽略了其与环境之间的联系；而绿色化学则强调环境友好的理念，兼顾经济效益与环境保护协调并进。在化学反应方面，传统化学通常采用产物的收率和选择性对反应效率进行评估，无法衡量化工工艺中排放的废弃物的量；而绿色化学以原子经济性为考察指标，考虑有多少原料进入目标分子当中。因此，绿色化学不同于传统化学，它为解决传统化学中资源利用率低、环境污染严重等问题提供了一种新的思路和方法，是更高层次上的化学[1]。

总之，绿色化学的核心特征是绿色环保，相对于传统化学对人类和环境造成的危害，绿色化学更加安全可靠。绿色化学明确指出传统化学产生问题的关键所在，向我们提供了经济发展和环境保护的新理念，它通过利用新技术和新方法不断完善化学工业体系，尽量降低化学合成和工艺过程对环境造成的污染，减少甚至消除对人类健康的危害，坚持向着零排放方向发展。因此，绿色化学的发展有利于实现可持续发展的目标，是发展生态经济的关键。在如今诸多因素导致的全球化的大背景下，化学被推到伦理道德问题的风口浪尖上。在这种情况下，绿色化学通过让人们相信发展科学技术的同时兼顾环境是有可能的，从而来赢得社会的认可[23]。我们坚信绿色化学将创造更加美好的生活，并继续支撑人类的可持续发展。

参 考 文 献

[1] 沉玉龙，魏利滨，曹文华，等. 绿色化学. 北京: 中国环境科学出版社, 2004.

[2] 刘化章. 合成氨工业: 过去、现在和未来——合成氨工业创立 100 周年回顾、启迪和挑战. 化工进展, 2013, 32(9): 1995-2005.

[3] 曾小龙，陈振强. 抗生素的发展与应用. 广东教育学院学报, 2003, 23(2): 78-81.

[4] 刘春朝，王玉春，欧阳藩. 青蒿素研究进展. 化学进展, 1999, 11(1): 41-48.

[5] 邹才能，赵群，张国生，等. 能源革命: 从化石能源到新能源. 天然气工业, 2016, 36(1): 1-10.

[6] 朱宏康，谷宾，刘书惠. 国际新材料政策与计划研究. 中国材料进展, 2015, 34(4): 326-329.

[7] 仲崇立. 绿色化学导论. 北京: 化学工业出版社, 2000.

[8] 曹磊. 全球十大环境问题. 环境科学, 1995, 16(4): 86-88.

[9] 许庸. 比利时马斯河谷烟雾事件. 环境导报, 2003, (15): 20.

[10] 孙阳昭，陈扬，刘俐媛，等. 从水俣病事件透视日本汞污染防治管理的嬗变. 环境保护, 2013, 41(9): 35-37.

[11] Gupta P K. Pesticide exposure—Indian scene. Toxicology, 2004, 198(1/3): 83-90.

[12] 余刚，黄俊. 持久性有机污染物知识 100 问. 北京: 中国环境科学出版社, 2005.

[13] 李正启，谢恩，马良. 绿色化学与人类社会的可持续发展. 化学工业, 2011, 29(4): 3-5.

[14] 蕾切尔·卡逊. 寂静的春天. 吕瑞兰，李长生，译. 长春: 吉林人民出版社, 1997.

[15] 苏怀德. 从反应停事件吸取教训. 中国药学杂志, 1989, 24(10): 636.

[16] 成广兴，邵军. 臭氧层的化学破坏及其对策. 化学通报, 1999, (9): 44-47.

[17] 张梅. 《京都议定书》的实施与我国的环境保护工作. 有色金属, 2007, 5(2): 105-107.

[18] 张小曳，孙俊英，王亚强，等. 我国雾-霾成因及其治理的思考. 科学通报, 2013, 58(13): 1178-1187.

[19] Doxsee K M, Hutchison J E. Green Organic Chemistry: Strategies, Tools, and Laboratory Experiments. Belmont: Brooks Cole, 2004.

[20] Sheldon R A, Arends I, Hanefeld U. Green Chemistry and Catalysis. Weinheim: Wiley-VCH, 2007.

[21] Trost B M. The atom economy—A search for synthetic efficiency. Science, 1991, 254(5037): 1471-1477.

[22] Sheldon R A. Atom utilization—E factors and catalytic solution. C R Acad Sci Paris, Série II c, Chemistry, 2000, 3(7): 541-555.

[23] 阿纳斯塔斯 P T, 沃纳 J C. 绿色化学——理论与应用. 李朝军，王东，译. 北京: 科学出版社, 2002.

[24] Tundo P, Esposito V. Green Chemical Reactions. Berlin: Springer, 2008.

[25] 何良年，等. 二氧化碳化学. 北京: 科学出版社, 2013.

[26] Liu Q, Wu L, Jackstell R, et al. Using carbon dioxide as a building block in organic synthesis. Nat Commun, 2015, 6: 5933.

[27] He M, Sun Y, Han B. Green carbon science: scientific basis for integrating carbon resource processing, utilization, and recycling. Angew Chem Int Ed, 2013, 52(37): 9620-9633.

[28] 袁振宏, 吴创之, 马隆龙, 等. 生物质能利用原理与技术. 北京: 化学工业出版社, 2005.

[29] 姚向君, 田宜水. 生物质能资源清洁转化利用技术. 北京: 化学工业出版社, 2005.

[30] 常春, 孙培勤, 孙绍晖, 等. 我国生物质能源现代化应用前景展望(二)——生物质制备液体燃料的转化途径. 中外能源, 2014, 19(7): 16-24.

[31] Hatice M, Michael A R. Castor oil as a renewable resource for the chemical industry. Eur J Lipid Sci Technol, 2010, 112: 10-30.

[32] 许元豪, 袁斌, 欧少清, 等. 癸二酸的制备及应用研究进展. 化工中间体, 2009, (1): 12-15.

[33] Tundo P, Selva M. The chemistry of dimethyl carbonate. Acc Chem Res, 2002, 35(9): 706-716.

[34] 霍鹏. 可降解塑料的研究现状及发展趋势. 工程塑料应用, 2016, 44(3): 150-153.

[35] Zhou Q L. Transition-metal catalysis and organocatalysis: where can progress be expected. Angew Chem Int Ed, 2016, 55(18): 5352-5353.

[36] 刘庆辉, 詹宏昌, 汤敏馨. 固体酸催化剂的分类以及研究近况. 广州化工, 2008, (2): 14-17.

[37] Li C J, Chan T H. Organic Reactions in Aqueous Media. Weinheim: Weily-VCH, 1997.

[38] Rideout D C, Breslow R. Hydrophobic acceleration of Diels-Alder reactions. J Am Chem Soc, 1980, 102(26): 7816-7817.

[39] 于凤丽, 赵玉亮, 金子林. 布洛芬合成绿色化进展. 有机化学, 2003, 23(11): 1198-1204.

[40] 陈建茹. 化学制药工艺学. 北京: 中国医药科技出版社, 1996.

[41] 邓立新. 药物的传统合成与绿色的原子经济性比较. 化学教学, 2005, (11): 22-24.

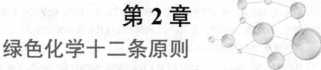

第 2 章
绿色化学十二条原则

　　绿色化学十二条原则从 1999 年诞生到现在已近二十年，相关理论的研究也在不断完善和深入。本章将绿色化学十二条原则概括为原子经济性与反应选择性、低毒化学合成方法、催化反应、温和条件与能源使用效率、可生物降解产品设计、避免不必要的衍生化过程、设计安全的化学过程七个核心方面展开阐述。通过基础理论研究与实际应用实例相结合，选用典型的、代表前沿进展的相关成果，重点介绍有关绿色合成化学和绿色过程的核心原则，以期待该内容能够帮助读者尽快了解绿色化学十二条原则的发展历程和相关研究进展，使绿色化学吸引更多的关注和支持。

2.1　引言

　　绿色化学原则是绿色化学学科发展的基础。1998 年，时任美国总统科技顾问的 P. T. Anastas 博士和马萨诸塞大学的 J. C. Warner 教授通过大量的研究工作，提出了绿色化学十二条原则[1,2]。这些原则目前已成为世界范围内公认的指导绿色化学发展的基本原则：①污染预防优于末端治理污染；②合成方法应尽量使反应过程的原子都进入最终产品中；③在合成方法中尽量不使用和不产生对人类健康和环境有毒害的物质；④设计具有高使用效益、低环境毒性的化学品；⑤尽量不用溶剂、分离试剂等辅助物质，不得已使用时也应是无毒、无害的；⑥生产过程应该在温和的温度和压力下进行，而且能耗应最低；⑦在技术可行和经济合理的前提下，尽量使用可再生原料；⑧尽量避免或减少不必要的衍生步骤(如使用屏蔽基团、保护复原、物理化学过程的临时性变更等)；⑨使用高选择性的催化剂优于化学计量试剂；⑩化学产品在使用完后应能降解成无害的物质并且能进入自然生态循环；⑪发展适时分析技术以监控有害物质的形成；⑫选择参加化学过程的物质，尽量减少发生意外事故的风险。这些原则符合社会可持续发展的要求，也指明了未来化学的发展方向，被国际化学界公认为判断化学品及其制备过程是否绿色或比较若干个不同过程环境友好性的指导方针和判断标准。其中，很多原则被简化后加入绿色化学教材作为核心教学内容，如由美国、英国和德国的化学会合作编写的中学高年级绿色化学教材 *Introduction to Green Chemistry*，将绿色化学原则修订、浓缩为以下 6 条：使用无毒的可再生的原料；采用安全溶剂；设计原子经济性反应；减少能量消耗；产品对环境友好或容易降解；绿色催化技术。简化后的绿色化学原则便于记忆和传播，对普及绿色化学知识起到了积极的促进作用。

　　另外，绿色化学十二条原则有些冗长，不利于学术传播、交流和记忆。基于这些考虑，S. L. Y. Tang 等设计了一个简明的词"PRODUCTIVELY"概括表达（表 2.1）[3]。其中，每一个字母用几个词表述 P. T. Anastas 等提出的绿色化学原则中每一条的含义，便于读者抓住相关概念，有利于记忆和学术交流。

表 2.1　浓缩的十二条绿色化学原则"PRODUCTIVELY"

字母	The condensed 12 principles of green chemistry	浓缩的绿色化学十二条原则
P	Prevent wastes	废物预防
R	Renewable materials	可再生原料
O	Omit derivatization steps	减少衍生步骤
D	Degradable chemical products	可降解化学品
U	Use safe synthetic methods	使用安全合成方法
C	Catalytic reagents	催化试剂
T	Temperature, pressure ambient	环境温度和压力
I	In-process monitoring	在线检测
V	Very few auxiliary substances	尽可能不使用助剂
E	E-factor, maximize feed in product	E 因子,原料进入产物最大化
L	Low toxicity of chemical products	低毒化学品
Y	Yes it's safe	安全生产工艺

　　随着人们对绿色化学研究和认识的不断深入，Anastas 等围绕无毒无害原料、催化剂和溶剂的使用以及原子经济性反应生产安全化学品的绿色化学目标，又对其提出的绿色化学原则进行了完善，提出了绿色化学的十二条补充原则[4]，分别是：①尽可能利用能量而避免使用物质实现转换；②通过使用可见光有效地实现水的分解；③采用的溶剂体系可有效地进行热量和质量传递的同时，还可催化反应并有助于产物分离；④开发既具有原子经济性，又对人类健康和环境友好的合成方法；⑤不使用添加剂，设计无毒、无害、可降解的塑料与高分子产品；⑥设计可回收并能反复使用的物质；⑦开展"预防毒物学"研究，使得有关对生物与环境方面的影响机理的认识可不断地结合到化学产品的设计中；⑧设计不需要消耗大量能源的有效光电单元；⑨开发非燃烧、非消耗大量物质的能源；⑩开发大量二氧化碳和其他温室效应气体的使用或固定化的增值过程；⑪实现不使用保护

基团的方法进行含有敏感基团的化学反应；⑫开发可长久使用、无须涂布和清洁的表面和物质。

补充原则里加入了光解水、新能源开发和温室效应等经济和社会发展过程中亟待解决的热点问题，是对最初绿色化学十二条原则的深化和发展。

尽管如此，一些化学家从技术、经济和其他某些因素出发，认为 Anastas 等补充前后的绿色化学原则仍然不够完整，不能准确衡量化学品及其制备和使用前后的过程对人体健康和环境的负面影响程度。Sheldon 提出了一个基于反应路径对环境影响程度的环境因子[5]，即 E 因子，它定义为每生产 1kg 期望产品所产生的废弃物的总质量。对于一个化工产品，期望产品以外的任何物质都是废弃物。因此，在化工过程中，化学家评价绿色化程度常用 E 因子和生命周期评价(运用系统的观点，根据产品的技术、经济、环境性能等评价目标，对产品生命周期的各个阶段进行跟踪和定量分析与定性评价，从而获得产品相关信息的总体情况，为产品性能的改进提供完整、准确的信息)等概念，但相关必要的数据只能通过工业放大、运行和应用效果来判断。

根据 E 因子大小，Sheldon 将化学工业分成四部分[6]。表 2.2 数据显示，随着产物不断深度精炼，步骤增加，整个过程产生的废物也越多。同时，大量的废弃物也阻碍了化工行业的发展。因此，开发"零排放"的原子经济性反应非常重要，也是工业中急需的。

表 2.2　化学工业中的 E 因子[6]

工业部门	年产量/(t/a)	E 因子/(kg 废物/kg 产物)
石油炼制	$10^6 \sim 10^8$	< 0.1
大宗化学品	$10^4 \sim 10^6$	< 1～5
精细化学品	$10^2 \sim 10^4$	5～50
药物	$10 \sim 10^3$	25～> 100

在随后的研究中，Sheldon 拓展了 E 因子的概念。他认为废物排放于环境中对环境的污染程度还与相应废物的毒理性质及其在环境中的毒性行为有关。因此，同时考虑废物的排放量和废物在环境中的作用行为本质，综合表现为环境商(EQ，E 表示环境因子；Q 表示根据废物在环境中的行为抽象出来环境不友好度，如氯化钠的 Q 值为 1，重金属盐 Q 值为 100～1000)。符合绿色化学要求的化学反应应具有最小的 EQ 值[7]。通过 EQ 值，不同部门、不同生产领域以及不同地区都能够得到准确的评估，结果直观，而且便于比较。

近些年，过程质量密度(process mass intensity, PMI)作为新的质量指标被提出，它注重材料整体质量，作为高水平质量指标用于评价和衡量可持续生产的先进性[8]。它和 E 因子的关系如图 2.1 所示。另外，Andraos 提出了通用的准则相对质量效率(relative mass efficiency, RME)并将其用于有机合成的整个过程[9]。表 2.3 中总结了近些年发展的评价反应和工艺过程的原则[10]，这些原则对化学和工艺过程评价做了经济性和环境影响的评判[11, 12]。

$$PMI = \frac{过程中总质量(kg)}{产物质量(kg)}$$

$$E因子 = \frac{废物总质量(kg)}{产物质量(kg)} = \frac{过程中总质量(kg) - 产物质量(kg)}{产物质量(kg)} = PMI-1$$

图 2.1 PMI 和 E 因子的关系

表 2.3 质量指标

名称	表达式	目标趋势	理想值	参考文献
E 因子	$\dfrac{废物质量}{产物质量}$	降低	0	[5]
过程质量密度	$\dfrac{所有试剂的总质量}{产物质量}$	降低	1	[8]
原子经济性	$\dfrac{产物的分子量}{所有化学计量试剂的分子量总和}$	升高	100%	[13]
原子利用率	$\dfrac{产物质量}{所有生成物的质量总和}$	升高	100%	[5]
相对质量效率	$\dfrac{产物的分子量}{所有化学计量试剂的分子量总和}$	升高	100%	[8]
元素效率	$\dfrac{产物中所有元素的质量}{所有化学计量试剂的元素质量总和}$	升高	100%	[8]

这里以最近发展的喹啉杂环衍生物的制备方法为例综合展示评价指标的运用。喹啉衍生物的合成已经有近三十年的历史，大多为多步反应及分离的低效率合成，其间引入金属催化剂和不易得的原料，并产生一系列的副产物和废液(图 2.2)。最近，美国麻省州立大学的张炜课题组成功发展了以 2-叠氮苯甲醛和马来酰亚胺作为原料的合成技术，完成了喹啉衍生物的绿色合成，避免了使用催化剂、配体和二氯亚砜、苯等非绿色试剂，并进行了一系列绿色参数(green metrics)的评估，从多角度、多层面证实了该合成工艺的简易高效和环境友好[14]。

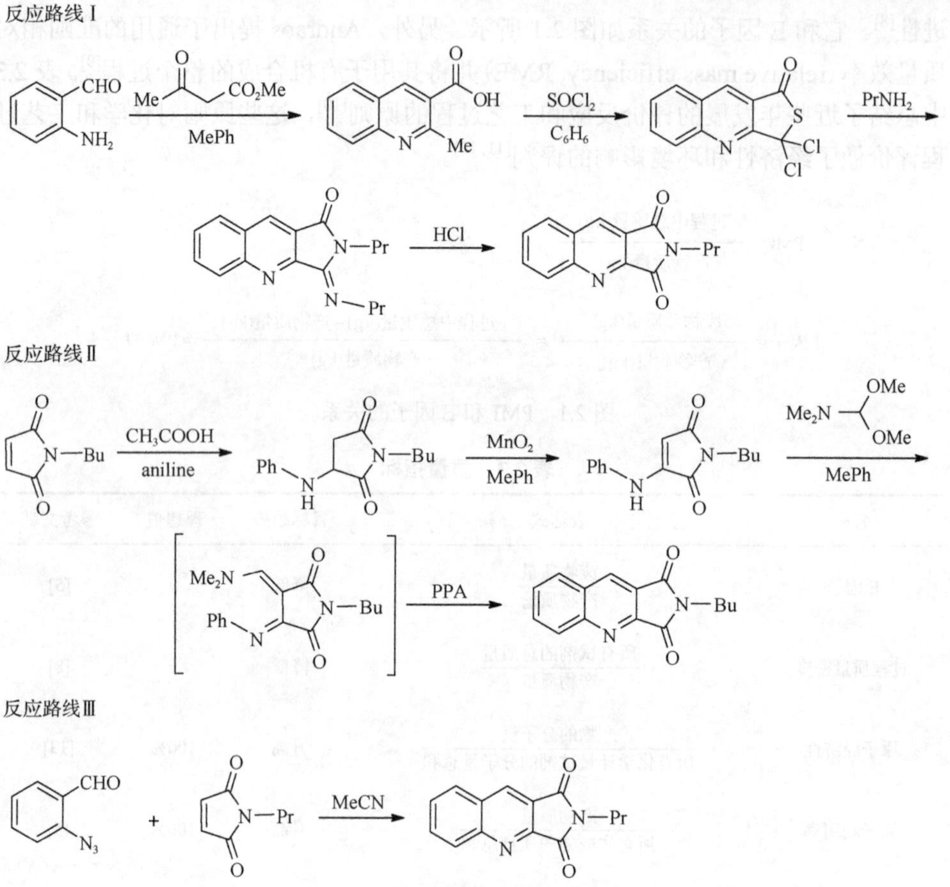

反应路线 I

反应路线 II

反应路线 III

图 2.2   喹啉衍生物的三种制备路线[14]

通过绿色化学的多重指标对新方法(反应路线III)和两种前期报道的方法(反应路线 I 和 II)[15, 16]进行比较分析。首先,方法 I 和 II 所用原料和 III 有较强的结构相关性,便于比较。在这个过程中,使用原子经济性(atom economy, AE)和原子效率(atom efficiency, AEf)作为指标,仅仅是考虑了进入产物的原子,而没有考虑无机试剂和溶剂。另外,超过计量的原料也没有计算进去。基于这种情况,张炜等综合使用了多种评价指标如碳效率(carbon efficiency, CE)、反应质量效率(reaction mass efficiency, RME)、综合效率(overall efficiency, OE)、过程质量密度、溶剂密度(solvent intensity, SI)、水密度(water intensity, WI)、E 因子和质量生产率(mass productivity, MP)等(表 2.4)。由于反应过程有副产物水和氮气,因此原子经济性和原子效率均低于 100%。尽管如此,反应路线III的 AE 和 AEf 值要比反应路线 I 和 II 高很多。通过表 2.4 中的数据分析,参数 CE、RME、DE、MP 等的计算结果也显示出反应III突出的优越性。另外,反应路线III参数如 PMI、SI、WI、E

因子的计算值要明显低于路线 Ⅰ 和 Ⅱ，从而显示出反应路线 Ⅲ 更接近绿色化学的要求。

表 2.4　反应路线 Ⅰ、Ⅱ、Ⅲ 绿色指标计算值[14]

反应路线	分离反应步骤	收率 /%	AE /%	AEf /%	CE /%	RME /%	OE /%	MP /%	PMI /(g/g)	E /(g/g)	SI /(g/g)	WI /(g/g)
Ⅰ	4	19.14	57.98	11.1	4.54	1.98	3.42	0.26	389.67	388.67	250.44	14.15
Ⅱ	3	25.35	69.58	17.64	61.53	15.8	22.71	0.13	794.31	793.31	877.81	2982.46
Ⅲ	1	90	83.92	75.53	85.68	72.0	85.80	5.48	18.26	17.26	14.56	2.31

Anastas 等提出的绿色化学十二条原则被用作评价化学品及其指标过程是否绿色的标准，但这些原则并没有详细地涵盖与环境影响高度相关的概念，如化学品制备和使用过程的固有特性、生命周期评价的必要性以及放热反应中热量的再利用等。基于这些原因，绿色工程概念被提出。Singh 等认为绿色工程的主要目标是在设计和制造决策时避免废物或废料的产生，或尽可能地将其减少到最低限度[17]。之后，Allen 等将绿色工程定义为在过程和产品的设计、商业化和使用时，不仅要从源头上使污染以及对人类健康和环境的风险最小化，还要切实可行并且经济[18]。和传统工程学科相比，绿色工程在产品生产和使用过程的各个环节均考虑资源和环境问题。随后，Anastas 等在绿色化学和绿色工程概念的基础上，又提出了十二条绿色工程原则[19]：①设计者要努力确保所有输入和输出的原料和能量尽可能内在无害；②防止废物产生优于其产生后再处理或清除；③分离和纯化操作设计应使能量消耗最小化、原料利用最大化；④设计产品、过程和系统时应使质量、能量、空间和时间的效率最大化；⑤产品、过程和系统的牵引产出优于能量和原料的投入；⑥制定再循环、重新使用或效益安排设计时，必须把嵌入熵和复杂性看作是一种投资；⑦把产品的耐久性而不是永久性当作是一个设计目标；⑧应把不必要的性能或生产能力的设计当作是一种设计缺陷；⑨产品组分有多种时应尽量减少原料的多样性，以利于产品的分离和保值；⑩产品、过程和系统的设计必须包括可利用能量和原料流的相互关联和集成；⑪产品、过程和系统的设计要考虑产品商业用途终结后的表现；⑫可再生原料和能量的输入优于一次性原料和能量。

这些绿色工程原则面向工程实际，是实现绿色设计和可持续发展目标的一整套方法论，为科学家和工程师参与对人体健康和环境有利的原料、产品、过程和系统的设计提供了一套参照框架。十二条绿色工程原则应用的前提也是在分子、产品、过程和系统的设计中对这些原则进行系统集成，进而作为一个整体而不是孤立地应用。绿色化学原则和绿色工程原则关系密切，尤其在保证输入和输出原料、能量的内在安全等方面，其本质是能够在生命周期的每一步改善对环境的影响，这些步骤通常包括原料的提取和获得，原料的转化、处理、制造，产品的包装运输和分配，消费者使用产品和使用完毕后的管理等。在某种意义上，绿色化学原则是绿色工程原则所必需的一部分，通过二者的共同应用将有效地推动人类社会的可持续发展。在设计的最早阶段综合考虑绿色化学原则和绿色工程原则将是一种使效率最大化、废物最小化和增加利润的有效战略。同样地，Tang 等将 Anastas 等提出的十二条绿色工程原则做了简化概括处理，使用"IMPROVEMENTS"一词，以便于记忆和理解(表 2.5)[20]。

表 2.5   浓缩的十二条绿色工程原则

字母	The condensed 12 principles of green engineering	浓缩的绿色工程十二条原则
I	Inherently non-hazardous and safe	内在无害和安全
M	Minimize material diversity	原料种类最少化
P	Prevention instead of treatment	预防优于治理
R	Renewable material and energy inputs	使用可再生原料和能量
O	Output-led design	输出导向设计
V	Very simple	非常简单
E	Efficient use of mass, energy, space & time	质量、能量、空间和时间的高效使用
M	Meet the need	满足需要
E	Easy to separate by design	通过设计使分离变得容易
N	Networks for exchange of local mass & energy	当地的质量和能量交换网络
T	Test the life cycle of the design	生命周期设计检验
S	Sustainability throughout product life cycle	产品在生命周期内可持续发展

绿色化学十二条原则在学术界和工业界得到了广泛的关注和讨论，很多相关的原则得到不断的发展和完善。本章将从如下七部分加以介绍：原子经济性与反应选择性；低毒化学合成方法；催化反应；温和条件与能源使用效率；可生物降解产品设计；避免不必要的衍生化过程；设计安全的化学过程。通过基础理论研究与实际应用实例相结合，选用典型的以及代表前沿进展的相关成果，重点介绍有关绿色合成化学和绿色过程的核心原则，以期待该内容能够帮助读者尽快了解绿色化学十二条原则的发展和相关研究进展。

2.2 原子经济性与反应选择性

2.2.1 原子经济性的概念

传统合成化学主要以收率来评价化学合成过程，事实上，即使是反应收率接近 100%的转化反应，也往往伴随大量废物的产生。因此，使用收率作为主要评价指标评估一个合成过程的效率和效益不够全面。1991 年，美国斯坦福大学的著名有机化学家 B. M. Trost 首先提出了"原子经济性"的概念[13, 21]，引导人们在设计合成反应中经济地利用原子，避免使用保护基团和离去基团，这样的合成方法是环境友好的。原子经济性可以用反应式(2.1)表示。

原子经济性(%)=预期产物分子质量/所有产物全部分子质量×100%   (2.1)

原子经济性反应是指高原子利用率的反应，具有如下显著特点：①最大限度地利用原材料；②最少的废物排放过程，理想的过程为"零排放"。因此，原子利用率越高，产生的废物越少，对环境的负面影响也越小。

另外，Trost 也提出了合成效率的概念用于指导合成方法。他认为合成效率主要包含两方面：①高的选择性，其中涉及化学选择性、区域选择性、立体选择性；②化学反应的原子经济性即原料分子中有百分之几的原子转化成了产物。一个有效的合成反应不仅要有完美的选择性，而且必须具备理想的原子经济性，尽可能地充分利用原料分子中的原子。理想的"原子经济性"反应，应该是有 100%的反应物转化到最终产物中，而没有副产物生成。

实际过程中，有些副产物的结构并不确定，因此其分子量也难以确定，所以根据式(2.1)不能直接计算该过程的原子效率。原子利用率作为一种补充方法可以解决这个问题，即原子经济性可用原子利用率来衡量[式(2.2)][22]。但对于不同的化学反应或化学品，同样的原子利用率数值代表的意义不同。在实际工作中，对于既定的高原子经济性的合成路线合成同一化学品，原子利用率可以用作比较。

原子利用率(%)=产物中的原子质量/所有反应原料中的原子质量×100%   (2.2)

另外，这里对反应转化率、收率和选择性也做了相关介绍[式(2.3)~式(2.5)]。其中，转化率是很重要的参数，它用于描述反应所处的阶段和程度。在计算化学过程的经济性时，反应收率和选择性则被直接用于评价反应结果。在很多转化过程中，常常伴随许多副反应。因此，选择性是衡量产物单一性最重要的评价指标之一。

转化率(%)=转化的底物量/所有原料的量×100%   (2.3)

收率(%)=目标产物实际量/目标产物理论量×100%   (2.4)

选择性(%)=目标产物实际量/转化的底物量×100%   (2.5)

在传统的合成化学中，较多地关注如何提高收率和目标产物的选择性[23]。然而，即使 100%收率的反应过程，也可能会有很多废弃物。这里选取著名的 Wittig 反应作为例证。Wittig 反应作为构建 C=C 的重要方法，步骤简单，收率高，被广泛应用于复杂化合物的合成中[24]。在转化过程中，即使反应的收率可以达到 100%，但进入目标产物中的分子量远远低于生成废物的分子量。通过计算，整个反应原子经济性为 29.8%[式(2.6)]。对于溴化甲基三苯基膦 $HPPh_3CH_2Br$ 而言，仅仅亚甲基部分被利用，即[14/(118+278)×100%]=4%的原子利用效率。同时伴随有大量的三苯基氧化膦产生。因此，仅仅通过收率而没有考虑副产物评价生产效率是不够的。原子经济性强调最大化地将原材料转化到产物中去，因此，它可以作为一种评估反应物利用程度的标准。如式(2.7)所示，取代反应和消除反应等，一般都伴有副产物，原子利用率低。而对于原子经济性反应如重排反应和加成反应等[式(2.8)]，所有的反应物都完全进入目标产物中，合成路线具有 100%的原子经济性。

$$\underset{MW:120}{\underset{Ph}{\overset{Me}{>}}{=}O} \; + \; \underset{276}{H_2C{=}PPh_3} \longrightarrow \underset{118}{\underset{Ph}{\overset{Me}{>}}{=}CH_2} \; + \; \underset{278}{O{=}PPh_3} \tag{2.6}$$

$$原子经济性(\%) = \frac{118}{118+278} \times 100\% = 29.8\%$$

1) 传统反应

$$A \; + \; B \longrightarrow \underset{\uparrow}{\overset{产物}{C}} \; + \; \underset{\uparrow}{\overset{副产物}{D}} \tag{2.7}$$

2) 原子经济性反应

$$A \; + \; B \longrightarrow \underset{\downarrow}{\underset{产物}{C}} \tag{2.8}$$

烯烃复分解反应是原子经济性反应的代表实例[25]。通过分子内或分子间进行交叉反应，产生目标烯烃和乙烯[式(2.9)和式(2.10)]。乙烯是一种重要的化工原料，可以被高值化利用。因此，该反应原子经济性高，属"零排放"过程，已被广泛应用于有机合成和聚合材料化学中。

交叉复分解反应

$$\underset{R^1}{\diagup}{=} \; + \; \underset{R^2}{\diagup}{=} \xrightarrow{\text{Ru 或 Mo}} \underset{R^1}{\diagup}{\overset{R^2}{=}} \; + \; H_2C{=}CH_2 \qquad \left| \; \text{Ru催化剂} \right.$$

$$\tag{2.9}$$

关环复分解反应

$$\text{(2.10)}$$

2.2.2 提高反应原子经济性的途径

根据原子经济性的概念和特点，提高原子经济性的途径主要有三种：①设计简洁的合成路线；②提高反应选择性；③副产物的合理利用。

1. 设计简洁的合成路线

在化学合成中，最重要的一个目标是开发高效的合成方法。1993 年，Wender 等提出"步骤经济性"，即在快速合成目标产物中使用尽可能短的反应步骤以减少成本、降低污染、提高整个过程的合成效率[26]。这些综合因素能够促进步骤经济性反应的发展。从本质上讲，较短的反应步骤有利于提高整个路线的原子利用率。以构建 C—C 键的示意图为例，最理想且简洁的路线是以氧气甚至空气为氧化剂，直接用烃类底物进行交叉脱氢偶联，仅产生副产物水[式(2.11)]。然而，实际上传统的构建 C—C 键的方法需要将烃类化合物经过多步衍生化，制备出相应的金属有机试剂以及卤化物，然后实现 C—C 键的构建[式(2.12)]。在制备金属试剂以及卤化物的过程中，往往经历多步合成，且用到大量的辅助试剂。从整个反应路线来看，原子利用率极低。因此，在合成中设计最简洁的反应路线，可以从根本上提高反应过程的原子经济性。

理想方法

$$\text{Ar—H} + \text{R—H} \xrightarrow[\text{氧气或空气}]{\text{Cat.}^{①}} \text{Ar—R} + \text{H}_2\text{O} \qquad \text{(2.11)}$$

传统方法

$$\text{Ar—M} + \text{R—X} \longrightarrow \text{Ar—R} + \text{MX} \qquad \text{(2.12)}$$

另外，以消炎镇痛药布洛芬的合成为例。早期的反应路线(Boots 公司 Brown 合成法)，需要六步反应，包括异丁苯 Friedel-Crafts 酰基化反应、Darzens 缩合反应、水解、脱羧重排肟化和水解等。这个方法反应路线长、能耗高，而且原子经济性差(图 2.3)。通过表 2.6 可知，该反应原子经济性仅有 40%[27]，超过一半以上的材料成为废物。因此，该过程不仅产生了大量的无机盐，从分离的角度看，复杂的精

———————————

① Cat.表示催化剂，下同。

炼过程，高的成本和严重污染，都使得该方法表现出严重不足。20 世纪 90 年代，德国 BASF 和 Hoechst Celanesee Company 公司合资的 BHC 公司发明了 1-(4-异丁基苯基)乙醇直接羧基化法制备布洛芬的新工艺。该路线采用乙酰化、加氢和羧基化三步合成制得布洛芬，步骤缩减一半(图 2.3)[28]。在传统路线中，第一步使用化学计量的 AlCl₃ 作为酰基化试剂以获得高收率目标中间体产物，同时也伴随产生了大量的 Al(OH)₃。然而，在 BHC 方法中，仅仅使用催化量的 HF 就能够得到高收率产物，同时，催化剂也可以回收利用，总的结果是没有副产物生成。在新的路线中，仅通过三步反应就能获得目标产物。大大节约了原材料和能量，减少了废物，缩短了生产周期，同时提高了原子经济性。通过计算(表 2.6)，原子经济性达到 77.4%。另外，后两步绿色合成步骤使用的镍和钯催化剂能够回收循环使用。如果考虑副产物乙酸的回收，原子经济性可达到 99%。因此，和传统方法相比，新方法同时降低了生产成本和环境污染。由于此方面的成就，1997 年，BHC公司被授予"总统绿色化学挑战奖"变更合成路线奖，用于奖励他们在改进合成路线方面的贡献。

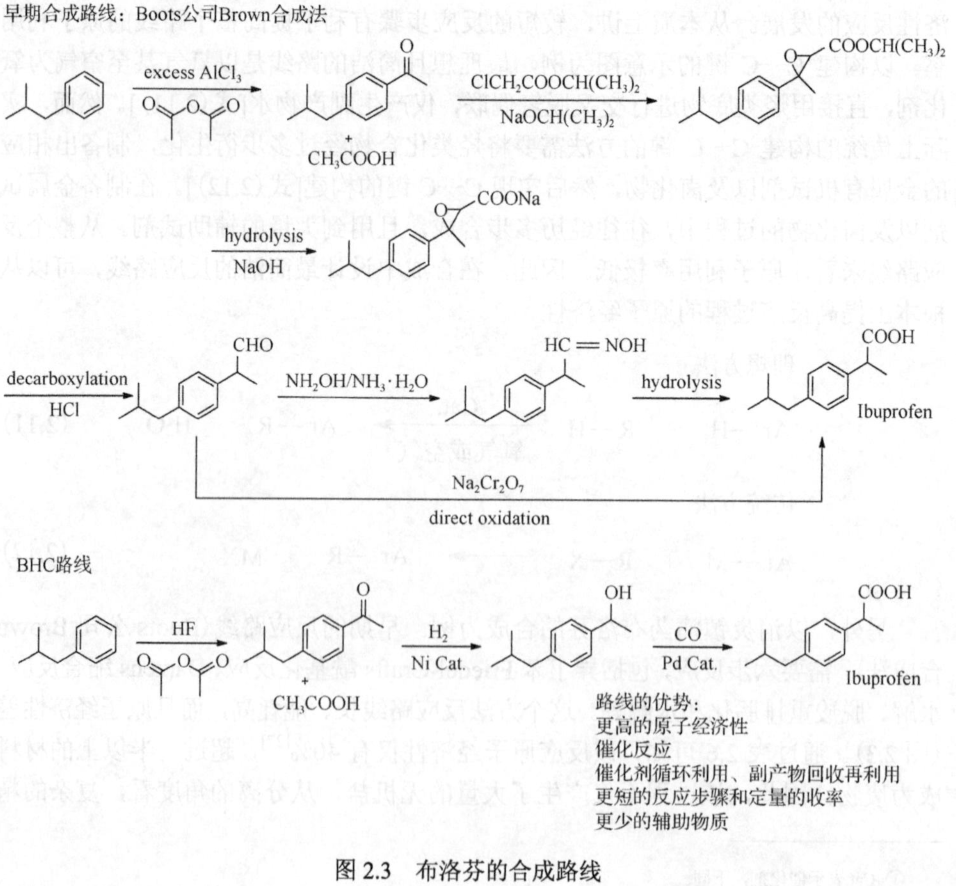

早期合成路线：Boots公司Brown合成法

BHC路线

路线的优势：
更高的原子经济性
催化反应
催化剂循环利用、副产物回收再利用
更短的反应步骤和定量的收率
更少的辅助物质

图 2.3　布洛芬的合成路线

表 2.6 布洛芬的不同合成工艺原子经济性的计算和比较

使用的试剂		产物中被利用的部分		产物中未被利用的部分	
分子式	分子量	分子式	分子量	分子式	分子量
Boots 公司 Brown 合成法					
$C_{10}H_{14}$	134	$C_{10}H_{13}$	133	H	1
$C_4H_6O_3$	102	C_2H_3	27	$C_2H_3O_3$	75
$C_4H_7ClO_2$	122.5	CH	13	$C_3H_6ClO_2$	109.5
C_2H_5ONa	68	—	—	C_2H_5ONa	68
H_3O	19	—	—	H_3O	19
NH_3O	33	—	—	NH_3O	33
H_4O_2	36	HO_2	33	H_3	3
合计		布洛芬		废物	
$C_{20}H_{42}NO_{10}ClNa$	514.5	$C_{13}H_{18}O_2$	206	$C_7H_{24}NO_8ClNa$	308.5
原子经济性=206/(206+308.5)×100% = 40%					
BHC 合成法					
$C_{10}H_{14}$	134	$C_{10}H_{13}$	133	H	1
$C_4H_6O_3$	102	C_2H_3O	43	$C_2H_3O_2$	59
H_2	2	H_2	2	—	—
CO	28	CO	28	—	—
合计		布洛芬		废物	
$C_{15}H_{22}NO_4$	266	$C_{13}H_{18}O_2$	206	$C_2H_4O_2$	60
原子经济性=206/(206+60)×100% = 77.4%					

如图 2.4 所示，传统工业中制备环氧乙烷使用的是氯醇法[29]。该方法分为两步，首先乙烯和氯水反应生成 2-氯乙醇。然后，2-氯乙醇和氢氧化钙水溶液发生消除反应生成环氧乙烷。反应过程使用大量的氯气，但是氯原子并没有进入产物中，而是以氯化钙的形式进入废水中。因此，反应中产生了大量的 $CaCl_2$ 和对环境有危害的废水，原子经济性很低，大约是 25%，这意味着有三倍于产物的废物生成。另外，分离和提纯步骤在获得目标产物的过程中是必要的。因此，从这些方面考虑，这个方法不能满足绿色化学的要求。

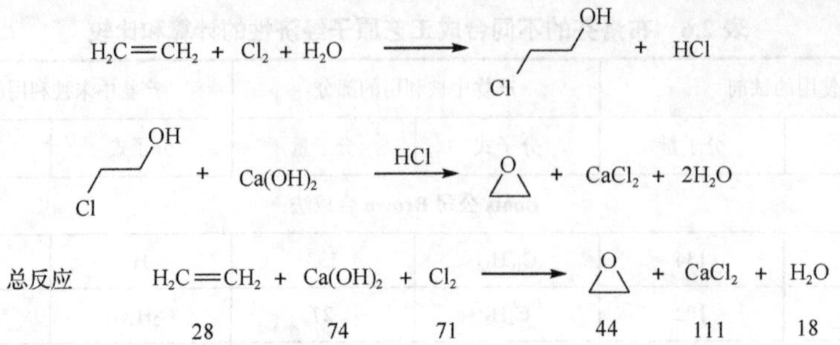

$$H_2C=CH_2 + Cl_2 + H_2O \longrightarrow \underset{Cl}{\diagdown}OH + HCl$$

$$\underset{Cl}{\diagdown}OH + Ca(OH)_2 \xrightarrow{HCl} \triangle\hspace{-0.5em}O + CaCl_2 + 2H_2O$$

总反应 $\quad H_2C=CH_2 + Ca(OH)_2 + Cl_2 \longrightarrow \triangle\hspace{-0.5em}O + CaCl_2 + H_2O$

$$ 28 \qquad\quad 74 \qquad\quad 71 \qquad\qquad 44 \qquad 111 \qquad 18$$

目标产物 $ 44$

废物 $ 111+18=129$

$$原子经济性 = \frac{44}{44+111+18} \times 100\% = \frac{44}{28+71+74} \times 100\% = 25\%$$

图 2.4　环氧乙烷的传统制备方法

鉴于传统方法的不足，研究人员研发了乙烯环氧化制备环氧乙烷的一步法 [式 (2.13)][30]。该方法使用氧气作为氧源以及银化合物作为催化剂。反应过程不需要分离和纯化，获得 99% 的收率和 100% 原子经济性。因此，该方法代表了一种环境友好的制备环氧乙烷的方法。

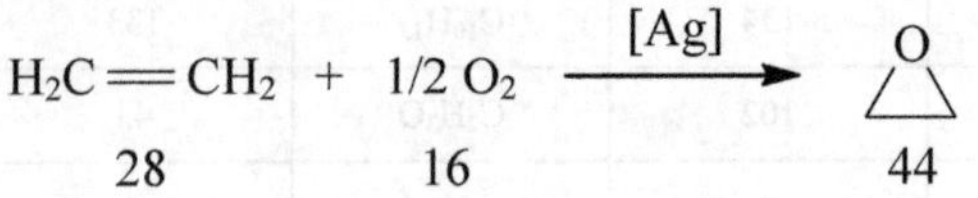

$$H_2C=CH_2 + 1/2\,O_2 \xrightarrow{[Ag]} \triangle\hspace{-0.5em}O$$

$$ 28 \qquad\qquad 16 \qquad\qquad 44$$

目标产物 $ 44$

$$ (2.13)$$

废物 $ 0$

$$原子经济性 = \frac{44}{28+16} \times 100\% = \frac{44}{44} \times 100\% = 100\%$$

2. 提高反应选择性

对于原子经济性反应而言，选择性是一个非常重要的参数，它直接决定反应的实际原子利用率。从广义上讲，一个高效的反应路线，实际上也提高了原子利用率。以工业上催化氢化异佛乐酮制备三甲基环己烷酮为例，在这个过程中，深度氢化的三甲基环己醇和三甲基环己烷副产物总是伴随出现[式 (2.14)][31]。另外，混合物的沸点相似使得分离和提纯困难。总之，选择性低的问题不仅降低了原子利用率，同时提高了化工生产成本以及能耗。因此，提高选择性就是从根本上提高生产的效益。2002 年，Martyn Poliakoff 等研发了超临界二氧化碳介质下的异佛乐酮氢化方法[32]。在该过程中，实现了原料全部转化和 100%选择性，极大地简化了分离和提纯过程。

$$(2.14)$$

3. 副产物的合理利用

在传统生产过程中，副产物常常作为废物处理，从而降低了反应原子经济性。事实上，如果能够将副产物加以合理利用或转化，就能够实现副产物的再利用，从而达到减少废物的排放和提高原料利用率的目的。因此，这无论从经济方面还是环境方面考虑，都符合绿色化学发展的要求。

碳酸酯是一类重要的化学品，如碳酸二甲酯(DMC)，被认为是一种绿色的有机化工中间体[33]。它可以作为甲基化或羰基化试剂用于有机合成制备多种化工产品，也可以作为溶剂，用于油漆涂料、清洁溶剂等。此外，DMC 还可用作汽油、清洁剂、表面活性剂和柔软剂的添加剂。

DMC 的制备方法有很多。其中，以二氧化碳作为羰基化原料最具发展前景。现阶段工业中使用的路线是两步法，即从二氧化碳开始制备碳酸乙烯酯[34]和碳酸乙烯酯的醇解反应[35]。但由于反应原料环氧乙烷具有较高的毒性，存在潜在危险性。因此，近些年来，科学工作者研发了新方法制备碳酸乙烯酯和碳酸二甲酯的路线：二氧化碳和乙二醇[36]或甲醇[37]直接反应制备碳酸乙烯酯和碳酸二甲酯。该种方法副产物水没有危害，但受化学反应平衡限制，大大影响了反应的效率。后来，人们将尿素用于替代二氧化碳，解决了平衡问题(图 2.5)[38]。反应过程中副产物为氨气，而氨气可以被回收利用，再次转变为尿素。整个过程可以看作二氧化碳和乙二醇或甲醇直接生成目标产物碳酸酯和副产物水，氨气只参与反应循环。氨的循环使得该过程原子利用率大大提高。

---

① 1bar=10^5Pa。

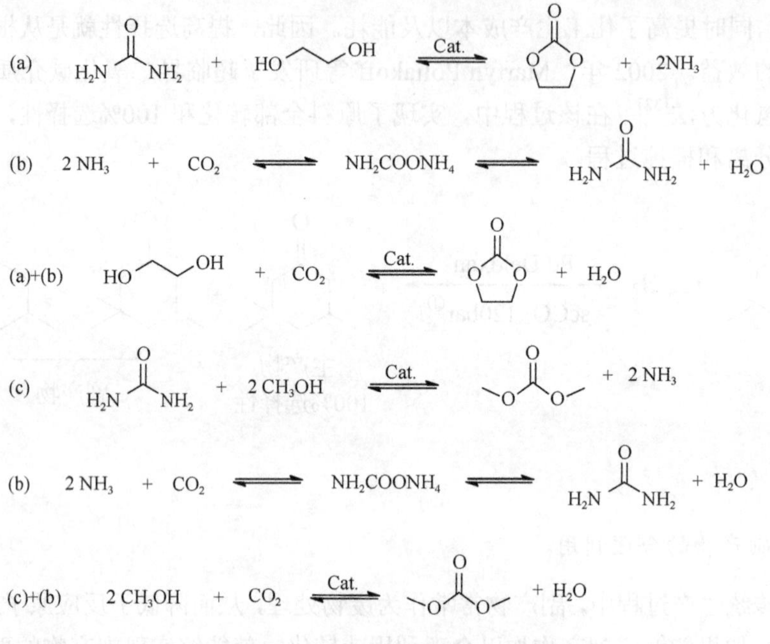

(a) $H_2N\underset{O}{\overset{\parallel}{C}}NH_2$ + HO⌒OH $\underset{Cat.}{\rightleftharpoons}$ 碳酸乙烯酯 + $2NH_3$

(b) $2NH_3$ + CO_2 $\rightleftharpoons$ NH_2COONH_4 $\rightleftharpoons$ $H_2N\underset{O}{\overset{\parallel}{C}}NH_2$ + H_2O

(a)+(b) HO⌒OH + CO_2 $\underset{Cat.}{\rightleftharpoons}$ 碳酸乙烯酯 + H_2O

(c) $H_2N\underset{O}{\overset{\parallel}{C}}NH_2$ + $2CH_3OH$ $\underset{Cat.}{\rightleftharpoons}$ 碳酸二甲酯 + $2NH_3$

(b) $2NH_3$ + CO_2 $\rightleftharpoons$ NH_2COONH_4 $\rightleftharpoons$ $H_2N\underset{O}{\overset{\parallel}{C}}NH_2$ + H_2O

(c)+(b) $2CH_3OH$ + CO_2 $\underset{Cat.}{\rightleftharpoons}$ 碳酸二甲酯 + H_2O

图 2.5　尿素法制备碳酸二甲酯

2.3　低毒化学合成方法

在合成路线中，尽量选用低毒化学合成方法。考虑不使用有毒试剂、催化剂、反应助剂，如毒性原料、反应介质或分离试剂等。必须使用时，应该本着所选试剂是无害的，如考虑使用生物质、二氧化碳等可再生资源以及水、超临界二氧化碳流体、离子液体等绿色介质。

2.3.1　可再生原料或试剂的使用

原料的选择在绿色化学的决策过程中是非常重要的。通常，化工过程中消耗性原材料多数来自石化行业，如煤、石油、天然气等。这些原料的最大特点是具有不可再生性。而非传统原料如生物质(biomass)具有来源广、可再生等优点。例如，常见的农业性和生物性原材料等通过一系列化学过程可以转化为很多高值化的化学品。

生物质原料替代化石原料是可持续发展的重要策略。1996 年，美国"总统绿色化学挑战奖"的学术奖授予得克萨斯 A&M 大学的 Holtzapple，用于奖励其开发的将废弃生物质转化成动物饲料、工业化学品和燃料的一系列技术。另外，生物质主要由淀粉及纤维素等组成，且前者易于转化为葡萄糖。Frost 等报道以葡萄糖为原料，通过酶催化反应制备己二酸、邻苯二酚和对苯二酚等(图 2.6)[39]。通过该路线，不需要用传统的苯为原料就可以得到用于制备尼龙的己二酸，前景广阔。而己二酸传统制备方法的原料多来自石化路线。

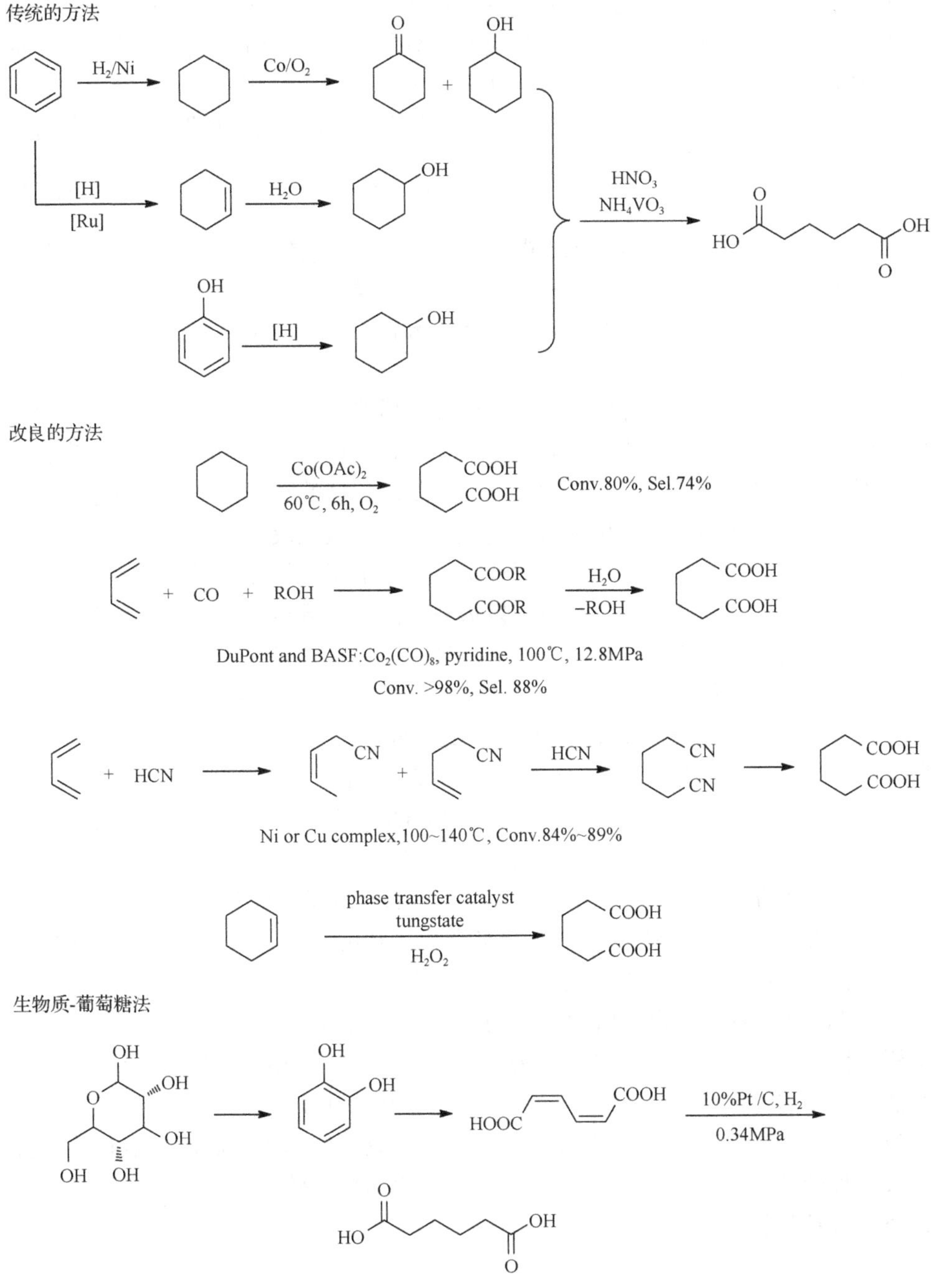
传统的方法
H2/Ni
Co/O2
[H]
[Ru]
H2O
[H]
HNO3
NH4VO3
改良的方法
Co(OAc)2
60℃, 6h, O2
Conv.80%, Sel.74%
CO
ROH
COOR
H2O
-ROH
COOH
DuPont and BASF:Co2(CO)8, pyridine, 100℃, 12.8MPa
Conv. >98%, Sel. 88%
HCN
CN
Ni or Cu complex,100~140℃, Conv.84%~89%
phase transfer catalyst
tungstate
H2O2
生物质-葡萄糖法
HOOC
10%Pt /C, H2
0.34MPa

图 2.6 己二酸的制备方法

1884 年，Hentschel 首次报道了通过芳香胺与光气化学合成异氰酸酯的方法[式(2.15)]。目前，异氰酸酯的制备方法主要有光气法、羰基化法、氨基甲酸酯或酰亚胺化合物热分解法、氰化法、叠氮或酰羟胺化合物重排法等[40]。但主要的工业化生产方法仍然是液相光气法。该工艺需要使用剧毒的光气和氢氰酸为原料，而且有大量的副产物——氯化氢生成，由于反应后分离纯化难度大、工艺路线长、毒性大、环境污染严重等，开发使用非光气的异氰酸酯合成路径得到了广泛关注。

$$RNH_2 + COCl_2 \longrightarrow RNCO + 2HCl \qquad (2.15)$$

1984 年，印度博帕尔市发生了严重的光气、甲基异氰酸酯和氰化氢泄漏事故，导致三千多人死亡，20 多万人受到严重影响[41]。大批食物和水源受到污染，生态环境受到严重破坏。该次事故后，世界各国异氰酸酯企业都在积极开发非光气异氰酸酯工艺。

目前，非光气法合成异氰酸酯主要途径包括[40]：①芳香类硝基化合物还原羰化合成异氰酸酯；②硝基类化合物进行氧化羰化合成氨基甲酸酯或者脲衍生物然后热裂解；③胺类化合物进行氧化羰化得到氨基甲酸酯和脲衍生物然后进行热裂解；④胺类化合物与碳酸二甲酯等绿色化学品进行羰化反应生成氨基甲酸酯然后热裂解。20 世纪 90 年代，绿色化学作为一个新的研究领域而兴起，其背景是传统的化学与化工正面临着人类可持续发展要求的严重挑战。采用无毒廉价的二氧化碳取代光气等剧毒物质便是一个有效途径，这将有可能使异氰酸酯的生产过程成为安全的绿色过程。

通常，二氧化碳被认为是造成温室效应的罪魁祸首，因此，碳减排为各国所倡导。从化学合成角度看，CO_2 是一种环境友好的 C_1 资源[42]：具有储量丰富、廉价易得、可循环再生和不可燃等特点。将 CO_2 进行资源化利用，可为化工及石化行业提供绿色产品，同时可缓解环境问题，具有化工、能源和环保等多重意义。在合成方面，CO_2 可以在一定程度上替代传统的 CO 和光气等，避免毒害等风险。此外，有机杂环化合物在有机合成、精细化工、农药、医药等领域具有十分重要的应用。在有机合成中，二氧化碳可用于构建 C—H、C—C、C—N、C—O 键，制备多种高附加值的化合物等(图 2.7)。目前，已经工业化的二氧化碳资源化利用方式有生产尿素、碳酸酯、聚碳酸酯、甲醇和水杨酸等。每年人类活动排放的二氧化碳约 55 亿吨，而工业上转化为化工产品的二氧化碳只有 1.5 亿吨，而且大部分被用来合成尿素，而用于合成其他化工产品的二氧化碳十分有限，且产品结构单一，所以未来拓展更多的二氧化碳活化与利用方式具有巨大潜力与光明前景。

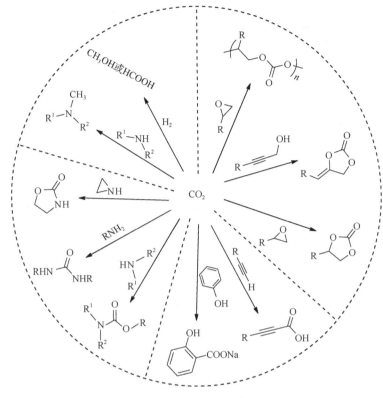

图 2.7　CO_2 的化学转化反应

2.3.2　绿色介质使用

在化学转化过程中，常常会使用有机溶剂。但由于有机溶剂常常具有低沸点、易挥发、对生物体有害以及容易造成环境污染等特点，因此，如何使用溶剂或者避免有机溶剂的使用成为合成化学的重要研究目标。实际上，在很多反应中，溶剂对反应的转化率和选择性高低有重要的影响。因此，必须使用溶剂时，应遵循溶剂的一般选择原则，将溶剂危害效应降到最低。表 2.7 列出了溶剂选择的原则[43]。另外，不使用溶剂有很多优点：①简化了产物和催化剂的分离；②提高反应物和催化剂浓度，催化反应速率提高；③避免了有机溶剂的挥发和泄漏等。尽管如此，不使用溶剂具有很大的挑战性，因为很多过程不使用溶剂反应效率将很低甚至不能进行。基于此现状，发展绿色溶剂替代传统有机溶剂是绿色化学追求的目标。在过去几十年中，绿色溶剂也得到了很大的发展，如水介质、超临界二氧化碳、二氧化碳/水混合介质、离子液体、聚乙二醇和聚乙二醇/水混合介质[44]等。这些体系的发展，为绿色化学化工的发展提供了新的思路和方向。

表 2.7　药物化学中的溶剂选取原则[43]

优先使用溶剂	可使用的溶剂	不适合使用的溶剂
水	环己烷	戊烷
丙酮	庚烷	己烷
乙醇	甲苯	异丙基醚
异丙醇	甲基环己烷	乙醚
正丙醇	甲基叔丁醚	二氯甲烷
乙酸乙酯	异辛烷	二氯乙烷
乙酸异丙酯	乙腈	氯仿
甲醇	2-甲基四氢呋喃	二甲基甲酰胺
丁酮	四氢呋喃	N-甲基吡咯烷酮
正丁醇	二甲苯	吡啶
叔丁醇	二甲基亚砜	二甲基乙酰胺
	乙酸	1,4-二氧六环
	乙二醇	二甲氧基乙烷
		苯
		四氯化碳

　　水作为地球上来源丰富、廉价和绿色的资源，将其作为合成反应介质是最理想的选择。加拿大麦吉尔大学李朝军教授发展了一系列水相类格氏试剂偶联反应体系[45]，克服了传统金属有机试剂反应严格无水的条件。该类水相反应具有突出的优点：避免了有毒性和挥发性有机溶剂的使用，绿色环保的水作为反应介质，减少了由溶剂导致的污染和分离过程的有害性，降低了反应对环境的压力，并拓展了反应原料的适用范围。

　　由于不同温度和压力下二氧化碳和水之间有着动态的微环境变化(如密度、pH 等)，传统的二氧化碳转化反应很难在水相中进行，因此，发展水体系中二氧化碳的化学固定反应具有很大的挑战性。2013 年，韩布兴课题组突破传统体系，报道了水相体系中二氧化碳参与的化学转化反应[46]。该工作中，不使用任何催化剂和助剂，在二氧化碳/水临界条件下，2-氨基苯腈和二氧化碳反应能够顺利发生并定量地生成喹唑啉酮类化合物。另外，使用催化剂能够有效促进该反应快速发生，同时避免了苛刻的反应条件。

　　离子液体(ionic liquids, ILs)是以液态存在的离子化合物(图 2.8)，通常说的离子液体一般是指室温或低温离子液体，即 100℃以下处于液体状态的离子型化合物。由于离子液体对有机和无机物均具有很好的热稳定性和溶解性，同时，离子液体的结构容易进行功能化修饰。因此，近些年来离子液体广泛地用作反应介质。

阳离子

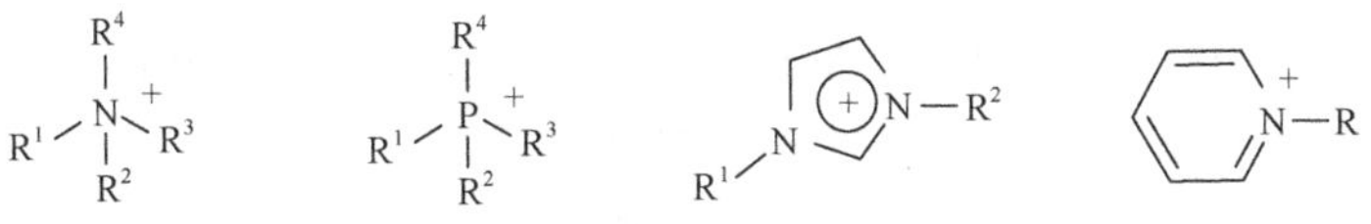

$$BF_4^-, PF_6^-, X^- (X=Cl, Br, I), NO_3^-, CF_3SO_3^-, PhSO_3^-$$

图 2.8 常见的离子液体的阴、阳离子的结构

ILs 可用作环境友好的反应及材料加工的介质，并且可以回收再利用，适合于清洁技术并且满足可持续发展的要求，已经被人们广泛认可和接受。ILs 已广泛应用于氧化还原反应、缩合反应、重排反应、酯化反应、聚合反应，并显示出反应速率快、转化率高、选择性高、催化体系可重复使用等优点[47]。

醇氧化反应是有机合成工业中常用的合成手段之一。该类反应通常使用价格昂贵的氧化剂如 $KMnO_4$、MnO_2、CrO_3、Br_2 等，副产物多且造成环境污染。使用 ILs 作为介质、氧气为氧化剂，能够避免上述不足，而且水是唯一的副产物[48]。此催化体系被成功应用于苄醇氧化为苯甲醛或苯甲酸的反应(图 2.9)。

图 2.9 离子液体中苄醇氧化制备苯甲醛或苯甲酸

Friedel-Crafts 反应是芳环衍生化的重要方法之一，在 ILs 中进行的 Friedel-Crafts 反应不仅能避免使用有毒的有机溶剂，而且具有催化效果好、反应速率快、条件温和以及产物容易分离的优点。$Sc(CF_3SO_3)_3$ 催化烯烃与芳烃的 Friedel-Crafts 烷基化反应[49]，此反应在传统的有机溶剂中不能进行，但在 ILs 中烯烃的转化率可达 99%以上[式(2.16)]。

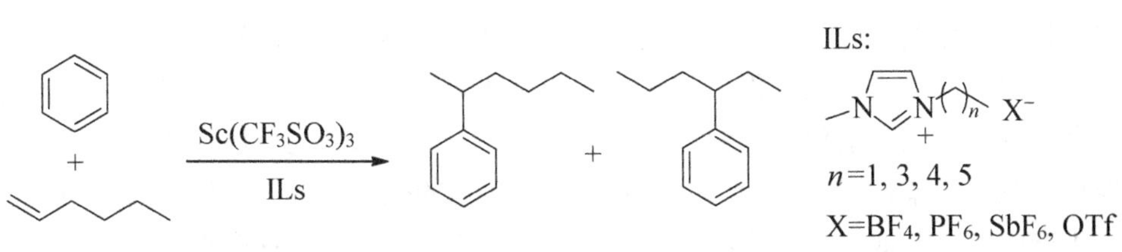

ILs:

$n=1, 3, 4, 5$

$X=BF_4, PF_6, SbF_6, OTf$

(2.16)

另外，ILs 也成功地应用于 Diels-Alder 反应[50]、Heck 反应[51]、Suzuki 交叉偶联[52]、Baylis-Hillman 反应[53]、Aldol 缩合[54]、Knoevenagel 缩合[55]、重排反应[56]、环化反应[57]等。综上所述，ILs 作为一种新型高效的反应介质(或催化剂、促进剂)在有机合成领域已有广泛的应用。由于 ILs 所具有的特殊性质，可以代替 Lewis 酸碱催化剂，还可以充当配体使用，避免了许多高毒、强腐蚀性试剂(催化剂)的使用。后处理简单，ILs 或 ILs 催化剂体系可以回收使用多次，反应收率和选择性基本保持不变。

另外，二氧化碳在超临界条件下表现为稠密相流体，具有特殊的性质，而且具有可调节的特点[58]。它作为化学反应的介质具有以下优点：①安全无毒、来源广泛、廉价易得；②临界点很容易达到，对设备要求不高，也便于操作，有利于工业化生产；③具有气体的扩散性和液体的密度，作为反应介质具有良好的传质速率和溶解度；④反应完成后二氧化碳能以气体的形式排放，无溶剂残留，便于产物的分离和后续的工艺过程等。因此，超临界二氧化碳作为一种绿色的反应介质能够取代一系列可能会具有危害性或被政府严格控制的溶剂。同时，超临界二氧化碳还可用于提高反应选择性。超临界二氧化碳在氧化反应、催化氢化反应、烷基化反应、羰基化反应、酶催化反应和聚合反应等中都有广泛的应用。

2.4　催化反应

2.4.1　简介

通常计量化学反应简单有效，但采用计量反应会带来较多的副产物，不符合可持续发展的要求。因此，发展具有高选择性的催化剂比化学计量的试剂更具优势。

酸催化在化学生产中占据着重要的地位。传统的酸催化剂如硫酸、氢氟酸、三氯化铝和磷酸等腐蚀性强、污染大、后处理复杂并产生大量的含盐废水，不符合当今绿色化学的要求[59]。新型固体酸催化剂可以很好地解决这些问题[60]。常见的固体酸催化剂有分子筛、杂多酸及其盐、离子交换树脂等。其中，分子筛材料已经被广泛应用于化工过程。除此之外，固体碱催化剂、酶催化、膜催化以及均相催化剂固载也是催化领域的重点发展方向。酶催化以其高效性、专一性、可调控性以及反应条件温和等特点成为催化领域研究的热点。基于催化反应在当今化工生产中的重要地位，绿色催化剂和催化过程的研究也占据着重要的地位。新催化剂的开发和新反应的建立，一方面能够通过改变现有化学工艺，有效地解决化学过程中的环境污染问题，另一方面，高效环保催化剂的发展也为新材料的利用提供了可能。

选用高效催化剂不仅可以实现常规方法不能进行的反应，大大缩短反应步骤，而且是实现原子经济性反应的一个重要途径。Hoffmann-La Roche 公司开发的抗帕金森药物 Lazabemide 合成工艺为催化反应提供了一个很好的例子。传统的 Lazabemide 合成路线从 2-甲基-5-乙基吡啶出发，采用 8 步合成法，总收率只有 8%。而以 2,5-二氯吡啶、一氧化碳和乙二胺为原料[61]，采用钯催化羰基化法，仅用一步就合成了目标产物，收率高，原子经济性为 100%（图 2.10）。

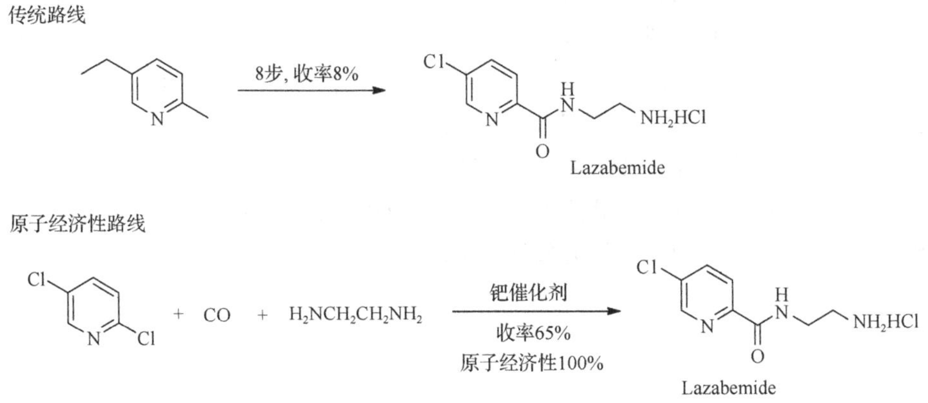

传统路线

原子经济性路线

图 2.10 Lazabemide 的合成工艺

目前广泛采用的烷基化技术依然是液体酸烷基化技术[59]，主要是硫酸法烷基化工艺和氢氟酸法烷基化工艺。缺点是对设备腐蚀严重、对人身的危害大以及产生废渣、污染环境等。例如，氢氟酸烷基化所用催化剂具有剧毒、易挥发等特性，若发生泄漏情况，就会在厂区的低空处形成严重危害员工人身健康的气溶胶。

由于安全优势及环保优势，固体酸烷基化技术呈现替代氢氟酸烷基化和硫酸烷基化的趋势。K-SAAT 固体酸烷基化工艺由 KBR 公司开发，采用的是 Exelus 公司 ExSact-E 的固体酸催化剂。该催化剂可使异丁烷与各种轻烯烃在不同的条件下发生反应，比传统液体酸催化剂更安全环保，稳定性更好，投资相对较低，烷基化油的产量也较高[62]。K-SAAT 固体酸烷基化工艺的特点：对污染物具备较高的容忍度；对原料具有较强的适应性；收率相比液体酸烷基化工艺更高；投资成本比硫酸法烷基化工艺更低。能够适用于现有液体酸烷基化装置改造为 K-SAAT 固体酸烷基化工艺的首套工业化装置已在山东东营的海科瑞林化学公司进入建设阶段，规模为 10 万吨/年，同时，后期扩展规模装置也在进行中。

2.4.2 高效催化剂设计

设计高效的催化剂可以大大提高反应的速率，进一步提高生产效率。以工业上通过环氧化物和二氧化碳的环加成反应制备环状碳酸酯为例来详述高效催化剂的设计。该反应已经有几十年的研究历史，在工业上已经得到了规模化生产，但实际工业条件一般使用季铵盐或碘化钾等作为催化剂，在高压高温条件下反应。对仪器设备要求较高，潜在危险性也比较大。因此，发展高效催化剂能够在常温低压条件下甚至常压下高效反应，最为理想。该反应是路易斯酸和亲核试剂协同催化机理。通过设计特定结构的催化剂对二氧化碳和环氧化物进行有效活化，就能够大大提高反应性，进一步提高反应的效率。较多的策略是设计具有合适路易斯酸中心的金属(如 Mg[63], Al[64, 65], Zn[66], Co[67], Fe[68]等)复合物催化剂(图 2.11)对环氧底物进行高效活化或者使用具有强亲核试剂的非金属催化剂(如氮杂环卡宾[69]、超强碱[70]等)对二氧化碳进行有效活化，均能够大大提高该转化反应的效率。设计高效催化剂能够显著降低反应的活化能，提高反应的速率，同时使反应能够在非常温和(低压和低温)的条件下快速进行。

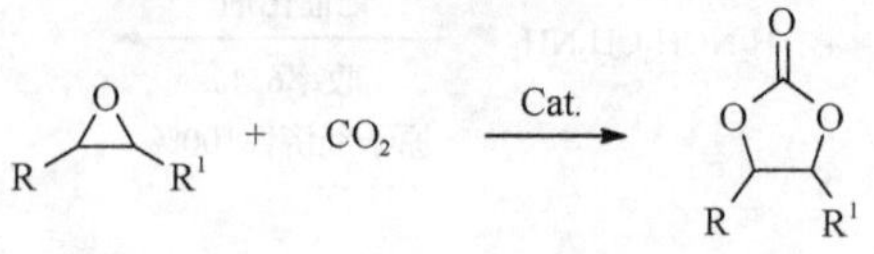

金属复合物催化剂

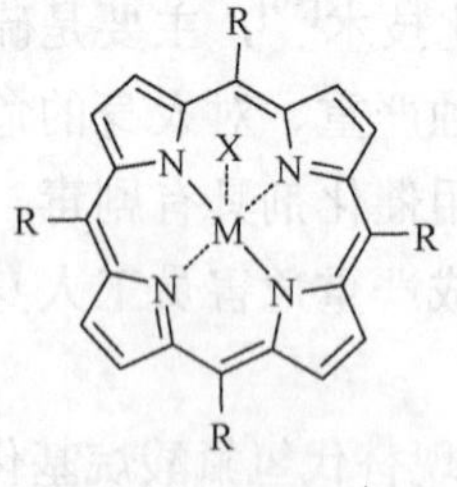

M=Mg, R=3, 5-bis-O(CH$_2$)$_6$N$^+$Bu$_3$Br$^-$-Ph
CO$_2$(17 bar),120℃
TON①=138000, TOF②=19000h^{-1}
Ema课题组(2014)

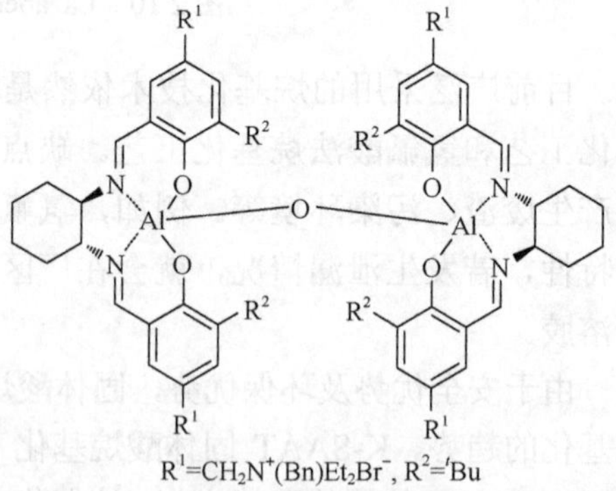

R^1=CH$_2$N$^+$(Bn)Et$_2$Br$^-$, R^2=^{t}Bu
TBAB, CO$_2$(1bar), 25℃
North课题组(2009)

---

① TON 为每摩尔催化剂能生成的产物的量。
② TOF 为单位时间内每摩尔催化剂能生成的产物的量。

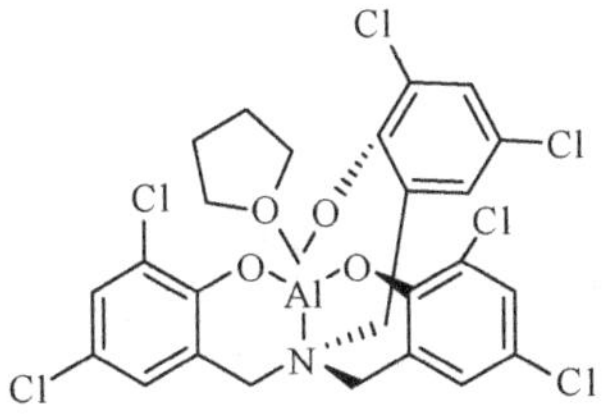

TBAI, CO_2(10 bar), 90℃
TOF=36000h^{-1}
Kleij课题组(2013)

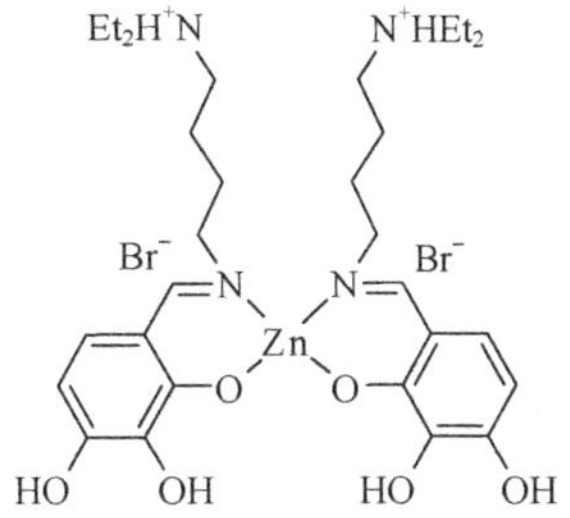

CO_2(1 bar), 120℃
TON=49288±13, TOF=39473±8h^{-1}
He课题组(2016)

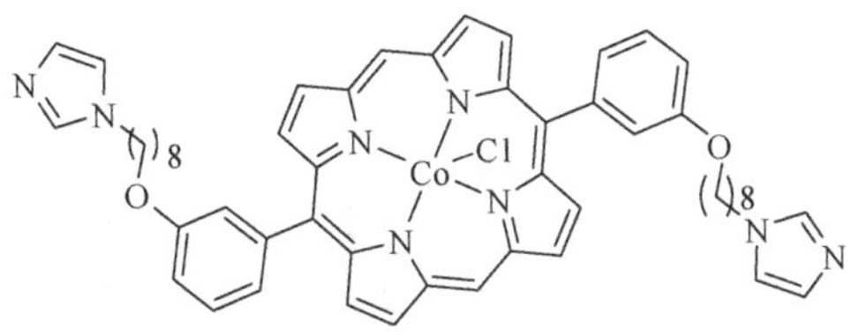

CO_2(20 bar), 120℃
TON=2930, TOF=122h^{-1}
Jing课题组(2016)

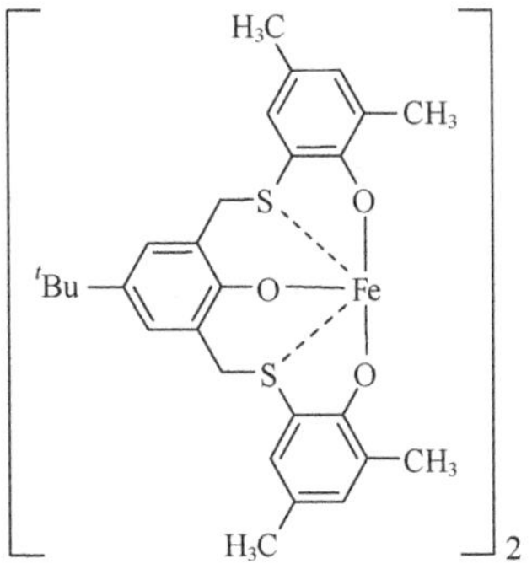

TBAB, CO_2(20 bar),120℃
TOF=5200h^{-1}
Capacchione课题组(2016)

图 2.11　金属复合物催化环氧化物和二氧化碳反应

2.4.3　催化剂的循环利用

一种催化剂要用于工业生产，不仅需要具有很高的催化活性，同时要有很好的热稳定性，保证催化活性和催化寿命的双重优良特性。

在合成化学中，对于大多数催化剂而言，属均相催化剂效率最高。但同时，均相催化剂具有不利于回收的特点。因此，如何使催化剂既具有高效催化活性，又具有可简易回收的优点是很有前景也是很具有挑战性的研究课题。研究结果证实，活性物种负载是一种实现高效催化剂简单回收利用的有效方法。例如，将活性位点(季铵离子，季鏻离子，咪唑离子等)负载到聚合物或其他载体上制备成可回收高效催化剂(图 2.12)[71]。该类催化体系的特点有：定量收率、催化剂使用量少、条件温和(反应温度和压力低)、反应时间短、催化剂回收简单等。

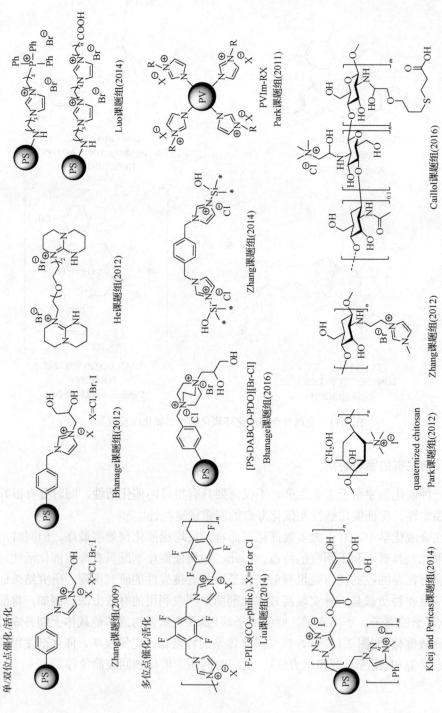

图2.12 典型的负载型催化剂[71]

2.5 温和条件与能源使用效率

2.5.1 减少反应能量输入

反应过程设计要讲求能效,尽可能降低化学过程所需能量,同时考虑对环境和经济的效益,合成方法应尽可能在室温和常压下进行。

通常,如果原料和试剂能很好地溶解到一起,反应混合物就能够被简单地加热至预设的温度和时间。但为了使反应过程能效更高,加强对反应器热量或能量需求的分析十分必要。另外,当一个反应需要获得热力学产物时,常常通过加热实现。外界输入的能量用于克服反应趋于完全所需要的活化能(图 2.13)[72]。使用催化剂可以降低反应的活化能从而减少这部分能量。

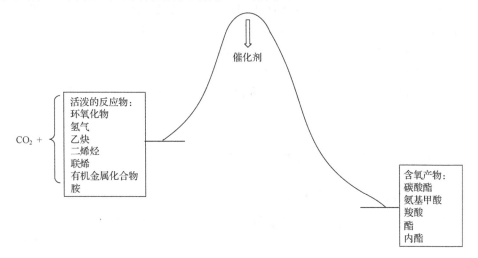

图 2.13 二氧化碳参与的合成反应策略[72]

在证明一个反应能够进行以后,化学家常常试图优化该反应或整个反应路线,以求实现最高效率和低能需求等目标。

同样,在应用领域,低能耗过程开发前景更加广阔。Carnegie Mellon 大学的 Collins 发展了一系列 Fe(Ⅲ)络合物,简称为 TAML 活化剂。这种活化剂可以增强 H_2O_2 的氧化能力,主要应用于传统造纸工业中的氯气或次氯酸漂白木浆和纸浆。造纸工业需要将含有丰富的纤维素和半纤维素的棕色木浆由含氯试剂漂白得到用于制备纸张和其他纸质产品的白色材料,但是使用氯化物漂白会导致有毒的含氯酸性化合物生成,对环境造成危害。而 TAML 活化剂的发明,可实现以更加绿色和经济的 H_2O_2 为漂白剂的无氯漂白工艺制备以纤维素为基础原料的纸质产品。TAML 的主要作用是在漂白过程中使 H_2O_2 在相对较低温度(50℃)下活化,选择性漂白木浆并去除木质素残留物。该方法既节约能源又可避免污染环境的含氯有机废物生成[73]。

2.5.2 提高能源使用效率

在另外一些情况下，反应是强放热的。需要通过外界手段如使用冷却水迅速移除一些热量以达到控制反应的目的。

以环氧丙烷和二氧化碳反应制备碳酸丙烯酯为例，综合考虑设备性能和反应效率，反应条件通常为 5～8MPa 和 120～180℃。太高的压力会提高对设备的要求，从而提高能耗和降低安全性。另外，这个反应是放热反应，前期加热促进该反应发生。一旦反应引发后，速率大幅提高，大量热量释放，体系温度急剧升高，需要冷却水移除部分热量，维持合适的反应温度保证反应快速稳定反应。在这种情况下，选用高的反应温度比常温反应更加有利，更加节约能量。因为，低温下移除大量热量并保持稳定运行，同样需要在控制过程中输入很多能量。

化学工业中最耗能的过程之一是分离和纯化过程。因此，为了降低分离纯化过程中的能耗，首先，应努力改进生产工艺，最大限度地减少副产物的生成，使反应能够以高原子经济性、高选择性和高收率获得产物。其次，选择开发工艺分离过程的新方法，降低能耗。

2.6 可生物降解产品设计

2.6.1 可生物降解产品设计基本原则

在设计功能产品时，应把可降解性能作为考虑的一个因素。设计的化工产品，当其功效作用完成后，在生物酶作用下可以分解为无害的降解产物，而不在环境中持久滞留。

以生物医用材料的研究为例说明。生物可降解医用高分子材料作为组织工程材料在伤口外敷、外科手术缝合、药物控制释放载体等方面表现出巨大的应用潜力。理想的医用材料不仅能满足生物医学功能，同时应具有良好的生物安全性和相容性以及可控的降解性[74]。通常开发的生物降解医用高分子材料主要分为天然生物降解和合成生物降解高分子材料。天然生物降解高分子材料有纤维素、多糖蛋白质与多肽等。合成生物降解高分子材料有聚乳酸、聚己内酯、聚乙醇酸、聚丁烯琥珀酸、聚乙丙交酯、聚氨基酸和聚氨酯等。因此，构建可降解高分子材料，首先应该使用无毒害的原材料或天然物质；另外，选取的这些物质结构具有设计目标分子的兼容官能团或功能基。通过化学或生物手段将这些基本结构通过柔性链和刚性链有机组合到一起形成功能化高分子材料(图 2.14)。

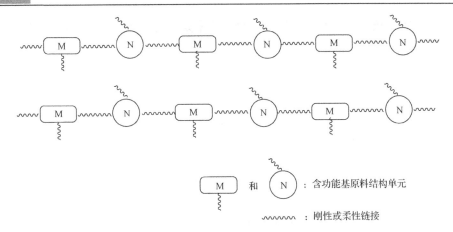

M 和 N ：含功能基原料结构单元

~~~~~~~ ：刚性或柔性链接

图 2.14 可生物降解的功能高分子模型

2.6.2 可降解产品取代传统不易降解产品

高分子材料的发展为我们日常生产生活带来了很大便利，在很多方面成为金属、陶瓷、木材等材料的替代品。但是很多聚合材料在设计的时候没有考虑到其可降解性能，如一次性塑料袋、一次性饭盒、农用地膜、包装袋等，其主要成分为聚苯乙烯、聚丙烯、聚氯乙烯等，大量塑料废弃物丢弃到环境中很难降解，造成了严重的白色污染。白色污染物泛指一次性使用后未经合理收集和处理而造成环境污染的所有塑料废弃物。常用的白色污染物处理方法如掩埋、燃烧法、熔融法等均会产生环境污染。因此，开发可生物降解塑料有望解决这些问题，也是近年来人们追求的目标。

在使用聚合材料时应同时考察其毒性和可降解性能，以消除对自然界可能产生的负面影响。很多有前景的可降解聚合材料有聚碳酸酯、聚氨基甲酸酯等。它们是以二氧化碳为原料合成的聚合物，不仅原料绿色无毒，而且性能优异，使用后能被自然界中的微生物降解，不产生二次污染。

1969 年，Inoue 等发现二氧化碳和环氧化物在有机金属催化剂的作用下可以通过聚合反应合成聚碳酸酯[75]。之后几十年，以二氧化碳作为 C_1 合成子制备高分子化合物得到较多的研究[76,77]。另外，科学家们也先后研究了二氧化碳与二元胺、二元醇[78]等的聚合反应。到目前为止，仅有二氧化碳与环氧化物的共聚反应展现出潜在的应用前景。

二氧化碳与环氧化物开环共聚合成脂肪族聚碳酸酯的反应如图 2.15 所示。理想的共聚反应是环氧化物与二氧化碳交替共聚。在众多的环氧化物与二氧化碳共聚生成聚碳酸酯的反应中，研究较多而且具有潜在应用价值的是环氧丙烷与二氧化碳共聚生成聚丙烯碳酸酯(PPC)及氧化环己烯与二氧化碳共聚生成聚环己烯碳酸酯(PCHC)的反应。PPC 在 250℃以下能可控、均匀地降解为丙烯碳酸酯，而PCHC 的分解温度约为 300℃。这些脂肪族聚碳酸酯具有生物可降解性，降解物本身无毒害，还可以再利用。因此，聚碳酸酯是一种绿色化工产品，具有很好的工业化生产前景。

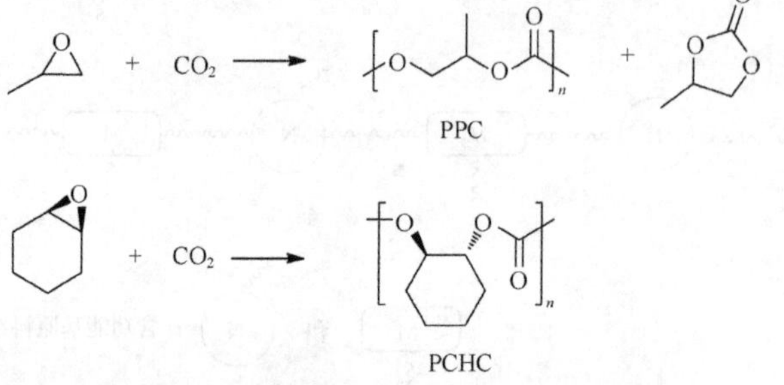

图 2.15　环氧化物和二氧化碳的聚合反应[76]

2.7　避免不必要的衍生化过程

在反应过程中，反应原料或产物分子结构上具有活泼的官能团，能够和反应过程中的某些试剂发生副反应，因此，在合成过程中，需要将该种官能团提前保护起来，反应后再通过化学方法去除 (图 2.16)。这种过程称作衍生化，它是一种利用化学变换把化合物转化成类似化学结构的物质。常用的衍生化反应有酯化、酰化、烷基化、硅烷化、硼烷化、环化和离子化等。从图 2.16 可以明显看出，衍生化过程中，不可避免使用额外的化学试剂，需要预处理和后处理步骤，有大量废物产生等，因此，开发无衍生化反应途径，避免使用衍生化反应试剂有利于建立洁净反应过程，促进绿色化学的发展。

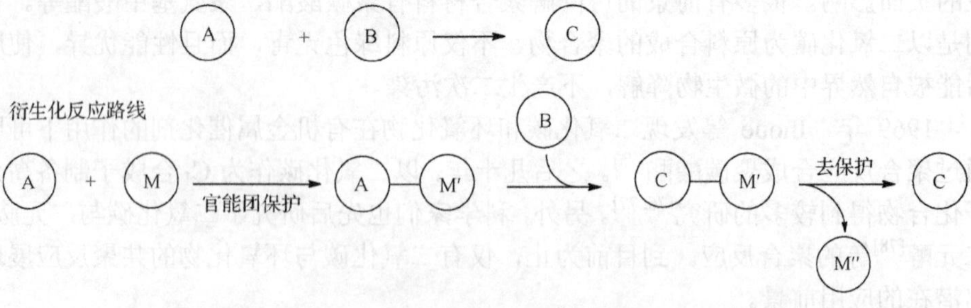

图 2.16　衍生化反应原理示意图

加拿大麦吉尔大学的李朝军教授在水相中开展了一系列类格氏试剂偶联反应的研究[79]，带有活泼氢的反应原料无须保护和脱保护步骤即可参与偶联反应，省去大量分离纯化步骤。水溶性的糖类也可直接参与反应，避免了传统使其溶于有机溶剂的衍生化步骤，减少了不必要的污染和助剂消耗。水相格氏试剂偶联反应体系的建立从总体上减少了溶剂废弃量和保护基团的试剂使用量，降低了反应对环境的压力，并拓展了反应原料的适用范围。李朝军教授还研发了一系列脱氢偶联反应[80]，无须事先对原料进行卤素衍生化，直接由过渡金属活化原料，以过氧化物或氧气作为终端氧化剂直接得到交叉偶联的 C—H 键形成产物。该类脱氢偶联反应的发展，有望解决长期以来困扰工业界的有害卤素废物的处理和排放问题，同时降低了反应的成本，成为化学绿色化发展的典范。

环胺结构是很多具有生物活性的天然产物和药物分子的核心骨架，实现杂环化合物的选择性 C—H 键活化具有十分重要的意义。然而大多数方法需要借助过渡金属催化剂实现以上过程，因而必须对氨基进行保护基预修饰或使用不含 N—H 键的三级胺作为底物以消除 N—H 键对反应的干扰。此外，使用导向基团策略还面临着导向基的引入和后续消除等问题，由此限制了环胺结构中 α 位 C—H 键官能团化的实际应用。最近，美国新泽西州立罗格斯大学的 Daniel Seidel 教授(现于佛罗里达大学任教)等报道了无保护基修饰环状二级胺的 α 位 C—H 键官能团化(图 2.17)[81]。

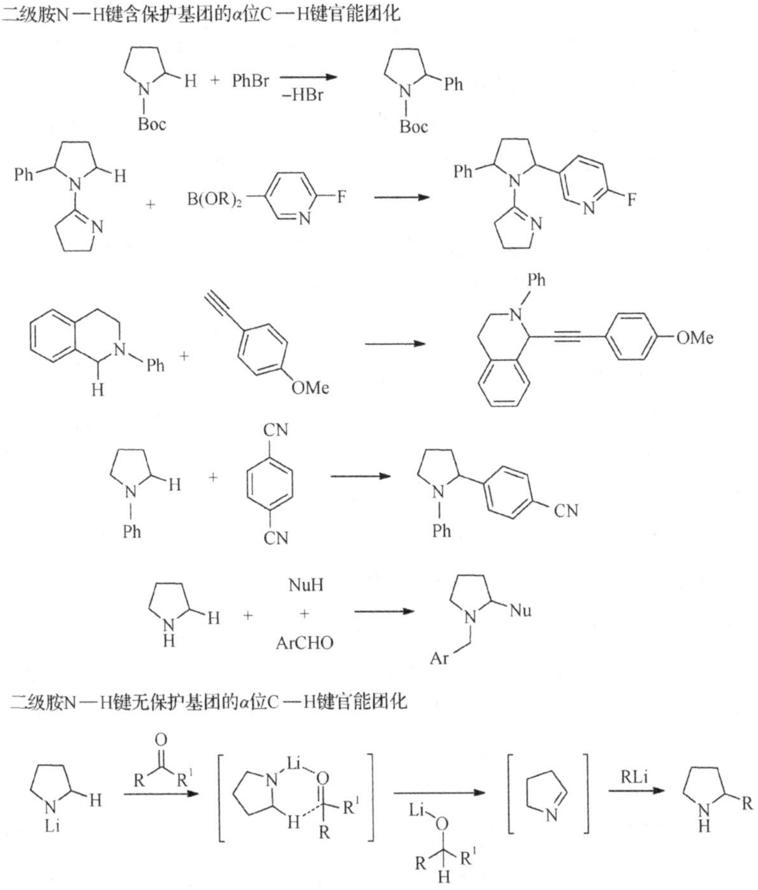

图 2.17 环胺中 α 位 C—H 键官能化方法[81]

他们利用二苯甲酮作为负氢受体，通过负氢转移策略发展了无保护基修饰环二级胺化合物 α 位 C—H 键的官能化过程。该反应无须过渡金属催化剂参与，省去了 N—H 键进行保护基修饰的环节，对不同底物具有良好的适用性。该方法区域和立体选择性可控，并可以用于天然产物及药物分子的后期修饰。

2.8　设计安全的化学过程

2.8.1　设计安全过程的一般原则

设计安全化学品，首先应该了解目标化学品的结构-活性关系、其对生物和环境作用机制、如何降低生物利用度等，同时应去除毒性的官能团，设计一种无毒害的安全过程[82, 83]。

设计生产的化学品不仅具有所需的性能，还应具有最小的毒性。毒性是指小部分毒害特别大的干扰人类和其他生物体生理作用的具有严重伤害性或致死的特性。毒性物质的泄漏会产生较大的事故。毒性又分急性毒性和慢性毒性。急性毒性表现明显，有机体对暴露的毒性物质反应迅速，它能让有机体患病但不一定死亡。慢性毒性则经很长的时期才能被发觉，它可能会致死。评估化学品危害性的三要素为毒性、生物聚集作用和致癌性。了解有关毒性物质的一些基本知识后，就能够找到有害物质的来源以及消除或避免这些有害物质的方法。

目前广泛用于生产木材夹合板及复合板的黏合剂通常是醛类化合物，如水杨醛、脲醛树脂等。在制作和使用带有甲醛基黏合剂的复合木材过程中，会有甲醛释放出来，甲醛是一类致癌物质，对人体有害。俄勒冈州立大学 Kai Chang Li 教授与哥伦比亚 Forest 产品公司和 Hercules 公司联合开发了一种环境友好黏合剂，这种黏合剂主要成分是大豆蛋白，不使用甲醛作为原料，使用过程中也不会释放甲醛，而且它比现有的黏合剂具有更高黏合强度和耐水性能，成本也更具优势。2006 年，哥伦比亚 Forest 公司使用这种新型的大豆蛋白基的黏合剂代替了超过 2.1 万吨的传统甲醛黏合剂，使每个板材工厂排放的有毒气体污染物减少 50%～90%，同时给生产大豆的农户带来了直接经济效益[84]。

绿色化学要求从源头上消除污染，因此，首先要求我们需要的物质是安全有效的。该物质的特性以及功能对人类和环境等无害。具体而言，就是使有机分子不进入人和动物体内或者这种物质对体内正常的生物化学和生理过程不产生有害的作用。鉴于生命体的复杂性和动态性，挑战很大，但作为分子的设计者，应该掌握分子结构和生物效应的相关信息，以设计出安全无毒的功能分子。另外，研究者也应考虑分子结构以及其在环境中作用时可能发生的异常行为。例如，物质分子在空气、水和油中不同的分散性，不同的存在方式如酸雨以及不同的作用结果如臭氧层破坏、温室效应等。只有掌握了这些信息，才能在充分使用其功能的前提下，除去它对人类和环境的有害生物效应。因此，在设计安全有效的化学品时，需要同时考虑物质分子对动植物机体的"外部"效应和"内部"效应原则。

（1）"外部"效应原则：主要指通过分子设计，改善分子在环境中的一些重要物理化学性质如分布、降解速度、挥发性、残留时间和动植物体对它的吸收性质等，从而降低有害生物效应。"外部"效应原则也要考虑目标物质中可能产生的不纯物质的性质，如同系物的毒性大小、是否有毒性更大的异构体或结构上不相关的杂质。

（2）"内部"效应原则：通常包括通过分子设计以达到增大生物解毒性、避免物质的直接毒性和间接生物致毒性（或称生物活化）等。例如，增大生物解毒性包括把分子设计成亲水性的或者容易与硫酸盐、氨基酸等结合，提高降解性，有利于其从泌尿系统或汗液中快速排出。间接生物致毒性通常指初始物质无毒，但它进入体内会转化为有毒的代谢物。

总之，同时结合"外部"效应和"内部"效应原则，针对每一个环节做出相应的设计和考虑，实现安全有效化学品的设计。这些对科研工作者提出了更高的要求：拥有更多的技能和丰富的知识，对分子结构和性质、对毒理学研究等有很好的掌握。面对这些挑战，加强领域内外、学科之间的交流显得越来越重要和必要。

2.8.2　防止事故发生的安全化学

在化工过程中使用的物质和物质形态的选择，应保证其尽可能地减少发生化学事故，包括泄漏、爆炸以及着火等的潜在可能性。

碱金属如锂、钠等是化学反应常用到的试剂，具有很强的供电子性，反应活性很高。同时，它们也具有易燃易爆的特性。因此，碱金属储存和处理存在很多不安全的因素，运输和后处理费用也很高[42]。针对碱金属的这种特性，SiGNa 化学公司开发了一种包埋技术用来稳定碱金属。具体方法是使用多孔、沙状的粉末来包裹碱金属，同时能保留它们的反应活性。该技术使碱金属的储存、运输和处理更加安全。这项技术使得应用碱金属的化学反应可控，消除了直接使用高活性碱金属的危险，而且降低了成本。

在开发安全化学过程的同时，推广普及设计安全有效性化学品的教育知识，使学术界和工业界都从本质上改变，建立科学的、技术的和经济的系统理论。

2.8.3　建立实时监测技术

随着绿色化学的兴起，科学家已经高度重视环境保护并做了多方面工作。分析化学家们在污染物检测方面不断开发新的检测方法和技术，以期望在污染物产生阶段就将其避免或最大化降低。绿色化学的目标是从源头上避免有害物质的生成，因此，实时检测技术将在有效控制污染物产生的过程中发挥重要作用，实现在线分析或即时分析。通过该技术，可以对化学反应过程中有害物质和副反应进行跟踪监测。当这些副反应发生以后，通过信息反馈，能够及时调整反应参数使其减少或消除。另外，将传感器和过程控制系统建立联系，有可能实现自动化控制。

近些年来，在线分析技术已经得到较大的发展。很多分析手段如在线红外光谱、在线核磁共振技术、在线质谱等均得到较大的发展和进步。在具体实验过程中，通过在线分析手段，可以有效跟踪反应进行的程度。尽管在线技术还处于初级阶段，使用成本还比较高，但多项在线技术已经成功应用于基础研究领域并且取得了卓著成效，为反应过程的即时监测和反应机制研究提供了非常好的手段。

2.9　总结与展望

绿色化学是解决环境问题的根本手段。绿色化学十二条原则完整地阐述了化学过程中的各个方面，对判断一个反应过程是否符合绿色化学的要求给出了重要的判断标准。绿色化学的本质要求在源头上避免废物的产生，因此，在合成设计中首先应考虑选择原子经济性反应路线，从源头上杜绝副反应的发生。设计反应过程，优先选择使用可再生原料和能源，保证所得产物可以降解回收再利用，避免后期造成环境污染。反应中，使用高效可回收催化剂、使用绿色介质、避免使用有机溶剂等。同时，通过在线检测技术，实时监测反应过程的变化，及时控制和调整反应参数以达到理想选择性的目标。

总而言之，绿色化学十二条原则作为绿色化学的核心内容融合于设计、研究、生产与应用的各个环节，为绿色化学的进一步发展奠定了理论基础。它们既可以作为化学家合成开发和评估一个合成路线、一个生产过程和一个产品是否符合绿色化学的指导方针和标准，还可以作为开发环境无害产品与工艺的指导方针。因此，在未来合成与工艺发展中，绿色化学原则将会得到不断的完善以及发挥越来越重要的作用。

参 考 文 献

[1] Anastas P T, Warner J C. Green Chemistry: Theory and Practice. New York: Oxford University Press, 1998.

[2] 阿纳斯塔斯 P T, 沃纳 J C. 绿色化学: 理论与应用. 李朝军, 王东, 译. 北京: 科学出版社, 2002.

[3] Tang S L Y, Smith R L, Poliakoff M. Principles of green chemistry: PRODUCTIVELY. Green Chem, 2005, 7: 761-762.

[4] Anastas P T, Kirchhoff M M. Origins, current status, and future challenges of green chemistry. Acc Chem Res, 2002, 35: 686-694.

[5] Sheldon R A. E factors, green chemistry and catalysis: an odyssey. Chem Commun, 2008, (29): 3352-3365.

[6] Sheldon R A. The E factor 25 years on: the rise of green chemistry and sustainability. Green Chem, 2017, 19: 18-43.

[7] Sheldon R A. Consider the environmental quotient. Chem Tech, 1994, 24(3): 38-47.

[8] Jimenez-Gonzalez C, Ponder C S, Broxterman Q B, et al. Using the right green yardstick: why process mass intensity is used in the pharmaceutical industry to drive more sustainable processes. Org Process Res Dev, 2011, 15: 912-917.

[9] Andraos J. Unification of reaction metrics for green chemistry: applications to reaction analysis. Org Process Res Dev, 2005, 9: 149-163.

[10] Gabriela M, Ribeiro T C, Machado A A S C. Greenness of chemical reactions–limitations of mass metrics. Green Chem Lett Rev, 2013, 6(1): 1-18.

[11] Song Q W, He L N. Synthesis of 3-benzyl-5-methylene oxazolidin-2-one from N-benzylprop-2-yn-1-amine and CO_2. Green Synthesis, 2014, 1: 45-53.

[12] Song Q W, He L N. Synthesis of the 5-membered cyclic carbonates from epoxides and CO_2. Green Synthesis, 2014, 1: 55-61.

[13] Trost B M. The atom economy — A search for synthetic efficiency. Science, 1991, 254: 1471-1477.

[14] Zhang X, Dhawan G, Muthengi A, et al. One-pot and catalyst-free synthesis of pyrroloquinolinediones and quinolone dicarboxylates. Green Chem, 2017, 19: 3851-3855.

[15] Es T V, Staskun B. Chlorine- and sulphur-substituted pyrrolo[3,4-b]quinolines and related derivatives arising from the aminolysis of 3,3,9-trichlorothieno[3,4-b]quinolin-1(3H)-one. S Afr J Chem, 2003, 56(1): 40-46.

[16] Maulding D R. Synthesis of 2,3-quinolinedicarboxylic acid. J Heterocycl Chem, 1988, 25: 1777-1779.

[17] Singh N, Falkenburg D R. Proceedings of the 36th midwest symposium on circuits and systems. Detroit, 1993: 1443-1446.

[18] Allen D T, Shonnard D R. Green Engineering: Environmentally Conscious Design of Chemical Processes. New Jersey: Prentice Hall, 2002.

[19] Anastas P T, Zimmerman J B. Design through the 12 principles of green engineering. Environ Sci Technol, 2003, 37: 94A-101A.

[20] Tang S, Bourne R, Smith R, et al. The 24 principles of green engineering and green chemistry: "IMPROVEMENTS PRODUCTIVELY". Green Chem, 2008, 10: 268-269.

[21] 麻生明, 魏晓芳. 原子经济性反应. 北京: 中国石化出版社, 2006.

[22] Constable D J C, Curzons A D, Cunningham V L. Metrics to 'green' chemistry—which are the best? Green Chem, 2002, 4: 521-527.

[23] 陆熙炎. 绿色化学与有机合成及有机合成中的原子经济性. 化学进展, 1998, 10(2): 123-130.

[24] Wittig G, Geissler G. Zur Reaktionsweise des Pentaphenyl-phosphors und einiger derivate. Eur J Org Chem, 1953, 580(127): 44-57.

[25] Astruc D. The metathesis reactions: from a historical perspective to recent developments. New J Chem, 2005, 29(1): 42-56.

[26] Wender P A, Miller B L. In Organic Synthesis: Theory and Applications. Greenwich: JAI Press, 1993.

[27] 闵恩泽, 吴巍. 绿色化学与化工. 北京: 化学工业出版社, 2000.

[28] Poliakoff M, Licence P. Sustainable technology: Green chemistry. Nature, 2007, 450: 810-812.

[29] Mcclellan P P. Manufacture and uses of ethylene oxide and ethylene glycol. Ind Eng Chem, 1950, 42(12): 2402-2407.

[30] Lloyd L. Handbook of Industrial Catalysts. Berlin: Springer, 2011.

[31] Cotrupe D P, Wellman W E, Burton P E. Method for preparing dihydroisophorone. United States Patent 3446850, 1969.

[32] Licence P, Ke J, Sokolova M, et al. Chemical reactions in supercritical carbon dioxide: from laboratory to commercial plant. Green Chem, 2003, 5(2): 99-104.

[33] Tundo P, Selva M. The chemistry of dimethyl carbonate. Acc Chem Res, 2002, 35(9): 706-716.

[34] Yasuda H, He L N, Sakakura T. Efficient synthesis of cyclic carbonate from carbon dioxide catalyzed by poly-oxometalate: remarkable effects of metal substitution. J Catal, 2005, 233: 119-122.

[35] Yang Z Z, Dou X Y, Wu F, et al. NaZSM-5-catalyzed dimethyl carbonate synthesis via the transesterifi cation of ethylene carbonate with methanol. Can J Chem, 2011, 89(5): 544-548.

[36] Du Y, Kong D L, Wang H Y, et al. Sn-catalyzed synthesis of propylene carbonate from propylene glycol and CO_2 under supercritical conditions. J Mol Catal A Chem, 2005, 241: 233-237.

[37] Choi J C, He L N, Sakakura T. Selective and high yield synthesis of dimethyl carbonate directly from carbon dioxide and methanol. Green Chem, 2002, 4(3): 230-234.

[38] Zhao X, Zhang Y, Wang Y. Synthesis of propylene carbonate from urea and 1,2-propylene glycol over a zinc acetate catalyst. Ind Eng Chem Res, 2004, 43(15): 4038-4042.

[39] Draths K M, Frost J W. Environmentally compatible synthesis of adipic acid from D-glucose. J Am Chem Soc, 1994, 116(1): 399-400.

[40] 马德强, 尚永华. 有机异氰酸酯技术进展及发展. 中国石油和化工, 2008, 17: 39-43.

[41] 杨伟利. 印度博帕尔毒气泄漏事件. 环境, 2006, (1): 100-101.

[42] 何良年, 等. 二氧化碳化学. 北京: 科学出版社, 2013.

[43] Alfonsi K, Colberg J, Dunn P J, et al. Green chemistry tools to influence a medicinal chemistry and research chemistry based organization. Green Chem, 2008, 10: 31-36.

[44] Yang Z Z, Song Q W, He L N. Capture and Utilization of Carbon Dioxide with Polyethylene Glycol. Berlin: Springer, 2012.

[45] Li C J, Chen L. Organic reactions in water. Chem Soc Rev, 2006, 5: 68-82.

[46] Ma J, Han B, Song J, et al. Efficient synthesis of quinazoline-2,4(1H,3H)-diones from CO_2 and 2-aminobenzoni-triles in water without any catalyst. Green Chem, 2013, 15: 1485-1489.

[47] 徐珍, 吕早生. 离子液体在有机合成中的应用新进展. 化学与生物工程, 2009, 26(3): 11-14.

[48] Jiang N, Ragauskas A J. Selective aerobic oxidation of activated alcohols into acids or aldehydes in ionic liquids. J Org Chem, 2007, 72(18): 7030-7033.

[49] Song C E, Shim W H, Roh E J, et al. Scandium triflate immobilised in ionic liquids: a novel and recyclable catalytic system for Friedel-Crafts alkylation of aromatic compounds with alkenes. Chem Commun, 2000, (17): 1695-1696.

[50] Jaeger D A, Tucker C E. Diels-Alder reactions in ethylammonium nitrate, a low-melting fused salt. Tetrahedron Lett, 1989, 30(14): 1785-1788.

[51] Kaufmann D, Nouroozian M, Henze H. Molten salts as an efficient medium for palladium catalyzed C—C coupling reactions. Synlett, 1997, 28(15): 1091-1092.

[52] Kemperman G J, Ter Horst B, van de Goor D, et al. The synthesis of substituted benzo[c]chromen-6-ones by a Suzuki coupling and lactonization sequence using ionic liquids-from laboratory scale to multi-kilogram synthesis. Eur J Org Chem, 2010, 37(48): 3169-3174.

[53] Lin Y S, Lin C Y, Liu C W, et al. A highly active ionic liquid catalyst for Morita-Baylis-Hillman reaction. Tetrahedron, 2006, 62(5): 872-877.

[54] Miao W, Chan T H. Ionic-liquid-supported organocatalyst: Efficient and recyclable ionic-liquid-anchored proline for asymmetric Aldol reaction. Adv Synth Catal, 2006, 348(12-13): 1711-1718.

[55] Xin X, Guo X, Duan H, et al. Efficient Knoevenagel condensation catalyzed by cyclic guanidinium lactate ionic liquid as medium. Catal Commun, 2007, 8(2): 115-117.

[56] Matveeva E V, Odinets I L, Kozlov V A, et al. Ionic-liquid-promoted Michaelis-Arbuzov rearrangement. Tetrahedron Lett, 2006, 47(43): 7645-7648.

[57] Zhao X L, Liu L, Chen Y J, et al. Direct synthesis of tetrahydropyrans via one-pot Babier-Prins cyclization of allylbromide with carbonyl compounds promoted by RTILs BPyX/SnX'$_2$ or BBIMBr/SnBr$_2$. Tetrahedron, 2006, 62(29): 7113-7120.

[58] Leitner W. Supercritical carbon dioxide as a green reaction medium for catalysis. Acc Chem Res, 2002, 35(9): 746-756.

[59] 陈立江, 史会兵, 赵倩倩. 烷基化技术前景及进展. 广州化工, 2017, 45(19): 1-3.

[60] 彭振山, 陈亚中, 蔡铁军, 等. 固体酸催化材料的研究进展. 贵州大学学报(自然科学版), 2001, 18(3): 212-224.

[61] 邓立新. 药物的传统合成与绿色合成的原子经济性比较. 化学教育, 2005, 11: 22-24.

[62] 朱庆云, 乔明, 任静. 液体酸烷基化油生产技术的发展趋势. 石化技术, 2010, (4): 49-53.

[63] Ema T, Miyazaki Y, Shimonishi J, et al. Bifunctional porphyrin catalysts for the synthesis of cyclic carbonates from epoxides and CO$_2$: structural optimization and mechanistic study. J Am Chem Soc, 2014, 136: 15270-15279.

[64] Melendez J, North M, Villuendas P. One-component catalysts for cyclic carbonate synthesis. Chem Commun, 2009, 40(18): 2577-2579.

[65] Whiteoak C J, Kielland N, Laserna V, et al. A powerful aluminum catalyst for the synthesis of highly functional organic carbonates. J Am Chem Soc, 2013, 135: 1228-1231.

[66] Lang X D, Yu Y C, He L N. Zn-salen complexes with multiple hydrogen bonding donor and protic ammonium bromide: Bifunctional catalysts for CO$_2$ fixation with epoxides at atmospheric pressure. J Mol Catal A Chem, 2016, 420: 208-215.

[67] Jiang X, Gou F, Chen F, et al. Cycloaddition of epoxides and CO$_2$ catalyzed by bisimidazole-functionalized porphyrin cobalt(III) complexes. Green Chem, 2016, 18: 3567-3576.

[68] Monica F D, Vummaleti S V C, Buonerba A, et al. Coupling of carbon dioxide with epoxides efficiently catalyzed by thioether-triphenolate bimetallic iron(III) complexes: catalyst structure-reactivity relationship and mechanistic DFT study. Adv Synth Catal, 2016, 358: 3231-3243.

[69] Kayaki Y, Yamamoto M, Ikariya T. N-heterocyclic carbenes as efficient organocatalysts for CO$_2$ fixation reactions. Angew Chem Int Ed, 2009, 48: 4194-4197.

[70] Xin Z, Lescot C, Friis S D, et al. Organocatalyzed CO$_2$ trapping using alkynyl indoles. Angew Chem Int Ed, 2015, 54: 6862-6866.

[71] Song Q W, Zhou Z H, He L N. Efficient, selective and sustainable catalysis of carbon dioxide. Green Chem, 2017, 19: 3707-3728.

[72] Sakakura T, Choi J C, Yasuda H. Transformation of carbon dioxide. Chem Rev, 2007, 107: 2365-2387.

[73] 梁文平. 1999 年美国总统绿色化学挑战奖研究工作介绍. 化学进展, 2000, 12(1): 119-121.

[74] 罗锋, 李洁华, 谭鸿, 等. 生物可降解医用聚氨酯及其应用. 高分子通报, 2017, (10): 128-138.

[75] 秦玉升, 顾林, 王献红. 二氧化碳基脂肪族聚碳酸酯的功能化研究进展. 高分子学报, 2013, (5): 600-608.

[76] Coates G W, Moore D R. Discrete metal-based catalysts for the copolymerization of CO_2 and epoxides: discovery, reactivity, optimization, and mechanism. Angew Chem Int Ed, 2004, 43: 6618-6639.

[77] Lu X B, Darensbourg D J. Cobalt catalysts for the coupling of CO_2 and epoxides to provide polycarbonates and cyclic carbonates. Chem Soc Rev, 2012, 41: 1462-1484.

[78] Gennen S, Grignard B, Tassaing T, et al. CO_2-sourced α-alkylidene cyclic carbonates: A step forward in the quest for functional regioregular poly(urethane)s and poly(carbonate)s. Angew Chem Int Ed, 2017, 56: 10394-10398.

[79] Li C J, Chen L. Organic reactions in water. Chem Soc Rev, 2006, 5: 68-82.

[80] Li C J. Cross-Dehydrogenative-Coupling (CDC): explore C-C bond formations beyond functional group transformations. Acc Chem Res, 2009, 42: 335-344.

[81] Chen W, Ma L, Paul A, et al. Direct α-C–H bond functionalization of unprotected cyclic amines. Nat Chem, 2018, 10: 165-169.

[82] Anastas N D. Connecting toxicology and chemistry to ensure safer chemical design. Green Chem, 2016, 18: 4325-4331.

[83] DeVito S C. On the design of safer chemicals: a path forward. Green Chem, 2016, 18: 4332-4347.

[84] 顿静斌, 张晓昕. 2007 年美国总统绿色化学挑战奖获奖介绍. 精细化工, 2007, 24(12): 1145-1148.

第 3 章
绿色化学手段与方法

  绿色化学强调从源头上阻止污染物的产生，消除对人类健康、社会安全、生态环境有害的物质，即预防污染的产生。绿色化学十二条原则的提出为界定绿色化学提供了理论基础和基本的判断准则，包括原材料(起始原料、试剂、溶剂等)的节约、能源的高效利用(提高反应产率、减少副产物的生成以及精简反应步骤)、催化效率的提高(催化剂的改进)和设计更安全的化工产品。

  当一个产品处于设计阶段的时候，就应该开始考虑合成该化学品对生态环境和人类健康所带来的影响。传统的方法是限制有害物质的暴露和排放到环境中的浓度，以及污染之后的环境修复，这些方法确实可以降低释放到环境中的有害物质。然而控制危害物质的释放而不是产生，不能从根本上解决问题，如果操作不当，仍会有泄漏的危险。因此，与其寻找方法减少有害物质的释放，不如直接使用无毒无害(或者危害较小的)物质，从源头上减少甚至消除传统方法中无法控制或者意外产生的有害物质的排放，即采用非传统的合成方法。

  绿色化学认为评价一个物质是否对环境造成危害，不能仅仅从该物质本身出发，而应该从该物质的整个生命周期来判断。对于非传统合成方法来说，关注点在于获得该物质的合成路线，通过对合成路线的优化，获得目标产物的同时减少或者消除有毒有害的原材料、副产物等(图 3.1)。

图 3.1 非传统合成方法示意图

3.1 非传统反应物

  许多反应类型或者合成路线的特性在很大程度上是由起始原料即反应物决定的。在制造一种化学品时，反应物一旦选定，那么接下来要用到的试剂、溶剂、催化剂等也被限定在小范围之内。反应物的选取不仅要考虑合成路线的效率，还应该考虑到该合成过程对生态环境和人类健康产生的影响，同时需要考虑该原材料制造、运输过程中对人和环境的危害。选用无毒无害、环境友好的原材料替代有毒有害的原材料，是减少化学转化过程对人类健康和环境危害重要的第一步，原材料的绿色化评估也是绿色化学评估的第一步。因此，原材料的选择在绿色化学的决策过程中起到非常关键的作用。

目前，用于合成的有机化合物大多数来自于石油和煤，例如，从煤焦油中可以分离出多种化工产品，包括苯、萘、苯酚类化合物以及含氮化合物等。然而，煤和石油均是不可再生资源，无限制地使用这些资源作为化学原料无疑是不利于可持续发展的，世界范围内的石油危机已不可避免。这些物质大部分都转化为二氧化碳，导致全球气候变暖加剧。最新的监测数据显示，大气中二氧化碳的日均排放浓度已经超过了 400ppm（1ppm=10^{-6}）。这些物质在转化成有用的化工产品时，需要涉及氧化反应，而氧化反应是造成环境污染最严重的反应之一。以石油为原料制备的高分子材料大多不易降解，如塑料包装材料，这些都对环境造成了严重的威胁。因此，开发利用非传统原材料替代石油原材料已成为必然。

农业性原材料和生物性原材料具有可循环再生、分布广、储量大、无二氧化碳排放等特点，是公认的可再生有机碳的最佳来源，可作为石油的优良替代品。这些物质中含有大量的氧原子，由它们作为起始原料可以避免污染严重的氧化反应过程，且这些原料大多无毒无害，操作危险性小。我国作为一个农业大国，拥有丰富的生物质资源，发展生物基化学品替代石油化学品，可以有效地改善我国的能源结构，缓解石油能源短缺的局面。生物质的转化利用过程主要包括气化、热解、液化和水解（图 3.2）。

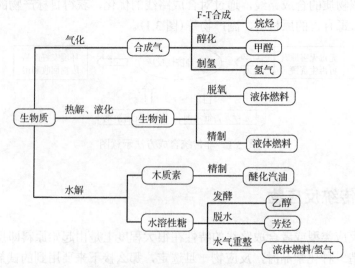

图 3.2　生物质原材料加工替代技术

生物质的气化过程是将含碳的生物原材料转化为可燃性气体，如 CO、H_2、CH_4 等，得到的可燃性气体主要供给用户直接燃烧或者锅炉燃烧使用，产生的合成气在一定条件下转化为甲醇[1-5]。甲醇是极其重要的化工原料，可以作为燃料直接燃烧，也可以作为基本原料合成精细化工产品，通过生物质气化方法制取甲醇具有成本低、效率高等优点，替代石油、天然气的使用。Cu-Zn-Al-Li 合金可以高效的催化生物质合成气制取甲醇的过程，并且具有很好的稳定性[6]。

Texas A&M 大学的 Mark Holtzapple 课题组把生物废料(如城市固体废弃物、粪便、农业残余物以及下水道污染物等)用石灰进行高温处理，进一步转化为工业化学品、燃料和动物饲料等，获得了 1996 年美国"总统绿色化学挑战奖"。作物秸秆、甘蔗渣等木质纤维素类废弃物用石灰高温处理一段时间，可以作为反刍动物如牛、羊、骆驼等的饲料。石灰处理过的生物废料，经厌氧菌发酵可以得到脂肪酸盐。脂肪酸盐酸化处理可得到乙酸、丙酸、丁酸等，热转化可以得到酮类化合物，酮类化合物可以进一步经加氢反应转化为相应的醇(图 3.3)。

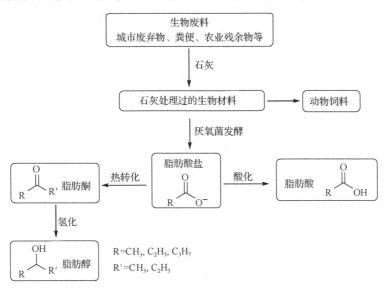

图 3.3　生物废弃物转化为动物饲料、工业化学品等

芳烃类化合物目前主要来自于煤焦油和石油炼制，而化石能源的使用带来的能源危机和环境污染日益严重。木质素在植物体中的含量仅次于纤维素，其分子结构内含有大量的苯环结构(图 3.4)，并且包含多种活性官能团，如醚键、酚羟基、甲氧基、羧基、苯甲醇羟基等，其降解产物中含有丰富的芳香族化合物，是天然资源中唯一能提供大宗可再生芳香基化合物的原料[7]。酚类化合物 β-O-4 型链接含量最多，构成了一半以上的木质素链接。目前已报道的 β-O-4 断键的化学方法有很多，如碱体系下的 Kraftpulping 工艺[8]，反应中 β-O-4 键断裂，C—C 键保持不

变，得到新的酚类单元。酸催化水解是另一种解聚木质素β-O-4 的办法[9]，例如，在室温条件下，利用干燥的碘化氢可以有效地断裂β-O-4 键，得到二碘代苯衍生物[10]。催化氧化法也开始用于木质素β-O-4 的断键研究中，得到苯甲酸以及酮类衍生物[11]。相对来说，催化氢化的方法则更具有吸引力，这是因为氢化反应可以降低生物质的含氧量而提高氢碳比，得到单环酚类化合物以及烷基苯产物[12]。

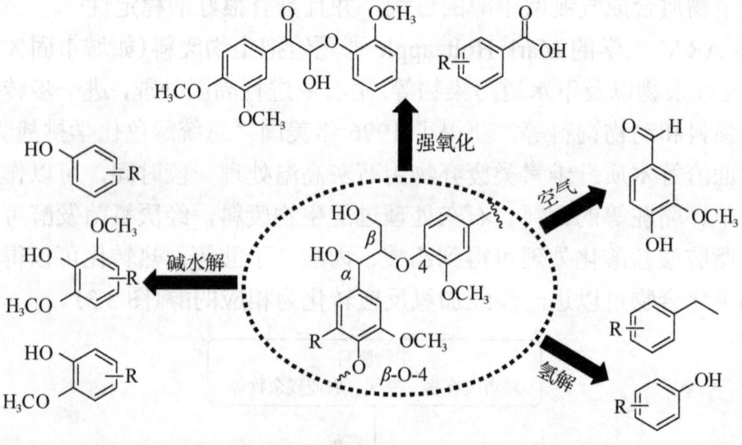

图 3.4　木质素β-O-4 的转化利用

　　传统的制取己二酸的方法大多是以苯为原料，先由苯催化氢化反应制取环己烷，然后经过一系列氧化过程制取己二酸。该工艺中的氧化过程严重污染环境并且腐蚀设备。已有研究报道使用廉价的、可再生的葡萄糖为原料，结合生物技术的方法，代替苯为原料制备己二酸[13-15]，反应条件温和，避免了对环境的污染(图 3.5)。此外，纤维素、淀粉等多糖水解得到的葡萄糖还可以通过发酵制备一系列重要的化合物如琥珀酸、乳酸、衣康酸、谷氨酸等(图 3.6)。

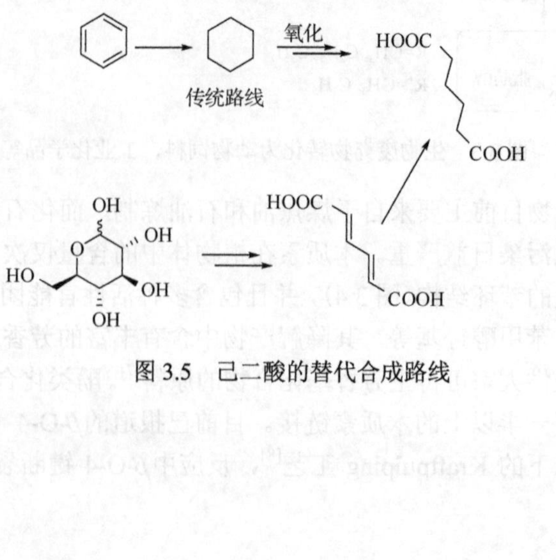

图 3.5　己二酸的替代合成路线

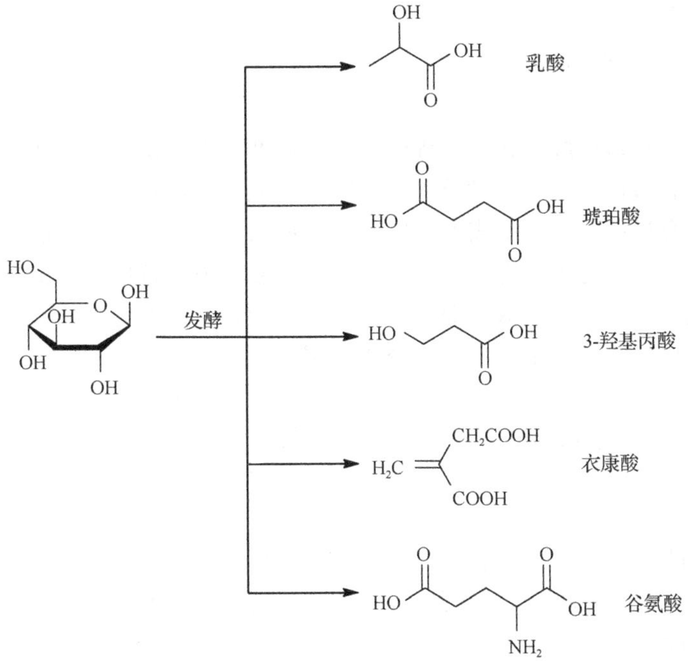

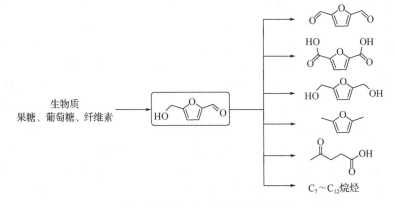

图 3.6　葡萄糖发酵制备平台化合物

　　5-羟甲基呋喃甲醛可以经过多种类型的基元反应转化为不同的精细化学品，如呋喃二甲酸、2,5-二羟甲基呋喃等，可以作为高分子单体或者燃料添加剂。2005年，Dumesic 等在 *Science* 报道了由 5-羟甲基呋喃甲醛制备 $C_7 \sim C_{12}$ 烷烃燃料的工作[16]，促进了 5-羟甲基呋喃甲醛的快速发展（图 3.7）。5-羟甲基呋喃甲醛可由果糖脱水制备[17,18]，也可以从葡萄糖经异构化后脱水制备[19]，甚至也可以从纤维素直接制备。可以说 5-羟甲基糠醛是连接生物质和液态燃料之间的桥梁。

图 3.7　5-羟甲基呋喃甲醛的转化利用

3.2 非传统试剂

在将反应物转化成产物的过程中，反应试剂是不可避免的。在很多有机反应中，试剂在有效地作用于化学反应的同时，也成为环境和健康的噩梦，如光气、氢氰酸、重金属盐等，这就需要合成化学家们去开发更加安全的试剂——既可以满足反应的需要，还不会造成环境的负担。一般来说，替代性的试剂需要满足以下三个原则：①在合成功效方面，具有与原试剂相当或者更高的效率以实现所需要的化学转化；②在安全性方面，替代性试剂相比于原有试剂，其挥发性、毒性和易燃性等要尽可能低，且具有高度的稳定性；③在环境影响方面，使用替代试剂相较于传统试剂，能够降低合成过程中产生的副产物或者废物对环境造成的影响。

3.2.1 碳酸二甲酯

传统的羰基化反应采用高活性的光气[20]，但是光气是一种剧毒刺激性气体。在生产过程中由设备故障、意外事故、违章操作、个人防护缺乏或失效等引起的急性光气中毒事件时有发生，微量的光气即可导致人畜死亡，空气中光气的最高允许含量为 $1×10^{-7}$。近年来，国内外光气泄漏的案例有很多，例如，2000 年，泰国一家公司因为管道破裂，发生光气严重泄漏事故，导致一人死亡。随着绿色化学十二条原则的提出，寻找替代光气的清洁、环保以及安全的生产工艺成为重中之重[21,22]。

碳酸二甲酯(dimethyl carbonate, DMC)在常温下为无色无毒的透明液体，略带香味，能以任何比例与醇、酮和酯类有机溶剂混合，没有腐蚀性，是一种对环境无污染的绿色化工原料。1992 年经欧洲非毒性化学品(non-toxic substance)注册登记，碳酸二甲酯被授予"绿色化学品"称号。以它为原料可替代光气生产聚碳酸酯、异氰酸酯、碳酸酯等[23-28](图 3.8)。例如，工业用途最大的甲苯二异氰酸酯，其合成可以由甲苯二胺和碳酸二甲酯反应，先生成甲苯二氨基甲酸甲酯，随后分解得到相应的异氰酸酯(图 3.9)。天津大学马新宾课题组研发了 $Pd(OAc)_2$ 催化的甲苯二胺和碳酸二甲酯的反应[29]，仅需要反应 4h，反应温度为 170℃，原料甲苯二胺的转化率为 100%，产物甲苯二氨基甲酸甲酯的选择性达到 97%。

碳酸二甲酯除可以替代光气作为羰基化试剂之外，还可以作为甲基化试剂[30-33]。烷基化反应是有机合成中一类重要的反应，现在工业上用得最多的甲基化试剂是硫酸二甲酯或者卤代甲烷，但是这些试剂毒性较高，并且反应需要大量的碱液，复杂的后处理过程也大大限制了这些试剂的应用。使用碳酸二甲酯作为甲基化试剂，可以避免反应过程中环境污染、操作危险等问题，且副产物是甲醇和 CO_2，相比于传统的甲基化试剂，具有操作安全、工艺简单、选择性好等特点。Selva 使用 NaY 型沸石为催化剂，以碳酸二甲酯为甲基化试剂，高收率、高选择性地实现了苄醇类化合物的烷基化反应，而酚类化合物则不发生反应(图 3.10)[34]。

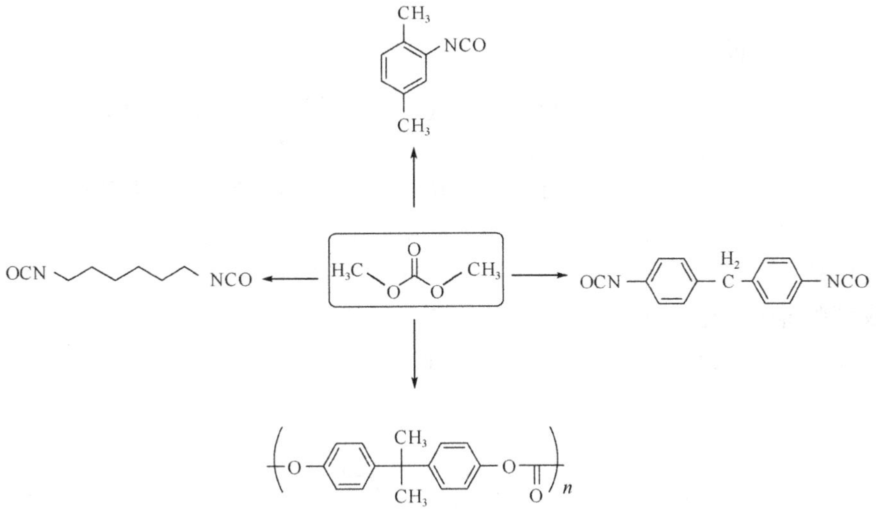

图 3.8 碳酸二甲酯替代光气的绿色合成

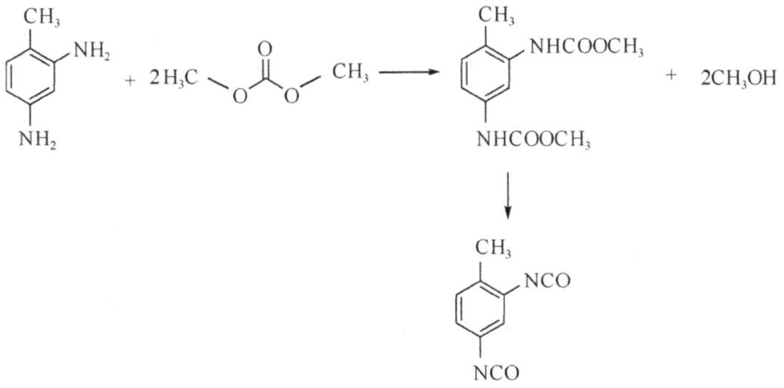

图 3.9 碳酸二甲酯制备甲苯二异氰酸酯

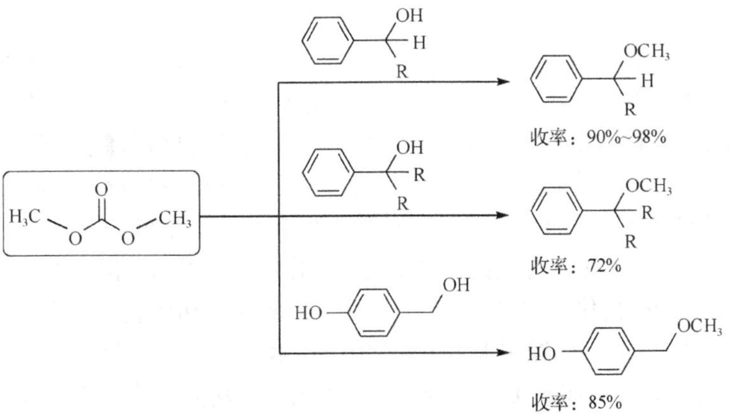

图 3.10 碳酸二甲酯用于苄醇的烷基化反应

3.2.2 二氧化碳

大气中日益增加的二氧化碳含量引起了严重的环境问题，加剧了生存环境的恶化。然而，二氧化碳也是地球上分布广泛、储量丰富的 C_1 资源，具有廉价易得、环境友好等优点[35-37]。以二氧化碳代替传统工业生产中使用的有毒且易挥发的酰基化试剂如光气和一氧化碳，应用于实际生产中，如制备尿素、环状碳酸酯、链状碳酸酯、水杨酸、甲醇。此外，还可以通过构筑 C—C、C—N、C—O、C—H 键，合成噁唑啉酮、喹唑啉二酮、脲类衍生物、氨基甲酸酯、异氰酸酯、聚氨酯、甲酸、羧酸类衍生物等高附加值产物(图 3.11)。

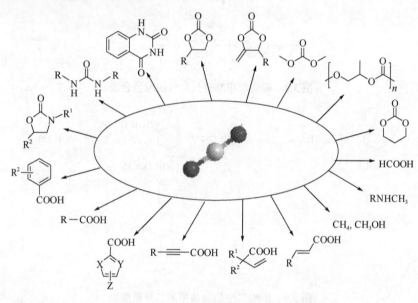

图 3.11　二氧化碳参与构筑的高附加值产物

有机碳酸酯是一类重要的化工产品，其中环状碳酸酯，如碳酸丙烯酯和碳酸乙烯酯，是优良的非质子型极性溶剂，具有溶解能力强、毒性相对较低等优点，可用作分离混合物的萃取剂和添加剂、锂离子电池的电解质溶液，也可以用作单体制备聚碳酸酯等聚合材料[38-40]。正是基于环状碳酸酯的广泛用途，其合成方法一直是研究的热点。光气法是工业上传统的制备环状碳酸酯的方法，由于光气本身剧毒，且产生的氯化氢对设备有严重的腐蚀作用，采用二氧化碳为原料制备环状碳酸酯更加符合绿色化学的要求[41,42]。其中，二氧化碳和环氧化物的反应，原子经济性 100%(图 3.12)，已经实现了工业化生产。南开大学何良年课题组设计合成了一系列季鏻盐修饰的 Salen(Co) 化合物作为单组分双功能的催化剂，在温和(100℃，4MPa CO_2)且无溶剂的条件下，实现了环氧化物当量转化为碳酸酯(图 3.13)[43]。

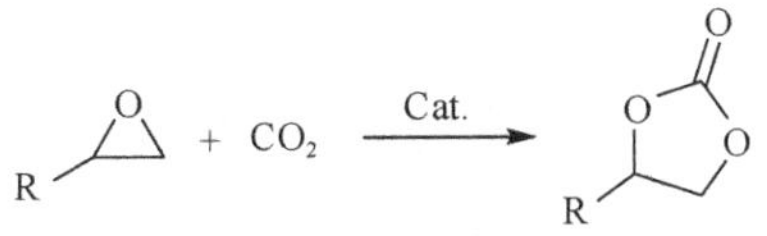

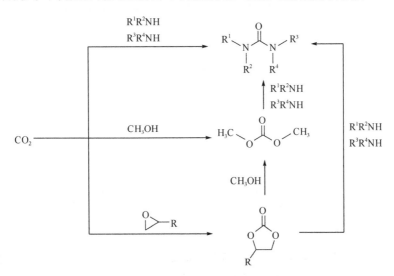

图 3.12 CO₂ 与环氧化物的环加成反应

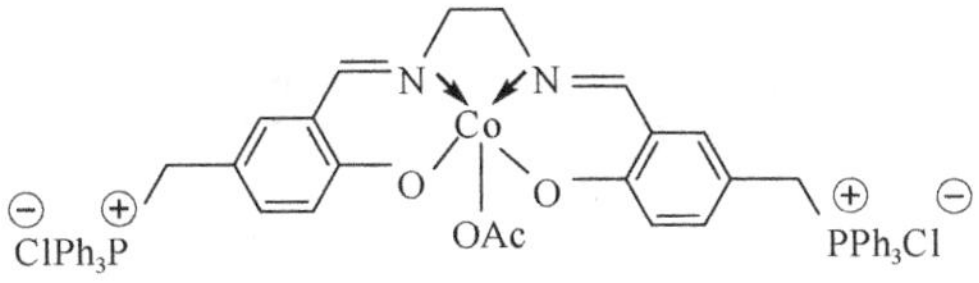

图 3.13 单组分双功能 Salen(Co) 催化剂

脲类化合物,是一类重要精细化学品和化工原料,是农业除草剂、杀虫剂、植物生长调节剂的重要中间体[44,45]。目前,脲的传统合成方法主要有光气法、叠氮化合物法、置换法、一氧化碳羰基化法等,这些方法中都使用了危险性高的剧毒原料。以二氧化碳为原料合成脲可以代替上述剧毒化合物的使用。已报道的方法主要包含三种途径(图 3.14):①由二氧化碳直接与胺类化合物制备脲,这是这三种路径里面原子经济性最高的,符合绿色化学的要求;②二氧化碳转化为碳酸二甲酯,随后碳酸二甲酯作为二氧化碳的等价物与胺进行氨解反应制备脲;③二氧化碳首先与环氧化合物反应制备环状碳酸酯,随后进行氨解合成脲。

图 3.14 以二氧化碳为原料合成脲的三种途径

聚乙二醇负载的季鏻盐催化剂既可以用于催化二氧化碳与环氧化物的环加成反应,还可以作为环状碳酸酯与邻二胺氨解反应的催化剂(图 3.15)[46]。反应过程中,首先使用聚乙二醇负载季鏻盐催化环氧化物与二氧化碳进行环加成反应,生成相应的环状碳酸酯；随后将多余的二氧化碳放出，向反应体系中直接加入邻二胺化合物，反应 5h，就可以得到相应的 2-咪唑啉酮类化合物。中科院兰州化学物理研究所夏春谷课题组研究了碳酸钾催化环状碳酸酯与脂肪邻二胺制备脲类化合物的反应，所使用的溶剂是 N, N-二甲基甲酰胺，芳香二胺在该反应体系没有活性[47]。

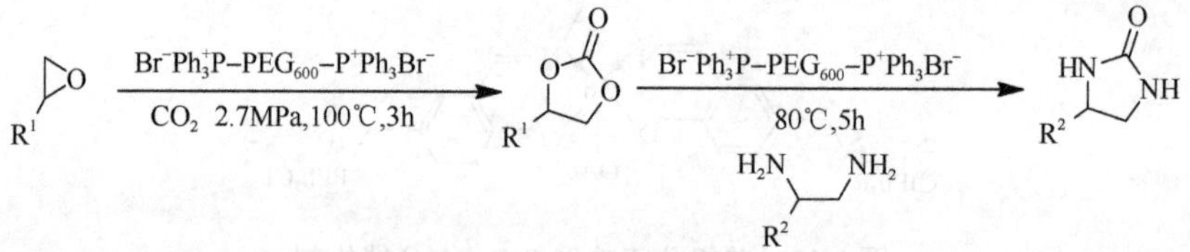

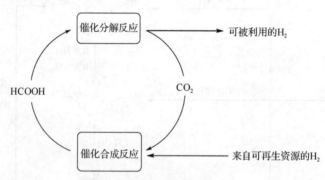

图 3.15　聚乙二醇负载的季鏻盐催化环氧化物、二氧化碳、脂肪邻二胺制备 2-咪唑啉酮的反应

　　甲酸是一种基本化工原料，常用做防腐剂和杀虫剂，在橡胶业、皮革业、纤维素和甜料加工工业中也有重要的应用[48]。传统的合成方法都是基于一氧化碳作为羰基源的合成，如甲酸钠法、甲醇羰基合成法、甲酰胺法等。由二氧化碳加氢制备甲酸的原子经济性 100%。得到的甲酸还可以作为液态储氢材料，即通过二氧化碳加氢制甲酸的过程，实现了氢气由气态转化为液态，便于存储和运输[49,50]。在一定的催化条件下，甲酸分解，释放的氢气用于工业生产以及能源，二氧化碳作为副产物可循环使用（图 3.16）。从 20 世纪 90 年代起，二氧化碳转化为甲酸、甲酸盐或者甲酸酯的研究引起了广泛的关注，催化剂以过渡金属为主，如 Rh、Ru、Ir、Pd、Ni、Fe 等[51-55]。

图 3.16　甲酸储氢循环示意图

　　二氧化碳氢化制备甲醇也具有重要的能源意义。甲醇是重要的有机化工产品，是化学生产最基础的 C_1 原料。甲醇可用来生产甲醛、乙酸、合成橡胶、化纤、合成树脂、医药、汽油、二甲醚和甲基叔丁基醚等一系列化工产品。最近研究表明，甲醇可以部分代替汽油作为高效清洁能源和燃料。因此，将二氧化碳这种廉价易得、储量丰富且可再生的资源通过催化氢化制备新型能源的基础原料甲醇，这对化石能源日益枯竭的当今社会实现可持续发展有着重要战略意义。目前，已报道的还原二氧化碳为甲醇的催化体系主要有：铜基催化剂[56-58]、以贵金属为活性组分的均相或负载型催化剂[59-61]、氮杂环卡宾(N-heterocyclic carbenes，NHC)[62]和受阻路易斯酸碱对(frustrated Lewis pairs，FLPs)试剂[63-65]等。

3.2.3 有机电化学合成

有机电化学合成，又称为有机电解合成，是一门涉及电化学、有机合成及化学工程等内容的交叉学科，被称为"古老的方法、崭新的技术"，是电化学在有机合成中的重要应用[66]。绿色化学的要求是从源头上阻止污染物的产生，而有机电合成是以电子为试剂，通过反应物在电极上得失电子来实现有机物的合成，将电能转化为化学能，在很大程度上消除传统有机合成中污染产生的根源，符合绿色化学的要求。

1834 年，法国化学家法拉第(Faraday)在实验室首次完成了电解乙酸钠溶液制备乙烷的实验。Kolbe 在 1849 年研究了各种羧酸的电解反应，并且通过电解戊酸溶液制备了正辛烷，这就是著名的 Kolbe 反应。由短链的羧酸制备长链的烷烃，是最早实现工业化的有机电化学合成，为有机电化学合成的发展奠定了理论基础[67,68]。20 世纪 60 年代，电化学合成己二腈和四乙基铅的工业化标志着现代有机电化学合成的蓬勃发展，掀开了有机电化学合成发展史的崭新篇章。近十几年来，我国的有机电化学合成领域也在快速发展，目前已有十多个产品实现了工业化生产，如丁二酸、对甲基苯甲醛、乙酸醛等。

与传统的有机合成相比，有机电化学合成具有很多显著的优势：①无需有毒有害的氧化剂或者还原剂，而是使用最清洁的反应试剂——电子，是一种无公害的反应，且无废弃物的产生，被誉为"绿色化工"过程；②反应选择性高，减少副反应的发生，通过对电极电位的调控，实现简便、准确的合成，简化了产品分离和提纯的过程；③反应条件温和，通常在常温、常压下进行，无需特殊的加热设备，减少了设备的投资，同时也节约了能源；④缩短反应步骤，简化工艺流程，降低了生产成本，如采用传统有机合成的方法制备对氨基苯甲醚需要经过三步化学转化，而使用有机电化学合成法则只需一步即可完成[69]；⑤可以完成传统有机合成难以实现的反应；⑥可以随时启动或者终止反应，这也是传统有机合成无法做到的。

芳香胺类化合物广泛应用于燃料、医药、农药等领域，是重要的有机合成中间体，传统的制备方法是通过芳香族硝基化合物的还原，如催化加氢还原、铁屑还原以及硫化钠还原等，但是这些方法往往产生大量的废水、废渣，对环境造成严重的污染。采用有机电化学合成法制备芳香胺类化合物，可以消除传统方法带来的污染，副产物少、能耗低、工艺简单且反应易于控制。华东师范大学陆嘉星课题组使用有机电化学合成法研究了离子液体中不同的芳香族硝基化合物还原为芳香胺类化合物的反应，收率高达 87%。同时探讨了反应的原理，以及电解电位、温度、底物浓度、电解电量等因素对产物产率的影响，为合成芳香胺类化合物提供了一条洁净、绿色化的路线[70,71]。

有机电化学合成的一个重要应用是在二氧化碳的转换方面，主要包含两种路径：①电解制取还原产物，如合成 CO、CH_4、CH_3OH；②与有机物的电解加成反应。其中，电化学还原二氧化碳可以在水体系中进行，相比于有机溶剂，水体系中的还原反应可以由水提供质子源。表 3.1 给出了在 pH=7 的水溶液中，不同还原反应对应的还原电位值。

表 3.1　二氧化碳的还原电位(pH=7)

反应	$E^{\ominus}/V$
$CO_2 + e^- \longrightarrow CO_2^-$	$E^{\ominus} = -1.90$
$CO_2 + 2H^+ + 2e^- \longrightarrow CO + H_2O$	$E^{\ominus} = -0.52$
$CO_2 + 2H^+ + 2e^- \longrightarrow HCOOH$	$E^{\ominus} = -0.61$
$CO_2 + 4H^+ + 4e^- \longrightarrow C + 2H_2O$	$E^{\ominus} = -0.20$
$CO_2 + 4H^+ + 4e^- \longrightarrow HCHO + H_2O$	$E^{\ominus} = -0.48$
$CO_2 + 6H^+ + 6e^- \longrightarrow CH_3OH + H_2O$	$E^{\ominus} = -0.38$
$CO_2 + 8H^+ + 8e^- \longrightarrow CH_4 + 2H_2O$	$E^{\ominus} = -0.24$

Hori 等在中性和弱酸性溶液中研究了不同金属电极上二氧化碳的还原反应[72]。在 0.5mol/L $KHCO_3$ 溶液中，Cd、Sn、Pb、In 电极上主要得到甲酸产物，法拉第效率分别为 66%、73%、81%、95%；而在 Ag 和 Au 电极上的还原产物为一氧化碳，法拉第效率分别为 90%和 87%；电极为 Cu 时，主要产生 CH_4。在 0.5mol/L $NaHCO_3$ 溶液中还原二氧化碳，使用纳米铂微粒电极相应的甲醇的法拉第效率为 40%，而在复合 RuO_2/TiO_2 纳米管电极上为 61%[73]。在非质子性溶剂中，得到的电还原二氧化碳的产物主要是一氧化碳和乙二酸(图 3.17)。除了在金属电极(Hg、Pt、Au 等)上还原二氧化碳[74]，金属络合物(如 Cu、Ni、Ti、Co、Pd 等)也被用来作为电子传递介质，实现二氧化碳的高效还原[75-79]。

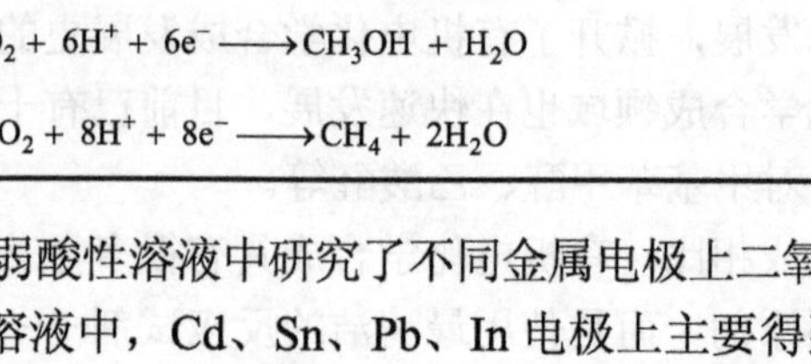

$$CO_2 + e^- \longrightarrow CO_2^-$$

$$2CO_2^- \longrightarrow \boxed{C_2O_4^{2-}}$$

$$2CO_2^- \longrightarrow O = C - O(C = O) - O^-$$

$$O = C - O(C = O) - O^- \longrightarrow CO_3^{2-} + \boxed{CO}$$

图 3.17　非质子性溶剂中二氧化碳的电化学还原

格氏试剂可以实现二氧化碳转化为羧酸类化合物，而电羧化反应相对于传统的格氏试剂来说有其独特的优点，如操作简便、条件温和、底物更加广泛且官能团的普适性更好。烯烃、炔烃、酮以及卤代烃的电羧化反应均有报道[80-84]，中南大学黄可龙课题组使用离子液体 1-丁基-3-甲基咪唑四氟硼酸盐([Bmim]BF$_4$)为溶剂，实现了 2-氨基-5-溴吡啶电羧化为 6-氨基烟碱酸的反应[83]。以 Ag 作为阴极，Mg 作为阳极，得到相应的羧酸盐之后，加入苄溴作为酯化试剂，随后发生氢解反应，能以 75%的收率，100%的选择性得到目标产物(图 3.18)。

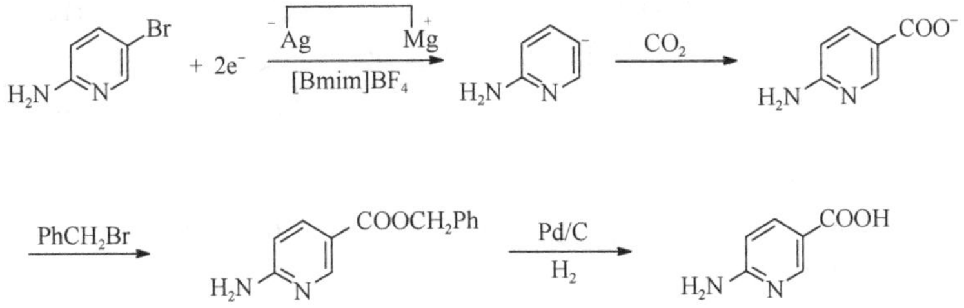

图 3.18　6-氨基烟碱酸的电化学合成

3.2.4　光化学反应

太阳能是一种取之不尽用之不竭的可再生能源，是最清洁的试剂，有机光化学家 Ciamician 就提出了"光"是实现绿色化学反应充足和可持续利用的能源[85]。有机化合物的键能一般是在 200～500kJ/mol，吸收紫外线或者可见光(波长 150～800nm、能量 150～600kJ/mol)，使得分子由基态跃迁到激发态，成为活化分子(表 3.2)，进而实现传统化学反应难以完成的复杂分子的合成[86]。有机光化学反应相对于传统的有机化学反应，有其独特的优势[87,88]：①反应通常在室温或者低

表 3.2　断裂不同类型化学键所需要的光波长及能量

化学键	键能/(kJ/mol)	波长/nm	能量/(kJ/mol)
HO—H	498	200	598
H—Cl	432	250	479
H—Br	366	300	399
Ph—Br	332	350	341
H—I	299	400	299
Cl—Cl	240	450	266
Me—I	235	500	239
Br—Br	193	600	199
I—I	151	700	171

温条件下就可以进行，为工业生产提供了安全的生产环境；②反应一般不需要使用添加剂，同时可以避免有毒副产物的产生，简化后处理过程；③在复杂产物的全合成中，引入光反应，可以简化反应的步骤，提高反应效率；④分子吸收光子，转化为激发态，进一步转化为目标分子，符合绿色化学"原子经济性"的要求。因此，有机光化学反应对于绿色化学、环境保护都有重要的理论意义和现实意义。

　　紫外光波长最短，能量最高，且大部分有机分子的吸收波长都停留在紫外光波长范围内，因此早期的光反应都是在紫外光下进行的，如烯烃的重排反应、周环反应、酮类化合物的 Norrish I 型和 Norrish II 型反应等[89,90]。结构化学和配位化学的发展，大大推动了可见光诱导的光化学反应的发展。使用金属络合物（如 $Ru(bpy)_3^{2+}$、$Ir(bpy)_2(dtbboy)PF_6$ 等）或者含有大分子共轭体系的化合物作为光敏剂或光催化剂，使得化学反应可以在可见光照射下进行。可见光是自然界最常见的能量形式，具有储量丰富、清洁、可再生等优点，相较于紫外光来说，可见光化学反应具有更广阔的前景[91]。

　　可见光在有机合成领域的应用最早是用于还原反应中，如烯烃化合物的还原[92]、卤化物的催化还原[93]、硫代物与磺酰基化合物的还原[94]、含氮官能化分子的还原[95]、环氧化合物和含氮杂环化合物的还原[96]以及脱羧还原反应[97]等。将可见光用于含有合适电子受体的体系，也可以实现氧化反应。北京大学焦宁课题组报道了在可见光催化条件下将α-卤酯氧化为α-羰基酯的反应[98]。胺类化合物的氧化反应也是可见光化学领域的一个重要研究方向，有机胺分子在可见光的作用下，经过两次电子转移得到相应的亚胺离子，亚胺离子易于接受亲核试剂的进攻[99,100]，进而在氨基的α位引入新的结构片段（图 3.19）。

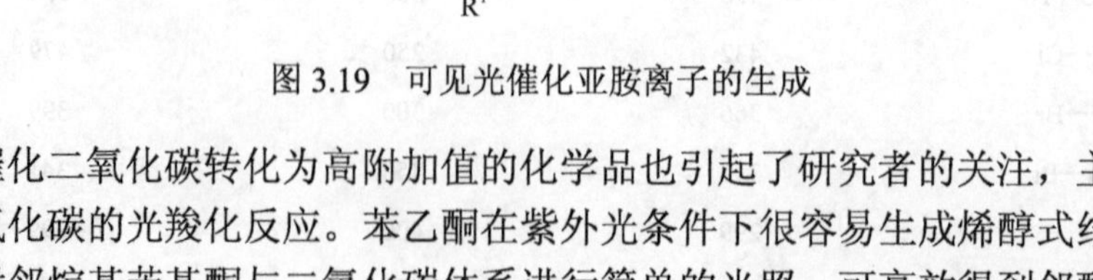

图 3.19　可见光催化亚胺离子的生成

　　光催化二氧化碳转化为高附加值的化学品也引起了研究者的关注，主要是集中于二氧化碳的光羧化反应。苯乙酮在紫外光条件下很容易生成烯醇式结构，基于此，对邻烷基苯基酮与二氧化碳体系进行简单的光照，可高效得到邻酰基苯乙酸[101]。全氟碘代烷烃在可见光的诱导下作为自由基试剂和氟源，实现二氧化碳与烯丙胺的羧化环化反应的同时，也实现了噁唑啉酮环的全氟烷基化反应（图 3.20）。该方法利用自由基来断裂碳碳双键，突破了烯丙胺与二氧化碳羧化环化反应中活泼碘试剂（主要提供碘正离子 I^+）作为双键活化试剂的限制[102]。

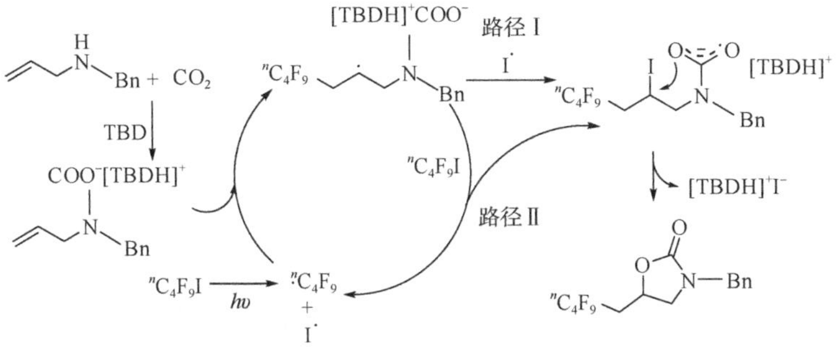

图 3.20　可见光催化烯丙胺与二氧化碳的环化反应

3.3　非传统溶剂

在化工生产中,污染问题的来源不仅来自于反应原料和产品,还来自于生产过程中使用的化学物质,最常见的是反应介质、分离过程和配方中所用的挥发性的有机溶剂,如石油醚、芳烃、卤代烃等,因为它们能很好地溶解有机化合物。氟利昂作为清洗剂、推进剂、发泡剂等被广泛使用。然而,人们在利用这些有机溶剂的优点的同时,也给人类健康、环境保护、生态气候带来了严重的影响。挥发性的有机溶剂在阳光的照射下,与氮氧化物反应产生地表上的臭氧,污染水源、空气,并加剧支气管炎等症状,甚至引起癌变。因此,要严格限制挥发性有机溶剂的使用,化学家在设计化学品时应该思考"用什么样的溶剂"以及"溶剂的使用是否必要"等问题。研究开发无毒、无害的溶剂代替挥发性的有机溶剂是绿色化学的研究方向之一。目前研究最多的内容主要集中在水、超临界流体、离子液体以及聚乙二醇等。

3.3.1　水

水是地球上储量最丰富的天然资源,用水替代传统的有机溶剂无论从经济效益还是生产安全方面都极具有诱惑力。加拿大麦吉尔大学的李朝军教授设计了一系列在水中进行的过渡金属催化的有机化学反应,获得了 2001 年的美国"总统绿色化学挑战奖"的学术奖。水作为反应溶剂具有成本低、安全系数高、操作简便、环境友好、高效等优点。在氢氧化钠水溶液中合成靛蓝是利用水作为溶剂最早研发的有机合成反应,随后水作为溶剂的研究逐渐增多[103-105]。

南开大学何良年课题组使用过氧单磺酸钾(oxone)为氧化剂,水为溶剂,实现了硫醚高选择性的氧化为砜(收率 88%~97%);而使用乙醇为溶剂时,则可以得到亚砜的产物(图 3.21)。反应无需额外添加催化剂或添加剂,选取低毒或无毒的溶剂,利用 oxone 在乙醇和水中的溶解性差异以及分子内、分子间的氢键作用,实现了反应选择性的调控[106]。

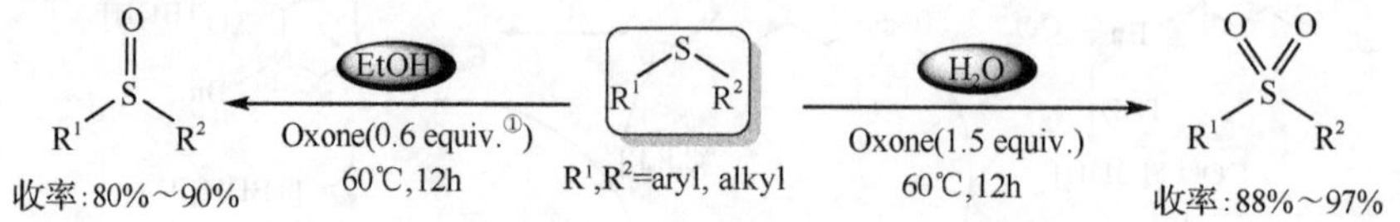

图 3.21　硫醚的选择性氧化

选用合适的表面活性剂可以解决有机化合物在水相中溶解度差的问题，进而在乙酸铅的作用下实现苯乙烯和碘苯的偶联反应[107]。此外，水溶剂中的缩合反应[107]、自由基反应[108,109]、亲核反应[110,111]、周环反应[112]等也有报道。以没食子酸为催化剂，在水溶液中可以实现端炔类化合物制备甲基酮类化合物的反应，产物收率高达 94%，且催化剂循环使用多次，催化效率保持不变[113]。

向水溶液中通入二氧化碳时，体系的 pH 会下降，得到原位碳酸，且体系的 pH 随二氧化碳压力和反应温度发生变化[114]。反应结束之后，通过二氧化碳的释放，体系恢复中性，无需使用碱中和。这样的原位碳酸体系可以部分代替质子酸或者路易斯酸催化的反应。缩酮、缩醛在 CO_2/H_2O 体系中仅需 4h 就可以定量的水解为环己酮和乙二醇[115]，无需催化剂和有机溶剂的使用，在无二氧化碳的条件下，反应不发生。环氧化物水解开环以及氨基的脱保护也可以在原位碳酸体系中高效进行(图 3.22)。

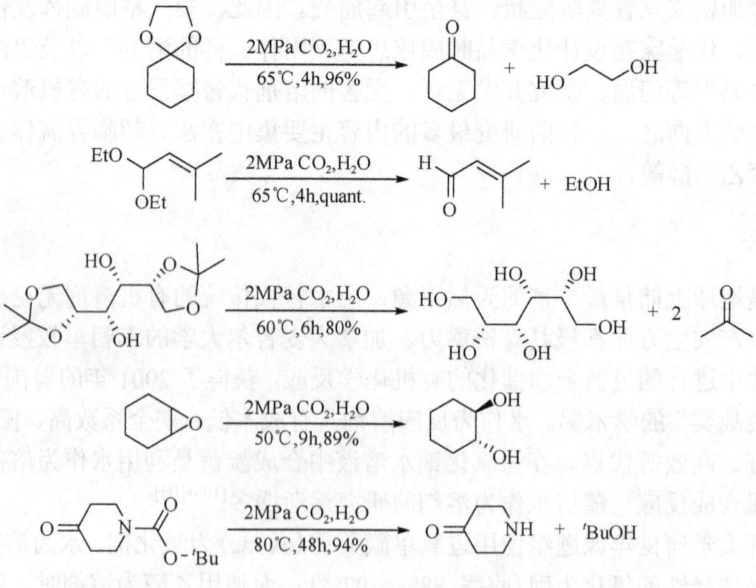

图 3.22　CO_2/H_2O 体系催化的水解反应

---

① equiv. 表示化学当量，余同。

向水热法促进的菊粉转化为 5-羟甲基糠醛或者环氧丙烷水解的反应体系中通入 CO_2，由于原位碳酸催化剂的形成，转化率明显提高[116]。在 180℃，6MPa 条件下，5-羟甲基糠醛的收率为 53%，而不通入 CO_2，收率仅为 38%。如果使用盐酸代替原位碳酸作为酸催化剂，5-羟甲基糠醛的收率也为 53%，但需要碱中和的后处理过程。对于环氧丙烷的水解反应，仅需 2MPa CO_2，产物 1,2-丙二醇的收率可达 92%（图 3.23）。

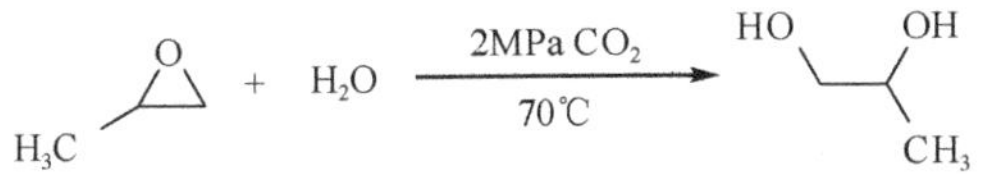

图 3.23 环氧丙烷的水解反应

在原位碳酸体系中加入合适的还原性金属，可以高选择性地实现醛基、硝基、亚砜、亚胺等化合物的还原反应，在这些反应中，水不仅作为反应溶剂，同时也作为质子给体。芳香羟胺是一类重要的精细化学品，主要用于药物中间体的制备。在原位碳酸体系中，锌粉可以实现硝基苯选择性的还原为相应的芳香羟胺[117]，反应在室温下，仅需 0.1MPa CO_2，1.5h 就可以反应完全（图 3.24）。芳环上含有其他易还原的官能团在反应前后保持不变，具有很好的选择性。

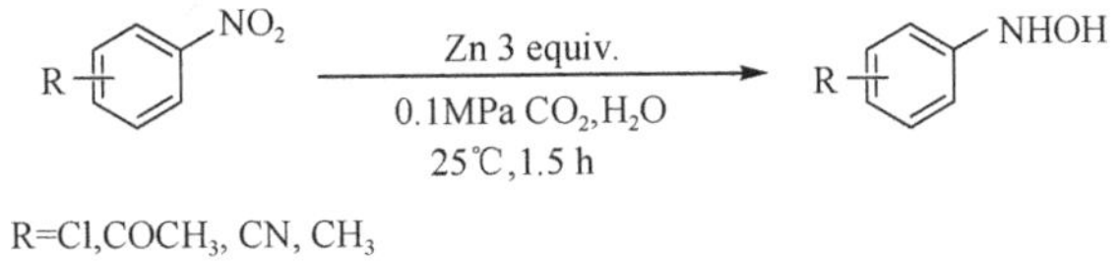

R=Cl,COCH_3, CN, CH_3

图 3.24 Zn-CO_2-H_2O 体系还原硝基苯位苯基羟胺

邻氨基苯腈与二氧化碳制备喹唑啉二酮的反应是一个碱催化过程。2013 年，韩布兴课题组在原位碳酸体系中实现了这一转化，无碱催化剂和有机溶剂的使用就可以高效地获得喹唑啉二酮的产物[118]。CO_2 压力为 14MPa，140℃反应 21h，产物的收率高达 92%（图 3.25）。

与常态水相比，超临界水（374℃、22.1MPa）表现出了特殊的性质，其介电常数、离子积、扩散系数、黏度、密度都发生了变化。超临界水的介电常数与有机物质的介电常数很接近，因此，有机化合物在近临界和超临界水中的溶解度很高，甚至可以和超临界水完全互溶。另外，超临界流体既具有与液体溶剂相近的溶解能力，又具有气体易于扩散和运动的特性，传质速率远远低于液体。氧化反应是超临界水应用研究最多的领域，以超临界水作为反应介质时可以很好地消除有机物和氧之间的传质阻力，促进反应的高效进行，且不会污染环境[119]。在临界区域水呈现出一定的酸碱性，对高分子材料中的极性聚合键有很大的破坏能力，能将高分子聚合物降解为小分子量的化合物，甚至降解为聚合物单体，相比于传统的处理方法，超临界降解工艺成本低且操作简单[120]。此外，超临界水还可以将工业废弃物、生活垃圾以及有毒有害的物质氧化为无害的物质，同时释放出的热能可以进一步利用，整个过程对环境没有污染，符合绿色化学的原则。

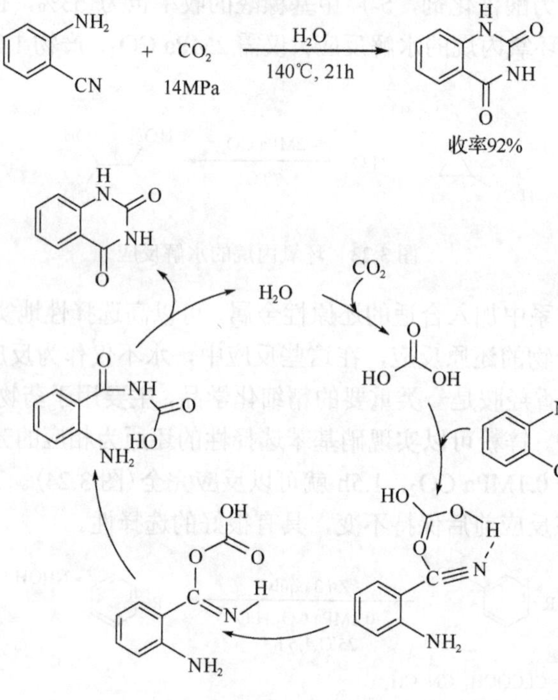

图 3.25　水促进的邻氨基苯腈与二氧化碳反应

3.3.2　超临界二氧化碳

　　二氧化碳具有无毒、惰性、储量丰富、不易燃、环境友好等优点，除了可以作为替代性的碳资源，还可以作为反应的溶剂。在 31.1℃时，将二氧化碳加压到 7.39MPa 即可得到超临界二氧化碳(supercritical carbon dioxide, scCO$_2$)，如图 3.26 所示。在超临界状态下，二氧化碳具有气体的特性，如很低的表面张力和高的扩散率，还具有类似液体的溶解能力和密度。scCO$_2$ 作为反应介质具备良好特性[121]：①超临界条件易于达到，有利于工业化应用；②通过改变二氧化碳的压力调控反应的选择性；③既可以溶解非极性物质，也可以实现对部分极性物质的溶解；④反应结束后通过二氧化碳的释放实现无溶剂残留；⑤性质稳定、无毒、不燃烧等优点，为反应提供安全的反应环境。目前 scCO$_2$ 作为反应介质已被应用于很多有机反应中，如氧化反应、催化氢化反应、碳碳偶联反应、羰基化反应、聚合反应、多相催化反应和酶催化反应等。以 scCO$_2$ 为反应介质可以实现异佛尔酮定量的转化为三甲基环己酮，目标产物选择性达到 100%，极大地简化了产物的分离纯化过程[122]。

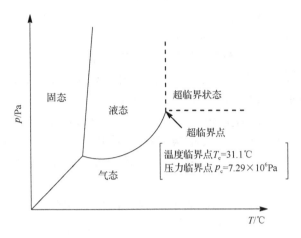

图 3.26　二氧化碳相图

通过设计在 scCO$_2$ 中溶解度好的金属催化剂，如多氟取代的配体，易于提高反应速率。Tumas 课题组设计了多氟取代的卟啉类络合物（图 3.27），首次实现了 scCO$_2$ 中的均相催化氧化反应。他们以环己烯为底物，在 80℃、34.5MPa 的条件下实现了环己烯的均相氧化反应[123]。多羧基金属配合物在 scCO$_2$ 中也有很好的溶解性能[124]，主要是用于 scCO$_2$ 中的氧化反应。

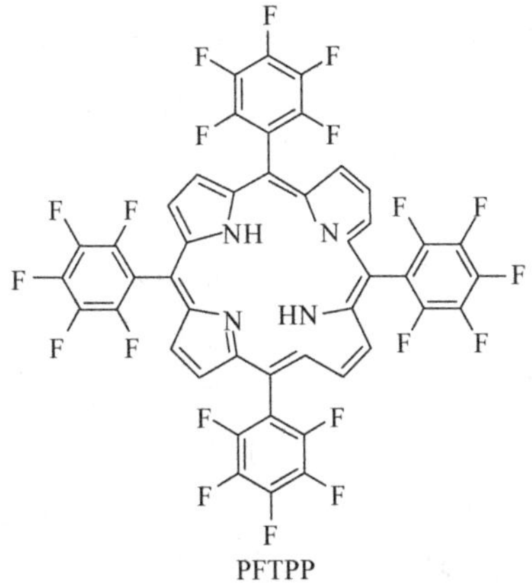

PFTPP

图 3.27　多氟取代的卟啉配体

Ikushima 小组以 scCO$_2$ 为反应介质，以负载的 Pd（Pd-MCM-48、Pd/SiO$_2$、Pd/Al$_2$O$_3$）为催化剂，选择性地氢化柠檬醛的共轭及非共轭的双键，从而获得化合物二氢香茅醛[125]。二氧化碳的压力对反应的影响显著，在 7.0MPa 时，二氢香茅醛的选择性为 69.5%，而在 10MPa 时可达到 100%，并且在 10～17MPa 间保持；柠檬醛的转化率在 8MPa 以上迅速增加，并且在 10MPa 时达到最大值，在 17MPa 时会缓慢下降。$scCO_2$ 对转化率的影响主要由于压力升高时，反应体系密度随之增大，底物在二氧化碳中的浓度会显著增加，因而获得高转化率；而在低压时，反应体系为气液两相，气液传质阻力会使转化率降低；在压力超过 17MPa 时，二氧化碳会对体系有稀释作用，也会降低转化率。Chatterjee 课题组使用 MCM-48 负载的 Pt 催化剂在 $scCO_2$ 介质中高效地催化肉桂醛的选择性氢化反应[126]。反应条件为 10MPa CO_2，4MPa H_2，50℃，反应 2h 后，99.6%的选择性得到肉桂醇；而以正丙醇作溶剂时，反应选择性只有 54.7%。二氧化碳不仅可以提高选择性，且更有利于催化剂从反应溶液中分离，所用的固体催化剂可以多次回收利用，并且可保持催化活性。

　　二氧化碳膨胀的反应体系是指部分有机溶剂被二氧化碳所取代，减少了有机溶剂的使用，反应可以在较低的二氧化碳压力下进行。底物和催化剂在有机溶剂中的溶解度较好，同时也提高了气体在反应体系中的溶解度。在 $scCO_2$ 中，环己烯的转化率和环氧化物的选择性要低于二氧化碳扩展的乙腈体系。转化率的增加是由于二氧化碳的加入增加了氧气在体系中的溶解性和降低了体系的极性。

　　$scCO_2$ 与离子液体、聚乙二醇(polyethylene glycol, PEG)或者水组成的两相体系中，$scCO_2$ 作为流动相可以萃取产物，而另一相则用来固定催化剂，易于实现产物的分离以及催化剂的回收再利用，即实现"均相反应、非均相分离"的过程。将超临界 CO_2/IL 两相体系引入催化反应中，使催化剂固定在离子液体中，$scCO_2$ 的存在可以降低体系的黏度，有利于反应的进行。反应结束后，产物可以通过 $scCO_2$ 从离子液体中萃取出来，催化剂仍留在离子液体中，离子液体和催化剂可以循环使用。聚乙二醇是一种廉价、无毒、不挥发、环境友好、可生物降解的聚合物，因此被广泛地用作反应介质、催化剂的载体和相转移催化剂等。PEG 作为催化剂载体用于 $scCO_2$ 反应中有诸多好处，如在 $scCO_2$ 中会发生溶胀，体积可以扩大数倍，同时其物理性质也随之发生变化，包括熔点降低、黏度降低、气液间的传质速率加快、对二氧化碳的溶解能力增强等。Leitner 课题组研究了 $scCO_2$ 和 PEG 两相体系钯催化醇的氧化反应[127]。两相体系有以下优点：环境友好，操作安全，反应活性好；矩阵结构 PEG 可以稳定和固定催化剂，保持催化剂的活性；$scCO_2$ 不但可以为使用氧气提供安全的操作环境，还可以增加氧气与有机相的传质和产物萃取。

　　超临界二氧化碳在酶催化领域也有重要应用，Mastuda 等研究了 $scCO_2$ 中酶催化吡咯的羧化反应，在其他条件相同时，$scCO_2$ 条件下目标产物的收率是空气压力下的 8 倍，显示了极好的反应特性[128]。$scCO_2$ 不仅可以作为某些酶制剂的提取分离溶剂，还可以作为某些酶催化反应的非水介质，这就可以避免水存在时引起的副反应。

　　超临界二氧化碳萃取技术在食品、香料、中草药、生物工程等许多行业中均得到了广泛的应用。相对于传统的化学萃取方法，scCO$_2$ 有其独特的优势：①二氧化碳来源广泛，易于得到，成本较低；②化学性质惰性，不易燃，安全性好；③可以在接近室温以及低压条件下萃取，不影响被萃取物质的稳定性，适合于萃取高沸点、低挥发性、易于分解的物质；④不使用有机溶剂，对人体健康和环境无害；⑤通过调控压力和温度，调控萃取效率；⑥可以实现萃取、分离二合一，节约成本，降低能耗。目前，已经可以用超临界二氧化碳从葵花籽、红花籽、花生、小麦胚芽、棕榈、可可豆中提取油脂，且提取的油脂中中性脂质和磷含量低、色度低、无臭味。这种方法比传统的压榨法回收率高，而且不存在溶剂法的溶剂分离问题。Max-plank 煤炭研究所开发的从咖啡豆中用 scCO$_2$ 脱除咖啡因的技术，现已由德国的 Hag 公司实现了工业化生产，并被各国普遍采用[129]。

3.3.3　离子液体

1. 离子液体的性质与制备

　　离子液体是指室温或低温下为液体的熔融盐，也称为室温离子液体(room temperature ionic liquids, RTILs)或低温熔融盐。结构上完全由阴、阳离子组成，常见的阳离子有季铵盐离子、季鏻盐离子、咪唑盐离子和吡啶盐离子等，阴离子有卤素离子、四氟硼酸根离子、六氟磷酸根离子等(图 3.28)。近年来，离子液体作为绿色溶剂替代传统挥发性溶剂是绿色化学的研究热点之一，与传统挥发性溶剂相比，离子液体具有独特的物化性质：①蒸气压非常小，可忽略不计，消除了挥发性溶剂对环境和人体的危害；②具有较大的液态温度范围，从低于或接近室温到 300℃以上，且具有高的热稳定性和化学稳定性；③性质可调，通过对阴阳离子的设计，可以调控离子液体的黏度、亲水性、极性、密度等；④电导率高，电化学窗口宽，拥有好的电导率，可作为许多物质电化学研究的电解液；⑤在离子液体的阴阳离子上引入具有催化性能的官能团，可以制备具有催化活性的离子液体。正是由于离子液体的这些特殊性质，其被认为是理想的绿色溶剂，广泛应用于分离萃取和有机合成反应中。

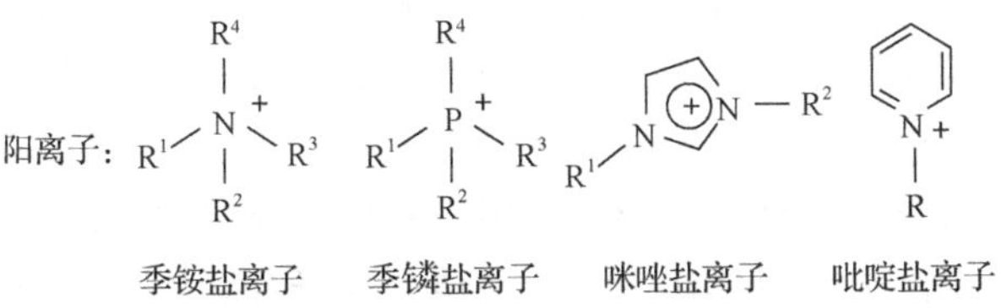

阳离子：

　　　　季铵盐离子　　　季鏻盐离子　　　咪唑盐离子　　　吡啶盐离子

阴离子：　BF$_4^-$,PF$_6^-$,X$^-$(X=Cl,Br,I),NO$_3^-$,CF$_3$SO$_3^-$,PhSO$_3^-$

图 3.28　常见的离子液体的阴阳离子

离子液体的制备方法主要有阴离子交换法(使用卤盐进行离子交换)、酸碱中和反应(Brønsted 酸进行的中和反应)、烷基化、碳酸酯法以及磺内酯开环法(图 3.29)。

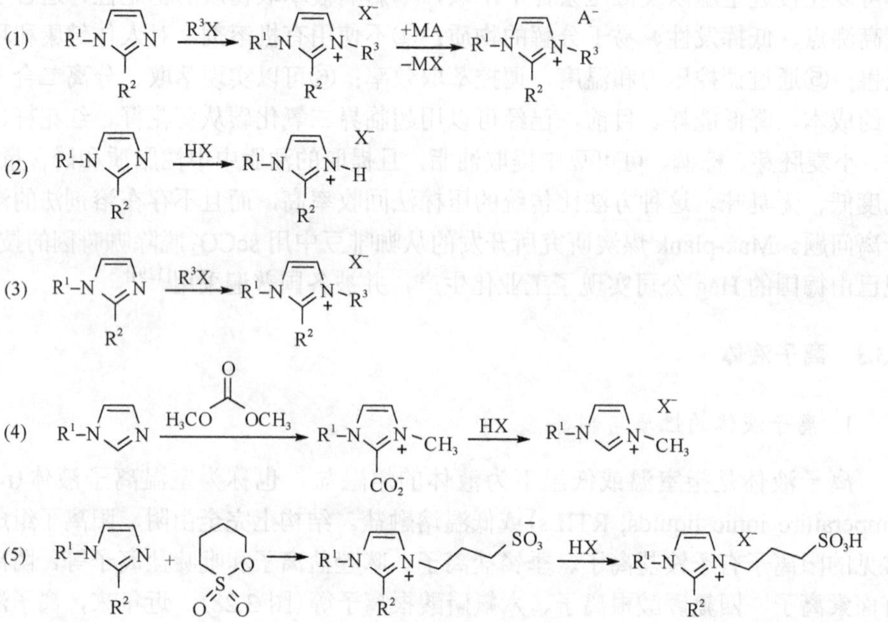

图 3.29 离子液体的制备方法

2. 离子液体的应用

传统的萃取方法使用挥发性的有机溶剂,如氯仿、甲苯、煤油等,对环境和人类健康都会有一定的危害。而离子液体具有蒸气压低,不易挥发等特性,可以替代传统有机溶剂,应用于天然产物分离、金属离子萃取、有机污染物萃取等领域。例如,咪唑类离子液体可以从水中萃取苯酚、双酚 A 等物质[130];阴离子为 [CuCl$_2$] 和 [Cu$_2$Cl$_3$] 的咪唑类离子液体可以将燃油中的硫含量降到 30ppm[131],实现燃油的脱硫;[Bmim][Br]/K$_2$HPO$_4$ 离子液体体系对葛根素的萃取率高达 90%,超过了热回流萃取和超声萃取法[132]。除此之外,离子液体还可以替代传统挥发性有机溶剂,进行金属离子的萃取分离工作[133,134]。

离子液体的另外一个重要的应用是用作有机合成中的溶剂,相对于传统的挥发性有机溶剂来说,离子液体作为反应介质更加符合绿色化学的要求。离子液体已广泛应用于氧化还原反应、缩合反应、重排反应、酯化反应、聚合反应等,显示出反应速率快、转化率高、选择性高、催化体系可重复使用等优点[135]。

Friedel-Crafts 反应是芳环上引入烷基的重要方法之一,使用离子液体为溶剂,可以实现传统有机溶剂中不能进行的反应[136]。1989 年，Jaeger 等[137]首次在离子液体[Et-NH₃]NO₃ 中实现了环戊二烯和丙烯酸甲酯之间的 Diels-Alder 反应，主要得到内型产物。采用酸性 N-丁基吡啶氯三氯化铝（[BPC]AlCl₃）离子液体时，内型立体异构体的收率为 80%，而使用传统有机溶剂则得到 60% 的外型立体异构体[138]。韩布兴课题组[139]研究了离子液体 1-乙基-3-甲基咪唑二乙基磷酸酯（[Emim][(EtO)₂PO₂]）为反应介质、乙酸银催化的 CO_2 与炔丙醇的环化反应（图 3.30）。该反应可以在相对温和的条件下进行，条件为 30℃、4MPa CO_2，反应 6h 能得到收率 97% 的 α-亚甲基环状碳酸酯。当使用较低的反应压力如 0.5MPa，反应 24h 的收率为 65.8%。[Emim][(EtO)₂PO₂]在反应中起到了溶剂和碱的双重作用。Beller 课题组[140]报道了离子液体[Bmim]Cl 中 $Ru_3(CO)_{12}$ 催化的烯烃的氢化羰化反应（图 3.31）。邓友全课题组[141]研究了 CuCl/[Bmim]BF₄ 催化体系催化炔丙醇、伯胺和 CO_2 的三组分反应。在考察反应介质对反应性的影响过程中发现，使用离子液体明显具有较大的优势，效果要远好于有机溶剂。

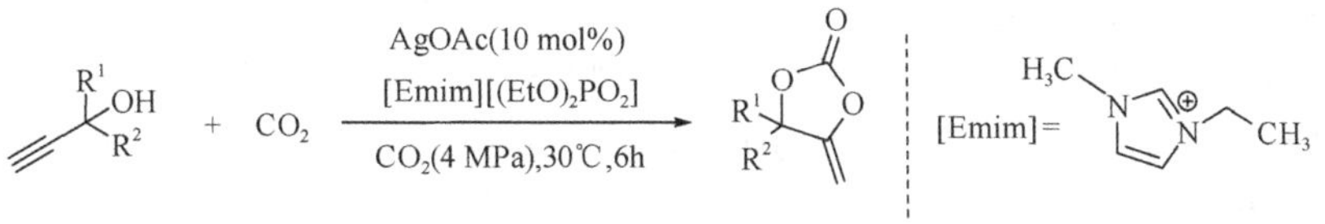

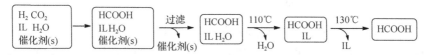

图 3.30　离子液体中 AgOAc 催化炔丙醇与 CO_2 的环化反应

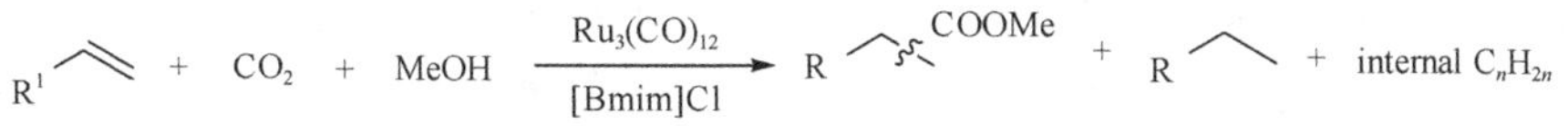

图 3.31　[Rh₂Cl₂(CO)₄]和 $Ru_3(CO)_{12}$ 催化烯烃的氢化羰化反应

　　韩布兴课题组首次以离子液体作为碱促进 CO_2 氢化反应生成甲酸[142]，该催化体系的优点在于离子液体和催化剂可以通过简单的分离过程回收并循环使用。所采用的分离策略如图 3.32 所示，催化剂分散于离子液体水溶液中，加入 H_2 和 CO_2；反应完成后，催化剂通过过滤回收后可以直接循环使用；包含离子液体，水和甲酸的滤液加热到 110℃除去水；再加热到 130℃使甲酸和离子液体分离。

图 3.32　氢化反应中产物、催化剂、离子液体的回收策略

3.3.4　聚乙二醇

　　聚乙二醇（PEG），又名 α-氢-ω-羟基(氧-1,2-乙二基)的聚合物、聚氧化乙烯，是平均分子量在 200 到几万的乙二醇高聚物的总称。它具有廉价、无毒、不挥发、

环境友好、生物可降解的优点，是一类亲水性的聚合物。相对于其他的非传统溶剂，如离子液体，PEG 的毒理性质、长短期的危险性以及生物降解能力方面的数据都非常全面。不同分子量的 PEG 已经被美国食品药品监督管理局(Food and Drug Administration, FDA)批准广泛使用。在有机合成领域，PEG 也被广泛地用作反应介质、催化剂的载体、相转移催化剂等[143]。

室温下，分子量小于 600 的 PEG 是无色透明的黏稠液体，而分子量大于 800 的 PEG 则是白色蜡状固体。PEG 易溶于水，液态的 PEG 可与水以任意比例混溶。固态 PEG 也能够很好地与水互溶。PEG 还能与很多有机溶剂混溶，如甲苯、二氯甲烷、醇类和丙酮，但不溶于脂肪烃类溶剂，如正己烷、环己烷、乙醚等。低分子量的液态 PEG 是非挥发性的，可以代替传统的挥发性有机溶剂，用于各类有机反应中。以乙酰丙酮亚铁(或铁)为催化剂，硫醚类化合物在 PEG_{1000} 介质中可以被氧气高选择性地氧化为亚砜，该方法避免了毒性有机溶剂、贵金属催化剂和复杂配体的使用，符合绿色化学的发展要求。在该反应体系中，PEG_{1000} 富电子的空腔结构可能起到稳定反应中生成的氧化活性中间体的作用[144]。

PEG 由于能够和金属阳离子形成络合物而被人们称为"主体"溶剂。PEG 作为相转移催化剂可以与水相中的离子相结合，并利用自身对有机溶剂的亲和性，将水相中的反应物转移到有机相中，促使反应的发生。PEG 与金属阳离子的络合行为与冠醚类似，分子中的聚乙氧基链可以与金属阳离子作用形成络合物。PEG_{400} 与 KI 组成的催化体系可以实现二氧化碳与环氧化合物转化为碳酸酯的反应[145]，聚乙二醇与钾离子络合，有利于碘负离子对环氧化物的亲核进攻开环(图 3.33)。

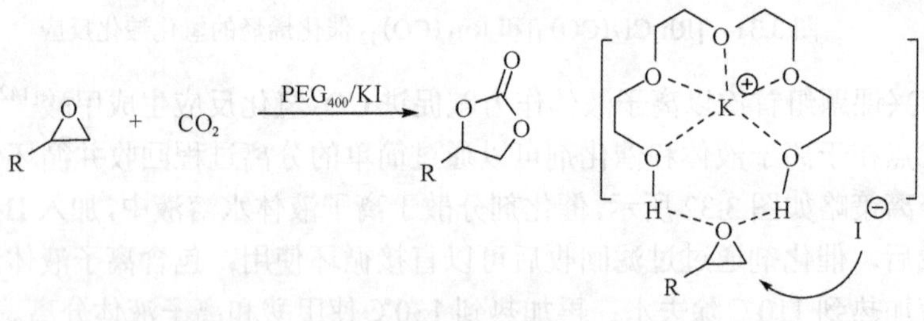

图 3.33　PEG_{400}/KI 催化二氧化碳的环加成反应

二氧化碳会对 PEG 的许多性质产生影响，PEG 在 $scCO_2$ 中会发生溶胀作用，体积可以扩大数倍，其物理性质也随之发生变化，包括熔点降低、黏度降低、气液间的传质速率加快、对氧气的溶解能力增强等。这些性质变化使得聚乙二醇/$scCO_2$ 两相体系应用于有机反应相对传统有机溶剂具有许多独特的作用[146]。Dapurkar 等使用含铬的介孔分子筛 MCM-41 作催化剂，氧气为氧化剂，在 PEG/$scCO_2$ 两相体系催化苄醇的氧化反应[147]，氧气和二氧化碳的总压为 16MPa。加入 PEG_{400} 可以大大加快反应的速率，提高反应的转化率。

PEG 易于被氧化断裂，主要是经过了自由基的反应机理。何良年课题组对高密度二氧化碳介质中 PEG 氧化降解产生的 PEG 自由基引发有机反应的可能性做了进一步的研究，提出了新的"PEG 自由基化学"[148,149]，并将其应用于苄醇、烯烃以及苄位 $C(Sp^3)$—H 键的氧化反应(图 3.34)。二氧化碳因其化学惰性不与 PEG 自由基反应，因此是理想的溶剂。对于 PEG 自由基引发的氧化反应，还可以通过调节二氧化碳的压力提高产物的选择性，使得这些反应具有实用性。该方法以氧气为氧化剂，不需要额外的催化剂和有机溶剂，产物分离方便，整个过程环境友好。

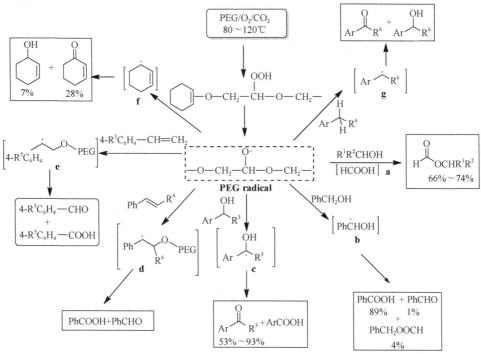

R^1,R^2=alkyl,H;Bz,H;R^3=H,Ph;R^4=CH$_2$OH,COOMe;
R^5=H,Me,Cl,MeO;R^6=Ar,alkyl,H

图 3.34　PEG 降解产生自由基引发的反应

3.3.5　无溶剂反应

传统的有机合成中，挥发性有毒的有机溶剂的使用不仅给人类健康和环境带来危害，同时也增加了生产成本，溶剂的处理过程也给整个反应过程增添了很多麻烦。绿色化学强调从源头上阻止污染物的产生，理想的合成方法就是不使用有机溶剂，即无溶剂有机合成。毫无疑问，无溶剂反应将是绿色化学研究的核心内容之一。

　　无溶剂有机合成反应最初被称为固态有机反应，通常是指低熔点有机物之间的反应。反应过程中除反应物之外无其他有机溶剂的使用，如反应物本身作为溶剂、熔融态反应、纯固体之间的反应等[150]。相对于传统的有机溶剂反应，无溶剂反应有其独特的优点[151]：①避免溶剂的挥发和废液的排放，减少了对环境的污染；②能耗低、操作简单，很多反应只需研磨、搅拌等操作，降低了生产成本；③较高的选择性和转化率，无溶剂反应体系中分子之间的碰撞更加有效、直接；④后处理过程简单。

　　为了使反应可以在无溶剂条件下高效进行，采用的方法有：①机械法，如研磨、球磨机以及超声高速振荡等；②加热法，常规加热或者微波加热；③光辐射法，如红外光、紫外光等；④主-客体法，即反应物之间发生主-客体包合作用得到包结化合物，进而提高反应的选择性。利用上述方法进行反应，反应之后根据反应物和产物的溶解性能，选择合适的溶剂，将产物从化合物中提取出来或者除掉未反应完的原料，即可得到高纯度的产品。鉴于此，近年来无溶剂合成已经应用到很多反应类型中，如加成反应、氧化还原反应、偶联反应、重排反应、取代反应等。

　　Morey 等[152]将等摩尔量的对苯二酚和硝酸铈(Ⅳ)铵混合后在研钵中研磨 5～10min，随后置于密闭容器中，得到氧化产物对苯醌。将芳基取代的卡巴肼与 $Fe(NO_3)_3 \cdot 9H_2O$ 的混合物研磨 5min，氧化产物二芳基卡巴腙的收率高达 92%[153]。Baeyer-Villiger 氧化反应是用过氧酸为氧化剂把酮直接氧化成酯的经典反应，使用间氯过氧苯甲酸时，无溶剂的反应效率要高于使用氯仿为溶剂时的效率[154]。萘酚与 $FeCl_3 \cdot 6H_2O$ 在甲醇水溶液中回流 2h，联二萘酚的收率为 60%，而通过简单的研磨法，收率就可达到 95%[155]。炔丙醇类化合物是合成许多天然产物的中间体，通常由醛酮与末端炔烃反应制备。纪顺俊等[156]在无溶剂条件下，使用超声波辐射，用催化量的叔丁醇钾催化酮与苯乙炔的反应，得到相应的炔丙醇产物(收率高达 92%)，反应仅需要 6～15min 即可完成，环境友好。多组分反应能够有效简化合成工艺，提高反应原料利用率。Alizadeh 等[157]以伯胺、乙酰乙酸乙酯和反丁烯二酰氯为原料，室温无溶剂条件下进行三组分反应，合成了五取代吡咯衍生物(图 3.35)。

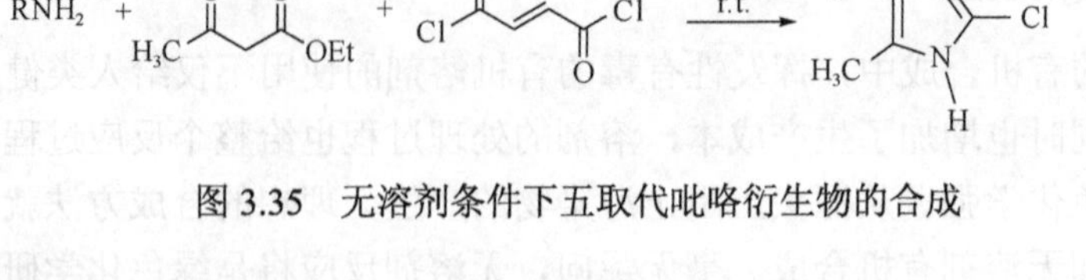

图 3.35　无溶剂条件下五取代吡咯衍生物的合成

无溶剂研磨法还可以合成具有不同功能化的席夫碱，把 3-乙氧基水杨醛和一级芳香胺等摩尔质量混合，在研钵中研磨 2~10min 就可以制备相应的席夫碱（收率＞99%）（图 3.36），相对于溶液反应体系，无溶剂和低能源消耗是很大的优势[158]。

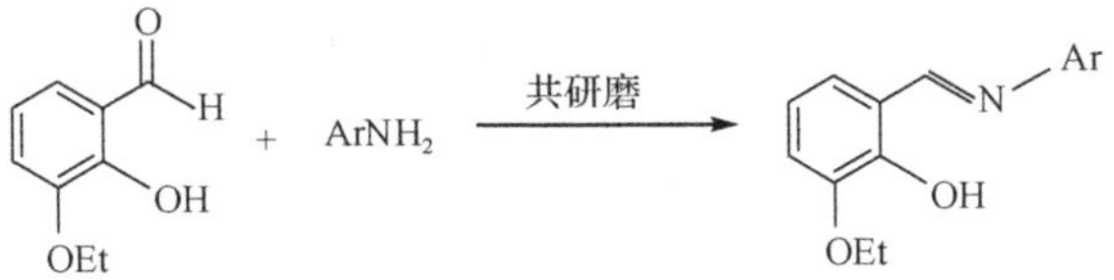

图 3.36　研磨法制备席夫碱

3.4　非传统目标分子

绿色化学品应该是安全的化学品，对人类和环境无害。传统的化学工业中，人们在制造某一产品时，往往只关注该产品的功能，而忽略了它的毒副作用以及对环境的影响。最典型的例子就是农药 DDT 和制冷剂氟利昂（二氟二氯甲烷，CFC-12）的使用。DDT 是人类历史上第一次合成出来的高效杀虫剂，其在消灭粮食、果树、蔬菜等中的害虫方面起到显著的效果，并获得了 1948 年的诺贝尔化学奖。但是 DDT 性能稳定，会在生物体内富集，如氯化烃会干扰鸟类钙的代谢，致使其生殖功能紊乱，使蛋壳变薄，结果使一些食肉和食鱼的鸟类接近灭绝，对农业生态系统和自然生态系统都造成了不利的影响。氟利昂是由碳、氟、氯组成的氯氟烃（CFCs），具有良好的阻燃性、化学稳定性、低毒性等特性而被用作制冷剂、发泡剂、电子元件的清洗剂等，广泛用于家用电器、泡沫塑料、日用化学品、汽车、消防器材等领域。然而，排放到大气中的氟利昂会在紫外线照射下分解为高活性的氯等自由基，与臭氧发生作用，造成平流层臭氧的损耗，进而影响生态环境。此外，氟利昂的大量排放还会加剧温室效应。因此，从 1993 年开始，世界各国开始停止使用氟利昂，我国于 2010 年全面禁止氟利昂的使用。

因而，设计化学品时不仅要考虑该化学品的使用功能，还需要考虑该产品对环境和人类健康造成的影响。当产品的原始功能完成之后，应该再循环利用或者降解为无毒无害的物质，而不是停留在环境中，污染环境。产品的功能与环境影响并重，是绿色化学的原则之一。随着人们对绿色化学的重视，越来越多的环境友好的绿色化学品被开发出来。

3.4.1　氟利昂替代品

1,1,1,2-四氟乙烷（HFC-134a）由美国杜邦公司开发，作为 CFC-12 制冷剂的替代物，它具有与 CFC-12 相似的性质，但是其臭氧损耗值（ozone depression potential，ODP）为 0。HFC-134a 的合成主要是以三氯乙烯与氢氟酸在铬催化剂的作用下生成 1,1,1-三氟-2-氯乙烷，随后再与氢氟酸反应得到 HFC-134a（图 3.37），也可以使用四氯乙烯为原料[159]。

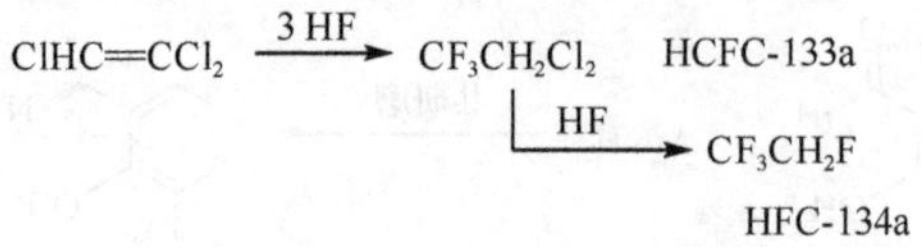
ClHC═CCl2
3 HF
CF3CH2Cl2
HCFC-133a
HF
CF3CH2F
HFC-134a

图 3.37　HFC-134a 的合成路径

1,1,1-二氟氯乙烷（HCFC-141b）作为一氟三氯甲烷（CFC-11）替代物，主要用作聚氨酯泡沫塑料生产的发泡剂，相比于 CFC-11，其发泡效率提高了 15%，但仍具有一定的臭氧损耗值和温室效应。氢氟烯烃（hydrofluoroolefins, HFOs）的物理性质与氢氟烃（HFCs）接近，分子中含有双键使其在大气中的寿命较短，具有较低的温室效应潜值（global warming potential, GWP），是理想的第四代制冷剂[160]。HFO-1234yf 的 ODP 值为 0，GWP 值为 4，主要作为 HFC-134a 的替代品用作制冷剂[161]，其制备过程使用 1,1,2,3-四氯丙烯（TCP）为原料经气相氟化、液相氟化及脱氯化氢的三步反应合成（图 3.38）。

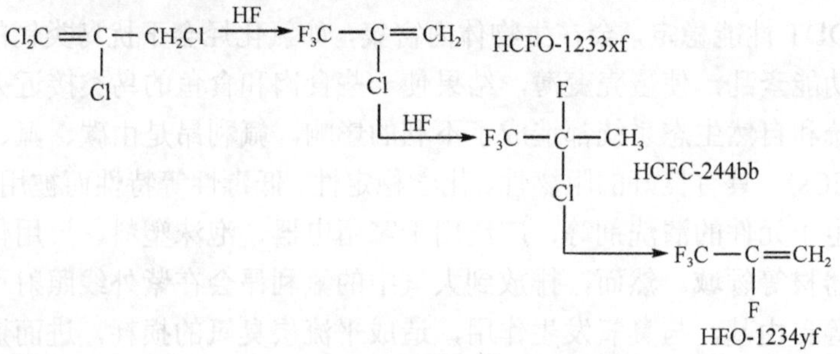
HF
HCFO-1233xf
HF
HCFC-244bb
HFO-1234yf

图 3.38　HFO-1234yf 的制备流程

3.4.2　绿色化学农药

现代农药化学正朝着选择性好、安全性高、环境兼容性好的方向发展，尽可能地使用无毒、无害的原材料和不生成有害副产物，保证农作物正常生长、稳产丰收的同时，减少对环境的污染。杂环类化合物是新农药发展的主流，对鸟类、鱼类的毒性也较小。

磺酰脲类除草剂具有很高的除草效率，比传统的除草剂效率提高了 100～1000 倍，且在土壤中可以通过化学和生物的作用发生降解，滞留时间短。被植物吸收后，在植物体内也可以被水解，水解产物与葡萄糖结合形成稳定的无毒无害的物质(图 3.39)。

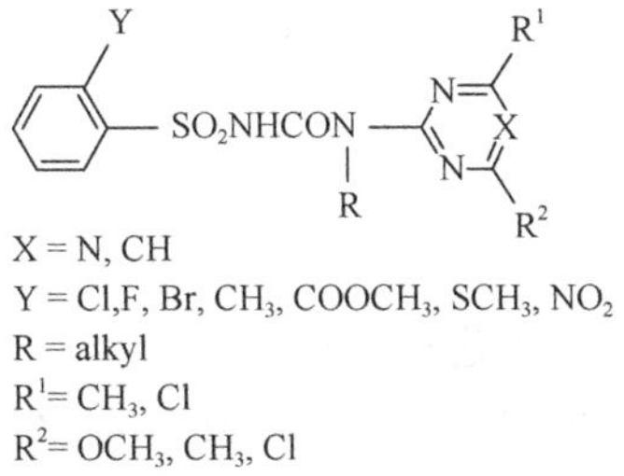
Y
SO2NHCON
R
N
X
N
R1
R2
X = N, CH
Y = Cl,F, Br, CH3, COOCH3, SCH3, NO2
R = alkyl
R1= CH3, Cl
R2= OCH3, CH3, Cl

图 3.39 磺酰脲类除草剂

吡虫啉[1-(6-氯-3-吡啶甲基)-*N*-硝基咪唑-2-亚胺]是一种高效、低毒、低污染、高选择性的烟碱类杀虫剂，是由日本特殊农药株式会社和德国拜尔公司共同开发。吡虫啉通过破坏昆虫的神经系统使其死亡，而对哺乳动物和其他脊椎动物影响不大[162]。其合成方法有很多，关键在于中间体 2-氯-5-氯甲基吡啶的合成(图 3.40)。

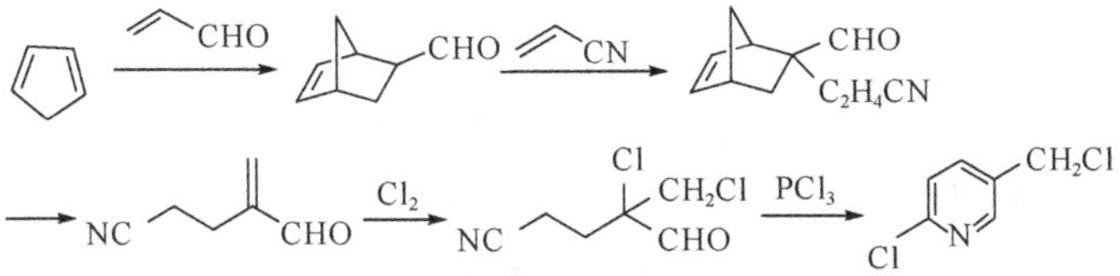
CHO
CHO
CN
CHO
C2H4CN
NC
CHO
Cl2
Cl
NC
CH2Cl
CHO
PCl3
CH2Cl
Cl
N

图 3.40 中间体 2-氯-5-氯甲基吡啶的合成

氨基酸类农药具有低毒性、高效、易于降解利用、原料易得等优点，草甘膦(*N*-膦酰甲基甘氨酸)能够有效地控制自然界的大多数杂草，其酯类衍生物也具有除草的能力，如含氮、硫、磷及苯环的氨基酸酯类均具有除草活性和杀菌性能。除虫类杀虫剂以氟或三氟甲基代替氯氰酸酯中的氢或氯等得到的产品，氟原子的引入有可能会提高化合物的生物活性。2008 年美国“总统绿色化学挑战奖”的设计绿色化学品奖颁给了陶氏益农公司，以表彰他们通过绿色化学合成法生产的新型杀虫剂，即 Spinetoram 杀虫剂。该杀虫剂替代有机磷酸酯杀虫剂，可用于果蔬植株生态杀虫，其用量和毒性都很低，对环境的影响远小于现有的杀虫剂。

3.4.3 其他绿色化学品

表面活性剂在现代工业中的应用非常广泛，随着人们环保意识的增强，对表面活性剂的要求越来越高。表面活性剂的绿色化体现在易于降解、对人体温和、环境友好等，所采用的原材料尽量来自于可再生资源。*N*-烷基葡萄糖酰胺是一类新型的非离子表面活性剂，以天然原料葡萄糖、烷基胺、脂肪酸甲酯为原料，经过还原胺化、加氢、酰胺化三步反应合成，完全符合表面活性剂的要求，具有安全无毒、乳化性好等优点，且具有良好的生物降解性能，不污染生态环境。聚天冬氨酸作为阻垢剂与传统的缓蚀阻垢剂相比具有阻垢效果好、可生物降解等优点，微生物降解后释放出的 CO_2 不低于参比的葡萄糖。

3.5 非传统催化剂

催化剂的作用是促进反应的进行，而本身在反应中不消耗，也不会转移到产物中，90%的化工生产过程都需要催化剂。绿色化学强调原材料的节约、能源的高效利用、催化效率的提高，设计更安全的化学品。这就对催化剂提出了新的要求，选择合适的催化剂，不仅可以加速反应的进行，显著地提高反应的转化率和产物的选择性，还可以降低反应的能耗，减少副产物的生产和废弃物的排放，最大限度地利用资源。环境友好的催化剂是绿色化学研究的核心内容。

3.5.1 固体酸碱催化剂

1. 固体酸催化剂

有机合成反应如烷基化、酯化、水合、烃类异构化、酰化等需要强酸作为反应的催化剂，传统的方法是采用液体酸如硫酸、氢氟酸等。但是这些液体酸对设备腐蚀严重，存在生产安全隐患，而且反应结束之后液体酸催化剂很难与产品分离，这就增加了生产成本，也会造成环境污染。因此，开发无毒、无害的固体酸(多相)催化剂替代液体酸(均相)催化剂进行酸催化显得更加重要。固体酸催化剂的发展已有近百年的历史，已开发的固体酸催化剂如表 3.3 所示。

表 3.3 固体酸催化剂的分类

序号	酸类型	实例
1	固载液体酸	$HF/AlCl_3$、$BF_3/AlCl_3$、$H_3PO_4/$硅藻土
2	金属氧化物	简单氧化物：MgO、CaO、 SrO 复合氧化物：$K_2O/\gamma\text{-}Al_2O_3$、$ZrO_2/SiO_2$
3	金属硫化物	Zns、CdS
4	金属硫酸盐和磷酸盐	$CuSO_4$、APO
5	沸石分子筛	ZSM-5 沸石、X 沸石
6	杂多酸	$H_3PW_{12}O_{40}$、$H_4SiW_{12}O_{40}$
7	阳离子交换树脂	苯乙烯-二乙烯基苯共聚物
8	天然黏土	蒙脱土、海泡石
9	固体超强酸	SO_4^{2-}/ZrO_2、WO_3/ZrO_2

负载酸是将液体酸(如 H_2SO_4、$HClO_4$、烷基磺酸等)负载到硅胶、Al_2O_3、活

性炭及分子筛上，通过这种方式，克服了液体酸热稳定性差、易溶于有机溶剂、分离困难等缺点，并在酯化、水解反应上表现出很好的催化活性，拓宽了液体酸在化工工业上的应用范围[163]。将硫酸负载在二氧化硅上制备固体酸催化剂[164]，红外光谱中 $1286cm^{-1}$ 和 $1231cm^{-1}$ 处的特征峰对应的是硫酸基团中 S═O 键的对称伸缩和不对称伸缩吸收峰。将此催化剂用于酮类的氧化和羧酸的酯化反应之中，均表现出了较好的催化活性和重复利用的稳定性。

锆基固体酸催化剂是最常见的固体酸催化剂之一，Yang Liao 等[165]以胶原纤维作为模板剂制备出一种新型的纤维状 SO_4^{2-}/ZrO_2 固体酸催化剂，并通过乙酸和正丁醇的酯化反应对该催化剂的催化活性进行考察。研究发现，通过该催化剂的作用，正丁醇的转化率接近 100%，且催化剂回收 3 次，转化率仍可达到 94%。通过共沉淀法制备 Al_2O_3-ZrO_2(AZ) 的复合物，并用硫酸对其表面进行修饰，制备出 SO_4^{2-}/AZ 固体酸催化剂，在醇类和胺类化合物的乙酰化反应中有很好的催化效果[166]。

将 PEG_{600} 固载到氯甲基化的聚苯乙烯树脂上，然后与氯磺酸作用，得到聚苯乙烯-聚乙二醇树脂固载的磺酸催化剂 PS-PEG-SO_3H(图 3.41)，并将其用于催化 Biginelli-type 反应，目标产物收率可达 80%，催化剂循环使用 6 次，收率降至 65%[167]。

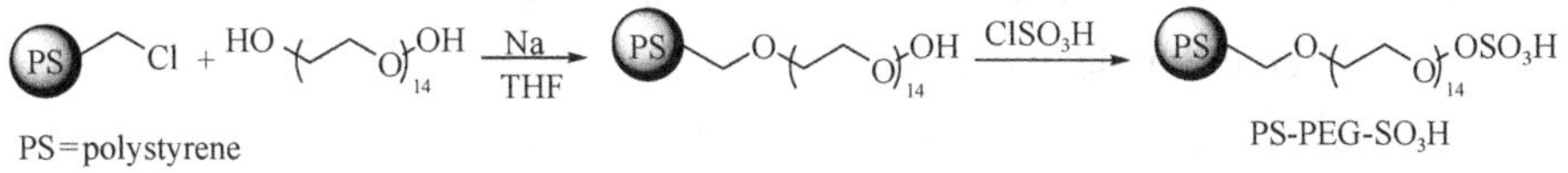

图 3.41　固载磺酸催化剂的制备

由不同种类的含氧酸根阴离子缩合形成的杂多阴离子，其对应的酸称为杂多酸。其结构类型有 Keggin 结构、Silverton 结构和 Dawson 结构，其中 Keggin 结构是杂多酸中研究最为广泛的一类，代表性的是磷钨酸和硅钨酸。由于 Keggin 型多酸的强酸性，相比传统催化剂，如无机酸、离子交换树脂、混合氧化物、沸石等，展现出更高的催化活性。通过改变元素的组成、结构、结晶水含量等方法可以调节杂多酸的酸性，使其具有更好的活性和选择性。杂多酸在烷基化反应、酯化、裂解、异构化等反应中得到了广泛的应用[168]。使用磷钨酸水溶液水解纤维素[169]，在 180℃反应 2h，纤维素的转化率就可达到 93%。将硅钨酸负载到二氧化硅上得到的固体酸催化剂可以用于催化环己酮与乙二醇制备缩酮的反应[170]。而将杂多酸负载到经二氧化锆改性的二氧化硅上[171]，得到的固体酸催化剂可以用于酯化反应和酯交换反应中(图 3.42)。

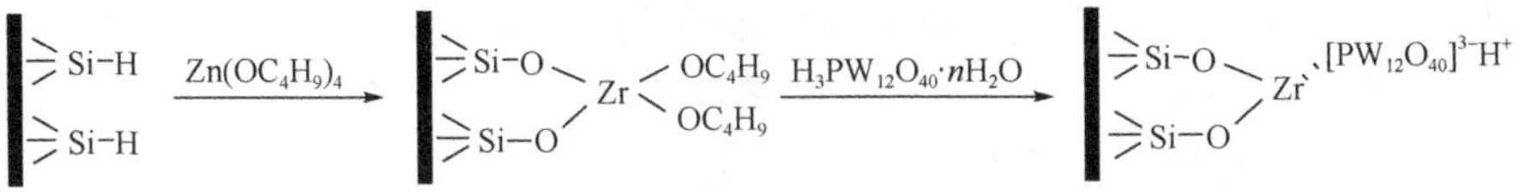

图 3.42　负载杂多酸催化剂的制备

2. 固体碱催化剂

固体碱催化剂具有催化活性高、易分离、操作简单、易于回收等优点，广泛应用于羟醛缩合、氧化还原、酯交换等有机反应中。固体碱可以理解为能化学吸附酸性物质的固体，或者能使酸性指示剂改变颜色的固体，也可以理解为能接受质子或者给出电子的固体[172]。主要分为三类：无机固体碱(金属氧化物、水滑石类阴离子、负载型固体碱)、有机固体碱(含叔胺或叔膦基团的碱性树脂类固体碱)、有机无机复合固体碱(负载有机胺或有机碱的分子筛)。

金属氧化物固体碱主要包含碱金属和碱土金属氧化物。一般来说，随着碱金属和碱土金属原子序数的增加，碱性逐渐增强，即 $MgO>CaO>SrO>BaO,Na_2O>K_2O>Rb_2O>Cs_2O$，其中 MgO 的研究最多。稀土金属氧化物(如 Nd_2O_3, Y_2O_3)表面含有强弱两种碱活性中心。弱碱活性中心大致与 MgO 表面的弱碱位点相似，但是强碱活性中心要比 MgO 表面强得多。因此，可将原因归结为三方面，一是 Mg^{2+} 的半径更小，二是 MgO 的氧配位数较少，三是 MgO 中氧的供电子本领较弱。但是，单组分的金属氧化物的比表面积小，这就限制了它们在工业上的应用。

水滑石是由两种或多种金属的氢氧化物复合而成，又称为层状双羟基复合金属氢氧化物(layered double hydroxides，LDHs)。以铝镁水滑石为例，通过改变镁铝比、阴离子的数量和种类、颗粒大小等，可以改变氧原子的密度，进而调控其表面上的酸碱活性位点的比例。水滑石催化剂广泛应用于氢转移、酯交换、羟醛缩合等有机合成反应。Lukáš Hora 探究了 MgAl-LDHs 催化糠醛与丙酮的羟醛缩合反应[173]，2∶1 的水和复原的 LDHs 比氧化物有更好的催化活性，这是因为复原之后的 LDHs 有更多的碱性位点，可以提供更高的转化率和选择性。氨基酸插层的 MgAl-LDHs 对酚类化合物的 O-甲基化和苯硫酚的 S-甲基化有很好的催化效果，且循环使用多次，催化效率保持不变[174]。负载的 Pd-LDH 催化剂用于碘苯和苯硼酸的 Suzuki 偶联反应[175]，选择性接近 100%。

负载型固体碱主要的载体是 Al_2O_3 和分子筛，此外还有氧化钙、二氧化锆、活性炭等。其碱性活性位点主要是碱金属氧化物、碱土金属氧化物、氢氧化物、碳酸盐等。催化剂 $K_2O/\gamma-Al_2O_3$ 在丁醛的缩合反应中有很强的碱性[176]。K_2O/C 催化棉籽油酯交换反应的活性要高于氢氧化钠[177]。

有机固体碱是指端基为叔胺或叔膦基团的碱性树脂类固体碱，其优点是碱性强度均匀，但是热稳定性差，只适用于低温反应，且制备过程复杂，成本较高，不利于工业化生产[172]。有机无机复合固体碱是指负载有机胺的分子筛，其碱性位点分别是有机胺的孤电子对，通过化学键将碱性位点与分子筛键连，活性位点不会丢失，且碱度均匀，只适用于低温反应且不能提供强碱性位点。

3.5.2　离子液体

离子液体除了可以替代有毒有害的挥发性有机溶剂，还可以替代传统的催化剂，用于改善传统催化过程中环境污染、原子经济性低、反应条件苛刻及能耗高等问题[177-181]。近年来，离子液体催化剂被广泛用在羰基化、烷基化、氢甲酰化、酯交换、氧化、加氢、聚合以及解聚等合成领域。

将不同的官能团引入离子液体的阴、阳离子上，这些官能团赋予了离子液体专一的特性进而与溶解于其中的反应物产生相互作用，起到催化效果。传统的酸性离子液体都是基于 $AlCl_3$ 的 Lewis 酸，虽然有较强的酸性，但存在不稳定的弊端，难以循环使用。通过在离子液体的阳离子上引入羧酸或磺酸类基团(图 3.43)，得到的离子液体可以作为酸性催化剂催化酯交换反应、频哪醇重排反应等[182,183]。将离子液体与金属钯反应合成的钯-离子液体络合物可催化 Heck 反应(图 3.44)[184]。

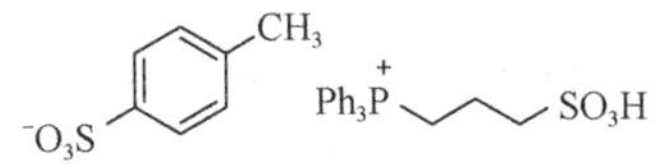

图 3.43　磺酸基团功能化的酸性离子液体

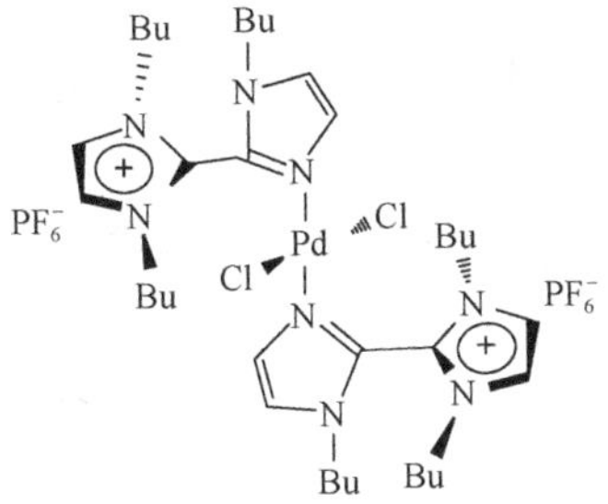

图 3.44　过渡金属-离子液体络合物

醇选择性氧化生成醛或酮的反应是有机合成中最基础、用途最广泛的官能团转换反应之一，何良年课题组研发了一个包括 2,2,6,6-四甲基哌啶氧化物(2,2,6,6-tetramethylpiperidinooxy, TEMPO) 功能化的咪唑盐([Imim-TEMPO]$^+$X$^-$)、羧酸取代的咪唑盐([Imim-COOH]$^+$X$^-$)和亚硝酸钠的催化体系用于脂肪醇、烯丙醇、杂环醇和苄醇的氧化反应(图 3.45)，产物的选择性超过 99%[185]。

通过设计合成含有不同官能团的阴、阳离子组成的离子液体，使得离子液体同时具有 Lewis 酸和 Lewis 碱中心，能够同时活化 CO_2 分子和另一底物分子，从而实现 CO_2 的高价值利用[186]。离子液体在 CO_2 的化学转化方面有很多应用：①催化 CO_2 的环加成反应，制备环状碳酸酯或聚碳酸酯；②催化 CO_2、环氧化物和甲醇反应生成碳酸二甲酯；③催化 CO_2 和胺反应生成脲类衍生物或氨基甲酸酯；④催

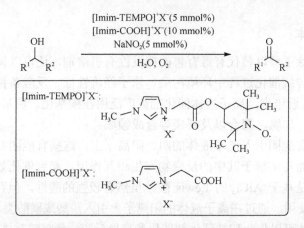

图 3.45　[Imim-TEMPO]$^+$X$^-$/[Imim-COOH]$^+$X$^-$/NaNO$_2$ 催化醇的氧化反应

化 CO$_2$ 和氮杂环丙烷反应生成噁唑啉酮；⑤催化 CO$_2$ 和氢气反应生成甲酸等。季铵盐，如四正丁基碘化铵(terabutylammonium iodide, TBAI)或者四正丁基溴化铵(terabutylammonium bromide, TBAB)，作为最简单的离子液体催化 CO$_2$ 与环氧化物的环加成反应，已经被用于工业生产。但该方法需要较高的反应温度和压力。具有氢键给体的离子液体可以与环氧化物的氧原子之间产生氢键，加速环氧化物开环，如使用离子液体 1-(2-羟基-乙基)-3-甲基咪唑溴盐[1-methyl-3-(hydroxylethyl) imidazolium bromide, HEMImB] 催化剂[187]，CO$_2$ 压力为 2MPa，反应 1h，环氧丙烷(popylene oxide, PO)的转化率和反应的选择性可分别达到 99% 和 99.8%(图 3.46)。

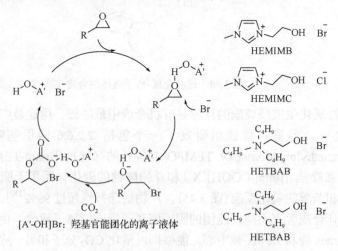

图 3.46　氢键给体的离子液体促进环加成反应的机理

3.5.3 生物催化

生物催化是指利用生物材料(主要是酶或者微生物)催化化学反应,实现化学转化的过程。自 2000 年美国设立"总统绿色化学挑战奖",有关酶或者全细胞的生物催化剂获得的奖项已达 16 项。相对于传统的工业催化,生物催化具有重要的特征:①催化效率非常高,其催化效率是传统化学催化剂的 $10^8 \sim 10^{10}$ 倍;②反应条件温和,环境友好,可以在室温、常压、近中性条件下进行,且副反应很少;③高效的立体选择性、化学选择性、区域选择性和底物选择性;④操作简单;⑤适用范围广;⑥污染少、成本低等,是可持续发展过程中替代传统有机化学合成的重要方法,被认为是工业可持续发展最有希望的技术[188]。

生物催化剂主要是包含酶和微生物细胞。国际生物化学会酶学委员会根据酶催化的反应类型,把酶分为六大类,包括氧化还原酶、转移酶、水解酶、裂解酶、异构酶、合成酶。在有机合成中应用较多的酶是水解酶和氧化还原酶。微生物细胞的生物催化过程其实也是酶催化过程,在微生物细胞内含有可以接受广泛非天然底物的多种脱氢酶、所有必需的辅酶以及再生途径。相对于纯化酶来说,微生物细胞可以进行多步串联的生物催化反应,收率高,反应量大,易于大规模工业化生产,且生产成本低。

面包酵母是酮的不对称还原中应用最广泛的微生物细胞催化剂。Hub 等系统的研究了面包酵母的不对称还原[189],发现只有甲基酮会被面包酵母催化还原,而底物中含有的氯、溴、硝基、羟基等官能团在反应过程中保持不变。面包酵母催化还原 β-二酮时,可以选择性地还原一个羰基,得到手性的 β-羟基酮,没有二羟基的产物生成[190]。使用胡萝卜催化苯基乙酮的还原反应[191],可以高收率和高选择性地生成相应的醇,而萘基乙酮则不能被还原。

还原酶可以催化二氧化碳还原为甲醇的过程。三种不同的生物酶分别参与二氧化碳还原过程的不同环节。首先,甲酸脱氢酶($F_{ate}DH$)将二氧化碳还原为甲酸,继而甲醛脱氢酶($F_{ald}DH$)将甲酸还原为甲醛,甲醇脱氢酶(ADH)将生成的甲醛还原为甲醇(图 3.47)[192]。整个脱氢酶还原的过程中,NADH 被氧化为 NAD^+,NADH 充当了电子、能量的给体,也作为还原剂和氢源。通过电化学的方法也可实现 NADH 的再生[193]。

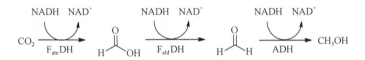

图 3.47 $F_{ate}DH/F_{ald}DH/ADH$ 还原 CO_2 为甲醇

传统的硝化反应是采用浓硝酸硝化底物,但是不适用于苯酚类底物,因为酚羟基容易被浓硝酸氧化,而使用大豆过氧化物酶则可以实现苯酚、芳烃及芳香胺等化合物的硝化反应,避免副反应的发生。改造细胞色素 P450 的 BM3 结合位点,使其可以催化烯烃的环丙烷化[194]。而将细胞色素 P450 保守位点的半胱氨酸突变为丝氨酸,可使其进一步获得其他的催化活力,如 C—H 胺化和 N—H 插入反应[195,196]。

3.5.4　相转移催化剂

均相催化剂的反应物能很容易地进入催化剂的活性中心,因而表现出较高的活性,但是难以分离、回收和重复使用。多相(非均相)催化剂很好地解决了催化剂的分离和回收问题,但是其催化活性较差。为了克服这一难题,相转移催化剂引起了化学工作者的广泛关注,它兼具了均相催化剂的高活性和非均相催化剂易于分离回收的优点。相转移催化的概念在 1966 年首次提出,于 1971 年被正式使用。随着研究的深入,现在这项技术已应用于氧化反应、还原反应、加成反应、消除反应、缩合反应、偶联反应等有机合成领域。相转移催化剂与常规的催化剂相比,具有很多突出的优点,如可以明显地提高反应速率、降低反应温度、不需要严格的无水操作条件、操作简单、副产物少等。相转移催化剂主要包含鎓盐类(季铵盐、季鳞盐等)、包合物类(冠醚、环糊精等)、开链聚醚类等。在相转移催化的过程中,通常是通过反应物与相转移催化剂所形成的离子对在两相间的转移来实现有机相与另一相之间的反应(图 3.48)。

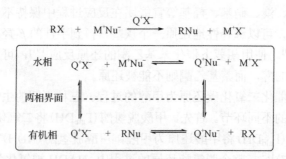

图 3.48　相转移催化剂的催化机理

中国科学院大连化学物理研究所奚祖威课题组研究了反应控制的相转移催化剂[197,198],其特点是:催化剂自身不溶于反应介质,随着某种反应物的加入,催化剂溶于反应体系并与反应物相互作用,从而生产目标产物,反应之后,催化剂析出,实现回收使用,即"均相反应、两相分离",解决了均相催化剂难以分离回收的难题,兼具均相催化和非均相催化的优点。近些年来反应控制的相转移催化剂逐渐应用在烯烃环氧化、醇氧化、烯烃断键氧化、苯羟基化、硒催化羰基化和酯化反应中。何良年课题组[199]以 PEG$_{6000}$ 作为载体合成了负载型季铵盐催化剂,该催化剂可以溶解在 scCO₂ 中实现均相催化反应，反应后释放二氧化碳，催化剂析出，仅通过过滤的方式就可以实现催化剂的回收利用(图 3.49)，且循环使用 5 次以上，催化活性没有明显降低。含氟聚合物负载的季鏻盐催化剂用于催化环氧化物和二氧化碳的环加成反应，在反应过程中催化剂溶于 scCO₂，参与均相反应，而反应结束后释放二氧化碳，催化剂析出，和产物自行分离成两相，简化了后处理步骤[200]。

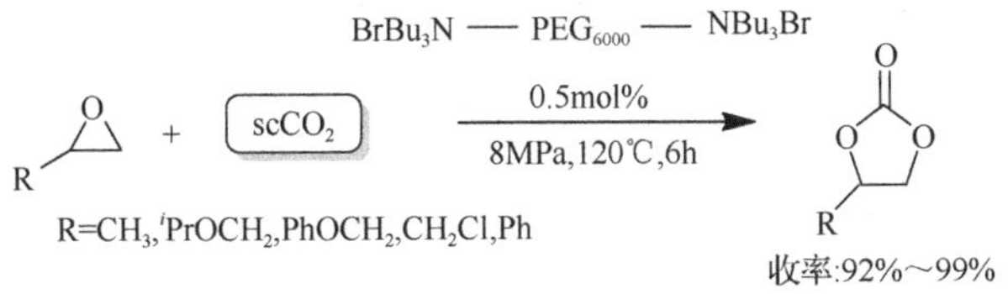

图 3.49　PEG₆₀₀₀(NBu₃Br)₂ 催化的环加成反应

　　温度控制的相转移催化剂是指反应体系的相行为随着温度变化发生相应的变化。在低温时，催化剂不溶于有机相，但随着反应温度的升高，催化剂开始溶于有机相中，体系为一相，进行催化反应。反应结束后，体系温度下降，催化剂从有机相中分离出来，即"高温溶解、低温分离"。将磷钼钒酸 $H_5PV_2M_{10}O_{40}$ 滴加到氯化胆碱溶液中得到的橘黄色催化剂用于淀粉氧化反应，该催化剂在反应过程中经历了温度控制的相变过程，表现出温度控制的自分离特性[201]。

3.6　在线分析化学

　　在线分析化学指的是在化工生产过程中对反应体系进行的实况测定，并能够依据分析结果来调控反应的进程，这是减少有毒、有害副产物形成的重要步骤。假设一个反应过程仅产生微量的污染物，但是当温度和压力变得过高时，就会产生大量的污染物。利用在线分析化学，人们就可以在反应过程中不断地测定污染物的浓度，并在污染物的浓度接近阈值时立即改变反应条件。在线分析提供了化学信息的快速反馈，同时有效控制污染物的产生。当前，在线分析化学领域正在开展大量的研究工作，有关生物技术合成的在线分析化学研究居多，因为这些反应通常复杂且产品价值高。

3.7　总结与展望

　　化学合成是化学工业最大的魅力，它为人们的生活创造了自然界未曾有过的物质，为人类的生活、发展服务，提高了人们的生活水平，加速了社会经济的发展。绿色化学则是化学发展的新方向，它为人类发展和环境保护提供了基本的原则。绿色化学站在环境保护的高度，是对传统化学思维的创新、发展和改革。为了更好地实现绿色化学的目标，需要对传统的合成工业进行改善，从源头上避免污染物的产生。这就需要化学工作者围绕原料、试剂、催化剂、溶剂以及目标产品的绿色化开展研究工作，寻找无毒无害且可再生的反应原料，发展高效的催化体系，使用环境友好的反应介质，同时开发"零排放"的化工生产工艺，反应过程中对反应体系进行实时监测，推动绿色化学研究工作的全面开展，从根本上实现化学工业的"绿色化"，促进社会、经济和环境保护的协调发展。

参 考 文 献

[1] Dong Y. Steinberg M. Hynol—an economical process for methanol production from biomass and natural gas with reduced CO_2 emission. Int J Hydrogen Energy, 1997, 22(10): 971-977.

[2] Wilhelm D J, Simbeck D R, Karp A D, et al. Syngas production for gas-to-liquids applications: technologies, issues and outlook. Fuel Process Technol, 2001, 71(1): 139-148.

[3] Palamer E R. Gasification of wood for methanol production. Energy Agric, 1984, 3(4): 365-375.

[4] 房鼎业, 应卫勇, 骆光亮. 甲醇系列产品及应用. 上海: 华东理工大学出版社, 1993.

[5] 阴秀丽, 常杰, 汪俊峰, 等. 由生物质气化方法制备甲醇燃料. 煤炭转化, 2003, 26(4): 26-30.

[6] 张喜通, 常杰, 付严, 等. 催化生物质合成气合成甲醇的研究. 过程工程学报, 2006, 6(1): 104-107.

[7] Xu C P, Arancon R A D, Labidi J, et al. Lignin depolymerisation strategies: towards valuable chemicals and fuels. Chem Soc Rev, 2014, 43: 7485-7500.

[8] Chakar F S, Ragauskas A J. Review of current and future softwood kraft lignin process chemistry. Ind Crops Prod, 2004, 20: 131-141.

[9] Imai T, Yokoyama T, Matsumoto Y. Revisiting the mechanism of β-O-4 bond cleavage during acidolysis of lignin IV: dependence of acidolysis reaction on the type of acid. J Wood Sci, 2011, 57: 219-225.

[10] Shevchenko S M. Depolymerization of lignin in wood with molecular hydrogen iodide. Croat Chem Acta, 2000, 73(3): 831-841.

[11] Liu H, Wang M, Li H, et al. New protocol of copper-catalyzed oxidative C(CO)-C bond cleavage of aryl and aliphatic ketones to organic acids using O_2 as the terminal oxidant. J Catal, 2017, 346: 170-179.

[12] 张颖, 韩铮, 徐禄江, 等. 生物质基含氧化合物加氢脱氧反应的研究进展. 林产化学与工业, 2016, 36: 107-118.

[13] Draths K M, Frost J W. Environmentally compatible synthesis of adipic acid from D-glucose. J Am Chem Soc, 1994, 116(1): 2395-2400.

[14] Schuchardt U, Cardoso D, Sercheli R, et al. Cyclohexane oxidation continues to be a challenge. Appl Catal A Gen, 2001, 211(1): 1-17.

[15] 韩丽, 陈五九, 元飞, 等. 己二酸的生物合成. 生物工程学报, 2013, 29(10): 1374-1385.

[16] Huber G W, Chheda J N, Barrett C J, et al. Production of liquid alkanes by aqueous-phase processing of biomass-derived carbohydrates. Science, 2005, 308: 1446-1450.

[17] Zhang Z, Wang Q, Xie H, et al. Catalytic conversion of carbohydrates into 5-hydroxymethylfurfural by germanium(IV) chloride in ionic liquids. ChemSusChem, 2011, 4(1): 131-138.

[18] Vigier K D O, Benguerba A, Barrault J, et al. Conversion of fructose and inulin to 5-hydroxymethylfurfural in sustainable betaine hydrochloride-based media. Green Chem, 2012, 14(2): 285-289.

[19] He J, Zhang Y, Chen E Y. Chromium(0) nanoparticles as effective catalyst for the conversion of glucose into 5-hydroxymethylfurfural. ChemSusChem, 2013, 6(1): 61-64.

[20] Senet J P. Phosgene chemistry and environment, recent advances clear the way to clean processes: a review. Comptes Rendus de l'Académie des Sciences - Series IIC - Chemistry, 2000, 3(6): 505-516.

[21] 闵恩泽, 吴巍. 绿色化学与化工. 北京: 化学工业出版社, 2000.

[22] 赵新强, 王延吉, 李芳, 等. 用碳酸二甲酯代替光气合成甲苯二异氰酸酯 II. 甲苯二氨基甲酸甲酯的分解. 精细化工, 2010, 10: 615-617.

[23] Zhao X, Wang Y, Wang S, et al. Synthesis of MDI from dimethyl carbonate over solid catalysts. Ind Eng Chem Res, 2002, 41: 5139-5144.

[24] Li F, Miao J, Wang Y, et al. Synthesis of methyl N-phenyl carbamate from aniline and dimethyl carbonate over supported zirconia catalyst. Ind Eng Chem Res, 2006, 45: 4892-4897.

[25] Li F, Wang Y, Xue W, et al. Clean synthesis of methyl N-phenyl carbamate over ZnO-TiO$_2$ catalyst. J Chem Technol Biot, 2009, 84: 48-53.

[26] Baba T, Fujiwara M, Oosaku A, et al. Catalytic synthesis of N-alkyl carbamates by methoxycarbonylation of alkylamines with dimethyl carbonate using Pb(NO$_3$)$_2$. Appl Catal A Gen, 2002, 227(1-2): 1-6.

[27] Fiorani G, Perosa A, Selva M. Dimethyl carbonate: a versatile reagent for a sustainable valorization of renewables. Green Chem, 2018, 20: 288-322.

[28] 孙大雷, 谢顺吉, 邓剑如, 等. 醋酸锌催化碳酸二甲酯胺解合成六亚甲基二氨基二甲酸甲酯. 精细石油化工, 2010, 06: 9-13.

[29] Wang S, Zhang G, Ma X, et al. Investigations of catalytic activity, deactivation, and regeneration of Pb(OAc)$_2$ for methoxycarbonylation of 2,4-toluene diamine with dimethyl carbonate. Ind Eng Chem Res, 2007, 46: 6858-6864.

[30] Selva M, Perosa A. Green chemistry metrics: a comparative evaluation of dimethyl carbonate, methyl iodide, dimethyl sulfate and methanol as methylating agents. Green Chem, 2008, 10: 457-464.

[31] Fu Z H, Ono Y. Selective α-monomethylation of phenylacetonitrile with dimethyl carbonate or methanol over alkali-exchanged faujasites. J Catal, 1994, 145: 166-170.

[32] Selva M, Benedet V, Fabris M. Selective catalytic etherification of glycerol formal and solketal with dialkyl carbonates and K$_2$CO$_3$. Green Chem, 2012, 14: 188-200.

[33] Lui M Y, Lokare K S, Hemming E, et al. Microwave-assisted methylation of dihydroxybenzene derivatives with dimethyl carbonate. RSC Adv, 2016, 6: 58443-58451.

[34] Selva M, Militello E, Fabris M. The methylation of benzyl-type alcohols with dimethyl carbonate in the presence of Y- and X-faujasites: selective synthesis of methyl ethers. Green Chem, 2008, 39(24): 73-79.

[35] Aresta M, Dibenedetto A, Angelini A. Catalysis for the valorization of exhaust carbon: from CO$_2$ to chemicals, materials, and fuels. Technological use of CO$_2$. Chem Rev, 2014, 114(3): 1709-1742.

[36] Peters M, Kohler B, Kuckshinrichs W, et al. Chemical technologies for exploiting and recycling carbon dioxide into the value chain. ChemSusChem, 2011, 4(9): 1216-1240.

[37] Sakakura T, Choi J, Yasuda H. Transformation of carbon dioxide. Chem Rev, 2007, 107(6): 2365-2387.

[38] Tundo P, Perosa A. Green organic syntheses: organic carbonates as methylating agents. Chem Rec, 2002, 2(1): 13-23.

[39] Jessop P G, Ikariya T, Noyori R. Homogeneous catalysis in supercritical fluids. Chem Rev, 1999, 99(2): 475-494.

[40] Zhang S, Chen Y, Li F, et al. Fixation and conversion of CO$_2$ using ionic liquids. Catal Today, 2006, 115(1-4): 61-69.

[41] Sakakura T, Choi J C, Yasuda H. Transformation of carbon dioxide. Chem Rev, 2007, 107 (6): 2365-2387.

[42] Sakakura T, Kohno K. The synthesis of organic carbonates from carbon dioxide. Chem Commun, 2009, (11): 1312-1330.

[43] Miao C X, Wang J Q, Wu Y, et al. Bifunctional metal-salen complexes as efficient catalysts for the fixation of CO_2 with epoxides under solvent-free conditions. ChemSusChem, 2008, 1: 236-241.

[44] Takumi M, Takanobu K, Takatoshi I, et al. Synthesis of aromatic urea herbicides by the selenium-assisted carbonylation using carbon monoxide with sulfur. Synth Commun, 2000, 30 (9): 1675-1688.

[45] 薛燕, 吴思忠, 彭爱东, 等. 非对称取代脲的合成与应用. 有机化学, 2002, 12 (8): 529-535.

[46] Patil Y P, Tambade P J, Jagtap S R, et al. Synthesis of 2-oxazolidinones/2-imidazolidinones from CO_2, different epoxides and amino alcohols/alkylene diamines using $Br^-Ph_3^+P\text{-}PEG_{600}\text{-}P^+Ph_3Br^-$ as homogenous recyclable catalyst. J Mol Catal A: Chem, 2008, 289 (1-2): 14-21.

[47] Xiao L F, Xu L W, Xia C G. A method for the synthesis of 2-oxazolidinones and 2-imidazolidinones from five-membered cyclic carbonates and β-aminoalcohols or 1,2-diamines. Green Chem, 2007, 9 (4): 369-372.

[48] Jessop P G, Ikariya T, Noyori R. Homogeneous hydrogenation of carbon dioxide. Chem Rev, 1995, 95 (2): 259-272.

[49] Federsel C, Jackstell R, Beller M. State-of-the-art catalysts for hydrogenation of carbon dioxide. Angew Chem Int Ed, 2010, 49 (36): 6254-6257.

[50] Johnson T C, Morris D J, Wills M. Hydrogen generation from formic acid and alcohols using homogeneous catalysts. Chem Soc Rev, 2010, 39 (1): 81-88.

[51] Jessop P G, Ikariya T, Noyori R. Homogeneous hydrogenation of carbon dioxide. Chem Rev, 1995, 95: 259-272.

[52] Leitner W. Carbon dioxide as a raw material: the synthesis of formic acid and its derivatives from CO_2. Angew Chem Int Ed, 1995, 34: 2207-2221.

[53] Jessop P G, Tai C C. Recent advances in the homogeneous hydrogenation of carbon dioxide. Coord Chem Rev, 2004, 248: 2425-2442.

[54] Wang W, Wang S, Ma X, et al. Recent advances in catalytic hydrogenation of carbon dioxide. Chem Soc Rev, 2011, 40: 3703-3727.

[55] Omae I. Recent developments in carbon dioxide utilization for the production of organic chemicals. Coord Chem Rev 2012, 256: 1384-1405.

[56] Fujiwara M, Souma Y. Hydrocarbon synthesis from carbon dioxide and hydrogen over Cu-Zn-Cr oxide/zeolite hybrid catalysts. J Chem Soc Chem Commun, 1992, 10 (10): 767-768.

[57] Fujiwara M, Ando H, Tanaka M, et al. Hydrogenation of carbon dioxide over Cu-Zn-Cr oxide catalysts. Bull Chem Soc Jpn, 1994, 67: 546-550.

[58] Shao C P, Fan L, Fujimoto K, et al. Selective methanol synthesis from CO_2/H_2 on new SiO_2-supported PrY and PtCr bimetallic catalysts. Appl Catal A Gen, 1995, 128: L1-L6.

[59] Melialm-Cabrera I, LoApez G M, Terreros P. CO_2 hydrogenation over Pd-modified methanol synthesis catalysts. Catal Today 1998, 45: 251-256.

[60] Tominaga K. Homogeneous hydrogenation of carbon dioxide to methanol catalyzed by ruthenium cluster anions in the presence of halide anions. Bull Chem Soc Jpn, 1995, 68: 2837-2842.

[61] Tominaga K, Sasaki Y, Kawai M, et al. Ruthenium complex catalysed hydrogenation of carbon dioxide to carbon monoxide, methanol and methane. J Chem Soc Chem Commun, 1993, 629-631.

[62] Riduan S N, Zhang Y G, Jackie Y Y. Conversion of carbon dioxide into methanol with silanes over N-heterocyclic carbene catalysts. Angew Chem Int Ed, 2009, 48: 3322-3325.

[63] Stephan D W. Frustrated Lewis pairs: a concept for new reactivity and catalysis. Org Biomol Chem, 2008, 6: 1535-1539.

[64] Stephan D W. Frustrated Lewis pairs: a new strategy to small molecule activation and hydrogenation catalysis. Dalton Trans, 2009, 3129-3136.

[65] Stephan D W, Erker G. Frustrated Lewis pairs: metal-free hydrogen activation and more. Angew Chem Int Ed, 2010, 49: 46-76

[66] 徐海升, 白汝江, 赵建宏, 等. 一种"绿色合成"技术-有机电合成. 郑州工业大学学报, 2001, 22(3): 17-21.

[67] Yoshida K. Electrooxidation in Organic Chemistry. New York: Wiley and Sons, 1984.

[68] 马淳安. 有机电化学合成导论. 北京: 科学出版社, 2003.

[69] Guo Z C, Yang J Y. Electro-organic synthesis is an impotant technique to develop fine chemical industry. J Hebei Inst Chem Technol Light Ind, 1995, 16: 37-42.

[70] 柳英姿, 张爱健, 王欢, 等. 电化学还原合成 1,5-二氨基萘. 有机化学, 2008, (5): 804-809.

[71] Wang H, Zhang G, Liu Y, et al. Electrocarboxylation of activated olefins in ionic liquid BMIMBF$_4$. Electrochem Commun, 2007, 9 (9): 2235-2239.

[72] Hori Y, Kikuchi K, Suzuki S. Production of CO and CH$_4$ in electrochemical reduction of CO$_2$ at metal electrodes in aqueous hydrogencarbonate solution. Chem Lett, 1985, (11): 1695-1698.

[73] Qu J, Zhang X, Wang Y, et al. Electrochemical reduction of CO$_2$ on RuO$_2$/TiO$_2$ nanotubes composite modified Pt electrode. Electrochim Acta, 2005, 50(16-17): 3576-3580.

[74] Haynes L V, Sawyer D T. Electrochemistry of carbon dioxide in dimethyl sulfoxide at gold and mercury electrodes. Anal Chem, 1967, 39(3): 332-338.

[75] Fisher B J, Eisenberg R. Electrocatalytic reduction of carbon dioxide by using macrocycles of nickel and cobalt. J Am Chem Soc, 1980, 102(24): 7361-7363.

[76] Bhugun I, Lexa D, Savéant J M. Catalysis of the electrochemical reduction of carbon dioxide by iron(0) porphyrins: Synergystic effect of weak Brönsted acids. J Am Chem Soc, 1996, 118(7): 1769-1776.

[77] Reda T, Plugge C M, Abram N J, et al. Reversible interconversion of carbon dioxide and formate by an electroactive enzyme. Proc Natl Acad Sci USA, 2008, 105(31): 10654-10658.

[78] Isaacs M, Armijo F, Ramirez G, et al. Electrochemical reduction of CO$_2$ mediated by poly-M-aminophthalocyanines (M = Co, Ni, Fe): poly-Co-tetraaminophthalocyanine, a selective catalyst. J Mol Catal A Chem, 2005, 229(1-2): 249-257.

[79] Raebiger J W, Turner J W, Noll B C, et al. Electrochemical reduction of CO$_2$ to CO catalyzed by a bimetallic palladium complex. Organometallics, 2006, 25(14): 3345-3351.

[80] Aresta M, Quaranta E, Tommasi I, et al. Tetraphenylborate anion as a phenylating agent: chemical and electrochemical reactivity of BPh$_4^-$ -Rh complexes toward mono- and dienes and carbon dioxide. Organometallics, 1995, 14(7): 3349-3356.

[81] Derien S, Dunach E, Perichon J. From stoichiometry to catalysis: electroreductive coupling of alkynes and carbon dioxide with nickel-bipyridine complexes. Magnesium ions as the key for catalysis. J Am Chem Soc, 1991, 113(22): 8447-8454.

[82] Chan A C S, Huang T T, Wagenknecht J H, et al. A novel synthesis of 2-aryllactic acids via electrocarboxylation of methyl aryl ketones. J Org Chem, 1995, 60(3): 742-744.

[83] Feng Q, Huang K, Liu S, et al. Electrocatalytic carboxylation of 2-amino-5-bromopyridine with CO$_2$ in ionic liquid 1-butyl-3-methyllimidazoliumtetrafluoborate to 6-aminonicotinic acid. Electrochim Acta, 2010, 55(20): 5741-5745.

[84] Hiejima Y, Hayashi M, Uda A, et al. Electrochemical carboxylation of alpha-chloroethylbenzene in ionic liquids compressed with carbon dioxide. Phys Chem Chem Phys, 2010, 12(8): 1953-1957.

[85] Christopher K P, Danica A R, Mac Millan W C. Visible light photoredox catalysis with transition metal complexes: applications in organic synthesis. Chem Rev, 2013, 113(7): 5322-5363.

[86] Iqbal N, Choi S, You Y, et al. Aerobic oxidation of aldehydes by visible light photocatalysis. Tetrahedron Lett, 2013, 54(46): 6222-6225.

[87] Jasperse C P, Curran D P. Radical reactions in natural product synthesis. Chem Rev, 1991, 91: 1237-1386.

[88] Itoh A, Kodama T, Inagaki S, et al. Photooxidation of arylmethyl bromides with mesoporous silica FSM-16. Org Lett, 2000, 2(16): 2455-2457.

[89] Armesto D, Ortiz M J, Agarrabeitia A R, et al. Di-π-methane reactions promoted by SET from electron-donor sensitizers. J Am Chem Soc, 2001, 123: 9920-9921.

[90] Gou B, Li D, Yang C, et al. Conversion of aryl CO to C—C bond through a UV Light Activation/TEMPO Oxidation Cascade Reaction. J Photochem Photobiol A Chem, 2012, 233(5): 46-49.

[91] Bartoli G, Bosco M, Caretti D, et al. Highly chemoselective addition of (ortho-nitrobenzyl) silanes to nonenolizable aldehydes. J Org Chem, 1987, 52(19): 4381-4384.

[92] Pac C, Ihama M, Yasuda M, et al. Tris (2,2'-bipyridine) ruthenium (2+)-mediated photoreduction of olefins with 1-benzyl-1,4-dihydronicotinamide: a mechanistic probe for electron-transfer reactions of NAD(P)H-model compounds. J Am Chem Soc, 1981, 103(21): 6495-6497.

[93] Narayanam J M R, Tucker J W, Stephenson C R J. Electron-transfer photoredox catalysis: development of a tin-free reductive dehalogenation reaction. J Am Chem Soc, 2009, 131 (25): 8756-8757.

[94] Hedstrand D M, Kruizinga W H, Kellogg R M. Light induced and dye accelerated reductions of phenacyl onium salts by 1, 4-dihydropyridines. Tetrahedron Lett, 1978, 19(14): 1255-1258.

[95] Chen Y, Kamlet A S, Steinman J B, et al. A biomolecule-compatible visible-light-induced azide reduction from a DNA-encoded reaction-discovery system. Nat Chem, 2011, 3: 146-153.

[96] Larraufie M H, Pellet R, Fensterbank L, et al. Visible-Light-Induced Photoreductive Generation of Radicals from Epoxides and Aziridines. Angew Chem Int Ed, 2011, 50: 4463-4466.

[97] Cassani C, Bergonzini G, Wallentin C J. Palladium-catalyzed remote C (sp^3)—H arylation of 3-pinanamine. Org Lett, 2014, 16: 4228-4291.

[98] Su Y J, Zhang L R, Jiao N. Utilization of natural sunlight and air in the aerobic oxidation of benzyl halides. Org Lett, 2011, 13 (9): 2168-2171.

[99] Tucker J W, Narayanam J M R, Shah P S, et al. Oxidative photoredox catalysis: mild and selective deprotection of PMB ethers mediated by visible light. Chem Commun, 2011, 47: 5040-5042.

[100] Zhao G L, Yang C, Guo L, et al. Visible light-induced oxidative coupling reaction: easy access to mannich-type products. Chem Commun, 2012, 48: 2337-2339.

[101] Masuda Y, Ishida N, Murakami M. Light-driven carboxylation of o-alkylphenyl ketones with CO$_2$. J Am Chem Soc, 2015, 137(44): 14063-14066.

[102] Wang M Y, Cao Y, Liu X, et al. Photoinduced radical-initiated carboxylative cyclization of allyl amines with carbon dioxide. Green Chem, 2017, 19: 1240-1244.

[103] Rathi A K, Gawande M B, Zboril R, et al. Microwave-assisted synthesis–catalytic applications in aqueous media. Coordin Chem Rev, 2015, 291: 68-94.

[104] 杨军, 付婷, 龙洋, 等. 水相催化碳氢活化反应, 有机化学. 2017, 37: 1111-1116.

[105] 周塱, 段建凤, 穆小静, 等. 水相有机反应研究新进展.有机化学, 2018, 38(3): 585-593.

[106] Yu B, Liu A H, He L N, et al. Catalyst-free approach for solvent-dependent selective oxidation of organic sulfides with oxone. Green Chem, 2012, 14: 957-962.

[107] Gujar J B, Chaudhari M A, Kawade D S, et al. Sodium chloride: a proficient additive for the synthesis of pyridine derivatives in aqueous medium. Tetrahedron Lett. 2014, 55, 6939-6942.

[108] Wang D, Deng G J, Chen S, et al. Catalyst-free direct C–H trifluoromethylation of arenes in water–acetonitrile. Green Chem, 2016, 18: 5967-5970.

[109] Huang Y T, Lu S Y, Yi C L, et al. Iron-catalyzed synthesis of thioesters from thiols and aldehydes in water. J Org Chem. 2014, 79: 4561-4568.

[110] Li W, Yin G, Huang L, et al. Regioselective and stereoselective sulfonylation of alkynylcarbonyl compounds in water. Green Chem, 2016, 18: 4879-4883.

[111] Wu C, Xin X, Fu Z M, et al. Water-controlled selective preparation of α-mono or α,α'-dihalo ketones via catalytic cascade reaction of unactivated alkynes with 1,3-dihalo-5,5-dimethylhydantoin. Green Chem, 2017, 19: 1983-1989.

[112] Nishiyama Y, Shibata M, Ishii T, et al. Diastereoselective [2+2] photocycloaddition of chiral cyclic enones with olefins in aqueous media using surfactants. Molecules, 2013, 18: 1626-1637.

[113] Deng T, Wang C Z. An environmentally benign hydration of alkynes catalyzed by gallic acid/tannic acid in water. Catal Sci Technol, 2016, 6: 7029.

[114] Hallett J P, Kitchens C L, Hernandez R, et al. Probing the cybotactic region in gas-expanded liquids (GXLs). Acc Chem Res, 2006, 39: 531-538.

[115] Rayner C M. The potential of carbon dioxide in synthetic organic chemistry. Org Process Res Dev, 2007, 11: 121-132.

[116] Wu S X, Fan H L, Xie Y, et al. Effect of CO_2 on conversion of inulin to 5-hydroxymethylfurfural and propylene oxide to 1,2-propanediol in water. Green Chem, 2010, 12: 1215-1219.

[117] Liu S J, Wang Y H, Jiang J Y, et al. The selective reduction of nitroarenes to N-arylhydroxylamines using Zn in a CO_2/H_2O system. Green Chem, 2009, 11: 1397-1400.

[118] Ma J, Han B, Song J, et al. Efficient synthesis of quinazoline-2,4(1H,3H)-diones from CO_2 and 2-aminobenzonitriles in water without any catalyst. Green Chem, 2013, 15: 1485-1489.

[119] 康锋, 吕惠生, 张敏华. 超临界水在化工领域中的应用. 河北工业科技, 2004, 21(84), 42-44.

[120] 孟令辉, 黄玉东, 吴国华. 超临界水对碳纤维酚醛复合材料的分解作用. 复合材料学报, 2002, 19(3): 37-41.

[121] 韩布兴, 等. 超临界流体科学与技术. 北京: 中国石化出版社, 2004.

[122] Hitzler M G, Smail F R, Ross S K, et al. Selective catalytic hydrogenation of organic compounds in supercritical fluids as a continuous process. Org Process Res Dev, 1998, 2(3): 137-146.

[123] Pesiri D R, Morita D K, Tumas W, et al. Selective epoxidation in dense phase carbon dioxide. Chem Commun, 1998, (9): 1015-1016.

[124] Haas G R, Kolis J W. Oxidation of alkenes in supercritical carbon dioxide catalyzed by molybdenum hexacarbonyl. Organometallics, 1998, 17(20): 4454-4460.

[125] Suleiman D, Boatright D L, Dillow-Wilson A K, et al. AIChE Annual Meeting, San Francisco, CA, November, 1994

[126] Jessop P G, Ikariya T, Noyori R. Homogeneous catalysis in supercritical fluids. Chem Rev, 1999, 99(2): 475-493.

[127] 曾健青, 张耀谋, 刘莉玫, 等. 高压二氧化碳介质中酶促油酸甲酯与香茅醇的酯交换反应研究, 化学通报, 2000, (2): 44-45.

[128] Matsuda T, Ohashi Y, Harada T, et al. Conversion of pyrrole to pyrrole-2-carboxylate by cells of Bacillus megaterium in supercritical CO_2. Chem Comm, 2001, 2194-2195.

[129] Zosel K. Separation with Supercritical Gases: Practical Applications. Angew Chem Int Ed, 1978, 17(10): 702-709.

[130] Fan J, Fan Y C, Pei Y C, et al. Solvent extraction of selected endocrine-disrupting phenols using ionic liquids. Sep Purif Technol, 2008, 61(3): 324-331.

[131] 张成中, 黄崇品, 李建伟, 等. 离子液体的结构及其汽油萃取脱硫性能. 化学研究, 2005, 16(1): 23-25.

[132] 范杰平, 曹婧, 孔涛, 等. [Bmim]Br-K_2HPO_4 双水相萃取与超声耦合法提取葛根中的葛根素及其优化. 高校化学工程学报, 2011, 25(6): 955-960.

[133] Rout A, Souza E R, Binnemans K. Solvent extraction of europium(III) to a fluorine-free ionic liquid phase with a diglycolamic acid extractant. Rsc Adv, 2014, 4(23): 11899-11906.

[134] Yuan L Y, Sun M, Liao X H, et al. Solvent extraction of U(VI) by trioctylphosphine oxide using a room-temperature ionic liquid. Sci China Chem, 2014, 57(11): 1432-1438.

[135] 徐珍, 吕早生. 离子液体在有机合成中的应用新进展. 化学与生物工程, 2009, 26(3): 11-14.

[136] Song C E, Shim W H, Roh E J, et al. Scandium triflate immobilised in ionic liquids: a novel and recyclable catalytic system for Friedel-Crafts alkylation of aromatic compounds with alkenes. Chem Commun, 2000, (17): 1695-1696.

[137] Jaeger D A, Tucker C E. Diels-Alder reactions in ethylammonium nitrate, a low-melting fused salt. Tetrahedron Lett, 1989, 30(14): 1785-1788.

[138] Kumar A, Pawar S S. Ionic liquids as powerful solvent media for improving catalytic performance of silyl borate catalyst to promote Diels−Alder reactions. J Org Chem, 2007, 72(21): 8111-8114.

[139] 史敬华, 宋金良, 张斌斌, 等. 离子液体中 CO_2 与炔醇在温和条件下高效合成α-亚甲基环状碳酸酯. 中国科学, 化学, 2014, 44(1): 146-152.

[140] Wu L, Liu Q, Fleischer I, et al. Ruthenium-catalysed alkoxycarbonylation of alkenes with carbon dioxide. Nat Commun, 2014, 5: 3091-3096.

[141] Gu Y L, Zhang Q H, Duan Z Y, et al. Ionic liquid as an efficient promoting medium for fixation of carbon dioxide: A clean method for the synthesis of 5-methylene-1,3-oxazolidin-2-ones from proparglic alcohols, amines, and carbon dioxide catalyzed by Cu(I) under mild conditions. J Org Chem, 2005, 70(18): 7376-7380.

[142] Zhang Z, Xie Y, Li W, et al. Hydrogenation of carbon dioxide is promoted by a task-specific ionic liquid. Angew Chem Int Ed, 2008, 47(6): 1127-1129.

[143] Spear S K, Huddleston J G, Rogers R D. Polyethylene glycol and solutions of polyethylene glycol as green reaction media. Green Chem, 2005, 7: 64-82.

[144] Li B, Liu A H, He L N, et al. Iron-catalyzed Selective Oxidation of Sulfides to Sulfoxides with Polyethylene Glycol/O_2 system. Green Chem, 2012, 14: 130-135.

[145] Kaneko S, Shirakawa S. Potassium iodide−Tetraethylene glycol complex as a practical catalyst for CO_2 fixation reactions with epoxides under mild conditions. ACS Sustain Chem Eng, 2017, 5(4): 2836-2840.

[146] Heldebrant D J, Jessop P G. Liquid Poly(ethylene glycol) and supercritical carbon dioxide: a benign biphasic solvent system for use and recycling of homogeneous catalysts. J Am Chem Soc, 2003, 125(19): 5600-5601.

[147] Dapurkar S E, Kawanami H, Suzuki T M, et al. Effective aerobic oxidation of alcohols over chromium containing mesoporous molecular sieve catalyst with supercritical carbon dioxide and polyethylene glycol biphasic reaction system. Chem Lett, 2008, 37(2): 150-151.

[148] Wang J Q, Cai F, Wang E, et al. Supercritical carbon dioxide and poly (ethylene glycol): an environmentally benign biphasic solvent system for aerobic oxidation of styrene. Green Chem, 2007, 9 (8): 882-887.

[149] Wang J Q, He L N, Miao C X, et al. The free-radical chemistry of polyethylene glycol: organic reactions in compressed carbon dioxide. ChemSusChem, 2009, 2 (8): 755-760.

[150] Tanaka K, Toda F. Solvent-free organic synthesis. Chem Rev, 2000, 100 (3): 1025-1074.

[151] 田中孝一. 无溶剂有机合成. 刘群, 译. 北京: 化学出版社, 2005.

[152] Morey J, Saa J M. Solid state redox chemistry of hydroquinones and quinines. Tetrahedron, 1993, 49: 105-112.

[153] Wang H, Wang Y L, Zhang G, et al. An efficient solid-phase method for the preparation of diaryl carbazones. Synth Common, 2000, 30: 1425-1429.

[154] Toda F, Yagi M, Kiyoshige K. Baeyer-Villiger reaction in the solid state. J Chem Soc Chem Commun, 1988, 14: 958-959.

[155] Toda F, Tanaka K, Iwata S. Oxidative coupling reactions of phenols with iron (III) chloride in the solid state. J Org Chem, 1989, 54: 3007-3009.

[156] Ji S J, Shen Z L, Gu D G, et al. Ultrasound-promoted alkynylation of ethynylbenzene to ketones under solvent-free condition. Ultraso Sonochem, 2005, 12 (3): 161-163.

[157] Alizadeh A, Babaki M, Zohreh N. Solvent-free synthesis of penta-substituted pyrroles:one-pot reaction of amine, alkyl acetoacetate and fumaryl chloride. Tetrahedron, 2009, 65 (8): 1704-1707.

[158] Tigineh G T, Wen Y S, Liu L K. Solvent-free mechanochemical conversion of 3-ethoxysalicylaldehyde and primary aromatic amines to corresponding Schiff-bases, Tetrahedron, 2015, 71: 170-175.

[159] 张伟, 毛伟, 王博, 等. 氟里昂替代品氟代烃的合成:从催化反应原理到工程化. 中国科学: 化学, 2017,47: 1312-1325.

[160] Papasavva S, Luecken D J, Waterland R L, et al. Estimated 2017 Refrigerant Emissions of 2,3,3,3-tetrafluoropropene (HFC-1234yf) in the United States Resulting from Automobile Air Conditioning. Environ Sci Technol, 2009, 43: 9252-9259.

[161] Vollmer M K, Reimann S, Hill M, et al. First Observations of the Fourth Generation Synthetic Halocarbons HFC-1234yf, HFC-1234ze (E), and HCFC-1233zd (E) in the Atmosphere. Environ Sci Technol, 2015, 49: 2703 -2708.

[162] 程磊磊. 杀虫剂吡虫啉的合成进展. 安徽化工, 2017, 37 (5): 12-14.

[163] 颜世强, 张伟, 丁宁, 等. 硅胶及其负载酸在糖化学中的应用研究进展. 有机化学, 2012, 32 (11): 2081-2089.

[164] Yang Z W, Niu L Y, Jia X J, et al. Preparation of silica-supported sulfate and its application as a stable and highly active solid acid catalyst. Catal Commun, 2011, 12: 198-802.

[165] Liao Y, Huang X, Liao X P, et al. Preparation of fibrous sulfated zirconia (SO_4^{2-}/ZrO_2) solid acid catalyst using collagen fiber as the template and its application in esterification. J Mol Catal A Chem, 2011, 347: 46-51.

[166] Benjaram M R, Pavani M S, Yusuke Y, et al. Surface characterization and catalytic activity of sulfate-, molybdate- and tungstate-promoted Al_2O_3–ZrO_2 solid acid catalysts. J Mol Catal A Chem, 2005, 227: 81-89.

[167] Quan Z J, Da Y X, Zhang Z, et al. PS-PEG-SO_3H as an efficient catalyst for 3,4-dihydropyrimidones via Biginelli reaction. Catal Commun, 2009, 10:1146-1148.

[168] Hill C L. Progress and challenges in polyoxometalate-based catalysis and catalytic materials chemistry. J Mol Catal A Chem, 2007, 262 (1): 2-6.

[169] Tian J, Wang J, Zhao S, et al. Hydrolysis of cellulose by the heteropoly acid $H_3PW_{12}O_{40}$. Cellulose, 2010, 17 (3): 587-594.

[170] Zhao S, Jia Y, Song Y F. Acetalization of aldehydes and ketones over $H_4[SiW_{12}O_{40}]$ and $H_4[SiW_{12}O_{40}]/SiO_2$. Catal Sci Technol, 2014, 4(8): 2618-2625.

[171] Kuzminska M, Kovalchuk T V, Backov R, et al. Immobilizing heteropolyacids on zirconia-modified silica as catalysts for oleochemistry transesterification and esterification reactions. J Catal, 2014, 320: 1-8.

[172] 魏彤, 王谋华, 魏伟. 固体碱催化剂.化学通报, 2002, (9): 594-600.

[173] Hora L, Kelbichová V, Kikhtyanin O, et al. Aldol condensation of furfural and acetone over MgAl layered double hydroxides and mixed oxides. Catal Today, 2014, 223: 138-147.

[174] Subramanian T, Dhakshinamoorthy A, Pitchumani K. Amino acid intercalated layered double hydroxide catalyzed chemoselective methylation of phenols and thiophenols with dimethyl carbonate. Tetrahedron Lett, 2013, 54 (52): 7167-7170.

[175] Zhang Q, Xu J, Yan D, et al. The in situ shape-controlled synthesis and structure-activity relationship of Pd nanocrystal catalysts supported on layered double hydroxide. Catal Sci Technol, 2013, 3(8): 2016-2024.

[176] 徐景士, 王红明, 吴志明, 等. 微波法制备的固体碱催化丁醛自缩合反应. 精细化工, 2002, 1(11): 644-646.

[177] 郭萍梅, 黄凤洪, 赵军英, 等. 固体碱催化剂(K_2O/C)的制备及其催化酯交换反应. 中国油料作物学报, 2009, 31(1): 81-85.

[178] 张锁江, 刘晓敏, 姚晓倩, 等. 离子液体的前沿、进展及应用. 中国科学 B 辑:化学, 2009, 39: 1134-1144.

[179] 李臻, 陈静, 夏春谷. 离子液体的工业应用研究进展. 化工进展, 2012, 31: 2113-2123.

[180] 张庆华, 王瑞峰, 李作鹏, 等. 离子液体在绿色催化和清洁合成中应用的进展. 石油化工, 2007, 36: 975-984.

[181] 孙剑, 王金泉, 王蕾, 等. 基于离子液体的绿色催化过程. 中国科学:化学, 2014, 44(1): 100-113.

[182] Cole A C, Jensen J L, Ntai I, et al. Novel Brønsted acidic ionic liquids and their use as dual solvent–catalysts. J Am Chem Soc, 2002, 124(21): 5962-5963.

[183] Fei Z, Zhao D, Geldbach T J, et al. Brønsted acidic ionic liquids and their zwitterions: Synthesis, characterization and pKa determination. Chem Eur J, 2004, 10(19): 4886-4893.

[184] Giernoth R. Task-specific ionic liquids. Angew Chem Int Ed, 2010, 49(16): 2834-2839.

[185] Miao C X, He L N, Wang J Q, et al. TEMPO and carboxylic acid functionalized imidazolium salts/sodium nitrite: an efficient, reusable, transition metal-free catalytic system for aerobic oxidation of alcohols. Adv Synth Catal, 2009, 351(13): 2209-2216.

[186] Yang Z Z, Zhao Y N, He L N. CO_2 chemistry: task-specific ionic liquids for CO_2 capture/activation and subsequent conversion. RSC Adv, 2011, 1(4): 545-567.

[187] Sun J, Zhang S, Cheng W, et al. Hydroxyl-functionalized ionic liquid: a novel efficient catalyst for chemical fixation of CO_2 to cyclic carbonate. Tetrahedron Lett, 2008, 49: 3588-3591.

[188] 童海宝. 生物催化技术在精细化工中的应用. 精细与化学专用品, 2002, 10: 9-10.

[189] Kometani T, Yoshii H, Matsuno R. Large-scale production of chiral alcohols with bakers' yeast. J Mol Catal B Enzym, 1996, 1(2): 45-52.

[190] Barton D H R, Chabot B M. The selective functionalization of saturated hydrocarbons. Part 37. Utilization of a New Oxidant: Bis(trimethylsilyl) peroxide. Tetrahedron 1997, 53(2): 487-510.

[191] Mączka W K, Mironowicz A. Enantioselective hydrolysis of 1-aryl ethyl acetates and reduction of aryl methyl ketones using carrot, celeriac and horseradish enzyme systems. Tetrahedron: Asymm, 2002, 13(21): 2299-2302.

[192] Obert R, Dave B C. Enzymatic conversion of carbon dioxide to methanol: enhanced methanol production in silica sol-gel matrices. J Am Chem Soc, 1999, 121(51): 12192-12193.

[193] Dibenedetto A, Stufano P, Macyk W, et al. Hybrid technologies for an enhanced carbon recycling based on the enzymatic reduction of CO_2 to methanol in water: Chemical and photochemical NADH regeneration. ChemSusChem, 2012, 5: 373-378.

[194] Coelho P S, Brustad E M, Kannan A, et al. Olefin cyclopropanation via carbene transfer catalyzed by engineered cytochrome P450 enzymes. Science, 2013, 339(6117): 307-310.

[195] McIntosh J A, Coelho P S, Farwell C C, et al. Enantioselective Intramolecular C-H Amination Catalyzed by Engineered Cytochrome P450 Enzymes In Vitro and In Vivo. Angew Chem Int Ed, 2013, 125 (35): 9479-9482.

[196] Wang Z J, Peck N E, Renata H, et al. Cytochrome P450-catalyzed insertion of carbenoids into N–H bonds. Chem Sci, 2014, 5(2): 598-601.

[197] Xi Z W, Zhou N, Sun Y, et al. Reaction-Controlled Phase-Transfer Catalysis for Propylene Epoxidation to Propylene Oxide. Science, 2001, 292(5519): 1139-1141.

[198] 李军, 高爽, 奚祖威. 反应控制相转移催化研究的进展. 催化学报, 2010, 08: 895-911.

[199] Du Y, Wang J Q, Chen J Y, et al, A poly(ethylene glycol)-supported quaternary ammonium salt for highly efficient and environmentally friendly chemical fixation of CO_2 with epoxides under supercritical conditions. Tetrahedron Lett, 2006, 47(8): 1271-1275.

[200] Song Q W, He L N, Wang J Q, et al. Catalytic fixation of CO_2 to cyclic carbonates by phosphonium chlorides immobilized on fluorous polymer. Green Chem, 2013, 15(1): 110-115.

[201] Zhao J, Guan H Y, Guan H, et al. A brønsted–lewis-surfactant-combined heteropolyacid as an environmental benign catalyst for esterification reaction. Catal Commun, 2012, 20: 103-106.

[19] Sinaasappel M, Sukhai R N, Gound techn: price for an estimated carbon together based on the aeroplatic behaviour of TiO₂ to methane in water. Chemical and photochemical NADH regeneration. Electrochim, 2012, 4: 3-3373.

[20] Gallochio F, Houshold E N. Intial carbon reduction via carbon y dioxide relative d by supercural...

[21] Tu ...

...

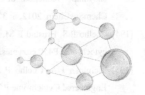

第 4 章
绿色化学的评估方法

在人类生存和发展的历史上，在人与自然进行物质交换的过程中，我们逐渐认识到自然资源、经济发展与人类生存环境之间需要达到协调和平衡。在我国古代就已禁止使用"涸泽而渔，焚林而猎"等不当方法来开采自然资源，然而，近年来，随着人类文明和社会经济的发展，工业化进程的加快，人与自然的矛盾日益尖锐，如大气污染严重、水资源问题突出、生态破坏加剧等。绿色化学作为一门与时俱进的科学，结合当今国际化学研究的前沿应运而生；绿色化学提倡从源头上、从根本上预防和消除污染，调节人类、资源、环境的关系，最大限度地从资源合理利用、环境保护和生态平衡等方面支撑人类的可持续发展[1-2]。

然而，在从事化学研究与化工生产时，怎样能够知道我们实施的化学过程是绿色、环境友好的？如何能够将化学研究归纳为绿色的范畴？这需要一系列的定性和定量的判定标准。通常来讲，可根据相关定义和基本概念对绿色化学进行初步的判定。绿色化学又称环境友好化学、环境无害化学、清洁化学，是用化学的技术和方法去减少或消除有害物质的生产与使用，其理想状态是不再使用有毒、有害的物质，不再产生废物，把污染治理转变为污染预防，是一门从源头上阻止环境污染的新兴学科分支[3-4]。然而，评判化学过程的绿色程度是非常复杂的，因为化学过程是一个动态和多元的过程，从基本概念出发无法判断一个化学过程是否是完全无害的、一种应用物质是否是有毒的，也很难分析其是否合理有效地利用了自然资源，很难评价化学过程对社会经济发展的作用，考察其在整个产品生产过程中是否降低了成本，是否符合经济可持续发展的原理和法则，是否促进了人类文明程度的提高等。因此，面临诸多绿色化学的评价和判定，化学评估已成为《绿色化学基本原理》中最重要的问题之一，发展有效的评估标准和科学的判定方法具有重要的意义。如何结合当代化学、物理、材料、信息等科学的最新理论成果和技术建立绿色化学的评估方法，具有很大的挑战和意义，也是实现经济、生态和社会可持续发展的强有力的科学技术支撑[1]。

4.1 评估化学的影响

4.1.1 绿色化学评估的重要性

当化学活动的无意识行为超出一定限度时，该化学过程将会对生态环境、能源资源以及社会经济的发展产生很严重的影响甚至恶果，所产生的破坏作用通常比有意作恶所造成的破坏要大得多。对化学品和化学过程做绿色性的评估，旨在消除人类化学活动的盲目性，使化学成为造福于人类的技术。

世界各国都在积极探索采用各种技术和手段对农药进行风险评估，以预防和降低农药对环境的负面影响[5]。以美国为首的许多国家已形成监管程序，将环境风险评估作为农药登记注册要求中不可缺少的环节。在 20 世纪 40 年代制造出的农药 DDT，在当时得到了一致认可和广泛的应用，直到 20 多年以后，人们才感受到 DDT 带来的危害[6]，而这种鉴别和认识过程，实质上就是绿色化学的评价过程。生态环境中存在大量未知敏感程度的生物物种，且目前各国对陆生生物的生态毒理学知识比较匮乏，导致陆生生态系统评估变得更加困难。化学评估是研究绿色化学的基础，是设计绿色化学工艺的必要条件，适当和完整的绿色化学评估方法和理论的建立，能够减少绿色化学研究的盲目性，保障绿色化学研究的健康发展，促进自然资源的合理利用、社会生活环境的改善以及经济效益的持续快速增长。因此，评估化学涉及层面广泛，对人类生存、生物结构、社会生产、经济发展、资源环境都有深刻的影响和重要的作用。

对于化学品和化学过程整体的系统评估是非常复杂的，不是简单的一蹴而就，因为在评估过程的每个阶段都需要不同的参数，针对整体的系统评估几乎不可能一步实现，因此分步进行十分必要，并需要针对每个阶段和每个方面提出多种评估参数和评价指标。按照评价方面分类，主要包括反应原料/反应底物、反应类型、试剂、溶剂和反应条件、化学产品/目标分子五个方面。在了解了化学品和化学过程的基本性质后才能进行合理的评估。

4.1.2　评估化学的内容和影响

绿色化学评估的方法学也可称为绿色化学评估的方法论，需要以绿色化学的十二条原则作为准则，充分协调和考虑可再生资源的利用、反应的原子经济性、废弃物的预防、无害安全的化学工艺、无毒害的辅助材料、催化剂的使用、化学品的可生物降解性能、能量平衡、污染的预防和监测、化学安全隐患的消除等[1]，包括评估的对象、内容、目的、原理及方法。绿色化学评估的产生是源于全球的生态环境、能源资源与社会经济发展之间的矛盾，人们开始感到生存发展受到了严重威胁，同时也认识到在绿色化学与人类生存、社会发展之间客观地存在一种特定的关系——绿色化学的价值。绿色化学评估的对象即为绿色化学的价值，就是对绿色化学与人类生存、社会发展需要满足的程度进行评价，而不是评价绿色化学本身。

一言以蔽之，绿色化学评估是表示人类对绿色化学需要的某种满足程度，绿色化学评估所探讨的实质就是绿色化学的重要意义和深远影响。在绿色化学方面，所要进行评估的内容不是化学品和化学过程本身，而是它们的某些功能，是对生态环境、人类健康、物质资源、能源资源、经济与社会发展产生的作用和影响[7]。当然这些功能与它的组成、结构、理化性质等属性是分不开的，但是在评估中这些属性只能视为化学品或者化学过程的内在特征和外在的表现，而不是评估中的参考因素。绿色化学评估的影响涉及维护人类自身健康、维持生态系平衡、合理高效地利用资源、促进人类社会和经济发展等各个层面[1]。

    首先，对维护人类自身健康具有积极影响。人类自身的健康生存是人类社会所追求的目标之一，只有人类自身健康，才有人类社会的生存发展。许多的事实证明，由于某些化工生产过程产生的废弃物直接地损害了人类身体健康，给人类带来了极大的伤害。发生在美国、英国、日本、比利时等地的八大公害事件，以及近年来我国的工业发展也带来了严重的水体、空气、土壤污染，均造成了一系列的恶果[8]。1956 年，日本水俣湾出现轰动世界的"水俣病"[1]，因为日本不计后果地高速发展经济导致含汞工业废水及含汞废气进入海洋，海水的汞污染严重，导致了附近居民严重汞中毒。1955 到 1972 年日本富山县神通川流域的骨痛病事件，1968 年 3 月日本北九州市的米糠油事件等，均造成了多人死亡和受害。1948年，美国宾夕法尼亚州多诺拉镇持续雾天死亡事件，主要原因是由于工业烟雾被封锁在山谷中，烟雾中包括二氧化硫等有害气体和金属微粒附着的悬浮颗粒，人体在短时间内吸入大量有害气体和金属颗粒，有 6000 人突然发生咽喉痛、眼睛痛、流鼻涕、头痛、胸痛等症状，其中 20 人很快死亡，后果恶劣，类似的公害事件还有比利时烟雾和伦敦烟雾事件。究其原因，该类污染公害的频繁发生与当时的社会形态密不可分，正值第二次世界大战结束，废墟遍布，百废待兴，迫切需要经济的高速发展满足社会需求，因此形成了大量消耗、大量生产、大量废弃的生产模式。事实上，这些污染恶果为我们敲响了警钟，那就是要明确满足人类健康生存的需要是绿色化学的核心内容，要找到绿色化学与人类客观需求间存在的关系，要建立人类健康生存与化学技术发展的和谐共处的桥梁。

    其次，可促进和维持生态系统平衡。在自然界的生态系统中，广泛存在物质和能量的输入和输出，在地球的各种自然循环的趋势下，是处于动态平衡的。整个生态系统有条不紊地进行着物质和能量的转移、转化和交换。然而，外来的化学品、某些化合物或是某种化学过程的加入和干扰会引起该生态系统的连锁调节过程。经过一定时间的反馈和调节仍能够达到稳定状态。然而，这种自我恢复的能力是有限的，过度的化学过程和因素的改变会使整体生态系统规律发生紊乱，连锁反应会导致整个自然生态环境乃至人类社会遭到干扰，进而带来不易挽回的破坏。例如，当某种农药的使用导致田中青蛙受到毒害，数量锐减，害虫会大量繁殖，带来大量病毒危害人体和牲畜，且使农田作物被害虫侵害，作物减产，影响人类生存。继而，如果杀虫剂的使用不当，导致水体和土壤污染，通过生物链，将进一步影响人类健康。农药和杀虫剂的使用又是人口增长、粮食增产的需求，十分必要。但两者在环境中富集、难以降解，存在只有很小比例(0.1%)击中靶标等不足，又带来诸多负面效应，需要对此进行评价预测和指导。因此一个良好的生态系统的建立和维护也需要绿色化学评估的科学方法作为依据。

再次，促进合理高效的资源利用和配置。人类之所以能够生存，很重要的一个因素是从自然界汲取宝贵的资源，资源是人类赖以生存发展的基础。目前，煤、石油等化石燃料的大量消耗除了造成严重的环境问题，也导致了能源的枯竭。滞后的生产工艺、粗放型的经济模式、非科学的管理方法都是导致资源极度浪费，能源危机的原因。直至今日，四分之三的世界能源要来源于化石燃料，除了甲烷和生物质发酵所产生的沼气外，煤、石油、天然气都是不可再生的资源，但也是人类社会和全球发展的基础资源。资源的紧缺甚至耗尽不仅会给自然环境造成危害，也会严重影响到人类生产生活，供求关系的破坏也势必会造成经济压力和社会动荡。因此，绿色化学评估是协调人类与资源环境的关系、谋求和谐发展的一个有效的手段，可以通过评估分析指导和改变生产模式、优化资源配置、提高资源利用效率[9]。

最后，协调资源、能源与环境的关系，支撑人类可持续发展，提高经济效益。在保证人类健康、维护生态平衡、调节资源利用的客观前提下，化工技术促进人类社会经济的发展就会水到渠成。化学过程和人类经济活动是存在一定的联系的，新型的化学产品使得人类生活的衣、食、住、行、用各个方面受益。合成聚合物使人类衣着光鲜，化肥农药的引入使粮食增产，多种新型材料使居住更舒适，燃料油品工艺的提高使出行高效方便。然而，化学过程的引入也会对人类社会产生负面影响，导致一系列过犹不及的后果，我们仍旧需要评估和解决工业过程的污染、农业制剂的过度使用、汽车尾气的排放、食品安全隐患等。研究界致力于采用绿色化学评估理论作为指导，将化学品和化学过程的积极作用体现出来，从而消除负面的隐患，大大促进人类社会的进步和经济发展。

4.1.3 评估化学方法的建立

绿色化学评估的内容可以归结为化学品和化学过程对生态环境、经济效益和社会效益的影响，细化分类包括对人体与野生生物的毒性评估、对环境的影响评估、对原料的评估、对化学反应类型的评估和对化工生产过程的绿色化评估。因此，评估化学方法的建立要从化学原料开始，经过化工工艺过程，包括提炼加工、产品制造和包装、运输销售和使用、回收循环、最终废弃物处理，从而完成一个化学品和化学过程的生命周期[10]。绿色化学评估过程要对整个生命周期中所存在的与潜在的资源损耗和环境污染做出评价，其实质是对资源和能量的利用以及由此造成的环境影响进行识别和评估，达到协调人类、资源、环境三者关系的目的。

化学品和化学过程生命周期评估(life cycle assessment，LCA)[11]需要经过确定目的与范围、清单分析(数据分析)、影响评价和结果解释四个步骤(图 4.1)[12]。

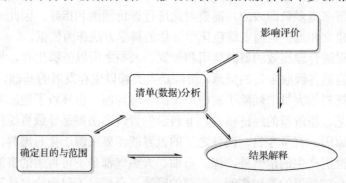

图 4.1　生命周期评估内容示意图

　　确定目的与范围是生命周期评估的前提和大纲，要明确对于某种化合物和化学过程所进行的评估的目的和意义，确定评价内容与指标，说明评价的数据类型，阐述评价的研究方法等。

　　生命周期清单分析其实就是数据收集过程，分析和总结研究对象的输入和输出数据资料，也就是化学过程中的物质、能量与环境间交换的数据情况，是对产品制造工艺或者化学品整个生命周期各个阶段中资源的使用和向环境排放的废物进行定量统计的技术过程。依据其数据显示的结果可以判断哪些操作环节物质和能量的消耗较多，废弃物排放较多，污染和毒害作用较大等，可作为评估和改善的数据基础。

　　生命周期影响评价的核心任务是根据清单分析步骤所显示的化学过程与环境进行物质能量交换的结果，来识别产品系统每个环节中交换作用的相对重要性，及其对环境的影响程度。因此该步骤主要是针对化学品和化学过程对环境的影响进行评估，即化合物预测或化学过程操作者在不同的操作环节中对环境的潜在危害程度，进而分类处理。具体的评估方法和评价模型将在对人体和野生生物的毒性、对环境的影响中详细阐述。

　　生命周期的结果解释是评估的最后一个环节，是在前三个阶段研究的基础上，根据研究的目的和范围，对生命周期清单分析和影响评价研究结果的进一步比较、阐述和识别，明确最后的研究结论，详述其存在的问题，提出修改的方案，形成最后的评估报告。因此，结果解释可按照"识别—评估—报告"的顺序进行。在识别过程中，要按照适宜的方式对评估信息进行整理，可参考化学过程各个阶段、不同运行单元、不同操作过程等顺序进行组织，同时考虑不同的参数类型、分析模式、影响结果对研究对象产生的不同的影响规律；结果解释中评估就是对生命周期评价的整个过程进行数据完整性和可靠性检查、数据敏感性分析、结论准确性和一致性检查；生命周期结果解释的最后过程是形成书面形式的研究报告，报告呈现的是符合研究目的、范围的数据分析评价、研究结论及合理建议。

以上绿色化学评估方法的建立流程，具有重要的科学意义和实用性，可以对化学品和化学过程进行有效监控，利于指导人们从源头上预防和消除危害。然而现有的化学评估方法在理论和实践应用过程中仍然存在一定的局限性，例如，对环境影响的评估模式往往依据线性关系而忽略不同的环境变量，科学技术数据不充分而影响评估准确性，数据、标准的选择和分析方案的差别所导致的结论不一致性等。需要不断总结深入理论基础的同时，完善具有普适性的科学评估方法[13]。

4.1.4　绿色化学评估方案的设计

目前，化学过程的绿色化要求化工研究者和管理者在设计阶段首要考虑如何保证生产过程给社会带来最大效益的同时，尽可能少的对环境造成负面影响。最优的设计方案如：原料 A 和 B 反应生成单一产物 C，无副产物和有危害性的复杂分子，该工艺过程中涉及尽量无毒无害的溶剂、试剂、中间体，且原料尽量从可再生资源中获得，溶剂、试剂可进行回收利用，该反应可以在较易达到的温度和常压下进行。为了实现上述要求，在化学工艺设计时要准备一个"环境设计工具箱"[7]，也就是制定一套基础可用的标准。对此，美国化学工程师学会(AIChE)废物削减技术中心(CWRT)与相关企业已经开始制定可持续性的标准[14]。可持续性标准以十二条原则为准则，以生态效益为框架，并结合生命周期清单分析和影响评价纲要，为绿色化学评估提供了有力的依据。

具体来讲，建立系统实用的评估方法的基础是收集过去所使用过的所有化学反应和化学品的相关信息，研究其成分活性、理化特性、反应类别，进行归纳整理。Alan D. Curzons 等在收集了目标产物为 38 种化学品的 200 多个单一化学反应后进行了分析总结(表 4.1)[7]。对化学反应从三个角度进行分类：合成目标、反应类别、反应名称，便于在评估时进行不同方面的比较。首先，可根据化学反应分类关注化学品和化工过程的安全性和可操作性；其次，需要精细地比较某些用于评估的参数和指标。我们知道，原子经济性的概念的提出具有很重要的意义，它促进了对绿色化学的定量的研究，因此能够判断有机化学某些取代反应、手性引入的反应都不具备原子经济性的优势。进一步研究发现，原子经济性与严格的质量强度标准之间并没有必然的联系。然而，原子经济性的单一参数并不足以描述一个化学过程的绿色性和清洁性。因此，考虑全面的评估尺度是十分必要的，如碳原子效率(carbon efficiency, CE)、反应质量效率(reaction mass efficiency, RME)、能量的消耗和循环、反应器的安全性状等，如表 4.2 所示，以整体量化评估过程，全局把握评估标准[1, 7]。

表 4.1　化学反应分类

序号	合成目标	反应类别	反应名称
1	生成新的碳氧键	O-烷基化	醚的合成
2	生成新的碳碳键	C-烷基化	芳香族的烷基化反应
3	生成新的碳碳键	C=O 加成	Knoevenagel 缩合反应
4	生成新的碳氮键	N-酰化	酰胺化反应
5	生成新的碳氮键	N-烷基化	杂环氮的烷基化反应
6	生成新的碳氮键	N-烷基化	胺的烷基化反应
7	生成新的碳硫键	S-烷基化	硫醚的合成
8	还原产物	催化加氢/氢解	
9	还原产物	金属氢化物合成	
10	环化产物	杂环合成	杂环闭合反应
11	消除产物	C=C 合成	
12	水解产物	酸催化	
13	水解产物	碱催化	
14	卤化产物	醇的卤化	
15	生成盐类	酸碱反应	
16	中和产物	中和反应	
17	拆分产物	非对映异构体手性拆分	酸或碱催化反应

表 4.2　部分绿色评估量化指标和参数

序号	分类	单位或影响
1	质量	
	总质量(kg)/产物质量(kg)	kg/kg
	溶剂总质量(kg)/产物质量(kg)	kg/kg
	[单一产物的质量(kg)/所有反应物的总质量(kg)]×100	%
	[产物摩尔质量$(g \cdot mol^{-1})$/所有反应物的摩尔质量$(g \cdot mol^{-1})$]×100	%
	[产物中碳质量(kg)/关键反应物中碳质量(kg)]×100	%
2	能量	
	化学过程总能量(MJ)/产物质量(kg)	MJ/kg
	溶剂回收耗能(MJ)/产物质量(kg)	MJ/kg
3	污染物/毒性物的分布和排放	
	持续生物积累	—
	持续存在和生物积累总质量(kg)/产物质量(kg)	kg/kg
	生态毒性	—
	持续存在和生物积累总质量(kg)/[原料 EC_{50}①/DDT 控制 EC_{50}]	kg

续表

序号	分类	单位或影响
4	人类健康	
	所有原料总质量(kg)/允许暴露极限(ACGIH[②])(ppm)	kg/ppm
5	光化学臭氧形成潜势(Photochemical Ozone Creation Potential, POCP) (以甲苯为参照)	
	总质量[溶剂质量(kg)×POCP 值×蒸气压(mmHg)]/[产物质量(kg)×甲苯 POCP 值×甲苯蒸气压(mmHg)]	kg/kg
6	温室气体排放	
	能源消耗排放的温室气体总质量(kg)/产物质量(kg)	kg/kg(以 CO_2 计)
	溶剂回收耗能所排放的温室气体质量(kg)/产物质量(kg)	kg/kg(以 CO_2 计)
7	安全性	
	热危害	显著
	试剂危害	显著
	压力(高/低)	显著
	危害性副产物的生成	显著
8	溶剂	
	不同溶剂种类数量	个
	整体回收效率估算	%
	溶剂回收耗能	MJ/kg
	溶剂回收净质量强度	kg/kg

①EC_{50}：在固定时间内的生物毒性测试半数致死浓度。
②ACGIH：美国政府工业卫生行业会议标准。

4.2　对人体与野生生物的毒性

4.2.1　对人体的毒性评估

　　发展绿色化学是为了调节人类、资源、环境的关系，满足其可持续发展，因而绿色化学评估的目的归根结底可认为是对人类和生物物种的持续保护。因此在绿色化学评估时候，必须考虑化学品和化学过程本身是否有危害[15,16]，且是否对人类和野生动物有毒性和影响[17]。人类属于众多生物中的一个物种，一方面，基于人类中心的学说，在评估过程中通常需要把化学物质对人类的毒害作用与对生物界其他物种的毒害作用分别进行评估；另一方面，化学物质的毒性对于不同的物种会有较大的差别，不能用自然界其他大类物种外推方法研究其对人体的毒性危害，因此化学物质对人体的毒性需要单独评估、区别对待。

对人体的毒性评估主要包括毒性作用效力、毒性危害大小、毒性作用的可消除性或不可消除性三个因素。毒性作用效力是评价物质的一个主要标准，毒性作用效力可分为不同等级，从刺激皮肤的毒性等级到致癌等级。因此，在评估过程中，不仅要考虑毒性作用效力等级，也要考虑物质到达作用点时的毒性危害大小。另外，毒性作用的可消除性或者不可消除性也要纳入评估因素的考虑范围，例如，有很多物质具有较强的毒性效力和危害性，但是其危害又是可以完全消除的，而有的物质并无较大的最终毒性，但是产生影响后完全不可消除。因此毒性作用的可消除性和不可消除性作为一个重要参数，也是需要考察和评估的。上述三个因素相互作用才可决定某一化学品和化学过程的危害程度[3]。

【例 4.1】效力对比

化合物 A：能引起眼睛失明，除此之外，无其他毒性。当其含量大于 10ppb①时，人体双眼将完全失明。

化合物 B：能引起眼睛失明，除此之外，无其他毒性。当其含量大于 1×10^7ppb时，人体双眼将完全失明。

解　绿色化学评估分析：化合物 A 和化合物 B 均具有毒性作用，最终可导致人体的危害是双眼完全失明。若在二者之中选择其一进行化学应用，应选择化合物 B，因为其毒性效力小 10^6 个数量级。从绿色化学的要求和绿色评估的结果角度看，在保证其他条件均相同的情况下，化合物 B 更有可取的优势。

【例 4.2】危害性对比

化合物 C：对人体有毒性，能引起催泪效果，除此之外，无其他毒性。最终造成毒性危害的浓度为 200ppm②。当人体接触该化合物浓度≥200ppm，双眼将会不断流泪。

化合物 D：对人体有毒性，将会引起中枢神经系统的破坏，除此之外，无其他毒性。最终造成毒性危害的浓度为 200ppm。当人体接触该化合物浓度≥200ppm，就会导致神经的破坏和损伤。

解　绿色化学评估分析：化合物 C 和化合物 D 具有相同的毒性作用效力，但是毒性对人体的作用位点不同。从绿色化学的要求和绿色评估的结果角度看，在保证其他条件均相同的情况下，若在二者之中选择其一应用，应选择化合物 C，因为催泪作用的危害要轻于对中枢神经系统的危害。

【例 4.3】可消除性对比

化合物 E：对人体有毒性，会对呼吸系统造成永久性损伤。当人体接触该化合物浓度≥50ppm 时，会导致严重的呼吸困难。移除该化合物或降低其浓度<

① 1ppb=1μg/L 或者 1μg/kg。

② 1ppm=10^3μg/L 或者 10^3μg/kg。

50ppm 时，呼吸困难的症状仍旧存在。

化合物 F：对人体有毒性，当人体接触该化合物浓度≥50ppm 时，会导致严重的呼吸困难。移除该化合物或降低其浓度<50ppm 时，呼吸困难的症状缓解并消失，并无永久性损伤。

解 绿色化学评估分析：化合物 E 和化合物 F 具有相同的毒性作用效力和相同的毒性作用位点和临界值。二者存在可消除性的差别。从绿色化学的要求和绿色评估的结果角度看，在保证其他条件均相同的情况下，若在二者之中选择其一应用，应选择化合物 F，因为 F 的毒性作用具有可消除的优势[3]。

4.2.2 对野生生物的毒性评估

"春江水暖鸭先知""正是河豚欲上时""蝶飞燕舞凭香处""百啭千声随意移"等诗句为我们描绘了自然界中的野生生物与环境资源相互协调的常规生活状态。为了促进人类、资源、环境的和谐发展，除了考虑化学物质对人体的影响外，在绿色化学评估的过程中也应当考虑化学品和化学过程对野生生物的毒性危害。与对人体的毒性评估比较，野生生物的物种繁多，分布范围甚广。对野生生物的所有物种的毒性评估具有很大的挑战性，在此条件下，可利用已有数据采用同系物外推的方法，从总体上评估化学品对野生生物的毒性。

研究界采用动物测试得到了化合物毒性的大量数据，建立了诸如"化学物质毒性数据库（chemical toxicity database）"等大型的数据体系[18]，通过经验积累和数据统计，不断发展系统的构效关系模型。因此，可根据同系物外推法推测出尚未在动物活体上做过实验的化学品的毒性。同时，也要考虑到化学品的分子结构、电子效应、物化参数、分子体积等因素对野生生物毒性的影响规律，辅助预测和推断化合物毒性在野生生物上的作用位点和毒性危害。因此，一个数据准确、体系完善、信息齐全的毒性数据和毒理分析系统[19]的建立是十分必要的，且具有重大的意义。

尽管如此，数据评估化合物对野生生物的影响仍然具有一定的挑战，主要存在两个问题。一是，数据对象不统一。如某种化合物对一个野生生物物种 I 是有毒害作用的，另一种化合物对另一个物种 II 有毒害作用，而化合物不同，其作用对象也不同，这与待分析的物种III的关系就较为混乱，需要做一个更综合的危险性评估来确定化合物对野生生物物种III的毒性影响。二是，数据结果矛盾。如化合物对一种生物物种是没有毒性的，甚至是有益处的，而对另一种生物物种是有毒害作用的，在分析目标物种时候，要考虑不同条件下的不同因素。在评估化合物对野生生物的影响时，间接毒害作用也要充分考虑。

4.3　对环境的影响

4.3.1　对全球和局部范围的环境影响

在自然界中，许多化合物对人体和野生生物都没有直接的毒害作用，但是这些化合物的存在、循环或者积累，会对自然界的整体环境造成不同程度的影响，从而影响大气环流、生态平衡、山水四时，进而影响春种夏耕、衣食住行、生老病死等人类生活形态，因此化合物对环境的影响也会间接的影响人类和生物健康。对环境的影响包括很多种类型，有的是全球性质的，有的是局部范围的，由微至繁，不容忽视。

某些化学物质可以对全球产生影响，如日益严峻的全球变暖和臭氧层的破坏已成为研究界亟待解决的难题[20]。近年来，随着人类活动的增加，能源燃料的消耗，二氧化碳等温室气体的大量排放，直接导致了温室效应，造成全球变暖的恶果。温室气体指的是大气中能吸收地面反射的太阳辐射，并重新发射辐射的一些气体，除了二氧化碳外，水汽、氧化亚氮(N_2O)、氟利昂制冷剂、甲烷等也是地球大气中主要的温室气体，它们的作用是使地球表面变得更暖，类似于温室截留太阳辐射，并加热温室内空气，使得全球温度上升。这种自然现象在整个地质年代期间已经存在，但是近年来愈演愈烈，得不到缓解，超出了地球本身的自净能力。二氧化碳本身无毒无害，对人体和野生生物并无影响，也是植物光合作用，促进植物生长必需的养料，但是其过度排放就造成了严重的恶果。

臭氧层的破坏也是具有全球性的。在大气的平流层中，存在臭氧层，其中臭氧的含量占这一高度空气总量的十万分之一。臭氧层的臭氧含量看上去虽然极其微少，却具有非常强的吸收紫外线的功能，臭氧层有效地挡住了来自太阳紫外线的侵袭，才使得人类和地球生命能够存在和发展，如果臭氧层被破坏将大大增加皮肤癌和角膜炎的患病率。臭氧层空洞最早在南极被发现，随后不断扩大[3]，究其原因，是与氟利昂分解产生的氯原子有直接关系。氟利昂作为制冷剂、发泡剂和清洗剂，广泛用于家用电器、泡沫塑料、日用化学品、汽车、消防器材等领域，其化学性质稳定，具有不可燃性，对人体和生物的毒性也极低，但是它消耗臭氧物质，是破坏臭氧层的元凶。排放的大部分氟利昂仍留在大气层中，在对流层相对稳定的氟利昂，在一定的气象条件下，升入平流层后，会在强烈紫外线的作用下被分解释放出氯原子，氯原子同臭氧会发生连锁反应，不断破坏臭氧分子。这是在经历几十年后，研究界在化学评估的原则基础上才认识到其带来的显著危害。

某些化学物质可以对地球的局部范围产生影响，但是对环境仍然具有很大危害。其中具有代表性的就是雾霾和酸雨。雾霾自古有之，刀耕火种和火山喷发等人类活动或自然现象都可能导致雾霾天气。但是急剧的工业化和城市化导致能源迅猛消耗、生态环境破坏、人口高度聚集，人类的生产活动包括汽车尾气排放、建筑扬尘、垃圾焚烧等，导致了从 20 世纪 50 年代的"伦敦烟雾事件"到 2013 年后的"北京雾霾"，可见雾霾以局部污染的形式频繁出现，威胁到人类的生存环境和身体健康。二氧化硫、氮氧化物以及可吸入颗粒物这三项是雾霾主要组成成分。如果分开看，雾是由大量悬浮在近地面空气中的微小水滴或冰晶组成的气溶胶系统，而霾是由空气中的灰尘、硫酸、硝酸、有机碳氢化合物等粒子组成的。霾也能使大气混浊，视野模糊并导致能见度恶化，如果水平能见度小于 10km 时，将这种气溶胶系统造成的视程障碍称为霾或灰霾。霾粒子的分布比较均匀，而且霾粒子的尺度比较小，为 $1\sim10^4$nm，平均直径为 $1\sim2\mu$m。我们检测的雾霾通常是空气动力学当量直径小于等于 2.5μm 的污染物颗粒。单独分析雾霾中的成分，其浓度相对较低时对人类和其他生物的影响并不显著，但是多种化学物质混合伴随特定的物理现象，就对环境造成了恶劣的影响，进而严重影响了人类健康和正常生活。燃料过度消耗的另一个结果是副产物氮硫氧化物的大量排放，在大气中形成酸雨或者酸雪，降落到地面后，会导致池塘和湖泊中的水生生物大量死亡，对人类皮肤也具有一定的腐蚀性。例如，磷酸盐排放到某些水环境中，在适宜的环境条件下是多种水藻的养料，可以促进水藻的生长，然而当水藻过度生长时，会造成水质缺氧，局部环境的影响造成多种水生生物的死亡。因此，化合物对局部环境的影响不容忽略。

由此可见，尽管某些化合物对人类或者野生生物无毒或者低毒，也不能盲目做出评估结果，因为要充分考虑到其对整体和局部环境的影响，明确其间接危害，同时要注意因为人类认知可随时间推移和知识的积累不断提高，对危害的评估也会不断地细化，进而得到更科学的结论。因此，研究界应选用最新最完善的数据，充分考虑不同情况和因素再进行绿色化学评估。虽然我们无法预测我们认知的提升和评估的进步，但是研究者可以利用现有的科学的评估数据和评估方法得到最好的结论。

4.3.2 对环境影响的评估参数

事实上，化学评估的各个环节和因素都直接或者间接地与环境有关。化学品或者化学过程对环境影响的评估要考虑反应过程是否使用和产生有毒有害物质，还要考虑反应过程是否向环境中排放"三废"，这是其对环境污染的主要来源。

众所周知，1991 年美国 Stanford 大学有机化学教授 B. M. Trost 提出了著名的原子经济性概念[21,22]，或称原子效率、原子利用率(atom utilization)。他认为最高效的有机合成，是应该最大限度地利用原料分子的每一个原子，使其均用于合成目标分子，达到零排放，即对环境产生零影响。原子经济性的计算方法是目标产物的分子质量占反应物分子总质量的百分比。在理论收率的基础上来比较原子利用率，是衡量用不同路线合成同一特定产品时，对环境影响的快速评估方法。例如，制造环氧乙烷的方法采用经典的氯乙醇路线时，其原子利用率为25%。100%的原子经济性是最为理想的，但是该参数仅用始末态来评估整个化学过程对环境的影响，忽略了化学过程的中间环节，因此，单纯用原子经济性作为化工反应过程"绿色性"的评价参数还不够全面。评估参数碳效率与之类似，为最终产物中的碳占反应物中碳的百分比，用于表示反应物中有多少碳保留在产物中。

为了关注化学中间过程对环境的影响，A. D. Curzons 和 D. J. C. Constable 等[7, 23]提出了反应的质量强度(mass intensity，MI)的概念，即获得单位质量产物所消耗的原料、助剂、溶剂、催化剂等物质的质量，也包括所消耗的酸、碱、盐以及分离洗涤等单元操作中所用的有机溶剂质量。质量强度与 E 因子的关系式为 E 因子 =MI–1，质量强度越小越好，这样生产成本低，能耗少，对环境的影响就比较小。溶剂和试剂中不考虑水，因为水本质上对环境是无害的。从质量强度又衍生出新的参数质量产率(mass productivity，MP)，质量产率为质量强度的倒数；反应质量效率(RME)是指反应物转变为产物的百分数，即产物的质量除以反应物的质量[24]。

【例 4.4】评估参数的计算

10.8g 0.10mol 苄醇(分子量 108.1)与 21.9g 0.115mol 对甲苯磺酰氯(分子量 190.65)在 500g 甲苯中反应，并加入 15g 三乙胺(分子量 101)后，以 90%收率得到单一产物对甲基苯磺酸酯(分子量 262.29)23.6g 0.09mol，计算 MI、RME、AE。

解 $MI = (10.8 + 21.9 + 500 + 15)/23.6 = 23.2g/g$

$RME = 23.6/(10.8 + 21.9) \times 100\% = 72.1\%$

$AE = 262.29/(108.1 + 190.65 + 101) \times 100\% = 65.5\%$

由于有副产物氯化氢的存在，原子经济性小于 100%，RME 并不是非常高是因为收率为 90%且一种原料对甲苯磺酰氯过量了 15%。

1992 年，荷兰有机化学专家 R. A. Sheldon 教授提出了化学品或者化学过程对环境影响的量度标准，即 E 因子[25,26]，定义为每产出 1kg 产物所产生的废弃物的总质量，即将反应过程中废弃物的总质量除以产物的质量，其中废弃物包括目标产物以外的所有副产物(图 4.2)。E 因子为零最为理想，E 因子越大意味着废弃物越多，对环境负面影响越大。E 因子与原子经济性不同，原子经济性用于反应路线的选择，E 因子是对生产过程整体进行控制。石油化工的 E 因子近似为 0.1，化学工业的 E 因子为 1~5，精细化工的 E 因子为 5~50，医药工业的 E 因子为 25~100。

排放的废物量=投入的物质总量−生成物的量−循环使用物质的量
投入的物质总量=投入的所有物质(反应物、助剂、溶剂、催化剂、载体)的量
循环使用物质的量=可回收的物质包括催化剂、溶剂等
生成物的量=目标产物(不包括副产物)的量

图 4.2　E 因子及相关参数的设定

E 因子能够准确地反映出化学过程的废物量，但是，1kg 氯化钠和 1kg 铬盐对环境的影响级别并不相同，E 因子只考虑废物的量而未考虑它的质和级别，也就不能区别化学品对生态环境和人类健康的影响程度，不足以作为如实评价环境影响的合理指标[27,28]。通过对 E 因子的修改，也可将某一化学反应过程中排放的有毒有害物质的属性定量的表示出来，如式(4.1)和(4.2)所示，E_1 和 E_2 能够更准确的描述化学反应过程对环境的危害程度。

产品的环境毒性因子(E_1) = 排放的有毒物质的量/生成物的量　　　(4.1)

产品的环境剧毒因子(E_2) = 排放的剧毒物质的量/生成物的量　　　(4.2)

考虑到仅用副产物的量来衡量化工路线和环境影响过于片面，更为精确的评估应该同时考察副产物或者废弃物的数量与性质，因此，R. A. Sheldon 将 E 因子乘以一个对环境不友好因子 Q，(也称废物的毒性指数或毒性当量值)，由此引入了环境系数的概念，即环境系数 $P=E×Q$(也称环境商 EQ)，其中规定低毒无机物(如 NaCl)的 Q 值近似为 1，铬盐的 Q 值为 100~1000，对于含氟化合物以及某些有机结构的中间体，视其具体的毒性不同而确定 Q 值为 100 到 1000 不等。环境系数等指标将成为环境影响评价的重要参数。

当废物由多种物质组成时，环境系数公式如式(4.3)所示

$$P = \sum_{i=1}^{n} E_i Q_i \qquad (4.3)$$

进而，英国化学工业公司(Imperial Chemical Industries Ltd，ICI)采用了一种衡量环境损害的指标，称为环境负担因子(environment load factor，ELF)。它表示每生产一个单位产品所需的原料、溶剂、催化剂等的总质量，即为投入量与产出量的差值占产出量的百分比。

由此可见，E、E_1、E_2、P、ELF 的值越小，对环境的危害和负担越小，绿色化程度越高。

4.3.3　对环境影响的评估模型

通过对评估化学方法的建立一节我们知道，化学品和化学过程生命周期评估需要经过确定目的与范围、清单分析(数据分析)、影响评价和结果解释四个步骤。其中，生命周期影响评价的核心任务是根据清单分析步骤所显示的化学过程与环境进行物质能量交换的结果，来识别产品系统的每个环节中交换作用的相对重要性，以及其对环境的影响程度。

因此，化学品和化学过程生命周期评估中至关重要的环节即为第三步生命周期影响评价，该步骤承接确定目的与范围、清单分析两步而来，为最后的结果解释步骤中所得到的结论和建议提供充分的依据。而通过前面的叙述我们知道，生命周期影响评价主要是分析和评估化学品和化学过程与环境之间的物质能量交换过程，建立对环境影响的科学的评估模型。常用的评估模型是"三步模型"，即分类、特征化、比较评估[1]。

目前的分类方案较多，考虑到环境在这里是一个广义的概念，影响环境最终也会影响人类活动，通常把环境影响模型分为三大类：生态系统环境、资源环境、人类健康环境。生态系统环境的破坏因素又包括全球变暖、臭氧层破坏、酸雨、光化学烟雾、水体富营养化等；资源环境的匮乏根源又分为可再生资源耗竭和不可再生资源耗竭；影响人类健康环境的因素则有急性或慢性职业病的影响、化学致癌、过敏、噪声危害等。评估的数据要按照系统的分类整理分析，这些输入和输出数据所表达的化学过程与环境的质能交换作用也可能是导致某种环境影响的因素，这种因素称为影响因子。不同的影响因子能够引发相同的环境影响，同种影响因子也可导致不同的环境影响。

确定了对环境影响的分类类别即可对数据进行进一步定量处理，并对各种环境问题中的潜在影响加以分析，这个过程就是特征化。该过程一般需要选取基准物模型，如选择二氧化硫作为基准物质来衡量各种物质对自然环境酸化的影响能力，选用二氧化碳作为基准物质来衡量各种温室气体对全球变暖的影响程度等。这个过程需要定量处理，有时可用统一的方法，有时则需要建立模拟计量效应关系模型将生命周期清单数据转换成环境因子。常用的模型包括：负荷模型、当量模型、固有化学特征模型、总体暴露-效应模型、特殊位置暴露-效应模型。

负荷模型：两个工艺路线 1 和 2，路线 1 的产品体系中排放 CO_2 气体量 10kg，路线 2 的产品体系中排放 CO_2 气体量 15kg，因此判断路线 1 优于路线 2。这类模型是根据物理量的大小来评价分析数据结果的。

当量模型：1kg CH_4 相当于 60kg CO_2 导致的全球变暖潜能，一个生产体系中释放 10kg 甲烷，在无其他转化情况下，即相当于释放 600kg CO_2 造成的温室效应。因此该模型是在选用基准物质后采用当量系数来换算和分析的。

固有化学特征模型：一种化合物具有毒性、可燃性、致癌性、富集性，但是也具有生物降解性，可以采用某些特定标准将生命周期清单分析数据进行归一化，以该类物理化学特性为基础来量化其对环境的影响。

总体暴露-效应模型：针对某种化合物的特殊排放所引起的总体暴露进行数据分析，且考虑生态环境、人体健康等数据信息来推测其对环境影响。

特殊位置暴露-效应模型：某种化合物具有特定存储和排放区域，考虑该区域的生态环境、人体健康等数据信息来推测其对环境的影响。

经过特征化所得到的是单项类别环境影响问题的总和，而对于不同类别环境影响需要进行比较评估。比较评估时，针对不同的环境影响要加上相对的权重，得到整体影响指标，使整个生命周期评估更加明确、清晰和完整。不同类别的环境影响之间相对独立，没有特定的联系，不设定比较基准，不可避免地存在主观判断的成分。因此加上某种环境类型的相对权重，即可提高评估的科学性、准确性和综合性。

4.3.4 环境影响标准化基准和定量及定性评估策略

基于"三步模型"——分类、特征化、比较评估的思路，我们可以对化合物和化学过程的生命周期数据进行进一步的定性排序和定量比较，因此可以建立不同环境影响类别的评估模型。因为环境类型不同，环境影响的表征参数也不同，即影响因子的当量因子不同。需要结合该当量因子来表述化学体系对环境的影响潜值。环境影响潜值是化学过程在生命周期中与环境交换物质能量对环境影响的总和，数学表达式如式 (4.4) 所示[1]，其中，$EP(j)$ 为化学体系对 j 种类别潜在的环境影响的贡献，$EP(j)_i$ 为第 i 种化合物或者化学过程与环境的质能交换作用对 j 种类别的环境影响贡献，$Q(j)_i$ 为第 i 种化合物的排放量，$EF(j)_i$ 为第 i 种化合物对 j 种类别的环境影响的当量因子。

$$EP(j) = \sum_{i=0}^{n} EP(j)_i = \sum_{i=0}^{n} [Q(j)_i \times EF(j)_i] \tag{4.4}$$

在评估中为了了解不同类型的环境影响，需要对各种环境影响类型的相对大小提供一个比较的标准，要选择适当的标准化基准才能对能够产生环境影响的各种数据进行处理，使评估是在同一水平线上进行比较，因此在此引入数据标准化指标，数学表达式见式 (4.5)[1]，其中，$NP(j)$ 为 j 年某种环境影响类型标准化后的潜在影响，$P(j)$ 为 j 年某种环境影响潜值，T 为化合物服务期，$R(j)$ 为 j 年的标准化基准。标准化基准的选择要保证时间和空间的一致，应采用全球尺度的基准。

$$NP(j) = P(j) \times \frac{1}{TR(j)} \tag{4.5}$$

  若不同类型的环境影响潜值经过标准化处理得到相同的影响，尚不能说明二者对环境的影响程度是相同的，在实际应用中还需要对各种不同影响类型对环境的影响进行排序和加权，也就是给予不同影响类型不同的权重，然后定量比较。因此，加权评估某一环境类型的影响潜值表达式见式(4.6)[1]，其中，$WP(j)$ 为 j 种环境影响类型的加权影响潜值，$WF(j)$ 为 j 种环境影响的权重因子。

$$WP(j) = WF(j) \times NP(j) = WF(j) \times \frac{1}{TR(j)} \times P(j) \tag{4.6}$$

  权重因子也称权重系数，表征了某种环境影响的严重程度，是当前水平与目标水平的比值，如式(4.7)所示[1]，其中，$EF(j)_{2000}$ 为 2000 年某地区 j 种环境影响类型的环境影响潜值总和，$EF(j)_{2020}$ 为 2020 年某地区 j 种环境影响类型的环境影响潜值总和，可看做是截至 2020 年预计达到的指标。权重因子能够反映出从 2000 年标准化基准达到 2020 年消减水平的消减差值和应该控制的消减速度。

$$WF(j) = \frac{EF(j)_{2000}}{EF(j)_{2020}} \tag{4.7}$$

  不同环境影响类型的影响潜值，经加权后就具有了可比性，可以比较其相对重要性，但是每一个加权后的影响潜值却不能反映出所研究的化学体系在整个生命周期中的影响程度，因此可将加权后的各种环境类型的影响潜值综合累加，即环境影响负荷(EIL)，表达式见式(4.8)[1]，其中，$WP(j)$ 为 j 种环境影响类型的加权影响潜值。

$$EIL = \sum_{j=1}^{n} WP(j) \tag{4.8}$$

  如果环境影响类型为资源消耗，加权后的资源消耗潜值的累计能得到化学体系中消耗的资源占整体资源的份额，又能反映出资源的稀缺，因此也把该种累计称为资源耗竭系数(resource depletion index，RDI)，数学表达式见式(4.9)[1]，其中，$WR(j)$ 为资源消耗的加权影响潜值。

$$RDI = \sum_{j=1}^{n} WR(j) \tag{4.9}$$

  基于以上的评估参数，能够定性和定量的建立不同环境影响类型的评估模型，可以针对不同环境影响类型如全球变暖、臭氧层耗损、光化学烟雾、水体富营养化、酸化作用、资源能源和空间消耗、气溶胶和工业粉尘、固体和有害危险废弃物等进行评估。

  (1)全球变暖属于全球性变化，是由于大气中的某些温室气体的"温室效应"

引发的，温度和气候的变化将引起动植物分布的变化，频繁产生气象灾难。目前采用二氧化碳当量作为标准来衡量温室气体对全球变暖的影响能力，定量表示为全球变暖潜值[1]。

【例 4.5】 全球变暖基准和权重计算[1]

1990 年全球人口数量（POP）为 5.29×10^9 人，全球变暖作用面积（AREA）为 $1.36 \times 10^{12} km^2$。2020 年的全球变暖影响潜值为 5.60×10^{13}（kg CO$_2$ eq/a）。根据表 4.3 中 1990 年温室气体排放参数来计算全球变暖基准和权重。

表 4.3 1990 年全球温室气体排放量和人口

排放的温室气体	1990 年排放量/(kt/a)	效应当量因子 EF（gw[a]） /(g CO$_2$ eq/a)	影响潜值 EP/(kt CO$_2$ eq/a)
二氧化碳	2.71×10^7	1	2.71×10^7
甲烷	3.51×10^5	2.50×10	8.78×10^6
氮氧化物	7.23×10^3	3.20×10^2	2.31×10^6
CFC-11	2.98×10^2	4.00×10^3	1.19×10^6
CFC-12	3.63×10^2	8.50×10^3	3.09×10^6
CFC-113	1.47×10^2	5.00×10^3	7.35×10^5
四氯甲烷	1.19×10^2	1.40×10^2	1.67×10^5
三氯甲烷	738	110	8.12×10^4
一氯甲烷	9.96×10^5	2	1.99×10^6
其他	—	—	4.57×10^5
合计	—	—	4.59×10^7

a. gw 表示全球变暖，global warming。

解 标准人员当量基准为

$$ER_p(gw)_{1990} = EP(gw)_{1990}/POP_{1990} = 4.59 \times 10^{13}(kg\ CO_2\ eq/a)/5.29 \times 10^9(人)$$
$$= 8.68 \times 10^3[kg\ CO_2\ eq/(人 \cdot a)]$$

标准空间当量基准为

$$ER_a(gw)_{1990} = EP(gw)_{1990}/AREA_{1990} = 4.59 \times 10^{13}(kg\ CO_2\ eq/a)/1.36 \times 10^{12}(km^2)$$
$$= 33.75[kg\ CO_2\ eq/(km^2 \cdot a)]$$

假设 2020 年的全球变暖影响潜值为 5.60×10^{13}（kg CO$_2$ eq/a），则全球变暖的影响权重为

$$WF(gw) = EP(gw)_{1990}/EP(gw)_{2020} = 4.59 \times 10^{13}(kg\ CO_2\ eq/a)/$$
$$5.60 \times 10^{13}(kg\ CO_2\ eq/a) = 0.82$$

(2)臭氧层损耗主要考虑 CFC 类化合物的排放。一般采用 CFC-11 当量对臭氧层受影响程度进行表征。

(3)光化学烟雾属于区域性影响,大气中的自由基、碳氢化合物等挥发性有机化合物(VOC)、一氧化碳、甲烷与氮氧化物等通过光化学反应产生的烟雾,能够导致植物毒性、农业减产,尤其对人类健康造成危害,采用乙烯作为基准参考物质表征此环境问题的贡献大小。

(4)富营养化是由于大气中的氮氧化合物和氨,以及排放到水体中的氮、磷元素含量过高,促进藻类大肆繁殖,导致水溶性氧的大量消耗和水体污染,使得鱼虾无法生存,因此采用含氮的 NO_3^- 离子含量来作为富营养化的基准。

(5)酸化作用是由于酸性物质排放到大气经由酸雨沉降,或酸性物质排放进水体和土壤等环境,使得生态系统酸度升高,可导致动物生存危机和植被大量死亡,引起体系酸化的物质很多,一般为二氧化硫、氮氧化合物等,但是一般采用二氧化碳作为基准物质。

以上(2)(3)(4)(5)四种环境影响类型的影响潜值也是由破坏物质的排放量乘以效应当量因子后再加和得到。不同年份的影响潜值作比可得到相应年份的权重。计算方法同【例 4.5】中全球变暖基准计算方法。

(6)资源能源和空间消耗问题也日益严峻。资源可分为可再生资源(生物质和水等)和消耗资源(煤、天然气和石油等),资源的消耗程度通常以质量和体积为单位,可称为当量因子。可再生资源的消耗量等于可再生资源的输入量减去重复使用量。不可再生资源的消耗量是在可再生资源消耗量计算模型前乘以一个稀缺系数。能量消耗则需要计算能量输入[29]或者电力输入,常用 kJ 等为单位。固体废弃物进入土地所占用的填埋空间消耗则是以体积为单位的。由于不可再生资源消耗问题是全球性的,所以可以根据每年的消耗量及地球蕴藏量来计算不可再生资源的可供应期,该可供应期即可作为权重。

(7)气溶胶和工业粉尘主要是由于固体和液体颗粒悬浮于气体介质中形成分散体系,气体为连续相,微粒为分散相,当粒径小于 10μm,气溶胶会导致危害呼吸系统健康的环境问题,雾霾现象就是其中危害之一,微粒主要来源于取暖、能源和工业生产的燃料的燃烧。

(8)固体废弃物和危险物排放也属于局域环境影响。主要包含城市生活垃圾、建筑垃圾、采矿废弃物、化工研究和生产的废弃物等。

以上(7)和(8)两种环境影响类型可直接采用其排放量作为基准,其中也包括空间当量基准和人员当量基准,其权重可直接采用排放量作比得到。

【例 4.6】 固体废弃物和危险物基准和权重计算[1]

1990 年中国总人口数量(POP)为 $1.14×10^9$ 人,全国面积(AREA)$9.6×10^6 km^2$,2020 年危险废弃物的排放总量为 $5.75×10^{10}kg$。根据表 4.4 中数据计算

危险废弃物的基准和权重。

表 4.4 1990 年各地危险废弃物排放量估计

区域	东部	中部	西部	中国
影响潜值/(kt/a)	10149	7026	3827	21002

解 危险废弃物标准人员当量基准为

$$\text{ER}p\,(\text{pw})_{1990} = \text{EP}\,(\text{pw})_{1990}/\text{POP}_{1990} = 2.1002 \times 10^{10}\,(\text{kg 危险废弃物/a})/1.14 \times 10^9\,人$$
$$= 18.4\,(\text{kg 危险废弃物}/(\text{人} \cdot \text{a}))$$

危险废弃物标准空间当量基准为

$$\text{ER}a\,(\text{pw})_{1990} = \text{EP}\,(\text{pw})_{1990}/\text{AREA}_{1990} = 2.1002 \times 10^{10}\,(\text{kg 危险废弃物/a})/$$
$$9.6 \times 10^6\,\text{km}^2 = 2188\,(\text{kg 危险废弃物}/(\text{km}^2 \cdot \text{a}))$$

危险废弃物权重为

$$\text{WF}\,(\text{hw}) = \text{EP}\,(\text{hw})_{1990}/\text{EP}\,(\text{hw})_{2020} = 2.1002 \times 10^{10}\,(\text{kg 危险废弃物/a})/$$
$$5.75 \times 10^{10}\,(\text{kg 危险废弃物/a}) = 0.37$$

4.4 对原料的评估

化学评估过程中涉及的化学阶段较多，且每个阶段具有不同的特征参数，因此对体系整体评价非常困难，需要针对每个阶段提出多种评估参数和评价指标而进行分步评估，其中，主要包含反应原料/反应底物、反应类型、反应条件、反应产物、化工过程等方面的评估。化学反应过程是以反应物质为基础的，化学品发生化学反应时，其中间体和产物的组成结构均与起始原料密切相关，起始原料直接或间接决定了该化学过程的性质属性和影响。反应原料的来源、种类、理化性质、特殊功能等都是需要考察的重要因素，同时要兼顾反应原料生成反应产物所经过的步骤，如果原料经简单步骤较容易转化为产物，原料对于产物的影响就非常重要；若需要较为复杂的多步转化，其对产物的影响将会削弱。因此，在对化学品和化学反应过程进行评估时，原料或反应底物是最基本的评估对象，对原料的评估是绿色化学评估的基础。

4.4.1 原料资源的属性

对于某一化学过程的起始原料或反应底物，均能够通过摄取自然资源，再经过开采、炼制、分离、提纯、转化等得到，因此可以认为原料最终来源于自然界。

原料的属性取决于其来源的属性,若自然资源的再生速度大于消耗速度,则认为这种资源为可再生资源,反之,则为不可再生资源或者消耗性资源[9]。除此之外,原料作为自然资源也有其特殊的属性。

原料资源具有多样性和局限性。自然资源是丰富多彩、多种多样的,但不是源源不断、取之不尽的[30]。有些资源大量存在,但因为人类技术的限制只能部分利用,如太阳能、风能、潮汐能等;有些资源因时空的局限,数量有限,如矿物资源、土地森林资源等。原料的属性要视具体来源而定,如二氧化碳气体的来源可以是沉积碳酸盐,可以是化石燃料的燃烧,也可以是生物质的消耗,如果是来源于化石燃料[31],则认为是耗竭型资源,如果来源于生物质消耗,则认为是持续可再生资源。自然资源在自然生态的大环境中经历了漫长复杂的演化过程,其成因多种多样,并维持动态的平衡,同时也会有自然灾害的突发,如地震、洪水、干旱、火山喷发等,破坏自然资源的储存和形成,使得自然资源的存在形式和数量存在大量的波动,给化学原料的来源带来了一定的局限。

原料资源具有价格属性和共有性。原料资源来源于自然资源,自然资源是国民经济和社会发展的物质基础,与日常衣食住行息息相关的生活用品均来源于自然资源,其具有特有的价值属性,可以保障人类的物质生活,创造大量的社会财富。而自然资源属于人类赖以生存的共有物质,其代际性明显,既能满足当代的需要,又需要利于后世千秋,不能"焚林而田、竭泽而渔",不能只注重眼前利益,要从长远的角度可持续利用共有性资源。

4.4.2 化学原料对生态环境和人类健康的影响

在绿色化学评估过程中,评估化学原料的影响不仅要充分考虑到原料本身的化学属性对生态环境和人类健康的影响,也要考虑原料来源的开采、加工操作对生态环境包括城市生态环境[32]和人类健康所产生的间接影响。

很多化学原料来自自然界的矿产资源,对于矿产资源的开发和利用需要有周密而科学的开发策略。若采用不科学的开发方式,会对土地资源、水资源和植被资源造成不可挽回的破坏。一方面,露天采矿时,矿山表土剥离会造成地表土和亚土层的流失,且开采时废弃的矿石和废渣也要侵占大量土地,开矿过程还会排放酸性废水以及形成开采烟尘,进而导致了农田土壤大面积的污染[33]。露天采矿的地表被破坏直接导致了地表植被的大面积死亡,废石堆积和农田污染也会导致植被面积锐减,植物种类减少,农作物减产。另一方面,过度的地下开采会导致地面坍塌,废石废渣堆积无法清除,地下矿产的不合理开采也可能导致地表下沉,破坏地下岩层和水循环系统,使水质被破坏和水流条件发生改变,且废水废气废渣的胡乱排放,进一步导致了水体的恶化。不合理地开采矿物资源可对生态环境造成破坏,其危害可沿着生物链进一步扩大到对人类健康的负面影响。

开矿的废气和烟尘若被人体直接吸入会对人体带来直接危害[34]。除此之外，排泄的废渣和废水中则含有大量的铅、汞、镉等重金属离子，以及砷化物、氰化物等有毒有害物质，在煤炭开采中，硒和硫也会进入地表生态系统[35]，这些重金属离子和有害元素在物理化学条件变化下进入地表水层，使其富集大量金属离子，形成毒性和酸性水体[36]。水体进入河湖土壤，鱼虾绝迹，植被死亡，又经水源、土壤、植被、食物链系统进入人体引起中毒和伤害。

由此可见，首先，化学原料的开采加工过程会对生态环境和人类健康造成较大危害；其次，某些原料本身具有毒性，因此在评估中也要考察原料本身性质对人类和环境的毒害作用；再次，原料的选择会对下游合成步骤产生影响，因为选择原料后就基本确定了大体的化学反应路线，若选择某种化学原料后，在所涉及的反应路线的后续合成步骤中需要用到有毒有害易燃易爆的试剂，则会带来诸多安全隐患；最后，若某种原料在某一化学过程中具有绿色性，但是其开发过程却在一定程度上破坏了来源地的自然平衡和生态环境，也不能视其为绿色可持续发展的化学原料，所以原料的生态功能是评估中不可缺少的因素。例如，来源于地下淡水、森林木材、草原植被的原料本身非常绿色无害，但是大量原料的使用消耗导致地下淡水、森林和草原植被的破坏。总之，在评估过程中要注意开采利用过程的污染危害、原料本身是否有毒性、对下游合成的效果和影响，也不能忽略原料的生态功能，避免付出双倍代价(图 4.3)[1]。

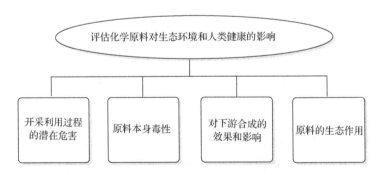

图 4.3　评估化学原料对生态环境和人类健康的影响

4.4.3　化学原料对经济效益和社会生活的影响

化学原料是为化学工艺和化学过程服务的，而化学工艺和化学过程归根结底是为了满足人类生产生活需要、协调经济和社会发展的。原料的成本既要考虑原料开采、加工、运输等耗费的费用，也要考虑原料作为资源的本身的价值属性。我们常规认为"资源无价，原料低价，产品高价"并不合理，马克思曾经指出"没有价值的东西在形式上可以具有价格"，商品的价值和价格不仅是由社会生产的必要劳动时间决定，还有其他的构成因素。自然资源的价值一方面取决于资源本身的价值，另一方面取决于人类需要，即所有权的体现。另外，受自然资源的有限性和稀缺性的限制，受供求关系影响，稀有资源的价值就会相对较高。因此，自然资源的价值也就表现为价格。在绿色化学评估中，针对化学原料的评估，我们必须摒弃资源廉价的观念，任意无偿占有、肆意浪费和掠夺性开发都是不利于人类、资源、环境的可持续发展的。在进行经济效益核算时，一方面要考虑原料的开采、加工、运输、储存的经济消耗，另一方面也要考虑到作为未经人类劳动加工开采的原始自然资源本身的价格，这些是评估过程中核算原料经济消费的综合指标(图 4.4)[1]。

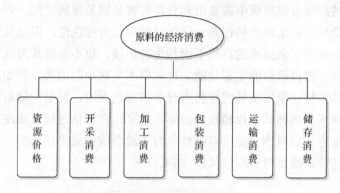

图 4.4　评估原料的经济消费内容

　　化学原料对社会生活也有着巨大的影响。人类社会的发展和进步是以自然资源为基础的，对自然资源不同的利用方式构成了不同社会制度和社会形态下人类的生产生活，因此自然资源和人类社会是密不可分的。但是，随着工业的发展和科技的进步，人类、资源、环境的关系日趋紧张，因此协调社会生活和自然资源的关系也是化学评估的主要目的之一。从自然资源的整体性出发，评估过程首先要考虑资源开发利用和保护管理过程中的社会属性，包括化学原料的社会需求、对人类社会的文明和进步的贡献程度，以及资源的共有程度和资源利用的公平公正性；其次，要评估其社会风险，充分考察化学原料在开发利用过程中的自然影响，如矿震滑坡或矿井坍塌等；再次，要考虑化学原料的使用对社会公益和公共事务的影响，包括能否提供更多的就业机会、提高个人收入、合理分配资产、增加社会福利等稳定社会生活的因素；最后，还要考虑该化学原料的开发利用对其他资源的直接和间接影响，以及作为潜在替代资源的作用(图 4.5)[1]。

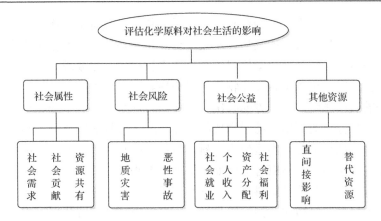

图 4.5　评估化学原料对社会生活的影响

4.4.4　化学原料的定性选择策略

在传统的化学过程中，化学原料的直接来源主要是自然资源，因此在选择时要考虑自然资源的变化所带来的影响。而随着科技进步发展，在现代的化学过程中，自然资源逐步成为原料的间接来源，许多化学原料直接来源于其他化工过程的副产物和工业、农业、生活的废弃物。这种来源方式是值得提倡的，可以有效地利用废弃物和副产物，且对环境和社会的影响要优于直接开发自然资源，但是对其处理加工的成本可能消耗较大，因此回收利用尤为重要[37]。我们对化工原料开发的理想状态就是一个化学过程的副产物和废弃物可以成为另一化学过程的起始原料，各种化学过程之间形成生产链，提高化学过程的原子经济性[38]。因此，综合考察生态环境、人类健康、社会影响和经济效益等因素，在选择化学原料时要按照一定的顺序和策略(图 4.6)[1]。

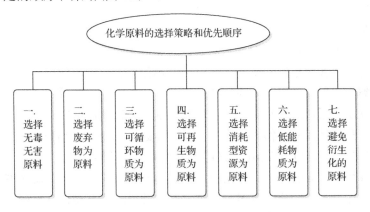

图 4.6　评估化学原料的选择策略和顺序

　　一是，要选择无毒无害的原料，即化学原料本身没有毒害作用，在化学反应过程中也不会产生有毒害的物质，不仅不会对生态环境、人类健康产生危害，还能保证经济效益，这是对化学原料的绿色化学评估的基本要求；二是，在具备成熟的科学技术时，可以选择废弃物作为反应原料，一方面减少废弃物排放到环境中所带来的负面影响，另一方面解决了工业原料的来源，如工业副产品、生活垃圾等，这些废弃物的利用有助于物质的循环，减少原料的物质耗用和加工的能量消耗；三是，选择可循环物质作为原料，与选择废弃物不同的是，选择废弃物时往往是在一个化学过程结束时考虑如何处理废弃物，而选择可循环的材料时往往是在化学过程开始时针对原料物质进行产品设计，在此过程中尽可能地选择易于循环利用的材料，包括铁、铜、铝、纤维、塑料等，使其可分离回收及循环进入下一个生产周期，减少废物排放和对生态环境的负荷，降低生产成本；四是，为了避免资源耗竭，要选择可再生物质为原料，相对于消耗型的有限资源，可再生资源具有很大优势，但要考虑资源存储环境、存储量、生产和再生成本等因素，控制开发的程度，使资源开发利用的速度要低于资源的再生速度，注意经济效益的同时保证生态效益；五是，选择消耗型资源为原料，主要针对有限的可耗竭的矿物资源[39]，期望能够利用科技的发展在其存储量消耗殆尽前找到可替代资源，在此过程中需要协调矿物资源的价格、需求、供给，进行资源的合理开发和配置，使其可持续利用和保证后代发展的需求，在进行评估时一定不能忽略在消耗型资源被利用时，可替代资源的研究发展水平；六是，由于开采加工原料的工艺越复杂，能耗就会越大，而当同类资源中不同的原料可供选择时，我们要考虑低能耗物质作为化学原料，节约资源和能源也是绿色化学的宗旨；七是，选用的原料在生成目标产物时尽可能不要掺杂不必要的衍生化过程，如阻断基团、保护、脱保护、物化过程的暂时修饰。

　　试剂的选择对下游的合成步骤也具有一定的影响，甚至能够超过原料自身的毒害作用带来的影响。如果反应起始环节采用了毒害作用较大的试剂，那么这种选择将会间接地影响环境，即便是起始原料无毒无害可再生，在下游生产的过程中也可能会威胁人类健康和生态环境，因此不仅要分步考察每种起始化学品，也要注意该类物质相互作用带来的间接影响。

　　在选取反应原料时，有时要涉及辅助性试剂，辅助性试剂有助于反应原料的转化但其自身不是反应产物的组成部分，我们要尽量避免辅助性试剂(溶剂、分离剂等)的添加，如要使用应尽可能采用无毒无害的辅助性试剂。

　　反应溶剂是反应的基本原料之一，也是典型的辅助性试剂。反应溶剂的选择也会受到各种限制。经分析发现，醇类溶剂和芳香族溶剂在化学反应中得到了最为广泛的应用，各占溶剂总使用量的30%和20%，醚类溶剂占13%，酯类、烷烃类、含氯类溶剂的使用比例分别为9%、9%、8%，极性非质子性溶剂和其他类型溶剂应用较少,总共占溶剂总使用量的 11%[1,7]。当反应溶剂所属某一类别,该类其他溶剂有潜在的相互替代的可能。如某反应需要甲醇和苯的混合溶液作为溶剂,可以考虑采用相对绿色清洁的异丙醇和甲苯溶剂进行替代。值得一提的是,近年来许多替代的溶剂已经得到了广泛的开发,如超临界流体、scCO₂、水相、离子液体、乙二醇、聚乙烯、表面活性剂/水、水/CO₂ 等,化学过程也可采用无溶剂状态进行反应[3]。当溶剂易挥发时,可采用固定化溶剂,即用载体负载溶剂,或者在高分子主链上直接构建溶剂分子结构,使其保持溶解能力却不再挥发,避免人类及环境直接暴露和接触该溶剂而造成伤害[3]。当然,除了要选择相对无毒无害的溶剂外,也要综合考察多种因素,包括溶剂来源、溶剂成本、回收利用的难易、使用溶剂后反应和回收过程的能耗等,即要对反应性、使用量和成本进行充分的分析调研。

催化剂降低了反应过程的活化能,不仅对反应可控,且降低了反应的温度,减少了能耗。当选取催化剂时,应该选用催化计量在有效作用的催化剂,因为化学计量的催化剂每单位摩尔量只能催化单位摩尔量的产物,成本高、耗能大。催化量的催化剂在耗尽以前可进行多次转化,进一步减少了能耗,而能量均衡是环保和经济领域中的重要因素。同时,也要考虑催化剂对原料转化和产物生成的选择性,选择性高的催化剂最大限度地提高原料利用率,减少废弃物的产生和排放[3]。

4.4.5 原料资源可持续利用能力的定量评估方法

针对化学原料的选择,掌握了其定性策略和评估因素后,对其进行准确定量的描述也是很有必要的,定量化的评估有助于不同化学过程的比较分析和改进完善。定量评估时需要确定能够定量化的因素和可比较的功能单位,进而推导出相关因素的变化数值。在化学过程中,能量随物质变化而变化,从热力学角度可以看出化工生产过程的可持续能力,因此可选择能量流动和反应物质流动作为定量评估原料资源的参数[40]。

化学原料的可再生能力,可以用可再生资源在全部资源中的比例来表达,这个比值为可再生性参数,见式 (4.10)[1],式中 α_{re} 为可再生性参数,$Ex_{in,\,renewable}$ 为输入可再生资源的总量,Ex_{in} 为输入资源的总量。

$$\alpha_{re} = \frac{\sum Ex_{in,renewable}}{\sum Ex_{in}} \tag{4.10}$$

可再生性参数的大小意味着化学过程中的能量投入为可再生资源的比例,标志其绿色化的量化程度。化学原料的可持续能力的降低可以表述为原料资源的减损,因此可持续能力的量化可以用原料资源的减损构建量化方法。这里需要注意的是,在人为划分可再生资源和不可再生资源时[41],我们通常把太阳能作为可再生资源，但是实际上太阳也在持续消耗原子燃料，我们通常把化石能源作为不可再生资源，然而实际上化石燃料也在一定的地质条件下缓慢形成，因此二者没有明显的界限，区别可再生和不可再生资源也需要考虑到一些附加因素。另外，对原料可持续能力的考察仅仅关注了被利用的那部分资源，而忽略了原料的自然储备情况，因此要引入一个可以表征资源的消耗率、再生率和自然储备量等因素相互作用的参数，即为资源的枯竭时间 (τ)，定义式为式 (4.11)[1]，其中，$M_{\text{resources}}$ 为原料的自然储备，$\phi_{m,\text{consumption}}$ 和 $\phi_{m,\text{production}}$ 分别为原料资源的消耗率和再生率[9]。

$$\tau = \frac{M_{\text{resources}}}{\phi_{m,\text{consumption}} - \phi_{m,\text{production}}} \tag{4.11}$$

资源的枯竭时间给我们提供了现存自然储备量的原料资源按照当前的消耗率和再生率可利用的时间，通常根据枯竭时间反推原料资源的消耗速度，而无法根据当前的消耗率和再生率准确的预测原料的枯竭时间，因为消耗率可能随着工业生产的发展而增加，也可能由于新替代资源的开发而减少，再生率也会因利用率的提高而增加，可见消耗率和再生率并不是一成不变的，因此枯竭时间也是不断变化的，上面的式子得到的枯竭时间并不能准确的说明问题。当将枯竭时间转换为一个能代表从 0 到 1 的资源丰度因子时，就可以更加准确的描述原料资源的相对含量和实际资源丰度的差异。若某种资源的枯竭时间为 τ_i，其丰度因子为 α_i，定义式为式 (4.12)[1]，其中 τ_0 为参考时间，表示丰度因子为 0.5 时的资源枯竭时间[9]。

$$\alpha_i = \frac{\tau_i}{\tau_i + \tau_0} \tag{4.12}$$

通过丰度因子的表达式得到的曲线可知，若横坐标为枯竭时间，纵坐标为丰度因子，丰度因子与枯竭时间具有非线性的函数关系，即随着枯竭时间的增加，丰度因子开始急剧增加，随后增加较为缓慢，可以理解为 100 年到 1000 年的时间段要比 10 亿年到 100 亿年的时间段的丰度因子差异更大，因而当枯竭时间非常久远时，其资源的丰度变化不大，基本是可持续的。

为了反应不同资源的丰度的综合作用，需要引入平均丰度的表达式 (4.13)[1]，平均丰度是由化学过程的能量流量作为平均权重因子对不同资源丰度因子加权得到，式中，$Ex_{\text{in},j}$ 表示 j 种资源在化学过程中的能量流量，能量值相比质量和体积能够更好地体现原料资源在化学过程中的作用。

$$\alpha_{\text{av}} = \frac{\sum \alpha_i Ex_{\text{in},j}}{\sum Ex_{\text{in},j}} \tag{4.13}$$

平均丰度还是存在一定的局限，因为最小丰度因子的资源往往是原料评估中最弱的环节，其缺乏和枯竭就使得化学过程不能继续，但是在平均丰度中最小丰度因子的资源会被具有最大丰度因子的资源的较长枯竭时间进行补偿，从而忽略了最小丰度的原料资源，故无法对原料进行准确评估。因此，可持续资源利用的参数可以定义为平均丰度和最小丰度的乘积，见式(4.14)[1]，代表了其既受到化学过程所用到原料资源的消耗速度的影响，也为消耗最快的资源所限制[9]。

$$\alpha = \alpha_{av}\alpha_{min} \tag{4.14}$$

用原料资源进行化学过程时，不可避免的要对生态环境产生负面影响，包括开发过程的环境污染和生态破坏、废弃物的排放、化学过程对气候的影响等。现代工业的后续过程通常是遵循绿色化学的原则采取一定的措施消除这些负面影响，消除负面影响的后处理过程仍然需要一定的能耗，该额外的能耗则反映了化学过程与生态环境之间的非和谐程度，因此基于能耗，引入生态环境协调能力参数 ξ，见式(4.15)，其中 $Ex_{in,process}^{total}$ 为化学过程所需的能量，$Ex_{in,abatement}^{total}$ 为消除负面影响所需要的额外能耗，当额外能耗较大，生态环境协调能力参数 ξ 较小，说明该原料资源所在的化学过程与生态环境的不协调程度较大[9]。

$$\xi = \frac{Ex_{in,process}^{total}}{Ex_{in,process}^{total} + Ex_{in,abatement}^{total}} \tag{4.15}$$

【例 4.7】原料资源可持续利用能力的定量评估

某化学过程所用到的原料资源来源于煤、石油、太阳能，若根据其自然储量、消耗率、再生率计算得到其枯竭时间分别为 1250 年、170 年、50 亿年(近似为太阳的寿命)，参考枯竭时间为 1250 年，分别计算其丰度因子 α_i。计算表 4.5 中的 α_{av}、α_{min}、α 值，并评估表中各个化学过程 A～G 的原料资源的可持续能力。

解 根据式(4.12)得到煤、石油、太阳能的丰度因子分别为 0.5、0.12、约 1。

表 4.5 利用煤、石油、太阳能原料资源的化学过程相关评估数据

化学过程	比例/%			丰度因子		
	煤	石油	太阳能	α_{av}	α_{min}	α
A	100	0	0	0.50	0.50	0.25
B	0	100	0	0.12	0.12	0.014
C	0	0	100	≈1.0	≈1.0	≈1.0
D	50	50	0	0.31	0.12	0.037
E	45	15	40	0.64	0.12	0.077
F	15	0	85	0.93	0.50	0.47
G	0	15	85	0.87	0.12	0.10

　　结果表明，完全采用太阳能为原料资源的化学过程 C 是可持续的，完全采用煤作为原料的化学过程 A 持续性相对差一些，完全采用石油作为原料的化学过程 B 可持续性最差。D、E、G 过程采用太阳能的比例逐渐增加，使其可持续性逐渐升高，但是仍旧使用最易枯竭的石油资源，所以可持续性仍然较差。化学过程 F 主要采用太阳能，少部分采用煤做原料，可持续性明显提高。

　　化学原料资源可持续能力的评估过程并不是简单的套用和计算，也需要筛选和判断，且有几点要注意：一是当生产过程中采用半成品原料时，其丰度因子要以该原料在化学过程中的最短枯竭时间的资源为准，例如，用金属铁作为原料时，其丰度因子要考虑制备所需的焦炭的资源情况，即由煤的丰度和枯竭时间来决定；二是当所需资源来自不同的生产过程，例如，某化学过程所需的电能一部分来源于煤发电，一部分来源于水力发电，两种路径要根据其资源不同分别考虑；三是某些替代性能源建立在新兴的科技基础上，要充分考虑科技过程需要的资源，例如，光电池在利用太阳能作为能源的同时也需要一些稀有元素，虽然太阳能的枯竭时间相当长，稀有元素资源的枯竭时间为评估时考虑的短板。

　　通过对不同因素的考察，建立不同的独立参数，可以得到两种形式的原料资源的可持续能力评估结果，一是将独立的参数总结归纳成一个可持续能力评估系数，二是将各种评估参数以独立的形式呈现。前者作为定量评估的结果虽然具有简单明了的优点，但是往往在统一数据时带有主观色彩，会丢失很多细节信息，且统一后并不能准确表达原料资源多方面的特点，因此评估化学过程的原料资源最好是通过独立的可持续能力参数来量化评估，再逐一进行比较分析。

4.5　对化学反应类型的评估

4.5.1　化学反应类型及其评估方法

　　化学反应作为化学工作者合成化学品的有效途径，在其选择及应用中应遵循一定的原则。众所周知，传统方法对化学反应或某条合成路线的评估往往是以反应试剂或原料转化成预期产物的当量以及反应的专一性来衡量的，即如何高效、高收率地得到目标产物是合成工作者工作的出发点。毫无疑问，这样的评估准则很难符合绿色化学的设计及应用要求。本节将提供某些实例来说明如何才能超越评估化学反应及合成路线的传统模式，预测反应对环境的影响，以及如何利用这些信息来选择合适的化学反应来设计符合绿色化学要求的新的合成方法。

　　当然，我们无法将所有的化学反应一一进行系统的绿色化评估。我们将对化学反应进行大致分类，按照反应类型阐述其绿色化评估的要求。而在实际合成工作中或实际化工生产过程中所选用的具体化学反应，在所属反应类型评估的基础上，还要结合实际应用或实际生产进行二次评估，力求最大限度地达到绿色化学原则的总体要求。在本节内容中,我们按照经典的有机化学反应分类进行阐述,反应分类包括加成反应、取代反应、消除反应、氧化/还原反应、周环反应、重排反应。

1. 加成反应

加成反应有很广泛的应用(图 4.7)。在这个通式中,含有多重键的底物与活性试剂反应,通过杂加成或均加成方式加成到不饱和基元的两端,生成具有新的化学性质的功能特定性产物。卤素对烯烃加成、格氏试剂对羰基的加成、氢化氰对 α, β-不饱和羰基化合物的加成都是常用的加成反应的例子(图 4.8)。

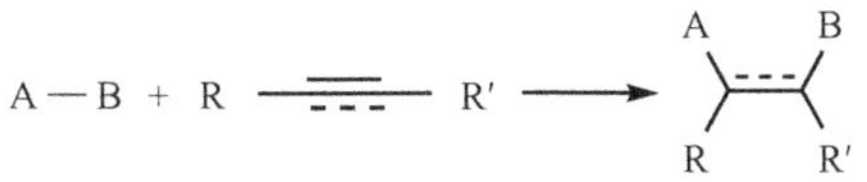

图 4.7　加成反应图示

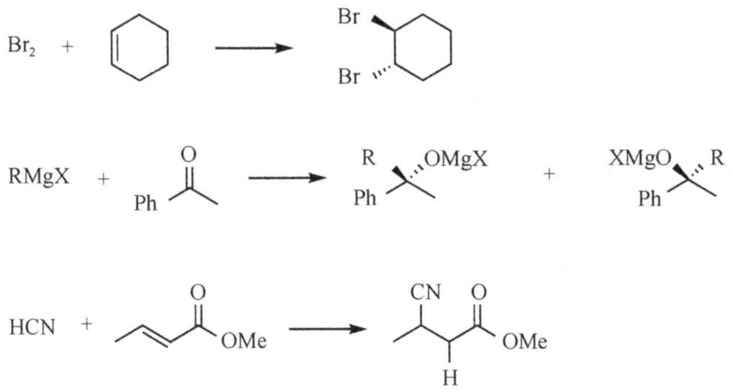

图 4.8　加成反应的实例

很明显,在加成反应过程中,所有的试剂都被消耗掉了。两个等当量的反应物生成一个当量的单一产物,并且没有副产物生成。从原子经济性的角度来说,这类反应的效率非常高,可以认为是 100%的原子利用率。当然,如果需要可以对产物进行官能团的进一步转化。

但需要指出的是,如果进行的是杂加成,即加成因子 $A \neq B$,如卤化氢对双键的加成,这类反应存在加成的区域选择性问题,如何控制加成的区域选择性从而选择性地得到目标产物则成为这类反应需要解决的关键问题。区域选择性高,目标产物产率高,也就符合了原子经济性及绿色化学的要求。否则,随之所产生的副产物将大大降低这类反应的专一性和目标产物的产量,从而大大降低其实际应用价值。因此,大量有关加成反应的文献研究都集中在如何实现高区域选择性[42]以降低上述不利因素的影响。

从某种意义上说,很多反应都会生成副产物。通常必须采取重结晶、蒸馏、色谱等技术对产物加以纯化。绿色化学设计的关键就在于尽可能少地采用这些纯化技术，这就要求从合成路线的源头设计上就加以考虑。

2. 取代反应

取代反应是一个官能团取代另外一个官能团从而达到修饰反应底物的目的（图 4.9）。最经典的例子莫过于 S_N1 和 S_N2 亲核取代反应了（图 4.10）：亲核试剂取代了底物中的离去基团；新产物包含了亲核试剂，而离去基团则被除去。

$$A-B + C-D \longrightarrow A-C + B-D$$

图 4.9 取代反应图示

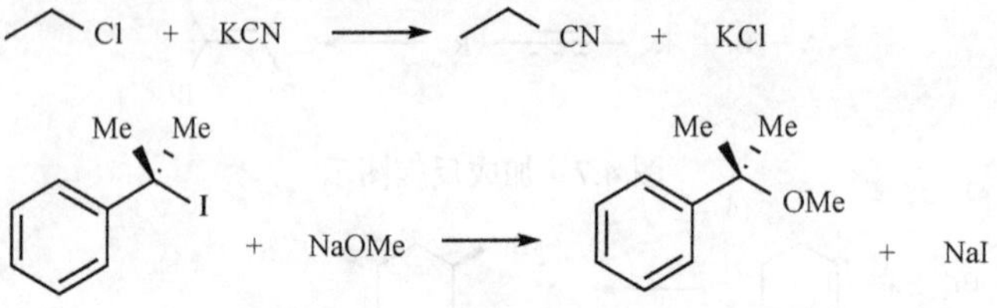

图 4.10 S_N1 和 S_N2 反应的实例

更复杂的反应（通常有不饱和底物的参与）是加成反应和消除反应相结合的，最后的净结果可以看成是取代反应。如亲电的芳香取代和消除/加成反应就是这类转换的典型例子（图 4.11）。

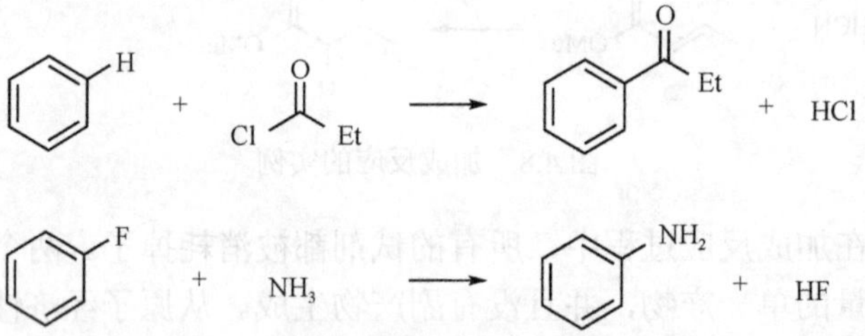

图 4.11 亲电的芳香取代和消除/加成反应实例

对于取代反应，大多数情况下人们更多地关注这类反应所采用的反应底物以及底物经亲核试剂进攻后所生成的产物，而离去基团往往只考虑其离去的难易程度，离去基团越容易离去反应越高效，这也是反应设计者所期望的。但必须指出，在有些例子中，离去基团实际上才是所需要的产物。例如，羧酸甲酯的碘化钾脱甲基化反应，甲基作为离去基团生成的碘甲烷是非常常用且重要的有机合成中间体（图 4.12）。

图 4.12 利用保护基团分离离去基团

更为重要的是，离去的分子大多数情况下被视为反应的副产物，因此离去分子(或离去基团)的本质特性及其对环境的影响很大程度上也决定着这类反应的适用性。一方面，在源头设计上应尽可能选择对环境没有影响或影响较小的离去基团；另一方面，如果实在无法避免，在设计用于活化离去基团的卤素化合物、酯、醇和无机衍生物时必须充分考虑它们的危害性及后期处理。除了在工业生态学方面的一般研究，还需要尽可能抵消生成副产物的反应的负面影响，包括对反应试剂的控制、反应物的循环利用、试剂组分的重新构筑等。当然，如果固有的废弃物的产生是不可避免的，对于合成工作者来说，以上提到的控制副产物生成及生成程度的方法就有可能最大限度地减少采用这类化学反应的合成方法中固有的损失。

对于这类反应需要考虑的另外一个问题是反应体系中催化剂的引入。一般来讲，路易斯酸或碱的加入有利于反应的进行，同时可能会影响反应的化学专一性、区域专一性及立体专一性。虽然催化量的催化剂其影响可能很小，但仍应予以考虑。如非必要，尽量避免使用。

3. 消除反应

消除反应是获得不饱和化合物的重要途径。如图 4.13 所示，消除反应可看作加成反应的逆反应，即化合物分子中相邻原子或基团的消除，其结果是提高了化学键的键级。醇脱水生成烯烃，卤代烃脱卤化氢都是经典的消除反应的例子（图 4.14）。

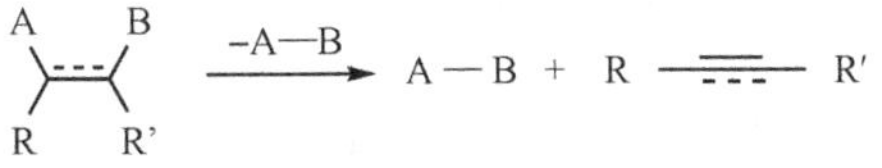

图 4.13 消除反应图示

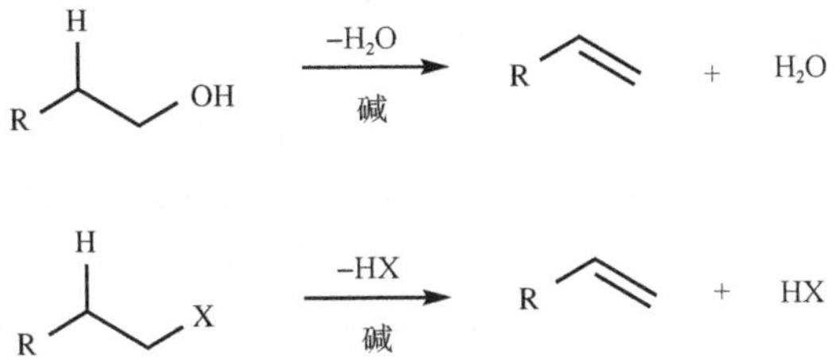

图 4.14 消除反应的实例

　　和取代反应相仿，消除反应也必然会产生离去基团。因此，离去基团对环境的影响也是必须给予评估而加以控制的。一般来说，消除反应的目标是要去掉作为离去基团的副产物分子，但有时离去基团本身有可能也是所期望的目标化合物，即需要具体问题具体分析。

　　但有一种情况例外，即分子内消除反应(图 4.15)。显然，这类消除可视为重排型的消除反应，它要求作为离去基团的两个官能团在分子中必须处于理想的位置才能顺利发生消除，因此其应用也是很有限的。尽管如此，如果能把这样的反应应用于合成路线的设计中，必然是很有竞争力的。

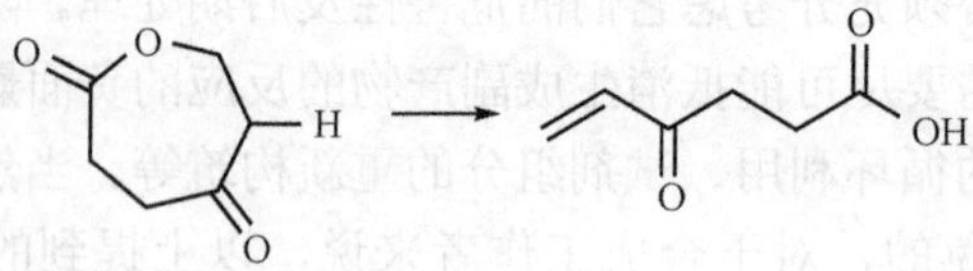

图 4.15　离去基团连接在分子内的消除反应——净结果是分子重排

4. 氧化/还原反应

　　众所周知，化学元素有一种或多种氧化态；同样，一个化合物分子的氧化态也可进行调控，最常用的方法为化学氧化还原及电化学氧化还原。从最简单的碳氢化合物甲烷开始，甲烷氧化可生成甲醇，甲醇可氧化为甲醛，甲醛又可进一步氧化成甲酸，甲酸最终可氧化为二氧化碳，即达到最高氧化态。反之，二氧化碳还原到甲酸，甲酸还原到甲醛，甲醛再还原到甲醇，甲醇最终可还原为甲烷。这是有机反应中最简单也是最经典的氧化/还原反应系列(图 4.16)。

$$CH_4 \underset{[H]}{\overset{[O]}{\rightleftharpoons}} CH_3OH \underset{[H]}{\overset{[O]}{\rightleftharpoons}} HCHO \underset{[H]}{\overset{[O]}{\rightleftharpoons}} HCOOH \underset{[H]}{\overset{[O]}{\rightleftharpoons}} CO_2$$

图 4.16　氧化/还原反应实例

　　"升失氧，降得还"，电子的得失是氧化/还原反应的实质。对于化学氧化/还原反应来讲，传送电子的介质分子在一个氧化/还原循环中起到至关重要的作用。而在绿色化学指导下，这个"电子传递介质"也就不能单单从反应实效性角度去选择和衡量了。实际上，在很多化学氧化/还原反应中，所使用的氧化-还原试剂都是有毒的，而且需要化学计量，这也是经典的化学氧化/还原反应在绿色化学原则下一直无法回避的问题。从这个角度来讲，电化学氧化/还原反应则颇具优势，其直接利用电流实现电子的传递，完成氧化-还原循环，所以这类氧化/还原反应对环境更友好。但从反应的适用性和实际应用范围来讲，还是经典的化学氧化/还原反应更胜一筹。因此，设计更加绿色的化学氧化/还原反应则变得更加重要。

5. 周环反应

周环反应是被分子前线轨道控制的有机合成反应，如 Diels-Alder 反应、1,3-偶极环加成反应、[3,3']-σ 重排反应都是经典的成键周环反应(图 4.17)。

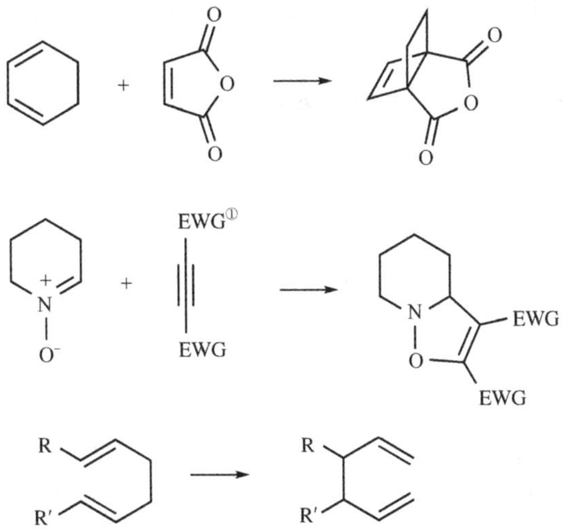

图 4.17　周环反应实例

图 4.17 所示的这类反应往往是可逆反应，其逆反应通过活性中间体的离解而生成所期望的分子。从环境的角度来讲，考虑到成键周环反应的原子利用率为100%，所以一般认为成键周环反应比断键周环反应对环境更友好。当然，对断键周环反应来说，如果能有效控制副产物的生成，一些环境评估较差的反应也可被采用。

6. 重排反应

重排反应是指改变组成分子的原子之间的相互关系、原子相互间的连接、连接键的类型等，并产生新分子的反应。一般来说，热、光、化学试剂均可引发重排反应的发生。从绿色化学的角度出发，这类反应的原料(底物)和产物(目标分子)含有相同的原子，只是其分子结构发生了变化，因此重排反应本身并没有废弃物产生，可以被称作完全原子经济性和高效的反应。

当然，在对这类反应的绿色化评估中，基本的着眼点如反应的能耗、辅助性试剂、有无副反应等都不应该被忽视。

在确定了合成反应的类型以后，对某个化学转化或步骤还需要进行更加深入

---

① EWG: electron withdrawing group, 吸电子基团。

的评估，进而对反应进行整体性绿色化评估。例如，反应是否需要外加辅助性试剂，如催化剂、配体等；反应过程中物料的消耗、能量的消耗等；反应是否有废弃物产生、废弃物的量化、处理产生的废弃物所带来的附加能耗等；反应的原子经济性等。

理论上来讲，如果一个反应能满足以下条件，则该反应可被认为是真正环境友好的反应[3,43,44]：

(1)所需的能量来自可再生能源，如风能、太阳能、地热能、潮汐能、水能等，而非化石燃料；

(2)所需物料为可再生资源，如二氧化碳、生物质等，而非石油化工产品；

(3)不产生废弃物或尽可能少地产生废弃物；

(4)具有100%的原子经济性、高效、高选择性(包括化学选择性、区域选择性、立体选择性)；

(5)不需外加催化剂、不使用有机溶剂或只用少量溶剂等。

在绿色化学基本原则的指导下，选择适当的化学反应类型，从源头设计上设定产品、工艺路线的绿色要求，虽然可能不会一步到位解决所有可能出现的环境、能源等问题，但以此为指导的设计、生产过程势必会越来越绿色，越来越环境友好。

4.5.2 对化学反应的整体评价

根据实际合成或生产的需要确定反应类型后，还需要对特定的反应进行更加深入的评估[45,46]，下面从反应的各个要素进行简单介绍。

首先，反应的起始原料，也就是资源。从绿色化学的角度出发，反应要优先选用廉价、易得、无毒无害且储量相对丰富的物质作为起始原料。传统的化石资源日益减少，迫切需要可再生且储量丰富的资源才能实现可持续发展。如果没有可替代品，反应必须具备较高的转化效率以实现资源利用的最大化。

其次，反应条件是一个化学反应的关键，主要包括反应温度、压力、反应所需溶剂、反应时间、反应物配比、辅助试剂如催化剂等要素，而且这些要素往往都要经过详细优化才能得到满意的反应结果。温和、低能耗、高效、高选择性的转化条件当然是绿色化学的首选，这也是对反应条件进行绿色化评价的基本准则。在这一点上，自然界的光合作用无疑是最好的例子。

再次，反应产物的分离提纯及结构鉴定环节，也是评价其绿色程度的重要环节。如果一个反应本身很高效，而其产物的分离很困难，过程中需要大量有机溶剂且能耗很高，同时会产生大量废弃物，如废气、废水等，则会大大降低反应的绿色程度；或者反应伴随大量副产物生成，则还要考虑如何分离和处理副产物及其处理过程中的各种资源和能源消耗。

最后，还要考虑反应各个环节对环境的影响。显然，这些问题和要求在反应选择或设计之初就要予以考虑，这正是绿色化学从源头上避免或减少污染，提高资源利用效率的基本要求。

4.6 化工生产过程的绿色化评估

工业革命及工业化推动着人类社会和经济的快速发展，随之而来的是现有能源及资源的日益枯竭，以及对生态和环境的肆意破坏和污染。毫无疑问，能源和环境仍然是 21 世纪人类所面临的主要问题和挑战。在这样的形势下，以消耗最低的能源及产生最少的废弃物来生产高质量的产品将成为今后工业生产的发展趋势，即实现人类社会的可持续发展。具体到化学研究领域，可持续性被明确地定义为使用催化剂来实现不产生或少产生废弃物的化学转化并最终实现过程中的能源消耗有效降低。毫无疑问，可持续发展的要求与绿色化学的要求是一致的。

从工业化的角度来讲，化学工业，尤其是以有机合成为核心技术的精细化工和制药工业，在国民经济的发展中有突出的贡献，同时也带来了很多问题。首先是严重的环境污染问题。化学工业对环境主要有两方面的影响：一是化工生产过程中的三废；二是某些化工产品在使用中产生的二次污染，例如，含磷洗衣粉使江湖富营养化，影响环境与水产品生产，使用农膜和一次性餐具带来的白色污染，使用的化学农药只有 0.1% 击中靶标害虫，而 99.9% 都污染了环境。其次，化学工业所面临的另一问题无疑也是能源和资源的日益枯竭。传统的石油基资源和能源迫切需要可持续的替代品。资源方面，如生物质[47]、二氧化碳[48]等都是可再生资源且储量丰富，并被越来越多的应用到化工生产中。能源方面，如太阳能[49]、风能、潮汐能等都是可再生能源，具有广阔的应用前景。

因此，绿色化工生产过程，要求以绿色化学和可持续发展为出发点，绿色、环境友好、可持续的化学反应是绿色化工生产的基础。当然，一个化学反应从实验室到工业化生产，会面临更多的实际问题。

本节内容将以化学反应的绿色化评估为基础，从整体上对化工生产过程的绿色化评估方法进行阐述，重点介绍近年来绿色化学领域应用比较广泛的评估指标和方法。

4.6.1 原子经济性

美国斯坦福大学的 B. M. Trost 教授最早在 1991 年提出了原子经济性的概念[21,22,50]。化学反应理想的结果当然是原料分子中的原子百分之百地转化成产物，同时不产生副产物和废弃物，实现废弃物的零排放(zero emission)。对于大宗化学品的生产来说，设计和开发原子经济性的反应显得尤为重要。它的计算公式见式(4.16)。

$$A+B \longrightarrow C$$

$$原子经济性 = \frac{产物C的质量}{原料A的质量+原料B的质量} \times 100\%$$

(4.16)

如果反应涉及多个步骤或多个中间体，总原子经济性应按式(4.17)公式计算。

$$A+B \longrightarrow C$$
$$C+D \longrightarrow E$$
$$E+F \longrightarrow G$$

$$原子经济性 = \frac{产物G的质量}{原料A的质量+原料B的质量+原料D的质量+原料F的质量} \times 100\%$$

(4.17)

而对于下列反应类型，则原子经济性应按照式(4.18)公式计算。

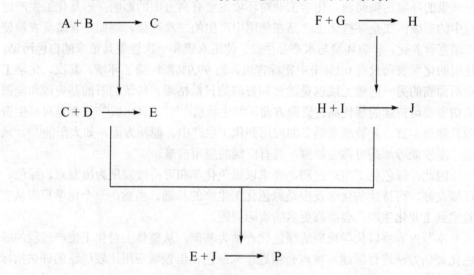

$$原子经济性 = \frac{产物P的质量}{原料(A,B,D,F,G,I)质量的总和} \times 100\%$$

(4.18)

当然，这里忽视了一个问题，即原子经济性只考虑了反应原料，而往往反应所必需的潜在的对环境产生影响的试剂如催化剂、添加剂、溶剂等并没有考虑进去，在评估时应加以考虑和衡量。这部分内容将在后面进一步讨论。

4.6.2　环境因子

环境因子，由 R. A. Sheldon 最早在 1992 年提出[51,52]，并已经成为评估化工生产过程绿色化最为常用的指标之一。它的计算公式为：环境因子=废弃物总质量(kg)/产品总质量(kg)，即废弃物总质量与产品总质量的比值，它反映的是生产单位质量的产品所产生的废弃物的量。这个指标很直观地体现出了一个化学反应对环境的影响，尤其在化工生产领域(表 4.6)。可以看出，化工产品的附加值或精细程度越高，随之产生的环境因子越大，即相应的化工生产过程对环境的影响越大，如精细化学品和药物生产领域。而降低相应环境因子的根本，不在于如何更好地处理随之产生的废弃物或随之产生的新问题，而是如何更好地从源头上即设计之初减少甚至消除废弃物，这也是绿色化学的根本要求。

表 4.6　化学工业各领域的环境因子

化工生产领域	产品吨位/t	环境因子/(kg/kg)
石油炼制	$10^6 \sim 10^8$	<0.1
大宗化学品	$10^4 \sim 10^6$	<1~5
精细化学品	$10^2 \sim 10^4$	5~>50
制药工业	$10 \sim 10^3$	25~>100

当然，关于这个指标还存在一定争议，即所产生的废弃物是否应按照其毒性大小加以区分，分别按照不同的公式去计算相应的环境因子。例如，在生产过程中，是产生 100kg 无毒但难处理的废弃物好？还是只产生 50kg 高毒性的废弃物更好？值得进一步探讨。

4.6.3　环境商

在绿色化学领域，有学者认为仅仅用副产物(废弃物)的量来衡量不同的化学工艺路线过于简单，一个更为精确的评估应该同时计算副产物(废弃物)的数量及性质。毫无疑问，所谓副产物或废弃物的性质，更多的关注点在其对环境潜在的不利影响。为了更好地对化学反应及化工生产过程进行绿色化评估，R. A. Sheldon 在环境因子的基础上提出了环境商[53]的概念：环境因子与任一指定的不利商 Q 的乘积，见式(4.19)。

$$EQ = E \times Q \tag{4.19}$$

式中，E 是环境因子；Q 是根据废弃物在环境中的行为给出的其对环境的不友好程度。

环境商是一个综合评价指标，用以衡量合成反应、化工工艺路线等对环境造

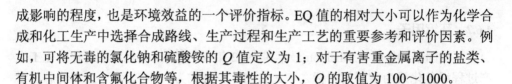

成影响的程度，也是环境效益的一个评价指标。EQ 值的相对大小可以作为化学合成和化工生产中选择合成路线、生产过程和生产工艺的重要参考和评价因素。例如，可将无毒的氯化钠和硫酸铵的 Q 值定义为 1；对于有害重金属离子的盐类、有机中间体和含氟化合物等，根据其毒性的大小，Q 的取值为 100～1000。

4.6.4 环境负担因子

英国化学工业公司采用了一种衡量环境损害的指标，称为环境负担因子。它表示每生产一个单位产品所需的原料、溶剂、催化剂等的总质量。这个参数体现的是对环境有潜在影响的所有物质的综合绝对质量，可作为绿色化评估的基础指标。当然这个指标并不是绝对的越大越不可取，还取决于具体的反应、化工生产工艺或路线。

4.6.5 生命周期评估

生命周期评估是一项自 20 世纪 60 年代就已经开始发展的重要环境管理方法。首先，生命周期是指某一产品(或服务)从取得原材料，经生产、使用直至废弃的整个过程。按照 ISO 14040 的定义[54-59]，生命周期评估是用于评估与某一产品(或服务)相关的环境因素和潜在影响的方法。具体来说，生命周期评估包括以下四个阶段：

(1)目的与范围确定(goal and scope definition)：将生命周期评估研究的目的及范围予以清楚地确定，使其与预期的应用相一致。

(2)清单分析(inventory analysis)：编制一份与研究的产品系统有关的投入产出清单，包含资料搜集及运算，以便量化一个产品系统的相关投入与产出，这些投入与产出包括资源的使用及对空气、水体及土地的污染排放等。

(3)影响评估(impact assessment)：采用生命周期清单分析的结果，来评估与这些投入产出相关的潜在环境影响。

(4)解释说明(interpretation)：将清单分析及影响评估所发现的与研究目的有关的结果合并在一起，形成结论与建议。

结合绿色化学基本原则，LCA(生命周期评估)可以进一步指导化学工作者全面认识物质转化过程或者产品生产过程对环境的影响。将控制污染与减少消耗联系在一起，这样既可以防止环境问题从生命周期的某个阶段转移到另一个阶段或污染物从一个介质转移到另一个介质，也有利于通过全过程控制实现污染预防，非常符合绿色化学从源头上消除甚至减少污染的宗旨，这也是绿色化学所倡导的新的环保战略——清洁生产，即绿色化学的理念贯穿产品的设计、研发、生产甚至销售、运输、使用等整个过程。

4.6.6 其他需要评估的因素

前面所讨论的评估方法和因素，一定程度上更偏向如何减少或避免化学品和化学反应对环境的潜在影响。而实际化工生产过程中，另一个重要的方面是能源和资源[60-64]。

首先，就资源来说，以化石资源为主的生产是不可持续的，因此，如果化工生产能更多地使用非化石资源，如生物质、二氧化碳等可再生资源，将非常有利于化工生产的可持续发展。同样，就能源来说，可持续发展要求化工生产更多地使用非化石燃料，如太阳能、风能、水能、地热能、潮汐能等可再生能源。毫无疑问，可再生资源和能源的使用将会进一步推进化工生产的绿色化及可持续发展。

参 考 文 献

[1] 单永奎. 绿色化学的评估准则. 北京: 中国石化出版社, 2006.

[2] 贡长生, 张克立. 绿色化学化工实用技术. 北京: 化学工业出版社, 2001.

[3] Anastas P T, Warner J C. 绿色化学: 理论与应用. 李朝军, 王东, 译. 北京: 科学出版社, 2001.

[4] 舒代宁. 环境保护与绿色化学. 成都大学学报, 2000, 19(1): 20-26.

[5] 于彩虹, 李春燕, 林荣华, 等. 农药对陆生生物的生态毒性及风险评估. 生态毒理学报, 2015, 10(6): 21-28.

[6] 谭彦君, 李宁. 国内外农药内分泌干扰作用研究现况. 毒理学杂志, 2011, 25(1): 58-61.

[7] Curzons A D, Constable D J C, Mortimer D N, et al. So you think your process is green, how do you know?-Using principles of sustainability to determine what is green-a corporate perspective. Green Chem, 2001, 3(1): 1-6.

[8] Nriagu J O, Pacyna J M. Quantitative assessment of worldwide contamination of air, water and soils by trace metals. Nature, 1998, 333: 134-139.

[9] Lems S, Kooi H J V D, Arons J D S. The sustainability of resource utilization. Green Chem, 2002, 4(4): 308-313.

[10] Domènech X, Ayllón J A, Peral J, et al. How green is a chemical reaction? application of LCA to green chemistry. Environ Sci Technol, 2002, 36(24): 5517-5520.

[11] Anastas P T, Lankey R L. Life cycle assessment and green chemistry: the yin and yang of industrial ecology. Green Chem, 2000, 2(6): 289-295.

[12] Lankey R L, Anastas P T. Life-cycle approaches for assessing green chemistry technologies. Ind Eng Chem Res, 2002, 41(18): 4498-4502.

[13] 杨建新, 徐成, 王如松. 产品生命周期评价方法及应用. 北京: 北京气象出版社, 2002.

[14] Sikdar S K. Sustainable development and sustainability metrics. Aiche J, 2003, 49(8): 1928-1932.

[15] Gnach A, Lipinski T, Bednarkiewicz A, et al. Upconverting nanoparticles: assessing the toxicity. Chem Soc Rev, 2015, 44(6): 1561-1584.

[16] Schrand A M, Rahman M F, Hussain S M, et al. Metal-based nanoparticles and their toxicity assessment. WIREs: Nanomed Nanobi, 2010, 2(5): 544-568.

[17] Rosenbaum R K, Bachmann T M, Gold L S, et al. USEtox-the UNEP-SETAC toxicity model: recommended characterisation factors for human toxicity and freshwater ecotoxicity in life cycle impact assessment. Int J Life Cycle Assess, 2008, 13(7): 532-546.

[18] Blum D J W, Speece R E. A Database of chemical toxicity to environmental bacteria and its use in interspecies comparisons and correlations. Res J Water Pollut C, 1991, 63(3): 198-207.

[19] 畅施, 马华智, 王全军, 等. 化学物(药物)毒性测试替代体系的建立及应用. 中国比较医学杂志, 2017, 25(5): 6-8.

[20] Romero-Hernandez O. To treat or not to treat? Applying chemical engineering tools and a life cycle approach to assessing the level of sustainability of a clean-up technology. Green Chem, 2004, 6(8): 395-400.

[21] Trost B M. The atom economy-A search for synthetic efficiency. Science, 1991, 254(5037): 1471-1477.

[22] Trost B M. Atom economy-a challenge for organic synthesis: homogeneous catalysis leads the way. Angew Chem Int Ed, 1995, 34(3): 259-281.

[23] Constable D J C, Curzons A D, Cunningham V L. Metrics to 'green' chemistry-which are the best? Green Chem, 2002, 4(6): 521-527.

[24] 贡长生. 绿色化学化工过程的评估. 现代化工, 2005, 25(2): 67-69.

[25] Sheldon R A. Selective catalytic synthesis of fine chemicals: opportunities and trends. J Mol Catal A: Chem, 1996, 107(1): 75-83.

[26] Sheldon R A. The E Factor: fifteen years on. Green Chem, 2007, 9(12): 1273-1283.

[27] Bare J C, Gloria T P. Critical analysis of the mathematical relationships and comprehensiveness of life cycle impact assessment approaches. Environ Sci Technol, 2006, 40(4): 1104-1113.

[28] Reddy G, Major M A, Leach G J. Toxicity assessment of thiodiglycol. Int J Toxicol, 2005, 24(6): 435-442.

[29] Giampietro M, Mayumi K, Munda G. Integrated assessment and energy analysis: Quality assurance in multi-criteria analysis of sustainability. Energy, 2006, 31(1): 59-86.

[30] Rolston H. 哲学走向荒野. 刘耳, 叶平, 译. 长春: 吉林人民出版社, 2000.

[31] 闫勇. 2016 年世界能源行业发展分析. 中国能源, 2017, 39(6): 37-42.

[32] Hawkins T R, Singh B, Majeau-Bettez G, et al. Comparative environmental life cycle assessment of conventional and electric vehicles. J Ind Ecol, 2013, 17(1): 53-64.

[33] Miller F P, Wali M K. Soils, land use and sustainable agriculture: A review. Can J Soil Sci, 1995, 75(4): 413-422.

[34] 陆建民. 浅谈矿产资源的开发与地质环境保护. 低碳世界, 2017, 25: 98-99.

[35] Finkelman R B. Modes of occurrence of potentially hazardous elements in coal: levels of confidence. Fuel Process Technol, 1994, 39(1): 21-34.

[36] 曾鹏, 徐优夫. 我国矿产资源开发中水环境保护的现状及完善——以湖北宜昌磷矿开发与水环境保护为例. 三峡大学学报(人文社会科学版), 2017, 39(4): 74-77.

[37] Tzschucke C C, Andrushko V, Bannwarth W. Assessment of the reusability of Pd complexes supported on fluorous silica gel as catalysts for Suzuki couplings. Eur J Org Chem, 2005, 2005(24): 5248-5261.

[38] 张锁江, 张香平, 李春山. 绿色过程系统合成与设计的研究与展望. 过程工程学报, 2005, 5(5): 580-590.

[39] Hotelling H. The Economics of Exhaustible Resources. J Polit Econ, 1931, 39(2): 137-175.

[40] Dewulf J, Van Langenhove H, Mulder J, et al. Illustrations towards quantifying the sustainability of technology. Green Chem, 2000, 2(3): 108-114.

[41] Hartwick J M. Intergenerational Equity and the Investing of Rents from Exhaustible Resources. The American Economic Review, 1977, 67(5): 972-974.

[42] Dong J, Wu X, Shi H, et al. Progress in the directionally selected addition of conjugated diolefine. Chin J Org Chem, 2011, 31(9): 1357-1368.

[43] 纪红兵, 佘远斌. 绿色化学化工基本问题的发展与研究. 化工进展, 2007, 26(5): 605-614.

[44] Tang S L Y, Smith R L, Poliakoff M. Principles of green chemistry: productively. Green Chem, 2005, 7(11): 761-762.

[45] Song Q W, He L N. Synthesis of the 5-Membered Cyclic Carbonates from Epoxides and CO$_2$. Boca Raton London New York: CRC Press Taylor & Francis Group, 2014.

[46] Song Q W, He L N. Synthesis of 3-benzyl-5-methyleneoxazolidin-2-one from N-benzylprop-2-yn-1-amine and CO$_2$. Boca Raton London New York: CRC Press Taylor & Francis Group, 2014.

[47] Sheldon R A. Green and sustainable manufacture of chemicals from biomass: state of the art. Green Chem, 2014, 16(3): 950-963.

[48] Sakakura T, Choi J-C, Yasuda H. Transformation of Carbon Dioxide. Chem Rev, 2007, 107(6): 2365-2387.

[49] Yilmaz F, Balta M T, Selbaş R. A review of solar based hydrogen production methods. Renew Sust Energ Rev, 2016, 56: 171-178.

[50] Li C J, Trost B M. Green chemistry for chemical synthesis. Proc Natl Acad Sci, 2008, 105(36): 13197-13202.

[51] Sheldon R A. Organic synthesis - past, present and future. Chem Ind, 1992, 23: 903-906.

[52] Sheldon R A. Metrics of green chemistry and sustainability: past, present, and future. Acs Sustain Chem Eng, 2017: DOI: 10.1021/acssuschemeng.7b03505.

[53] Sheldon R A. Consider the environmental quotient. Chemtech (United States), 1994, 24(3): 38-46.

[54] Defining life cycle assessment. US Environmental Protection Agency. http://www.gdrc.org/uem/lca/lca-define.html. 17 October 2010.

[55] Kralisch D, Ott D, Gericke D. Rules and benefits of life cycle assessment in green chemical process and synthesis design: a tutorial review. Green Chem, 2015, 17(1): 123-145.

[56] Curran M A. Life cycle assessment: a review of the methodology and its application to sustainability. Current Opinion in Chemical Engineering, 2013, 2(3): 273-277.

[57] Klöpffer W E. Background and Future Prospects in Life Cycle Assessment. Dordrecht: pringer, 2014.

[58] Tufvesson L M, Tufvesson P, Woodley J M, et al. Life cycle assessment in green chemistry: overview of key parameters and methodological concerns. Int J Life Cycle Assess, 2013, 18(2): 431-444.

[59] Finnveden G, Hauschild M Z, Ekvall T, et al. Recent developments in Life cycle assessment. J Environ Manage, 2009, 91(1): 1-21.

[60] Ruiz-Mercado G J, Carvalho A, Cabezas H. Using green chemistry and engineering principles to design, assess, and retrofit chemical processes for sustainability. Acs Sustain Chem Eng, 2016, 4(11): 6208-6221.

[61] Ciriminna R, Pagliaro M. Green chemistry in the fine chemicals and pharmaceutical industries. Org Process Res Dev, 2013, 17(12): 1479-1484.

[62] Watson W J W. How do the fine chemical, pharmaceutical, and related industries approach green chemistry and sustainability? Green Chem, 2012, 14(2): 251-259.

[63] Giraud R J, Williams P A, Sehgal A, et al. Implementing green chemistry in chemical manufacturing: a survey report. Acs Sustain Chem Eng, 2014, 2(10): 2237-2242.

[64] Reichmanis E, Sabahi M. Life cycle inventory assessment as a sustainable chemistry and engineering education tool. Acs Sustain Chem Eng, 2017, 5(11): 9603-9613.

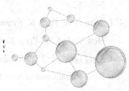

第 5 章
绿色合成技术

5.1　均相催化反应

　　催化是现代合成化学的核心部分，90%的大宗化学品的制备方法中至少有一步会涉及催化。在过去的几十年里，全球催化剂市场稳步增长。尽管人工制造催化剂的发展和应用可以追溯到 18 世纪，有关催化剂的开发研究仍然是当前最有活力的领域之一。面对减少能量消耗、保护环境和自然能源等挑战，合成化学家不断追求理想的合成过程，即以 100%收率和 100%选择性制备高附加值化合物，而催化是实现这一目标的方法[1]。因此，作为绿色化学十二条原则之一的催化技术已经被置于绿色化学的突出和关键位置。可见，以合成过程的绿色化为要求及清洁生产为目的的绿色催化工艺及催化剂开发已成为 21 世纪的热点，是未来主要发展方向之一。均相催化剂的研究受到了科学界和工业界的广泛重视。均相催化剂一般具有较高的选择性和反应活性；其反应动力学和机理的研究比较容易深入，易于表征；均相催化剂还具有反应条件温和(温度、压力均较低)，副反应少，易于控制等优点。20 世纪末，在工业催化中，均相催化已占到大约 15%的比例[2]，而在石油化工中，已有二十多个生产过程采用均相催化反应进行生产[3]。但是均相催化剂也存在一定的问题，例如，设计合成分子结构复杂的有机金属化合物作为催化剂，其合成步骤烦琐，且金属中心往往价格昂贵或对空气敏感；均相催化剂尤其是小分子催化剂仍然存在催化效率低的问题；均相催化剂难以分离、回收及再生。针对均相催化体系存在的问题，结合绿色化学，目前均相催化体系的发展主要分为以下几个方面：①使用绿色溶剂；②微波和超声波等辅助；③使用有机小分子催化；④使用廉价易得、稳定的金属盐及其金属配合物；⑤以可溶性树状聚合物作为载体的催化剂等[4]。前两个方面在后续小节中均有详细涉及，本节主要介绍后三个方面。

5.1.1　有机小分子催化

　　有机小分子催化反应条件简单、温和，环境友好，催化剂稳定易得。20 世纪初，德国化学家 G.Bredig 最早利用有机小分子——天然生物碱作为催化剂构建手性中心[5]。20 世纪 70 年代，Hajos 和 Rarrish 发展了脯氨酸催化的不对称 Aldol 反应，是首次实现非金属催化的羟醛缩合反应[6]。然而，此催化剂没有引起研究者的重视。直到 2000 年，美国 Scripps 研究所的 B.List 教授等利用 S-脯氨酸 **1** 催化丙酮和对硝基苯甲醛的不对称 Aldol 反应，实现了较高的反应收率和较好的对映选择性（最高可达 76%ee），如式 (5.1) 所示[7]。此后，有机小分子催化剂开始受到化学家们的高度重视，并成为催化研究领域内的一个热点。目前，根据手性骨架的不同，可将有机小分子催化剂分为：以奎宁为代表的金鸡纳碱及其衍生物催化剂、以脯氨酸、咪唑啉酮为代表的氨基酸及其衍生物催化剂、季铵盐或季鏻盐类相转移催化剂、环己二胺等二胺类催化剂、糖及其衍生物等多类[8]。在本小节中简要介绍几例手性有机小分子催化剂通过手性诱导实现的一些不对称催化反应。

$$\text{Me}\overset{O}{\underset{}{\parallel}}\text{Me} + \text{H}\overset{O}{\underset{}{\parallel}}\text{—}\underset{NO_2}{\text{—}} \xrightarrow[\text{DMSO}]{\begin{array}{c} \overset{\text{COOH}}{\underset{N}{\overset{}{\bigcirc}}} \mathbf{1} \\ (30\text{mol}\%) \end{array}} \text{Me}\overset{O}{\underset{}{\parallel}}\overset{OH}{\underset{}{}}\underset{NO_2}{\text{—}} \qquad (5.1)$$

76% ee

1. 加成反应

1) Michael 加成

Michael 加成反应一般是碳负离子对 α,β-不饱和醛、酮、酯、腈和硝基化合物等的亲核加成反应。在常规 Michael 加成反应中，有机小分子催化剂通常使用简单的有机碱。而目前研究较多的是不对称 Michael 加成反应，研究者们致力于设计合成新型手性有机小分子催化剂，并通过形成氢键、亚胺和离子活化 Michael 加成反应的底物，对反应进行对映选择性的诱导和控制，从而使反应获得高对映选择性。有关实现分子间的不对称 Michael 加成反应的催化体系众多，催化剂类型也很多，例如，咪唑酮类催化剂 **2**[9]，脯氨酸衍生的催化剂 **3** 和 **4**[10]，手性季铵盐 **5**[11] 和季鏻盐 **6**[12] 及手性二胺衍生物 **7**，**8**[13] 等，实现反应的对映选择性 ee 值基本大于 95%。

2　　　　**3**　　　　**4**

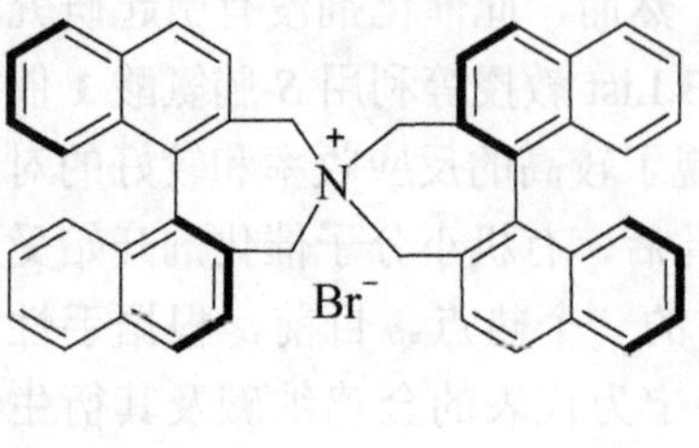

5

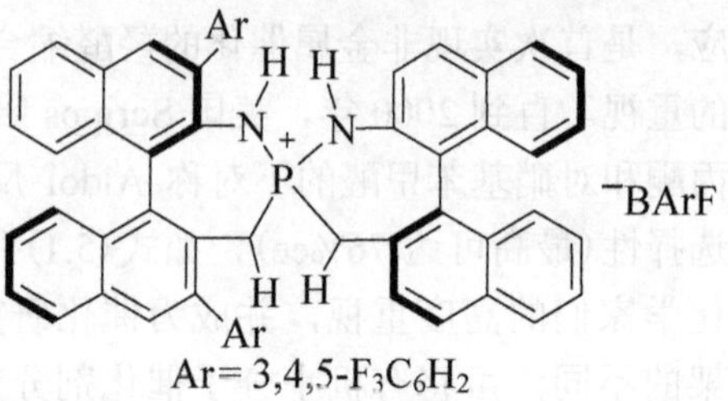

6

Ar= 3,4,5-F₃C₆H₂

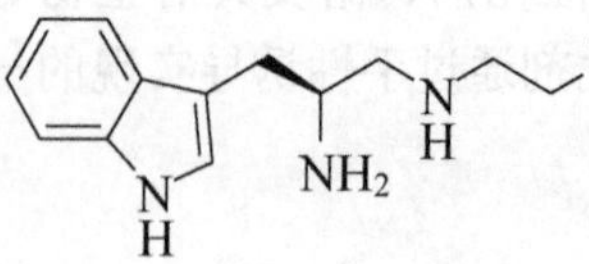

7

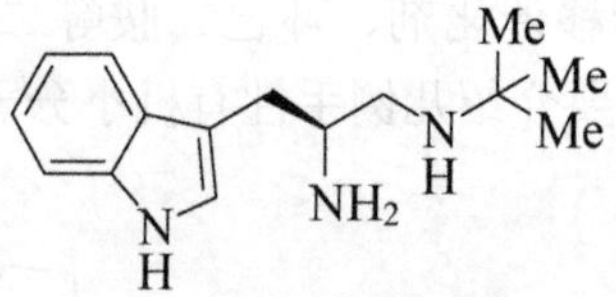

8

将手性磷酸 **9** 用于分子内不对称 Michael 加成反应，即吲哚的二级胺与 α,β-不饱和酮的不对称加成反应。该催化剂的催化位点分别是磷酰基上的氧原子和磷酸氢。因此，手性磷酸可以被视作"布朗斯特碱-布朗斯特酸"双功能催化剂，如式 (5.2) 所示[14]。

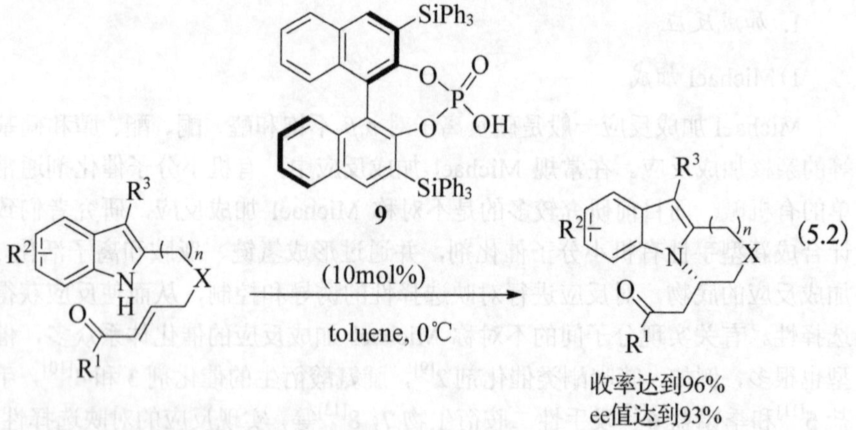

(5.2)

收率达到96%
ee值达到93%

2) 不对称 1,6-加成

1,6-加成体系的化学环境比 Michael 加成体系更复杂，因此，1,6-加成的区域选择性控制就成为研究重点。特别是在催化不对称 1,6-加成反应体系中立体选择性和区域选择性的双重控制更是研究难点和挑战，由此引起了有机化学家的关注和兴趣。2007 年，K.A.Jørgensen 小组首次报道了利用有机小分子金鸡纳碱相转移催化剂 (**10,11**) 催化 β-酮酯和二苯甲酮亚胺与缺电子的 γ-无取代双烯的不对称 1,6-加成反应，以最高 98% 的收率和 99% 的 ee 值得到了加成产物。这一工作开创了有机催化不对称 1,6-加成反应的研究先河，为以后进一步的研究工作奠定了基础[15]。

R=1-adamantyl
10　　　　　　　　　　　　**11**

利用手性膦-螺环有机碱类催化剂 **12** 也成功高效催化吖内酯和 δ-单取代 N-酰基吡咯化合物的不对称 1,6-加成反应，加成产物具有很高的对映选择性（90%～98%ee）和非对映选择性（>20∶1 dr）[16]。同样，有机碱类催化剂 **13** 催化吖内酯和二烯胺活化的 δ-单取代二烯醛的不对称 1,6-加成反应，获得好的收率和对映选择性[17]。

(Ar=4-FC$_6$H$_4$)
12　　　　　　　　　　　　**13**

3) [4+2]环加成反应

有机小分子催化[4+2]环加成反应，从催化剂分类来说，脯氨酸、金鸡纳碱类催化剂是最初研究最多的，之后发展至二胺、MacMillan 催化剂、手性硫脲等。二氢吡喃酮衍生物是很多具有重要生物活性的天然产物的中间体，丁奎岭院士课题组采用化合物 **14** 催化苯甲醛和 Brassard's 二烯的[4+2]环加成反应，以中等以上的收率制备了最高可达 91% ee 的二氢吡喃酮衍生物，如式(5.3)所示[18]。随后该小组又把该体系拓展至芳醛与 Danishefsky's 二烯体的氧杂 Diels-Alder 反应。研究发现，α,α'-位取代基对反应的不对称选择性以及催化效率有很大的影响；催化剂 **14** 中的两个羟基由于其独特构型容易形成分子内的氢键，而分子内氢键的形成又促进了底物与催化剂分子之间氢键的形成。丁奎岭院士提出的催化机理认为其羟基与底物羰基形成氢键来降低底物的最低未占分子轨道(lowest unoccupied molecular orbital, LUMO)能量进而活化醛[19]。通过量化计算表明，**14** 与芳醛在形成过渡态中间体的过程中，由于氢键、位阻等因素以及醛芳基与催化剂芳环大 π 键的相互作用稳定了过渡态；而且当催化剂 α-位为萘环取代时作用最强。例如，**15**，**16** 所示的优势构型，使得底物只能从 Si-face 进攻。这一结论与 Ding 小组报道的实验结果一致[20]。

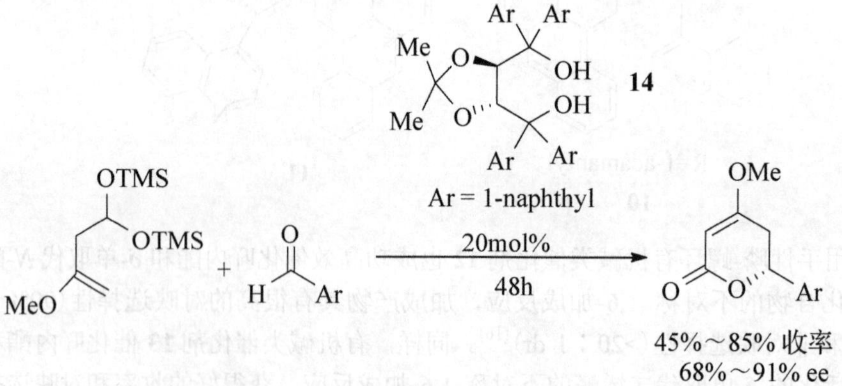

45%～85% 收率
68%～91% ee

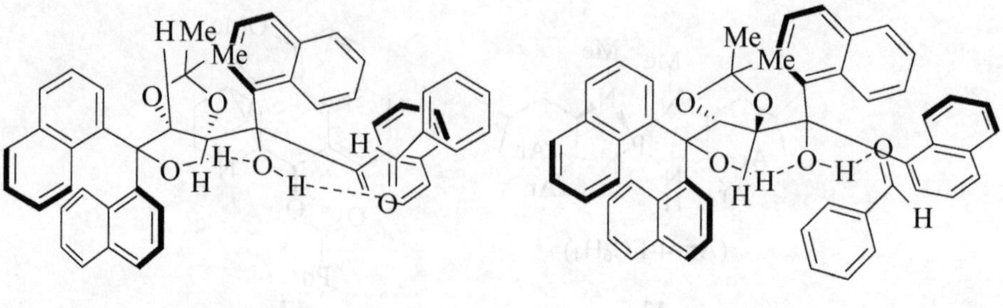

15

16

(5.3)

　　龚流柱等在手性磷酸催化方面做了许多开创性的工作。他们首次以八氢联萘酚衍生的手性磷酸 **17**～**20** 催化芳香亚胺与环己烯酮的不对称杂 Diels-Alder 反应。该体系利用磷酸的酸性，使环己烯酮烯醇化，然后与亚胺经串联的 Mannich 反应和迈克尔加成反应得到形式上的 Diels-Alder 反应产物[21]。

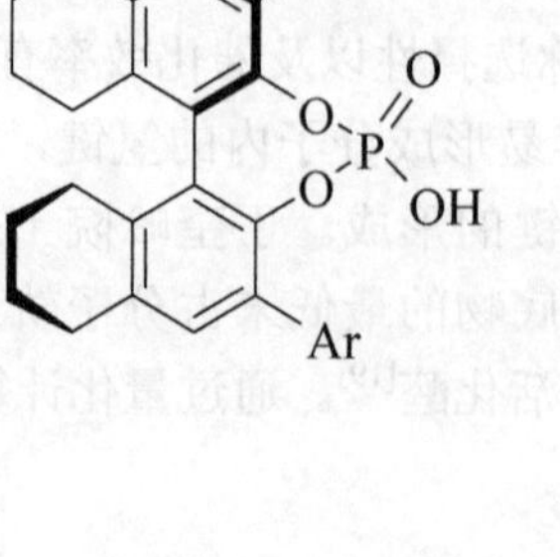

17: Ar = 4-FC$_6$H$_4$
18: Ar = 2-naphthyl
19: Ar = 4-ClC$_6$H$_4$
20: Ar = C$_6$H$_5$

4）Morita-Baylis-Hillman 反应

实现 Morita-Baylis-Hillman（MBH）反应的主要催化体系是有机小分子催化剂。早期的研究主要集中在含氮碱，如二甲氧基马钱子碱、氮甲基脯氨醇、氮甲基麻黄碱、烟碱、奎宁和奎宁定等，催化不对称的 MBH 反应的研究。但是使用这些催化剂，只得到中等的对映选择性（<20%ee）[22]。脯氨酸衍生的手性吡咯烷 **21** 作为催化剂（10mol%催化剂用量）催化邻溴苯甲醛与乙基乙烯酮，实现了较高的对映选择性（>70%ee），如式（5.4）所示。此外，研究发现，收率和对映选择性都依赖于作为共催化剂的四氟硼酸钠[23]。随后，有关各类脯氨酸衍生物、奎宁定衍生物及手性膦等催化该反应的实例不断被报道，产物的 ee 值也不断得到提高[24]。

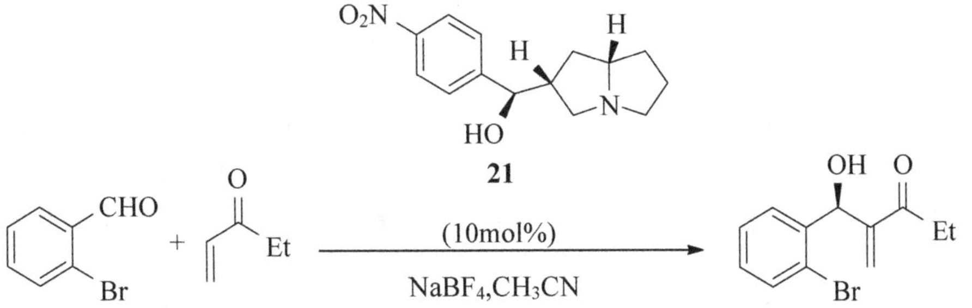

$$\text{（5.4）}$$

71% 收率, 72% ee

2. Aldol 缩合反应

脯氨酸衍生物是实现不对称 Aldol 反应的一种主要催化剂。例如，脯氨酸衍生的四氮唑 **22** 可以催化各种醛和丙酮的醛醇缩合反应[25]；脯氨酸衍生的 N-磺酰胺 **23** 作为易得、高效催化剂用于醛醇缩合反应，该催化剂可以以相对较低的用量 5mol%～10mol%显著地提高反应活性和对映选择性[26]。在脯氨酸酰胺类系列化合物中，酰胺类催化剂如 **24** 在不对称 Aldol 反应中表现出优异催化性能，ee 值最高可达 99%，打破了"脯氨酸酰胺不具有催化活性"的传统观念[27]。

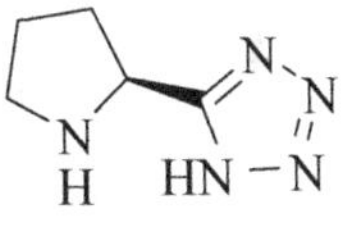

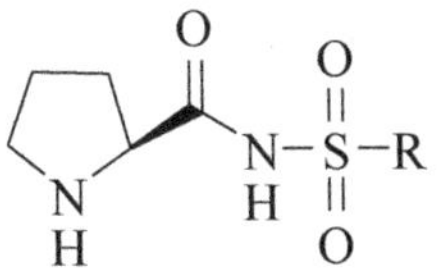

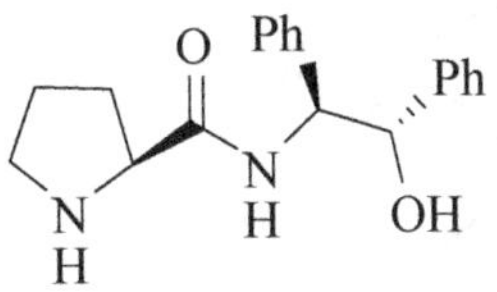

3. 环氧化反应

研究者设计合成的有机小分子催化剂通过改变结构和取代基等也适用于环氧化反应。其中，将通过骨架、取代基的改变制备的一系列手性酮化合物用于烯烃的不对称环氧化反应。果糖衍生的手性酮 **25**、葡萄糖衍生的手性酮 **26** 和 *α, α-*二甲基吗啉酮基酮 **27** 可用于烯烃的不对称环氧化反应，其中酮 **27** 对反式烯烃和三取代烯烃有很好的不对称环氧化效果（ee 值为 97%）[28]。

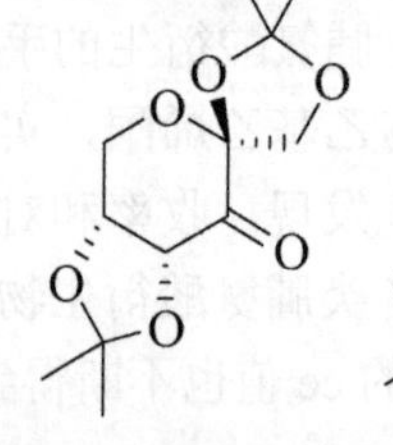

| 25 | 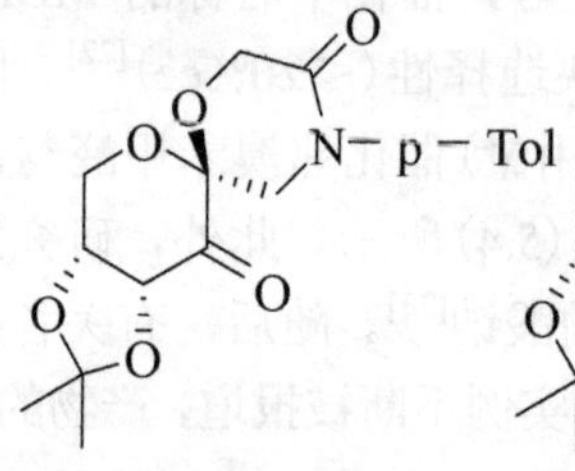 26 | 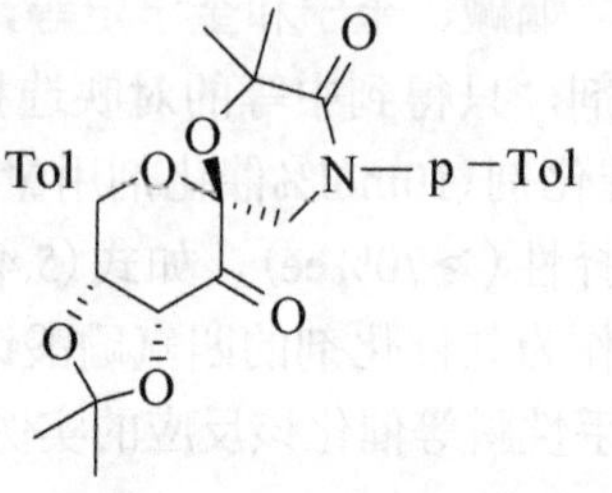 27 |

一系列手性季铵盐如 **28**～**37** 也被用于烯烃的不对称环氧化反应。P.C.B.Page 小组做出了一系列系统性的工作，合成了新型手性环状亚胺离子盐，其中 **29** 和 **33** 催化简单的烯烃，ee 值可达 97%[29]。近年来，该小组又合成了两种新型含吸电子基团的催化剂 **36** 和 **37**。实验结果表明，相比较之前的催化剂，**36** 和 **37** 的催化

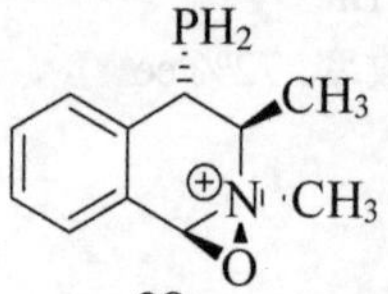

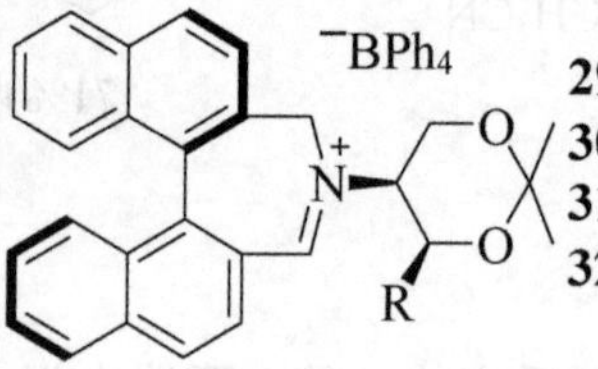

29: R = Ph
30: R = 4-NO2-Ph
31: R = 4-MeO-Ph
32: R = 4-MeSO2-Ph

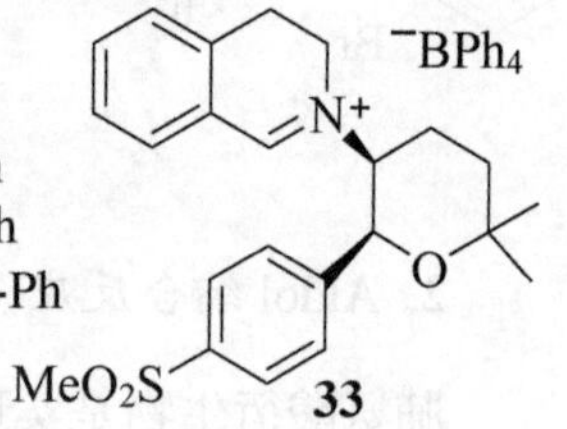

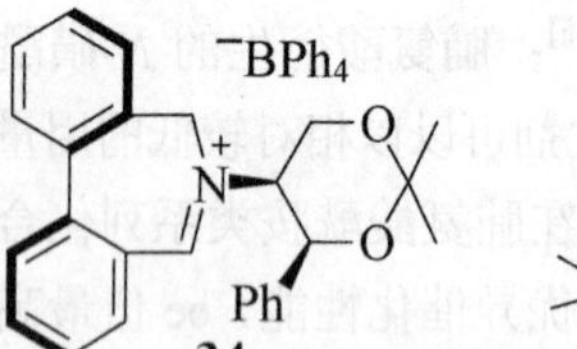

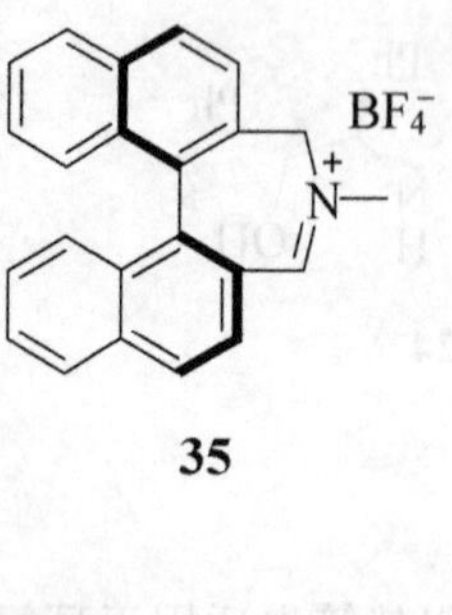

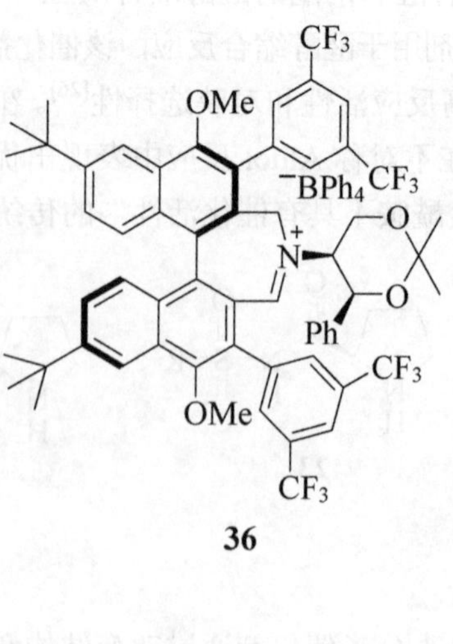

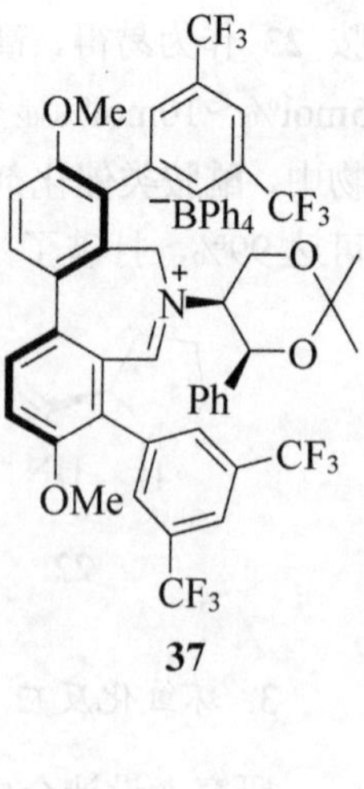

活性和对映选择性并没有提高，说明联苯上的取代基引起的空间位阻对催化剂的活性和对映选择性是不利的[30]。

5.1.2　四氮铁配合物催化

　　铁元素是地壳内含量最为丰富的金属元素之一，且毒性小。从可持续化学、绿色化学的角度考虑，发展铁催化的有机反应具有极为重要的意义。自然界中存在很多能够实现氧化反应的氧化酶，例如，细胞色素 P450、甲烷单加氧酶和 Rieske 双加氧酶等，活性中心都是金属铁。鉴于酶催化存在易变性和失活等问题，模拟酶催化构建铁仿生催化体系是催化发展的一个重要研究方向。

1. 烷烃的羟化反应

　　用于烷烃仿生催化羟化的配体主要是含有吡啶环的化合物[31]，例如，联吡啶、三(2-吡啶甲基)胺及其衍生物，以及其他含氮原子的咪唑环等化合物[32]。1997 年，Jr.L.Que 等首次报道了非血红素铁配合物$[Fe(TPA)(CH_3CN)_2]^{2+}/H_2O_2$[TPA 表示三(2-吡啶甲基)胺，$tris$(2-pyridylmethyl) amine]催化烷烃立体专一性的羟化反应，有 40%的 H_2O_2 转化为产物[33]。M.C.White 教授在四氮铁配合物催化烷烃 C—H 键氧化方面做出了突破性研究工作。2007 年，该小组将 $L1Fe/H_2O_2/CH_3COOH$ 应用到烷烃的氧化反应中，在这个催化体系中分三次加入了底物 1.2 当量的 H_2O_2 和 0.5 当量的 CH_3COOH，CH_3COOH 的加入能明显提高反应的转化率和选择性。该催化体系主要用于 3°级 C—H 键的氧化反应[34]。随后，他们实现了很多复杂体系中 C—H 键的氧化，可通过选用不同的催化模型高选择性地实现定点氧化，如青蒿素等的定点氧化[如式(5.5)所示][35]和含叔、仲、伯胺和吡啶分子的非定向的 $C(sp^3)$—H 键的氧化[如式(5.6)所示][36]。

$$(5.5)$$

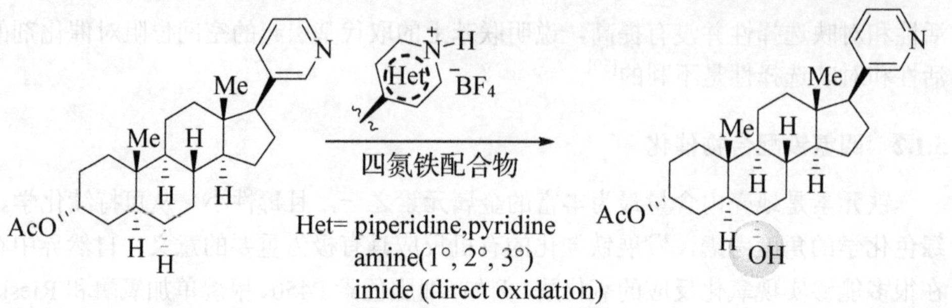
Me
Me
H
H
H
H
N
AcO
N
H
BF4
Het
四氮铁配合物
Het= piperidine,pyridine
amine(1°, 2°, 3°)
imide (direct oxidation)
Me
Me
H
H
H
N
AcO
H
OH

(5.6)

2. 烯烃的环氧化反应

1986 年，L.Que 发现了首例以合成配体 L2 的铁配合物为催化剂，H_2O_2 为氧化剂的烯烃环氧化反应，该结果被认为是天然非血红素酶的功能模拟[37]。随后，各类非手性四氮配体(L3～L8)的铁配合物用于催化烯烃的环氧化反应[38]。[L3Fe^{II}(CH_3CN)$_2$](SbF_6)$_2$/H_2O_2/CH_3COOH 应用于脂肪族烯烃(包括末端烯烃)的环氧化反应中，可以快速、高收率获得产物，实现铁配合物模拟甲烷单加氧酶用于制备烯烃环氧化反应[39]。

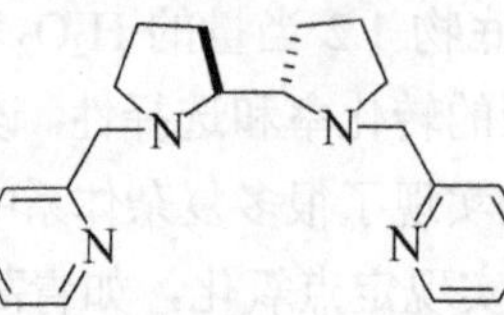

38, L1

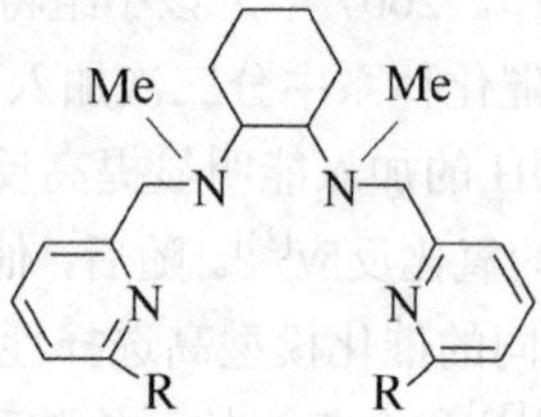

39, L2：R=H
L2′：R=Me

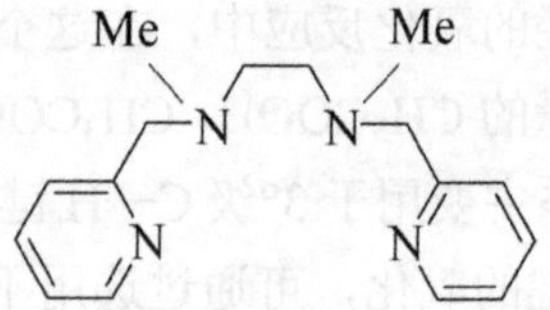

40, L3

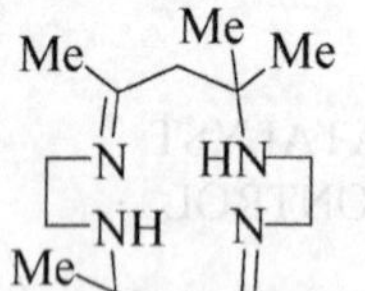

41, L4

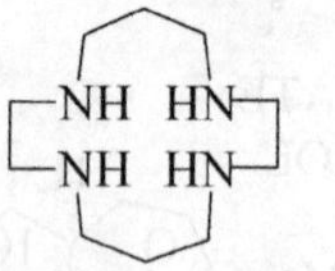

42, L5

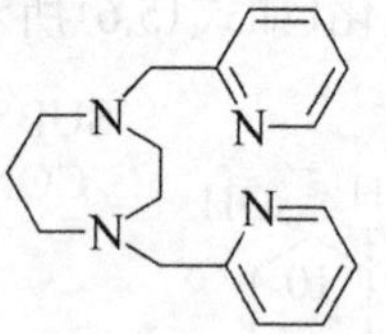

43, L6

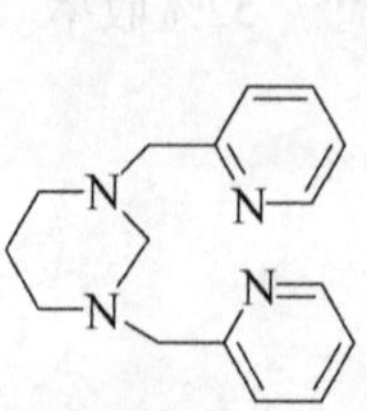

44, L7

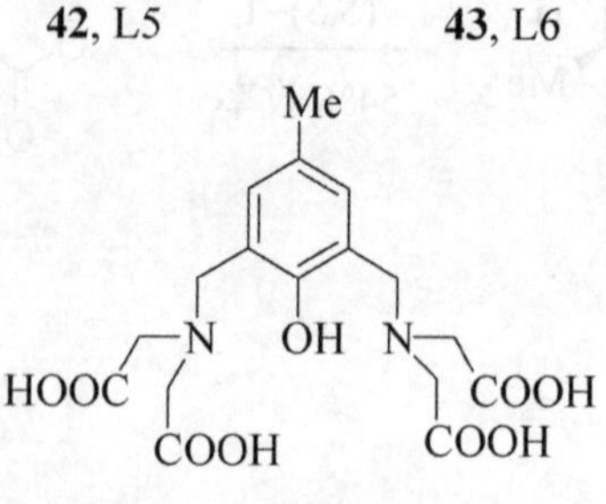

45, L8

在手性四氮铁配合物催化烯烃不对称环氧化方面，孙伟课题组做出了开创性的工作。他们利用格氏反应在 L2 的吡啶亚甲基位引入大的芳香基团，合成了一系列相应的手性四氮铁配合物 **46**，使用该铁配合物作为催化剂首次实现了烯烃不对称环氧化反应，获得了高达 87%ee 的反应产物，如式(5.7)所示[40]。此外，用苯并咪唑作为 N 供体来代替吡啶环，以天然脯氨酸衍生的二胺代替传统二胺，合成相应的 C₁ 对称的四氮铁配合物 **47**，成功实现了三取代环状烯酮及查耳酮类衍生物的不对称环氧化反应，催化剂量为 2 mol%，对映选择性高达 98% ee，如式(5.8)所示[41]。近年来，通过调控配体的电子性质在四氮铁配合物催化烯烃不对称环氧化方面也实现了突破性进展。以 *N,N*-二甲基修饰的 L1 四氮配体的铁配合物为催化剂，仅使用 3.0 mol%有机羧酸为添加剂，成功实现烯烃的不对称环氧化反应，对映选择性和收率均高达 99%[42]。

$$(5.7)$$

$$(5.8)$$

3. 烯烃的双羟化反应

非血红素铁配合物催化烯烃的双羟化反应，这是对 Rieske 双加氧酶催化烯烃双羟化的模拟[43]。铁催化剂[L2′ Fe(CF$_3$SO$_3$)$_2$]也成功用于催化烯烃不对称双羟化反应，以双氧水为氧化剂在 30℃时催化顺式-2-辛烯的氧化反应，得到的二醇产物 ee 值可达到 82%。通过对比不同催化剂对反应产物对映选择性的影响可以得出影响产物手性的因素是 1,2-环己二胺的构型[44]。此外，将含有 N、N、O 的配体 L9 与铁得到的配合物应用于烯烃的双羟化反应中，该配合物能够有效氧化一系列烯烃，是当时所报道的双羟化反应中选择性最好的催化剂[45]。L10 衍生物其相应铁配合物用于烯烃的双羟化反应中，由 6-Me-L10 和铁形成的配合物是催化效果最好的催化剂，对于反式 2-庚烯可得到 97% ee 的双羟化产物[46]。研究表明，在吡啶的 6-位引入基团有利于提高双羟化反应 ee 值，这为配体的设计与合成提供了指导方向。

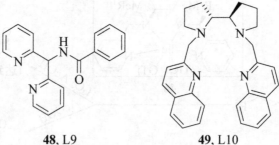

48, L9   **49**, L10

5.1.3 以可溶树状聚合物或高聚合物为载体的催化剂

1. 共价键键联树状聚合物催化剂

近几十年来，树状聚合物成为高分子化学领域内研究的热点之一。树状分子具有高度规整、高度支化的球形结构和密集的官能团等特点，它新奇的结构、独特的性能和潜在的应用前景使这类聚合物受到科学界和工业界的关注。

1）以碳硅烷基树状聚合物作为可溶性载体

碳硅树状聚合物一般是由多官能度的氯硅烷、烷氧基硅烷为母核，然后逐步合成得到。含氮可溶性的树状聚合物负载的 Ni 催化剂 **50** 实现有机卤化物与烯烃的加成反应，见式(5.9)[47]。

含 P、O 的树状聚合物取代简单 P、O 配体并使其与金属 Ni 配位制备相应 Ni 配合物 **51** 催化乙烯的低聚反应和聚合反应。研究发现，与未负载的 Ni 催化剂比较，树状体系在甲苯中表现出了高的收率；而在极性更强的溶剂中（如甲醇、四氢啶喃等），由于双螯合 Ni 的形成使得催化剂失去活性，而分子扩大的体系中主要生成低聚产物。此外，高压核磁共振分析证明了单配位树状 Ni 物质和双螯合物质的存在[48]。

50

$$(5.9)$$

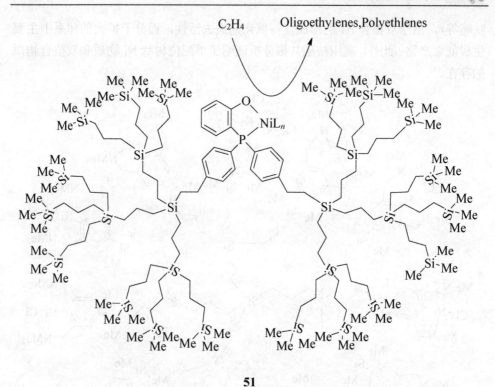

51

2) 以苯乙醚树状聚合物作为可溶性载体

以苯乙醚和手性吡啶醇为结构单元的苯乙醚类树状聚合物 **52** 作为催化剂用于

二乙基锌与苯甲醛的加成反应。研究表明，树状体系的对映选择性控制比简单手性吡啶醇要低(ee 值为 2%～3%)，但是生成手性仲醇的收率要高(分别为 84%和80%)[49]。

3) 以聚丙基乙烯亚胺[poly (propyl) imide，PPI]树状聚合物作为可溶性载体

利用苯肼还原树状 Pd(Ⅱ)制备聚丙基乙烯亚胺树状聚合物负载的 Pd 化合物 **53** 用于烯丙基取代反应。该 Pd 化合物可以有效实现均相反应和回收再用。在 75℃条件下，含 N,N-二甲基甲酰胺(N,N-dimethylformamide，DMF)和庚烷的两相体系变为一相；当把反应温度降为室温时，发生相分离。树状聚合物催化剂不溶于庚烷，溶于极性 DMF；而产物则在庚烷相。在第五代 PPI 树状聚合物催化剂作用下，可以得到 94%顺式产物，而没有负载的 Pd(PPh₃)₄ 选择性很差，如式(5.10)所示[50]。

$$(5.10)$$

2. 以高聚物作为可溶性载体

聚甲基丙烯酸酯是重要的化工原料。手性氨基酸衍生物负载于水溶性聚甲基丙烯酸酯 **54**，成功用于催化二乙基锌与苯甲醛的不对称加成反应。该催化剂在膜反应器上连续反应超过 150h，ee 值从最初的 80%降到了 20%，而最初 80h 的平均 ee 值是 50%，如式(5.11)所示[51]。此外，将 Gao-Noyori 催化剂负载于水溶性有机硅氧烷聚合物制备相应 Ru 化合物 **55** 催化苯乙酮的不对称氢化反应，产物的 ee 值最高可达 94%[52]。获得水溶性聚合物的另一方法就是在聚合物单体中以共价键键连水溶性基团，如聚合物 **56** 也可用于 Pd 化合物催化的 C—C 偶联反应，金属在聚合物膦配体中的保留率可达到 99.95%[53]。

$$(5.11)$$

5.2　固相酸碱催化的设计与应用

　　无机酸碱是化学生产工艺中常用的催化剂，但是这些催化剂存在腐蚀设备、副反应多、环境污染严重等弊端。近年来，开发的固体酸碱催化剂是环境友好、清洁的催化剂。用固体酸碱催化剂代替传统催化剂不仅可以减少污染，防止容器或反应器的腐蚀，还可以增加催化剂的活性和选择性，同时易与反应物、产物分离，通过重复使用提高催化剂的利用率。因此，无论从环境角度还是经济角度考虑，固体酸碱催化剂的使用都是有利的[54]。

5.2.1　固体酸碱催化剂的设计与种类

　　固体酸碱的催化活性是由存在于固体表面上具有催化特性的酸碱性部位产生的。按照 Lewis 和 Brønsted 的定义，固体酸是具有给出质子或接受电子对能力的固体，而固体碱则是可接受质子或给出电子对能力的固体。根据田部浩三等编著的《新固体酸和碱及其催化作用》，固体酸碱可简略归纳如下，如表 5.1 和表 5.2 所示。

表 5.1　固体酸

序号	类型	举例
1	天然黏土矿物	高岭土、膨润土、山软木土、蒙脱土、沸石等
2	担载酸	H_2SO_4、H_3PO_4、$CH_2(COOH)_2$ 等载于氧化硅、石英砂、氧化铝或硅藻土上
3	阳离子交换树脂	
4	炭经 573K 热处理	
5	金属氧化物和硫化物	ZnO, CdO, Al_2O_3, TiO_2, ZrO_2, SnO_2, PbO, V_2O_5, Cr_2O_5, ZnS, CdS
6	金属盐	$MgSO_4$, $CaSO_4$, $SrSO_4$, $BaSO_4$, $CuSO_4$, $ZnSO_4$, $CdSO_4$, $Al_2(SO_4)_3$, $FeSO_4$, $NiSO_4$, $KHSO_4$, K_2SO_4, $(NH_4)_2SO_4$, $Zn(NO_3)_2$, $Bi(NO_3)_2$, $Fe(NO_3)_3$, $Cu_3(PO_4)_2$, $Ti_3(PO_4)_4$, $AgCl$, $CuCl$, $AlCl_3$, $SnCl_2$, CaF_2, BaF_2
7	氧化物混合物	$SiO_2\text{-}Al_2O_3$, $SiO_2\text{-}TiO_2$, $SiO_2\text{-}SnO_2$, $SiO_2\text{-}ZrO_2$, $SiO_2\text{-}MgO$, $SiO_2\text{-}CaO$, $SiO_2\text{-}ZnO$, $Al_2O_3\text{-}ZnO$, $Al_2O_3\text{-}CdO$, $Al_2O_3\text{-}TiO_2$, $Al_2O_3\text{-}MoO_3$, $Al_2O_3\text{-}Fe_2O_3$, $TiO_2\text{-}SnO_2$, $TiO_2\text{-}V_2O_5$, $TiO_2\text{-}MoO_3$, $ZnO\text{-}MgO_2$, $ZnO_2\text{-}Fe_2O_3$, $TiO_2\text{-}SiO_2\text{-}MgO$, $MoO_3\text{-}CoO\text{-}Al_2O_3$, 杂多酸

表 5.2　固体碱

序号	类型	举例
1	担载碱	$NaOH$、KOH 载于氧化硅或氧化铝上，碱金属及碱土金属分散于氧化硅、氧化铝、炭、K_2CO_3 上或油中，NR_3、NH_3、KNH_2 载于氧化铝上，Li_2CO_3 载于氧化硅上，叔丁氧基钾载于硬硅钙石上
2	阴离子交换树脂	
3	炭于 1173K 下热处理，或用 N_2O、NH_3 或 $ZnCl_2\text{-}NH_4Cl\text{-}CO_2$ 活化处理	
4	金属氧化物	BeO_2, MgO, CaO, BaO, ZnO, Al_2O_3, CeO_2, TiO_2, SnO_2, ZrO_2, K_2O, Na_2O
5	金属盐	Na_2CO_3, K_2CO_3, $KHCO_3$, $CaCO_3$, $SrCO_3$, $BaCO_3$, KCN
6	氧化物混合物	$SiO_2\text{-}MgO$, $SiO_2\text{-}CaO$, $SiO_2\text{-}SrO$, $SiO_2\text{-}ZnO$, $SiO_2\text{-}Al_2O_3$, $Al_2O_3\text{-}ZrO_2$, $Al_2O_3\text{-}MoO_3$, $Al_2O_3\text{-}WO_3$, $ZrO_2\text{-}ZnO$, $ZrO_2\text{-}TiO_2$, $TiO_2\text{-}MgO$, $ZrO_2\text{-}SnO_2$
7	经碱金属或碱土金属交换的各种沸石	

设计酸碱催化剂通常可采用如下方法：

(1) 确定酸碱催化反应的有效酸碱强度范围。不同反应对催化剂酸碱强度的要求不同，设计催化剂时，根据反应所需要的有效酸碱强度范围，首先选择满足此要求的酸碱物质。为此，需要了解固体酸碱的种类及其酸碱强度，表5.1 和表 5.2 中提供了设计固体酸碱催化剂的部分基本材料。此外，考虑有效酸碱强度时，还要兼顾反应活性和选择性，尽量使催化剂的各项性能都达到预期的目标。

(2) 明确酸碱中心类型对催化反应的影响。

(3) 在一定的酸碱强度范围内，催化剂的总酸碱量和催化活性有很好的对应关系，甚至是线性关系。

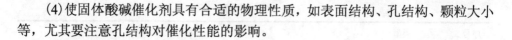
（4）使固体酸碱催化剂具有合适的物理性质，如表面结构、孔结构、颗粒大小等，尤其要注意孔结构对催化性能的影响。

5.2.2　固体酸碱催化剂的应用

1. 固体酸催化在有机合成中的应用

1）酯化反应

酯化反应是固体超强酸催化反应中研究较多的一类反应。固体超强酸催化酯化反应有诸多优点：催化活性高、产品易分离、催化剂可重复使用、无污染、对设备要求低等。但也存在一些问题：与液体酸相比其活性仍较低、反应时间较长，而且反应过程中活性中心的溶剂化作用也会影响催化剂的活性及选择性，另外固体超强酸催化剂的表面易因积炭中毒而失活，影响催化剂的寿命。

利用水热法制备介孔硫酸盐化 Zr-KIT-6(x) [x = Si/Zr]固体酸催化剂，并将其用于油酸的酯化反应。在 120℃，甲醇和反应底物摩尔比为 20∶1 和 4wt％催化剂用量条件下，反应 6h 产物收率可以高达 96%。该催化剂在循环使用三次之后，活性和选择性没有明显变化[55]。使用铌酸作为固体酸催化剂用于油酸和乙醇的酯化反应。研究表明，铌酸的煅烧温度会影响催化剂反应活性，煅烧温度为 350℃时反应活性最高[56]。硫酸酸化的固体酸催化剂 SO_4^{2-}/$Fe_xAl_{1-x}PO_4$ 在辛酸和乙醇的酯化反应中表现出高的反应活性，辛酸的最高转化率可以达 92.4%。研究表明，铁的掺杂能够明显提高 SO_4^{2-}/$AlPO_4$ 的酸性，同时也提高了 SO_4^{2-}/$AlPO_4$ 循环使用的稳定性[57]。目前，研究者们大多仍采用磺酸化或硫酸化等方式将固体催化剂酸化制备不同载体负载的催化剂，利用其酸性催化醇与酸的酯化反应[58]。

2）烷基化反应

实现烷基化反应的催化剂主要是 SO_4^{2-}/ZrO_2 型固体超强酸。但其表现出高活性也仅限于反应初期，随反应的进行，SO_4^{2-}/ZrO_2 型固体超强酸表面出现积炭现象，活性迅速下降。Satoh 发现，添加 Fe 到 SO_4^{2-}/ZrO_2 中，可以明显改善固体超强酸的积炭现象[59]。近来，研究发现，利用水热法将 ZrO_2 混入微孔/介孔二氧化硅中，ZrO_2 的使用不仅影响了微孔/介孔材料的结构，而且增加了材料的酸性，而制备的材料成功用于邻二甲苯与苯乙烯的烷基化反应，1，2-二甲基-4-(1-苯基乙基)苯的收率可达94%[60]。

3）醇脱水反应

采用固体超强酸作催化剂，有利于解决反应温度高、转化率低的问题。当 TiO_2/SiO_2 作为固体酸催化剂用于异丁醇的脱水反应制备线性烯烃时，产物仅为脱水产物，在产物中有 30% 是线性丁烯，而且，水的加入可以很大程度上提高反应活性。酸度测定表明，450℃活化的 TiO_2/SiO_2 混合氧化物大部分属于路易斯酸型[61]。

4) 加成反应

采用对甲苯磺酸、三氧化二铝、磷酸等催化松节油与马来酸酐的加成反应具有操作烦琐、对设备要求高、会造成环境污染等问题。而采用固体超强酸如 SO_4^{2-}/TiO_2 催化合成马来酸酐加成物，能克服以上酸催化剂的缺点达到良好的催化效果[62]。

2. 固体碱催化在有机合成中的应用

1) 氧化反应

在固体碱催化作用下，以过氧化物为氧化剂发生不饱和烯烃的环氧化反应。H_2O_2 和 $ROOH$ 分别在催化剂的作用下放出质子，形成 HOO— 和 ROO— 作为亲核试剂与不饱和烯烃发生环氧化作用。研究者使用的固体碱催化剂，大部分来源于表 5.2 中列出类型，如 KF/Al_2O_3、Mg-Al 水滑石等[63]。另外，不同阴离子重构的水滑石可催化氧化仲胺和叔胺的反应，其中以季丁醇负离子重构的水滑石的催化活性最高[64]。$NaOH$、CuO 和 NiO 等修饰的 MgO 催化剂作为碱性催化剂，实现了以氧气为氧化剂的叔丁基硫醇的催化氧化反应。催化剂的寿命长达 10 h 以上，催化剂的碱性中心是其活性位点[65]。羟基磷灰石负载 Au 催化氧化 5-羟甲基糠醛为 2,5-呋喃二甲酸(2,5-FDCA)，$NaOH$ 水溶液对 5-羟甲基糠醛的活化有明显促进作用，并且从亚稳定的 5-羟甲基-2-呋喃甲酸活性中间体中释放出自由的金位点从而活化醇功能基团[66]。

2) 氢化反应

通常 H_2 被固体碱催化剂吸附并形成氢质子和负氢离子。例如，以 MgO 作为催化剂，在温度为 0℃时发生反应，1，3-丁二烯在气相中的组成有顺反异构体，反应首先是 H_2 被吸附在固体碱催化剂的活性中心上形成氢质子和负氢离子，接着负氢离子进攻 1，3-丁二烯形成烯丙基阴离子，此过程中伴有顺反烯丙基阴离子的相互转变，最后氢质子加成到烯丙基阴离子上形成顺反两种产物。由于烯丙基阴离子的末端碳原子电子密度最高，氢质子优先选择加成到末端碳原子上得到最终产物。就氢化反应而言，反应物单烯与二烯的区别在于形成各自的烷基阴离子和烯基阴离子的难易。烯基阴离子比烷基阴离子稳定，因此形成烷基阴离子需要更高的温度[67]。将 Pt 注入酸性载体(γ-Al_2O_3)和碱性载体(水滑石)制备相应催化剂，并将其用于糖的 C_5 和 C_6 的氢化反应。当以 Pt/γ-Al_2O_3/水滑石为催化剂，葡萄糖的氢化收率可以达到 68%[68]。

3) 异构化反应

固体碱催化剂对含有氮或氧等杂原子的烯烃化合物异构化反应有独特的催化

优势[69]。酸性催化剂容易与此类化合物中的杂原子强烈相互作用致使催化剂中毒失去活性，而固体碱催化剂避免了这种相互影响。以具有不同 M(Ⅱ)/Al 原子比例的 MgAl 和 NiAl 双层氢氧化物为固体碱在微波条件下催化甲基黑椒酚异构化为茴香烯。在 140℃，底物与催化剂质量比为 2∶1，4mL DMF 条件下，Mg/Al 原子比为 4 时活性最好，最高转化率可以达到 99%。哈密特方程研究表明，反应活性与 Brønsted 酸的酸碱性有关[70]。碳酸锆为耐水的固体碱催化剂被用于葡萄糖-果糖的异构化反应。在 120℃条件时，碳酸锆催化葡萄糖的转化率可以达到 45%，选择性可以达到 76%，并且碳酸锆在循环使用五次之后，其催化活性没有明显变化[71]。

4) 加成反应

Michael 加成反应多发生在含有活性亚甲基的化合物与含有 α, β-不饱和羰基化合物之间。KF/Al$_2$O$_3$ 和 KOH/Al$_2$O$_3$ 在 Michael 加成反应中具有很高的催化活性和选择性[72]。CsF·Al$_2$O$_3$ 作为高效、环境友好和可回收的固体碱催化剂用于甘氨酸衍生物的立体选择性的 1, 4-加成反应生成手性酯化合物，如式 (5.12) 所示。CsF·Al$_2$O$_3$ 可以有效抑制[3+2]环加成反应生成副产物吡咯烷，而有利于高选择性的实现 1, 4-加成反应。Cs$_3$AlF$_6$ 中的 F 可能是 1,4-加成反应的活性碱位点[73]。

$$\tag{5.12}$$

5) 缩合反应

缩合反应种类较多，以 Knoevenagel 缩合为例做简单介绍。Knoevenagel 缩合反应发生在酮和含活性亚甲基的化合物之间，常用的固体碱催化剂有碱性离子交换的沸石、海泡石、氮氧化物和改性水滑石。近来研究主要集中在发展碳氮材料用于该反应。以四氯化碳和乙二胺为前驱体，以硅酸微孔 MCM-22 为模板制备微孔石墨碳氮材料，可用于 Knoevenagel 缩合反应，产物收率均在 80%以上，催化剂在循环使用五次之后活性没有太大损失，而催化活性位点与 Lewis 碱中氮位点有关[74]。以不同碱溶液(如 K$_2$CO$_3$、KOH、^{t}BuOK)制备的去质子化的中孔石墨碳氮材料也可以用于 Knoevenagel 缩合反应。研究发现，在保持原有的中孔结构基础上，该材料的碱性有很大提高；该催化剂在使用多次之后，催化活性没有明显

---

① r.t.: room temperature, 室温。

变化[75]。以多相氮化碳为固体碱催化剂，冠醚为相转移催化剂在室温下实现 Knoevenagel 缩合反应制备取代的 1,2-二苯乙烯，固体碱催化剂可以同样循环使用多次，如式(5.13)所示[76]。此外，镁掺杂石墨氮化碳在 Knoevenagel 缩合反应中具有很好的反应活性。在 70℃条件下，5mg 催化剂催化反应，苯甲醛的转化率为 97.4%，催化剂的稳定性可以保持四次循环利用[77]。

$$(5.13)$$

5.3　生物酶催化技术

5.3.1　生物酶催化的种类和特点

　　酶这一概念是 1878 年由德国生理学家 Wilhelm Kühne 首次提出的，经过近一百四十年的发展，人们对于酶有了较为清楚地认知。酶是一类由生物细胞产生的、具有生物催化活性和多种空间构象的功能高分子物质。根据酶分子的化学组成不同，酶可以分为单纯酶和结合酶两类。单纯酶都是简单蛋白质，不包含其他成分，而在结合酶中，除了蛋白质(酶蛋白)以外，还包含一个非蛋白的辅因子。酶蛋白部分决定了酶的高效性和专一性。辅因子通常为金属离子或者小分子有机化合物，它决定了反应的种类和性质。只有酶蛋白和辅因子都存在时酶才具有催化活性。根据辅因子与酶蛋白结合的牢固程度的不同，辅因子又可称为辅酶或辅基。根据酶蛋白分子的结构特点可以把酶分为 3 类：单体酶、寡聚酶、多酶复合体。根据酶催化反应的性质，可将酶分为 6 大类：氧化还原酶类、转移酶类、水解酶类、裂合酶类、异构酶类、合成酶类[78]。

　　酶的独特性体现在：

　　(1)高效性。对同一个化学反应,酶催化反应的效率要比非催化反应高出 $10^8 \sim 10^{20}$ 倍，而比一般催化剂高 $10^7 \sim 10^{13}$ 倍。

　　(2)酶具有高度专一性。酶对底物有很高的选择性，一种酶一般情况下只能催化特定的底物(或结构类似的化合物)发生特定的化学反应。

　　(3)反应条件温和。酶催化反应一般在水溶液中进行，反应温度范围一般为 20~40℃，也可以在有机介质或有机溶剂中进行，还可以在水/有机溶剂多相体系进行。

(4)酶易失活。凡是能使蛋白质变性的因素，如强酸碱、高湿、高压和重金属等，都会导致酶活性的丧失。

(5)酶的催化活性可调节。

(6)有些酶的催化活性与辅因子相关。有些酶需要结合辅因子(如金属离子)才能发挥其活性，如果把辅因子从酶中移除，酶就会丧失活性。

(7)酶催化多功能性。

5.3.2　生物酶催化原理

1. 生物酶与底物的作用机制

为了解释酶的高度专一性，E.Fischer 于 1894 年提出了"锁钥学说"，认为酶和底物分子的关系就如同锁和钥匙的关系。整个酶分子的结构是刚性的，具有特定的形状，底物分子就像钥匙一样定点定向地嵌入酶的活性口袋。这种学说虽然能够很好地解释酶的立体异构专一性，但却不能解释酶的逆反应，也无法解释酶的专一性中的很多现象[79]。

1958 年，Jr.D.E.Koshland 提出了"诱导契合学说"。与"锁钥学说"不同，该学说认为酶的活性中心是柔性的而非刚性的。酶分子单独存在时其活性中心并不一定适合与底物结合。而当底物分子和酶分子相互接近时，酶蛋白受底物的诱导改变其活性中心的构象，从而与底物准确契合并引发催化反应。当反应完成后，最终产物从酶中分离出来，酶的活性中心也又会恢复原状。近年来利用 X 射线晶体衍射实验发现酶与底物结合确实会导致酶的构象变化，这些实验结果都支持这一假说。"诱导契合学说"能够很好地解释"锁钥学说"不能解释的大量实验事实[80]。

2. 生物酶的活性中心

通常把酶分子中直接与底物结合并起催化作用的关键区域称为酶的活性中心。酶的活性中心，除了包括一些氨基酸的侧链(有时甚至包括氨基酸骨架基团)外，还包括辅酶或辅基的一部分。在一级结构上，活性中心的基团有时相距很远，甚至都分散在好几条肽链上，但是酶的三级结构使得这些基团在空间结构上相互临近，构成了一个具有一定空间形状的区域。酶的活性中心包括两个功能部位：结合部位和催化部位。前者负责与底物分子结合，形成利于反应的酶-底物复合物状态，它决定了酶的专一性。后者由参与催化反应的基团构成，这些基团直接参与底物化学键的断裂和形成，决定了酶催化反应的性质。

3. 生物酶具有高催化效率的影响因素

1) 邻近效应和定位效应

在酶催化反应中，为了提高酶的催化速率，不仅要求底物分子与底物分子之间以及底物分子与酶活性部分之间相互靠近，增加底物在酶活性中心的有效浓度，还要求相互靠近的底物之间以及底物与酶活性中心之间有严格的定向，使分子间的反应近似于分子内的反应，为反应的发生提供有利条件。

2) 键扭曲催化

根据"诱导契合学说"，底物分子与酶蛋白结合时，底物会诱使酶活性中心构象发生变化，而变化的酶分子又反过来诱导底物分子发生构象变化，使底物中的敏感键产生张力甚至变形，促进反应发生。

3) 酸碱催化

在酶催化反应中，酶活性中心可以作为广义的酸或碱，给反应物提供质子或者从底物上夺取质子以瞬时地稳定过渡态，进而加快反应速率。

4) 共价催化

有些酶可以通过和底物分子形成高活性的不稳定共价中间体来降低反应活化能，从而提高反应速率。例如，组氨酸中的咪唑基、丝氨酸中的羟基和谷氨酸中的羧基以及一些辅酶的功能基团等都可以亲核进攻底物共价键，形成共价中间体。

5) 多元催化

在酶的活性中心一般都包括一个以上起催化作用的残基侧链，这些残基在酶中有特定的朝向和排列，正是这些残基的协同配合才使得底物和酶活性中心的结合达到最佳的状态。

6) 静电催化

酶活性中心中极性氨基酸侧链(如赖氨酸和谷氨酸)或一些金属离子能够通过静电作用稳定反应中形成的过渡态，进而提高反应速率。

5.3.3　生物酶催化的反应类型

1. 氧化反应

生物催化氧化由于其环境友好性成为实现氧化反应的一种重要方法。从绿色化学的观点出发，酶促催化氧化的最大优势在于其具有选择性，例如，多元醇的区域选择氧化，化学键的对映体官能团氧化，在多官能团存在下选择性氧化其中一种等。氧化还原酶的种类也很多，包括脱氢酶、氧化酶、加氧酶、过氧化酶等，目前酶催化氧化实现的反应类型很多[81]。

1) 醇的氧化

伯醇的氧化产物主要是醛和酸，从理论上来讲，两种产物都是可以生成的，但由于热力学因素的制约可以导致单一产物的生成。为反应得到某种单一产物，体外酶催化氧化反应是通过反应介质的改变来实现的。醇在水相中溶解性一般大于有机相，而醛则相反，因此可通过引入弱极性有机相形成两相体系来合成醛，如式(5.14)所示，用乙酸菌作催化酶，在水相或水/有机溶剂两相体系中分别合成醛或酸[82]。

$$
R\diagdown OH \xrightarrow{\boxed{Biocat}} R \diagdown \mathord{=}O \begin{array}{c} \xrightarrow[H_2O]{\boxed{Biocat}} R \diagdown CO_2H \\ \xrightarrow[H_2O/isooctane]{} R \diagdown \mathord{=}O \end{array} \qquad (5.14)
$$

酶催化氧化的一个优势在于具有对映选择性和区域选择性。酶催化多元醇氧化大多具有良好的选择性，且将被或已经被用于工业生产[83]。比较经典的多元醇手性氧化是通过化学/酶联用催化葡萄糖生成果糖的反应，如式(5.15)所示[84]。

$$ (5.15) $$

此外，利用赤红球菌中提取的醇脱氢酶(alcohol dehydrogenase，ADH-A)可以催化消旋的 2,5-己二醇拆分得到 R-5-羟基-2-己酮(2h，收率 88%，ee 值>99%)，如式(5.16)所示[85]。

$$ (5.16) $$

2) 酚类氧化

邻位和对位儿茶酚类的氧化生成高活性的醌类，而醌类化合物会和亲核试剂继续反应，如式 (5.17) 所示。近年来，化学-酶(如漆酶)联用催化儿茶酚类的转化，特别是形成杂环化合物，引起了研究者的关注[86]。

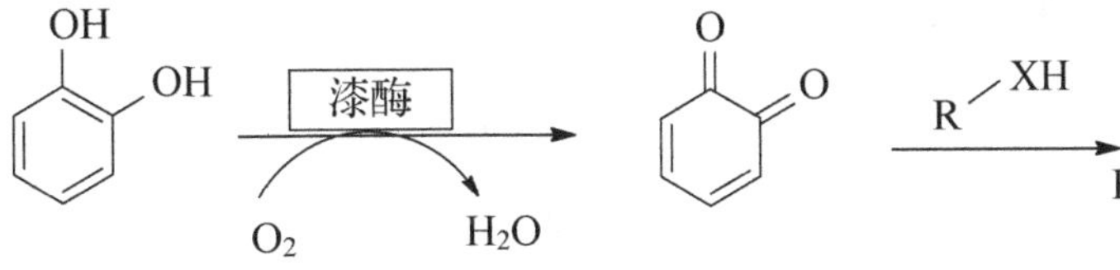

$$ (5.17) $$

3) Baeyer-Villiger 氧化

酶促 Baeyer-Villiger 氧化反应是通过 Baeyer-Villiger 单加氧酶(baeyer-villiger monooxygenase，BVMO) 催化完成的，BVMO 是基于核黄素为活性物质的催化酶。其反应机理是还原态的核黄素和分子氧反应生成去质子化的过氧阴离子，进而亲核进攻羰基。不同取代的环丁酮和环己酮手性氧化成相应的内酯均已被报道，都获得很好的收率和选择性，如式 (5.18) 和式 (5.19) 所示[87]。

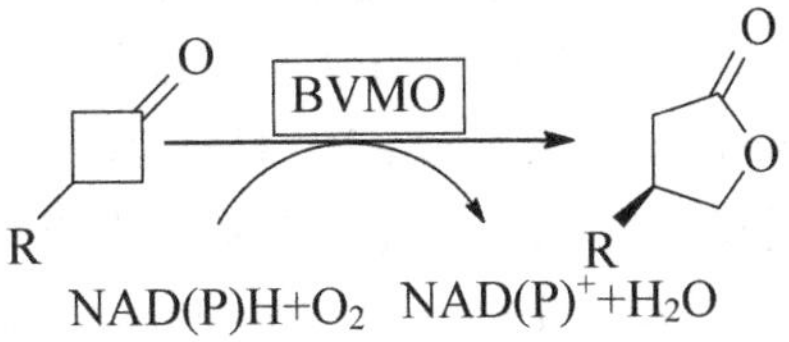

$$ (5.18) $$

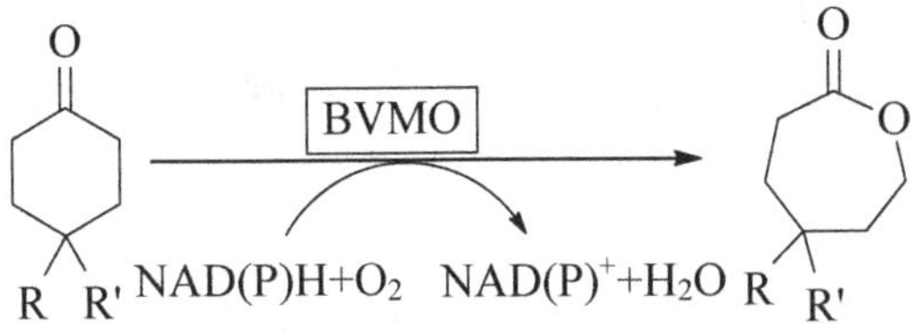

$$ (5.19) $$

4) 烯烃的氧化

细胞色素 P450 以及它的卟啉铁类模型配合物活化氧气氧化烯烃可以发生环氧化反应和反马氏氧化[88]。环氧化和反马氏氧化大致可以按照图 5.1 所示路径反应。研究者认为反应过程一般形成金属氧中间体，当自由基转移到底物上时，反应一般按照反马氏氧化发生，而当自由基仍然在金属配合物的金属中心上时，一般发生烯烃的环氧化反应。Rieske 双加氧酶中研究最广的是萘双加氧酶(naphthalene dioxygenase，NDO)，它可以催化萘的顺式双羟化反应，在这一过程中分子氧的两个氧原子都进入顺式二醇产物中[89]。

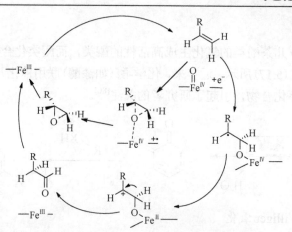

图 5.1　环氧化和反马氏氧化反应路径

2. 酯的开环聚合反应

内酯是酶促开环聚合的主要单体，它的种类也是最多的，可以有不同大小的环，环上也可以有各种各样的取代基和官能团。设计的酶催化 β-丙内酯聚合反应，经过长达 5d 的反应时间，并没有得到高分子量的产物[90]。采用原位拉曼光谱检测假丝酵母脂肪酶(andida antarctica lipase B，CAL-B)催化己内酯开环聚合研究。利用南极假丝酵母、洋葱假单胞菌或荧光假单胞菌脂肪酶在聚乙二醇存在下催化 ε-己内酯、消旋-或 L-丙交酯和乙交酯开环均聚和共聚生成低分子量的聚酯纤维。此外，诺维信固定化脂肪酶 435 可以催化 2-二甲氨基三甲烯基碳酸酯的开环聚合生成水溶性的脂肪聚合物，该聚合物具有低的细胞毒性和好的生物可降解性[91]。

3. 多组分串联反应

胰蛋白酶可以实现多组分串联反应制备多种杂环化合物。例如，催化醛、胺和巯基乙酸三组分反应合成 4-噻唑啉酮，如式(5.20)所示；催化苯甲酰基异硫氰酸酯、仲胺和乙炔二羧酸二烷基酯三组分反应可以合成噻唑衍生物，如式(5.21)所示[92]。

$$\underset{R^1}{\overset{O}{\underset{}{\parallel}}}\hspace{-0.2em}\text{C}\text{—H} + R^2\text{—NH}_2 + \text{HO}\overset{O}{\underset{}{\parallel}}\text{—}\text{SH} \xrightarrow{\text{tyrpsin}} \text{(噻唑啉酮结构)} \qquad (5.20)$$

$$\text{(5.21)}$$

此外，黑曲霉脂肪酶(aspergillus niger lipase，ANL)可以催化乙酰乙酸乙酯、水合肼、醛或酮和丙二腈四组分反应。当醛为底物时，反应 1～3.5h 收率就可以达到 75%～98%，其中脂肪醛的收率要低于芳香醛；而酮的反应活性要低于醛，需要反应 36～50h 后的收率才达到 70% 左右[93]。用乙酰胺作为氮源，南极假丝酵母脂肪酶(CAL-B)催化 Hantzsch 型的三组分反应制备 1,4-二氢吡啶，如式(5.22)所示。研究发现，反应的关键步骤是伯胺的生成，首先 CAL-B 催化中心的 Asp-His 二分体和氧穴与乙酰胺作用，再与酰胺氮 1,3-二酮羰基反应，然后被 CAL-B 水解变成烯胺酮。与此同时，另一分子1,3-二酮与芳香醛缩合，两个中间体最后分子内关环[94]。

$$\text{(5.22)}$$

4. Diels-Alder 反应

母鸡蛋清溶菌酶(hens egg white lysozyme，HEWL)是一种属于糖基酶家族的强力水解酶，它被首次用于催化芳香醛、芳香胺和环己烯酮的 Diels-Alder 反应。经条件筛选发现，35℃反应2～4d 后，最高收率可以达到98%，立体选择性(endo/exo)最高可以达到 90/10，如式(5.23)所示[95]。

$$\text{(5.23)}$$

5. 缩合反应

与其他脂肪酶比较，猪胰脂肪酶(porcine pancreatic lipase，PPL)更廉价、易得，并被广泛应用于生物转化中。在 30℃条件下，该脂肪酶催化对硝基苯甲醛和丙酮的 Aldol 反应，当存在 0.25mL 水时，反应 6d 后几乎 100%转化成 Aldol 产物，但是 ee 值只有 14.7%；当把水量降低到 0.10mL 时，3d 后 ee 值达到 43.6%，但是收率降低至 11.7%，如式(5.24)所示[96]。

$$\text{(5.24)}$$

6. Markovnikov 加成反应

传统的 Markovnikov 加成反应收率较高，反应较快，主要利用酸、碱或强热来促进反应的进行[97]。青霉素酰基转移酶(penicillin G acylase，PGA)在二甲亚砜中催化嘌呤醇和乙烯酯类化合物的反应，这是首次利用酶的多功能性催化加成反应，如式(5.25)所示[98]。

$$\text{(5.25)}$$

R= Me, (CH₂)₃CH₃, (CH₂)₈CH₃, Ph

R= Me, $(CH_2)_3CH_3$, $(CH_2)_8CH_3$, Ph

7. Henry 反应

以往 Henry 反应都是设计碱土金属氧化物、碳酸盐、碳酸氢盐等催化剂，寻找一种绿色、易得的生物催化剂迫在眉睫[99]。H.Griengl 等成功发现裂合酶(hydroxynitrile lyase from heveabrasilieensis)在两相溶剂中可以催化醛与硝基甲烷的反应，得到高对映体选择性目标产物[100]。此外，谷氨酰胺转氨酶(glutamine transaminase，TGase)在 CH_2Cl_2 中实现了一系列芳香醛与硝基甲烷、硝基乙烷、硝基丙烷的 Henry 反应，并获得较高收率，如式(5.26)所示[101]。

$$\text{(5.26)}$$

5.4　超声波与微波技术

5.4.1　超声波技术的特点

用于化学反应的超声波频率一般在 20～10MHz 之间，能量非常低。超声波促进化学反应并非是声场与反应物在分子水平上的直接作用结果，在化学反应中起关键作用的是空穴效应[102]。超声波反应往往具有以下优点：反应速率快，收率高；不论是均相反应还是非均相反应，超声波的机械效果都能使反应体系更好地分散，加快传质，从而提高反应速率；反应条件温和；超声波的空穴效应，虽然在液相中会出现极短时间的高温高压微区，但整个反应体系是在常温常压下进行的。

5.4.2　超声波技术在有机合成中的应用

1. 氧化反应

在超声处理下，靛红在很短时间内即被过氧化氢尿素络合物氧化为靛红酸酐，如式 (5.27) 所示[103]。在超声反应器中，水杨酸可被羟自由基氧化为不同的产物，如式 (5.28) 所示[104]。

$$\tag{5.27}$$

$$\tag{5.28}$$

2. 还原反应

硝基苯在金属铝、氯化铵及甲醇存在下，经超声波处理生成苯胺。该法的反应时间比在常规搅拌条件下大大缩短，反应收率可达 75%[102]。利用 NaH_2PO_2/H_3PO_2 作为还原剂原位产生氢气的策略，以 Pd/C 作为催化剂在 H_2O/2-Me-THF 中利用超声技术实现脂肪硝基化合物的氢化反应。在超声条件下，反应温度为 70℃时，仅需 15min 反应即可实现底物的定量转化[105]。

3. 偶合反应

超声波在偶合反应中也得到了应用。例如，在 Ullmann 型偶合反应中，在式 (5.29) 条件下，若没有超声波参与，反应几乎无法进行[106]。

$$\text{（式 5.29 反应式）} \tag{5.29}$$

4. 取代反应

在无溶剂条件下，超声波可以促进固体碱催化咪唑与 1-溴丁烷的 N-烷基化反应。当以含 Cs$^+$ 的活性炭为催化剂时，N-取代咪唑的收率可以达到 80%以上。研究发现，碱金属离子和超声处理对收率和转化率均有促进作用[107]。高大伟小组以四丁基溴化铵为相转移催化剂，在超声波条件下羟基酮与卤化物的取代反应快速合成 2-烷基-2-烷氧基-1,2-二 (2-呋喃) 乙酮，反应 15min 可达到 70%以上收率，如式 (5.30) 所示[108]。目前已报道的反应体系中，超声波大多起到加快反应速率和增加反应收率的作用，应用到的反应类型很多，如加成反应、缩合反应及多组分串联反应等。在体系未来发展中，更应注意体系的创新或反应底物的普适性。

$$\text{（式 5.30 反应式）} \tag{5.30}$$

5.4.3 微波技术的特点

微波即指波长从 0.1~100cm、频率从 300MHz~30GHz 的超高频电磁波。自从 1986 年 R.Gedye 等将微波应用于有机反应以来[109]，微波在有机合成中的应用受到了人们的广泛关注。先期的反应是在密闭体系中进行的，体系的不安全性制约了它的发展，后来人们不断改进反应装置，微波合成可以在常压下实现，这样就使得微波合成方法比传统的有机合成方法更方便和易于操作，在微波作用下许多传统反应可以在简便的条件下进行，甚至可以发生某些在传统条件下不能进行的反应，大大推动了微波合成化学的发展。微波产生辐射可加速许多化学反应的进行，使催化剂的用量明显减少，既节约原料、减少污染，又提高反应速率和收率，是发展绿色化学的有效途径。

微波有机反应分为湿法反应和干法反应。微波干法反应是将反应物浸渍在三氧化二铝、硅胶等多孔无机载体上进行的微波反应，这些载体本身不吸收微波，但介质表面所吸附的有机物能充分吸收微波能量而活化，使反应速率大大提高。此法不存在因溶剂挥发而产生的危险，具有安全、高效、装置简单等优点，且避免大量有机溶剂的使用，减少对环境的污染。微波湿法反应是指在有机溶剂存在下进行的微波反应，所选有机溶剂沸点应比反应温度高 20~30℃，以保证反应时溶剂不会挥发。

5.4.4 微波技术在有机合成中的应用

1. 氧化反应

以甲基丙烯酸和铑为催化剂，在微波辐射条件下快速高效地实现伯/仲醇氧化为相应的醛酮，此外，在相同条件下链烷醇发生分子内氢转移反应形成烯酮的速率也大大提高[110]。过渡金属磁性纳米颗粒在微波作用下用于醇的氧化反应。研究发现，当以叔丁基过氧化氢为氧化剂时，在 120℃条件下反应 2h，可以获得 81%~94% 的醛或酮；通过外加磁铁就可以实现催化剂的回收，并且催化剂回收再用 10 次之后，其活性没有明显变化[111]。

2. 取代反应

在微波辐射条件下，以 I_2 作为路易斯酸催化剂实现了未活化和空间位阻较大的酚类化合物的乙酰化反应，反应几乎定量转化。该合成方法具有无溶剂、环境友好、收率高、耗时少等优点，如式 (5.31) 所示[112]。利用计算机控制微波辐射，在无溶剂、无过渡金属催化剂条件下也实现了卤代吡啶（或嘧啶）的氨基化。该法反应时间短、收率高，且不使用过渡金属催化剂和溶剂[113]。

$$\text{(5.31)}$$

94%~98%

3. 缩合反应

缩合反应体系中，很多反应是由碱性催化剂实现的，而微波在这些反应中起到了很好的促进作用。将水杨醛、氯乙酸酯、少量溴化四丁基铵简单混合，吸附在碳酸钾上，在微波炉中加热 8~10min，合成苯并[b]呋喃，收率可达 65%~96%，如式 (5.32) 所示。与传统油浴加热相比，该法反应快、条件温和、溶剂便宜、环境友好、设施安全、装置简单，采用固-液相转移催化剂避免了液体催化剂的分离困难问题，且无毒，是个理想的方法[114]。

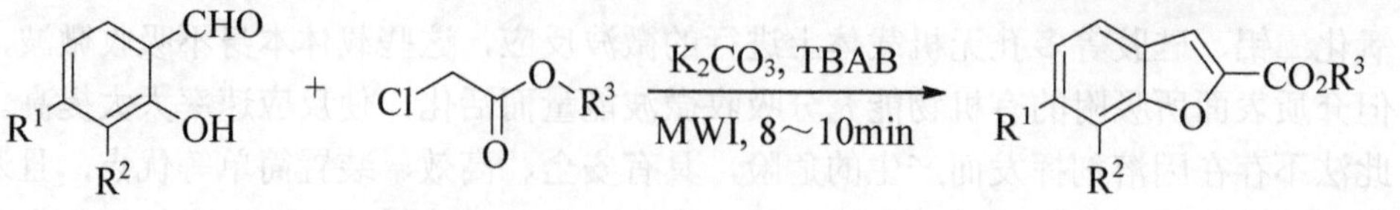

$$(5.32)$$

5.4.5 超声波与微波技术在有机合成中的应用

超声波与微波的结合是近年提出的一种新的技术，微波作为出色的加热方法，而超声作为优秀的传质技术，两种能量场的复合创造了热、质传递同时得到高度强化的氛围。使用超声-微波复合能量场促进酯、水合肼制备酰肼的非均相反应体系。以水杨酰肼的制备为例，与常规条件下回流的反应相比，超声-微波复合能量场条件下该非均相反应在 55s 内结束，且产物收率略有提高[115]。超声-微波复合能量场可以成功促进水相中 Williamson 醚的合成，如式(5.33)所示，与常规条件下回流反应 16h 相比，超声-微波复合能量场条件下反应在 150s 内结束，复合能量场大大加速了该非均相体系的反应[116]。

$$Ar—OH + R—Cl \xrightarrow[\substack{MW+US, 60\sim150s \\ MW:2.45GHz, 200W \\ US:20kHz, 50W}]{NaOH, H_2O} Ar—O—R$$

$$R=C_6H_5CH_2, C_6H_5$$

$$(5.33)$$

超声波-微波复合能量场还被成功用于水相中二氢吡喃并[2,3-c]吡唑的合成，见式(5.34)，这个反应的反应物和产物在水中都是不溶的。在常规水相条件下，该反应的收率非常低，即使将反应时间延长也没有效果。而在超声-微波复合能量场中，最终转化率近 100%，反应时间也仅需 60s。根据实验结果推测，超声-微波复合能量场对液相中的固体表面具有侵蚀作用，这种侵蚀作用能够将固体表面阻碍反应进程的钝化层剥离，这可能是复合能量场对液固非均相体系具有显著加速效果的原因[117]。

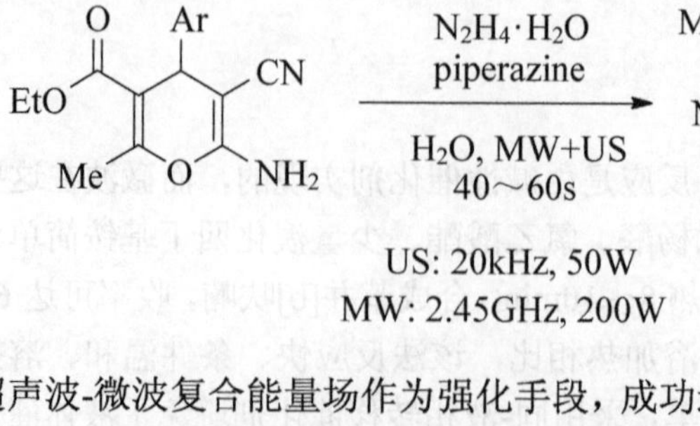

$$(5.34)$$

US: 20kHz, 50W

MW: 2.45GHz, 200W

应用超声波-微波复合能量场作为强化手段，成功地在水介质中以较高的收率和纯度合成了 9 个 2-氨基-5-芳基-[1,3,4]-噻二唑化合物和 8 个氨基酸二唑 Schiff

碱衍生物，研究者观察到复合能量场具有高于单一能量场作用效果加合的协同效应，如式 (5.35) 所示[118]。

$$Ar\text{—}CHO + \underset{\underset{H}{N}\text{—}NH_2}{\overset{S}{H_2N\text{—}C}} \xrightarrow{H_2O} Ar\text{—}CH\text{=}N\underset{\underset{H}{N}\text{—}NH_2}{\overset{S}{\text{—}C}} \xrightarrow[\text{US+MW}]{FeCl_3,\ H_2O} Ar\text{—}\overset{N\text{—}N}{\underset{S}{\diagdown}}\text{—}NH_2$$

$$(5.35)$$

5.5 环境友好的反应介质与分离试剂

在有机化学反应中，有机溶剂对稳定反应中间体起着非常重要的作用，对化学选择性、反应速率等方面有着决定性的影响。但溶剂自身的毒性、挥发性和可燃性带来了不容忽视的环境问题，而且在反应的后处理、产品纯化、溶剂回收以及相应化工生产的下游工艺中需要消耗大量的能源。因此，为更好实现人类可持续发展及环境保护的需求，人们研究、开发环境友好的反应介质应用于化学反应，以减少易挥发性和毒性较大的有机溶剂的使用。

5.5.1 二氧化碳体系

二氧化碳作为反应介质，具有如下特有的物理、化学性质。第一，二氧化碳本身无毒、无害、不燃、价廉易得，而且它具有化学惰性、安全等优点；第二，二氧化碳的临界条件很容易达到，对设备要求不高，便于操作，有利于实现工业化；第三，超临界二氧化碳具有气体的扩散性和液体的密度。作为反应介质时，具有良好的传质速度和溶解度。在临界点附近稍微改变压力，物质的密度、黏度、扩散系数和极性等物理性质由接近于气体向接近于液体发生连续的变化。因而可以通过调节压力来控制反应物质的扩散系数，从而达到控制反应的目的；第四，超临界二氧化碳具有双极性，其极性与碳氢化合物相近，极化度甚至仅低于碳氟化合物。根据相似相溶原理，它既可以溶解非极性物质，又可以溶解极性物质；第五，反应结束后二氧化碳以气体的形式排放，无有机溶剂残留，便于产物的分离和后续的工艺过程。这些优点使二氧化碳(尤其是超临界二氧化碳)成为可替代常规有机溶剂的一种绿色反应介质[119]。目前，二氧化碳作为反应介质的研究已深入到几乎所有的基本有机反应类型，在本小节中重点介绍氧化反应、氢化反应和羰基化反应等。

1. 氧化反应

氧气的存在会影响二氧化碳的临界点，同时氧气与二氧化碳有高的互混性，氧化反应选择性的控制是其关键，而通过调节二氧化碳的压力可以较好地调控其选择性[120]。

1) 醇的氧化

醇的氧化，尤其是伯醇的氧化，如何选择性的控制反应停留在醛阶段，而不进一步发生深度氧化是很多体系追求的目标。应用于超临界二氧化碳体系，研究者们开发的用于醇氧化的体系中，非均相催化体系占据了相当的数量，如 Pd/Al_2O_3、多金属氧酸盐 $H_5PV_2Mo_{10}O_{40}$、Au/TiO_2 和 $CrO_3 \cdot SiO_2$ 等。超临界二氧化碳的使用降低了传质阻力，从而提高了反应速率和反应选择性[121]。在超临界二氧化碳中利用 TiO_2 负载的金催化苯甲醇氧化为苯甲醛，氧化剂为氧气，反应不需要另外加入碱，苯甲醛的选择性为 99% 以上，但是转化率仅为 16%。而 TiO_2 负载的纳米金却显示了非常高的催化活性，苯甲醇在 70℃ 反应转化率达 97%，生成苯甲醛选择性为 95%。超临界二氧化碳作溶剂可以提高醛的选择性，抑制醛进一步被氧化为酸以及酯[122]。

此外，将 $scCO_2/PEG$ 两相体系用于连续流动反应器中实现醇的氧化反应，醇的一次通过转化率最高可达 50%，催化剂可循环使用 3 次仍保持活性。这主要是由于处于 PEG 相的催化剂与处于超临界二氧化碳相的产物容易分离，反应过程一直保持很高的反应活性和选择性。扫描电镜显示，用作醇氧化的催化剂纳米钯在 PEG 内高度分散，不容易聚集因而稳定[123]。将 PEG_{6000}-$(TEMPO)_2/CuCl/O_2$ 体系在环境友好介质高密度二氧化碳中用于催化醇的仿生氧化反应，实现了"均相催化和非均相分离"一体化。研究表明，二氧化碳的加入对反应有很好的促进作用；聚乙二醇负载的 TEMPO 催化剂能回收再用[124]。

2) 烯烃的氧化

烯烃可发生环氧化反应、双羟化反应和双键的氧化断裂反应等，因此如何高选择性的发生某种反应、得到一种产物与其催化体系有着必然的联系。以 Wacker 化学品公司命名的 Wacker 氧化反应是氯化钯/氯化铜将烯烃转化为醛、酮的一个方法，是实现工业化的过渡金属催化反应中最重要的一个反应。在超临界二氧化碳中的 Wacker 反应，以 $Pd-Au/Al_2O_3$ 作为非均相催化剂，以过氧化氢作氧化剂，可以将苯乙烯选择性氧化得到苯乙酮，转化率为 68%，选择性为 87%[125]。超临界二氧化碳体系也可以很好地解决钯催化剂容易聚集并形成钯黑而失活的问题。何良年小组应用 $scCO_2/PEG_{300}$ 两相体系实现了 $PdCl_2$ 催化苯乙烯的氧化反应。有趣的是，若反应不添加 CuCl，苯乙烯主要被氧化为苯甲醛，而添加 CuCl 作为助催化剂时，主要得到 Wacker 反应产物苯乙酮，如式(5.36)所示。采用 $scCO_2/PEG_{300}$ 两相催化系统的优点包括：①提高了反应的选择性；②PEG_{300} 能避免催化剂聚集而失活；③由于产物溶于超临界二氧化碳，而催化剂被固定在 PEG 相，产物与催化剂分离容易，催化剂可以方便回收、循环使用。钯催化缺电子烯烃的缩醛化反应也是一类 Wacker 反应。为避免使用对不锈钢有腐蚀作用的氯化铜、有毒含磷试剂，江焕峰教授课题组在超临界二氧化碳中以高分子负载的苯醌作为氯化钯的共催化剂，用于催化缺电子末端烯烃与甲醇的缩醛化反应，高转化率、高选择性地生成了缩醛化产物，如式(5.37)所示。高分子负载的苯醌可以在超临界二氧化碳中多次再生使用，简化了合成步骤，使反应更加绿色化[126]。

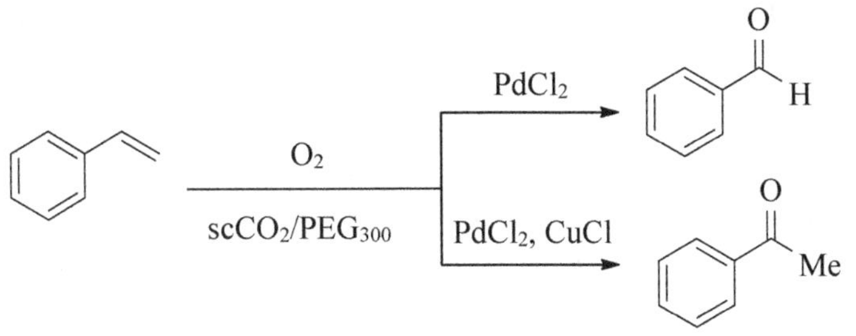

$$(5.36)$$

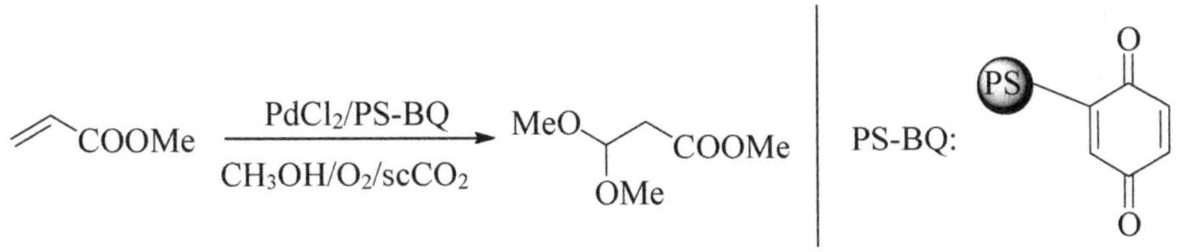

$$(5.37)$$

随后，何良年课题组以亚硝酸叔丁酯作为一种新的自由基引发剂在高密度二氧化碳中用于引发苄位烯烃 C=C 双键的氧化断裂，如式(5.38)所示。研究发现，高密度二氧化碳作为反应介质在调节产物选择性方面发挥重要作用[127]。

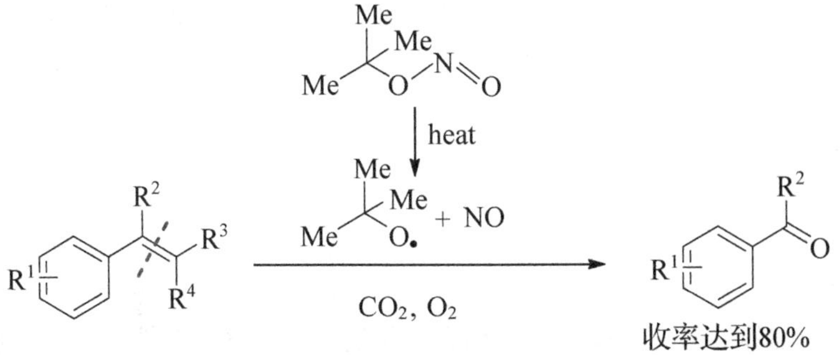

$$(5.38)$$

收率达到80%

以超临界二氧化碳为反应介质，环辛烯在过氧叔丁醇[$(CH_3)_3COOH$]和 $Mo(CO)_6$ 作用下，可以 100%选择性地得到环氧化产物，见式(5.39)；上述体系加入少量的 $Ti[OCH(CH_3)_2]_4$，环氧化产物为主产物，还得到少量的邻二醇产物，见式(5.40)；如果底物为环己烯时，可得到 1∶1 的环氧化物和叔丁氧基环己酮，见式(5.41)[128]。

$$\text{环辛烯} + (CH_3)_3COOH \xrightarrow[scCO_2]{Mo(CO)_6} \text{环辛烯环氧化物} O \qquad (5.39)$$

100% 选择性

$$\text{环辛烯} + (CH_3)_3COOH \xrightarrow[scCO_2]{Ti[OCH(CH_3)_2]_4} \overset{O}{\text{环氧化物}} + \overset{OH}{\underset{OH}{\text{二醇}}} \qquad (5.40)$$

95%　　　　　　4%

$$\text{环己烯} + (CH_3)_3COOH \xrightarrow[scCO_2]{Ti[OCH(CH_3)_2]_4} \overset{O}{\text{环氧化物}} + \overset{O}{\underset{OH}{\text{酮}}} + \overset{OH}{\underset{OH}{\text{二醇}}}$$

44%　　　　49%　　　　7%

$$(5.41)$$

3) 烷烃的氧化

烷烃的氧化产物可以是醇、醛或酮等。己二酸用于生产尼龙 66、聚氨酯、合成树脂及增塑剂等，是一种重要的工业原料。催化氧化环己酮是合成己二酸的重要途径。在超临界二氧化碳介质中环己烷的氧气反应，在 20.0MPa、160℃下作用 5h，有 3% 的环己烷被氧化，其中主要产物是环己酮[129]；以 $Co^{2+}/Mn^{2+}/NaBr$ 或 $Ag_5PMo_{10}V_2O_{40}$ 作催化剂，加入乙酸或甲醇作为助溶剂，在超临界二氧化碳中环己烷可以被选择性氧化为己二酸[130]。

在超临界二氧化碳条件下以氧气氧化环烷烃和烷基芳烃，反应不需要加入催化剂，以乙醛为共还原剂。高压在线原位红外分析表明，该反应是由不锈钢反应器壁引发的自由基反应。与其他惰性气体相比，超临界二氧化碳作为反应介质能提高产物的收率和选择性[131]。何良年课题组也采用高密度二氧化碳为反应介质，以 PEG 氧化降解产生自由基实现了烷烃至醛酮或醇的转化，二氧化碳具有调节反应选择性的作用[132]。

2. 氢化反应

由于超临界二氧化碳能与氢气相容，能消除由氢气溶解性产生的传质阻力，加快反应速率，因此超临界二氧化碳中的加氢反应的研究备受关注。

1) 不对称加氢反应

不对称催化加氢是合成手性化合物的重要途径。过去人们认为高对映选择性只能在某些特定而有害的溶剂中得到。最近的研究表明，通过改变反应的条件，如调节压力、采用适当的配体等，不对称加氢反应可以在超临界二氧化碳中进行，甚至能取得比在其他溶剂中更高的对映选择性。利用流动反应器，在超临界二氧化碳条件下以固载于 γ-三氧化铝的铑催化衣康酸二甲酯不对称氢化反应, 如式 (5.42)所示。当以 Josiphos 001 作配体时, 反应的对映选择性超过 80%ee[133]。

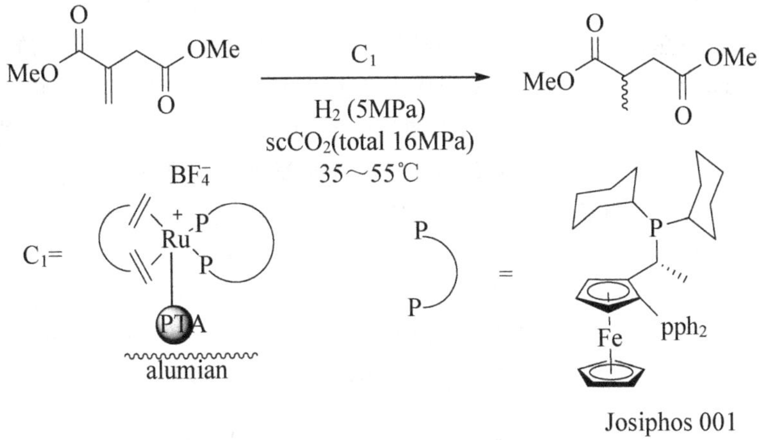

$$（5.42）$$

Josiphos 001

以价廉易得的单齿亚磷酰胺酯 L11 和 L12 为铑催化剂的配体, 可实现衣康酸二甲酯和乙酰氨基丙烯酸甲酯在超临界二氧化碳中的不对称氢化反应, 转化率可达 100%, 对映选择性 ee 值可达 99%以上[134]; 而将结构类似的单齿膦配体 L13 用于[Rh(COD)₂]BF₄ 催化衣康酸二甲酯的不对称氢化反应活性稍差, 但 ee 值也可达到 90%左右[135]。

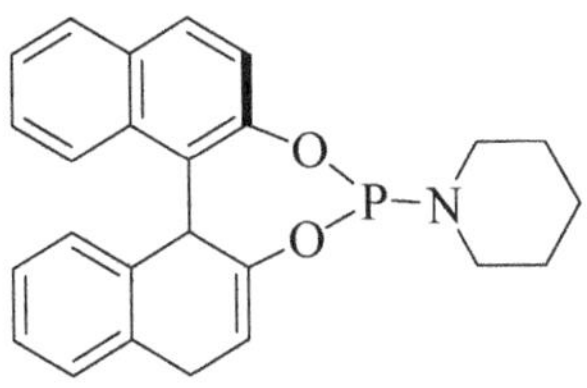

57, L11 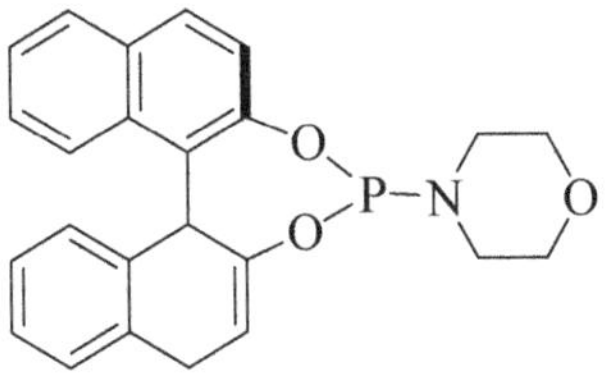　　　　　　　　**58**, L12 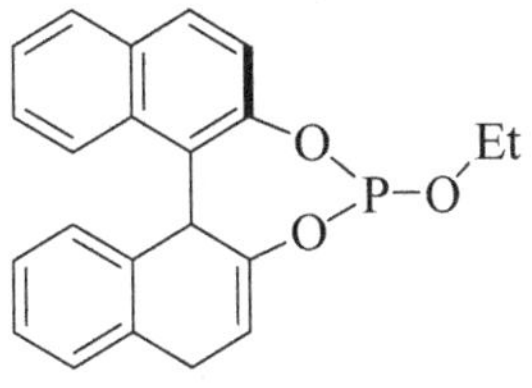　　　　　　　　**59**, L13

在超临界二氧化碳中 1,1'-联萘-2,2'-双二苯膦-Ru(Ⅱ)二羧酸络合物(2,2'-Bis (diphenylphosphino)-1,1'-binaphthalene, BINAP)可以催化 α,β-不饱和羧酸的不对称氢化反应。反应温度在 50℃, 氢气分压为 3.3MPa, 二氧化碳为 17~18MPa 时, 转化率达 99%, 产物的 ee 值达到 81%[136]。以二氧化碳作为反应介质利用 [RuCl₂(C₆H₆)]₂-(R)-BINAP 作为催化剂实现 4-氯-3-羰基-丁酸乙酯的不对称氢化反应, 产物 ee 值最高可达 97%。二氧化碳扩展离子液体相中, 二氧化碳的存在降低了体系的黏度, 并增加了氢气的溶解性; 而离子液体作为极性共溶剂的使用增加了氢化产物的对映选择性[137]。

2)其他普通加氢反应

在超临界二氧化碳中可以实现氢化反应的底物类型繁多。其中, 苯酚加氢是非常重要的一个反应，因为可以得到工业上重要的原料环己酮。在超临界二氧化碳中利用硅胶负载的钯催化剂 Pd/Al-MCM-41 催化苯酚加氢反应来合成环己酮。在 50℃、H_2 压力 4MPa、CO_2 压力 12MPa 条件下反应 4h，苯酚的转化率可达 98.4%，而环己酮的选择性高达 97.8%。实验结果表明，二氧化碳的压力对底物的转化率及环己酮的选择性影响很大，当反应压力低于 8MPa 时，产物是环己酮和环己醇混合物（约为 1∶1）；而将反应压力上调超过 10MPa 时，环己酮为单一产物[138]。姜涛研究员和韩布兴院士等发现 Lewis 酸和普通商业负载型钯催化剂在苯酚加氢反应时具有良好的协同作用，如式 (5.43) 所示。在超临界二氧化碳，温和反应条件下，苯酚转化率和环己酮选择性可同时接近 100%，并在分子间相互作用和动力学研究的基础上提出了协同作用机理。Lewis 酸不仅可以大幅度提高苯酚加氢生成环己酮的反应速率，而且可以有效地抑制环己酮被进一步加氢生成副产物的反应，此外，反应效率可以通过反应体系的相行为进行调控[139]。

$$(5.43)$$

3. 羰基化反应

    由于烯烃氢甲酰化反应控制步骤是加氢步骤，因此利用超临界二氧化碳与氢气的相容性，在超临界二氧化碳中进行氢甲酰化反应可提高反应速率。然而，直接将常规的氢甲酰化过渡金属催化剂用于超临界二氧化碳中催化效果往往不好，因为它们在超临界二氧化碳中的溶解度太小。解决这一问题的方法之一是采用在超临界二氧化碳中溶解性好的膦配体，如在配体中引入亲二氧化碳的含氟基团。含氟膦配体 L14~L21 都已被用于超临界二氧化碳中 1-辛烯的氢甲酰化反应，并取得不错的结果[140]。最近的一些研究结果也表明，不溶于超临界二氧化碳的膦配体也可用于氢甲酰化反应。例如，A.M.Masdeu-Bultó 将含有 9 个碳的支链烷基的膦配体用于超临界二氧化碳中铑催化 1-辛烯的氢甲酰化反应。虽然该催化体系不溶于超临界二氧化碳，却显示了良好的催化活性，且反应在超临界二氧化碳中生成醛的选择性比用甲苯作溶剂时要好[141]。

60, L14　　　　　　**61**, L15　　　　　　**62**, L16

63, L17　　　　　　**64**, L18　　　　　　**65**, L19

66, L20　　　　　　　　　**67**, L21

5.5.2　水体系

　　水作为反应溶剂有其独特的优越性，因为水是地球上自然界最丰富的"溶剂"，廉价易得、无毒，也不存在易燃易爆危险。并且水具有独特的物理和化学性质，例如，它可以在较宽的温度范围内保持液态，容易形成氢键，具有高热容量，介电常数较大和最佳的氧气溶解度。

1. 氧化反应

　　针对邻苯二胺的碳碳键氧化断裂，目前常采用的氧化体系是分子氧为氧化剂，CuI 催化氧化或化学计量的过氧化镍和四乙酸铅的催化氧化。但是，前者使用吡啶，并且操作冗长；后者四乙酸铅毒性大，收率低。采用 $NaIO_4$ 作氧化剂，水为溶剂，氧化 1, 2-二胺和 1, 4-二胺化合物，碳碳键断裂分别得到 *cis, cis*-己二烯二腈和对苯醌，如式 (5.44) 和式 (5.45) 所示。该体系反应时间短 (10~25min)，条件温和，收率高 (90%~98%)[142]。

$$\text{(5.44)}$$

$$\text{(5.45)}$$

　　近来，在 V(水)：V(二甲氧基甲烷)：V(乙腈)＝2：2：1，过硫酸氢钾为氧化剂，手性酮化合物 68 作为催化剂条件下，多烯化合物中的双键可被高选择性地仅氧化某一双键并氧化成不对称的环氧化合物，如式(5.46)所示[143]。

$$(5.46)$$

2. 还原反应

硼氢化钠和六水合氯化钴组成的催化体系可以在水中将叠氮化合物还原为相应的伯胺，而且此还原反应对底物的原有手性不产生影响，收率较高，这为合成手性胺提供了有效方法[144]。在锌-六水合氯化镍体系中，用不同溶剂或不同方法还原 2-甲基-5-异丙烯基-2-环己烯-1-酮会得到不同结果。例如，在 1mol/L 氯化铵和氨水缓冲溶液中 30℃下超声处理 1.5h，得到的是环内碳碳双键还原产物(收率95%)；而在水-醇溶液中 30℃下超声处理 3h 得到的是环外碳碳双键全部还原的产物(收率96%)；在水-醇溶液中 40℃、0.1MPa 下加氢气6h，得到88%的环外碳碳双键和12%的全部还原产物[145]。

3. Mannich 反应

水相中实现 Mannich 反应常用的催化剂有 Brønsted 表面活性剂、氯化铟、碘化铜等。例如，Manabe 等以 Brønsted 表面活性剂复合催化剂 p-十二烷基苯磺酸在水相中成功催化醛、胺和各种亲核试剂，如硅烯醇盐、酮等，如式(5.47)所示[146]。水相中实现手性化合物的制备是研究者追求的理想体系，氨基酸是新兴的有机小分子催化剂。通过引入磺酸基制备新型氨基酸催化剂，用于催化苯胺、苯甲醛与各种酮的水相中的 Mannich 反应，产物收率为73%~91%，如式(5.48)所示[147]。这将会有利于拓展氨基酸类有机小分子催化剂在不对称水相反应领域中的应用。

$$(5.47)$$

$$\text{（5.48）}$$

收率73%～91%

4. 加成反应

在 Yb(OTf)$_3$ 催化下，水做反应介质、室温搅拌 β-酮酸酯与 α, β-不饱和酮即可进行 Michael 加成，收率高达 90%以上。而在同样的实验条件下，用有机溶剂，如 THF、Dioxane 或 CHCl$_3$ 代替水则收率较低或根本不反应[148]。王东研究员和李朝军教授报道了在水相中铑化合物催化芳基锡化合物和亚胺反应，超声波可以大大提高反应速率，其反应时间由 12 h 缩短为 1.5 h，并且减少了亚胺化合物的水解，产物收率由 40%提高到 84%[149]。β-环糊精(cyclodextrin，β-CD)可以催化三甲基硅氰(trimethylsilyl cyanide，TMSCN)和亚胺的亲核加成反应高效地合成 α-氨基氰，如式(5.49)所示。与其他方法比较，收率几乎是定量的，催化剂循环使用多次，活性没有显著变化。在水介质中，β-CD 催化下，胺与共轭烯烃发生 aza-Michael 加成反应，β-CD 的催化作用可能是它的羟基与胺形成的氢键削弱了氮氢键，提高了氮原子的亲核性。该反应无毒、安全、收率高，β-CD 可回收再利用，而在不添加 β-CD 情况下，反应不能进行[150]。

$$\text{（5.49）}$$

90%～98%

5. 偶联反应

芳卤或芳基三氟甲磺酸酯在钯试剂催化下可以和烯烃发生 Heck 偶联形成碳碳双键，该反应是近代有机合成中非常有价值的反应，但已报道的方法中很多都存在如下的问题：反应温度高、需要添加碱、使用配体或有机溶剂、反应时间长、底物价格高。以水作为反应介质，钯试剂催化芳基重氮二氧化硅硫酸盐和烯烃反应，可以高收率制备目标产物，如式(5.50)所示。该体系具有离去基团的离去性能好、条件温和、反应时间短和收率较高等明显优势[151]。

$$\text{ArN}_2\text{OSO}_3\text{-SiO}_2 \;+\; \underset{}{\diagup}\!\!X \xrightarrow[\text{H}_2\text{O, r.t., 25}\sim100\text{min}]{\text{Pd(OAc)}_2\ (4\text{mol\%})} \text{Ar}\diagup\!\!X \quad \text{（5.50）}$$

80%～88%

烯基卤化物与烷基卤化物立体选择性的类 Negishi 交叉偶联与传统方法相比，具有很多优点：以水代替有机溶剂作为唯一的反应介质，而且反应不用事先制备好有机锌试剂，只需氩气、室温条件[152]。在水介质中，以十二烷基硫酸钠作表面活性剂、CS₂CO₃ 为碱，空气条件下，水溶性的 Pd-Salen 复合物 **69** 催化芳基碘化物与末端炔的无铜 Sonogashira 偶联反应，得到 79%～98%收率，如式(5.51)所示[153]。

$$R^1C\equiv CH + \underset{}{\text{(芳基-I)}} \xrightarrow[\text{表面活性剂，Cs}_2\text{CO}_3, \text{H}_2\text{O, 4～12h}]{\text{Pd-Salen}} \underset{79\%\sim98\%}{\text{(芳基-}\equiv\text{-R}^1\text{)}}$$

Pd-Salen

$$\text{(结构式 69)}$$

$$(5.51)$$

5.5.3　离子液体体系

离子液体作溶剂用于有机合成反应是近年来的新兴研究领域之一。离子液体是完全由离子组成的液体化合物，它们与经典熔盐的区别是离子液体熔点较低，通常<100～150℃。研究较多的离子液体通常是由双烷基咪唑或烷基吡啶季铵阳离子与四氟硼酸、六氟磷酸及氯铝酸等酸根负离子组成。离子液体相比常规有机溶剂来说有很多特点：①具有很低的蒸气压、不挥发、不可燃，因而也被视为新兴绿色溶剂；②熔点相对较低，且呈液态的温度范围较宽，具有良好的化学与热稳定性；③阴阳离子具有可设计性；④在作为反应介质的同时往往可以起到催化剂的作用；⑤黏度低，密度大，可形成二相或多相体系，适合作为分离溶剂和构成反应-分离耦合的新体系，且具有较大的极性可调控性[154]。

1. 氧化反应

烯烃的氧化反应广泛地应用于医药、印染、高分子材料等领域。在二氯甲烷与[Bmim][PF₆]混合溶剂中，以 NaOCl 为氧化剂，Mn(salen) 可以催化烯烃环氧化反应，获得具有较高对映选择性的环氧化产物[155]。Mn(Ⅱ)、Co(Ⅱ)或 Ni(Ⅱ)/NHPI(N-羟基邻苯二甲酰亚胺，N-hydroxyphthalimide)组成的复合催化剂，在不同的离子液体中，以氧气为氧化剂氧化芳烃侧链烷基，目标产物收率可达到 90%～94%，其中，甲苯和对甲苯以 32%～47%的收率被氧化为相应的芳香酸；反应结束后离子液体催化剂体系经简单处理后即可循环使用[156]。

2. 还原反应

在离子液体[Bmim][BF$_4$]中，[RuCl$_2$(S)-Binal]$_2$Net$_3$ 配合物催化 2-苯基丙烯酸的立体选择性加氢反应，定量获得产物(S)-2-苯基丙酸，ee 值为 84%，如式(5.52)所示。离子液体作为反应介质可以循环使用[157]。芳基加氢是重要的工业过程，尤其是在生产清洁燃料的过程中。例如，在[Bmim][BF$_4$]/有机溶剂两相体系中，钌配合物催化苯的氢化还原反应时，其 TOF 值可达到 364h^{-1}，且产物易分离，过程中没有副产物产生[158]。

$$\text{（5.52）}$$

3. Friedel-Crafts 反应

Friedel-Crafts 反应包括酰基化反应和烷基化反应，是有机合成中制备芳环衍生物的经典方法。传统的 Friedel-Crafts 反应是用过量的酸催化的，如硫酸、AlCl$_3$、Lewis 酸等；溶剂为常见有机溶剂，如苯、氯苯、石油醚等。使用酸和有机溶剂既污染环境又难以回收利用，还对设备有腐蚀性。具有 Lewis 酸性的离子液体对 Friedel-Crafts 反应来讲可既作溶剂，又作催化剂，有双重功能，且反应速率快、条件温和、产物易分离、选择性高、环境友好。例如，在[Bmim][PF$_6$]或[Bmim][BF$_4$]中，Sc(OTf)$_2$ 催化烯烃与芳香化合物的 Friedel-Crafts 烷基化反应，烯烃的转化率大于 99%[159]。Lewis 酸性离子液体催化 Friedel-Crafts 苄基化反应制备了二苯基甲烷及其衍生物。与传统有机溶剂相比，Lewis 酸性离子液体使反应速率加快，目标产物的选择性更高，溶剂可回收利用。在反应中，Lewis 酸性离子液体既作催化剂，又作反应介质[160]。

4. 偶联反应

以[Bmim][PF$_6$]为反应介质，Pd/C 催化卤代芳烃和丙烯酸乙酯的非均相 Heck 反应，如式(5.53)所示。该催化体系可重复使用，但 2 次后活性有些降低，需重新活化[161]。在上述体系中仍需加入三乙胺作为碱。在碱性离子液体[Bmim][OAc]和[Bmim][TPPMS]膦配体的混合体系中，以 PdCl$_2$(CH$_3$CN)$_2$ 为催化剂实现丙烯酸乙酯与溴代苯的 Heck 反应，收率达到 60%，且催化剂循环使用 11 次仍具有良好的稳定性及活性[162]。各种离子液体，包括酸性或碱性离子液体被用于各类偶联反应中，有些功能化的离子液体是既作催化剂，又作溶剂；而有些简单离子液体仅作为反应介质循环使用。

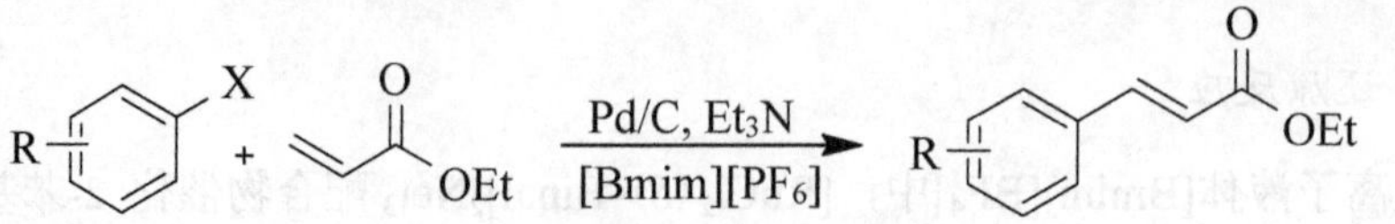

$$R \underset{}{\bigcirc} \!\!\!\!{-}\!X + \overset{O}{\underset{OEt}{\bigvee}} \xrightarrow[\text{[Bmim][PF}_6\text{]}]{\text{Pd/C, Et}_3\text{N}} R \underset{}{\bigcirc} \!\!\!\!{-}\!\!\overset{O}{\underset{OEt}{\diagup}} \tag{5.53}$$

5. 串联反应

利用离子液体[Bmim][BF$_4$]作为溶剂成功地合成了 Isoxazoline 系列化合物,涉及的反应有:Schotten-Baumann,Cycloaddition,Amidation,如式(5.54)所示。该系列反应操作简单,效率高且离子液体很容易回收[163]。

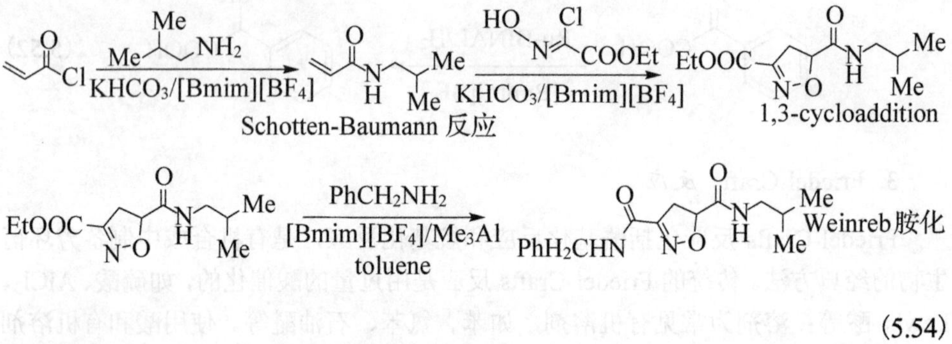

$$\text{(5.54)}$$

5.5.4 聚乙二醇体系

聚乙二醇作为一种工业商品,其可以得到的分子量范围很宽泛。液体的 PEG 可以与水以任意比例混合,固体的 PEG 也是高水溶性的,例如,PEG$_{2000}$ 在室温下能够在水中溶解 60%。无论有没有加水,低分子量的 PEG 都可以作为反应介质,分子量在 200~20000 的 PEG 表现出良好的润滑性、稳定性和低毒性,被用作为润滑剂,并在电子、化妆品和医药领域广泛地应用。PEG 拥有以下一些环境友好的特性:低分子量的 PEG 是非挥发性的[164],与空气相比,低分子量的 PEG 的蒸汽密度大于 1;安全性好;PEG 的水溶液是生物相容性的,可以在组织培养和器官保存方面得到很好的应用[165]。PEG 被发现在酸、碱、高温、氧气与双氧水等高氧化体系和硼氢化钠还原体系中能够稳定存在[166]。另外它还具有低的可燃性及良好的生物可降解性。

1. 氧化反应

氧化反应通常使用金属类的氧化剂,而 PEG 对金属离子具有良好的溶解性可以使反应在均相条件下进行,从而使得反应能够很好地完成。2009 年何良年课题组研究了 PEG/O$_2$/CO$_2$ 体系氧化苄醇的方法,该工作详细筛选了不同分子量的 PEG

的氧化效率。结果显示，分子量越低，反应转化率和收率越高，并选择 PEG_{300} 为最合适的溶剂，如式 (5.55) 所示[167]。在该研究工作中，PEG 既是反应介质，又是自由基引发剂实现反应转化；并且在反应结束之后，可以通过乙醚等溶剂使产物和 PEG 分为两相，以便于产物与 PEG 的分离及 PEG 的循环使用。侯震山教授和 W.Leitner 教授制备 PEG 修饰的硅氧链状化合物，并将钯负载至新聚合物上，在 $scCO_2$ 中用于醇的氧化，PEG 可以很好地分散金属钯，防止其团聚而失活[168]。

$$\text{PhCH}_2\text{OH} \xrightarrow{\text{PEG/O}_2\text{/CO}_2} \text{PhCHO} + \text{PhCOOH} \tag{5.55}$$

2. 氢化反应

以 PEG_{400} 为溶剂，林德拉催化剂催化炔烃还原反应，得到收率为 80%～94% 的相应顺式烯烃产物，如式 (5.56) 所示[169]。以 $H_2Ru(PPh_3)_4$ 为催化剂，在 PEG/二氧化碳两相体系中开展了 α,β-不饱和醛的加氢反应。研究发现，二氧化碳的加入可以加速反应；当二氧化碳压力从 6MPa 升至 12MPa 时，柠檬醛的转化率从 35% 变为 98%；催化剂可以直接重复使用，不需要任何后处理[170]。

$$\text{R}\!\!-\!\!\equiv\!\!-\!\!\text{R}^1 \xrightarrow[\substack{\text{H}_2,1\text{atm, quinoline}\\ \text{r.t., PEG}_{400}}]{\text{Pd/CaCO}_3} \text{R}\!\!-\!\!\text{R}^1 \quad \text{收率80\%～94\%} \tag{5.56}$$

3. 加成反应

以 PEG 为溶剂，在室温下，硫酚、硫醇与不饱和酮类在没有酸或碱催化剂作用下实现 Michael 加成反应制备相应目标产物，该体系反应时间短，收率高；在该体系中，PEG 既作溶剂，又作催化剂，并可回收再用[171]。在 PEG_{400} 中，DABCO 催化醛和 α,β-不饱和羰基、氰基化合物的 Baylis-Hillman 反应，PEG 和催化剂都可以实现循环使用，如式 (5.57) 所示[172]。$Al(OTf)_3$ 作为 Lewis 酸催化剂，在 PEG_{200} 的可回收溶剂中和微波作用下，可催化吲哚和 α,β-不饱和酮的加成反应。该体系具有清洁、反应时间短、避免挥发性有机溶剂使用等特点[173]。此外，在 PEG 作为反应介质的体系中，有关不对称加成反应的例子也有成功报道。例如，手性脯氨酸衍生物为有机催化剂在 PEG_{400} 中成功实现醛与反式-β-硝基苯乙烯的不对称 Michael 加成反应，产物的 ee 值最高可达 99%[174]。

$$R\text{—}\overset{O}{\underset{H}{\|}}C\text{—}H \ + \ \diagdown\hspace{-0.3em}= \hspace{-0.3em}/\text{—}E \ \xrightarrow[\text{PEG,r.t.}]{\text{DABCO(20mol\%)}} \ R\text{—}\overset{E}{\underset{OH}{\diagdown}}$$

$$R=H, \text{alkyl, aryl}$$
$$E=COOEt, COOMe, CN, C(O)Me$$

(5.57)

4. 缩合反应

在 PEG$_{400}$ 作为反应介质条件下，手性脯氨酸催化不对称 aldol 反应。研究发现，通过控制脯氨酸的投入量，可以选择性地得到不同构型的缩合产物，且该反应时间短，收率高，如式(5.58)和式(5.59)所示；PEG 及催化剂可以循环使用 10次之后，其活性和选择性变化不大[175]。随后，研究者以 PEG 为载体，制备 PEG-脯氨酸用于催化不对称 aldol 缩合反应，如式(5.60)所示，产物 ee 值最高可达83%[176]。无过渡金属、无配体条件下，以 PEG$_{600}$ 为绿色溶剂，氧气为氧化剂，实现苄胺与脒反应制备 1,3,5-三氮唑类化合物。PEG$_{600}$ 易于分离和可回收的特性使得该体系更环境友好、经济可行[177]。

$$R\overset{CHO}{\text{《》}} + \overset{O}{\underset{Me}{\|}}Me \xrightarrow[\text{PEG}_{400}]{\text{L-proline}} R\overset{OH \quad O}{\text{《》}}Me$$ (5.58)

$$R\overset{CHO}{\text{《》}} + \overset{O}{\underset{Me}{\|}}Me \xrightarrow[\text{PEG}_{400}]{\text{L-proline}} R\overset{OH \quad O}{\text{《》}}Me$$ (5.59)

$$O_2N\overset{CHO}{\text{《》}} + \overset{O}{\underset{Me}{\|}}Me \xrightarrow[\text{20℃, 24h}]{} O_2N\overset{OH \quad O}{\text{《》}}Me$$ (5.60)

5. 偶联反应

PEG 作为友好溶剂已经被广泛用于各类偶联反应制备相应的化合物，如Suzuki、Heck、Stille、Sonogashira 和 Hiyama 等反应均有涉及[178]。当以 PEG 为反应介质，三乙胺作为碱，Pd(OAc)$_2$ 成功催化溴代芳烃与烯烃的 Heck 反应，其反应的收率和产物的选择性均较高，如式(5.61)所示；以 K$_3$PO$_4$ 作为碱代替传统三乙胺等，Pd 化合物在 PEG 反应介质中成功实现 Heck 反应，如式(5.62)所示[179]。以 PEG 为载体和溶剂的报道也很多，将氮杂环通过化学键连的方式负载到 PEG

上，并使其与金属钯配位制备新型催化剂 **70**，并将其用于催化 Suzuki 偶联反应，得到较高收率[180]。

$$(5.61)$$

$$(5.62)$$

70

以 PEG 为反应介质，在 1atm①空气条件下，Pd(OAc)$_2$ 和 2,4,6-三甲基苯甲酸共催化三氮唑和溴代芳烃的直接芳基化反应，该体系避免了膦配体的使用，如式(5.63)所示[181]。在水/聚乙二醇(PEG$_{2000}$)两相体系中，PdCl$_2$(PPh$_3$)$_2$ 催化剂在三乙胺为碱，在 1atm 一氧化碳和室温条件下，实现了芳基碘和端基炔烃的 Sonogashira 反应。反应结束后，乙醚萃取可实现产物分离，PdCl$_2$(PPh$_3$)$_2$/PEG$_{2000}$/H$_2$O 体系循环使用六次之后，反应活性基本没有变化，如式(5.64)所示[182]。

$$(5.63)$$

$$(5.64)$$

5.5.5 微乳体系

　　微乳状液是由水、油、表面活性剂等成分以适当的比例自发形成的透明、半透明稳定体系，其分散相颗粒极小，一般在 0.01～0.2μm 之间。微乳具有可增溶水、增溶油或两者皆溶，以及超低界面张力的独特性质，是无机盐和非极性有机物的优良溶剂。微乳具有原料便宜、制备方便、条件温和等特点。微乳对疏水有机物和极性无机盐都有良好的溶解能力。微乳是高度分散的分散体系，分散相体积分数可达 20%～80%，这为大量溶解反应物并使反应物充分接触提供了有利条件。微乳可以作为有机化学反应介质的优越性就在于它对极性和非极性化合物有极强的增溶能力、能密集和浓缩试剂等特性。微乳作为有机合成介质的作用主要分为三类：①克服反应物间不相容；②改变反应速率；③影响反应区域选择性。

1. 氧化反应

在微乳体系中，氧化苋菜红反应进行 3h 后染料的转化率为 50%；氧化甲基橙反应 6h 后转化率接近 100%，而在非微乳体系中反应 8h 后，转化率依然不到 20%，由此可知，微乳体系对提高反应速率有积极作用[183]。在水/苯乙酸/十二烷基硫酸钠的微乳体系中，利用 H_2O_2 氧化苯合成苯酚，苯酚的选择性可达 92.9%，H_2O_2 利用率可达 93.1%[184]。研究人员研究了微乳介质中用 H_2O_2/MoO_4^{2-} 催化氧化烯烃，实验结果表明，微乳体系优于有机溶剂，而且化学选择性高达 97%，立体选择性高达 92%[185]。

2. 硝化反应

在水溶液中，苯酚的硝化反应通常得到邻位和对位硝基苯酚的比例为 1：2，琥珀酸二异辛酯磺酸钠形成的水/油微乳中发生苯酚的硝化反应，可以获得 80%的邻位取代的硝基苯酚[186]。微乳体系的加速作用在硝化反应中也表现明显。例如，在阳离子表面活性剂形成的微乳体系中，针对芳香族化合物的硝化反应，研究发现在微乳体系中苯酚和苯甲醚及其衍生物的硝化反应时间分别为 10～15min 和 20～25min，而在非微乳两相体系中反应 24h 后几乎没有产物生成[187]。

3. 溴化反应

在研究硝化反应时，发现主反应是溴化反应，而不是硝化反应。组成微乳的表面活性剂双十二烷基二甲基溴化铵被稀硝酸氧化成溴原子，而溴原子与底物发生溴化反应（即氧化溴化法），反应后期微乳自动破坏为两相，苯酚和苯甲醚及其衍生物溴化邻/对位比几乎为 0：100，反应具有很高的区域选择性[188]。

4. 取代反应

在微乳体系中，在 25℃条件下，溴化癸烷和亚硫酸钠反应制备癸基磺酸盐。当反应在微乳体系中反应 6h 后收率达到 60%，加入相转移催化剂的非微乳两相体系中的收率为 10%，而纯两相体系中几乎没有反应发生[189]。在微乳体系中溴苯与

KI 的卤素取代反应。研究结果表明，反应速率取决于采用的表面活性剂，而与微乳结构无关；该反应在各微乳体系中的反应速率均要高于在甲醇等溶剂中的反应速率[190]。

5.5.6　氟体系

氟两相体系由普通有机溶剂和全氟溶剂两部分组成。由于全氟溶剂分子中氟原子的高电负性及其范德华半径与氢原子相近，C—F 键具有高度稳定性，为非极性介质。在较低的温度(如室温)下，全氟溶剂与大多数普通有机溶剂(如乙醇、甲苯、丙酮、乙醚和四氢呋喃等)混溶性很低，分成两相(氟相和有机相)。但随着温度的升高，普通有机溶剂在全氟溶剂中的溶解度急剧上升，在某一较高的温度下，某些氟溶剂能与有机溶剂很好地互溶成单一相，为有机化学反应提供了良好的均相条件。反应结束后，一旦降低温度，体系又恢复为两相，含催化剂的氟相和含产物的有机相。

1. 氧化反应

由于氧气在全氟溶剂中的溶解度很高，全氟烃特别不易被氧化，所以氟两相体系非常适合于氧化反应。此外绝大多数氧化反应生成极性产物，在全氟溶剂中溶解性差，因而产品的分离简单方便。全氟烷基联吡啶 **71** 与 CuBr、TEMPO 组成催化体系，在氯苯/全氟辛烷两相体系中氧化醇为醛或酮。该催化剂可以从氟溶剂中回收，循环使用八次后收率没有明显下降[191]。在甲苯/全氟萘的氟两相体系中，可溶于氟体系的 $Ni(C_7F_{15}COCHCOC_7F_{15})$ 配合物可以催化氧化脂肪族和芳香族醛至相应的酸。在反应过程中反应体系为均相，反应结束后把料液冷却到室温，即可把自动分层的氟相和产物有机相作简单的分离操作；Ni-催化剂循环使用六次，其催化活性仅下降 17%[192]。

$$C_8F_{17} \overset{}{\underset{4}{\diagup}} \qquad \diagdown_{4} C_8F_{17}$$

71, L22

2. Friedel-Crafts 反应

在全氟三乙基胺溶剂中，以 $Sc(OTf)_3$ 催化苯甲醚的乙酰化反应，产物对甲氧基乙酰苯是唯一产物，收率为 69%。反应结束后，$Sc(OTf)_3$ 从有机产物中通过水相萃取定量地回收[193]。以 $Ln(OSO_2C_8F_{17})_3$ 催化乙酸酐与苯甲醚发生酰化反应为例，该体系采用全氟甲基环己烷和全氟萘烷为反应溶剂，不加普通有机溶剂。氟溶剂与取代芳烃和乙酸酐都不互溶，但能溶解催化剂 $Ln(OSO_2C_8F_{17})_3$，这样氟相能方便地从反应混合物中分离出来，直接用于下一次反应；催化剂连续套用三次，催化活性未见下降[194]。

3. Diels-Alder 反应

在全氟甲基环己烷(5mL)与 1,2-二氯乙烷(5mL)氟两相体系中，以 Sc[C(SO₂C₈F₁₇)₃]₃ 和 Sc[N(SO₂C₈F₁₇)₃]₃ 为催化剂(5mol%)催化 2,3-二甲基-1,3-丁二烯与甲基乙烯基酮的[4+2]环加成反应。在 35℃条件下，反应 8h，通过简单的相分离即可得到产物乙酰基环己烯；同时催化剂几乎全部回收(回收率达到 99.9%)；催化剂连续使用四次，收率均在 94%～95%，如式(5.65)所示[195]。含氟醚溶剂 1H,1H,2H,2H-全氟辛基-1,3-二甲基丁基醚具有高的沸点(>200℃)，适用于需要较高反应温度的 Diels-Alder 反应。四苯基戊二烯酮与丁炔二酸二甲酯通常在 160℃发生Diels-Alder 反应，将含氟醚溶剂用于上述反应制备二环化合物，随后该二环化合物在 180℃热分解脱去 CO 生成四苯基邻苯二甲酸二甲酯，如式(5.66)所示[196]。

$$\text{Me} \overset{\text{Me}}{=} + \text{Me} \overset{\text{O}}{=} \xrightarrow[35℃, 8h]{\text{Cat.(5mol\%)}} \text{Me} \overset{\text{Me}}{=} \text{Me} \quad (5.65)$$

$$\text{Ph} \cdots \text{Ph} + \overset{CO_2Me}{\underset{CO_2Me}{\|}} \xrightarrow[\text{含氟醚溶剂}]{160℃} \cdots \xrightarrow[-CO]{180℃} \cdots \quad (5.66)$$

4. 烯烃的氢甲酰化反应

1994 年第一次报道了氟两相体系在氢甲酰化反应中的成功应用，自此众多催化体系被发展起来[197]。在全氟甲基环己烷和甲苯为氟两相体系中，以 Rh(CO)₂(acac)和 P[CH₂CH₂(CF₂)₅CF₃]₃ 原位制备的 HRh(CO){P[CH₂CH₂(CF₂)₅CF₃]₃}₃配合物催化 1-癸烯的氢甲酰化反应。反应结束后，铑催化剂可以方便地从甲苯或从产物醛中分离出来。进一步的研究表明，HRh(CO){P[CH₂CH₂(CF₂)₅CF₃]₃}₃ 在全氟甲基环己烷中的结构与 HRh(CO)(PPh₃)₃ 在甲苯中，以及 HRh(CO)[P(m-C₆H₄-SO₃Na)₃]₃ 在水中的结构相似。反应和催化剂分离连续循环九次，总转化数达到35000。氟溶性的催化剂 Rh/P[CH₂CH₂(CF₂)₅CF₃]₃ 是第一个可以用于低级、高级烯烃的氢甲酰化反应的催化剂，并且能方便地从低级或高级醛中分离出来[198]。

5.6　精准有机合成反应

合成化学主要目的是为了合成出目标化合物，而为了合成出目标化合物常会以对环境造成危害为代价。因此，随着社会的发展，人们对合成科学提出了更加严格甚至近乎苛刻的要求，力求实现高效、精确、低污染甚至零污染的合成。从20 世纪 90 年代开始，"绿色化学"和"可持续化学"的概念被化学家们提出并被广泛接受，其核心理念就是在合成过程中提高反应的效率和选择性，主要包括对反应的原子经济性、步骤经济性以及反应的精准性(高选择性)的要求。本章节内容将主要介绍精准有机合成的三个方面：原子经济性、区域选择性和立体选择性。

5.6.1　原子经济性反应

原子经济性与反应选择性已经在 2.2 节中有详细的介绍，原子经济性反应是绿色合成化学的重要组成部分。原子经济性反应有两个显著的优点：①最大限度地利用了原料；②最大限度地减少了废物的排放，减少了环境污染。在本小节中简要介绍一些利用 C—H 键活化来实现 C—X 键的构筑的高原子经济性反应，避免了废物的产生。

醛与 α, β-不饱和化合物发生 Stetter 反应是经典的原子经济性反应，利用原位产生的氮杂卡宾 72 催化醛与烯砜类化合物反应生成 γ-酮砜类化合物，如式 (5.67) 所示[199]。乙烯基硫化物是有机合成和材料科学中一类重要的化合物。直接利用硫醇和炔烃马氏加成制备乙烯基硫化物是一种原子经济性的反应。目前，已经开发出的金属催化体系有很多，包括 Ni、Pd、Rh、Zr 等，实现了脂肪、芳香炔烃的加成反应[200]。

$$\tag{5.67}$$

B.M.Trost 教授是原子经济性的倡导者，他以钒酸盐为催化剂在 1，2-二氯乙烷，100℃条件下实现炔丙醇与醛的加成反应制备烯酮类化合物，Z/E 比最高可达95∶5。该体系是生成 aldol 型产物的一种新方法，并且该方法有利于稳定性相对较差的 Z 式构型产物的生成，如式 (5.68) 所示[201]。

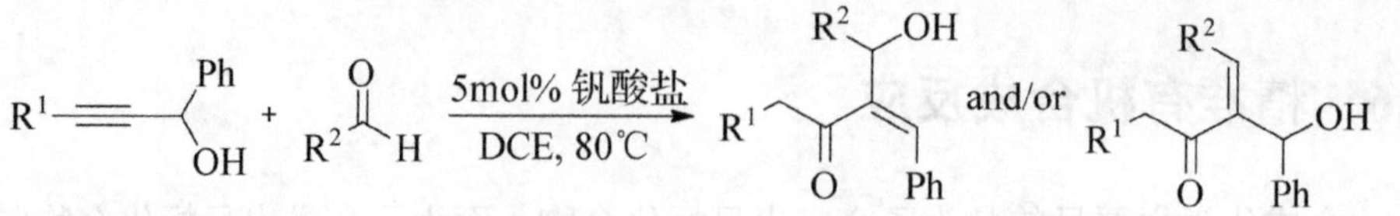

$$ (5.68) $$

以一氧化碳的循环使用为假想的基础，傅尧教授采用双膦配体 **73**/镍盐为催化剂，实现端炔和内炔与甲酸的原子经济性加成，得到高选择性的 α, β-不饱和羧酸，最高收率可达 95%[202]。以手性双膦配体的铑配合物为催化剂实现原子经济性、对映选择性的羧酸和端基炔烃的偶联反应，在反应过程中存在马氏加成副产物和 β-H 消除生成联烯类化合物的竞争反应，而该反应以 β-H 消除生成联烯类中间体为主，如式 (5.69) 所示[203]。

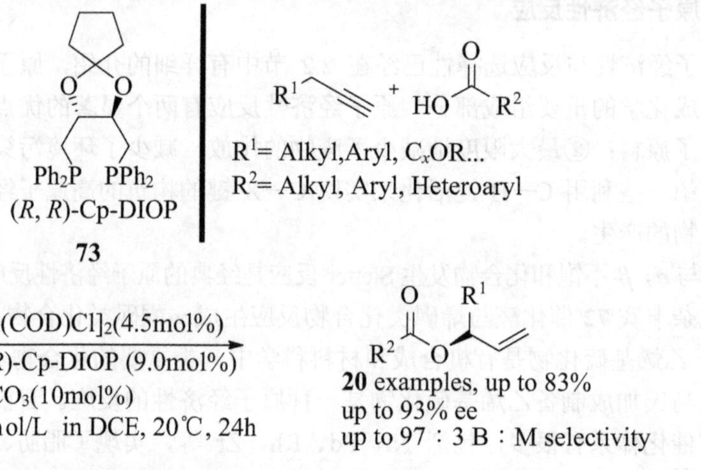

R^1= Alkyl, Aryl, C_xOR...
R^2= Alkyl, Aryl, Heteroaryl

$$ (5.69) $$

[Rh(COD)Cl]₂(4.5mol%)
—————————————
(R, R)-Cp-DIOP (9.0mol%)
Cs₂CO₃(10mol%)
0.5mol/L in DCE, 20℃, 24h

20 examples, up to 83%
up to 93% ee
up to 97 : 3 B : M selectivity

[4+2]，[2+2]，[5+2]环加成反应大多为高原子经济性反应，利用二炔化合物与烯烃或炔烃反应制备多环化合物，没有副产物生成，如式 (5.70) 所示[204]。采用苯酚和炔酸酯为原料，以 (dba)₃Pd₂·CHCl₃[dba 表示双（二亚苄基丙酮），bis (dibenzylideneacetone) palladium] 为催化剂，一步原子经济性反应合成香豆素类化合物，如式 (5.71) 所示。即使对于不对称的芳香底物，该体系也表现出了很好的区域选择性[205]。该课题组还以炔醇为起始原料发生分子内反应，高原子经济性地合成四氢

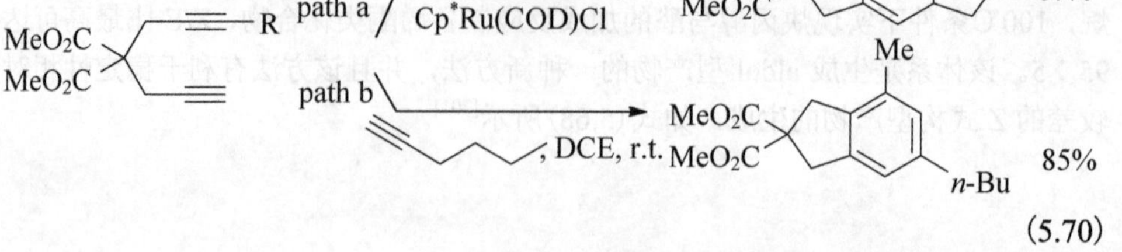

$$ (5.70) $$

呋喃或四氢吡喃类化合物。反应经过的大体历程为：炔醇在 **Ru74** 催化下生成烯酮或烯醛，随后发生分子内的共轭加成得到环醚类化合物，如式 (5.72) 所示[206]。近来，该小组以手性钯化合物 **75** 催化烯炔化合物和 α，β-不饱和烯酮的不对称催化环化反应，高原子经济性地制备五元环化反应，最高 ee 值可达 98%，如式 (5.73) 所示[207]。

$$(5.71)$$

$$(5.72)$$

$$(5.73)$$

此外，二氧化碳参与的环化反应大多是高原子经济性反应，如二氧化碳与环氧化物、炔丙胺、炔丙醇、邻二醇等发生环化反应生成环状碳酸酯、噁唑啉酮等化合物，这些反应引起了化学家极大的研究兴趣，目前有关这方面的综述也比较多[208]。为合成吲哚融合的多杂环化合物，已开发的合成路线有很多：①利用高毒性的叠氮化钠合成叠氮化环化反应前驱体，在比较苛刻的条件下(高达 150℃)实现分子内的热环化反应；②利用硝基化合物还原环化；③利用卤代物或者酯化物实现分子内环化[209]。上述方法大多使用功能化的底物，一般会导致反应原子经济性差，如式(5.74)所示。近来，利用交叉脱氢偶联反应高原子经济性地实现了环化反应[210]。陆熙炎院士利用串联环化反应高原子经济性地实现了烷基酮、烷基腈等的环化反应合成了一系列吲哚衍生物[211]。双氮铁配合物 **76** 可以催化未活化烯烃膦氢和炔烃膦氢的分子内膦氢化反应制备了一系列含膦杂环化合物，避免了废物的产生，如式(5.75)所示[212]。

$$(5.74)$$

$$(5.75)$$

76

5.6.2 区域选择性反应

C—H 键普遍存在于有机物分子中，并且在同一个分子中时常存在多个 C—H 键或类似的功能基团，如何高选择性地与其中某个 C—H 键或基团反应实现相应转化是合成化学中的一个挑战。钯催化交叉偶联反应一般选择性发生在卤素的位置，而铱催化一般发生在 C—H 键而非卤素的位置，如式(5.76)和式(5.77)所示[213]。

$$(5.76)$$

88% yield

$$(5.77)$$

许多烷基 C—H 键的功能化是一个氧化过程，一般 C—H 键的断裂易在缺电子的金属化合物或试剂存在下进行，因此富电子的弱 C—H 键更易发生反应[214]。通过调节催化剂 P450 的结构实现了烷烃不同位置的羟化反应，并进一步实现羟基的氟化反应，如式(5.78)所示。

$$(5.78)$$

此外，利用杂原子(N,O)定位基团和过渡金属的螯合作用活化与定位基团邻近的 C—H 键的方法已成为实现高选择性的重要策略之一。羟基、羧酸、酰胺、亚硝基、磺酸基、氨基、吡啶、腙、肟、负氧离子和碳负离子等均可作为导向基团。在 Rh(Ⅲ)Cp*催化下酰胺导向与 α, β-不饱和烯酮、烯醛发生环化反应。此外，Rh(Ⅲ)Cp*可以催化烯丙醇缩合芳烃脱氢的烷基化反应，该反应适合多种导向基底物(导向基团可以为酮、吡啶、酰胺等)，如式(5.79)和式(5.80)所示[215]。

$$(5.79)$$

$$(5.80)$$

5.6.3 立体选择性反应

由于手性分子在药物科学和生命科学等研究中的重要地位，高立体选择性的不对称有机化学反应是有机化学研究的核心内容之一。目前，已发展的立体选择性反应很多，其中立体选择性氧化反应是制备手性化合物的诸多方式中一类重要的反应类型和有效手段。基于生物体内非血红素类氧化酶催化的独特性质(如反应条件温和、高效、高选择性等)和对氧化酶结构与功能的不断深入研究，以及金属氧化酶温和条件下选择氧化的成功案例，化学家们开始关注通过模拟酶催化过程建立高效、高选择性的仿生催化氧化体系。本小节中通过简单介绍手性四氮锰配合物催化烯烃不对称环氧化反应的发展，揭示手性配体、添加剂等的调控与反应立体选择性的关系。

　　对 Stack 的高活性催化剂的配体 L2 进行修饰，即在 L2 的两个吡啶环的 4, 5 位并入蒎烯，合成了含有四氮的手性配体 L23。配体 L23 与 Mn(OTf)$_2$ 形成的配合物在过酸作氧化剂的条件下可以催化烯烃的环氧化反应，对于所选择的烯烃底物得到的收率与 L2 差别不大。但是，L23 与 Mn(OTf)$_2$ 在催化烯烃的环氧化时表现出了较好的对映选择性，对于所选择的底物可得到 46% 的 ee 值。研究结果表明，修饰吡啶环的 4, 5 位是提高这类四氮配体催化烯烃环氧化对映选择性的一个重要策略[216]。随后，配体 L23 的手性源 (S,S)-1,2-二氨基环己烷被换成手性二联吡咯烷制备手性四氮配体 L24。在配体筛选的过程中，发现 L2、L23 的催化活性和不对称诱导作用都比 L24 要差，这说明刚性手性二胺起了主导作用。最佳反应条件是 0.1mol% 催化剂量，1.2 当量双氧水做氧化剂，14 当量醋酸做添加剂，取得了 40%~73% 的 ee 值[217]。

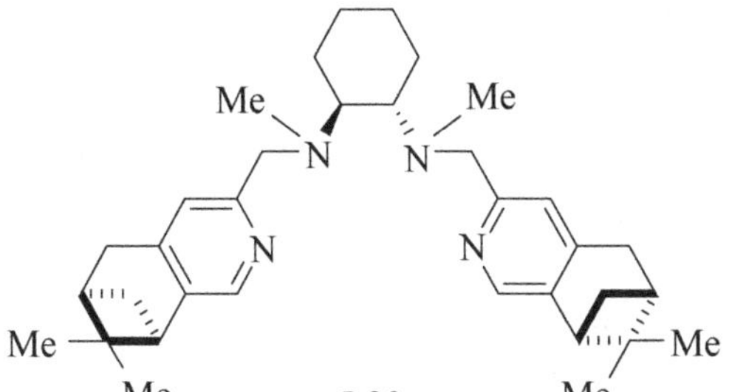

L23

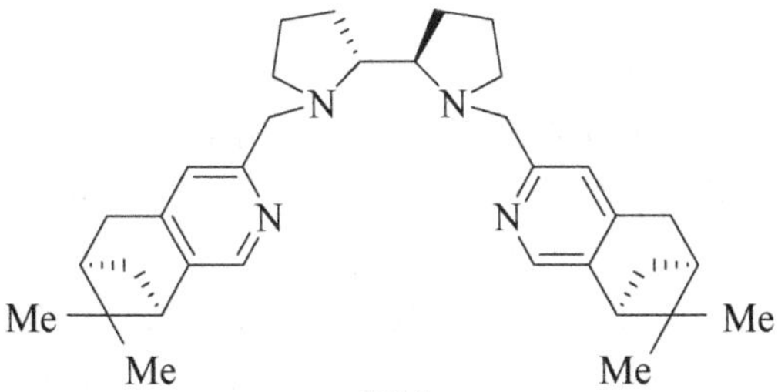

L24

　　以非手性的 N,N'-二甲基-1,2-乙二胺和手性的 (R,R)-N,N'-二甲基-1,2-环己二胺分别和手性 2-氯甲基噁唑啉反应合成了一系列 N$_4$ 配体 L25~L28。Mn(S,R,R,S)-L27(SbF$_6$)$_2$ 催化 β-甲基苯乙烯的环氧化反应可以得到 99% 的转化率和 21% 的 ee 值[218]。

L25: R = ^{i}Pr
L26: R = ^{t}Bu

L27: R = ^{i}Pr
L28: R = ^{i}Pr

　　四氮配体 L30 和 Mn(OTf)₂ 原位产生催化剂，在 2.0 当量双氧水、5.0 当量醋酸条件下，催化烯烃的不对称环氧化反应，产物 ee 值最高可达 99%[219]。采用原位催化技术，发现选用 1-金刚烷甲酸为添加剂时，反应结果最好，该体系可适用于顺式烯烃、反式烯烃、端基烯烃和三取代烯烃等的环氧化反应，最高可得到 99%的 ee 值[220]。

L29: R = Ph; L30: R = ^{i}Pr
L31: R = Bn; L32: R = ^{i}Bu
L33: R = ^{s}Bu; L34: R = ^{t}Bu
L35: R = Et; L36: R = Me

L37

　　孙伟课题组通过格氏反应在配体 L1 的吡啶 2 号位相连的亚甲基上引入两个大的芳香基团，合成了带有四个手性中心的四氮配体。并制备相应的锰配合物用于烯烃环氧化，在最佳反应条件为 1mol%催化剂用量，5 当量醋酸作添加剂，6 当量双氧水作氧化剂，最高取得了 94%的收率和 89%的 ee 值[221]。近来，该课题组在前期发展的多手性四氮金属配合物/乙酸/双氧水的烯烃不对称环氧化催化体系的基础上，发展了使用催化量硫酸替代常用的化学计量有机羧酸添加剂的新体系，引入的 3,5-二叔丁基苯基作为更大位阻的手性四氮锰配合物，可高效、高选择性地催化烯烃不对称环氧化反应；与传统有机羧酸体系相比，硫酸体系的反应活性和立体选择性均有大幅提高，环氧化产物的对映选择性可高达 98%。对反应机理的研究发现，硫酸的存在促进了锰过氧化氢(Mn-OOH)物种异裂生成高价金属氧中间体，而硫酸根阴离子作为配阴离子连接到金属锰中心进一步提高了反应的对映选择性[222]。此外，在多手性四氮配体所含吡啶环上引入二甲氨基基团后获得了一类新配体，其锰配合物在简单烯烃不对称环氧化反应中的对映选择性得到了进一步改善，对于苯乙烯衍生物最高可获得 93%ee，而对于反式二苯乙烯类底物也可达到 90%ee。值得一提的是，二甲氨基的引入也可大大降低反应中有机羧酸的使用量[223]。

5.7 总结与展望

绿色发展和可持续发展是当今世界的时代潮流。对于合成化学工作者，绿色合成逐渐成为人们生产和学科实际发展中的必然选择。绿色合成的目标应当是实现符合绿色化学要求的理想合成。在本章中我们总结了绿色合成技术中的众多方面。首先，介绍了绿色合成技术中需要发展绿色催化剂，其中包括均相催化剂中的有机小分子催化剂或使用价格低、无毒和性质稳定的过渡金属催化剂、固体酸碱催化剂和酶催化剂等；其次，总结了新兴的绿色合成辅助手段，如微波技术和超声波技术，使合成时间缩短，提高了收率，反应条件更温和等；再次，溶剂绿色化是绿色合成技术中的一个重要方面，超临界二氧化碳、水、聚乙二醇等绿色溶剂已被成功用于不同合成反应中；最后，提出精准有机合成是绿色合成的终极目标，借助各种手段和方法实现反应选择性上的精准化和高原子经济性反应。绿色化学的理念已经渗入到化学学科的各个方面，绿色合成是合成化学的发展趋势，在未来的发展历程中，绿色合成必定会继续发展绿色催化体系，包括催化剂、溶剂和助剂的绿色化；开拓绿色辅助手段，在温和条件下提高反应效率和收率。

参 考 文 献

[1] Zhou Q L. Transition-metal catalysis and organocatalysis: where can progress be expected? Angew Chem Int Ed, 2016, 55: 5352-5353.

[2] Hagen J. Industrial Catalysis—A Practical Approach. Weinheim: Wiley-VCH, 1999.

[3] 朱洪法. 石油化工催化剂基础知识. 北京: 中国石化出版社, 1995.

[4] (a) Jessop P G. Homogeneous catalysis in supercritical fluids. Chem Rev, 1999, 99(2): 475-493; (b) Corma A, García H. Lewis acids: from conventional homogeneous to green homogeneous and heterogeneous catalysis. Chem Rev, 2003, 103(11): 4307-4365; (c) Harder S. From limestone to catalysis: application of calcium compounds as homogeneous catalysts. Chem Rev, 2010, 110(7): 3852-3876; (d) Mandal S K, Roesky H W. Assembling heterometals through oxygen: an efficient way to design homogeneous catalysts. Acc chem Res, 2010, 43(2): 248-259.

[5] Bredig G, Fiske P S. Durch katalysatoren bewirkte asymmetrische synthese. Biochem Z, 1912, 46: 7-23.

[6] Hajos Z G, Rarrish D R. Asymmetric synthesis of bicyclic intermediates of natural product chemistry. J Org Chem, 1974, 39(12): 1615-1621.

[7] List B, Lerner R A, Barbas III C F. Proline-catalyzed direct asymmetric aldol reactions. J Am Chem Soc, 2000, 122(10): 2395-2396.

[8] (a) Berkessel A, Gröger H. Asymmetric Organocatalysis-from Biomimetic Concepts to Applications in Asymmetric
     Synthesis. Weinheim: Wiley-VCH, 2005; (b) Dalko P I. Enantioselective Organocatalysis. Weinheim: Wiley-VCH,
     2005; (c) Daiko P I, Moisan L. In the golden age of organocatalysis. Angew Chem Int Ed, 2004, 43: 5138.

[9] (a) Paras N A, MacMillan D W C. New strategies in organic catalysis: the first enantioselective organocatalytic
     friedel–crafts alkylation. J Am Chem Soc, 2001, 123 (18): 4370–4371; (b) Austin J F, MacMillan D W C.
     Enantioselective organocatalytic indole alkylations. design of a new and highly effective chiral amine for iminium
     catalysis. J Am Chem Soc, 2002, 124 (7): 1172-1173.

[10] (a) Hayashi Y, Gotoh H, Hayashi T, et al. Diphenylprolinol silyl ethers as efficient organocatalysts for the
     asymmetric michael reaction of aldehydes and nitroalkenes. Angew Chem Int Ed, 2005, 44 (27): 4212-4215; (b)
     Chi Y G, Gellman S H. Diphenylprolinol methyl ether: a highly enantioselective catalyst for michael addition of
     aldehydes to simple enones. Org Lett, 2005, 7 (19): 4253-4256.

[11] (a) Ooi T, Takada S, Fujioka S, et al. N-spiro chiral quaternary ammonium bromide catalyzed diastereo-and
     enantioselective conjugate addition of nitroalkanes to cyclic α,β-unsaturated ketones under phase-transfer conditions.
     Org Lett, 2005, 7 (23): 5143-5146; (b) He R J, Ding C H, Maruoka K. Phosphonium salts as chiral phase-transfer
     catalysts: asymmetric michael and mannich reactions of 3-aryloxindoles. Angew Chem Int Ed, 2009, 48 (25):
     4559-4561.

[12] (a) Uraguchi D, Nakashima D, Ooi T. Chiral arylaminophosphonium barfates as a new class of charged brønsted
     acid for the enantioselective activation of nonionic lewis bases. J Am Chem Soc, 2009, 131 (21): 7242-7243; (b)
     Uraguchi D, Kinoshita N, Nakashima D, et al. Chiral ionic brønsted acid–achiral brønsted base synergistic catalysis
     for asymmetric sulfa-michael addition to nitroolefins. Chem Sci, 2012, 3: 3161-3164.

[13] (a) Yang Y Q, Zhao G. Organocatalyzed highly enantioselective michael additions of malonates to enones by using
     novel primary–secondary diamine catalysts. Chem Eur J, 2008, 14 (35): 10888-10891; (b) Yang Y Q, Chen X
     K, Xiao H, et al. Organocatalyzed enantioselective michael additions of nitroalkanes to enones by using primary–
     secondary diamine catalysts. Chem Commun, 2010, (46): 4130-4132.

[14] Cai Q, Zheng C, You S L. Enantioselective intramolecular aza-michael additions of indoles catalyzed by chiral
     phosphoric acids. Angew Chem Int Ed, 2010, 49 (46): 8666-8669.

[15] Bernardi L, López-Cantarero J, Niess B, et al. Organocatalytic asymmetric 1,6-additions of β-ketoesters and glycine
     imine. J Am Chem Soc, 2007, 129 (17): 5772-5778.

[16] Uraguchi D, Yoshioka K, Ueki Y, et al. Highly regio-, diastereo-, and enantioselective 1,6- and 1,8-additions of
     azlactones to di- and trienyl N-acylpyrroles. J Am Chem Soc, 2012, 134 (47): 19370-19373.

[17] Dell'Amico L, Albrecht Ł, Naicker T, et al. Beyond classical reactivity patterns: shifting from 1,4- to 1,6-additions
     in regio- and enantioselective organocatalyzed vinylogous reactions of olefinic lactones with enals and 2,4-dienals. J
     Am Chem Soc, 2013, 135 (21): 8063-8070.

[18] Du H, Zhao D, Ding K. Enantioselective catalysis of the hetero-diels–alder reaction between brassard's diene and
     aldehydes by hydrogen-bonding activation: a one-step synthesis of (S)-(+)-dihydrokawain. Chem Eur J, 2004,
     10 (23): 5964-5970.

[19] Zhang X, Du H, Wang Z, et al. Experimental and theoretical studies on the hydrogen-bond-promoted
     enantioselective hetero-diels-alder reaction of danishefsky's diene with benzaldehyde. J Org Chem, 2006, 71 (7):
     2862-2869.

[20] Anderson C D, Dudding T, Gordillo R, et al. Origin of enantioselection in hetero-diels–alder reactions catalyzed by
     naphthyl-taddol. Org Lett, 2008, 10 (13): 2749-2752.

[21] Liu H, Cun L-F, Mi A-Q, et al. Enantioselective direct aza hetero-diels–alder reaction catalyzed by chiral brønsted acids. Org Lett, 2006, 8(26): 6023-6026.

[22] (a) Drewes S E, Roos G H P. Synthetic potential of the tertiary-amine-catalysed reaction of activated vinyl carbanions with aldehydes original research article. Tetrahedron, 1988, 44(15): 4653-4670; (b) Gilbert A, Heritage T W, Isaacs N S. Asymmetric induction in the baylis-hillman reaction. Tetrahedron: Asymmetry, 1991, 2(10): 969-972; (c) Marko I E, Giles O R, Hindley N J. Catalytic enantioselective baylis-hillman reactions. Correlation between pressure and enantiomeric excess. Tetrahedron, 1997, 53(3): 1015-1024.

[23] Barrett A G M, Kamimura A S C. Asymmetric baylis–hillman reactions: catalysis using a chiral pyrrolizidine base. Chem Commun, 1998, 2533-2534.

[24] Iwabuchi Y, Nakatani M, Yokoyama N, et al. Chiral amine-catalyzed asymmetric baylis–hillman reaction: a reliable route to highly enantiomerically enriched (α-methylene-β-hydroxy)esters. J Am Chem Soc, 1999, 121(43): 10219-10220.

[25] Hartikka A, Arvidsson P I. Rational design of asymmetric organocatalysts—increased reactivity and solvent scope with a tetrazolic acid. Tetrahedron: Asymmetry, 2004, 15(12): 1831-1834.

[26] Berkessel A, Koch B, Lex J. Proline-derived N-sulfonylcarboxamides: readily available, highly enantioselective and versatile catalysts for direct aldol reactions. Adv Synth Catal, 2004, 346(9-10): 1141-1146.

[27] Tang Z, Jiang F, Yu L, et al. Novel small organic molecules for a highly enantioselective direct aldol reaction. J Am Chem Soc, 2003, 125(18): 5262-5263.

[28] Wong O A, Wang B, Zhao M-X, et al. Asymmetric epoxidation catalyzed by α,α-dimethylmorpholinone ketone. Methyl group effect on spiro and planar transition states. J Org Chem, 2009, 74(16): 6335-6338.

[29] (a) Page P C B, Rassias G A, Barros D, et al. Functionalized iminium salt systems for catalytic asymmetric epoxidation. J Org Chem, 2001, 66(21): 6926–6931; (b) Page P C B, Buckley B R, Blacker A J. Iminium salt catalysts for asymmetric epoxidation: the first high enantioselectivities. Org Lett, 2004, 6(10): 1543-1546; (c) Page P C B, Buckley B R, Farah M M, et al. Binaphthalene-derived iminium salt catalysts for highly enantioselective asymmetric epoxidation. Eur J Org Chem, 2009, 20: 3413-3426.

[30] Farah M M, Page P C B, Buckley B R, et al. Novel biphenyl organocatalysts for iminiumIon-catalyzed asymmetric epoxidation. Tetrahedron, 2013, 69(2): 758-769.

[31] (a) Vincent J B, Huffman J C, Christou G, et al. Modeling the dinuclear sites of iron biomolecules: synthesis and properties of $Fe_2O(OAc)_2Cl_2(bipy)_2$ and its use as an alkane activation catalyst. J Am Chem Soc, 1988, 110(20): 6898-6900; (b) Leising R A, Kim J, Pérez M A, et al. Alkane functionalization at (μ-oxo)diiron(Ⅲ) centers. J Am Chem Soc, 1993, 115(21): 9524-9530; (c) Chen K, Que Jr L. Evidence for the participation of a high-valent iron–oxo species in stereospecific alkane hydroxylation by a non-heme iron catalyst. Chem Commun, 1999, 32(22): 1375-1376.

[32] Buchanan R M, Chen S, Richardson J F, et al. Biomimetic oxidation studies. 8. structure of a new MMO active site model, $[Fe_2O(H_2O)_2(tris((1-methylimidazol-2-yl)methyl)amine)_2]^{4+}$, and role of the aqua ligand in alkane functionalization reactions. Inorg Chem, 1994, 33(15): 3208-3209.

[33] Kim C, Chen K, Kim J H, et al. Stereospecific alkane hydroxylation with H_2O_2 catalyzed by a iron(Ⅱ)-tris(2-pyridylmethyl)amine complex. J Am Chem Soc, 1997, 119(25): 5964-5965.

[34] Chen M S, White M C. A predictably selective aliphatic C–H oxidation reaction for complex molecule synthesis. Science, 2007, 318: 783-787.

[35] (a) Bigi M A, Reed S A, White M C. Directed metal (oxo) aliphatic C–H hydroxylations: overriding substrate bias. J Am Chem Soc, 2012, 134(23): 9721–9726; (b) Gormisky P E, White M C. Catalyst-controlled aliphatic C–H oxidations with a predictive model for site-selectivity. J Am Chem Soc, 2013, 135(38): 14052–14055.

[36] Howell J M, Feng K, Clark J R, et al. Remote oxidation of aliphatic C–H bonds in nitrogen-containing molecules. J Am Chem Soc, 2015, 137(46): 14590-14593.

[37] Murch B P, Bradley F C, Que L Jr. A binuclear iron peroxide complex capable of olefin epoxidation. J Am Chem Soc, 1986, 108(16): 5027-5028.

[38] (a) Nam W, Ho R, Valentine J S. Iron-cyclam complexes as catalysts for the epoxidation of olefins by 30% aqueous hydrogen peroxide in acetonitrile and methanol. J Am Chem Soc, 1991, 113(18): 7052–7054; (b) Chen K, Que L Jr. cis-Dihydroxylation of olefins by a non-heme iron catalyst: a functional model for rieske dioxygenases. Angew Chem Int Ed, 1999, 38(15): 2227–2229; (c) Dubois G, Murphy A, Stack T D P. Simple iron catalyst for terminal alkene epoxidation. Org Lett, 2003, 5(14): 2469–2472; (d) Feng T, England J, Que L Jr. Iron-catalyzed olefin epoxidation and cis-dihydroxylation by tetraalkylcyclam complexes: the importance of cis-llabile sites. ACS Catal, 2011, 1(9): 1035-1042.

[39] White M C, Doyle A G, Jacobsen E N. A synthetically useful, self-assembling MMO mimic system for catalytic alkene epoxidation with aqueous H_2O_2. J Am Chem Soc, 2001, 123(29): 7194-7195.

[40] Wu M, Miao C, Wang S, et al. Chiral bioinspired non-heme iron complexes for enantioselective epoxidation of α,β-unsaturated ketones. Adv Synth Catal, 2011, 353(16): 3014-3022.

[41] Wang B, Wang S, Xia C, et al. Highly enantioselective epoxidation of multisubstituted enones catalyzed by non-heme iron catalysts. Chem Eur J, 2012, 18(24): 7332-7335.

[42] Cussó O, Garcia-Bosch I, Ribas X, et al. Asymmetric epoxidation with H_2O_2 by manipulating the electronic properties of non-heme iron catalysts. J Am Chem Soc, 2013, 135(39): 14871-14878.

[43] Chen K, Que Jr L. cis-Dihydroxylation of olefins by a non-heme iron catalyst: a functional model for rieske dioxygenases. Angew Chem Int Ed, 1999, 38(15): 2227-2229.

[44] Costas M, Tiptn A K, Chen K, et al. Modeling rieske dioxygenases: the first example of iron-catalyzed asymmetric cis-dihydroxylation of olefins. J Am Chem Soc, 2001, 123(27): 6722-6723.

[45] Oldenburg P D, Shteinman A A, Que Jr L. Iron-catalyzed olefin cis-dihydroxylation using a bio-inspired N, N, O-ligand. J Am Chem Soc, 2005, 127(23): 15672-15673.

[46] Suzuki K, Oldenburg P D, Que Jr L. Iron-catalyzed asymmetric olefin cis-dihydroxylation with 97% enantiomeric excess. Angew Chem Int Ed, 2008, 47(10): 1887-1889.

[47] (a) van Koten G, Jastrzebski J T B H. Periphery-functionalized organometallic dendrimers for homogeneous catalysis. J Mol Catal A: Chem, 1999, 146(1-2): 317-323; (b) Kleij A W, Gossage R A, Jastrzebski J T B H, et al. The "dendritic effect" in homogeneous catalysis with carbosilane-supported arylnickel(II) catalysts: observation of active-site proximity effects in atom-transfer radical addition. Angew Chem Int Ed, 2000, 39(1): 176-178.

[48] Detz R J, Heras S A, de Gelder R, et al. "Clickphine": a novel and highly versatile P, N ligand class via click chemistry. Org Lett, 2006, 8(15): 3227-3230.

[49] Bolm C, Dinter C L, Seger A, et al. Synthesis of catalytically active polymers by means of ROMP: an effective approach toward polymeric homogeneously soluble catalysts. J Org Chem, 1999, 64(16): 5730-5731.

[50] De Groot D, de Waal B F M, Reek J N H, et al. Noncovalently functionalized dendrimers as recyclable catalysts. J Am Chem Soc, 2001, 123(35): 8453-8458.

[51] Kragl U, Dreisbach C. Kontinuierliche asymmetrische synthese in einem membranreaktor. Angew Chem Int Ed, 1996, 108 (6) : 684-685.

[52] Laue S, Greiner L, Wöltinger J, et al. Continuous application of chemzymes in a membrane reactor: asymmetric transfer hydrogenation of acetophenone. Adv Synth Catal, 2001, 343 (6-7) : 711-720.

[53] Datta A, Ebert K, Plenio H. Nanofiltration for homogeneous catalysis separation: soluble polymer-supported palladium catalysts for heck, sonogashira, and suzuki coupling of aryl halides. Organometallics, 2003, 22 (23) : 4685-4691.

[54] (a) Hattori H. Heterogeneous basic catalysis. Chem Rev, 1995, 95: 537-558; (b) Zhu L, Liu X Q, Jiang H L, et al. Metal–organic frameworks for heterogeneous basic catalysis. Chem Rev, 2017, 117: 8129-8176.

[55] Gopinath S, Kumar P S M, Arafath K A Y, et al. Efficient mesoporous SO_4^{2-}/Zr-KIT-6 solid acid catalyst for green diesel production from esterification of oleic acid. Fuel, 2017, 203: 488-500.

[56] Rade L L, Lemos C O T, Barrozo M A S, et al. Optimization of continuous esterification of oleic acid with ethanol over niobic acid. Renew Energy, 2018, 115: 208-216.

[57] Liu B, Jiang P, Zhang P, et al. Preparation and characterization of SO_4^{2-}/FexAl1−xPO4 solid acid catalysts for caprylic acid esterification. Catal Commun, 2017, 99: 49-52.

[58] (a) Han X, Zhang X, Zhu G, et al. Ionic liquid–silicotungstic acid composites as efficient and recyclable. catalysts for the selective esterification of glycerol with lauric acid to monolaurin. ChemCatChem, 2017, 9 (14) : 2727-2738; (b) de Aguiar V M, de Souza A L F, Galdino F S, et al. Sulfonated poly (divinylbenzene) and poly (styrene-divinylbenzene) as catalysts for esterification of fatty acids. Renew Energy, 2017, 114: 725-732.

[59] Balaji T, Sasidharan M, Matsunaga H. Naked eye detection of cadmium using inorganic–organic hybrid mesoporous material. Anal Bioanal Chem, 2006, 384: 488-494.

[60] Zhang M, Sheng X, Zhang Y, et al. Zirconium incorporated micro/mesoporous silica solid acid catalysts for alkylation of o-xylene with styrene. J Porous Mater, 2017, 24: 109-120.

[61] Buniazet Z, Couble J, Bianchi D, et al. Unravelling water effects on solid acid catalysts: case study of TiO_2/SiO_2 as a catalyst for the dehydration of isobutanol. J Catal, 2017, 348: 125-134.

[62] Amberg-Schwab S, Weber U, Burger A, et al. Development of passive and active barrier coatings on the basis of inorganic–organic polymers. Monatsh Chem, 2006, 137: 657-666.

[63] (a) Honma T, Nakajo M, Mizugaki T, et al. Highly eficient epoxidation of α,β-unsaturated ketones by hydrogen peroxide with a base hydrotalcite catalyst prepared from metal oxides. Tetrahedron Lett, 2002, 43: 6229- 6232; (b) Yadav V K, Kapoor K K. KF adsorbed on alumina effectively promotes the epoxidation of electron deficient alkenes by anhydrous t-BuOOH, Tetrahedron, 1996, 52 (10) : 3659-3668.

[64] Choudary B M, Reddy C V, Prakash B V, et al. Oxidation of secondary and tertiary amines by a solid base catalyst. J Mol Catal A: Chem, 2004, 217: 81- 85.

[65] Zhang Y, Liu Z, Ren S, et al. Study on the basic centers and active oxygen species of solid-base catalysts for oxidation of iso-mercaptans. App Catal A: General, 2014, 473: 125-131.

[66] Ardemani L, Cibin G, Dent A J, et al. Solid base catalysed 5-HMF oxidation to 2,5-FDCA over au/hydrotalcites: fact or fiction. Chem Sci, 2015, 6: 4940-4945.

[67] (a) Hattori H, Tanaka Y, Tanabe K. A novel catalytic property of magnesium oxide for hydrogenation of 1,3-butadiene. J Am Chem Soc, 1976, 98: 4652-4653; (b) Imizu Y, Hattori H, Tanabe K. Selective formation of trans-2-butene-1,4-d_2 and (E)-2-methyl-2-butene-1,4-d_2 in deuteration of 1,3-butadiene derivatives over. J Catal, 1979, 56: 303-310.

[68] Tathod sugars A, Kane T, Sanil E S, et al. Solid base supported metal catalysts for the oxidation and hydrogenation of sugars. J Mol Catal A: Chem, 2014, 388-389: 90-99.

[69] Hattori A, Hattori H, Tanabe K. Homogeneous ruthenium catalysis of N-alkylation of amides and lactams. J Catal, 1980, 55: 246-252.

[70] Jinesh C M, Sen A, Ganguly B, et al. Microwave assisted isomerization of alkenyl aromatics over solid base catalysts: an understanding through theoretical study. RSC Adv, 2012, 2: 6871-6878.

[71] Son P A, Nishimura S, Ebitani K. Preparation of zirconium carbonate as water-tolerant solid base catalyst for glucose isomerization and one-pot synthesis of levulinic acid with solid acid catalyst. Reac Kinet Mech Cat, 2014, 111: 183-197.

[72] (a) Kabashima H, Tsuji H, Shibuya T, et al. Michael addition of nitromethane to α,β-unsaturated carbonyl compounds over solid base catalysts. J Mol Catal A: Chem, 2000, 155: 23- 29; (b) Choudary B M, Kantam M L, Reddy C R V, et al. The first example of michael addition catalysed by modified Mg–Al hydrotalcite. J Mol Catal A: Chem, 1999, 146: 279- 284.

[73] Borah P, Yamashita Y, Kobayashi S. Catalytic stereoselective 1,4-addition reactions using CsF on alumina as a solid base: continuous-flow synthesis of glutamic acid derivatives. Angew Chem Int Ed, 2017, 56: 10330-10334.

[74] Xu J, Shen K, Xue B, et al. Microporous carbon nitride as an effective solid base catalyst for knoevenagel condensation reactions. J Mol Catal A: Chem, 2013, 372: 105-11.

[75] Su F, Antoniettia M, Wang X. mpg-C3N4 as a Solid base catalyst for knoevenagel condensations and transesterification reactions. Catal Sci Technol, 2012, 2: 1005-1009.

[76] Sharma P, Sasson Y. Highly active g-C3N4 as a solid base catalyst for knoevenagel condensation reaction. under phase transfer conditions. RSC Adv, 2017, 7: 25589-25596.

[77] Deng Q, Li Q. Facile preparation of Mg-doped graphitic carbon nitride composites as a solid base catalyst for knoevenagel condensations. J Mater Sci, 2018, 53: 506-515.

[78] (a) Smith A, Datta S P, Smith G H, et al. Oxford Dictionary of Biochemistry and Molecular Biology. Oxford University Press, 2000; (b) Bairoch A. The Enzyme Database in 2000. Nucl Acids Res, 2000, 28: 304-305.

[79] Fischer E. Einfluss der configuration auf die wirkung der enzyme. Ber Dt Chem Ges, 1894, 27: 2985-2993.

[80] Koshland Jr D E. Application of a theory of enzyme specificity to protein synthesis. Proc Natl Acad Sci USA, 1958, 44(2): 98-104.

[81] Wang V C C, Maji S, Chen P P Y, et al. Alkane oxidation: methane monooxygenases, related enzymes, and their biomimetics. Chem Rev, 2017, 117: 8574-8621.

[82] (a) Molinart F, Villa R, Aragozzini F, et al. Multigram-scale production of aliphatic carboxylic acids by oxidation of alcohols with acetobacter pasteurianus NCIMB 11664. J Chem Technol Biotechnol, 1997, 70: 294-298; (b) Gandolfi R, Ferrara N, Molinari F. An easy and efficient method for the production of carboxylic acids and aldehydes by microbial oxidation of primary alcohols. Tetrahedron Lett, 2001, 42(3): 513-514.

[83] (a) Parikka K, Tenkanen M. Oxidation of methyl α-D-galactopyranoside by galactose oxidase: products formed and optimization of reaction conditions for production of aldehyde. Carbohydr Res, 2009, 344(1): 14-20; (b) Van Wijk A, Siebum A, Schoevaart R, et al. Enzymatically oxidized lactose and derivatives thereof as potential protein cross-linkers. Carbohydr Res, 2006, 341(18): 2921-2926.

[84] Liu T, Wolf B, Geigert J, et al. Convenient, laboratory procedure for producing solid α-arabino-hexos-2-ulose (D-glucosone). Carbohydr Res, 1983, 113(1): 151-157.

[85] Edegger K, Mang H, Faber K, et al. Biocatalytic oxidation of sec-alcohols via hydrogen transfer. J Mol Catal A: Chem, 2006, 251 (1-2) : 66-70.

[86] (a) Leutbecher H, Hajdok S, Braunberger C, et al. Combined action of enzymes: the first domino reaction catalyzed by Agaricus bisporus. Green Chem, 2009, 11: 676-679; (b) Hajdok S, Conrad J, Leutbecher H, et al. The laccase-catalyzed domino reaction between catechols and heterocyclic 1,3-dicarbonyls and the unambiguous structure elucidation of the products by NMR spectroscopy and X-ray crystal structure analysis. J Org Chem, 2009, 74 (19) : 7230-7237.

[87] (a) Walsh C, Chen Y-C J. Enzymic baeyer–villiger oxidations by flavin-dependent monooxygenases. Angew Chem Int Ed, 1988, 27 (3) : 333-343; (b) Ryerson C C, Ballou D P, Walsh C. Mechanistic studies on cyclohexanone oxygenase. Biochem, 1982, 21: 2644-2655.

[88] (a) Meunier B, de Visser S P, Shaik S. Mechanism of oxidation reactions catalyzed by cytochrome P450 enzymes. Chem Rev, 2004, 104: 3947-3980; (b) Fasan R. Tuning P450 enzymes as oxidation catalysts. ACS Catal, 2012, 2 (4) : 647-666; (c) Montellano P O. Cytochrome P450: Structure, Mechanism, and Biochemistry. New York: 3rd ed; Springler ed. 2005; (d) Schlichting I, Berendzen J, Chu K, et al. The catalytic pathway of cytochrome P450cam at atomic resolution. Science, 2000, 287: 1615-1622; (e) Hammer S C, Kubik G, Watkins E, et al. Anti-markovnikov alkene oxidation by metal-oxo–mediated enzyme catalysis. Science, 2017, 358: 215-218.

[89] (a) Gibson D T, Resnick S M, Lee K, et al. Desaturation, dioxygenation, and monooxygenation reactions catalyzed by naphthalene dioxygenase from pseudomonas sp. strain 9816-4. J Bacteriol, 1995, 177: 2615-2621; (b) Kauppi B, Lee K, Carredano E, et al. Structure of an aromatic-ring-hydroxylating dioxygenase – naphthalene 1,2-dioxygenase. Structure, 1998, 6 (5) : 571-586.

[90] Namekawa S, Uyama H, Kobayashi S. Lipase-catalyzed ring-opening polymerization and copolymerization of β-propiolactone. Polym J, 1996, 28: 730-731.

[91] (a) Van As B A C, Van Buijtenen J, Heise A, et al. Chiral oligomers by iterative tandem catalysis. J Am Chem Soc, 2005, 127: 9964-9965; (b) Sobczak M. Enzyme-catalyzed ring-opening polymerization of cyclic esters in the presence of poly (ethylene glycol). J Appl Polym Sci, 2012, 125: 3602–3609; (c) Zhang X, Cai M, Zhong Z, et al. A water-soluble polycarbonate with dimethylamino pendant groups prepared by enzyme-catalyzed ring-opening polymerization, Macromol Rapid Commun, 2012, 33: 693-697.

[92] (a) Zheng H, Mei Y, Du K, et al. Trypsin-catalyzed one-pot multicomponent synthesis of 4-thiazolidinones. Catal Lett, 2013, 143: 298-301; (b) Zheng H, Mei Y, Du K, et al. One-pot chemoenzymatic multicomponent synthesis of thiazole derivatives. Molecules, 2013, 18: 13425-13433.

[93] Bora P P, Bihani M, Bez G. Multicomponent synthesis of dihydropyrano[2,3-c]pyrazoles catalyzed by lipase from aspergillus niger. J Mol Catal B: Enzzym, 2013, 92: 24-33.

[94] Wang J, Liu B, Yin C, et al. Candida antarctica lipase B-catalyzed the unprecedented three-component hantzsch-type reaction of aldehyde with acetamide and 1,3-dicarbonyl compounds in non-aqueous solvent. Tetrahedron, 2011, 67 (14) : 2689-2692.

[95] He Y, Hu W, Guan Z. Enzyme-catalyzed direct three-component aza-diels–alder reaction using hen egg white lysozyme. J Org Chem, 2012, 77 (1) : 200-207.

[96] (a) Li C, Feng X, Wang N, et al. Biocatalytic promiscuity: the first lipase-catalysed asymmetric aldol reaction. Green Chem, 2008, 10: 616-618; (b) Xie Z, Wang N, Zhou L, et al. Lipase-catalyzed stereoselective cross-aldol reaction promoted by water. ChemCatChem, 2013, 5 (7) : 1935-1940.

[97] Slnith M B, March J. March's Advanced Organic Chemistry: Reaction, Mechanisms, and Structure(5th Edition). Wiley-Interscience, http: //online library. Wiley. Com/book/10.100210470084960, 2001.

[98] Wu W, Wang N, Xu J, et al. Penicillin G acylase catalyzed markovnikov addition of allopurinol to vinyl ester. Chem Commun, 2005, (18) : 2348-2350.

[99] Marcelli T, van der Haas R N S, van Maarseveen J H, et al. Asymmetric organocatalytic henry reaction. Angew Chem Int Ed, 2006, 45(6) : 929-931.

[100] (a) Purkarthofer T, Gruber K, Gruber-Khadjawi M, et al. A biocatalytic henry reaction—the hydroxynitrile lyase from hevea brasiliensis also catalyzes nitroaldol reactions. Angew Chem Int Ed, 2006, 45(21) : 3454-3456; (b) Gruber-Khadjawi M, Purkarthofer T, Skranc W, et al. Hydroxynitrile lyase-catalyzed enzymatic nitroaldol (Henry) reaction. Adv Synth Catal, 2007, 349(8-9) : 1445-1450.

[101] Tang R, Guan Z, He Y, et al. Enzyme-catalyzed Henry (nitroaldol) reaction. J Mol Catal B: Enzym, 2010, 63: 62-67.

[102] Lindley J, Mason T J. Sonochemistry. Part2—Synthetic applications. Chem Soc Rev, 1987, 16: 275-311.

[103] Deligeorgiev T, Vasilev A, Vaquero J J, et al. A green synthesis of isatoic anhydrides from isatins with urea–hydrogen peroxide complex and ultrasound. Ultrason Sonochem, 2007, 14(5) : 497-501.

[104] Chakinala A G, Gorate P R, Burgess A E, et al. Intensification of hydroxyl radical production in sonochemical reactors, Ultrason Sonochem, 2007, 14(5) : 509-514.

[105] Letort S, Lejeune M, Kardos N, et al. New insights into the catalytic reduction of aliphatic nitro compounds with hypophosphites under ultrasonic irradiation. Green Chem, 2017, 19: 4583-4590.

[106] Mason T J. Use of ultrasound in chemical synthesis. Ultrasonics, 1986, 24: 245-253.

[107] López-Pestaňa J M, Avila-Rey M J, Martin-Aranda R M. Ultrasound-promoted N-alkylation of imidazole. Catalysis by solid-base, alkali-metal doped carbons. Green Chem, 2002, 4: 628-630.

[108] Zhang F, Sun J, Gao D, et al. An efficient and convenient procedure for the synthesis of 2-alkyl-2-alkoxy-1,2-di(furan-2-yl)ethanone under ultrasound in the presence of solid–liquid phase transfer catalysis conditions. ultrason. Sonochem, 2007, 14: 493-496.

[109] Gedye R, Smith F, Westaway K, et al. The use of microwave ovens for rapid organic synthesis. Tetrahedron Lett, 1986, 27(3) : 279-282.

[110] Taakahashi M, Oshima K, Matsubara S. Hydrogen transfer type oxidation of alcohols by rhodium and ruthenium catalyst under microwave irradiation. Tetrahedron Lett, 2003, 44: 9201-9203.

[111] Martins N R, Martins L M D R S, Amorim C O, et al. Solvent-free microwave-induced oxidation of alcohols catalyzed by ferrite magnetic nanoparticles. Catalysts, 2017, 7(7) : 222.

[112] Deka N, Mariotte A-M, Boumendjel A. Microwave mediated solvent-free acetylation of deactivated and hindered phenols. Green Chem, 2001, 3: 263-264.

[113] Narayan S, Seelhammer T, Gawley R E. Microwave assisted solvent free amination of halo-(pyridine or pyrimidine) without transition metal catalyst. Tetrahedron Lett, 2004, 45: 757-759.

[114] Bogdal D, Warzala M. Microwave-assisted preparation of benzo[b]furans under solventless phase-transfer catalytic conditions. Tetrahedron, 2000, 56: 8769-8773.

[115] Ali S J, Rao J R, Nair B U. Novel approaches to the recovery of chromium from the chrome-containing wastewaters of the leather industry. Green Chem, 2001, 2: 302-304.

[116] Peng Y, Song G. Combined microwave and ultrasound assisted williamson ether synthesis in the absence of phase-transfer catalysts. Green Chem, 2002, 4: 349-351.

[117] Peng Y, Song G, Dou R. Surface cleaning under combined microwave and ultrasound irradiation: flash synthesis of 4H-pyrano[2,3-c]pyrazoles in aqueous media. Green Chem, 2006, 8: 573-575.

[118] 应习理. 超声波-微波复合能量场促进水介质非均相有机合成反应. 华东理工大学, 2008.

[119] (a) Leitner W. Supercritical carbon dioxide as a green reaction medium for catalysis. Acc Chem Res, 2002, 35: 746-756; (b) Seki T, Baiker A. Catalytic oxidations in dense carbon dioxide. Chem Rev, 2009, 109: 2409-2454.

[120] (a) Ambrose D. In Handbook of Chemistry and Physics, Boca Raton : CRC Press, 1991; (b) Musie G, Wei M, Subramaniam B, et al. Catalytic oxidations in carbon dioxide-based reaction media, including novel CO_2-expanded phases. Coord Chem Rev, 2001, 219-221: 789-820.

[121] (a) Maayan G, Ganchegui B, Leitner W, et al. Selective aerobic oxidation in supercritical carbon dioxide catalyzed by the $H_5PV_2Mo_{10}O_{40}$ polyoxometalate. Chem Commun, 2006, 2230-2232; (b) González-Núñez M E, Mello R, Olmos A, et al. Oxidation of alcohols to carbonyl compounds with $CrO_3 \cdot SiO_2$ in supercritical carbon dioxide. J Org Chem, 2006, 71 (3) : 1039-1042.

[122] Kimmerle B, Grunwaldt J D, Baiker A. Gold catalysed selective oxidation of alcohols in supercritical carbon dioxide. Topics Catal, 2007, 44: 285-292.

[123] Hou Z, Theyssen N, Brinkmann A, et al. Biphasic Aerobic oxidation of alcohols catalyzed by poly(ethylene glycol)-stabilized palladium nanoparticles in supercritical carbon dioxide. Angew Chem Int Ed, 2005, 44 (9) : 1346-1349.

[124] Miao C X, He L N, Wang J Q, et al. Biomimetic oxidation of alcohols catalyzed by TEMPO-functionalized polyethylene glycol and copper(I) chloride in compressed carbon dioxide. Synlett, 2009, 2009 (20) : 3291-3294.

[125] Wang X, Venkatarmanan N S, Kawanami H, et al. Selective oxidation of styrene to acetophenone over supported Au–Pd catalyst with hydrogen peroxide in supercritical carbon dioxide. Green Chem, 2007, 9: 1352-1355.

[126] Wang J Q, Cai F, Wang E, et al. Supercritical carbon dioxide and poly(ethylene glycol): an environmentally benign biphasic solvent system for aerobic oxidation of styrene. Green Chem, 2007, 9: 882-887.

[127] Miao C X, Yu B, He L N. Tert-butyl nitrite: A metal-free radical initiator for aerobic cleavage of benzylic C=C bonds in compressed carbon dioxide. Green Chem, 2011, 13 (3) : 541-544.

[128] Kreher U, Schebesta S, Walther D. Übergangsmetall-organoverbindungen in superkritischem kohlendioxid: löslichkeiten, reaktionen, katalysen. Z Anorg Allg Chem, 1998, 624 (4) : 602-612.

[129] Srinivas P, Mukhopadhyay M. Oxidation of cyclohexane in supercritical carbon dioxide medium. Ind Eng Chem Res, 1994, 33 (12) : 3118-3124.

[130] Kerry Yu K M, Abutaki A, Zhou Y, et al. Selective oxidation of cyclohexane in supercritical carbon dioxide. Catal Lett, 2007, 113 (3) : 115-119.

[131] Theyssen N, Hou Z, Leitner W. Selective oxidation of alkanes with molecular oxygen and acetaldehyde in compressed (Supercritical) carbon dioxide as reaction medium. Chem Eur J, 2006, 12 (12) : 3401-3409.

[132] Wang J Q, He L N, Miao C X, et al. The free-radical chemistry of polyethylene glycol: organic reactions in compressed carbon dioxide. ChemSusChem, 2009, 2 (8) : 755-760.

[133] Stephenson P, Kondor B, Licence P, et al. Continuous asymmetric hydrogenation in supercritical carbon dioxide using an immobilised homogeneous catalyst. Adv Synth Catal, 2006, 348 (12-13) : 1605-1610.

[134] Lyubimov S E, Davankov V A, Said-Galiev E E, et al. Chiral phosphoramidites as inexpensive and efficient ligands for Rh-catalyzed asymmetric olefin-hydrogenation in supercritical carbon dioxide. Catal Commun, 2008, 9 (9) : 1851-1852.

[135] Lyubimov S E, Said-Galiev E E, Khokhlov A R, et al. The use of monodentate phosphites and phosphoramidites as effective ligands for Rh-catalyzed asymmetric hydrogenation in supercritical carbon dioxide. J Supercrit Fluids, 2008, 45 (1): 70-73.

[136] Xiao J L, Nefkens S C A, Jessop P G, et al. Asymmetric hydrogenation of α,β-unsaturated carboxylic acids in supercritical carbon dioxide. Tetrahedron Lett, 1996, 37 (16): 2813-2816.

[137] Turova O V, Kuchurov I V, Starodubtseva E V, et al. Ru–BINAP-catalyzed asymmetric hydrogenation of keto esters in high pressure carbon dioxide. Mendeleev Commun, 2012, 22 (4): 184-186.

[138] Chatterjee M, Kawanami H, Sato M, et al. Hydrogenation of phenol in supercritical carbon dioxide catalyzed by palladium supported on Al-MCM-41: A facile route for One-Pot cyclohexanone formation. Adv Synth Catal, 2009, 351 (11-12): 1912-1924.

[139] Liu H, Jiang T, Han B, et al. Selective phenol hydrogenation to cyclohexanone over a dual supported Pd–lewis acid catalyst. Science, 2009, 326 (5957): 1250-1252.

[140] (a) Patcas F, Maniut C, Ionescu C, et al. Supercritical carbon dioxide as an alternative reaction medium for hydroformylation with integrated catalyst recycling. Appl Catal B, 2007, 70 (1): 630-636; (b) Estorach C T, Orejon A, Masdeu-Bulto A M. New rhodium catalytic systems with trifluoromethyl phosphite derivatives for the hydroformylation of 1-octene in supercritical carbon dioxide. Green Chem, 2008, 10 (5): 545-552; (c) Pedrós M G, Masdeu-Bultó A M, Bayardon J, et al. Hydroformylation of alkenes with rhodium catalyst in supercritical carbon dioxide. Catal Lett, 2006, 107 (3): 205-208.

[141] Giménez-Pedrós M, Aghmiz A, Ruiz N, et al. New ligands for Rh-catalysed hydroformylation of 1-octene in supercritical carbon dioxide – X-ray structure of {Rh[PPh$_2$(OC$_9$H$_{19}$)]$_4$}PF$_6$. Eur J Inorg Chem., 2006, 2006 (5): 1067-1075.

[142] Telvekar V N, Takale B S. Carbon–carbon cleavage of aryl diamines and quinone formation using sodium periodate: a novel application. Tetrahedron Lett, 2010, 51 (30): 3940-3943.

[143] Frohn M, Dalkiewicz M, Tu Y, et al. Highly regio- and enantioselective monoepoxidation of conjugated dienes. J Org Chem, 1998, 63 (9): 2948-2953.

[144] Fringuelli F, Pizzo F, Vaccaro L. Cobalt(II) chloride-catalyzed chemoselective sodium borohydride reduction of azides in water. Synthesis, 2000, 2000 (05): 646-650.

[145] Petrier C, Luche J L. Ultrasonically improved reductive properties of an aqueous Zn NiCl$_2$ system-2. Regioselectivity in the reduction of (−)-carvone. Tetrahedron Lett, 1987, 28 (21): 2351-2352.

[146] (a) Manabe K, Mori Y, Kobayashi S.Three-component carbon-carbon bond-forming reactions catalyzed by a brønsted acid–surfactant-combined catalyst in water. Tetrahedron, 2001, 57(13): 2537–2544; (b) Shi L, Tu Y-Q, Wang M, et al. C-A. Microwave-promoted three-component coupling of aldehyde, alkyne, and amine via C–H activation catalyzed by copper in water. Org Lett, 2004, 6 (6): 1001-1003.

[147] Wu Y S, Cai J, Hu Z Y, et al. A new class of metal-free catalysts for direct diastereo- and regioselective mannich reactions in aqueous media. Tetrahedron Lett, 2004, 45 (48): 8949-8952.

[148] Keller E, Feringa B L. Ytterbium triflate catalyzed michael additions of β-ketoesters in water. Tetrahedron Lett, 1996, 37 (11): 1879-1882.

[149] Ding R, Zhao C H, Chen Y J, et al. Rhodium-catalyzed and sonication-accelerated addition of aryltin and aryllead reagents to imines in air and water. Tetrahedron Lett, 2004, 45 (14): 2995-2998.

[150] (a) Surendra K, Krishnaveni N S, Mahesh A, et al. Supramolecular catalysis of strecker reaction in water under neutral conditions in the presence of β-cyclodextrin. J Org Chem, 2006, 71 (6): 2532-2534; (b) Surendra K,

Krishnaveni N S, Sridhar R, et al. β-Cyclodextrin promoted aza-michael addition of amines to conjugated alkenes in water. Tetrahedron Lett, 2006, 47 (13): 2125-2127.

[151] Zarei A, Khazdooz L, Pirisedigh A, et al. Aryldiazonium silica sulfates as efficient reagents for heck-type arylation reactions under mild conditions. Tetrahedron Lett, 2011, 52 (35): 4554-4557.

[152] Krasovskiy A, Duplais C, Lipshutz B H. Stereoselective negishi-like couplings between alkenyl and alkyl halides in water at room temperature. Org Lett, 2010, 12 (21): 4742-4744.

[153] Bakherad M, Keivanloo A, Bahramian B, et al. Copper-free sonogashira coupling reactions catalyzed by a water-soluble Pd–salen complex under aerobic conditions. Tetrahedron Lett, 2009, 50 (14): 1557-1559.

[154] (a) Welton T. Room-temperature ionic liquids. Solvents for synthesis and catalysis. Chem Rev, 1999, 99 (8): 2071-2084; (b) Rogers R D, Seddon K R. Ionic liquids-solvents of the future? Science, 2003, 302 (5646): 792-793; (c) Pârvulescu V I, Hardacre C. Catalysis in ionic liquids. Chem Rev, 2007, 107 (6): 2615-2665; (d) Giernoth R. Task-specific ionic liquids. Angew Chem Int Ed, 2010, 49 (16): 2834-2839.

[155] Song C E, Roh E J. Practical method to recycle a chiral (salen) Mn epoxidation catalyst by using an ionic liquid. Chem Commun, 2000, 10: 837-838.

[156] 刘耀华, 崔鹏, 孙靖. 离子液体中芳径侧链分子氧催化氧化反应研究. 高等化学学报, 2006, 27: 2314-2318.

[157] Monteiro A L, Zinn F K, de Souza R F, et al. Asymmetric hydrogenation of 2-arylacrylic acids catalyzed by immobilized Ru-BINAP complex in 1-n-butyl-3-methylimidazolium tetrafluoroborate molten salt. Tetrahedron Asymmetry, 1997, 8 (2): 177-179.

[158] Dyson P J, Ellis D J, Welton T, et al. Arene hydrogenation in a room-temperature ionic liquid using a ruthenium cluster catalyst. Chem Commun, 1999, 1: 25-26.

[159] Song C E, Shim W H, Roh E J, et al. Scandium(III) triflate immobilised in ionic liquids: a novel and recyclable catalytic system for friedel-crafts alkylation of aromatic compounds with alkenes. Chem Commum, 2000, 17: 1695-1696.

[160] Yin D, Li C, Tao L, et al. Synthesis of diphenylmethane derivatives in lewis acidic ionic liquids. J Mol Catal A Chem, 2006, 245 (1): 260-265.

[161] Hagiwara H, Shimizu Y, Hoshi T, et al. Heterogeneous heck reaction catalyzed by Pd/C in ionic liquid. Tetrahedron Lett, 2001, 42 (26): 4349-4351.

[162] 刘晔, 李敏, 路勇. 功能离子液体复合体系中钮催化的偶联反应. 高等化学学报, 2007, 28: 723-726.

[163] Rodriquez M, Sega A, Taddei M. Ionic liquid as a suitable phase for multistep parallel synthesis of an array of isoxazolines. Org Lett, 2003, 5 (22): 4029-4031.

[164] Naik S D, Doraiswamy L K. Phase transfer catalysis: Chemistry and engineering. Angew Chem Int Ed, 1998, 44 (3): 612-646.

[165] Herold D A, Keil K, Bruns D E. Oxidation of polyethylene glycols by alcohol dehydrogenase. Biochem Pharmacol, 1989, 38 (1): 73-76.

[166] (a) Haimov A, Neumann R. Polyethylene glycol as a non-ionic liquid solvent for polyoxometalate catalyzed aerobic oxidation. Chem Commum, 2002, 8: 876-877; (b) Blanton J R. The selective reduction of aldehydes using polyethylene glycol-sodium borohydride derivatives as phase transfer reagents. Synth Commun, 1997, 27 (12): 2093-2102.

[167] Wang J Q, He L N, Miao C X. Polyethylene glycol radical-initiated oxidation of benzylic alcohols in compressed carbon dioxide. Green Chem, 2009, 11 (7): 1013-1017.

[168] Hou Z, Theyssen N, Leitner W. Palladium nanoparticles stabilised on PEG-modified silica as catalysts for the aerobic alcohol oxidation in supercritical carbon dioxide. Green Chem, 2007, 9 (2): 127-132.

[169] Chandrasekhar S, Narsihmulu C, Chandrashekar G, et al. Pd/CaCO₃ in liquid poly(ethylene glycol) (PEG): An easy and efficient recycle system for partial reduction of alkynes to cis-olefins under a hydrogen atmosphere. Tetrahedron Lett, 2004, 45 (11): 2421-2423.

[170] Liu R, Cheng H, Wang Q, et al. Selective hydrogenation of unsaturated aldehydes in a poly(ethylene glycol)/ compressed carbon dioxide biphasic system. Green Chem, 2008, 10 (10): 1082-1086.

[171] Kamal A, Reddy D R, Rajendar. A simple and green procedure for the conjugate addition of thiols to conjugated alkenes employing polyethylene glycol (PEG) as an efficient recyclable medium. Tetrahedron Lett, 2005, 46 (46): 7951-7953.

[172] (a) Chandrasekhar S, Narsihmulu C, Saritha B, et al. Poly(ethyleneglycol) (PEG): A rapid and recyclable reaction medium for the DABCO-catalyzed baylis–hillman reaction. Tetrahedron Lett, 2004, 45 (30): 5865-5867; (b) Chandrasekhar S, Saritha B, Jagadeshwar V, et al. Hydroxy-assisted catalyst-free michael addition-dehydroxylation of baylis–hillman adducts in poly(ethylene glycol). Tetrahedron Lett, 2006, 47 (17): 2981-2984.

[173] Gohain M, Jacobs J, Marais C, et al. Al(OTf)₃ catalysed friedel-crafts michael type addition of indoles to α,β-unsaturated ketones with PEG-200 as recyclable solvent. Aust J Chem, 2013, 66 (12): 1594-1599.

[174] Feu K S, de la Torre A F, Silva S, et al. Polyethylene glycol (PEG) as a reusable solvent medium for an asymmetric organocatalytic michael addition. Application to the synthesis of bioactive compounds. Green Chem, 2014, 16 (6): 3169-3174.

[175] (a) Chandrasekhar S, Narsihmulu C, Reddy N R, et al. Asymmetric aldol reactions in poly(ethylene glycol) catalyzed by L-proline. Tetrahedron Lett, 2004, 45 (23): 4581-4582; (b) Chandrasekhar S, Reddy N R, Sultana S S, et al. L-proline catalysed asymmetric aldol reactions in PEG-400 as recyclable medium and transfer aldol reactions. Tetrahedron, 2006, 62 (2): 338-345.

[176] Andreae M R M, Davis A P. Heterogeneous catalysis of the asymmetric aldol reaction by solid-supported proline-terminated peptides. Tetrahedron Asymmetry, 2005, 16 (14): 2487-2492.

[177] Tiwari A R, Bhanage B M. Polythene glycol (PEG) as a reusable solvent system for the synthesis of 1,3,5-triazines via aerobic oxidative tandem cyclization of benzylamines and N-substituted benzylamines with amidines under transition metal-free conditions. Green Chem, 2016, 18 (1): 144-149.

[178] Vafaeezadeh M, Hashemi M M. Polyethylene glycol (PEG) as a green solvent for carbon–carbon bond formation reactions. J Mol Liquids, 2015, 207: 73-79.

[179] (a) Chandrasekhar S, Narsihmulu C, Sultana S S, et al. Poly(ethylene glycol) (PEG) as a reusable solvent medium for organic synthesis. Application in the heck reaction. Org Lett, 2002, 4 (25): 4399-4401; (b) Luo C, Zhang Y, Wang Y. Palladium nanoparticles in poly(ethyleneglycol): the efficient and recyclable catalyst for heck reaction. J Mol Catal A Chem, 2005, 229 (1): 7-12.

[180] Kim J W, Kim J H, Lee D H, et al. Amphiphilic polymer supported N-heterocyclic carbene palladium complex for suzuki cross-coupling reaction in water. Tetrahedron Lett, 2006, 47 (27): 4745-4748.

[181] Ackermann L, Vicente R. Catalytic direct arylations in polyethylene glycol (PEG): Recyclable palladium(0) catalyst for C–H bond cleavages in the presence of air. Org Lett, 2009, 11 (21): 4922-4925.

[182] Zhao H, Cheng M, Zhang J, et al. Recyclable and reusable PdCl₂(PPh₃)₂/PEG-2000/H₂O system for the carbonylative sonogashira coupling reaction of aryl iodides with alkynes. Green Chem, 2014, 16 (5): 2515-2522.

[183] Häger M, Holmberg K, Rocha Gonsalves A M d A, et al. Oxidation of azo dyes in oil-in-water microemulsions catalyzed by metalloporphyrins in presence of lipophilic acids. Colloids and Surfaces A: Physicochemical and Engineering Aspects, 2001, 183-185: 247-257.

[184] Liu H, Fu Z, Yin D, et al. A novel micro-emulsion catalytic system for highly selective hydroxylation of benzene to phenol with hydrogen peroxide. Catal Commun, 2005, 6 (9): 638-643.

[185] (a) Nardello V, Caron L, Aubry J M, et al. Reactivity, chemoselectivity, and diastereoselectivity of the oxyfunctionalization of chiral allylic alcohols and derivatives in microemulsions: Comparison of the chemical oxidation by the hydrogen peroxide/sodium molybdate system with the photooxygenation. J Am Chem Soc, 2004, 126 (34): 10692-10700; (b) Caron L, Nardello V, Alsters P L, et al. Convenient singlet oxygenation in multiphase microemulsion systems. J Mol Catal A: Chem, 2006, 251 (1): 194-199.

[186] Chhatre A S, Joshi R A, Kulkarni B D. Microemulsions as media for organic synthesis: Selective nitration of phenol to ortho-nitrophenol using dilute nitric acid. J Colloid Interface Sci, 1993, 158 (1): 183-187.

[187] Currie F, Holmberg K, Westman G. Regioselective nitration of phenols and anisols in microemulsion. Colloids and Surfaces A, 2001, 182 (1): 321-327.

[188] Currie F, Holmberg K, Westman G. Bromination in microemulsion. Colloids and Surfaces A: Physicochemical and Engineering Aspects, 2003, 215 (1): 51-54.

[189] Gutfelt S, Kizling J, Holmberg K. Microemulsions as reaction medium for surfactant synthesis. Colloids and Surfaces A: Physicochemical and Engineering Aspects, 1997, 128 (1): 265-271.

[190] Häger M, Olsson U, Holmberg K. A nucleophilic substitution reaction performed in different types of self-assembly structures. Langmuir, 2004, 20 (15): 6107-6115.

[191] Betzemeier B, Cavazzini M, Quici S, et al. Copper-catalyzed aerobic oxidation of alcohols under fluorous biphasic conditions. Tetrahedron Lett, 2000, 41 (22): 4343-4346.

[192] Klemet I, Lütjens H, Knochel P. Transition metal catalyzed oxidations in perfluorinated solvents. Angew Chem Int Ed, 1997, 36 (13-14): 1454-1456.

[193] Kitazume T. Green chemistry development in fluorine science. J Fluorine Chem, 2000, 105 (2): 265-278.

[194] Shi M, Cui S C. Friedel–crafts reaction catalyzed by perfluorinated rare earth metals. J Fluorine Chem, 2002, 116 (2): 143-147.

[195] Mikami K, Matsuzawa H. Lanthanide Catalyst with Tris (perfluorooctanesulfonyl) amide ponytails: recyclable lewis acid catalysts in fluorous phases or as solids. Tetrahedron Lett, 2002, 58 (20): 4015-4021.

[196] Matsubara H, Yasuda S, Sugiyama H, et al. A new fluorous/organic amphiphilic ether solvent, F-626: execution of fluorous and high temperature classical reactions with convenient biphase workup to separate product from high boiling solvent. Tetrahedron, 2002, 58 (20): 4071-4076.

[197] Horváth I T, Rábai J. Facile catalyst separation without water: Fluorous biphase hydroformylation of olefins. Science, 1994, 266 (5182): 72-75.

[198] Horváth I T, Kiss G, Cook R A, et al. Molecular engineering in homogeneous catalysis: One-phase catalysis coupled with biphase catalyst separation. The fluorous-soluble HRh (CO) {P[CH₂CH₂ (CF₂) ₅CF₃]₃}₃ hydroformylation system. J Am Chem Soc, 1998, 120 (13): 3133-3143.

[199] Bhunia A, Yetra S R, Bhojgude S S, et al. Efficient synthesis of γ-keto sulfones by NHC-catalyzed intermolecular stetter reaction. Org Lett, 2012, 14: 2830-2833.

[200] (a) Ananikov V P, Malyshev D A, Beletskaya I P, et al. Nickel (II) chloride-catalyzed regioselective hydrothiolation of alkynes. Adv Synth Catal, 2005, 347: 1993–2001; (b) Ananikov V P, Orlov N V, Beletskaya I P,

et al. New approach for size- and shape-controlled preparation of Pd nanoparticles with organic ligands. Synthesis and application in catalysis. J Am Chem Soc, 2007, 129: 7252-7253; (c) Cao C, Fraser L R, Love J A. Rhodium-catalyzed alkyne hydrothiolation with aromatic and aliphatic thiols. J Am Chem Soc, 2005, 127: 17614-17615; (d) Di Giuseppe A, Castarlenas R, Pérez-Torrente J J, et al. Ligand-controlled regioselectivity in the hydrothiolation of alkynes by rhodium *N*-heterocyclic carbene catalysts. J Am Chem Soc, 2012, 134: 8171-8183; (e) Weiss C J, Wobser S D, Marks T J. Organoactinide-mediated hydrothiolation of terminal alkynes with aliphatic, aromatic, and benzylic thiols. J Am Chem Soc, 2009, 131: 2062-2063; (f) Degtareva E S, Burykina J V, Fakhrutdinov A N, et al. Pd-NHC catalytic system for the efficient atom-economic synthesis of vinyl sulfides from tertiary, secondary, or primary thiols. ACS Catal, 2015, 5: 7208-7213.

[201] Trost B M, Qi S. Atom economy: Aldol-type products by vanadium-catalyzed additions of propargyl alcohols and aldehydes. J Am Chem Soc, 2001, 123: 1230-1231.

[202] Fu M C, Shang R, Cheng W M, et al. Nickel-catalyzed regio- and stereoselective hydrocarboxylation of alkynes with formic acid through catalytic CO recycling. ACS Catal, 2016, 6: 2501-2505.

[203] Koschker P, Kähny M, Breit B. Enantioselective redox-neutral Rh-catalyzed coupling of terminal alkynes with carboxylic acids toward branched allylic esters. J Am Chem Soc, 2015, 137: 3131-3137.

[204] (a) Wender P A, Love J A. The synthesis of seven-membered rings: General strategies and the design and development of a new class of cycloaddition reactions. Adv Cycloaddition, 1999, 5: 1-45. (b) Wang B, Cao P, Zhang X. An efficient Rh-catalyst system for the intramolecular [4+2] and [5+2] cycloaddition reactions. Tetrahedron Lett, 2000, 41 (42): 8041-8044. (c) Trost B M. On inventing reactions for atom economy. Acc Chem Res, 2002, 35 (9): 695-705.

[205] Trost B M, Toste F D, Greenman K. Atom economy. Palladium-catalyzed formation of coumarins by addition of phenols and alkynoates via a net C-H insertion. J Am Chem Soc, 2003, 125 (15): 4518-4526.

[206] Trost B M, Gutierrez A C, Livingston R C. Isomerization-*O*-conjugate addition: An atom-economic synthesis of cyclic ethers. Org Lett, 2009, 11 (12): 2539-2542.

[207] Trost B M, Ehmke V. An approach for rapid increase in molecular complexity: Atom economic routes to fused polycyclic ring systems. Org Lett, 2014, 16 (10): 2708-2711.

[208] (a) Yu B, He L-N. Upgrading carbon dioxide by incorporation into heterocycles. ChemSusChem, 2015, 8: 52-62; (b) Rintjema J, Kleij A W. Substrate-assisted carbon dioxide activation as a versatile approach for heterocyclic synthesis. Synthesis, 2016, 48: 3863-3878; (c) Lu X B, Darensbourg D J. Cobalt catalysts for the coupling of CO_2 and epoxides to provide polycarbonates and cyclic carbonates. Chem Soc Rev, 2012, 41: 1462-1484; (d) Kielland N, Whiteoak C J, Kleij A W. Stereoselective synthesis with carbon dioxide. Adv Synth Catal, 2013, 355: 2115-2138; (e) Xu B H, Wang J Q, Sun J, et al. Fixation of CO_2 into cyclic carbonates catalyzed by ionic liquids: a multi-scale approach. Green Chem, 2015, 17: 108-122; (f) Martin C, Fiorani G, Kleij A W. Recent advances in the catalytic preparation of cyclic organic carbonates. ACS Catal, 2015, 5: 1353-1370.

[209] (a) Stadlbauer W. Eine einfache synthese von 11H-indolo[3,2-c]chinolin-6-onen. Monatsh Chem, 1987, 118 (1): 81-89; (b) Irgashev R A, Karmatsky A A, Slepukhin P A, et al. A convenient approach to the design and synthesis of indolo[3,2-c]coumarins via the microwave-assisted cadogan reaction. Tetrahedron Lett, 2013, 54 (42): 5734-5738; (c) Chang C P, Pradiuldi S V, Hong F E. Synthesis of coumarin derivatives by palladium complex catalyzed intramolecular heck reaction: Preparation of a 1,2-cyclobutadiene-substituted CpCoCb diphosphine chelated palladium complex. Inorg Chem Commun, 2009, 12 (7): 596-598; (d) Nealmongkol P, Tangdenpaisal K,

Sitthimonchai S, et al. Cu(I)-mediated lactone formation in subcritical water: A benign synthesis of benzopyranones and urolithins A–C. Tetrahedron, 2013, 69 (44): 9277-9283.

[210] Cheng C, Chen W W, Xu B, et al. Access to indole-fused polyheterocycles via Pd-catalyzed base-free intramolecular cross dehydrogenative coupling. J Org Chem, 2016, 81 (22): 11501-11507.

[211] (a) Zhang J, Han X, Lu X. Synthesis of cyclohexane-fused isocoumarins via cationic palladium(II)-catalyzed cascade cyclization reaction of alkyne-tethered carbonyl compounds initiated by intramolecular oxypalladation of ester-substituted aryl alkynes. J Org Chem, 2016, 81 (8): 3423-3429; (b) Chen J, Han X, Lu X. Atom-economic synthesis of pentaleno[2,1-b]indoles via tandem cyclization of alkynones initiated by aminopalladation. J Org Chem, 2017, 82 (4): 1977-1985.

[212] Espinal-Viguri M, King A K, Lowe J P, et al. Hydrophosphination of unactivated alkenes and alkynes using iron(II): catalysis and mechanistic insight. ACS Catal, 2016, 6 (11): 7892-7897.

[213] (a) Boger D L, Miyazaki S, Kim S H, et al. Total synthesis of the vancomycin aglycon. J Am Chem Soc, 1999, 121 (43): 10004-10011. (b) Ishiyama T, Takagi J, Ishida K, et al. Mild iridium-catalyzed borylation of arenes. High turnover numbers, room temperature reactions, and isolation of a potential intermediate. J Am Chem Soc, 2002, 124 (3): 390-391. (c) Mkhalid I A I, Barnard J H, Marder T B, et al. C-H activation for the construction of C-B bonds. Chem Rev, 2010, 110 (2): 890-931.

[214] (a) Newhouse T, Baran P S. If C−H bonds could talk: Selective C−H bond oxidation. Angew Chem, Int Ed, 2011, 50(15): 3362−3374; (b) Rentmeister A, Arnold F H, Fasan R. Chemo-enzymatic fluorination of unactivated organic compounds. Nat Chem Biol, 2009, 5: 26−28; (c) Zhang K, Shafer B M, Demars M D, et al. Controlled oxidation of remote sp3 C−H bonds in artemisinin via P450 catalysts with fine-tuned regio- and stereoselectivity. J Am Chem Soc, 2012, 134 (45): 18695−18704; (d) Kolev J N, O'Dwyer K M, Jordan C T, et al. Discovery of potent parthenolide-based antileukemic agents enabled by late-stage P450-mediated C-H functionalization. ACS Chem Biol, 2014, 9 (1): 164-173.

[215] (a) Rakshit S, Grohmann C, Besset T, et al. Rh(III)-catalyzed directed C−H olefination using an oxidizing directing group: Mild, efficient, and versatile. J Am Chem Soc, 2011, 133 (8): 2350-2353; (b) Wang H, Glorius F. Mild Rhodium(III)-catalyzed C—H activation and intermolecular annulation with allenes. Angew Chem Int Ed, 2012, 51(29): 7318-7322; (c) Shi Z, Grohmann C, Glorius F. Mild Rhodium(III)-catalyzed cyclization of amides with α,β-unsaturated aldehydes and ketones to azepinones: Application to the synthesis of the homoprotoberberine framework. Angew Chem Int Ed, 2013, 52 (20): 5393-5397.

[216] Gomez L, Garcia-Bosch I, Company A, et al. Chiral manganese complexes with pinene appended tetradentate ligands as stereoselective epoxidation catalysts. Dalton Trans, 2007, 47: 5539-5545.

[217] Garcia-Bosch I, Gómez L, Polo A, et al. Stereoselective epoxidation of alkenes with hydrogen peroxide using a bipyrrolidine-based family of manganese complexes. Adv Synth Catal, 2012, 354 (1): 65-70.

[218] Guillemot G, Neuburger M, Pfaltz A. Synthesis and metal complexes of chiral C2-symmetric diamino-bisoxazoline ligands. Chem Eur J, 2007, 13 (32): 8960-8970.

[219] Dai W, Li J, Li G, et al. Asymmetric epoxidation of alkenes catalyzed by a porphyrin-inspired manganese complex. Org Lett, 2013, 15 (16): 4138-4141.

[220] Dai W, Shang S, Chen B, et al. Asymmetric epoxidation of olefins with hydrogen peroxide by an in situ-formed manganese complex. J Org Chem, 2014, 79 (14): 6688-6694.

[221] Wu M, Wang B, Wang S F, et al. Asymmetric epoxidation of olefins with chiral bioinspired manganese complexes. Org Lett, 2009, 11 (16): 3622-3625.

[222] Miao C, Wang B, Wang Y, et al. Proton-promoted and anion-enhanced epoxidation of olefins by hydrogen peroxide in the presence of nonheme manganese catalysts. J Am Chem Soc, 2016, 138 (3): 936-943.

[223] Shen D, Qiu B, Xu D, et al. Enantioselective epoxidation of olefins with H₂O₂ catalyzed by bioinspired aminopyridine manganese complexes. Org Lett, 2016, 18 (3): 372-375.

第6章
设计安全化学品原理

绿色化学十二条原则第四条"设计更安全化学品"强调化学品在满足人类所需功能的同时，必须降低甚至消除其毒性等危害。目前，安全化学品的分子设计已经成为一个新兴、快速发展、跨学科的热门研究领域，需要化学家、毒物学家、环境科学学家及其他相关领域专家的密切协作才能实现[1]。本章着重介绍设计安全化学品原理和策略，从而最大限度地减少化学品的毒性。此外，对化学品对生物体的作用机制和相关的物理化学性质也进行了详细介绍。

化学品在人类生活中无处不在，并通过人类活动大量进入自然界中。因此，在设计安全化学品过程中，不仅要求设计的化学品对人类毒性较低，同时对环境友好。化学品危害可以分为三种类型：毒性危害(危害人类、环境)、物理危害(如腐蚀、爆炸、可燃等)和全球性危害(影响气候，容易残留或生物累积)。这里我们着重从毒性和全球性危害方面介绍安全化学品设计的原理和实例，不涉及物理危害方面。

21世纪迅速发展的药物化学研究给我们的启示：设计特异性、具有目标生物活性的化学品是可行的。而且这些成就和知识也能够扩展并应用于其他领域的分子设计，如降低化学品毒性和不利的生物活性。设计安全化学品不仅包括设计化学品的合成路线和工艺，而且涉及大量、可能的生物活性机制和毒性机理。显然，这是一份非常具有挑战性的研究工作。虽然困难重重，但是仍然有许多方法和策略可以应用。因此，本章将介绍一些广泛接受的设计策略，在分子水平上设计化学品，从而尽可能降低其对人类和环境潜在的危害。

那么，什么是更安全化学品？更安全化学品是指对人类健康、其他生物体和地球环境的不利影响相对较小的化学物质。这是一个相对的概念，并不意味着安全化学品不会造成任何不利影响，或者完全安全，没有任何风险。一些化学品对人类健康、其他生物体或地球生态环境的不利影响是可以被接受的；或者在类似条件下，相对于其他化学品，其造成的不利影响是可以被接受的。这样的化学品可以称为安全化学品。安全化学品不应该以"人类安全第一"为标准，仅对人类的毒性较低；而是应该以人类、其他生命体、生态系统、全球环境为一个大整体来综合考量。例如，安全化学品不能在环境中长时间残留(即可降解性)或者通过食物链在高等生物体内富集。

从化学品设计的角度考虑，更安全化学品可分为两类：第一类以商业应用的、有毒或有不利性能化学品的分子结构为基础，开发结构类似或同类的相对安全化学品。这类安全化学品与原有化学品具有相似的分子结构，因此具有类似的商业应用价值和相似的危害属性。然而，此类安全化学品化学结构与原化学品也有一定差别，只有在更大剂量的接触或环境排放时才能表现出其不利的化学活性。因此，此类化学品造成的危害要小得多(甚至不会导致危害)。理想情况下，造成危害所需的安全化学品的剂量应该远高于预期排放到环境中的剂量。如果造成危害所需某种化学品的用量非常大，这种化学品就可以被认为是一种相对安全化学品。

这类安全化学品的一个典型例子是关于甲基丙烯腈与丙烯腈(图 6.1)。这两种物质都是 α, β-不饱和脂肪腈类化合物，结构上非常相似。但是丙烯腈具有致癌性，而甲基丙烯腈目前并没有检测到其潜在的致癌性。工业上，丙烯腈经常用于生产丙烯酸和改性聚丙烯腈纤维、丙烯腈-丁二烯-苯乙烯、苯乙烯-丙烯腈树脂、丁腈橡胶和气阻性树脂等。美国国家毒理学规划处(National Toxicology Program，NTP)研究发现，小鼠口服丙烯腈两年能够引起癌症，并将其归类为"可能的人类致癌物"[2]。甲基丙烯腈的工业应用与丙烯腈相似，也广泛用于制备均聚物、共聚物和化学中间体。甲基丙烯腈与丙烯腈的不同之处在于其 α 碳原子上具有一个甲基取代基。经小鼠口服两年，没有证据表明甲基丙烯腈引起癌症，但其能够进行许多与丙烯腈相同的 β 位亲核加成反应。因此，甲基丙烯腈可以作为丙烯腈的安全替代化学品[3]，例如，用于制造具有气阻性的丙烯腈-丁二烯-苯乙烯聚合物(如碳酸饮料塑料瓶)。另一个例子是双酚 S(bisphenol S，BPS)代替双酚 A(bisphenol A，BPA)[4](图 6.1)。BPA 广泛用于生产透明且坚硬的塑料，如饮料瓶、体育器材、CD 和 DVD，也可以生产保鲜膜、饮料封口膜和热敏材料等。大量研究表明，双酚 A 是一种内分泌干扰物，可以模仿荷尔蒙的功能，导致动物和人类后代出现生长发育和生殖问题[5]。目前，许多厂家生产的儿童产品已经不再使用 BPA。市场上也已经出现多种 BPA 的替代品。BPS 是 BPA 安全替代品之一，使用 BPS 的产品会明确标明"无 BPA"。最近 BPS 的毒理学研究也表明 BPS 能够作为 BPA 的安全替代品[6]。

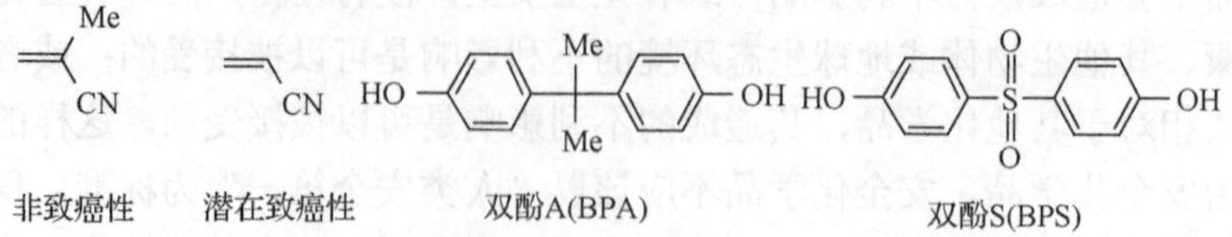

图 6.1 甲基丙烯腈、丙烯腈、双酚 A 和双酚 S 的结构

另一类安全化学品,相对于现有化学品,其不利影响和危害性更小,在人类或环境可承受范围内。这种类型的安全化学品的结构通常与现有化学品的结构无关或关系较弱,但是具有相似的功能和商业应用。显然,设计此类安全化学品不能仅仅在现有化学品结构基础上进行修改和调整,而是发现一类毒性明显低于现有化学品的全新化学品,同时保持或优于现有化学品功能。美国国家研究委员会(National Research Council,NRC)发布的一份报告,呼吁此类策略,并称之为informed substitution[7]。美国环保局指出,informed substitution 是指尽可能地降低化学品的不利影响,在充分了解可能替代品的所有相关功能与其对环境和人类健康影响(实验或评估得到)基础上进行化学品的替换。在实践中,informed substitution 在多种因素、多方面信息的基础上综合评估功能相同的替代化学品,评估项目包括性能、成本、潜在的对人类健康和环境的不利影响。

一个典型例子是使用异噻唑啉酮替代有机锡(如双(三正丁基锡)氧化物 **1**)作为船舶防污剂(图 6.2)。海洋生物(如藤壶等)在船舶水下部分船体表面生长,通常被认为是一种污染物,会增加流体阻力。看似无害,但是它会增加燃料消耗量,降低船的航行速度,增加船舶维修和清洗成本。船舶防污剂通常用于船体水下部分以防止污染。有机锡化合物是有效的防污剂,但它们对贻贝、蛤、哺乳动物和其他水生物种是剧毒的。此外,许多有机锡化合物被认为是危险品。在船舶清洗期间,除去废弃的有机锡防污剂,成本高昂,且需要谨慎操作。因此,有机锡防污剂的强生态毒性大大限制了其在世界轮船业的应用。Rohm and Haas 公司开发了一类异噻唑啉酮化合物作为有效的船舶防污剂。4,5-二氯-2-正辛基-4-异噻唑啉-3-酮 **2** 是一种高效的防污剂,目前已代替有机锡防污剂应用于船舶[8]。作为一类高效的防污剂,异噻唑啉酮 **2** 对水生生物基本没有危害。而且,在海洋环境中,能够快速分解,分解产物与沉淀紧密结合,无法接触并进入水生生物体内。现在化合物 **2** 作为防污剂已经获得美国环保局的许可,并获得了 1996 年美国"总统绿色化学挑战奖"。

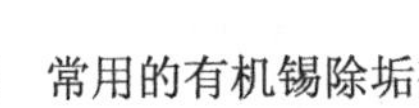

$(^nBu)_3Sn \diagdown_O\diagup Sn(^nBu)_3$

1

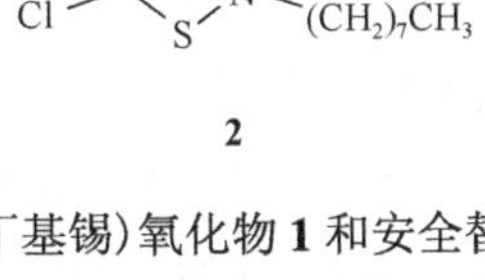

2

图 6.2 常用的有机锡除垢剂双(三正丁基锡)氧化物 **1** 和安全替代品 4,5-二氯-2-正辛基-4-异噻唑啉-3-酮 **2** 的分子结构

此类安全化学品的另一例子是使用碱性季铵铜化合物(alkaline copper quaternary,ACQ)代替铬化砷酸铜(chromated copper arsenate,CCA)作为木材防腐剂。CCA 含有毒性的砷和铬元素,具有强致癌性,与之接触或其释放到环境中会增加患癌症

的风险。随着人类健康和环保意识的提高，CCA 被限制或禁止使用[9]。ACQ 由二价铜离子络合物和季铵盐组成，与 CCA 具有相同的生物影响，如防止衰退和白蚁啃食。在北美，ACQ 和其他更新、更安全的木材防腐剂已经广泛取代 CCA。但是，ACQ 中含有大量的铜离子，其释放到环境中仍然可能具有潜在的水生生态毒性[10]。因此，ACQ 虽然是一类安全化学品，但是安全化学品的安全性是相对的，并非绝对意义的无毒无害。此例也说明安全化学品的设计是无穷尽的，需要不断改进、完善毒性信息和审视设计策略，才能得到更加安全的化学品。

安全化学品设计是一个新兴、发展迅速的研究领域。安全化学品设计是个极其复杂的过程，不仅是一个跨学科、多学科交叉的领域，而且需要整体考虑化学品的整个生命周期，包括接触化学品的方式及剂量、毒性机理、代谢过程及产物、释放到环境中的危害和全球性影响。目前安全化学品设计领域已有大量相关工作的报道和文献、书籍的发表[11-14]。本章简要介绍了降低化学品毒性的方法和策略，并举例说明这些方法安全化学品设计方面的应用。第一节介绍化合物毒性作用机理。第二节介绍化合物的(定量)构效关系。第三节介绍了降低化合物毒性的几种常用策略。例如，通过分子修饰减少化合物的吸收；调控化合物理化性质降低其毒性；基于毒理学知识、构效关系和等电排置换策略降低化学品的毒性和基于多方位信息选择安全替代品。第四节从化合物的可生物降解性、致癌性、致突变性和生态毒性等具体方面介绍安全化学品的设计策略。第五节介绍降低化学产品中辅助物质的毒性。期望通过这些方法，能够降低化学品的毒性，并保持功能，设计筛选绿色、安全的化学替代品。希望本章对国内安全化学品设计的相关工作者有所启示。

6.1 毒性作用机理分析

在毒理学广泛应用之前，化合物毒性的检测大多依赖于动物(大部分为哺乳动物，如小白鼠)或动物器官进行体内、体外实验。目前，毒理学已经发展为研究化学物质对生物机体的损害作用及其作用机理、人类在生产和生活过程中可能接触的外来化合物对机体损害作用及其机理的重要学科，从而使人们能够更加全面、广泛地了解化学品毒性的作用机制。现在毒理学已展现出巨大的应用潜力。首先，化合物结构、性质与其生物活性之间关系的相关领域得到了进一步发展，促进了利用模拟计算预测化学品毒性方法的广泛应用[15]，并为安全化学品设计策略的发展和规则的制定提供了基础性研究工作。其次，这使化学品设计的相关工作者了解到如何修改化合物结构以降低其毒性，这也是本章讨论的核心所在。首先，我们讨论化学物质产生毒性的机制。

6.1.1　新陈代谢产生有毒代谢物

一些活泼的化学物质能够直接与生物受体结合而产生毒性。其余大部分毒性化合物本身并不活泼，但是在生物体内经过新陈代谢能够产生活泼中间体，从而与内源性大分子受体(如 DNA、蛋白质等)以共价键结合。当这类化合物的剂量超过最小毒性剂量时，就会对生物体产生毒性。生物体内新陈代谢绝大多数在温和条件下由酶催化，在一定的部位按照其代谢途径严格有序地进行。代谢一般会增加油脂性化合物的亲水性，使其通过肝脏进入胆汁中随排泄物一同排出体外或通过肾脏形成尿排出体外。整个过程通常涉及酶催化的氧化、还原或水解(Ⅰ相代谢)和酶催化的与内源性物质结合(Ⅱ相代谢)。换言之，新陈代谢能够将化合物激活，也能进行解毒。而激活和解毒之间的平衡将决定化合物是否有毒。

1. Ⅰ相代谢

Ⅰ相代谢受含铁的细胞色素(cytochrome，CYP) P450 酶超级家族所主导。含亚铁的细胞色素 P450 与 CO 形成配合物的最大吸收波长在 447~452nm 之间，因此被取名为 P450。CYP 酶占 Ⅰ 相代谢所需酶总量的 90%左右[16]。肝脏中 CYP 酶的含量和活性最高，其他器官与部位如肾上腺、骨髓、大脑、肾、肺、肥大细胞、卵巢、皮肤、小肠和睾丸也具有较高的 CYP 酶活性[17]。细胞中，细胞色素 P450 主要分布在内质网和线粒体内膜上，作为一种末端加氧酶，参与了生物体内甾醇类激素的合成等过程。Ⅰ相代谢反应包括氧化、去甲基化和水解反应。化学物质经过 Ⅰ 相的氧化、去甲基化等代谢作用后，非极性脂溶性化合物变为极性和水溶性较高而活性较低的代谢物。虽然人类的 CYP 酶八个基因家族含有 57 种 CYP 酶，但是只有不到 12 种 CYP 酶参与异型生物质的代谢过程。

最常见的一类 CYP 转化反应是单加氧反应。从反应结果分析，氧分子中 O—O 键断裂，随后生成的氧原子插入底物(RH)的 C—H 键，生成氧化的代谢产物(ROH)和水分子。过程如图 6.3 所示，含铁离子的 P450 与底物(RH)结合，接受烟酰胺腺嘌呤二核苷酸磷酸(NADPH, nicotinamide adenine dinucleotide phosphate)传递来的一个电子，使铁离子转变为二价亚铁离子，随之与氧分子、质子、电子结合，形成 $Fe^{2+}OOH \cdot RH$ 复合物，并与另一个质子结合，产生水和铁氧复合物 $(FeO)^{3+} \cdot RH$。$(FeO)^{3+} \cdot RH$ 复合物中氢原子分离，形成一对自由基，氧化代谢产物(ROH)从复合物中释放，P450 酶再生。NADH 或者 NADPH 提供所需的还原性电子。使用的 CYP 种类可能为黄素腺嘌呤二核苷酸(FAD)/黄素单核苷酸(FMN)氧化还原酶或铁-硫还原酶。一些化学物质能够被 CYP 代谢产生活泼中间体。这些活泼中间体能够通过各种作用机制引起毒性，包括细胞毒性、组织功能毒性、基因毒性和致癌作用等。

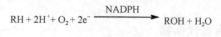

$$RH + 2H^+ + O_2 + 2e^- \xrightarrow{\text{NADPH}} ROH + H_2O$$

图 6.3　CYP 调控的氧化反应

2. Ⅱ相代谢

Ⅱ相代谢相关酶主要通过与亲核试剂(硫化作用或者葡糖苷酸化)、亲电试剂(与谷胱甘肽反应)结合或脱毒反应表现出催化活性。Ⅱ相反应的底物大多为Ⅰ相代谢的产物。Ⅱ相反应大多为Ⅰ代谢物产物与内源性结合剂的结合反应,结合后生成的代谢物毒性或活性较低、极性增加,有利于快速排出体外。Ⅱ相代谢涉及的主要酶有谷胱甘肽(glutathione, GSH)转移酶、磺基转移酶、葡萄糖醛酸转移酶。

谷胱甘肽是一种含 γ-酰胺键和巯基的三肽,由谷氨酸、半胱氨酸及甘氨酸组成,具有抗氧化作用和整合解毒作用,半胱氨酸上的巯基为其活性基团,易与某些药物(如扑热息痛)、毒素(如自由基、碘乙酸、芥子气,铅、汞、砷等重金属)等结合,具有整合解毒作用。谷胱甘肽帮助机体保持正常的免疫系统功能,具有广谱解毒作用,而且参与生物转化作用,从而把机体内有害的毒物转化为无害的物质,进而排泄出体外。谷胱甘肽有还原型(GSH)和氧化型(GSSG)两种形式,在生理条件下以还原型谷胱甘肽占绝大多数。谷胱甘肽还原酶催化两种类型间的互变。GSH 的结构中含有一个活泼的巯基(—SH),易被氧化脱氢,可作为一种抗氧化剂,通过其分子结构中亲核性的、半胱氨酰残基上的巯基保护细胞内分子免受亲电试剂和活性氧的侵害。例如,GSH 在谷胱甘肽过氧化物酶的作用下,将 H_2O_2 还原为水分子,其自身被氧化为 GSSG。GSSG 在谷胱甘肽还原酶作用下,接受氢原子还原成 GSH,从而使细胞液内保持还原性氛围。机体新陈代谢产生的过多自由基会损伤生物膜,侵袭生物大分子,加快机体衰老,并诱发肿瘤或动脉粥样硬化的产生。GSH 也可以作为非酶催化的自由基清除剂,GSH 能够贡献出一个氢原子给自由基同时生成 GSSG。GSSG 再被还原为 GSH,使体内自由基的清除反应能够持续进行。GSH 在人体内广泛分布,当外源性物质进入体内时,GSH 大量被消耗,然后通过重新合成和再生反应得到补充。当外源性物质过量时,GSH 得不到及时补充,导致细胞内大分子容易受到亲电试剂和自由基的破坏。

在非酶催化或 GSH 转移酶催化下,GSH 能够与亲电性中间体发生偶联反应。许多不同种类的底物能够与 GSH 反应,例如,环氧化合物、卤代物、芳香硝基化合物等。在这些反应中,GSH 可以与亲电性碳原子或氧、氮、硫等杂原子反应。虽然在许多情况下 GSH 与亲电试剂反应,从而保护细胞蛋白质免受亲电进攻,但是并不是 GSH 与外源性物质结合都能够起到解毒作用。例如,卤代烷与 GSH 反应后生成更亲电性的硫鎓离子[18],硫鎓离子可以与 DNA 形成共价键导致基因突变。

6.1.2 化学物质产生毒性的机制

1. 与大分子共价键结合

活泼的化学物质或其活性中间体，如自由基和亲电试剂，能够与相邻的大分子(如蛋白质、脂肪和 DNA)生成加合物。这些生成的加合物可以破坏大分子的正常生理功能，从而导致一系列毒性反应。可能的毒性范围较广，从局部短暂皮肤过敏到系统性靶器官中毒(如肝毒性、神经毒性和肾毒性)、基因毒性或致癌性。

一些化学物质本质上是非常活泼的，如常见的化学合成的中间体——甲基异氰酸酯。甲基异氰酸酯具有高挥发性和毒性。1984 年印度甲基异氰酸酯工业的灾难性事故导致数千居民死亡[19]。异氰酸酯基团中强电负性氮、氧原子导致中心碳原子具有强亲电性，容易与蛋白质巯基发生反应生成共价键(图 6.4)。由此产生的加合物沿着呼吸途径对呼吸道和肺造成致命的损伤，并强烈刺激眼角膜，导致视力受损甚至失明。

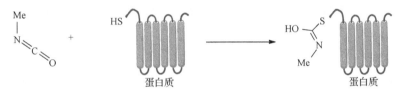

图 6.4 甲基异氰酸酯与蛋白质反应示意图

扑热息痛——对酰基氨基酚(4-acetamido phenol，APAP)，在使用治疗剂量时是安全药品，但是服用过量情况下，可能导致严重的、潜在致命性肝脏和肾伤害。肝脏伤害包括典型性肝小叶中心坏死。小叶中心部位含有丰富的代谢酶，如 CYP 酶家族。CYP2E1 是主要的 P450 同工酶，能够催化氧化对酰基氨基酚为活泼中间体 N-乙酰基-对苯并醌亚胺(N-acetyl-para-benzoquinonimine，NAPQI)。NAPQI 具有亲电性碳原子能够与细胞内蛋白质发生加成反应[19]。在服用高剂量的 APAP 时，体内存在的抗氧化剂(如还原性 GSH)被大量消耗后，才能观察到 APAP 不利的生物活性。GSH 的耗竭加剧了 NAPQI 对细胞蛋白的芳基化，放大活性氧的氧化压力，最终导致细胞三磷酸腺苷(adenosine-triphosphate，ATP)水平下降和细胞死亡。

活泼中间体能够与 DNA 发生 I 相反应，共价键结合在一起。这种共价键结合与肿瘤发病率密切相关。在香烟烟雾里发现的燃烧产物——苯并芘(benzoapyrene，BaP)是一种环境污染物、诱变剂和致癌物。细胞色素 P450(CYP1A1)催化 BaP 的生物活化路径为(图 6.5)：首先 CYP1A1 催化 BaP 氧化生成 7,8-环氧化物；随后环氧化物迅速水解生成 7,8-反式二醇；再被 CYP1A1 氧化成最终的致癌性物质苯并芘-7,8-反式二醇-9,10-环氧化物。7,8-反式二醇-9,10-环氧化物能够与亲核试剂发生开环反应，例如，BaP 与 DNA 碱基鸟嘌呤的 N^2 位氨基生成 BaP-N^2-鸟嘌呤加合物。在 DNA 复制过程中，BaP-N^2-鸟嘌呤加合物可以导致碱基对配对错误。如果错误发生在关键基因上，如肿瘤抑制基因 P53，可能导致基因变异，并最终导致癌症。

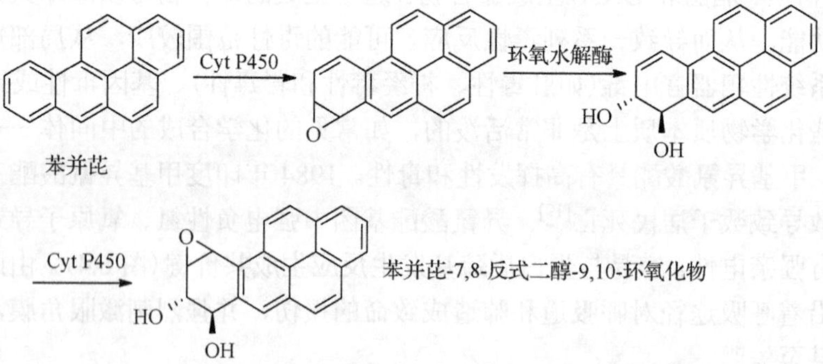

图 6.5　苯并芘生物活化生成致癌物质苯并芘-7,8-反式二醇-9,10-环氧化物

2. 抑制酶活性

化学物质可以非选择性或选择性地抑制酶的活性甚至使其灭活。非选择性抑制情况时，化学物质或其代谢物，能够损害多种酶的活性。例如，引起氧化应激的化学物质能够氧化酶蛋白或与酶蛋白形成共价键，从而影响酶催化功能。含有巯基的酶特别容易受这类化合物的影响。虽然含有巯基的酶对重金属的敏感性并不相同，但重金属一般具有强亲巯基的特性。在低剂量情况下，砷类物质能够抑制丙酮酸脱氢酶的活性。这种含巯基的酶能够催化丙酮酸的氧化脱羧形成乙酰辅酶 A，即连接糖酵解和三羧酸循环的关键步骤代谢通路[20]。乙酰辅酶 A 的减少反过来减缓了三羧酸循环，并最终抑制 ATP 合成。相比之下，选择性抑制酶活性指的是异型生物质官能团与蛋白质特异性化学反应引起的酶活性降低。灭鼠剂氟乙酸就是一个此类抑制反应的典型例子(图 6.6)。虽然氟乙酸不具有直接毒性，但是氟乙酸可以代谢生成氟乙酸-辅酶 A。由于与乙酰辅酶 A 结构相似，氟乙酸-辅酶 A 能够进入三羧酸循环。在此循环过程中，氟乙酸-辅酶 A 能够与草酰乙酸生成假底物氟柠檬酸，抑制了后续的乌头酸酶活性[21]。由于 C—F 键较 C—H 键更稳定，导致此酶不能催化脱水反应生成顺乌头酸。因此，氟乙酸能够阻碍三羧酸循环，抑制 ATP 合成。

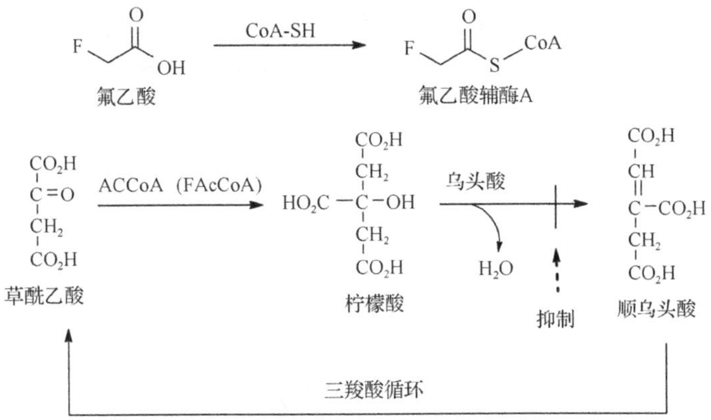

图 6.6　氟乙酸选择性抑制乌头酸酶活性的途径[21]

3. 局部缺血或缺氧

缺氧是指因组织的氧气供应不足或用氧障碍，而导致组织的代谢、功能和形态结构发生异常变化的病理过程。这可能是由于血液供应减少(即局部缺血)、心肺功能下降、血液运输氧气能力降低等原因引起的。随后组织缺氧导致有氧代谢下降，ATP 合成不足。血流量的减少也将导致营养物质供给不足、代谢与排泄能力降低(如二氧化碳)，使缺氧对细胞造成的损害加重。有毒物质，如亚硝酸盐、硝酸盐、芳香胺和其他含氮化合物及其代谢产物，可以与血红蛋白结合，将血红素中铁元素由 Fe^{2+} 氧化至 Fe^{3+}。氧化后的血红蛋白(高铁血红蛋白)中三价铁不能与氧气结合，无法随血液运输氧气。硝酸盐能够被肠道菌群还原为亚硝酸盐，随后进入血液。而且，亚硝酸盐在肉类等食品中用作防腐剂，从而随食物进入人体。亚硝酸盐是一种允许使用的食品添加剂，只要控制在安全范围内不会对人体造成危害。但如果摄入量超过国家标准，超过人体的解毒功能，就会对人体健康造成不同程度的危害，甚至致癌。

4. 氧化应激

氧化应激是指体内氧化与抗氧化作用失衡，向氧化方向倾斜，导致中性粒细胞炎性浸润，蛋白酶分泌增加，产生大量氧化中间产物。氧化应激是由自由基在体内产生的一种负面作用，并被认为是导致衰老和疾病的一个重要因素。常见的活性氧(reactive oxygen species，ROS)包括超氧阴离子(O_2^-·)、羟自由基(·OH)和过氧化氢(H_2O_2)等；活性氮(reactive nitrogen species，RNS)包括一氧化氮(·NO)、二氧化氮(·NO_2)等。自由基非常活泼，能够从附近大分子(DNA、蛋白质、脂类)夺取一个电子，从而破坏细胞功能。机体存在两类抗氧化系统(图 6.7)，一类是酶抗氧化系统，包括超氧化物歧化酶(superoxide dismutase，SOD)、过氧化氢酶(catalase，CAT)、谷胱甘肽过氧化物酶(glutathion peroxidase，GPO)等；另一类是非酶抗氧化系统，包括麦角硫因、维生素 C、维生素 E、谷胱甘肽、褪黑素、α-硫辛酸、类胡萝卜素、铜、锌、硒等。例如，SODs 将超氧阴离子（$O_2^- \cdot$）转化为 H_2O_2，随后在 GPO 催化下，H_2O_2 还原成水。最终，在细胞或组织中通过抗氧化机制可以将活性氧保持在可以接受的浓度。

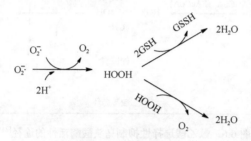

图 6.7　抗氧化途径

　　某些化学试剂能够参与氧化还原循环和电子传递链(有氧代谢)过程，提高细胞内 ROS 含量。氧化还原循环包括化合物在还原酶(如细胞色素 P450 还原酶)作用下从还原性试剂(如 NADPH)获得一个电子，生成自由基。在氧气存在下，自由基再贡献出电子给氧气生成 $O_2^- \cdot$，并重新生成原来的化合物，再进入氧化还原循环。因此，氧化还原循环导致合成 ATP 所需的还原性物质的消耗，并生成大量高活性的自由基。能够参与氧化还原循环的化学试剂主要包括醌类、二元酚、芳香族硝基化合物、偶氮化合物、芳香羟胺、联吡啶化合物和某些金属螯合物[19]。典型的例子是联吡啶类除草剂——百草枯(结构如图 6.8 所示)。百草枯容易在肺泡细胞内富集并参与氧化还原循环，从而对肺部产生毒性[22]。

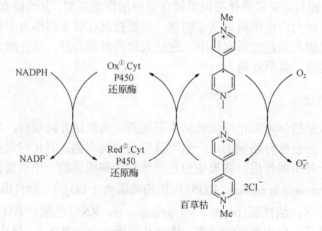

图 6.8　百草枯参与的氧化还原循环[22]

---

① Ox. 表示氧化，下同。

② Red. 表示还原，下同。

5. 受体-配体相互作用

　　某些化学试剂能够作为配体与细胞内受体以可逆的方式相互作用。此类化学试剂能够模仿内源性配体与受体结合,从而产生与内源性配体相同或相反的效果。我们了解此类物质与受体相结合部分的结构与性质特点,就可以通过调整化合物结构从而减弱此类相互作用。

　　化学物质还可能影响、改变基因表达、转录和细胞信号的响应机制。例如,某些多环芳烃(如蒽)可以通过改变基因的转录速率,编码细胞色素 P450(CYP1A1)芳基碳氢化合物羟化酶,诱导此类同工酶的活性[23]。表 6.1 列出目前已知的五类受体及其活性结合位点的结构信息。虽然目前不能全面了解此类物质作用机制,但是基于对受体结合位点结构特点的认识,一些实验和理论方法逐步开始用来预测生物体系的响应机制,并指导设计不符合此类立体或电子结构特点的安全化学分子。

表 6.1　CYP 受体的种类及其结合位点的物理化学性质[1]

CYP 受体	结合部位特点	已知的强结合配体	性质
芳基碳氢化合物受体	疏水性空腔		范德华体积<40nm^3/mol[24,25]。范德华尺寸 14Å × 12Å × 5Å 化合物[26]
孕烷 X 受体	大而灵活的疏水键,并含有少量极性键。此类配体可以改变蛋白质的构象	胆汁酸他汀类药物、HIV 蛋白酶抑制剂、钙离子通道调控分子、类固醇、雌二醇	四个疏水键和至少一个氢键[27]。结合腔体积 1150Å^3 [28]。强的亲大分子特性[29]
雄烷受体	三疏水基和一个氢键受体	anorostane	三疏水基和一个氢键受体[30]。结合腔体积 1170 Å^3 [31]
糖皮质激素受体	控制 PCR 和 CAR 的表达;具有大的氢键网络	dexamethasone	氢键[32],分子平面性和垂直度[33]

续表

CYP 受体	结合部位特点	已知的强结合配体	性质
维生素 D 受体	当分子调节构象去适合结合腔时,结合腔基本保持不变;混乱度降低	cholecalciterol	疏水性、静电作用及氢键[34]

注:1Å = 1×10⁻¹⁰m。

6.2　构效关系

6.2.1　化学品作用的分子基础

1. 基本结构与分子整体性

构效关系(structure-activity relationship, SAR)是指药物或其他生理活性物质的化学结构与其生理活性之间的关系。早期构效关系的研究对象是药物,目前研究对象已拓展至一切具有生理活性的化学物质,包括药物、农药、有毒化学品等。这里主要讨论化合物的结构与毒性的构效关系。根据结构对生物活性的影响程度,宏观上可以将化合物分为非特异性结构化合物和特异性结构化合物。非特异性结构化合物的生物活性与结构的关系主要是由化合物特定的理化性质决定的。而许多化合物是通过与机体细胞上的受体结合然后发挥生理活性,构成了特异性化合物结构与活性之间的关系,这类化合物的反应性、官能团分布、分子的外形和大小及立体排列等都必须与受体相适应。早期的构效关系研究主要以直观的方式定性推测生理活性物质结构与活性的关系,进而推测靶酶活性位点的结构。随着信息技术的发展,以计算机为辅助工具的定量构效关系(quantitative structure-activity relationship, QSAR)成为构效关系研究的主要方向。定量构效关系是一种借助分子的理化性质参数或结构参数,以数学和统计学手段定量研究有机小分子与生物大分子相互作用、有机小分子在生物体内吸收、分布、代谢、排泄等生理相关性质的方法。这种方法广泛应用于药物、农药、化学毒剂等生物活性分子的合理设计。在早期的药物设计中,定量构效关系方法占据主导地位。1990 年以来,随着计算机计算能力的提高和众多生物大分子三维结构的准确测定,基于结构的药物设计逐渐取代了定量构效关系的主导地位。

20 世纪初,药物化学家发现具有相同生理作用的药物,在分子结构中往往可以找到相同或相似的结构部分。这种结构是产生这类生理作用的必要部分,称为基本结构。药物的生理作用与化学结构密切相关,化学结构稍微改变就可能失去原有的生理作用。这种现象称为结构特异性。根据结构特异性概念,可以把药物分为结构非特异性药物和结构特异性药物。药物的生理作用与化学结构存在依赖关系的称为结构特异性药物；而药物的生理作用与结构之间找不到任何共同关系的为结构非特异性药物。而且，不同药物的基本结构的可变部位的多少和可变范围大小各不相同，反映出药物的生理作用与化学结构依赖关系的深浅。药物结构特异性的高低与其作用机制和受体对配体的要求有关。

此外，化合物的生理作用和理化性质与分子结构整体性密切相关。某种功能基团具有某些化学反应性能或理化特性，而分子结构中的其他基团或结构部分可以增强或减弱其生理性能和理化特性。即药物的生理作用不仅依赖于其基本结构，还依赖于药物分子的整体性。药物的化学结构尽管具有某种生理作用的基本结构，但由于有其他结构部分的存在，或其基本结构上带有不同的基团，导致理化性质的改变或立体大小、构型、构象的不同，从而增强或减弱其生理活性，甚至破坏其生理活性或产生另外的生理作用。

具有相同基本结构和部分不同结构的化合物可能产生不同的生理作用。例如，氯苯那敏、氯丙嗪和丙咪嗪(图6.9)。由于芳香环部分的结构不同而具有不同的生理作用，氯苯那敏为抗组胺药，氯丙嗪为安定药，丙咪嗪为抗抑郁药。但是，它们具有相同的 $CH_2CH_2CH_2N(CH_3)_2$ 结构部分，都具有中枢镇静作用。

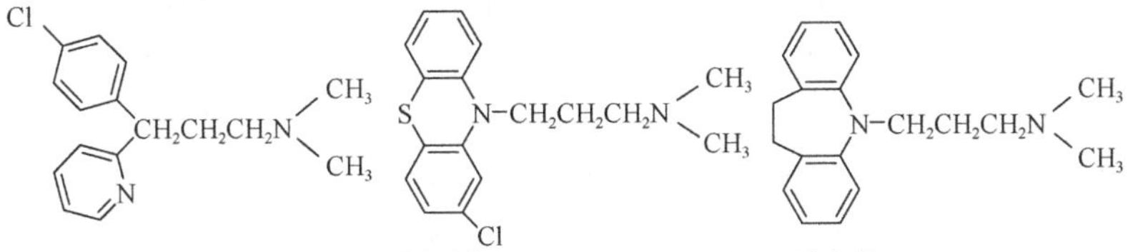

图6.9 氯苯那敏、氯丙嗪和丙咪嗪的结构

随着人们进一步深入认识药物分子结构与生理作用的关系，提出了药效团的概念，即对于活性起重要作用的结构特征的空间排列形式[35]。药效团的概念与基本结构的概念完全不同。两个药物可以有不同的分子结构，但具有相同的药效团就可能具有相同的生理作用。基本结构是化合物分子的基本骨架，而药效团则超脱了基本骨架。即不同基本结构的药物，可能存在相同的药效团，那么这类药物仍是结构特异性药物。但是，不是所有类型的药物都不需要基本结构。由于基本结构的支撑，可使与受体结合的结构与基团保持一定的空间距离和排列。因此，具有基本结构的药物类型，其药效团则更为确定[35]。

以上部分描述的是药物的基本结构和药效团概念。药物也是化学品的其中一类。虽然这些概念起源于药物化学的研究，但对于化学品同样适用，只不过生理活性由治疗变为毒性作用。这些概念对于安全化学品的设计具有指导作用。

2. 配体与受体之间相互作用力

大多数化合物必须先与细胞膜上或细胞内的某些特定分子结合，才能表现出生理活性，这些特定分子被称为受体。受体是一类存在于胞膜或胞内的，能够与细胞外专一信号分子结合进而激活细胞内一系列生物化学反应，使细胞对外界刺激产生相应效应的特殊蛋白质。与受体结合的生物活性物质统称为配体。受体与配体结合即发生分子构象变化，从而引起细胞反应，如介导细胞间信号转导、细胞间黏合、胞吞等过程。

配体进入体内与特定的受体结合是受体对配体识别的过程。受体对配体有高度的识别性，只能与特定的配体结合。配体与受体之间的结合力(键)主要包括共价键、离子键、偶极键、氢键以及范德华引力。受体的识别能力在于其活性部分的结构特异性，包括电性分布、疏水性及三维构象。配体只有在结构上与受体活性部分互补才能与受体结合。配体与受体结合部位不止一个，因此各部位可能以不同的结合力(键)来结合。

配体与受体(或酶)之间的相互作用力对于理解配体的作用方式和作用机制是至关重要的，这也是(定量)构效关系研究的基础。配体与受体的互补性主要体现在作用部位作用力的互补。配体与受体结合的作用力可分为可逆性作用力和不可逆作用力(共价键)。若形成共价键等不可逆结合，则受体长久不能产生原有的生理作用。下面各种相互作用力，除共价键外均为可逆性作用力[35]。

共价键属于不可逆作用力，键能相当高，共价键形成后，需要大量的能量或用另外一种受体与配体形成结构更稳定的化合物才能使原受体复原。例如，杀虫剂或化学农药，能够与害虫或病原体中重要的特殊蛋白质形成稳定的共价键，从而延长其毒性作用，达到杀灭目的。但同时也可能对人或哺乳动物有毒害作用，造成人或动物中毒。因此，需要设计对人或哺乳动物安全的农药。

在生理 pH 条件下，一些氨基酸如精氨酸、赖氨酸中的氨基可以形成正离子，天冬氨酸和谷氨酸可以解离形成负离子。配体分子中往往含有碱性或酸性基团，可以在体内解离为正离子和负离子。配体的正离子或负离子与受体的负离子或正离子形成离子吸引。

有机化合物中氮、氧、硫等原子与碳形成的化学键，由于电负性差异，成键的电子云偏向电负性较大的氮、氧、硫等原子，导致电子云分布不均匀而形成电子偶极现象。配体分子结构中常常具有羧基、酯基、醚基、酰胺、氰基等极性基团，有偶极现象。受体主要为蛋白质，含有大量肽键。因此，受体中偶极现象主要由肽键体现。配体分子中的离子或偶极部分与受体分子中的偶极部分或离子可以形成静电相互作用，称为离子-偶极现象。同理，配体分子中的偶极部分与受体分子中的偶极部分也可以形成静电相互作用，称为偶极-偶极现象。

当氢原子与电负性较强的原子如氧、氮形成共价键时，电子云靠近强电负性原子而使氢处于缺电子状态。这种状态的氢可以吸引其他原子外层的孤对电子，形成氢键。常见的氢键给体为—OH，—NH—，—NH$_2$。配体与受体分子中常含有氧、氮原子。因此，配体与受体容易形成氢键。一般情况下，氢给予体和接受体之间的距离在 0.3nm 左右才能形成氢键，大于 0.3nm 则不能形成。

配体与受体中 π 电子富集部位可以与受体或配体的缺电子部分生成电荷转移复合物。电荷转移是能量较弱的键合作用。电荷转移实际上就是配体或受体的最高占据分子轨道(highest occupied molecular orbital，HOMO)电子向受体或配体的最低未占据分子轨道(lowest unoccupied molecular orbital，LUMO)的转移。典型的给予体为不饱和化合物，例如，带有给电子取代基的芳香化合物，π 电子富集的杂环芳香化合物，或具有未共享电子对的基团。典型的接受体为缺少 π 电子的化合物，尤其是具有吸电子取代基的芳香或杂环芳香化合物。

配体与受体分子中大多含有由碳氢原子组成的非极性部分。例如，受体苯丙氨酸、缬氨酸、亮氨酸、异亮氨酸的侧链在形成蛋白质立体结构时，可以形成活性部位的非极性区，称为疏水袋。在体内，配体的非极性部位和受体的非极性区域表面均被有序排列的水分子包围。当配体与受体接近到一定程度时，由于中间的空间缩小，将水分子排挤出去，发生去水合现象，使系统熵值增加，自由能降低，形成较稳定的状态。这种自由能降低时维持配体与受体形成复合物的作用力，称为疏水性结合。

范德华力是原子和分子间最普遍存在的作用力。当两个未成键的原子相互靠近时，一个原子的原子核吸引另一个原子外围电子所产生的极化现象。这种作用力在极性分子或非极性分子间都存在。原子间的距离必须靠近，在 0.4~0.6nm 时能够发生范德华力。

3. 吸收、分布、排泄过程

化合物进入人体，需要经过吸收、分布、代谢、排泄等过程，到达作用部位，才能发挥生理(毒性)活性。在化学品到达作用部位之前，就有可能被排出体外，或被机体新陈代谢机制所代谢掉。因此，化合物进入机体后需要经过的这些过程，即为机体对外来化合物的处置过程[35]。

化合物进入人体的方式，主要有胃肠道吸收、皮肤吸收、肺吸收三种途径(药物的给药途径除外)。在这里，我们主要讨论胃肠道吸收的几种影响因素，皮肤吸收、肺吸收等途径在后面章节中再进行探讨。这些影响因素可以作为描述符应用于定量构效关系计算中。

化合物的吸收首先要通过细胞膜。在胃肠道吸收途径中主要是通过胃肠道表皮细胞的细胞膜。细胞膜的流质镶嵌结构模型已普遍接受，即由脂质分子尾对尾形成的双分子层上镶嵌有蛋白质。脂质分子主要包括两类：胆固醇和可解离的磷脂类。这些脂质化合物具有两亲性，分子中一部分亲水，其余部分亲脂。这种结构对化合物进入细胞的方式和结构具有一定的要求。化合物要进入细胞，需要在水中(体液)具有一定的溶解度。而细胞膜主要由脂质双分子层构成，化合物要通过脂质的双分子层，必须在脂相中具有一定的溶解度，即亲脂性。完全不溶于水或极易溶于水的化合物均不能被吸收。如液体石蜡在胃肠道内不能被吸收，可以起到润肠通便的作用。硫酸镁不溶于脂相，在胃肠道中使渗透压增高，导致大量水分渗透到肠道引起泻下。通常使用脂水分配系数(P)表示化合物的亲脂性或亲水性，即特定的化合物在两相不互溶的溶液中达到平衡状态时浓度的比值，并用$\log P$进行量化。$\log P$定义为非离子化合物在两相中浓度比值的对数。$P > 1$表示化合物在有机相(脂相)的浓度大于水相中的浓度。相反时，则$P < 1$。

化合物进入血液后，会随着血液流动带至全身组织器官中，随后扩散至组织细胞中。此过程即为化学品的分布。该过程主要受血流量、组织毛细血管内膜与屏障、与蛋白结合等因素影响。化合物在体内分布过程中，部分进入细胞的化学品会被细胞内活性物质所代谢，生成无毒或有毒的代谢物。

具有排泄化合物功能的组织有胆、肾、肺等，而且以肾为主。化合物大多在体内经生物转化(即代谢)，形成的代谢产物通过肾脏由尿排泄，也有一些化学品在体内几乎不经过代谢而由肾脏排泄。有些也可以通过胆汁分泌至肠道从粪便中排泄。气体和沸点较低的液体代谢物可以从肺部经呼吸排出。化合物经胃肠道吸收进入血液后，在到达活性部位前，可能经胃肠道的一部分毛细血管通过门静脉进入肝脏，在肝脏内被代谢。肝脏细胞内含有大量的代谢酶，对化学品进行新陈代谢过程，生成代谢物。而化学品经代谢后可能转化为无毒的代谢物，但也可能生成毒性更强的代谢物。

当化合物的脂溶性增加时，排泄的途径则由肾脏转变为经肝胆系统。肝细胞分泌胆汁，同时将胆固醇在肝脏内合成的胆酸一起分泌到胆汁中，并贮存于胆囊里，分泌至小肠。化合物进入肝脏被代谢后，与部分未经代谢的化合物一起随胆汁分泌进入肠道，进入肠道的化合物及其代谢物可随粪便排出体外。肾脏和肝脏是大多数化合物排泄的主要脏器。肾脏的排泄功能由肾单位(肾小球和肾小管)来完成。血液经肾小球的内皮膜的被动过滤形成尿液。血液中除了血细胞和蛋白质不能被滤过外，化合物及其他代谢物都可以被滤过。肾小球的滤过是被动的，受浓度梯度控制，经肾小球滤过的尿液除了血细胞和蛋白质外，其他物质的浓度几乎与血液中相等。进入滤液中的水分绝大部分会被重吸收到血液中。随着尿液中水分减少，尿液中化合物浓度不断提高，由于浓度差而发生反向被动扩散，但排泄尿液中化合物及代谢物的浓度仍高于血浆中的浓度。即肾小球滤液中大部分化学品及代谢物随尿液排出体外。

4. 定量构效关系描述符

QSAR 是化学计量学的重要工具。它采用数理统计方法揭示化合物活性或物理化学特征与其分子结构之间的定量变化规律，将分子结构描述成数字模型并用量子物理学和经典物理学方程模拟其行为。现有程序能够轻松生成和显示分子属性，包括几何结构、能量和相关属性(电荷属性、光谱属性和体积)。自 20 世纪 80 年代以来，方法学和计算科学得到飞速发展，特别是高通量筛选，积累了大量生物活性数据，使 QSAR 方法得到广泛发展和应用。QSAR 就是尝试找出一系列分子的属性值与生物学活性变化的一致性，从而可以将这些"规则"用于评估新化合物[36]。

QSAR 通常用线性方程式表示，见式(6.1)：

$$生物活性=常数+(C_1 \cdot P_1)+(C_2 \cdot P_2)+(C_3 \cdot P_3)+\cdots \qquad (6.1)$$

式中，P_1 到 P_n 为描述符，系数 C_1 到 C_n 可通过协配参数与生物学活性的变化算出。

QSAR 方法需要找出影响该系列化合物活性的因素，并用以预测新化合物的活性。为达到上述目标，需要具备如下条件：①能够区分不同化合物的足够精确的测定数据；②容易得出的一套参数并可能与受体的亲和力有关；③推导参数与结合数据关系的方法；④证实 QSAR 的可靠性。

分子描述符，是指分子在某一方面性质的度量，既可以是分子的物理化学性质，也可以是根据分子结构通过各种算法推导出来的数值指标。随着计算方法的日趋成熟，已经有多本关于分子描述符的专著[37-39]出版，近几年有关分子描述符研究的文献更是成倍增长。其中 A.R.Katritzky，M.Karelson，D.T.Stanton[40,41]等探讨了各类分子描述符在 QSAR 研究中的重要性。分子描述符的计算是 QSAR 研究的基础，精确定义并且合理使用分子描述符在 QSAR 研究中非常重要。能否得到具有较高可信度的 QSAR 模型很大程度上取决于选择的描述符是否正确。目前，各种软件提供的分子描述符已经超过 4000 种。因此，如何从中选择出与研究对象最密切相关的分子描述符，成为研究中首先要面对的问题。描述符选择方法主要有逐步回归法(stepwise regression，SR)、主成分分析法(principal component analysis，PCA)、因子分析法(factor analysis，FA)以及偏最小二乘回归法(partial least squares regression，PLS)。分子描述符可以分为定量描述符和定性描述符。前者是基于各种分子理论或实验光谱数据产生的，例如，紫外光谱描述符、氢键供体数描述符、化学键计数描述符、理化性质(如脂水分布系数)描述符、分子场描述符以及分子形状描述符等。定性描述符一般称为分子指纹，即将分子的结构、性质、片断或子结构信息用某种编码来表示。而按照描述符计算所需的分子结构维数，分子描述符还可以分为一维、二维、三维等。表 6.2 列举了几类常用的描述符。

表 6.2　QSAR 研究中经常用到的描述符及其物理化学性质和可能的影响机制[42]

参数	物理化学解释	可能的影响机制
辛醇/水分配系数：$logP_{o/w}$	疏水性/亲水性	可能影响吸收过程、与活性位点或受体的结合，生物富集[43-47]
Hammett 电子取代基常数(σ)	芳香族邻、间、对取代基提供或接受电子的能力	影响亲电或亲核活性[48, 49]
Taft 立体参数(Es)	立体取代基常数	描述分子内立体效应对活性的影响
水溶液溶解度(Saq)	亲水性	可能影响吸收过程、与活性位点或受体的结合[47, 50]
分子折射率(MR)	分子体积和极化率	影响活性和结合能力[51, 52]
电离常数(pK_a)	离子化、分子轨道计算	影响活性[53,54]
偶极矩	分子中电荷分布	可能影响结合能力，与细胞膜的相互作用和(或)生物利用度[46, 55]
原子电荷	决定分子周边的静电势	影响静电作用、反应活性和结合能力[56]
E_{HOMO} 和 E_{LUMO}	最高占据分子轨道能量和最低未占据分子轨道能量	分别代表化合物的亲核和亲电反应活性[44]
HOMO/LUMO 密度分布	HOMO/LUMO 分子轨道的空间分布	反应亲核/亲电活性的空间分布[57]
氢键	分子间静电相互作用	影响化合物反应活性和氢键相互结合能力[58]
分子量、分子体积、分子表面积	分子大小描述符	影响结合能力和对空间相互作用敏感的过程[59]
分子极化率	分子体积、化合物的软硬度	影响溶解度和反应活性[58, 60]

6.2.2　定量构效关系

目前市场上有超过十万种化学物质，满足工业市场或消费者的需求，并深入到人们生活和工作的方方面面。然而，这些化学物质大部分都没有完整的毒性资料和危险性质方面的描述。要对现有的化学物质逐一、全面地进行毒理学实验显然既不可能也不必要。2006 年，欧盟颁布了化学品注册、评估、认证的新法规，并于 2007 年 6 月开始实施[61,42]。一方面，该法规将化合物对人类健康和环境影响的评估和风险管理的责任由政府转移至企业。然而，要获得所需的如此大量化合物的毒性数据，需要进行大量的动物研究实验。另一方面，法规中有一项条款，规定可以利用基于(定量)构效关系(Q)SAR、充分验证的计算模拟模型来预测和评估新的或已知化学品的毒性、生物活性和生态学效应，从而减少、细化或代替毒性动物实验。但是，(Q)SAR 技术在预测化学品毒性领域的实际应用目前还需要更多标准化的科学基础。出于这个原因，经济合作与发展组织(Organization for

Economic Co-operation and Development，OECD）提出的 QSAR 技术发展指导方针将有助于提高（Q）SAR 技术的广泛接受和实际应用。

OECD 提出的 QSAR 发展的指导方针有利于促进 QSAR 方法用于化合物毒性的监管与预测。而且，QSAR 模型应该与下列五类信息密切相关：①明确的毒性终点；②清晰明确的算法；③明确的适用领域或范围；④恰当的拟合优度、稳健性和预测能力；⑤可能的机理解释。

QSAR 模型需要一个明确的毒性终点，此终点是可以实验测定的、能够用来建立模型的，包括任何物理化学、生物或环境影响。一个给定的终点要求可以使用不同的实验方案或在不同的实验条件下测定。换言之，这意味着不仅需要明确哪一个终点可以建模，而且要求能够通过实验测定[62]。虽然在不同的数据组中，毒性终点是明确清晰的，但是在单个数据组中实验条件和测试用的生物体存在较大的差异。因此，不同实验方案得到的实验数据往往综合在一起，构成了 QSAR 相关性的偏差。使用这些不同方案往往会引入一些不必要的、应该避免的实验变量。而且，利用 QSAR 预测未经测试化学品的毒性终点时，应选择使用在安全评估方案中使用的、与已有测试方案一致的终点[42]。

一种清晰明确的算法旨在确保基于化学结构和/或物理化学性质预测毒性终点的模型的透明度。这不仅适用于 QSAR 模型，也适用于这些算法中所使用的描述符。与毒性终点、计算方法、软件包和算法相关的描述符应使用公开的方法得到或产生。而且，用于分析毒性和物理化学描述符相关性的统计技术应该是透明、公开的。多元线性回归分析方法具有使用简单、充分、尤其是只需要少量描述符的特点，常常用于建立模型[63]。使用超过观察数目的描述符往往导致许多问题，如变量之间的多元共线性问题。而使用 PCA 方法则可以较好地解决此类问题，例如，主成分回归法（PCR）和偏最小二乘法（PLR）。PCA 方法能够将大量可能相关联的变量转化为少量不关联的变量，称为主成分。这些主成分是由原始变量线性组合得到的[64,65]。PCR 法忽略自变量的 PCA 模型中一些组分，并将保留的主成分组合为相关变量，从而得到降阶的模型。PCR 方法是将自变量的方差最大化，而PLR 方法更进一步尝试在自变量和因变量之间获得较好的相关性[66,67]。在 QSAR 关系中，用于模型验证的外部数据组通常不可用。因此，研究人员把可用的数据组分成训练组和测试组。在模型算法中，应该明确用于此分组的方法。可行性的方法主要是基于相似性分析，包括 Doptimal 距离[68]、Kohonen 映射-类神经网络[69]、自组织映射和随机选择的抽样法等[70]。

选择合适的描述符也是至关重要的。QSAR 方法中最基础的假设之一是化合物的生理活性是由其物理化学性质决定的。传统的 QSAR 使用实验衍生的描述符，例如，电离电势、log $P_{o/w}$（脂水分配系数）、Hammett-Taft 和 Sterimol 参数来量化化合物的物理化学性质[71]。然而，在传统的 QSAR 方法之外，由于缺乏足够的实验衍生的描述符，在量子力学计算的基础上，又定义了 QSAR 研究的新参数。随着计算机计算能力的不断发展，量子力学计算已经成为 QSAR 研究中一种有效的、广泛应用的方法[72,73]。这种量子力学计算以化合物的化学结构为唯一输入数据，用于定义化合物物理化学性质和反应活性的相关参数。QSAR 方法预测毒性的常用的参数主要有前线轨道能量、最高电子占有轨道能量(E_{HOMO})，最低电子未占有轨道能量(E_{LUMO})。这些能量直接决定化合物的亲核、亲电反应活性。

　　模型是对现实的化合物有限的描述。因此，使用模型时应该明确指出其适用范围。这一条原则反映出：QSAR 是基于化合物结构、物理化学性质、作用机制建立模型，从而对化合物进行可靠的预测，QSAR 的使用不可避免地受到这些参数的限制。在最简单的方法中，适用范围可以定义为训练组化合物描述符数值的上下限[74,75]。当描述符超出上下限时，也可以使用外推法。但是，即使对一个同系物进行扩展，也可能导致作用机制的改变。例如，含有 10 个或更多碳原子的醛类表现出向麻醉作用机制的转变，因为它们倾向于在脂相中积累，因此在生物体的水相中无法发生作用。模型的化学适用范围也可以根据训练组化合物的结构特征进行限制。例如，只适用于有机硫代磷酸酯的 QSAR 模型可以预测含有 P=S 双键结构单元化合物的毒性[42]。

　　恰当的拟合优度、稳健性和预测能力要求使用的模型参数能够同时反映出 QSAR 模型的内部性能和其预测能力。内部性能可以用拟合优度和稳健性进行表征。拟合优度能够衡量模型对训练组响应变化值的符合度。模型的参数和预测能力需要具有稳健性，即当训练组中一个或多个化合物被移除后，仍然能够重新生成该模型。

　　一般情况下，QSAR 模型应该与机理解释密切相关。机理解释将模型中使用的描述符与预测的毒性终点关联起来。从 QSAR 研究的结果中我们也可以得到一些机理方面的信息。如果基于数学描述符的 QSAR 方法不能与机理解释相互关联、结合，则会显著限制 QSAR 的应用。小分子化合物在生物转化酶活性位点的转化过程符合化学反应的一般规律。因此，化合物新陈代谢的 QSAR 模型往往基于反应机理的途径。例如，利用 QSAR 模型预测细胞色素 P450 氧化一系列氟苯化合物的羟基化位点，需要使用计算得到的最高电子占有轨道的电子分布作为描述符。最高电子占有轨道的电子分布作为描述符能够反映氟苯化合物亲核反应活性的分布情况，即 P450 活性位点上亲电性高价态铁氧卟啉辅基的进攻位点。当化合物尺寸增大时，化学反应活性不足以描述此化合物，其他参数开始影响其在生物转化酶上的结合和转化过程。因此需要使用额外的描述符从反应机理角度建模，模拟化合物在生物转化酶活性位点的结合特征。例如，当模拟谷胱甘肽转移酶催化的谷胱甘肽与 2-取代-1-氯-4-硝基苯的结合速率时，只有当引入 E_{LUMO} 描述符，范德华体积作为第二描述符时才能得到正确的建模[42]。

除了基于量子化学描述符的 QSAR，化学物质的代谢也能够在 3D 模型和药效基团模型的基础上建立模型[76,77]。3D 方法是基于对这些生物转化酶的活性位点进行建模，例如，细胞色素 P450 需要确切的生物转化酶的 3D 结构，因此受到限制。鉴于此，由哺乳动物的同源模型衍生的模型中，外源代谢的细胞色素 P450 通常被用来建立 QSAR 模型模拟细胞色素 P450 的底物。在 3D 模型或药效基团模型基础上，描述 CYP2D6、CYP3A4、CYP2C9 和 CYP1A2 催化底物转化的模型也已经建立。另一方面，用于反映生物过程或终点限速步骤的描述符也应该包括在模型中，这也是模型中必须考虑作用机理的一个重要原因。否则就不能得到显著的相关性。例如，亚碘酰苯线粒体细胞色素 P450 催化的一系列苯胺的 4-羟基化反应最大表观速率的自然对数与苯胺的 E_{HOMO} 的相关性 (r) 达到 0.96。在这个苯胺的 4-羟基化反应中，高价态铁氧细胞色素 P450 $(FeO)^{3+}$ 中间体对苯胺底物前线 π 电子的亲电进攻是反应的限速步骤。

在生物体内，化合物毒性终点往往是化合物多个物理化学性质与生物机体相互作用的结果。因此，对需要建模的生物过程，确定正确的限速步骤对预测毒性终点是至关重要的。目前，使用多元回归和多变量技术的多参数方法已经广泛应用于 QSAR 建模。在这些方法中，对作用机理的理解往往是结果而不是研究的出发点。由于需要使用大量的描述符 (k)，通常需要更大的数据集 (n) 满足 $n/k \geq 5$ 的要求，并在这些多参数的方法中消除人为关联的可能。这种方法最终可能提供一种机理解释，从而满足了对 QSAR 模型的机理解释的要求。

一般认为，利用 QSAR 预测毒性应该应用于具有相似作用方式的化合物种类。因此，该技术要求人们对作用机制加深理解。目前，研究人员已经对化学品制定了分类方案，包括非极性麻醉剂、极性麻醉剂、活性化学品和特异性作用化学品等[78]。此外，一些商业化程序，如 TOPKAT 和 mCASE 可以预测化学品毒性。这些程序主要基于分子的特征，而不关心某一特定分类的化学品普遍的作用方式。这些程序通常是具有专利保护的"黑匣子"，所以很难了解在毒性预测过程中做出了何种假设或方法。一般而言，非极性麻醉剂的毒性，例如，无特异性官能团的碳氢化合物，往往能够与细胞膜非特异性作用。而且，这种作用直接与它们的 $\log P_{o/w}$ 密切相关[79]。这种相关性一般称为毒力基线。也有研究人员将非极性麻醉剂的作用归因于它们与离子通道和由嵌入细胞膜的蛋白质复合物形成的受体位点的相互作用[80]或者与脂质、蛋白质表面的相互作用[81]。极性麻醉剂，例如，苯酚、苯胺、吡啶、硝基苯、脂肪胺等，毒性往往比按照 $\log P_{o/w}$ 预测的毒性高出 5~10 倍[82]。QSAR 预测化合物的毒性，除了 $\log P_{o/w}$，还需要考虑其作为氢键供体的能力，来模拟这些异型生物质的酸性质子与磷脂中带负电荷的基团相互作用(促进与细胞膜的相互作用)。除了麻醉类型的化学物质，活性化合物也在 QSAR 研究中被建模。活性化合物，如烷基化试剂，通常比麻醉型化合物毒性更强。一般情况下，活性化合物的 QSAR 模型需要使用一个描述符来模拟活性化合物在细胞膜表面的吸附过程，使用一个描述符模拟毒性作用机制的表观限速步骤。从作用机制角度分析，这种毒性的 QSAR 通常是关于吸附和反应活性的一个函数。

6.2.3　定量构效关系应用实例

利用定量构效关系广泛应用于预测化学品毒性，涉及不同种类的化学品对不同生物(包括人类、水生生物、陆地上的动植物)以及对大气环境等的影响。不同动植物生活环境差异较大，接触有毒试剂的途径以及化学品毒性作用机制都会有显著差异。利用定量构效关系探究化学品的毒性，需要考虑到多种影响因素，并使用不同的描述符应用于具体研究中。此方面的研究文献众多，本节中只介绍了其中几个实例。想要了解更多具体的实例，可查阅相关数据库。

【例 6.1】题目：Correlating metal ionic characteristics with biosorption capacity using QSAR model

文献出处：Chen C, Wang J. Chemosphere, 2007, 69(10)：1610-1616.

化合物：十类金属离子：Ag^+, Cs^+, Zn^{2+}, Pb^{2+}, Ni^{2+}, Cu^{2+}, Co^{2+}, Sr^{2+}, Cd^{2+}, Cr^{3+}

生物材料：酵母菌

测试数据：q_{max}：利用从当地啤酒厂获得的废弃酿酒酵母作为生物吸收剂，采用 Langmuir 等温模型确定金属离子的最大吸附能力(mmol/g)。

计算方法：多元线性回归分析(multiple linear regression，MLR)

计算用数据：描述符(金属离子特征)：OX：oxidation number，氧化数；AN：atomic number，原子序数；r：Pauling ionic radius，Pauling 离子半径(Å)；Xm：electronegativity，电负性；$|\log K_{OH}|$：absolute value of log of the. rst hydrolysis constant，水解常数的对数的绝对值；$X_m^2 r$：covalent index，共价指数；Z^2/r：the cation polarizing power，阳离子极化能力(Z 表示离子电荷)；AN/ΔIP：atomic number/ change in ionization potential，电离电势的原子序数与变化值之比；AR：atomic radius，原子半径；AW：atomic weight，原子质量；IP：ionization potential，电离电势；AR/AW：the ratio between atomic radius and atomic weight，原子半径与原子质量之比；Z/r^2，Z^*/r，Z/AR^2，Z/AR 为极化能力的几个不同描述符(polarizing power)；Z^*：effective ion charge，有效离子电荷；Z/r：ionic potential，电离势。

结果：利用 QSAR 方法将金属离子特性与其最大生物吸附能力关联起来。通过基于金属离子分类(软、硬、临界离子)的回归分析方法建立了金属离子与 q_{max} 之间的关系。对十种金属离子(Ag^+、Cs^+、Zn^{2+}、Pb^{2+}、Ni^{2+}、Cu^{2+}、Co^{2+}、Sr^{2+}、Cd^{2+}、Cr^{3+})进行了系统分析。选择了金属离子的 19 种理化性质特性，并将其与 q_{max} 构建相互关系。将金属离子分为软、硬、临界三种离子有利于提高 QSAR 的

准确度。这些描述符中有几类与 q_{max} 密切相关，如 Z^2/r、$\log K_{OH}$、IP。X_m^2 是软金属离子恰当的描述符，Z^2/r、$|\log K_{OH}|$ 和 IP 与除软离子之外其他离子的 q_{max} 密切相关。

【例 6.2】题目：QSAR models for predicting the toxicity of piperidine derivatives against Aedes aegypti

文献出处：Doucet J P, Papa E, Doucet-Panaye A, Devillers J. SAR QSAR Environ Res, 2017, 28(6): 451-470.

化合物：33 类哌啶化合物

生物材料：埃及伊蚊

测试数据：24h 半数致死量(median lethal dose，LD_{50})。pLD_{50}[$\log(1/LD_{50})$数值区间为 2.54(2-乙基-1-十一碳-10 烯酰基哌啶)至 1.01(1-辛酰基-3-苄基-哌啶)]。

计算方法：普通最小二乘法多元线性回归分析(ordinary least squares multilinear regression，OLS-MLR)

描述符：使用留一法交叉验证，选择普通最小二乘法多元线性回归分析模型。最终确定四个描述符。训练组化合物数量与描述符数量比为 6.5，减少过度拟合或偶然相关的风险。

四个描述符为：ATSC4v：范德华体积加权；DELS：所有原子内在状态差异之和，分子中总电荷转移的量度；ETA_dBeta：相对不饱和度的量度；ZMIC4：Z-修正信息量指数。

结果：提出了用于预测 33 种哌啶衍生物对埃及伊蚊毒性的 QSAR 模型。利用 OLS-MLR 方法建立了四变量模型，并通过内部、外部验证方法对模型的稳健性和预测能力进行验证。利用 OLS-MLR 得到训练组测定系数大于 0.85，测试组的测定系数为 0.8。该多元线性回归模型简单，所需的结构描述符易得，能够从有限的数据组指导设计新的潜在活泼分子。

【例 6.3】Potential carcinogenicity predicted by computational toxicity evaluation of thiophosphate pesticides using QSTR/QSCarciAR model

文献出处：Petrescu A M, Ilia G. Drug Chem Toxicol, 2017, 40(3): 263-272.

化学试剂：20 种硫代膦酸类农药，结构如图 6.10 所示。

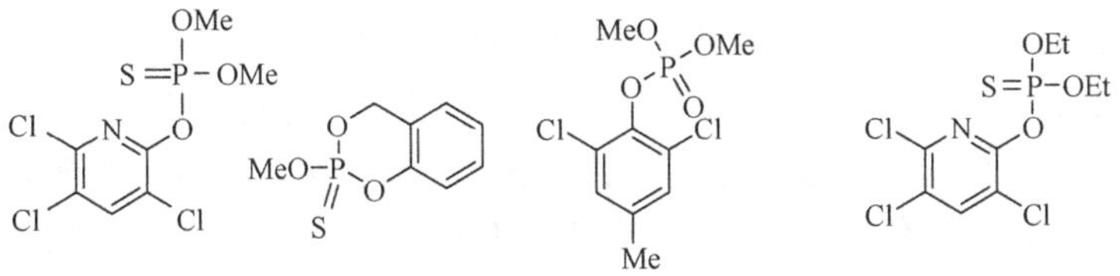

1. Chlorpyrifos-methyl   2. Salithion   3. Tolcolfos-methyl   4. Chlorpyrifos

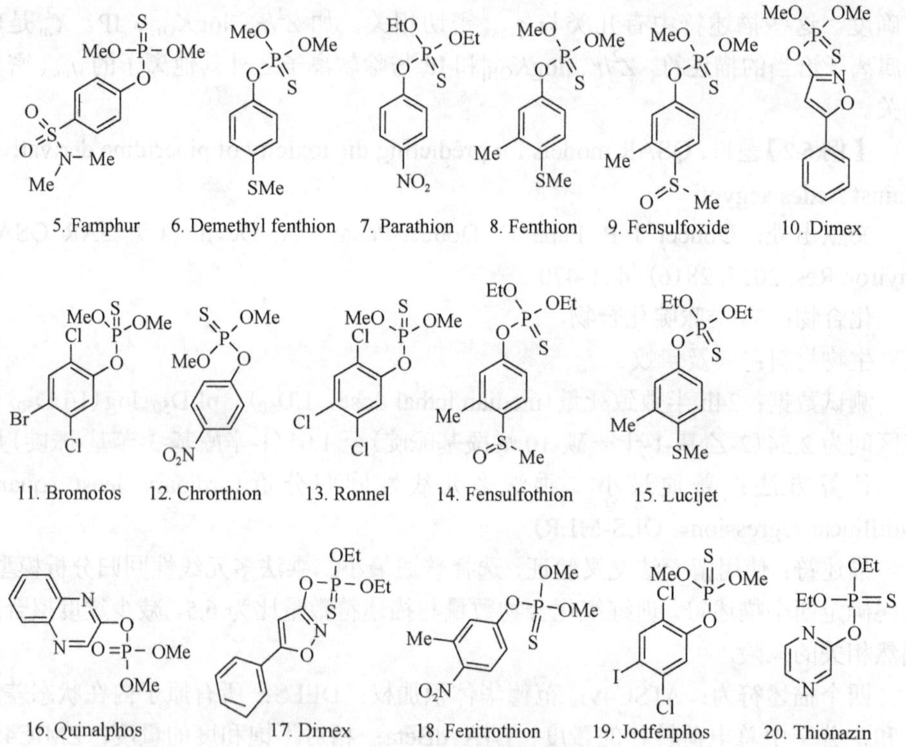

5. Famphur　　6. Demethyl fenthion　　7. Parathion　　8. Fenthion　　9. Fensulfoxide　　10. Dimex

11. Bromofos　　12. Chrorthion　　13. Ronnel　　14. Fensulfothion　　15. Lucijet

16. Quinalphos　　17. Dimex　　18. Fenitrothion　　19. Jodfenphos　　20. Thionazin

图 6.10　20 种硫代膦酸类农药

测试数据：LD_{50}（mg/kg），毒性 $= -\log(1/LD_{50})$

方法：定量结构-毒性关系/定量结构-致癌活性关系（quantitative structure toxicity relationship/quantitative structure carcinogenicity–activity relationship，QSTR/QSCarciAR），并采用 STATISTICA 软件的多元线性回归模型验证。

描述符：$\log P$：脂水分配系数；tPSA：N、O、S、P 极性贡献的拓扑极表面积；Mw：分子量；N HDon：氢键供体原子数；V：体积；n HAcc：氢键受体数；GSK-3：糖原合成酶激酶；PPARα：核受体配体。生物学参数：Enzyme inhibitor：酶抑制剂。电子、几何/空间 3D 参数：E_{HOMO}：最高占据分子轨道能量；E_{LUMO}：最低未占据分子轨道能量；DIPOLE：偶极子。

结果：采用矢量回归方法计算模拟预测化合物的毒性和致癌性（用潜在致癌能力表示）。利用 2D、3D 描述符和生物描述符通过定量构效关系模型——QSTR/QSCarciAR 将致癌性与毒性建立一定关系。结果表明，在致死剂量方面致癌性和毒性之间存在一定关联。低分子量化合物（低于 370 g/mol）具有神经毒性，而分子量高于 453 g/mol 则具有潜在致癌性。每一个预测都是基于结构上相似的化合物和这些化合物的子结构的再活化。

QSCarciAR 模型：潜在致癌能力 = –0.0071–0.0035×log$P$+0.0009×tPSA–0.0013×Mw + 0.0022×V + 0.0232×E_{HOMO}–0.0514 ×E_{LUMO} + 0.0126×DIPOLE（相关系数 R = 0.9144，R^2 = 0.8564）

6.3 毒性的调控

6.3.1 通过分子修饰减少吸收

化学物质产生毒性需要经过多步过程(图 6.11)，包括接触、吸收、分散、代谢、排泄、与目标组织中生物分子相互作用，最终发挥毒效。因此，减少化学物质进入人体的剂量、减少人体对有毒化学物质的吸收能够降低化合物对人体的危害。虽然，减少化学物质的吸收不一定保证降低其急性或慢性毒性，但这是首先需要考虑的重要因素之一。因此，理解吸收化学物质的过程和影响因素对设计安全化学品具有至关重要的指导作用。与化学物质接触的部位对化学物质吸收也有明显不同。例如，暴露部位的表面积，膜或组织的厚度，区域血流情况。人体吸收化学物质的主要部位和途径可分为三种，包括胃肠道吸收途径、呼吸道途径和皮肤吸收途径。

图 6.11 化合物产生毒性需要经过的步骤

1. 胃肠道吸收途径

影响胃肠道吸收的理化性质有：①log$P_{o/w}$ 是决定吸收程度的一个关键因素。渗透是胃肠道吸收的主要方式。因此，一般而言，亲脂性的化合物能够通过被动扩散被更好地吸收。②物理状态：胃肠道对液体或溶液吸收效果比固体更好。③粒度：小颗粒比表面积大，有利于吸收，吸收速率快。④电离常数和离子化：有机盐类比中性有机化合物更有利于吸收。中性分子可以通过被动扩散吸收。⑤分子质量和尺寸，分子质量小于300Da[①]能较好吸收，300~500Da 一般性吸收，大于 500Da 难以吸收。

偶氮类染料是一类已知的致癌性物质。其结构中含有易水解的偶氮键，在消化道内容易断键释放出芳香胺类化合物[83,84]。生成的芳香胺很容易被肠道吸收，进入血液中。研究发现，芳香胺结构中引入磺酸根结构后，其毒性明显降低。例

---

① 1Da = 1.66054×10^{-27}kg。

如，偶氮染料 Brilliant Black BN（图 6.12）。磺酸基团在胃肠道环境（pH = 5～9）中高度电离，以离子形式存在。偶氮染料水解后的产物（图 6.12）不能渗透胃肠道细胞膜，从而无法进入血液中。因此，此类化合物不易被胃肠道吸收，最终以排泄物形式排出体外[85]。

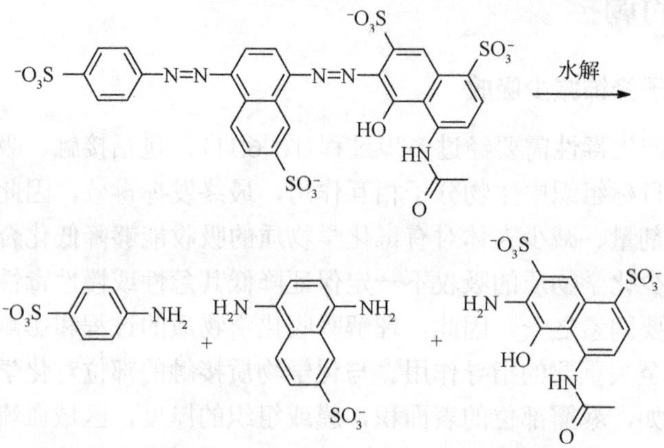

图 6.12　偶氮染料 Brilliant Black BN 及其偶氮水解产物

2. 呼吸道途径

肺部吸收主要通过肺泡薄薄的细胞膜进行，其吸收特点与胃肠道吸收不同。由于化学物质的水溶性能够对血液-气体分配系数产生直接影响，其水溶性重要性强于脂溶性。化学物质结构的调整能够改变其水溶性和血液-气体分配系数，从而调控气体穿过肺泡进入体循环的速率和程度。液体或气体物质的蒸气压是能够影响其吸收或生物利用度的重要因素，即不能通过气体传播的物质不太可能被吸入体内或被吸收。如果以（微）颗粒形式使用的化合物，其粒子的气体动力学中位数直径应该大于 5mm，从而减少其通过气流吸入肺内的可能[86]。

3. 皮肤吸收途径

影响皮肤吸收途径的因素比较多，例如，物理状态、熔点、$\log P_{o/w}$、电离作用和分子质量等。①物理状态：液体相对于固体更容易被吸收；②熔点：熔点低于 125℃ 的非离子固体被皮肤吸收的概率较大；③电离：一般而言，离子型固体或强极性物质不易被皮肤吸收；④$\log P_{o/w}$：亲脂性物质容易被吸收，$\log P_{o/w}$ 增大有利于被皮肤吸收；当 $\log P_{o/w}$ 大于 6 时，物质亲脂性过强，吸收能力降低；⑤分子量：通常分子质量大于 400 Da 的化合物不易被吸收。表 6.3 列举了影响胃肠道、呼吸道、皮肤吸收的理化性质及降低吸收策略。

表 6.3　影响胃肠道、呼吸道、皮肤吸收的理化性质及降低吸收策略

理化性质	降低胃肠道吸收策略	降低呼吸道吸收策略	降低皮肤吸收策略
粒度	增大颗粒粒度。粒度大于 100nm 能有效降低胃肠道吸收	呼吸道中较大的微粒能够随黏液排出呼吸道，并进入消化道，可能再被胃肠道途径吸收	
电离（离子化）	非离子化合物更容易被吸收（纳米颗粒除外）；在强酸性条件下（pH=2），仍然能够电离的基团（如—SO_3^-），导致化合物极性过强，不能穿过肠道黏膜	—	极性增强导致水溶性增加，从而降低皮肤吸收。极性或离子化合物（盐）不易被皮肤吸收
$\log P_{o/w}$	高 $\log P_{o/w}$ 导致脂溶性过高而不能在胃肠道中溶解；低 $\log P_{o/w}$ 导致水溶性增强，胃肠道对其吸收能力降低。$\log P_{o/w} <0$ 或 >5 的化合物被胃肠道吸收能力较低		低 $\log P_{o/w}$ 意味水溶性强，脂溶性弱。降低 $\log P_{o/w}$ 能够降低被皮肤吸收的概率
分子质量	增加分子质量（大于 500Da）降低被胃肠道吸收的概率	分子质量增加（如大于 400Da）能够降低蒸气压，从而降低通过呼吸道进入体内的概率	分子质量增加能够降低通过皮肤吸收的速率和剂量
物理状态	一般而言，固体比液体更难以被胃肠道吸收。溶解度是关键性因素	气体更容易被肺泡吸收。对于气体，血液/气体分配系数较低的气体，被肺泡吸收的速率较低。固体或 $P_{血液/气体} <1$ 的气体不易通过呼吸道吸收	固体首先被溶解后才能吸收，液体可能直接被皮肤吸收
熔点和蒸气压	胃肠道对液体的吸收速率要高于固体。因此，在体温（37℃）条件是固体的化合物较好。熔点大于 150℃的固体，被胃肠道吸收的可能性较低	低蒸气压，降低通过呼吸进入肺部的概率。化合物蒸气压小于 0.001 mmHg 能够有效降低被呼吸道吸收概率	—
氢键	氢键供体和受体数目增加能够降低吸收（被特定的主动转运载体蛋白，如红霉素、氨甲蝶呤运输除外）。氢键供体数大于 5 或受体数小于 10 的化合物被胃肠道吸收能力明显降低	—	—
水解能力	能够在胃部酸性（pH=1～3）条件或肠道酶和肠道细菌生物转化的物质容易被吸收。避免可水解的酯键和酰胺键	—	—

　　由于不同动物物种的差别，这些规则不一定很好地适用于非人类哺乳动物。不同种类哺乳动物的胃肠道 pH 以及微生物数量和性质有所差异，导致其对药物的吸收能力不同。例如，药物萘羟心安经口服后，狗对其的吸收量要显著高于人类和鼠。不同动物的外层皮肤厚度和汗腺数量不同，导致不同物种皮肤吸收化学物质的能力产生明显差异。因此，当利用实验动物（如小白鼠）的皮肤吸收数据预测人类皮肤吸收能力时，需要特别注意此类情况。而且，考察皮肤吸收能力时也要考虑暴露的位置，不同部位皮肤的厚度和渗透能力有很大差异（可达 20 倍）。

6.3.2 化合物理化性质与毒性关系

1. 化合物物理化学性质与毒性

化合物的物理化学性质能够影响甚至决定化合物是否有毒及毒性程度。化合物的物理化学性质是由其分子结构决定的。化合物的物理化学性质与其生物活性（或毒性）是密切相关的。通过实验或理论计算能够得到或预测化合物性质（如溶解度、熔点、密度）以及分子自身结构特点（分子轨道能量、极化率、大小）。以这些性质为基础设计化合物是控制毒性的一个可行的策略。在这里，化合物毒性强弱使用 LC_{50}（lethal concentration 50）衡量，即理论上，在一段时间内杀死种群 50%个体所需的浓度。因此，我们可以进行一个合理假设，即化合物在体内或环境中的归宿及其生物活性完全取决于其化学结构和物理化学性质。

如表 6.4 所示，具有相似物理化学性质的化合物往往具有相似的生物活性或毒性。这也是定量构效关系的理论基础。化合物的生物归趋完全取决于其化学结构和理化性质。化合物被人体吸收，在体内的分布、代谢、排泄都从根本上取决于它的物理化学性质。例如，上节中涉及的具有致癌性和致突变性的环氧化物。乙烯在体内能够被细胞色谱 P450 氧化生成环氧化物，而环氧化物能够与 DNA 反应，从而导致遗传信息改变（致癌、基因突变）。环氧化物中 C—O 键键能与其（或烯烃）的毒性密切相关，是一个重要的预测因素。当键能介于 –14.1eV 和 –12.9eV之间，环氧化物是高毒性的。而超出（高于或低于）这个区间，环氧化物则不具有致癌性。在大多数情况中，具有相似物理化学性质的化合物具有相似的生物活性和毒性，基于化合物的物理化学性质对其毒性的预测是准确的。

表 6.4 具有相似性质（$\log P_{o/w}$、E_{LUMO}）和对黑头呆鱼相似急性水生毒性（LC_{50}）的两种化合物[1]

结构		
名称	Dicofol 2,2,2-trichloro-1, 1-bis(4-chlorophenyl)ethan-1-ol	4-(4-tert-butylphenoxy)benzaldehyde
$\log P_{o/w}$	6.07	5.93
E_{LUMO}(eV)	–0.467	–0.530
LC_{50}(mg/L)	0.603	0.370

2. 基于物理化学性质设计安全化学品的规则

化合物的物理化学性质能够告诉我们化合物是否具有毒性，或者对一些特殊物种是否安全。许多不同的软件包和算法都能够根据化合物物理化学性质预测其生物活性和毒性，而且往往与实验值具有较高的契合度。然而，很多情况下，我们没有相关的实验数据，尤其是一些新设计的化学品。下面介绍了几种溶剂化参数和分子水平的电子参数能够指导安全化学品的设计。

分子的疏水性(或者亲油性)是研究最多的物理化学性质，尤其在有机化学和药物化学领域。绝大多数情况中，用分配系数(P)或分布系数(D)来表示疏水性，即特定的化合物在两相不互溶的溶液中达到平衡状态时浓度的比值，并用 $\log P$ 或者 $\log D$ 进行量化。$\log P$ 定义为非离子化合物在两相中浓度比值的对数，而 $\log D$ 表示在给定的 pH 条件下，化合物所有存在形式(离子或非离子形式)在油相与水相中浓度比值。此外，如果已知化合物的结构，利用色谱技术可以更快捷的测定化合物的 $\log P_{o/w}$。通过与结构相似的、已知 $\log P_{o/w}$ 化合物的保留时间与目标化合物保留时间对比，可以测定目标化合物 $\log P_{o/w}$[87,88]。现在许多数据库都可以查询化合物的 $\log P_{o/w}$ 实验数值，例如，锡拉丘兹研究公司的物理数据库等。也可以利用计算方法预测化合物的 $\log P_{o/w}$。目前已有许多种算法可以预测 $\log P_{o/w}$ 数值，并有许多种分类方法，如整分子方法(只利用大小、极化性、氢键受体强度等分子参数)、原子方法、片段方法以及建构简化法等。

水相溶解度是对化合物疏水性的直接评价。Yalkowsky 方程是最常用的评估结构多样的有机化合物溶解度的方法，即通过固体 $\log P_{o/w}$ 和熔点(MP)的线性回归方程计算溶解度($\log S$)。需要强调的是，溶解度受多种环境因素的影响，这些因素并不包含在 Yalkowsky 方程中，如温度和压力。

pK_a 对分子化合物与离子化合物的亲油性和溶解度至关重要。电离平衡能够影响多种毒性动力学参数，如肠吸收能力、膜通透性、蛋白结合能力和代谢转化。因此，科学家发展了许多测定 pK_a 数值的实验或计算工具和方法。实验方面主要有两种高通量方法：谱梯度分析法和毛细管电泳法。然而，最权威的方法仍然是电位和分光光度滴定方法。计算模拟 pK_a 是一类快速、廉价、可靠(相关性高达 0.90)的方法。与实验方法不同，计算方法可以提供结构片段对 pK_a 贡献值，明确分子中某个离子片段对应的 pK_a 数值。这些计算方法大多数利用线性自由能关系和 Hammett-Taft 常数，计算分子微观和宏观的电离常数。一些方法使用半经验算法和更高层次的量子力学计算，但是这些方法并不适用于较大的体系[89-90]。在更高级的从头算法或密度泛函理论算法中为得到更准确的结果往往需要考虑电子关联、溶剂化作用等因素。

轨道能量是量子力学计算输出的固有部分，而且是计算化合物生物活性(毒性)

的关键参数。目前主要有半经验算法、从头算法、密度泛函三种方法计算化合物电子性质。最简单的算法——半经验算法是利用哈密顿算子求解薛定谔方程,并调节参数值来符合实验测定值(如生成热)或从头算法的计算结果。另一方面,从头算法和密度泛函方法只使用哈密顿算子,而不使用除了最基本的物理常数以外的其他实验数值。大多数从头算法采用 HF 方法,即首先选择分子总能量最低的一个分子波函数,然后对薛定谔方法近似求解。这是通过迭代方法求解分子轨道回归系数,而分子轨道系数是根据原子轨道确定的。分子波函数是作为单电子轨道的反对称性产物,利用受限的基组,通过 HF 方法近似得到的。

分子偶极矩和偶极极化率对分子的能量、几何结构和分子间作用力具有重要影响,而且与化合物的生物活性紧密相关。分子偶极矩 μ_c 表示电荷 q_i 与位置矢量 r_i(从中心到 i 电荷的距离)的乘积之和。

溶剂可达表面区域(solvent-accessible surface area,SASA)是指溶质与溶剂分子能够相互接触的表面积。SASA 通常使用"rolling ball"算法进行计算,它使用一个特定半径的溶剂球来探测分子的范德华表面。

6.3.3　毒理学分析及相关分子设计

具有生物活性的化学物质,其结构往往含有一个特殊的部分或官能团,从而赋予化学物质内在生物活性。在药品中,这种生物效应是我们所需要的,其对应的特定结构称为药效基团。在商业化学品中,应该避免此类生物效应(尤其是毒性);其对应的特定结构一般称为毒性载体。在这两种情况中,其特征结构通过与特定的生物分子活性部位相互作用,从而导致细胞生理活性的变化。因此,在足够的生物利用度基础上,包含相同药效基团或毒性载体的不同化学物质,有可能通过相同的药理学或毒理学机制,表现出相同药效或毒性性质。商业化学品中毒性载体的例子有许多。

亲电基团或亲电性代谢产物,能够与细胞内大分子(如 DNA、RNA、酶、蛋白质等)的亲核基团通过共价键结合,从而可能影响生理活性。当细胞内重要的大分子发生这些不可逆的反应时,其生理功能受到干扰,从而产生毒性,导致严重后果,如癌症、肝中毒、血液毒性、肾中毒、生殖毒性和生长发育毒性。表 6.5列举了一些常见的亲电毒性载体及其与生物大分子亲核试剂的反应类型和产生的毒性。在设计化学品结构时应尽量避免这些能够引起毒性或与毒性相关的毒性载体。如果不能避免使用毒性载体时,应该在不影响其使用效果的基础上,尽量修饰相关的毒性基团,以降低毒性。

表 6.5 常见的亲电毒性载体及其亲核反应类型和毒性

亲电试剂	毒性载体①	亲核反应	毒性
烷基卤代物	R—X X=Cl, Br, I, F	取代	癌症、基因突变、粒细胞减少等[92]
α,β-不饱和羰基及其相关基团	C=C—C=O C≡C—C=O C=C—S— C=C—C≡N	Michael 加成	癌症、基因突变、神经中毒、肝中毒、肾中毒、血液中毒[92-93]
γ-二酮	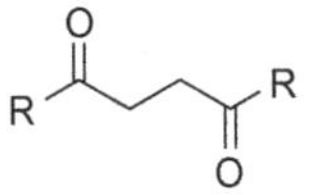 R(C=O)CH₂CH₂(C=O)R	生成席夫碱	神经中毒[94]
环氧化物	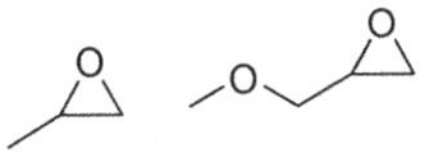 (环氧结构)	加成	致突变性、睾丸病变、癌症、生殖影响[95]
异氰酸酯	—N=C=O —N=C=S	加成	癌症、致突变性、免疫毒性（肺过敏、哮喘）[96]

注：①含有毒性载体的化合物不一定产生毒性，毒性的影响因素较多，毒性载体只是其中一种重要因素。

　　烯丙醇结构是一类典型的通过代谢生成亲电试剂的毒性载体。烯丙醇以醇或对应的酯、醚的形式存在于许多商业化学品中。包含至少一个氢原子的烯丙醇（或对应的酯、醚）可以在肝脏乙醇脱氢酶（ALDH）作用下被氧化为对应的且有毒的 α,β-不饱和羰基化合物[97-98]。烯丙醇被 ALDH 氧化后生成丙烯醛，随后与肝脏细胞内的亲核性强的分子发生迈克尔加成，从而产生肝毒性[97-98]（图 6.13）。环烯丙醇经过相似的氧化过程生成 α,β-不饱和羰基代谢物（图 6.13），也可能产生毒性。因此，当设计含有碳碳双键和羟基的化合物时，应避免将 C=C 双键毗邻的碳原子同时含有羟基和氢原子，避免设计成烯丙醇类结构，从而避免代谢生成 α,β-不饱和羰基的毒性物质。如果烯丙醇结构无法避免时，应将 C=C 双键上氢原子用大位阻烷基取代，降低生成的 α,β-不饱和羰基化合物的加成反应活性，从而降低

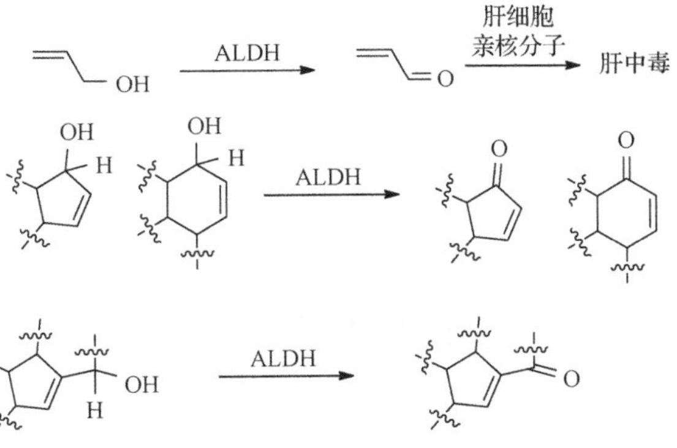

图 6.13 烯丙醇类化合物代谢氧化生成 α,β-不饱和羰基化合物[97-99]

其毒性。与烯丙基醇相似，其醇羟基碳原子含有至少一个氢原子的炔丙基醇类物质也能发生类似酶催化的氧化反应生成对应的、有毒的、α,β-不饱和羰基代谢物[97-99]。因此，化合物结构中应避免引入炔丙醇结构。无法避免时，可采用与烯丙醇类似的策略，降低其毒性。

含有端位碳碳双键或三键基团的化合物在细胞色素 P450 作用下能够发生氧化反应生成亲电性代谢物，从而引起毒性，如肝中毒、致突变型、致癌性等[100,101]。端基烯(正己烯、4-乙基己烯、乙烯)和端基炔(丙炔、乙炔、1-辛炔)能够经代谢氧化生成高亲电活性的环氧化物和烯酮，随后与细胞内大分子反应[100-102]。端位含有卤素的烯烃经生物代谢后能够生成高毒性的 α-卤素羰基化合物和酰卤代谢物[102]。另外，当端烯或端炔含有烯丙基氢原子或炔丙基氢原子时，还可能经过新陈代谢生成烯丙基醇或炔丙基醇结构。这些烯丙基醇或炔丙基醇代谢物可能进一步被氧化，从而引起毒性。当碳碳双键或三键不位于端位时，其代谢生成亲电产物的概率显著降低，从而导致毒性降低。当碳碳双键或三键必须放在端位时，应在其烯丙位或炔丙位碳原子上引入烷基取代基，从而降低毒性。

由于亲电物质能够破坏细胞内亲核性大分子，产生毒性。理想情况下，化合物结构不应该含有亲电基团。然而，一些商业化学品必须含有亲电基团。因此，需要化学工作者采取恰当的方法或策略，设计一类既满足其商业用途，又与亲核试剂反应活性较弱的低毒性亲电试剂。例如，前言部分讨论的丙烯腈和 α-甲基丙烯腈就是很好的一个实例。在 α,β-不饱和羰基化合物的 α 位引入一个甲基能够降低毒性同时不牺牲商业效用。

丙烯酸甲酯含有 α,β-不饱和羰基结构，能够与生物大分子发生迈克尔加成反应，从而产生致癌毒性等(图 6.14)[92]。在 α 位引入一个甲能够降低 β 位碳原子的亲电活性，从而使甲基丙烯酸甲酯不像丙烯酸甲酯那样容易发生 1,4-迈克尔加成反应[103]。甲基丙烯酸甲酯具有与丙烯酸甲酯类似的商业应用，但毒性较低，不易致癌症。

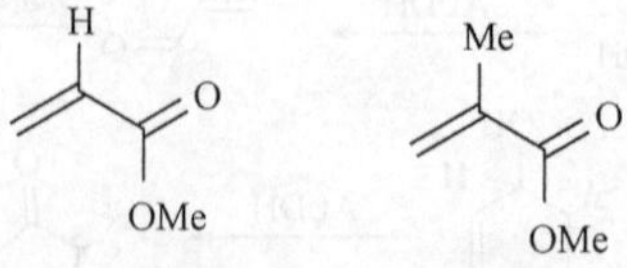

图 6.14　丙烯酸甲酯和甲基丙烯酸甲酯的结构

更多化学试剂的毒性机理及其降低毒性方法见表 6.6。

表 6.6　几类化学试剂的毒性机理及其降低毒性方法[1]

化学种类	化学品	毒性机理	结构调整降低毒性
烷烃	正己烷	与大分子形成共价键 Cyt P450 → OH → Cyt P450 → O、O 二醇迅速氧化为 2,5-二酮，随后与神经纤维轴突上赖氨酸 ε-氨基迅速反应生成吡咯加合物，导致蛋白质交联，最终造成神经中毒[104]	在正己烷 2-和 5-位碳上引入甲基，防止生成二酮和加合物，从而抑制其神经毒性[105] Cyt P450 → OH OH
烯烃	乙烯基卤代物	与大分子形成共价键 X Cyt P450 → X、X 这些化合物的基因毒性和致癌性与氧化后生成的环氧化物结构中 C—O 键有密切关系。文献报道，当 C—O 键能处于 14.1～12.9 eV 时，生成的环氧化物具有高活性和基因毒性。常见于此位于键能区间的烯烃如下所示[106] Me　F　Cl　Br　N、NH₂	如果生成的环氧化物 C—O 键键能超出 14.1～12.9eV 的范围，其基因毒性明显降低。超出此范围，可以认为不具有环氧化物毒性[107,108] -14.38eV　-16.44eV　-15.47eV　-14.83eV　-14.73eV
芳香烃	苯	氧化后与大分子形成共价键 苯氧化后可直接生成环氧化物或苯酚。环氧化物与亲核试剂(如 DNA、蛋白质)反应，开环生成酚类物质和羟基化加合物。苯酚可以继续氧化生成二酚直至苯醌。醌通过自由基对细胞过程产生严重的氧化损害，也可以与亲核试剂(如含巯基肽、甘氨酸)的 N-、S-基团发生烷基化反应	为避免此类生物活化途径，可以在分子中引入一个更容易氧化的 C—H 键，如苯位的甲基。甲基苯毒性是较弱。因为，甲苯氧化的主要 CYP 氧化产物是苯甲酸。苯甲酸能够与甘氨酸反应，最终以马尿酸的形式通过尿液排出体外。因此此甲苯毒性比苯小的多

续表

化学种类	化学品	毒性机理	结构调整降低毒性
		Cyt P450 → Nu⁻ → OH Nu Nu:亲核试剂，DNA或蛋白质 重排 →	
	萘	与大分子共价结合[109] Cyt P450 → 萘环氧化生成环氧化物，并重排主要得到 1-萘酚。萘酚能与环氧水解酶反应生成二氢二醇或与谷胱甘肽 S-转移酶反应，并最终代谢生成硫醇尿酸	在 1-或 2-位甲基化或氯化可以阻止正环氧化反应，降低毒性
	呋喃	呋喃也可以与大分子共价键结合[110] 呋喃，如 8-甲氧基补骨脂素，能够被 CYP P450 氧化生成高活性的亲电性物质，能够与 CYP 中氨基酸部分反应，从而导致 CYP 永久性失活[111] CYP P450 Nu (CYP P450) CYP P450 → 不可逆失活	呋喃环上进行甲基化或氯化可以抑制环氧化反应。虽然甲基化不能抑制环氧化，但能够抑制环氧化，生成更稳定的羟基产物。4-甘薯苦醇类化合物的甲基化可以显著降低其毒性

续表

化学种类	化学品	毒性机理	结构调整降低毒性
		4-甘薯苦醇（可在甘薯的霉菌中生成）可以与 CYP 反应，导致开环并生成 α,β-不饱和醛[106] 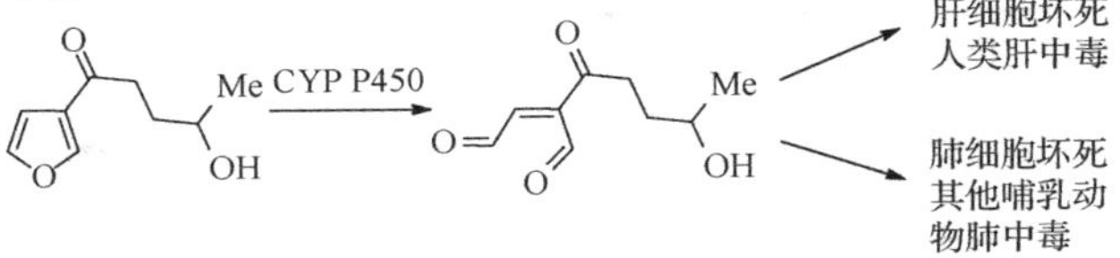 肝细胞坏死 人类肝中毒 肺细胞坏死 其他哺乳动物肺中毒	
亚硝胺	二甲基亚硝胺	与大分子共价键结合[112] 二甲基亚硝胺 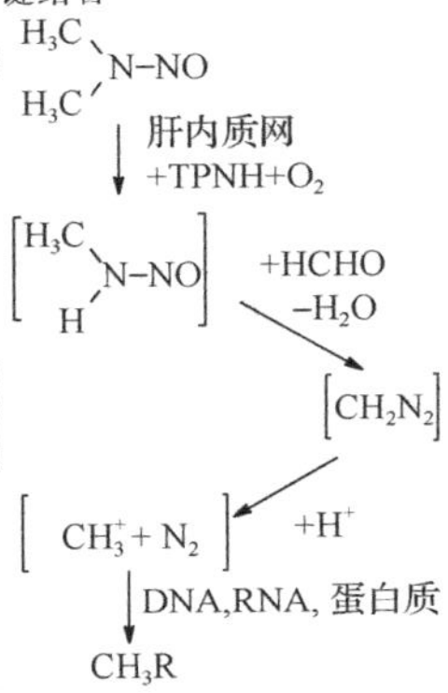 肝内质网 +TPNH+O₂ +HCHO −H₂O [CH₃N₂OH] [CH₂N₂] +H⁺ [CH₃⁺ + N₂] DNA,RNA, 蛋白质 CH₃R N-烷基-N-亚硝基化合物的毒性和致癌性取决于其在生物体内能够生成一个或多个能够生成碳正离子，如碳正离子[113]。一般认为，其活化是由 CYP2A6 通过羟基化反应实现的（如下图所示） 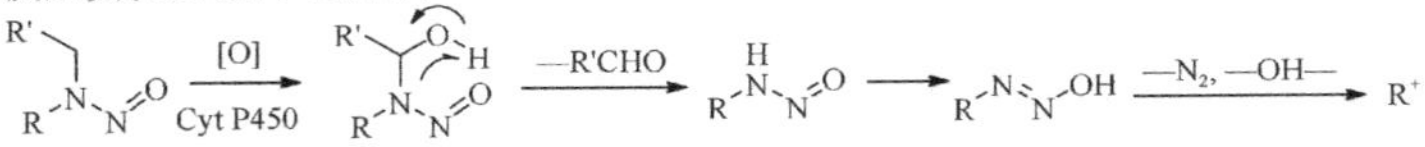	通过一系列亚硝胺同系物研究表明其致癌性和 LD_{50} 与活化能、DE 线性相关（χ^2=0.95）[114]

续表

化学种类	化学品	毒性机理	结构调整降低毒性
胺类	芳香胺	大分子共价键结合[115] 生物活化：N-羟基化和/或乙酰化，O-酰化（酰化也可以是磺酰化或膦酰化）、N-或O-糖脂化作用 影响致癌性的因素：含胺基团的性质、分子的体积、形态、平面性、含胺基团的位置	属于低致癌性的特征：苯环越多，结合能力越强，致癌性更高。非芳香性胺通常不致癌。N原子上连接大体积烷基的分子由于阻碍脱烷基化反应导致致癌性降低 在芳香环的部位引入取代基可以抑制胺的活化。通过在环的部位引入大体积取代基破坏分子的平面性，能够降低分子与DNA反应的能力，降低其毒性。通过改变胺的位置或将传递电子绝缘的基团（如 CH=CH₂ 或（—C(O)—CH₂— 或（—CH₂—)$_n$，n>1），降低中间体的共振稳定性。引入亲水性取代基（如磺酰基）增加水中溶解度，从而降低生物利用度
氨基甲酸酯	乙基氨基甲酸酯（脲烷）	脲烷，水溶性脂肪氨基甲酸酯，广谱致癌物。结构上的改变通常能够降低致癌活性。N-羟基氨基甲酸酯保留大部分氨基甲酸酯的代谢物。N-乙酰基-S-乙基脱氨半胱氨酸也在尿液中存在。可能的代谢过程如下图所示[116]； 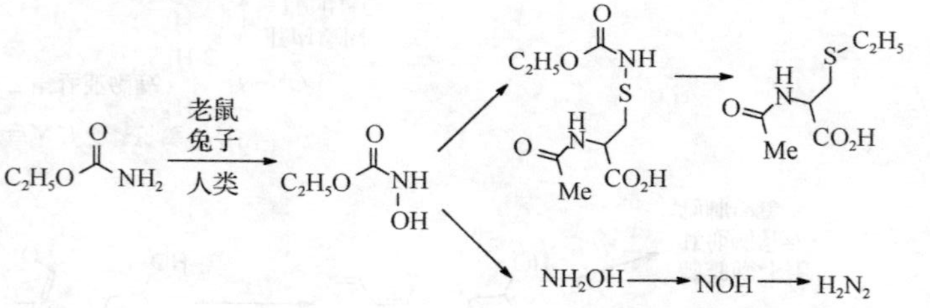	结构上的改变通常能够降低致癌活性。异羟肟酸是老鼠、异羟肟酸的毒性。N-乙酰基-S-乙基脱氨半胱氨酸酯半胱氨酸在尿液中存 结构改变能显著降低其毒性[117]

$$C_2H_5O \xrightarrow{\text{老鼠}\ \text{兔子}} \ \text{人类}$$

$$NH_2OH \longrightarrow NOH \longrightarrow H_2N_2$$

以上为 I 相代谢过程，后面为 II 相代谢过程

续表

化学种类	化学品	毒性机理	结构调整降低毒性
羧酸		与大分子共价键结合[118] 致毒的糖酯化作用生成不稳定的酰基葡聚糖，它容易水解、异构化，并与蛋白质和氨基酸能够共价结合。异构化是指在GA分子的2~4位置上的酰基团的置换。这些异构体可发生短暂开链过程，使活性醛基团暴露，并可能与细胞内亲核试剂反应[119] 	QSAR研究表明，糖脂化作用根据具体化学结构，可以是一种解毒或者生物活化作用。对于非甾体类抗炎药，主要是一种解毒机制。尽管如此，在设计致酸时，酰基葡聚糖和葡萄糖苷的毒性（特别是异构化和蛋白质形成加合物）必须予以重视[120]
1,2-二卤烷	1,2-二溴乙烷	与大分子共价键结合[121] 1,2-二溴乙烷可以直接与谷胱甘肽发生共轭反应，也可以被多功能氧化酶氧化。1,2-二溴乙烷共轭反应是由谷胱甘肽的巯基，在谷胱甘肽S-转移酶催化，在谷胱甘肽巯基的巯基上发生烷基化反应生成卤素乙基-谷胱甘肽结合产物。随后硫原子再进攻另一个含卤素的碳原子，导致卤原子离子，生成高度亲电的环状硫鎓离子。环状硫鎓离子能够与DNA反应导致基因突变 	将α溴原子用氯原子或氟原子取代，氯原子或氟原子相对于溴原子为较弱的离去基团。因此可以降低毒性。但是，使用氯原子导致更高的环境持久性，在环境中残留，不易降解

续表

化学种类	化学品	毒性机理	结构调整降低毒性
苯醌类	苯醌	与大分子共价键结合[122] 苯醌类(直接接触苯醌或能够被部分代谢生成苯醌类物质，如香烟烟气中的苯并羟基醌类)结合到 GSH 结构上，形成单、双、三、四取代的 GSH 结合产物。单取代和四取代产物是无毒的，但是双取代、特别是三取代产物对肾脏是剧毒的。一旦它们从胆汁中到达肾脏，肽酶就会从 GSH 中分离出两种半胱氨酸，释放半胱氨酸结合产物。它们被运送到近端小管状上皮细胞，在那里被氧化为取代的苯醌。这些化合物具有很强的亲电性，也能够进入细胞的氧化还原循环，造成细胞的氧化应激 	

6.3.4　利用构效关系设计安全的化学品

构效关系(SAR)指的是具有生理活性物质的化学结构与其生理活性之间的关系。狭义的构效关系研究的对象是药物，即构效关系早期的应用对象为药物。广义的构效关系研究的对象则是一切具有生理活性的化学物质，包括药物、农药、化学毒剂等。SAR 是一种非常有用的化学手段。结构相似的化合物往往能够引起相似的药理或毒理反应。因此，可以利用此特点推断新的、结构类似的化合物的生物活性。而且，在设计新化合物时可以利用 SAR 相关知识，使化合物生物活性最大化(药物)或最小化(商业化学品)。QSAR 已经在第二节中进行细致描述，本节只对 SAR 进行讨论。几十年前，药物化学家就广泛使用 SAR 设计高生理活性药物。然而，尽管许多商业化学品的 SAR 数据都已经公开，但是 SAR 在设计安全、低毒的商业化学品方面的应用相对较少。在这里，我们将描述利用 SAR 数据设计安全脂肪族羧酸、腈类等例子。

1. 脂肪族羧酸

脂肪族羧酸是一类重要的商品化试剂，广泛应用于合成中间体、润滑油、催化剂、防腐剂等。但是，某些种类羧酸能够引起肝中毒，如丙戊酸和 2-乙基己酸。更为严重的是，羧酸具有致畸性毒性(一种特异亚型生长发育毒性)，主要表现为骨骼异常、生长发育异常、神经管缺陷、失明、耳聋、腭裂，甚至女性怀孕前或怀孕期间接触会导致胎儿或后代死亡[123]。脂肪族羧酸(尤其是丙戊酸及其类似物)结构与致畸性关系已经得到广泛研究[29,124]。虽然仍然不清楚脂肪族羧酸致畸性的生物化学机制，但是已发现羧酸的致畸性与其结构密切相关。表 6.7 总结了高致畸性羧酸的结构特点。图 6.15 列举了几类高致畸性的羧酸(如丙戊酸和 2-乙基己酸)和低(无)致畸性羧酸。C_2 碳原子的手性是羧酸是否具有致畸性的一个重要影响因素，虽然这方面的构效关系及机制并不明确。例如，在老鼠活体致畸性实验中，(S)-2-乙基己酸不具有致畸性；但其手性异构体(R)-2-乙基己酸却具有高致畸性[125]。丙戊酸不具有手性中心，但在哺乳动物体内可代谢生成含有手性中心的2-丙基-4-戊烯酸[29]。而且，在一些测试中，(S)-2-丙基-4-戊烯酸比(R)-2-丙基-4-戊烯酸表现出更高的致畸活性。羧酸 C_2 位氢原子被电子等排的氟原子取代，能够显著降低其致畸性。因此，当设计含有羧酸官能团的化学品时，我们可以利用表中 SAR 数据来指导设计相对安全的羧酸，使其致畸性尽可能减小。由表 6.7 可知，相对安全的羧酸应该具有如下结构特点：C_2 碳原子含有两个氢原子或者不含有氢原子，或者含有支链型烷基取代基(图 6.15，脂类物质可以在体内水解生成羧酸，从而具有与羧酸相同的致畸性)[124]。

表 6.7　高致畸性羧酸的结构特点[124]

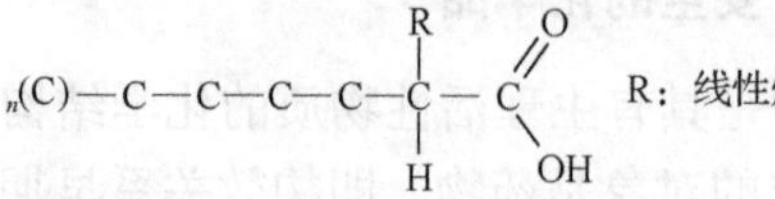

R：线性烷基链

高致畸性羧酸的结构特征：
(1) 自由的羧基团。
(2) C_2 碳原子：sp^3 杂化(C_2 与 C_3 原子之间不是双键或三键)；至少含有一个氢原子；连接一个线性非甲基的烷基。
(3) 羧酸的致畸性随烷基链的增长而增加，当达到 6 个碳原子时致畸性最强。
(4) C_2 碳原子不需要具有手性，但 C_2 位不具手性的羧酸可能在生物体内代谢生成 C_2 位具有手性的羧酸，这类羧酸要么具有高致畸性，要么低致畸性。
(5) C_2 手性羧酸不同的异构体，其致畸性可能相差很大

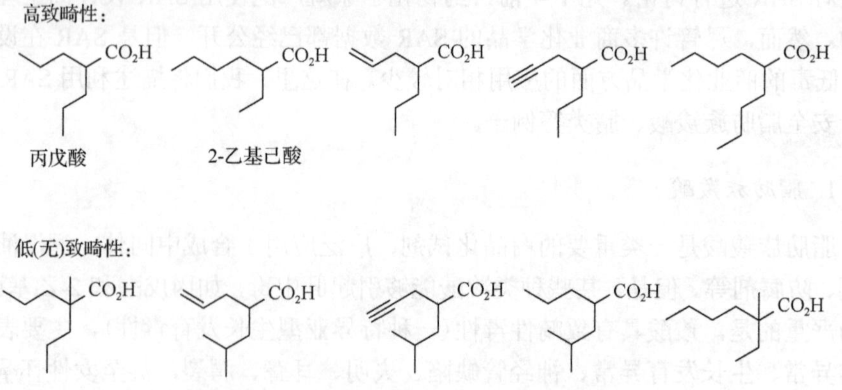

图 6.15　高致畸性羧酸和低(无)致畸性羧酸

2. 腈类物质

腈是一类含有氰基(—C≡N)的化合物。腈类物质具有广泛的商业化用途，如溶剂、合成中间体、药物、单体等。腈类化合物可能具有两种类型的毒性：急性致命毒性和骨骼型羽扁豆中毒毒性。有些种类的腈同时具有这两种毒性。腈类物质急性致命毒性相差很大，即使结构上的微小改动，也可能导致毒性的显著差异。表 6.8 列举了常见腈类化合物的 LD_{50} 数据。如表所示，乙腈急性致命毒性较弱(LD_{50}=6.55mmol/kg)；然而丙腈的致命毒性比乙腈增加了大约十倍(LD_{50}=0.65mmol/kg)。烷基碳链再增加一个碳，即丁腈，其致命毒性只略微增加(LD_{50}=0.57mmol/kg)。然而，烷基链长度进一步增加，其毒性则显著降低。甲基取代基对腈类物质的极性致命毒性具有显著影响。例如，在丁腈 C_3 位引入一个甲基，即 3-甲基丁腈，其极性致命毒性降低至 LD_{50}=2.80mmol/kg。而如果在 C_2 引入一个甲基，即 2-甲基丁腈，其极性致命毒性增加至 LD_{50} = 0.29mmol/kg。羟基、氨基取代基也有类似毒性规律。

表 6.8　常见腈类化合物的 LD$_{50}$　　　　　　（单位：mmol/kg）

名称	分子式	小鼠	大鼠
乙腈	CH_3CN	6.55	78
丙腈	CH_3CH_2CN	0.65	3.26
丁腈	$CH_3CH_2CH_2CN$	0.56	3.18
正戊腈	$CH_3CH_2CH_2CH_2CN$	2.30	—
3-甲基丁腈	$CH_3CH(CH_3)CH_2CN$	2.80	—
2-甲基丁腈	$CH_3CH_2CH(CH_3)CN$	0.29	—
苯丁腈	$C_6H_5CH_2CN$	0.39	—
3-羟基丙腈	$(OH)CH_2CH_2CN$	45	—
2-羟基丙腈	$CH_3CH(OH)CN$	1.23	—
氨基乙腈	NH_2CH_2CN	—	0.47
2-(二甲氨基)乙腈	$(CH_3)_2NCH_2CN$	—	0.6
2-氨基-2-甲基丁腈	$CH_3CH_2C(CH_3)(NH_2)CN$	—	0.76
2-氨基-2,3-二甲基丁腈	$CH_3CH(CH_3)C(CH_3)(NH_2)CN$	—	0.74
3-氨基丙腈	$NH_2CH_2CH_2CN$	—	4.3
3-甲氨基丙腈	$CH_3NHCH_2CH_2CN$	—	41.6
3-(二甲氨基)丙腈	$(CH_3)_2NCH_2CH_2CN$	15.3	26.5
3,3′-亚胺二丙腈	$HN(CH_2CH_2CN)_2$	27.5	24.7

这种微小结构差异导致毒性显著差异与腈类在体内代谢机制密切相关，即腈类物质的急性致命毒性是由其在体内代谢（细胞色素 P450 调控的 α 碳羟基化反应）释放出氢氰酸导致的[126]。如图 6.16 所示，腈首先在细胞色素 P450 调控下生成 C_2 自由基，随后自由基经过细胞色素 P450 调控的羟基化反应生成 α-羟基腈类，即腈醇中间体。腈醇迅速发生分解，即可释放出剧毒的氢氰酸。因此，更容易释放出氢氰酸的腈类物质，致命毒性更强，即结构上有利于生成稳定 α 碳自由基，有利于腈醇生成和释放氢氰酸的腈类物质，急性毒性越强。如表 6.8 所示的苯乙腈和 2-甲基丁腈的结构相对更容易生成自由基，更容易发生细胞色素 P450 调控的羟基化反应，导致其具有更强急性毒性。细胞色素 P450 调控的羟基化反应也可能发生在非 α 碳上，此类代谢过程不会释放出氢氰酸，是一类无毒的代谢途径。因此，当设计一个包含氰基的化学物质，为尽量降低其急性毒性，应该避免引入能够容易在 α 碳生成自由基和羟基化反应的取代基，或者在非 α 碳自由基上引入其他取代基，使其进行无毒的代谢过程。例如，可以在 β 碳引入一个甲基，使其在 β 碳更容易生成自由基，即 3-甲基丁腈比 2-甲基丁腈毒性更低；在 α 碳位置引入羟基或氨基，可显著增强其毒性。

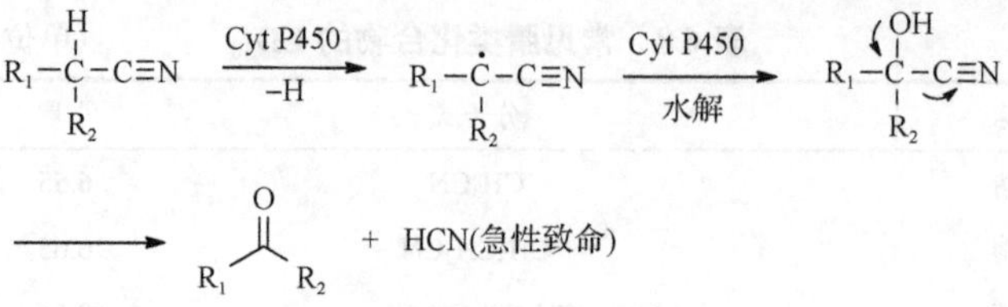

图 6.16 腈类物质急性致命毒性的机制

3. 其他例子

聚乙氧基壬基酚：聚乙氧基壬基酚的结构如图 6.17 所示。当 $n = 14 \sim 29$ 时，摄入该化合物会产生强烈的心脏坏死效果。当 $n < 14$ 或 $n > 29$ 的情况时，则观察不到任何心脏损伤现象。因此，设计安全化学品时，应选择 $n < 14$ 或 $n > 29$ 的聚乙氧基壬基酚。

2,3-丁二酮：2,3-丁二酮(图 6.17)是一种天然的化学物质，能够散发出的黄油特征香气和味道，可以作为一个黄油调味剂，在工业上进行大量生产。然而，2,3-丁二酮吸入后，可能造成肺细胞损伤，被诊断为闭塞性细支气管炎[127]。许多食品公司已停止使用 2,3-丁二酮，而开始使用 2,3-戊二酮作为 2,3-丁二酮的替代品。然而，毒理学结果表明，急性吸入 2,3-戊二酮也可造成与 2,3-丁二酮相似的呼吸道上皮损伤[128]，仍需进一步进行 2,3-戊二酮的毒理学效应研究[129]。

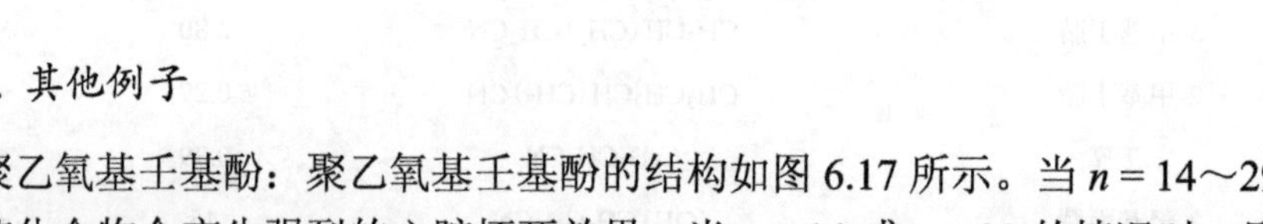

图 6.17 聚乙氧基壬基酚、2,3-丁二酮、2,3-戊二酮、1,2,4-三唑-3-硫酮结构式

1,2,4-三唑-3-硫酮：含有硫基团的化合物往往具有甲状腺毒性。SAR 研究表明，当 1,2,4-三唑-3-硫酮结构(图 6.17)中烷基取代基连接在 2 位或 4 位时，甲状腺毒性很低。当连接在三唑环的 5 位时，甲状腺毒性显著增加，其毒性甚至超过连在 2 位或 4 位的 200 倍。因此，设计安全的此类化学品时，应避免在 5 位连接烷基取代基。若必须在 5 位连接取代基，则可以在 4 位再连接一个甲基，降低其甲状腺毒性。

6.3.5 利用等电排置换设计更加安全的化学品

按照 Langmuir 的定义，电子等排体是指外层电子数目相等的原子、离子、分子，具有相似的立体和电子构型、分子形状和体积，以及相似电子排布的基团，同时具有相似的物理及化学性质。电子等排体可能具有不同的化学结构，但会产生大致相似、相关或相反的生物活性。随着生物电子等排原理的广泛应用，生物电子等排体的适用范围逐渐扩大，研究者把生物电子等排体分为 2 类，即经典和非经典的生物电子等排体。经典的生物电子等排体包括 Grimm 的氢化物替代规律及 Erlenmeyer 电子等排定义所限定的电子等排体。取代基团的形状、大小和外层电子构型大致相同，组成基团的原子数、价键数、不饱和程度及芳香性等方面极其相似。按照 Erlenmeyer 氢化物取代规律可分为一价、二价、三价、四价及环内等价 5 种类型。非经典的生物电子等排体不符合 Erlenmeyer 的电子等排体定义，基团的原子数可以不同，形状和大小变化亦较大，但保留了原基团的 pK_a 值、静电势能、HOMO 和 LUMO 等性能，因而仍能够显示出相应的生物活性。如—CO—和—SO$_2$—以及—SO$_2$NH$_2$ 和 PO(OH)NH$_2$ 等。表 6.9 为几类电子等排体。

表 6.9　几类电子等排的基团

类型	等排体
卤素	—X(卤素)，—CF$_3$，—CN，—SCN，—N(CN)$_2$，—C(CN)$_3$
羟基	—OH，—NHCOR，—NHSO$_2$R，—CH$_2$OH，—NHCONH$_2$，—NHCN，—CH(CN)$_2$
醚	—O—，—S(O)—，—N(CN)—，—N(COR)—，—N(CN)—
亚胺	—N=，—C(CN)=
硫脲	
共轭双键	—(CH=CH)$_n$—，
羧酸	—SO$_2$NHR，—SO$_3$H，—PO(OH)OEt，—PO(OH)NH$_2$，—CONHCN，—CO$_2$H
羧酸酯	
羰基	
儿茶酚类	

—CH=CH—基团与—N=和—S—原子电子等排。因此，苯、吡啶、噻吩是电子等排体。虽然这三种物质具有不同的结构，它们化学性质却非常相似：三种物质都具有芳香性，常温下都是液体(苯与噻吩的沸点都是80℃左右)。

　　具有毒性和药物活性的等排物质可能具有相似生物学特性。当分子结构发生等电子改变时，可能保留、加强或减弱其生物学特性。例如，7-甲基苯[α]蒽是一类已知的致癌性物质，但是，7-甲基-1-氟苯[α]蒽则不具有致癌性（图 6.18）。7-甲基苯[α]蒽在人体内代谢活化，在 1,2-位发生环氧化反应生成环氧类代谢产物，从而导致中毒。7-甲基-1-氟苯[α]蒽中 1-位氢原子被等电性氟原子取代。虽然氟原子与氢原子具有相同的体积，但是氟原子电负性更强，导致 C—F 键比 C—H 键更难以断裂。7-甲基-1-氟苯[α]蒽 1-位氟原子的存在抑制了 1,2-位的生物活化，使其不能生成 1,2-位环氧代谢产物，因此其不具有致癌性。用氟原子将 2-位氢原子取代同样也可以消除其致癌性。在其他蒽类或聚芳香烃类化合物（如䓛，苯并[α]芘）中用氟原子代替特定位置的氢原子也具有相似的结果。

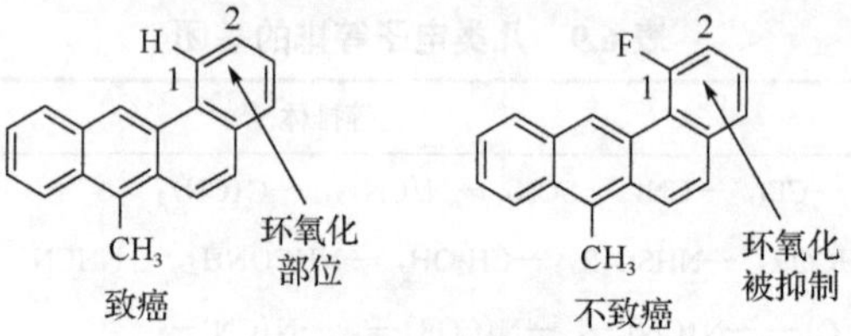

图 6.18　7-甲基苯[α]蒽与 7-甲基-1-氟苯[α]蒽

　　—C(=O)OR 与 RC(=O)O— 都属于酯键，具有相似的疏水性。在羧酸和醇的结构差别不大的情况下，这两种酯的空间效应和电性效应亦比较相近。所以，这种酯键反转可作为电子等排体。镇痛药盐酸哌替啶是哌啶羧酸酯，二安那度尔是哌替啶反转体，是哌啶醇酯，两者具有相似的溶解度和药理作用（图 6.19）。但是后者镇痛作用比前者增强了 15 倍。

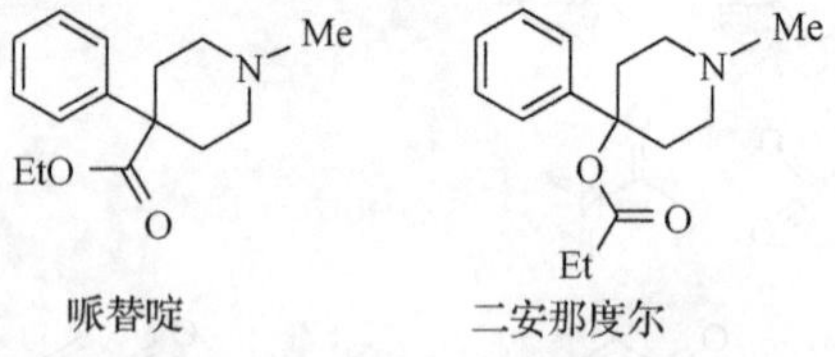

图 6.19　哌替啶与二安那度尔（哌替啶反转体）

　　多年来，药物化学家一直利用电子等排原理设计安全药品。例如，甲硫咪胺是一类有效的抗溃疡药物（图 6.20）。甲硫咪胺能够阻断 H_2 受体，从而显著抑制胃肠道酸的分泌。但是，甲硫咪胺中有毒的硫脲结构可导致粒细胞减少症，因此不能应用于临床，大大限制了其作为抗溃疡药物的潜力。用氰基胍基团等电性取代甲硫咪胺中硫脲基团，可得到甲氰咪胍化合物。甲氰咪胍是一种有效的 H_2 受体阻断剂，同时没有类似甲硫咪胺的毒性。因此，甲氰咪胍由于其显著的抗溃疡特性和相对安全性，广泛应用于腐蚀性胃炎、应激性溃疡和上消化道出血的预防和治疗。

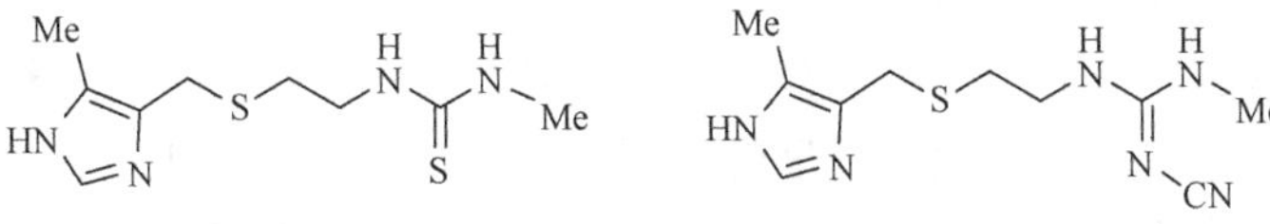

图 6.20　甲硫咪胺与甲氰咪胍的结构

　　与安全药物设计相似，在安全农药的设计过程中也常常利用电子等排置换的方法。碳原子与硅原子是电子等排体。将农药分子结构中碳原子替换为硅原子，可得到一系列安全、高效的农药。杀虫剂 MTI-800 与其低毒性硅等排体就是硅原子等电性替代碳原子，降低其毒性的一个典型例子。MTI-800 是一类高效的杀虫剂，但是其对鱼类的毒性很强，半数致死量为 3mg/L，严重限制了其商业化应用。MTI-800 中四面体碳原子被硅原子等电性代替，得到的硅等排体化合物（图 6.21）。虽然杀虫活性有所降低，但是其对鱼类的毒性显著降低（在 50mg/L 条件下没有鱼死亡）[125-126]。即此例中杀虫剂只失去了适度的杀虫活性，但得到对水生生物的毒性显著减低的效果。

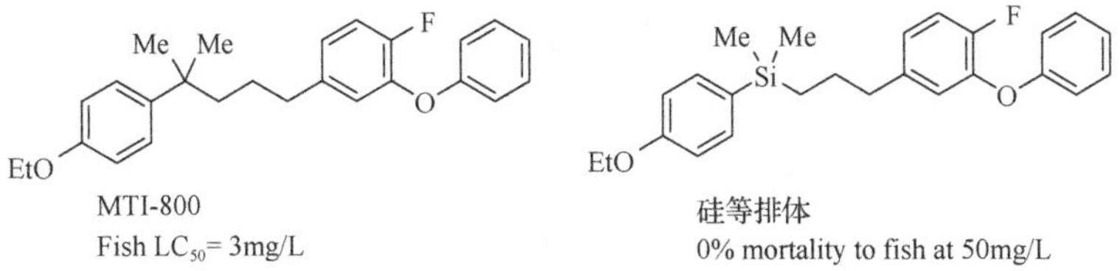

MTI-800
Fish LC$_{50}$= 3mg/L

硅等排体
0% mortality to fish at 50mg/L

图 6.21　杀虫剂 MTI-800 与对应的硅等排体的结构式

　　2,4-二氯苯氧乙酸（2,4-dicholrophenoxyacetic acid，2,4-D）和[（3,5,6-三氯-2-吡啶）氧]乙酸（定草酯）为电子等排替代在除草剂中应用的一个典型例子（图 6.22）。2,4-D 苯环结构 C5 位氢原子被氯取代，C6 位碳原子被氮原子取代后得到化合物定草酯。相对于 2,4-D，定草酯具有较窄的杀草谱，且毒性降低一个数量级。2,4-D 的参考剂量（reference dose，RfD）值为 0.005mg/(kg·d)，定草酯的 RfD 值为 0.05mg/(kg·d)。

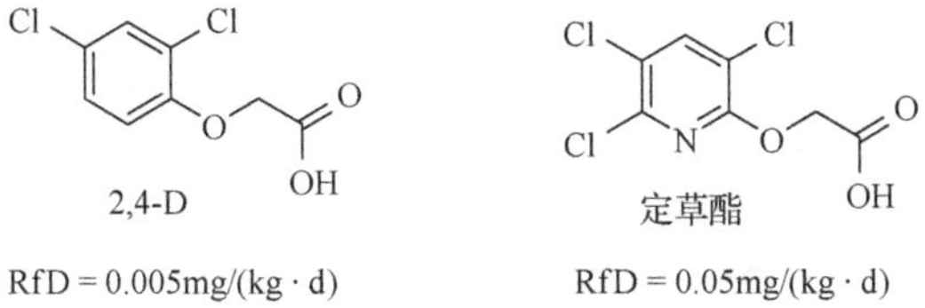

2,4-D
RfD = 0.005mg/(kg·d)

定草酯
RfD = 0.05mg/(kg·d)

图 6.22　2,4-D 与定草酯的结构式

　　以上讨论的是成功应用电子等排原理设计更安全药物、农药的例子，电子等排原理在安全商业化学品的设计领域也具有广阔的应用前景。尤其是，设计的电子等排体可能能够增加其商业优势，规避专利保护和拓展新的市场。

　　一个非常成功地应用实例是金属偶氮染料[132]。由于铬金属偶氮染料能够提供所需的颜色和色牢度，因此其很早就应用于染色行业，是一类比较传统的染料。六价金属铬化合物(Cr^{6+})常用于染料的制造(图 6.23)。但是，六价铬是一类已知的人类致癌物，其商业化应用受到严格监管和环保部门的限制。一类可替代铬的金属络合偶氮染料需要具有相同的色泽和色牢度，同时必须没有毒性。研究发现，无毒的铁离子应用于偶氮染料时，具有与铬离子相同的性质，如图 6.23 所示为两类偶氮染料。两类偶氮染料具有相似的颜色和色牢度，但第二类不含有毒的铬离子。

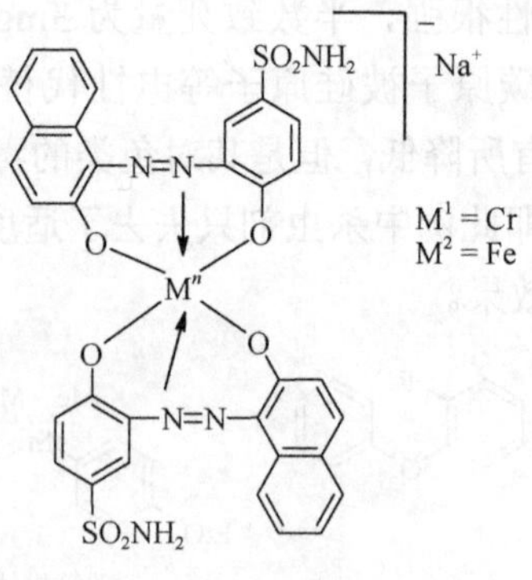

图 6.23　铬(铁)金属偶氮染料的化学结构

　　另一个应用电子等排原理设计安全性染料的例子是联苯胺类染料。将联苯胺的苯环进行电子等排性替换能够明显降低其诱变性[133]。例如，将苯环替换为噻唑环可得到无诱变性的二胺类化合物。如图 6.24 所示，将联苯胺中两个 C2 位碳原子替换为氮原子，诱变性显著降低。以连吡啶类二胺为原料制备的偶氮染料的基

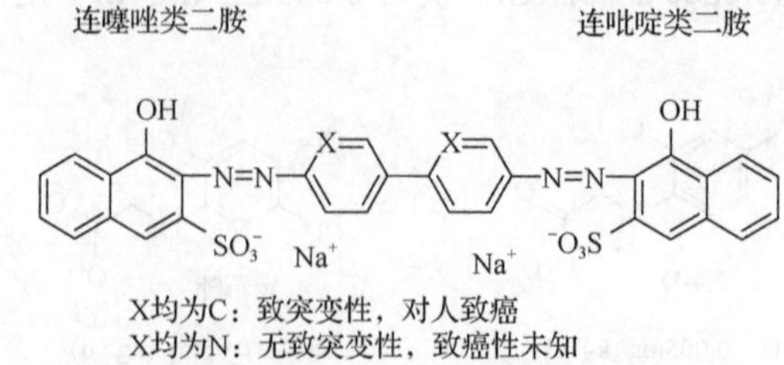

连噻唑类二胺　　　　　　　　　　连吡啶类二胺

X均为C：致突变性，对人致癌
X均为N：无致突变性，致癌性未知

图 6.24　联噻唑类二胺与连吡啶类二胺染料

因毒性显著低于以联苯胺为原料制备的染料。例如,图 6.24 中诱变性或致癌性的联苯胺染料和以连吡啶类二胺为原料制备的低毒性电子等排体。

另一类具有巨大商业应用价值、设计更安全商业化学品的等电性替换策略是利用氟原子替代氢原子。生物体内化学物质生物活化机制是细胞色素 P450 调控的氧化反应,代谢生成有毒的代谢产物。当氢原子被氟原子替代后可以得到更安全的电子等排体,同时不影响其商业性能和效果。例如,肝毒性的丙戊酸(2-丙基戊酸)和弱肝毒性的 2-氟-丙戊酸。丙戊酸肝毒性涉及细胞色素 P450 对 C2 位氢原子的生物活化。当 C2 位氢原子被氟原子替代后,C—F 键更稳定,细胞色素 P450 新陈代谢过程不能去除氟原子(图 6.25)。因此,2-氟-丙戊酸的毒性显著降低。而且,此电子等排性替换策略能够广泛应用于其他羧酸化学品(如 2-乙基己酸)的设计,从而降低化学品的肝毒性。同样道理,如图 6.25 所示,毗邻氰基的碳原子上氢原子部分被氟原子取代,腈类化合物(如 2-甲基丁腈和苯乙腈)的毒性则会明显降低。

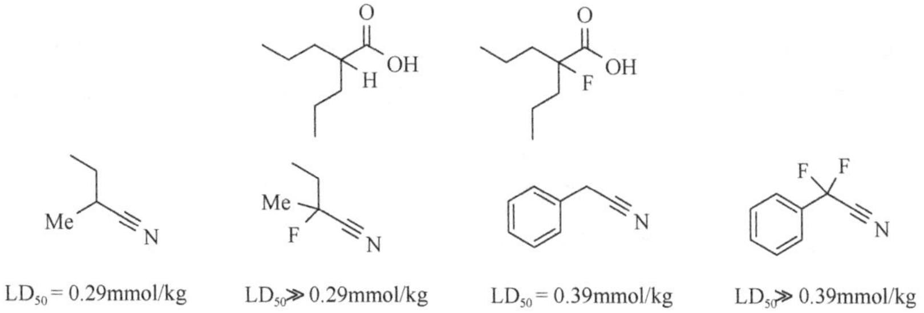

图 6.25　氟原子替代氢原子的等电性替换策略的例子

6.3.6　基于多方位信息选择安全替代品

1. 安全替代品的原理

前面几节介绍的方法是在已知具有毒性的化学物质结构上进行的调整或替换,从而降低其毒性。然而,追根求源,在选择合适的商业化学品时,可以基于全面的信息选择更加安全的替代品。美国国家研究委员会称之为 informed substitution[7]。Informed substitution 意味着从只关心一种化学品而对其他潜在的替代品缺乏了解,到基于全面的、实验得到或建模评估的对环境和人类影响的信息选择安全替代品的逐步转变,从而尽可能降低化学品不利的影响(图 6.26)。即 informed substitution 是一个化学设计创新的过程,而此种创新将降低化学品危害作为其重要的性能指标[134]。应用此种方法,可以将满足特定功能需求的所有化学品基于其对环境和人类健康的影响特点,按照一系列的优先顺序进行排序。因此,基于 informed substitution 筛选安全化学品，可以避免选择由于化学品信息不全面而选择了相对不安全替代品的情况。Informed substitution 能够保证经过化学评估后得到最安全的、满足特定功能需求的化学品。如果化学评估表明没有安全的化学品或化学品具有安全问题，就需要进一步研究和创新[135]。

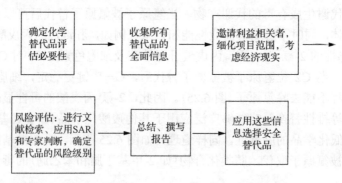

图 6.26　进行化学品评估的六个主要步骤

Informed substitution 需要满足以下两个关键目标：①最大限度获取所有可能替代品从实验或建模得到的最全面信息(关于环境和人类健康)，并基于此选择安全化学品；②将化学品产生不利影响的可能性最小化。Informed substitution 除了需要考虑替代品对环境或人类健康潜在的风险外，商业考量是 informed substitution 最重要的一个影响因素。Informed substitution 对替代品潜在的对环境或人类健康影响与替代品的化学性质、成本和性能进行系统、综合的评价。因此，成功的安全替代品应该具有以下特征：①技术上可行；②具有相同或更好的性能；③为人类健康和环境问题提供一个更好的方案；④经济和社会因素的考量；⑤有可能带来持久的改变。

当对替代品进行化学评价时，应着重从两个核心方面对其系统性评价：生命周期概念和功能用途分析。生命周期概念关注接触化学品的过程，包括产品制造、使用和后续处理等整个产品生命周期。将生命周期概念纳入选择安全化学替代品过程中，能够更全面考虑化学品对消费者、操作人员安全的影响和流入环境的途径。当然，考察一个化学品完整生命周期通常是不必要的和过于昂贵的。对于许多化学品和产品，往往只需要关注化学品直接接触点、运输途径和最终转化产物。对于消费品，消费者接触和使用化学品的阶段是至关重要的。对于最终进入环境，具有潜在影响的产品，化学危害主要与产品的使用和最终处理密切相关。

虽然人们逐渐认识到化学品对环境和人类健康影响的重要性，但最基本的关注点是化学品的功能性质，生产经济效益高、性能好的产品。化学品的功能用途主要包含两种方式。首先，也是最重要的，化学原料发挥的作用和其赋予产品或过程的特性。其次，对整个产品及其使用方式的评价。当化学物质应用于不同功能用途的产品中，其化学危害的属性和方式可能产生差异。例如，某种化学物质可以作为清洁剂的溶剂或表面活性剂，或者在电子产品聚合物中作阻燃剂或塑化剂。化学物质的物理性质可能提高产品功能或改变化学品潜在危害风险。因此，化学品的功能用途成为化学替代品危害评估的重要部分。

2. 安全替代品的例子

如本章前言部分描述，使用异噻唑啉酮替代有机锡[如双(三正丁基锡)氧化物]作为船舶防污剂和使用烷基铜铵化合物代替铬化砷酸铜作为木材防腐剂，都是 informed substitution 典型的应用实例。下面我们描述了乙二醇醚类、阻燃剂和染料化合物的危害，并列举了其对应的安全替代品。

一个典型的安全替代品的例子是乙二醇醚类溶剂。一些种类的乙烯乙二醇醚物质对人类健康具有显著影响，因此需要选择更安全的化学替代品。但是必须事先考虑到替代品可能具有的潜在不利后果。丙烯乙二醇醚类与乙烯乙二醇醚具有相似的溶剂性质和不同的结构。毒性的测验表明，丙烯乙二醇醚对人类健康影响较小。但是，进一步研究表明，丙烯乙二醇醚的可降解性往往较差。不过，某些种类丙烯乙二醇醚很容易生物降解，同时对人类无明显影响。具有这些性质的丙烯乙二醇醚就是一种相对安全的乙二醇醚替代品。

五溴联苯醚是一种溴系阻燃剂。由于其优异的阻燃性能，从 20 世纪 70 年代开始广泛应用于各种消费产品中。五溴联苯醚每年的产量达到 8.60×10^3t。阻燃剂(如五溴联苯醚)延长了从起火到完全燃烧的时间，提供额外的时间让人们离开着火场地，挽救生命，减少财产损失。但是，五溴联苯醚是一类环境中广泛存在的全球性有机污染物，具有环境持久性、远距离传送能力，生物可累积性及对生物和人体具有毒害效应等特性。五溴联苯醚作为阻燃材料广泛应用后，历史上曾经出现过两大问题事件，引起人们的极大注意。第一个事件是磷酸三(2,3-二溴丙基)酯事件(TRIS 事件)。纯聚酯织物采用"TRIS"处理，尤其对儿童睡衣。从穿着此类睡衣儿童的尿样中发现了诱变代谢物 2,3-二溴丙醇，具有诱变和致癌作用。第二个事件就是二噁英类化合物事件。多溴代二苯醚在 510～630℃下热解可以形成多溴代二噁英和多溴代呋喃等致癌物质。因此，选择安全的阻燃剂替代品成为一大研究热点。目前，工业上已出现多种性能优异的阻燃剂替代品[如图 6.27 所示的三苯基磷酸酯、三溴新戊醇和三(1,3-二氯-2-丙基)磷酸酯]。应用化学替代品评价方法对这些阻燃剂替代品进行人类健康和环境方面评价，能够帮助企业选择更合适的替代品。虽然这些替代品相对于五溴联苯醚具有可降解性，更低生物富集度和毒性，但是每一种替代品都具有潜在的接触途径和危害。安全替代品是相对的，需要不断改进、完善新的毒性信息和审视设计策略，才能得到更加安全的化学品。

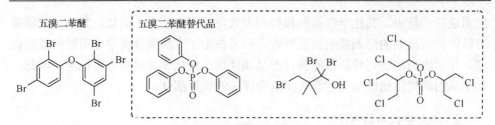

图 6.27　五溴联苯醚阻燃剂及其相对安全替代品

联苯胺类染料具有色质好，染色速度快等优点，但是其具有很强的致癌性，限制了其应用。磺化二氨基-*N*-苯甲酰苯胺代替联苯胺，能够显著降低染料毒性（图 6.28）。而且，磺酸基的存在增大了该物质在代谢过程的水溶性，使其不能被胃肠道吸收，从此直接排泄出体外。双功能纤维活性染料是一类包含两个相互分隔开的活性基团的化学物质，能够与纤维表面共价键结合（如棉花纤维素的羟基），染料固化率高达 80%。因此，双功能纤维活性染料具有优异的使用性能和卓越的商业功效。使用双功能纤维活性染料不仅达到相同染色效果所需染料的用量大大减少，而且高固化率使进入废水、剩余未使用的染料大大减少。图 6.28 列举了双功能活化染料的结构。相对于二氯三氮唑染料，单氯三氮唑-磺酸乙基砜染料对纤维底物具有更强的亲和力[136]。

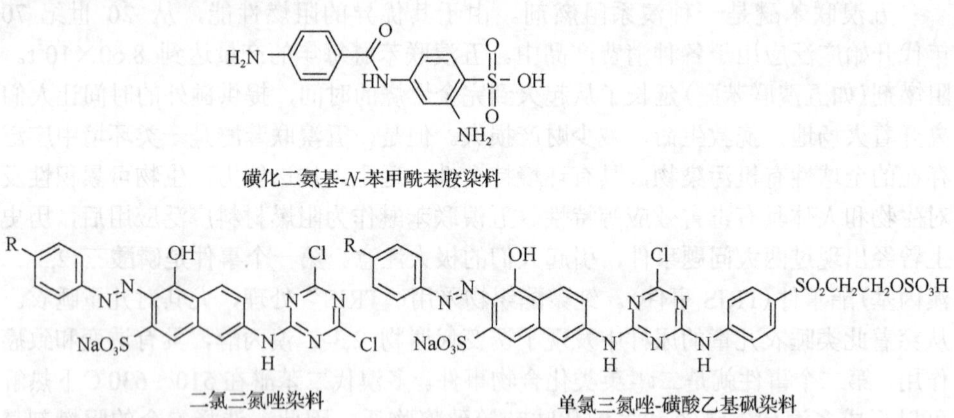

磺化二氨基-*N*-苯甲酰苯胺染料

二氯三氮唑染料　　　　　　　　　　单氯三氮唑-磺酸乙基砜染料

图 6.28　磺化二氨基-*N*-苯甲酰苯胺染料和双功能活化染料的结构

6.4　降低化学品对人类、环境和生态的危害

6.4.1　设计可降解化学品

当设计安全化学品时，化学物质的残留性（降解性）也是必须重视的一个重要因素。残留的化学物质可能进入生态系统中并表现出毒性，尤其是能够在生物体

内富集的化学物质，其潜在的危害可能更大。这些物质在最初阶段可能是安全的，但经过生物富集后其浓度达到危险水平，最终导致慢性或其他无法预料的毒性。设计化学品时，设计不具有残留性或容易降解的分子结构同样非常重要。化学污染不可能在源头上彻底预防，废弃物必须经过处理后才能够排放。目前，工业上常用微生物降解方法来处理废水，化学品的微生物降解性尤为重要，并且这些废弃物最终都会进入环境中，因此，废弃物中化学品的可处理性和安全性也至关重要。而在分子水平上设计化学品结构是一个重要的解决方法。

目前，已有许多关于化学品环境归趋(包括生物降解数据)的数据库，但是这些数据库不可能包含所有化学品。最好的方案是直接找到化学品相关实验数据，但是假设有三万种商业化学品，全部进行检测是极其昂贵的任务。因此，预测化学品的可降解性非常重要，尤其是在分子设计阶段，通过预测分子性质，设计可降解的分子结构，从而减少化学品在环境中残留。一般而言，有两种路径可以用来预测化学品的降解能力。第一种是寻找与目标化学品结构相似的化学物质，利用结构-降解性经验规则得到相对可靠的化学品降解数据。第二种是应用定量结构-降解性关系(quantitative structure–degradation relationships，QSDR)。目前，许多QSDR 可以直接作为计算机程序使用。结构-降解性经验规则简单、容易理解，已经广泛应用几十年。例如，季碳、烷基支链、卤素的存在往往能够降低分子的生物降解能力。然而，由于化学品数量巨大，更为可行的策略是应用 QSDR 预测大量化学品的降解能力。

经过 50 多年农药、医药或其他商业化学品的研究与探索，化学品结构对其降解能力的一系列概括性影响规律也不断发展和明朗起来[137]。这些化学品结构涉及不同取代基及其子结构、特定取代基出现在分子中的次数和位置，还包括分子大小和支链等特征。而且，这些影响规律中只有少数规律是定性的或可以使用的，而且存在较多的例外情况。

不易需氧降解的分子结构特征：①卤素，尤其是氯、氟、溴，在小分子结构中效果更明显，碘能力较弱；②大量的支链结构，尤其是季碳结构抗降解能力强；③叔胺、硝基、亚硝基、偶氮、芳香胺结构；④多环结构(如多环芳香烃)，尤其是三个或三个以上稠环结构；⑤杂环结构，如咪唑；⑥脂肪族醚键(乙氧基化合物等非离子表面活性剂除外)。

在苯环上引入一个氯原子，苯环上电子密度降低，不利于加氧酶以亲电性氧为氧化剂对苯环进攻。一般规律而言，如果设计的化学品必须具有可生物降解性，分子结构中应尽量避免含有强吸电子基团。但是也有例外情况，微小的结构差异也会导致降解能力的显著不同。例如，2,4,6-三氯苯酚容易生物降解，而 2,4,5-三氯苯酚则难以生物降解(图 6.29)[138]。下图 6.29 列举了一些芳香结构中卤素对生物降解性的影响规律和多环芳香烃的生物降解性。

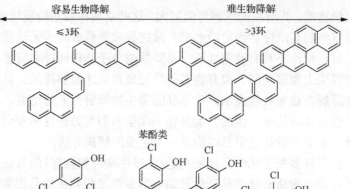

图 6.29　卤代酚类和多环芳香烃的生物降解能力[138]

　　适用支链规律的例子有许多，例如，聚丙二醇相对于聚乙二醇更不易降解，四丙烯苯磺酸盐、壬基酚聚氧乙烯醚是相对容易降解的表面活性剂。但是，这并不意味着设计分子时需要避免所有支链结构，即存在许多例外情况。同理，季碳规则也是如此。许多天然产物，如维生素 A、胆固醇、维生素 B_5 和商业试剂季戊四醇都含有季碳原子，都相对比较容易生物降解。

　　增加需氧降解能力的分子结构特征有：容易酶催化水解的基团，如(磷)酯基(包括磷酸酯)；含有氧原子的羟基、醛或羧酸基团，酮也可以，但不包括醚(聚乙二醇除外)；非取代的线性烷基链(尤其是 4 碳)和苯环。

　　酯水解酶一般具有广泛的底物特异性。酶催化的酯水解反应在许多异形生物质的降解过程中是最普遍也是最关键的一类反应。在需氧环境中，化合物生物降解的第一步就是酶催化氧气分子使氧插入化合物的分子结构中。此类反应往往只能由细菌完成。而且对于小分子而言，此类反应是降解过程的决速步骤。因此，分子结构中含有氧原子的化合物一般比不含氧原子的分子更容易降解。例如，在混合实验中，苯酚比苯更容易降解，环己醇、环己酮比环己烷更容易降解[139]，醇、羧酸类化合物比其对应的脂肪烃更容易降解[140]。无取代基的线性烷基链(尤其是 4 碳)和苯环具有容易被加氧酶进攻的位点。在原有结构(苯环)上引入取代基的数量和位置对生物降解性也产生一定影响。对于一些聚合物，如改性纤维素(甲基纤维素)，取代度是一个相对精确的概念，具有重要的预测价值。然而，对于许多小的非聚合分子化合物，没有类似的规律。目前，一般认为，高取代结构比简单分子更难以被生物降解。同样，对于环上取代基位置，也没有普适性的规则可以直接应用。

羟基、羧基、酯基等基团一般能够增加化合物的生物降解能力，而卤素、硝基等一般降低其需氧降解能力[137]。而且，利用数据库也可以分析类似物与目标化合物结构的差异是否会导致降解途径的改变。基于化合物整体结构，这些方法可以预测化合物的性质（降解性），而且具有相当的可靠性。例如，假设我们需要得到4-硝基水杨酸的水生环境半衰期。虽然现有数据库中没有其生物降解数据，但是有足够的与水杨酸相关数据，包括利用放射性同位素碳标记的土壤实验数据。实验发现14天后，检测到水杨酸理论生物需氧量为88.1%。按照美国环境保护局提出的方案将生物需氧量（biological oxygen demand，BOD）、化学需氧量（chemical oxygen demand，COD）、溶解有机碳（dissolved organic carbon，DOC）消耗量或者CO_2释放量的数据理论百分比转换为降解速率和半衰期。因此，水杨酸的半衰期为5天，表明水杨酸的生物降解速率很快。在芳香环上引入一个硝基导致其水生生物降解能力降低。因此4-硝基水杨酸的生物降解半衰期比水杨酸要长，可能达到几周的数量级，而不是几天。

化合物化学水解一般在类似环境的条件下（常温、pH =5～9、水环境）进行实验。有时候也会在较高温度下进行，随后利用Arrhenius方程式将获得的速率常数换算成常温的数据。有些化学品具有在环境条件下活泼的反应基团，水解反应对这些化合物的降解很重要，甚至在降解过程中占主导地位。因此，我们可以利用水解反应设计可降解性的目标化合物。

在大气中，有机化合物降解速率主要取决于三种反应物：羟基自由基、臭氧、硝基自由基。羟基自由基能够与除了全卤代物外大部分有机化合物反应。因此，羟基自由基是目前最重要的氧化剂。臭氧主要对炔、烯烃类化合物反应，而硝基自由基只与苯酚、硫醇等物质反应。从氟氯烃到氢氯氟烃再到氢氟烃的不断进化过程就是基于非生物降解而重新设计化学品的一个典型例子。自从发现氟氯烃能够到达平流层，分解，并导致臭氧损耗，人们就一直寻找氟氯烃替代品。氢氯氟烃分子结构中含有至少一个氢原子，在对流层中性质相对更活泼，不易到达平流层，引起臭氧损耗的可能性降低。但是，氢氯氟烃仍然具有引起臭氧损耗的可能性和引起全球变暖的潜力。因此，人们将目光又从氢氯氟烃转移到氢氟烃。虽然氢氟烃仍然是一种温室气体，但是其结构没有氯原子和溴原子，因而不能导致臭氧消耗。

人工合成麝香是香水行业一类重要的原料，广泛用于洗涤剂、柔顺剂、清洁产品、空气清新剂及香皂、洗发水、香水等化妆品和个人卫生产品。硝基、多环、大环及最新的脂环族是人工合成麝香的四大重要种类（图6.30）。大部分使用后的人工麝香将进入废水系统中，并最终进入水环境中。硝基和多环类人工合成麝香使用最为频繁，使用量最大，但都难以降解，不能通过生物降解测试[141]。二甲苯麝香是一类硝基麝香，残留性强，具有生物富集性和毒性。Behechti等对二甲苯麝香及其衍生的其他硝基麝香对大型水蚤的毒性进行了细致研究[142]。他们认为在水中饱和浓度下，二甲苯麝香对水蚤并未表现出任何影响。但是二甲苯麝香的一种还原产物——胺类物质具有强烈毒性。二甲苯麝香疏水性强，倾向于存在于沉积物中，而沉积物的厌氧环境可能促进其还原。硝基和多环类麝香对水生生态系统不具有急性或长期危害。但是，由于其具有生物富集性和可能代谢生成毒性产物，应该寻找更加安全的替代品。应用生物降解能力经验规则可以设计无残留或低残留的麝香分子。二甲苯麝香分子结构中含有叔丁基、多个硝基，多取代苯环，难以被需氧生物降解[143]。大环麝香为含有15或16个碳原子的内酯或酮类化合物，如天然产物麝香酮。其简单的结构预示其容易被微生物降解。巴亚基酸次乙酯是一种当前使用的大环麝香，容易被生物降解。在图6.30所示的六种衍生物中，具有酯基结构的化合物都很容易被生物降解。另一类麝香是酮类化合物，也容易被生物降解。但是大环的烃类或含有烷基醚链的大环烃类麝香往往不易被生物降解。因此，设计可降解性麝香时引入易水解的基团是一种理想的策略，但不是必需的；有时只需分子结构中含有足够的氧原子(脂肪醚除外)即可。

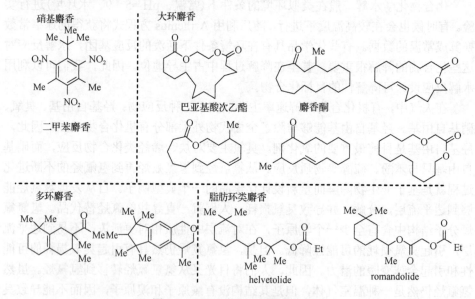

图6.30　不同种类合成麝香的结构

　　以上这些例子对生物降解能力经验规则提供了有力的支持。在上述例子中，简单的分子和具有线性烷基链或酯基的化合物容易降解，而对于含有多卤素、硝基或烷基高度支链化的化合物则难以被降解。

　　离子液体是快速发展的热门研究领域之一。然而，离子液体提供了卓越性能的同时，其稳定的结构大大降低了其降解能力，对人类和环境具有一定危害。离子液体的分子结构决定了其毒性，阳离子比阴离子对毒性的影响更显著。阳离子结构上长的亲脂性烷基侧链比短链的毒性更强。为降低离子液体毒性、提高生物降解能力，最常见的策略是使用廉价的、可生物降解的阴离子，和(或者)在阳离子结构上引入可降解的酯键或醚键侧链。2002 年，P.Wasserscheid 等在咪唑类离子液体结构中，利用辛基硫酸根(octylsulfate，OctO SO$_3^-$)代替常见的含卤素的阴离子([AlCl$_4$]$^-$、[PF$_6$]$^-$、[BF$_4$]$^-$、[CF$_3$SO$_3$]$^-$、[(CF$_3$SO$_2$)$_2$N]$^-$等)，显著降低了毒性和提高了生物降解能力(至少是 OctO SO$_3^-$ 阴离子部分)[144]。2006 年[145]和 2009 年[146]，N.Gathergood 等分别报道了侧链上含有 3-酯键和同时含有酯键、醚键的 1-甲基咪唑类离子液体的生物降解能力。通过简单的水解作用即可分解生成咪唑、羧酸等物质。最理想的降低离子液体毒性和提高生物降解能力的方式是使用来自于自然界的阴阳离子。例如，阳离子可以使用胆碱[147]，阴离子可以使用醋酸根、琥珀酸根、苹果酸根等能够进入自然界生化途径的种类[148]。

聚合物，如塑料，给人们生活带来巨大方便的同时，带来一定的环境问题，如白色污染等。随着国际社会对生态和可持续发展的不断重视，可(生物)降解聚合物获得了广泛的关注和快速发展[149,150]。生物降解聚合物在包装、一次性餐饮用品、农用地膜[151,152]领域发展最为迅速。生物降解性聚合物可以通过微生物生理作用来进行生物降解，从而降低大分子聚合物的分子量。而且，当这些聚合物(如农用地膜)大量释放到环境中时，不仅要求聚合物能够被生物降解，而且要求降解后的产物不具有生态毒性。聚己内酯[poly(ε-caprolactone)，PCL]、聚乳酸[poly(lactic acid)，PLA]、聚丁二酸丁二醇酯[poly(butylene succinate)，PBS][153]和聚(3-羟基脂肪酸)[poly(3-hydroxyalkanoate)，PHA][154]等聚酯类高分子(图 6.31)具有良好的可生物降解性和生物兼容性，是理想的可降解聚合物。PCL 是一类基于石油化工的生物降解性聚合物，能够被细菌或者真菌降解。PCL 结构含有可水解的脂肪酯键，也能够进行水解降解[155]。PHA 聚合物被认为是可直接生物降解的，环境中的微生物可直接在聚合物上寄生[156]。近年来，聚碳酸酯类聚合物由于具有良好的降解性也受到广泛关注。

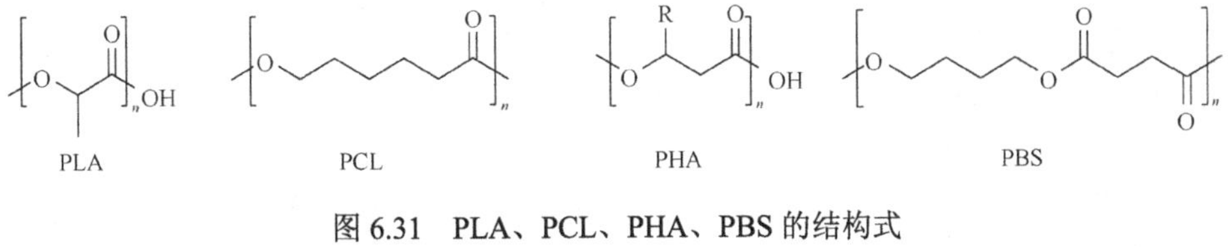

图 6.31　PLA、PCL、PHA、PBS 的结构式

6.4.2　降低化学品致癌性和致突变性

尽管现在癌症的研究和治疗已经取得许多显著进展，但癌症仍然是全世界造成死亡最多的疾病之一。对于经常接触化学品的职业工作者，往往容易受化学品影响，患上多种类型的癌症。例如，烟囱清洁工容易患多环芳香烃类物质引起的皮肤癌，染料工作人员容易患膀胱癌，氯乙烯操作工人容易患肝血管肉瘤和其他

癌症。癌症发病率具有很大地理差异，这与大多数人类所处的环境有关。现在人类几乎天天接触到低浓度的、已知的或疑似致癌物质，如食品添加剂、空气和水中的污染物等。据估计，全球每年大约有 1000 种化合物投入商业使用。因此，对于监管机构而言，要保护公众免受这些新的、未经测试的化学品的潜在癌症危害是几乎不可能完成的任务。因此，迫切需要发展合理、可行的策略来设计更安全的化学品，从而尽量降低化学品致癌和致突变的风险。

一般认为，化学品的分子结构与其表现出的生理活性密切相关。QSAR 分析是一种常用的预测化学品潜在毒性危害的方法。利用基于反应机理的 SAR 进行分析，能够得出化学品致癌性与分子结构/作用机制的关系，并已成为评价未检测化学品潜在致癌性的一种重要方法。分子结构的微小变化就能够显著降低某些化学品的致癌性。因此进一步深入了解化学品致癌作用机制、化学结构与致癌性的关系，不仅可以鉴别化学品的致癌性，而且可以用于指导低致癌性和诱变性的安全分子的设计。例如，本章中已经讨论的通过分子设计降低苯胺类染料的致癌性的例子。

化学品的致癌作用是一个多级的、多方面的过程。基于主要的反应机制，致癌物可以分为基因毒性和非基因毒性两类。基因毒性致癌物，也称为 DNA 活性致癌物，是指能够与 DNA 直接或间接反应，生成 DNA 加合物或对 DNA 造成损伤。如果这些加合物或损伤不能被除去或修复，则可能导致癌症。基因毒性致癌物占已知人类致癌物质的绝大部分。非基因毒性致癌物是指通过次级机理作用的化合物，通常不包括直接 DNA 损伤。一些化学品不需要经过代谢过程直接与 DNA 反应。而大部分的致癌物需要经过代谢过程，生成活泼的、具有致癌活性的亲电性中间体。

目前，许多致癌物分子的生理活性已有详细的信息，许多种类化学品致癌活性的作用机制已经研究得非常细致、深入。亲电试剂概念的引入为化学物质致癌活性提供了最可能、最合理的解释。对于绝大多数致癌物，可以直接或经过新陈代谢后的代谢产物，与 DNA 的亲核位点发生烷基化、芳基化、酰基化等反应，从而产生致癌性。如表 6.10 所示，常见的致癌性亲电试剂或亲电代谢产物包括碳正离子(烷基、芳基、苄基)、氮卡宾鎓离子、氮杂环丙烷鎓离子、环氧化物、氧鎓离子、硫鎓离子、醛、极性双键(羰基、羧酸)、过氧化物、自由基、酰化产物、醌等[157]。动物实验证明化学结构与致癌性、诱变性具有明显的关系。不同致癌物致癌作用的分子机制和其他影响因素的相关机制，构成了 SAR 分析方法鉴定化学品致癌性的重要基础。而且，识别亲电试剂及其前体中危险结构已经成为 QSAR 预测基因毒性致癌物的核心方法之一[158-163]。

表 6.10 亲电试剂及其危险结构或官能团[158-163]

亲电试剂	结构	致癌物质举例
烷基碳正离子	$R-CH_2^+$	二乙基亚硝胺，硫酸二甲酯，1,2-二甲肼
芳基碳正离子	⟨benzene ring with +⟩	联苯胺，1-(4-甲氧基苯基)-1,3-二甲基)三氮烯
烯丙基碳正离子	$R-\overset{H}{\underset{1/2^+}{C}}-C=\overset{H}{\underset{1/2^+}{CH_2}}$	烯丙基甲磺酸，毛果天芥菜碱，黄樟素
苄基碳正离子	⟨benzene ring⟩$-\overset{+}{C}H_2$	苄氯，7,12-二甲基苯并[α]蒽
甲醛	$H_2C^+-O^-$	甲醛，六甲基磷酰胺
α,β-不饱和羰基或羧基化合物	$-\overset{O^-}{\underset{+}{C}}-C=C$	丙烯酸酯，槟榔碱，环磷酰胺，燕麦敌除草剂，原蕨苷
酰基	$R-\overset{O}{\overset{\|}{C}}{}^{+}$	苯甲酰氯，二甲基氨基甲酰氯
碳自由基或自由基正离子	$\overset{\cdot}{R}\quad Ar-\overset{\cdot}{C}H_2$ $+Ar-CH_3$	四氯化碳，7,12-二甲基苯并[α]蒽
卡宾	$:C$	四氯化碳，黄樟素
吖丙啶鎓盐	⟨N-aziridinium⟩	氮杂环丙烷，环磷酰胺，氮芥
亚胺离子	$+N=CH_2$	六甲蜜胺，双(吗啉)甲烷，羟胺硫蒽酮
芳香胺离子	$Ar-\overset{R}{\underset{+}{N}}$	2-酰基氨基芴，联苯胺，N,N-二甲基-4-氨基偶氮苯
氮自由基或自由基阳离子	$Ar-\overset{\cdot}{N}H\quad Ar-\overset{\cdot}{N}H_2$	联苯胺，2-萘胺
过氧自由基	$-ROO\cdot$	二叔丁基过氧化物
环锍鎓离子	$-\overset{+}{S}\triangle$	1,2-二氯乙烷，硫芥子气
锍离子	$-\overset{+}{S}=CH_2\leftrightarrow-S-\overset{+}{C}H_2$	1,2-二氯甲烷
半醌，醌亚胺、二胺、二亚胺类似物	⟨three quinone/diamine ring structures⟩	1,4-苯醌，阿霉素，联苯胺，2-萘胺，非那西丁
醌甲基化物	⟨quinone methide resonance structures⟩	道诺霉素，槲皮黄酮

　　表 6.10 中列出的结构或官能团一般认为具有潜在致癌性或诱变性危险。但是，并不是具有表 6.10 中结构的化学品都具有致癌性。分子中其他结构或官能团可能抑制其致癌活性。一个化学品能否表现出致癌性，取决于多方面因素。例如，危险结构的性质（活泼性或稳定性、亲电试剂的软硬性、烷基化试剂的烷基大小等）、分子的物理化学性质（抑制或促进危险结构到达目标器官或细胞）、危险结构所处的微观环境（空间位阻或共振稳定性）、化学品进入体内的方式（尤其是对于一些高度活泼的、容易解毒的化学结构）。

　　以上基于反应机理的 SAR 分析说明，亲电化合物致癌性的影响因素有许多，包括一些常规的分子参数和一些特异的、与具体化合物种类有关的分子参数。常规的分子参数主要包括物理化学性质（分子量、分子大小和形状、溶解度、挥发性）、取代基的性质和位置、分子柔性、多官能度、活性基团的间隔和距离、亲电代谢物的共振稳定性等。本章已经对这些常规参数进行了详细讨论。

　　大多数致癌物需要进行代谢活化，才能生成亲电性中间体，表现出致癌活性。了解特定结构化学品的关键代谢途径能够为 SAR 分析提供重要的线索或方法，确定增加（或减少）化学品致癌性的结构特征。不同致癌物按照不同的代谢路径进行代谢活化过程。一些特殊的结构特征能够增加或降低化学品的致癌性和诱变性[158-161]。常见的、需要进行代谢活化的致癌物主要包括以下几类结构：芳香胺、N-亚硝基化合物和各种烷基化试剂。由于种类众多，在这里我们只对芳香胺类化合物致癌性进行讨论。

　　在所有的致癌物质中，芳香胺是致癌作用分子机制研究最深入的一类化合物。芳香胺活化途径：首先，氨基被氧化生成亲电性的氮鎓离子，氮鎓离子通过与芳基基团发生共振，使其足够稳定，并与苯环上作用位点发生反应。芳香胺的致癌性主要取决于以下几个因素：芳香环的性质和数量；氨基或生成的氨基的性质和位置；氨基或能够生成氨基的位置。表 6.11 列举了能够影响化学品致癌性的结构特征。

　　许多偶氮染料都含有联苯胺结构或以偶氮基因连接芳香环的结构。在动物（包括人类）体内，联苯胺类染料在肝脏或肠的偶氮还原酶作用下发生偶氮还原反应，释放出联苯胺类物质。而所有的联苯胺类染料都具有致癌性，这与染料被还原释放出联苯胺类物质密切相关。换言之，许多偶氮染料具有和芳香胺类似甚至完全相同的毒性作用。而对于一些 3,3′-二氯联苯胺类染料，不能发生还原反应释放出自由芳香胺类物质，从而不具有诱变性和致癌性。SAR 研究表明，只有偶氮键通过氨基连接在分子中心部位芳香环上，才能够发生偶氮还原反应，释放出联苯胺类物质。相反，如果分子中偶氮键与乙酰苯胺基团相邻，则可能发生烯醇-酮式异构化作用（图 6.32），导致偶氮键消失，使染料不容易发生偶氮还原。

表 6.11 影响芳香胺致癌性的关键结构特征[1]

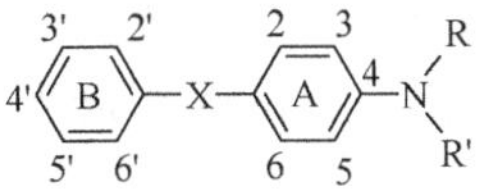

关键部位或因素	对致癌能力的影响	原理
氨基基团上取代基	R, R'为 H 或 CH₃：致癌能力升高 R, R'为三级烷基或碳原子大于 2 个：致癌能力降低	增强代谢活化 空间和电子性质阻碍代谢活化
氨基基团的位置	相对活性：4 位＞3 位＞2 位	共振稳定性和平面性
3 位, 5 位取代基	甲基：致癌能力升高 大取代基：致癌能力降低	增加代谢活性 抑制效应或侧翼效应
环间取代基(X)	无取代基，氧或硫取代基：致癌能力升高 —(CH₂)ₙ—, n＞1：致癌能力降低	共轭效应 电子绝缘
2, 2'位或 6, 6'位取代基	大体积取代基：致癌能力降低	平面发生扭曲
4'位取代基	—NH₂，—F：致癌能力升高 —CO₂H，—SO₃H：致癌能力降低	促进共轭、抑制解毒 降低吸收、增加排泄

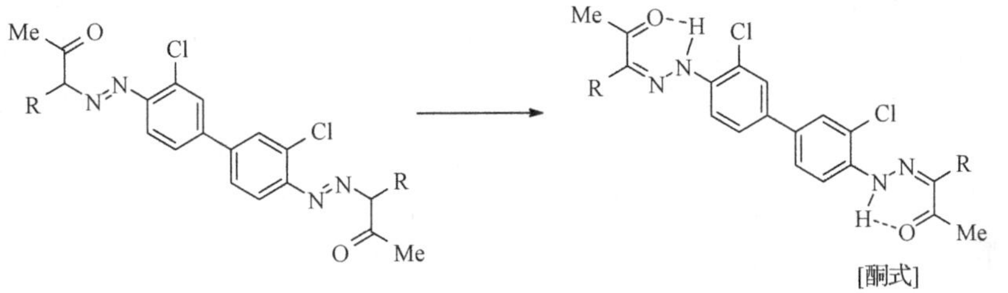

图 6.32 二氯联苯胺类染料的酮式-烯醇异构化

6.4.3 降低化学品生态毒性

1. 生态毒性特点

生态系统的性质在时间和空间上相差巨大。因此，以生态学和持续生态系统的重要影响因素为基础，构建一个可量化的、广泛结构的概念是至关重要的[164]。在生态毒理学中，需要关注的不仅仅是生物体个体，而且往往包括生物体在自然生态环境中的种群和生物圈。换言之，需要关注的是在自然环境中可持续的种群和生物圈。种群和生物圈可持续性概念不仅包括减少接触化学试剂避免造成生物数量和多样性的降低，而且需要保护其免受其他可控性风险变化的影响。不利的生态系统响应往往伴随着某一物种数量或功能的降低的现象。但是，物种数量(如藻类)或功能性过程(耗氧量)的增加也能对生态系统产生危害[165]。环境风险评估中，为了更好地理解生态毒性，需要了解保护目标和评估终点两个概念。环境保护目标包含范围很广，从彻底预防污染(这种方法假设任何接触环境中化学品都可能是有害的)到在暴露阈值以下对生态系统没有任何影响，或者生态系统能够从危害影响中恢复。一旦确定保护目标，选择恰当的流程来保护环境是重点。选择不恰当的评估终点容易导致非常严重的失败，比其他可能性错误造成的后果更严重[166]。

评估终点是一个明确的、需要保护的非常重要的生态系统成分(生物体、种群数量、生物圈)或生态功能的表达式。它们是风险评估的最终焦点，并作为目标环节[166,167]。因此，如果保护目标是种群结构，评估终点则与种群数量有关，可能使用临界值来定量衡量实际种群数量或种群数量变化。环境中生物体生活的生物圈具有结构和功能。生物圈结构是由一些变量(如个体数量或物种多样性)决定的，而功能则是由一个种群与其他种群或非生物环境的相互作用决定的。大多数情况下，结构和功能不是必须相互关联的，功能冗余也是比较常见的。功能冗余对于生态系统的可持续性是至关重要的。冗余是由自然环境条件波动和不可预知性所造成的生态系统的应对选择。大多数生态系统具有功能冗余的特点[168,169]，尤其是温带气候的陆地或淡水区域，多个种群能够执行该生态系统每一个关键功能。但在海洋系统中功能冗余较弱[170,171]。在生态毒理学风险评估中，对生物体或种群的一些影响是允许的，但是这些影响在空间和时间方面受到一定限制，且局限在冗余发生的地方。在选择合适评估终点方面，人们越来越认识到，这些终点应当能够打破生物圈的功能水平，但对种群和物种多样性的影响是可以容忍。但是，实际情况大多是生态风险评估往往集中于生态结构。

风险评估过程的最后阶段是风险描述。在对毒性和化学品接触程度理解的基础上，得出某一化学品的危害评价。一种化学品的环境浓度，无论是测量的还是估计的，都需要与一些效应浓度相比较。常见浓度如 LC_{50} 或者没有观察到效应的浓度[172]，这些都是接触量与效果值的简单比率，可以用来表示危险或相对安全。

2. 化学品的环境归趋和接触途径

环境中化学品的风险取决于接触程度和毒性。环境中生物体接触化学品的途径是决定化学品是否安全的关键因素，在生产和使用化学品时必须考虑，以降低风险或危害。化学品的环境归趋是设计安全化学品的主要决定因素，从而减少化学品对环境的危害(毒性)。

化学品接触量主要取决于生物体对化学品的生物利用度。化合物的生物利用度越高，其释放到环境中表现出不利(毒性)效应的可能性越大。而且，化合物生物浓缩、生物富集的可能性越大，其随时间表现出不利效应的可能性越大。从环境中生物体接触化学品的角度出发，化学品从基质或其他生物进入生物体的移动过程是化学品风险的关键之一。生物利用度受一系列相互作用的因素影响，包括化合物固有性质、化合物所处的非生物环境以及受影响的生物环境。生物环境或非生物环境对生物利用度的影响也是非常重要的，不可低估。

不同物种在身体承受能力、目标组织中化学物质的浓度和对不同接触量的响应方面存在较大差异。而毒性动力学[吸收(absorption)、分布(distribution)、代谢(metabolism)及排泄(excretion)，即 ADME]是这些差异的主要决定因素。这些过程有助于解释在环境中接触同一剂量污染物条件下物种反应的差异。一旦污染物进入生物体内(摄入或表面接触进入)，这种物质的物理化学性质就可以预测其ADME(以及最终毒性)是如何进行的。一般而言，一个化合物被代谢或排泄越迅速，其持续作用时间越短，出现潜伏或延迟效果的可能性越低。有利于排泄或者代谢为低毒代谢物的化合物更加安全。从绿色化学的角度，预测化合物 ADME 特性使相关工作者能够基于化合物在生物体内的生物利用度对化合物进行预先筛选和排序。

3. 毒性作用机制

化合物通过成千上万种途径和作用机制表现出毒性。表现出的响应效果可以分为物种特异性、生命周期特异性、生态系统特异性。降低某种化合物或化学过程的危害，首先需要明确：由于自然环境的复杂性和物种的多样性，不可能完全保证某种化合物对任何生物体、任何生物组织中都没有不利(毒性)效果。在选择安全化学品时，要考虑化合物急性、慢性毒性，尤其是化学品使用过程和后续释放到环境的情况。不仅要降低化合物的急性毒性，而且要考虑到大多数化学品最终要释放到环境中，可能在许多年之后才能表现出大范围的严重生态问题，或在长期低剂量接触化合物条件下，对非目标生物的急性毒性较低但具有慢性毒性的情况。典型的例子如二氯二苯三氯乙烷和其他含氯农药(地特灵和毒杀芬)，证明了专注于急性危害，而忽视慢性危害的严重后果。年代更近的例子如全氟化合物和工业排放废气导致的酸雨现象。因此，了解化合物的急性、慢性毒性是最基本的要求。获取急性毒性数据的成本较低，容易通过实验测得。可以通过许多方法从急性毒性外推至慢性毒性，但是这种方式增加了毒性数值的不确定性。

毒性不仅仅指化合物相关的一个数值或特性，而且由具体对象决定。当讨论生态毒性时，了解用来评价化合物对非目标生物或生态系统影响的方法，了解这些方法的局限性是至关重要的。不能通过单一的生物实验或毒性生物分析确定或预测跨物种、种群、群落及生态系统水平的毒性。现实中，没有任何一个物种可以被认为是最敏感的，没有任何物种可以作为毒性的标准[173]。不同物种对化合物会产生不同的响应。例如，害虫、鱼、藻类甚至植物对常见除草剂 2,4-D 的毒性响应差异较大[174-176]。2,4-D 是一类生长素类似物，作用于阔叶杂草(双子叶植物)，而对单子叶植物和其他非目标物种基本没有影响。

描述一个化合物的生态毒性对于评价其危害是至关重要的。这一过程包括实验室和实地测试。许多化合物（如杀虫剂和废水）是被故意施用及释放出来的，很有可能产生非目标的毒性效应。因此需要对这些化合物进行大量广泛的测试。化合物的实验室测试通常依赖于从选择的物种和使用的方法等方面进行的标准毒性生物分析，评估效果，然后推断化合物对整个生态系统的影响程度。这些测试有严格的方法和条件，包括但不限于温度、光照、pH、种类及其密度、盐度和营养要求等，所有这些都能显著影响观察到的毒性效应。

4. 减少生态毒性的实例

有些情况下，化学物质的最终用途要求其具有一定的性能。但是，如果这些化合物被释放到环境中，这些性能可能同时使其具有生态危害，如难以降解、生物积累和/或毒性。多氟烷烃就是此类典型的化合物。多氟烷烃经常用于防火泡沫、润滑剂、染色剂和防水剂等，要求具有一定的稳定性。多氟烷烃疏水表面活性剂尾端的氢原子被高电负性氟原子取代，从而表现出异常稳定性。C—F键是有机化学中最稳定的化学键之一，导致多氟烷烃除了具有典型的疏水性外还引入一定的疏油性。还有一些多氟烷烃表面活性剂经过一定化学变化生成高度持久性的多氟羧酸类化合物，如全氟辛酸、全氟烷烃磺酸、全氟辛基磺酸等。这些种类化学品要求具有持久性能。因此，降低其与使用性能相关的生态风险，不太可行。对于这些化学品生态危害的研究主要集中在降低其生物浓缩和富集方面[177]。然而，这些含氟化合物大多以离子形式，具有表面活性性质，导致利用 $P_{o/w}$ 作为描述符预测其生物富集能力的结果不准确。这些含氟化合物实际上是亲蛋白的，而不是亲脂的。因此，也有人认为不能利用 $P_{o/w}$ 预测其生物浓缩系数(bioconcentration factors，BCF)或生物富集系数(bioaccumulation factor，BAF)[178]。J.M.Conder 等研究发现 BCF 和生物放大系数(biomagnification factors，BMF)数值与全氟羧酸分子含有的氟原子个数直接相关。在含有相同长度和氟原子数量的条件下，多氟羧酸类化合物比全氟烷烃磺酸的生物富集性低[178]。含有七个或七个以下氟化碳原子的多氟酸可以被认为不具有生物富集能力；在食物网中具有低的生物放大潜力。总之，这些研究说明使用短链分子能够降低其生态影响。短链分子空气-水分配系数较低，不太可能在中性形态下进行长距离大气扩散[179]。短链多氟烷烃也表现出较低的毒性，在分子中增加全氟化碳原子数量会提高毒性。

另一种降低多氟化合物生物富集性的策略是将长链转化为支链异构体。研究发现，在食物网中多氟烷烃的浓度具有一种趋势：长链多氟羧酸类化合物和长链全氟辛基磺酸化合物比其支链异构体更容易在生物体内富集[180-182]。在实验室条件下，在肝脏和血液中全氟辛酸支链型同分异构体比长链异构体更容易被消除，而且所有异构体的半衰期均大于 6 天[180]。虽然，支链烷基结构通常导致生物降解能力降低，但是所有多氟烷烃都难以被生物降解，所以使用支链策略来减少可能的生物积累和毒性是有必要的。到目前为止，具有更可持续和环保的替代产品应该是短链的多氟烷烃，同时可以降低氟原子数量，如使用全氟丁基磺酸及其醇来代替全氟辛基磺酸[177]。与全氟辛酸和全氟辛基磺酸[183]相比，全氟丁基磺酸不仅生物富集性降低，基因毒性也显著降低[183]，对鸟类的毒性(包括急性、慢性、繁殖毒性)也显著降低[184]。

农药是一类特殊用途的化学试剂。设计农药时，通常要求其对一种或多种目标生物具有毒性，而对其他非目标生物低毒或无毒。这使得它们通常被用来造福人类(保护健康或粮食生产)。但它们被使用并释放到环境中后，同时可能带来潜在的负面影响。农药的残留性一般是由其化学结构决定的，如 DDT 和其类似物——甲氧 DDT(结构如表 6.12 中所示)。DDT 在环境中难以降解，具有较高的 $P_{o/w}$，能够在哺乳动物体内富集。而且，DDT 能够进行脱去氯化氢的反应，生成持久性、疏水性更强的化合物，对鸟类繁殖产生较大影响。通过生物放大作用，在高营养水平生物体内富集。而甲氧 DDT 与 DDT 具有基本相同的杀虫性能，但是在环境中持久性低，在哺乳动物体内被迅速排泄，且没有生物放大效应，是一类相对较安全的农药。虽然这两种化合物具有相似的作用机制、作用目标以及其他物理性质，但是甲氧 DDT 结构中甲氧基的引入导致其更容易被生物体内 CYP 类代谢酶代谢[185]。这种结构上的简单差异使甲氧 DDT 成为一类更加绿色的农药。

表 6.12　DDT、甲氧 DDT 的结构，主要代谢产物、毒性以及理化性质[185]

化学品	DDT	甲氧 DDT
LD_{50}/(mg/kg，大鼠)	113	6000
土壤中半衰期/d	$90 \sim 1500$	46
哺乳动物体内半衰期/d	120(大鼠)	<1(小鼠)
$\log P_{o/w}$	6.91	$4.68 \sim 5.08$

　　一些与特异性受体相互作用的化合物的毒性取决于其分子的三维空间构型。因此，此类化合物的异构体的毒性往往差异较大。对于具有多种异构体的农药，某些异构体对目标生物具有更强的毒性，如异丙甲草胺（图 6.33）。通过在合成过程中使用正确的反应底物异构体，可以高收率合成活性异构体[186]——新产品(S)-异丙甲草胺，而不是得到含有活性和非活性异构体的旧产物。非活性异构体的比例降低约 40%，这也使在田地中此农药的使用量降低了 40%[186]。而且，非活性异构体缺少毒性所需的空间构型，容易导致对非目标生物的毒性，从而造成生态毒理学危害。因此，通过上面的活性异构体策略，农药导致的生态危害能够显著降低[187]。

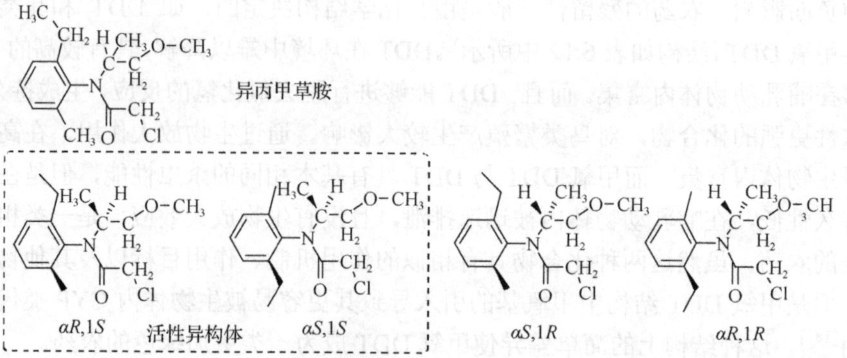

图 6.33　异丙甲草胺的活性(S)异构体和非活性(R)异构体[186]

　　另一种降低农药生态风险的策略是针对一类有害生物特有的受体而开发新型杀虫剂，从而降低对非目标生物体的风险。昆虫激素的模拟物质就是一类典型的特异性作用机制的杀虫剂，例如，甲氧普林与只在节肢动物种类中存在的保幼激素的类似模拟物质。这些化合物可选择性对蚊子产生控制作用，而且显著降低对非目标物种的毒性[188]。其他具有此类特异性作用机制的农药有节肢动物特有的蜕皮激素竞争剂（虫酰肼）、节肢动物特异性的几丁质合成抑制剂（二氟脲），以及各种苏云金杆菌菌株产生的细菌内毒素[189]。除草剂中，生长素模拟物质，如苯氧羧酸衍生物、吡啶羧酸、安息香酸和喹啉羧酸等，是特异性作用于特定植物群体的生长素[176]。其他具有特定目标系统的除草剂有草甘膦。草甘膦是世界上使用最广泛的农药，特异性作用于 5-烯醇丙酮莽草酸-3-磷酸合酶[190]。因此，针对某些生物特异性的机制或过程研发生物活性化学物质提供了一个发展绿色农药的策略。但是，这种策略不能保证没有任何风险，因为这些物质仍然可能对非目标生物体产生副作用。

6.5　辅助物质的使用

6.5.1　辅助物质的种类及毒性

前面几节介绍了如何降低化学品的危害(毒性)。但是,在现实生产生活中,往往存在许多情况:化学品本身无毒或毒性较小,不足以对人类健康、生态环境产生影响;然而,这些化学品在生产或使用过程中往往需要添加一些辅助物质,如溶剂、添加剂等,从而更好地进行生产或发挥实用功能。这些辅助物质就可能带来一定的危害,需要关注、注意其使用安全问题。尤其是某些用于食品包装、封存,或直接接触人体的产品,可能通过与人体的接触,将有毒的辅助物质传递到人体内,从而产生毒性。随着国际、国内环保法规的纷纷出台以及政府对环保的日益关注,辅助物质的毒性也越来越受到关注和重视。从辅助物质的种类进行划分,可以将辅助物质分为以下几类:溶剂(挥发性有机溶剂)、重金属、助剂(如阻燃剂)等[191-196]。

溶剂是具有多种用途的液体,在涂料中应用非常广泛。溶剂能够溶解树脂、调整黏度,使得颜料和树脂更容易混合,保证涂料具有施工黏度。对涂料来说,有机溶剂是把双刃剑,一方面,溶剂是涂料生产和使用过程中不可或缺的组分;另一方面,挥发性有机溶剂(volatile organic compounds,VOC)施工后挥发至大气中,是一类重要的污染源。而且,有些溶剂易燃、易爆,有些溶剂是三致(致癌、致畸、致突变)物质。目前,随着生活水平的提高和生活方式的改变,人们每天的大多数时间是在室内度过的。室内装修所用的涂料会影响室内空气质量,严重影响人们健康。我国 GB 24409—2009 对 VOC 的定义是指在 101.3kPa 标准大气压下,任何初沸点低于或等于 250℃的有机化合物。常见的 VOC 污染物种类有脂肪烃(丁烷、汽油等)、芳香烃(苯、甲苯、二甲苯等)、氯代烃(四氯化碳、氯仿、氯乙烯、氟利昂等)、醇(甲醇、丁醇等)、醛(甲醛、乙醛等)、酮(丙酮等)、醚(乙醚等)、酯(乙酸乙酯、乙酸丁酯等)等。而且绝大多数溶剂或多或少都有一定的毒性,毒性较大的挥发性有机溶剂主要有:芳烃溶剂、乙二醇醚类溶剂、酮类溶剂和一些芳胺化合物。芳烃溶剂为无色至浅黄色透明油状液体,具有强烈芳香气味,属于室内挥发性有机化合物。20 世纪 90 年代,苯被世界卫生组织确定为致癌物。苯中毒症状大致为:轻度者表现为兴奋或酒醉状,以及头昏、头晕、恶心等症状;严重者昏迷、心律不齐、抽搐,可引发神经系统紊乱。

助剂是一类重要的辅助材料,常应用于涂料等产品。用量虽然少,但能显著改善涂料或涂膜性能。涂料中使用的助剂有润滑剂、分散剂、消泡剂、防结皮剂、防沉淀剂、防胶凝剂、防霉防腐剂、冻融稳定剂、触变剂、防流挂剂、电阻调节剂、催干剂、固化促进剂、光敏剂、光引发剂、助成膜剂、附着力促进剂、流平剂、防浮色发花剂、防缩孔剂、增光机、增滑剂、抗划伤剂、防黏连剂、光稳定剂、阻燃剂、防霉剂、防污剂、抗静电剂等。

聚四氟乙烯涂料生产过程中使用的乳化剂-全氟辛酸可能有致癌作用。全氟辛酸($C_8HF_{15}O_2$），是生成高效能氟聚合物（如特氟隆）的常用加工助剂，可导致出生婴儿缺陷，对免疫系统产生不利影响，也能破坏甲状腺功能；在怀孕期间，还会导致许多发育问题。镍、铬、镉、铅、砷等重金属来源于生产过程中违规添加的各种加工助剂。重金属污染对环境和人类均具有严重危害。铅能够导致失眠、易怒、肌肉麻痹、智力迟钝及记忆丧失等神经毒性，并对人体造血系统、肾脏造成损伤。汞离子可导致脑、肾、中枢神经系统、免疫系统以及内分泌系统损害。镉主要蓄积在肾脏和肝脏中，可导致肾衰竭、骨软化和骨质疏松、消化道障碍。铬会造成四肢麻木、精神异常，长期或短期接触或吸入有致癌危险。芳香胺主要来源于生产过程中使用的黏合剂、芳香胺基团物质或助剂、偶氮染料，以上物质在一定条件下分解产生芳香胺。芳香胺经人体新陈代谢活化后可以与人体 DNA 反应，引起病变和诱发恶性肿瘤，致癌。邻苯二甲酸类化合物低毒，但是降解代谢慢，容易在环境和有机体内富集，对环境和生物机体产生慢性毒害作用，而且对人类的生殖发育也有一定影响。

为了使产品外观更加精美，同时起到宣传作用，往往在塑料表面使用油墨印刷图案。油墨中的有害物质就有可能对人体健康造成威胁，尤其是当这些塑料产品用于与人体直接或间接接触的食品包装等。油墨中主要物质有颜料、树脂、助剂和溶剂。油墨干燥后大部分有机溶剂被去除，但是仍然会有苯、丁酮等溶剂残留，并通过与人体或食物接触，影响身体健康。溶剂型胶黏剂有 99%是芳香族黏合剂。聚氨酯胶黏剂是由多羟基化合物和芳香族异氰酸酯聚合而成，残留的异氰酸酯单体在一定条件下水解成初级芳香胺。初级芳香胺具有致癌活性。而且胶黏剂中还可能有重金属（铅、镉、汞、铬）残留。增塑剂能够增加塑料的可塑性，改善加工成型时树脂流动性。增塑剂通常为一些高沸点、难挥发的黏稠液体或低熔点固体，主要可分为五大类：邻苯二甲酸酯类、磷酸酯类、脂肪族二元酸酯类、柠檬酸酯类和环氧类。其中，磷酸酯类毒性较大，邻苯二甲酸酯类用量最大。邻苯二甲酸酯类增塑剂与塑料、橡胶等高分子物质之间没有形成化学键，彼此保持独立化学性质，当接触水或油脂时能够溶出。邻苯二甲酸酯类具有生殖毒性、致突变和致癌性，对人类健康危害较大。为了阻缓老化变质，塑料中需要加入稳定剂。稳定剂按照化学结构可分为铅盐、复合金属皂（铅、镉、钡等的硬酸酯盐）、有机锡、有机锑等。特别是铅、镉稳定剂对人体危害极大。为了使塑料产品更加绚丽多彩，需要使用着色剂。但是使用质量不合格的着色剂可能带来安全隐患。不合格着色剂可能含有重金属、致癌物质芳香胺等，甚至可能含有多氯联苯。黑色餐具中常采用一种黑色偶氮染料，其主要分解产物为亚甲基二苯胺。亚甲基二苯胺和苯胺是黑色尼龙餐具中经常被检测到的芳香胺类致癌物质。

6.5.2 降低辅助物质毒性的策略

1. 使用环境友好型涂料

传统的溶剂型涂料，其组成中含有高达 50%的有机溶剂，这些有机溶剂在涂料的涂装、干燥、固化过程中直接挥发到大气中，不仅对环境造成严重污染，而且对人体健康也具有严重的潜在危害。从 20 世纪 90 年代起，国际上兴起"绿色革命"，促进涂料工业向"绿色"涂料方向发展。世界各国也相继出台相关法律法规，绿色环保型涂料成为发展的必然趋势。涂料危害的最主要因素来源于涂料所使用的溶剂。因此，使用环境友好涂料或降低溶剂的使用是降低涂料危害的一个重要方面。相对环境友好溶剂有高环烷烃类、混合二价酸酯(DBE)、N-甲基吡咯烷酮、超临界二氧化碳和 1,1,1-三氯乙烷等。环境友好溶剂虽然能够降低对环境、人体健康的影响，但更为安全的策略是降低甚至不含有有机溶剂的绿色环保涂料。与传统溶剂型涂料相比，绿色环保涂料不添加甲醛、卤化物或芳香碳氢化合物，不使用含有铅、汞、铬等重金属的化合物作为助剂或添加剂，禁止使用有毒、有害的有机溶剂。绿色环保型涂料主要有高固体分涂料、水性涂料、粉末涂料和辐射固化涂料[197,198]。

高固体分涂料是指固体分含量在 65%～85%的涂料，因构成高固体分涂料的基料类型不同而有所差异。制备高固体分涂料的关键是预先合成低聚物，大幅度降低树脂的分子量，降低树脂黏度，但合成的每个低聚物分子本身含有均匀的官能团，使其在漆膜形成过程中靠交联作用获得优良的涂层，达到传统涂层的性能。而且选择溶解力强的溶剂，更有效降低黏度，或添加活性稀释剂等方法减少 VOC 的排放。高固体分涂料可以分为高固体分醇酸树脂涂料、高固体分聚酯涂料、高固体分丙烯酸涂料、高固体分聚氨酯涂料和高固体分环氧树脂涂料。例如，高固体分醇酸树脂涂料通过降低涂料中醇酸树脂的分子量(1000～1300 比较合适)，增加醇酸树脂侧链的含量，降低涂料黏度，选用毒性小、光化学反应活性小的含氧溶剂(甲乙酮、甲基异丁基酮等)，选用活性稀释剂(含不饱和键或羟基的活性稀释剂)，降低黏度。高固体分醇酸树脂涂料的最突出特点是污染降低，且一次成膜厚度达 65～70μm，施工效率高。

水性涂料是指用水作溶剂或者作为分散介质的涂料，包括水溶性涂料、水稀释性涂料和水分散性涂料三种。相对于绝大多数有机溶剂，水无毒、无臭且不燃。使用水作为分散介质，不仅环保、健康，且生产和使用安全，同时降低涂料的生产成本。制备水性涂料的关键是制备水性树脂，可用作水性涂料基料的水性树脂包括水性醇酸树脂、水性环氧树脂、水性丙烯酸树脂、水性聚氨酯树脂和水性聚酯树脂等。水性涂料具有以下优点：①以水为介质，安全，无火灾隐患；②VOC含量大大降低，有利于环境保护和人类健康。一般水性涂料中有机溶剂含量10%左右（中涂约5%，色漆约11%）；③能在潮湿表面和环境中施工，附着力好；④施工方便。但是，水性涂料中添加剂仍然为有机物质，体系中含有10%左右的有机溶剂，对环境和人体仍有一定危害。水性涂料中仍然需加入各种助剂来提高和改善性能，这些助剂包括助溶剂、乳化剂、润湿分散剂、成膜助剂（多为微溶于水的强溶剂，如松油、十氢萘、1,6-己二醇、乙二醇醚、醋酸酯等，这些溶剂有一定毒性，现在逐渐被低毒性丙二醇醚类及其醋酸酯代替）、增稠剂、消泡剂、催干剂、防霉杀菌剂（取代芳烃类、杂环化合物、胺类化合物、有机金属化合物、甲醛释放剂等）、缓蚀剂等。这些助剂的使用改善水性涂料性能的同时，可能对环境和人体健康造成一定威胁。

粉末涂料是一种含有100%固体、以粉末形态进行涂装的涂料，它与一般溶剂型和水性涂料最大不同是不使用溶剂或水作为分散介质，具有一定的生态环保、经济性以及工艺特性优势。粉末涂料不含有机溶剂，储存稳定、运输方便，避免了有机溶剂带来的火灾、中毒等危险。无VOC，不含重金属，环保、安全、对人体无生理毒性。但是粉末涂料设备要求高，投资较大，只适合厚膜涂装，涂膜固化温度高，不如高固体分涂料和辐射固化涂料节能。

辐射固化涂料主要是紫外光固化涂料，利用中短波（300～400nm）紫外光照射引发含有活性官能团的高分子材料聚合，形成不溶的固体涂膜的涂料品种。辐射固化涂料固化速度快，可在几秒内固化；有机挥发组分少，环境友好。同时辐射固化涂料的黏度大，喷涂时需要加入大量的活性稀释剂甚至有机溶剂。活性稀释剂主要为丙烯酸的单酯、二元酯以及多元酯，对人体的皮肤、黏膜、眼睛有刺激性，有异味。而且光固化不可能达到完全聚合，涂膜中残留部分活性稀释剂、引发剂，这些问题需要关注，尤其是不能用于食品包装。

2. 改善生产工艺

改善生产工艺，降低制成品中有毒单体、辅助物质的含量，或采用低毒甚至无毒的安全辅助物质替代品是提高产品安全性的最重要的措施。硫化是橡胶制品加工过程中重要工序，需要使用硫化剂和硫化促进剂。这些硫代促进剂大多含有仲胺结构，在硫化过程中，仲胺可与氮氧化物NO_x反应生成亚硝胺化合物。亚硝胺类化合物是一类毒性很强的致癌物质，目前已证明80%的亚硝胺类化合物具有致癌作用。大气氮是一个重要的亚硝化试剂。因此在橡胶制造的混合和制作阶段很容易生成亚硝胺。Rapra技术有限公司就混合工序、硫化温度、提取过程和分析技术对亚硝胺生成影响做了大量研究工作，在给定的橡胶中需要尽可能降低亚硝胺或亚硝化试剂：①再次化合橡胶，全部或部分使用促进剂的替代品，这些替代品要求不能产生仲胺；②用白色填充剂(如硅胶)取代或大部分取代炭黑填充剂(炭黑充当亚硝化剂角色)；③将基于硫磺的硫化系统改为基于过氧化物的硫化系统。

　　胺类，特别是芳香胺来源于促进剂，还有胺类硫化剂和抗降解剂的胺类降解产物。因此，在化合阶段应避免使用产生胺的添加剂。添加剂生产公司也研究和开发了一些不产生胺的商业添加剂，如 Robinson Brothers 公司制造的黄原酸酯类促进剂在硫化阶段的降解产物只有异丙醇和硫。多环芳烃是一类可能的致癌物质，多来源于芳香类加工油和炭黑填充剂。通过改变生产方法可以显著的减少加工油中的多环芳烃。炭黑填充剂由于其生产方式(油燃烧)的原因，会生成小分子有机物(如芳香族化合物)。炭黑对于橡胶的物理特性和化学特性(硫化率)有重要影响。Columbian Chemicals 公司研制的 Pureblack^R 系列炭黑是一种超纯炭黑纳米材料，既拥有传统炭黑以及石墨的属性，又能够大大降低多环芳烃含量。此外，为了保证多环芳烃的低含量，使用填充替代物(如硅胶)代替炭黑也是一种常用方法。

3. 完善法律法规，加强监管

　　随着人类社会的发展，涂料、塑料、橡胶已经深入到生活的方方面面。而其中使用及残留的辅助物质也与人类进行了密切接触，尤其是食品接触类材料。世界许多国家和地区，如美国、欧盟、日本、韩国、中国等都制定了相应的法律法规和标准体系。我国的相关法律文件有《中华人民共和国产品质量法》《中华人民共和国食品安全法》《中华人民共和国标准化法》等。部门规章有卫生部通知及公告、国家质量监督检验检疫总局局长令和公告以及各省市区相关文件等。相关标准有国家标准、轻工业标准、检验检疫行业标准、化工部标准以及包装行业标准等，并对涂料、塑料、橡胶等制品的辅助物质及残留金属、单体的含量设置了严格的理化指标和限量要求。这些法律法规及行业标准的制定有效保障产品的质量安全。同时，依法加强对生产企业、流通过程的监管，严格控制原材料的质量并加强产品质量检验，有效把控生产过程及生产环境，保证产品质量合格。

6.6　总结与展望

　　设计更安全的化学品并非易事，需要化学家、毒物学家、环境科学家密切合作。随着各国政府对绿色化学和可持续发展的日益重视与大众安全意识的觉醒，许多令人兴奋的新发展、新安全化学品不断涌现。许多国家政府也设立相关的奖项，如美国"总统绿色化学挑战奖"等，鼓励相关领域的发展。但是，目前用于识别和测定已经进入人类生产生活的化合物的毒性等危害和从源头出发、从分子层面设计更安全化学品而投入的资源仍然相对有限。只有从源头上设计更加安全的化合物，才能避免在危险化学品带来危害之后，带着遗憾去解决和弥补已造成伤害。目前，虽然这种意识已经被人们，尤其是科学家普遍认同，但是相关的教育以及科研投入仍然相对不足。相信未来这种情况必然会有所改善。在大学院校、科学院所里，将会加强培养大学生这方面意识，训练未来的化学家去理解、掌握化学结构、属性及可能的生物效应(毒性)。

　　未来安全化学品设计研究将更多集中于分子水平上结构与活性(毒性)方面的毒理学机制。这是安全化学品设计的最基础、最根本的源头。只有在了解这些基础之上，才能够更准确、更高效地设计更安全的化合物。从而在源头上关闭有毒化合物这个潘多拉盒子。此外，每年进入或准备进入人类生产生活的化学品种类众多，不可能对每一个化合物进行细致的毒性实验测试。定量构效关系是解决这个问题的一种有效策略，而且已经被相关机构(如 OECD)所接受。利用定量构效关系将现有毒性数据集成和优化利用，通过建模预测新化合物潜在相关性毒理学性质，从而在合成化合物之前就能有效地避开有毒化合物。设计更安全化学品是一项全球性的科学研究工作，是造福全人类的大事。公开化合物的毒性数据，建立化合物相关的毒性、降解性等相关性质的大数据库，能够有效避免资源浪费和重复性工作，有利于促进安全化学品设计的进一步发展。

　　目前，安全化学品设计已经取得了很大的发展，使我们充分相信设计安全品的光明未来，公众将能够更好地受益于安全化学品，享受绿色的、可持续发展的未来。安全化学品设计是无穷尽的，需要不断改进、完善新的毒性信息和设计策略，才能得到更加安全的化学品。安全化学品之路仍然任重而道远，需要大家的共同努力，创造更加安全、绿色的明天。

参 考 文 献

[1] Anastas P T, Boethling R, Voutchkova A. Handbook of Green Chemistry Green Processes, Volume 9: Designing Safer Chemicals. Weinheim: Wiley-VCH, 2012.

[2] NTP Technical Report on the Toxicology and Carcinogenesis Studies of Acrylonitrile (CAS No. 107-13-1) in B6C3F1Mice (Gavage Studies), NTP TR 506, National Toxicology Program, Research Triangle Park, NC. 2001: https://ntp.niehs.nih.gov/ntp/htdocs/lt_rpts/tr506.pdf.

[3] NTP Technical Report on the Toxicology and Carcinogenesis Studies of Methacrylonitrile (CAS No. 126-98-7) in B6C3F1Mice (Gavage Studies), NTP TR 497, National Toxicology Program, Research Triangle Park, NC. 2001: https://ntp.niehs.nih.gov/ntp/htdocs/lt_rpts/tr497.pdf.

[4] Zimmerman J B, Anastas P T. Toward substitution with no regrets. Science, 2015, 347(6227): 1198-1199.

[5] Rubin B S. Bisphenol A: An endocrine disruptor with widespread exposure and multiple effects. J Steroid Biochem Mol Biol, 2011, 127(1-2): 27-34.

[6] Eladak S, Grisin T, Moison D, et al. A new chapter in the bisphenol a story: bisphenol S and bisphenol F are not safe alternatives to this compound. Fertil Steril, 2015, 103(1): 11-21.

[7] National Research Council. A Framework to Guide Selection of Chemical Alternatives. Washington: National Academies Press, 2014.

[8] Willingham G L, Jacobson A H. Designing Safer Chemicals: Green Chemistry for Pollution Prevention. Washington ACS Symposium Series, 1996.

[9] Landrigan P J, Kimmel C A, Correa A, et al. Children's health and the environment: public health issues and challenges for risk assessment. Environ Health Perspect, 2004, 112 (2): 257-265.

[10] Velleux M, Redman A, Paquin P, et al. Exposure assessment framework for antimicrobial copper use in urbanized Areas. Environ Sci Technol, 2012, 46 (12): 6723-6732.

[11] 李朝军, 王东. 绿色化学: 理论与应用. 北京: 科学出版社, 2002.

[12] 吕选忠. 现代绿色化学技术. 北京: 中国环境科学出版社, 2005.

[13] 胡常伟, 李贤均. 绿色化学原理和应用. 北京: 中国石化出版社, 2006.

[14] 李群, 代斌. 绿色化学原理与绿色产品设计. 北京: 化学工业出版社, 2008.

[15] Dearden J C. In silico prediction of drug toxicity. J Comput Aided Mol Des, 2003, 17 (2-4): 119-127.

[16] Evans W E, Relling M V. Pharmacogenomics: translating functional genomics into rational therapeutics. Science, 1999, 286 (5439): 487-491.

[17] Wijnen P A, Buijsch R A, Drent M, et al. The prevalence and clinical relevance of cytochrome P450 polymorphisms. Aliment Pharmacol Ther, 2007, 26 (Suppl 2): 211-219.

[18] Klaassen C D. Casarett and Doull's Toxicology: the Basic Science of Poisons (7th ed). New York: McGraw-Hill, 2008.

[19] Johnson J. Security dispute reaches congress. Chem Eng News, 2009, 87 (17): 8.

[20] Boelsterli U A. Mechanistic Toxicology: the Molecular Basis of How Chemicals Disrupt Biological Targets (2nd ed). Boca Raton: CRC Press, 2007.

[21] Timbrell J A. Principles of Biochemical Toxicology (3rd ed). Philadelphia: Taylor & Francis, 2000.

[22] Smart R C, Hodgson E. Molecular and Biochemical Toxicology (4th ed). Hoboken, New Jersey: John Wiley & Sons, Inc, 2008.

[23] Mankowski D C, Ekins S. Prediction of human drug metabolizing enzyme induction. Curr Drug Metab, 2003, 4 (5): 381-391.

[24] Gasiewicz T A, Kende A S, Rucci G, et al. Analysis of structural requirements for ah receptor antagonist activity: ellipticines, flavones, and related compounds. Biochem Pharmacol, 1996, 52 (11): 1787-1803.

[25] Fujii-Kuriyama Y, Mimura J. Molecular mechanisms of AhR functions in the regulation of cytochrome P450 genes. Biochem Biophys Res Commun, 2005, 338 (1): 311-317.

[26] Ashida H, Fukuda I, Yamashita T, et al. Flavones and flavonols at dietary levels inhibit a transformation of aryl hydrocarbon receptor induced by dioxin. FEBS Lett, 2000, 476 (3): 213-217.

[27] Ekins S, Erickson J A. A pharmacophore for human pregnane X receptor ligands. Drug Metab Dispos, 2002, 30 (1): 96-99.

[28] Watkins R E, Wisely G B, Moore L B, et al. The human nuclear xenobiotic receptor PXR: structural determinants of directed promiscuity. Science, 2001, 292 (5525): 2329-2333.

[29] Kliewer S A, Goodwin B, Dummy W T M. The nuclear pregnane X receptor: a key regulator of xenobiotic metabolism. Endocr Rev, 2002, 23 (5): 687-702.

[30] Ekins S, Mirny L, Schuetz E G. A ligand-based approach to understanding selectivity of nuclear hormone receptors PXR, CAR, FXR, LXRa, and LXRb. Pharm Res, 2002, 19 (12): 1788-1800.

[31] Windshügel B, Jyrkkärinne J, Poso A, et al. Molecular dynamics simulations of the human CAR ligand-binding domain: deciphering the molecular basis for constitutive activity. J Mol Model, 2005, 11(1): 69-79.

[32] Lewis D F V, Ogg M S, Goldfarb P S, et al. Molecular modelling of the human glucocorticoid receptor (hGR) ligand-binding domain (LBD) by homology with the human estrogen receptor a (hERa) LBD: quantitative structure–activity relationships within a series of CYP3A4 inducers where induction is mediated via hGR involvement. J Steroid Biochem Mol Biol, 2002, 82(2-3): 195-199.

[33] Lewis D F V, Jacobs M N, Dickins M, et al. Quantitative structure–activity relationships for inducers of cytochromes P450 and nuclear receptor ligands involved in P450 regulation within the CYP1, CYP2, CYP3 and CYP4 families. Toxicology, 2002, 176(1-2): 51-57.

[34] Janowski B A, Grogan M A, Jones S A, et al. Structural requirements of ligands for the oxysterol liver X receptors LXRa and LXRb. Proc Natl Acad Sci USA, 1999, 96(1): 266-271.

[35] 李仁利. 药物构效关系. 北京: 中国医药科技出版社, 2004.

[36] 任伟, 孔德信. 定量构效关系研究中分析描述符的相关性. 计算机与应用化学, 2009, 26: 1455-1458.

[37] Diudea M V. QSPR/QSAR Studies by Molecular Descriptors. New York: Nova Science Publishers, 2001.

[38] Karelson M. Molecular Descriptors in QSAR/QSPR. New York: Wiley-Interscience Publishers, 2000.

[39] Devillers J. Topological Indices and Related Descriptors in QSAR and QSPR. New York: Tayler &Francis Publishers, 2000.

[40] Kareson M, Lobanov V S, Katritzky A R. Quantum-chemical descriptors in QSAR-QSPR studies. Chem Rev, 1996, 96(3): 1027-1043.

[41] Stanton D T. On the importance of topological descriptors in understanding structure-property relationships. J Comput Aided Mol Des, 2008, 22(6-7): 441-460.

[42] Zvinavashe E, Murk Al J, Rietjens I M C M. Promises and pitfalls of quantitative structure-activity relationship approaches for predicting metabolism and toxicity. Chem Res Toxicol, 2008, 21(12): 2229-2236.

[43] Deneer J W, Seinen W, Hermens J L M. The acute toxicity of aldehydes to the guppy. Aquat Toxicol, 1988, 12(2): 185-192.

[44] Cronin M T D, Dearden J C, Duffy J C, et al. The importance of hydrophobicity and electrophilicity descriptors in mechanistically based QSARs for toxicological endpoints. SAR QSAR Environ Res, 2002, 13(1): 167-176.

[45] Cronin M T D. The role of hydrophobicity in toxicity prediction. Curr Comput-Aided Drug Des, 2006, 2: 405-413.

[46] Dearden J C, Shinnawei N M. Improved prediction of fish bioconcentration factor of hydrophobic chemicals. SAR QSAR EnViron Res, 2004, 15(5-6): 449-455.

[47] Hou T J, Xu X J. ADME evaluation in drug discovery. 3. modeling blood-brain barrier partitioning using simple molecular descriptors. J Chem Inf Comput Sci, 2003, 43(6): 2137-2152.

[48] Singer G M, Andrews A W, Guo S M. Quantitative structure-activity relationship of the mutagenicity of substituted N-nitroso-N-benzylmethylamines: possible implications for carcinogenicity. J Med Chem, 1986, 29(1): 40-44.

[49] Schultz T W, Jain R, Cajina-Quezada M, et al. Structure-toxicity relationships for selected benzyl alcohols and the polar narcosis mechanism of toxicity. Ecotoxicol Environ Saf, 1988, 16(1): 57-64.

[50] Obrezanova O, Gola J M R, Champness E J, et al. Automatic QSAR modeling of ADME properties: Blood-brain barrier penetration and aqueous solubility. J Comput-Aided Mol Des, 2008, 22(6-7): 431-440.

[51] Hansch C, Jazirehi A, Mekapati S B, et al. QSAR of apoptosis induction in various cancer cells. Bioorg Med Chem, 2003, 11(13): 3015-3019.

[52] Matysiak J. Evaluation of electronic, lipophilic and membrane affinity effects on antiproliferative activity of 5-substituted-2- (2,4-dihydroxyphenyl) -1,3,4-thiadiazoles against various human cancer cells. Eur J Med Chem, 2007, 42 (7) : 940-947.

[53] Zhang H. A QSAR study of the brain/blood partition coefficients on the basis of pK_a values. QSAR Comb Sci, 2006, 25 (1) : 15-24.

[54] Roy K, Popelier P L A. Exploring predictive QSAR models for hepatocyte toxicity of phenols using QTMS descriptors. Bioorg Med Chem Lett, 2008, 18 (8) : 2604-2609.

[55] Chan K, Jensen N S, Silber P M, et al. Structure-activity relationships for halobenzene induced cytotoxicity in rat and human hepatocytes. Chem-Biol Interact, 2007, 165 (3) : 165-174.

[56] Lu G N, Dang Z, Tao X Q, et al. Quantitative structure - activity relationships for enzymatic activity of chloroperoxidase on metabolizing organophosphorus pesticides. QSAR Comb Sci, 2007, 26 (2) : 182-188.

[57] Galeazzi R, Marucchini C, Orena M, et al. Stereoelectronic properties and activity of some imidazolinone herbicides: a computational approach. J Mol Struct: THEOCHEM, 2003, 640 (1-3) : 191-200.

[58] Raevsky O A, Dearden J C. Creation of predictive models of aquatic toxicity of environmental pollutants with different mechanisms of action on the basis of molecular similarity and hybot descriptors. SAR QSAR Environ Res, 2004, 15 (5-6) : 433-448.

[59] Kaznessis Y N, Snow M E, Blankley C J. Prediction of blood-brain partitioning using monte carlo simulations of molecules in water. J Comput-Aided Mol Des, 2001, 15 (8) : 697-708.

[60] Wang J, Xie X Q, Hou T, et al. Fast approaches for molecular polarizability calculations. J Phys Chem A, 2007, 111 (20) : 4443-4448.

[61] European Union (EU) (2001) White Paper: Strategy for a Future Chemicals Policy. Belgium Brussels: Commission of the European Committees, 2001: 1-32.

[62] Organization for Economic Cooperation and Development (OECD). Guidance document on the validation of (quantitative) structure-activity relationships [(Q) SAR] models. OECD Environment Health and Safety Publications: Series on Testing and Assessment No. 69, Paris: OECD, 2007.

[63] Petrauskas A A, Kolovanov E A. ACD/Log P method description. Perspect Drug Discovery Des, 2000, 19: 99-116.

[64] Wold S, Dunn W J. Multivariate quantitative structureactivity relationships (QSAR): Conditions for their applicability. J Chem Inf Comput Sci, 1983, 23: 6-13.

[65] Wold S, Esbensen K, Geladi P. Principal component analysis. Chemom Intell Lab Syst, 1987, 2: 37-52.

[66] Wold S, Sjöström M, Eriksson L. PLS-regression: A basic tool of chemometrics. Chemom Intell Lab Syst, 2001, 58: 109-130.

[67] Kettaneh N, Berglund A, Wold S. PCA and PLS with very large data sets. Comput Stat Data Anal, 2005, 48: 69-85.

[68] Marengo E, Todeschini R. A new algorithm for optimal, distance-based experimental design. Chemom Intell Lab Syst, 1992, 16: 37-44.

[69] Golbraikh A, Shen M, Xiao Z, et al. Rational selection of training and test sets for the development of validated QSAR models. J Comput-Aided Mol Des, 2003, 17 (2-4) : 241-253.

[70] Gramatica P. Principles of QSAR models validation: Internal and external. QSAR Comb Sci, 2007, 26: 694-701.

[71] Hansch C, Maloney P P, Fujita J. Correlation of biological activity of phenoxy acetic acids and Hammett substituent constants and partition coefficients. Nature, 1964, 194: 174-180.

[72] Benigni R. Structure-activity relationship studies of chemical mutagens and carcinogens: Mechanistic investigations and prediction approaches. Chem Rev, 2005, 105 (5) : 1767-1800.

[73] Soffers A E M F, Boersma M G, Vaes W H J, et al. Computer-modeling-based QSARs for analyzing experimental data on biotransformation and toxicity. Toxicol in Vitro, 2001, 15 (4-5) : 539-551.

[74] Zvinavashe E, Berg H v d, Soffers A E M F, et al. QSAR models for predicting in vivo aquatic toxicity of chlorinated alkanes to fish. Chem Res Toxicol, 2008, 21: 739-745.

[75] Zvinavashe E, Murk A J, Vervoort J, et al. Quantum chemistry based quantitative structure-activity relationships for modeling the (sub) acute toxicity of substituted mononitrobenzenes in aquatic systems. Environ Toxicol Chem, 2006, 25 (9) : 2313-2321.

[76] De Groot M J, Kirton S B, Sutcliffe M J. In silico methods for predicting ligand-binding determinants of cytochromesP450. Curr Top Med Chem, 2004, 4 (16) : 1803-1824.

[77] Li H, Sun J, Fan X, et al. Considerations and recent advances in QSAR models for cytochrome P450-mediated drug metabolism prediction. J Comput-Aided Mol Des, 2008, 22 (11) : 843-855.

[78] Cronin M T, Gregory B W, Schultz T W. Quantitative structure-activity analyses of nitrobenzene toxicity to tetrahymena pyriformis. Chem Res Toxicol, 1998, 11 (8) : 902-908.

[79] Cronin M T D. The role of hydrophobicity in toxicity prediction. Curr Comput-Aided Drug Des, 2006, 2 (4) : 405-413.

[80] Franks N P, Lieb W R. Do general anaesthetics act by competitive binding to specific receptors. Nature, 1984, 310 (5978) : 599-601.

[81] Vaes W H, Ramos E U, Verhaar H J, et al. Understanding and estimating membrane/water partition coefficients: Approaches to derive quantitative structure property relationships. Chem Res Toxicol, 1998, 11 (8) : 847-854.

[82] Veith G D, Broderius S J. Rules for distinguishing toxicants that cause type I and type II narcosis syndromes. Environ Health Perspect, 1990, 87 (87) : 207-211.

[83] Brown M A, Devito S C. Predicting azo-dye toxicity. Crit Rev Environ Sci Technol, 1993, 23 (3) : 249-324.

[84] Bae J S, Freeman H S, Kim S D. Influences of new azo dyes to the aquatic ecosystem. Fibers Polym, 2006, 7 (1) : 30-35.

[85] Freeman H S, Esancy J F, Claxton L D. An approach to the design of nonmutagenic azo dyes – analogs of the mutagen CI Direct Black 17. Dyes Pigments, 1990, 13 (1) : 55-70.

[86] Evans D J. Toxicity of hydroxyapatite in vitro:the effect of particle size. Biomaterials, 1991, 12 (6) : 574-576.

[87] Brauman T. Determination of hydrophobic parameters by reversedphase liquid chromatography: theory, experimental techniques and applications in studies on quantitative structure–activity relationships. J Chromatogr, 1986, 373(2): 191-225.

[88] Hansch C, ed. A quantitative structure-activity relationship and molecular graphics analysis of hydrophobic effects in the interactions of inhibitors with alcohol dehydrogenase. J Med Chem, 1986, 29(5): 615-620.

[89] Pople J A, Head-Gordon M Fox D J. Gaussian-1 theory: a general procedure for prediction of molecular energies. J Chem Phys, 1989, 90(10): 5622-5629.

[90] Richardson W H, Richardson W H, Peng C, et al. Incorporating solvation effects into density functional theory: calculation of absolute acidities. Int J Quantum Chem, 1997, 61(2): 207-217.

[91] Lee B, Richards F M. Interpretation of protein structures -estimation of static accessibility. J Mol Biol, 1971, 55(3): 379-400.

[92] Hemminki K, Falck K, Vaino H. Comparison of alkylation rates and mutagenicity of directly acting industrial and laboratory chemicals. Arch Toxicol, 1980, 46 (3-4) : 277-285.

[93] Lipnick R L. Outliers: their origins and uses in the classification of molecular mechanisms of toxicity. Sci Total Environ, 1991, 109-110(4): 131-153.

[94] LoPachin R N, DeCaprio A P. Protein adduct formation as a molecular mechanism in neurotoxicity. Toxicol Sci, 2005, 86(2): 214-225.

[95] Baumel I P. Design of safer chemicals: an EPA goal. Drug Metab Rev, 1984, 15(3): 415-424.

[96] Karol M H, Jin R. Mechanisms of immunotoxicity of isocyanates. Chem Res Toxicol, 1991, 4(5): 503-509.

[97] Lipnick R L, Johnson D E, Gilford J H, et al. Comparison of fish toxicity screening data for 55 alcohols with the quantitiative structure–activity relationship predictions of minimum toxicity for nonreactive nonelectrolyte organic compounds. Environ Toxicol Chem, 1985, 4(3): 281-296.

[98] Lipnick R L, Watson K R, Strausz A K. A QSAR study of the acute toxicity of some industrial organic chemicals to goldfish. Narcosis, electrophile and proelectrophile mechanisms. Xenobiotica, 1987, 17(8): 1011-1025.

[99] DeMaster E G, Dahlseid T, Redfern B. Comparative oxidation of 2-propyn-1-ol with other low molecular weight unsaturated and saturated primary alcohols by bovine liver catalase in vitro. Chem Res Toxicol, 1994, 7(3): 414-419.

[100] Wilkinson C F, Murray M. Considerations of toxicologic interactions in developing new chemicals Drug Metab. Rev, 1984, 15(5-6): 897-917.

[101] Ortiz de Montellano P R. Alkenes and alkynes, in Bioactivation of Foreign Compounds. New York: Academic Press. 1985: 121-155.

[102] Henschler D. Halogenated alkenes and alkynes, in Bioactivation of Foreign Compounds. New York: Academic Press, 1985: 317-347.

[103] Osman R, Namboodiri K, Weinstein H, et al. Reactivities of acrylic and methacrylic acids in a nucleophilic addition model of their biological activity. J Am Chem Soc, 1988, 110(6): 1701-1707.

[104] DeCaprio A P. n-Hexane neurotoxicity: a mechanism involving pyrrole adduct formation in axonal cytoskeletal protein. Neurotoxicology, 1987, 8(1): 199-210.

[105] Serve M P, Bombick D D, Roberts J, et al. The metabolism of 2, 5-dimethylhexane in male Fischer 344 rats. Chemosphere 1991, 22(1-2): 77-84.

[106] Jones R B, Mackrodt W C. Structure-genotoxicity relationship for aliphatic epoxides. Biochem Pharmacol, 1983, 32(15): 2359-2362.

[107] Csanady G A, Laib R J, Filser J G. Metabolic transformation of halogenated and other alkenes - a theoretical approach - estimation of metabolic reactivities for in-vivo conditions. Toxicol Lett, 1995, 75(1–3): 217-223.

[108] Eriksson L, Verhaar H J M, Hermens J L M. Multivariate characterization and modeling of the chemical reactivity of epoxides. Environ Toxicol Chem, 1994, 13(5): 683-691.

[109] Kao R Y T, Jenkins J L, Olson K A, et al. A small-molecule inhibitor of the ribonucleolytic activity of human angiogenin that possesses antitumor activity. Proc Natl Acad Sci USA, 2002, 99(15): 10066-10071.

[110] Cheong S L, Dolzhenko A, Kachler S, et al. The significance of 2-furyl ring substitution with a 2-(parasubstituted) aryl group in a new series of pyrazolo-triazolo-pyrimidines as potent and highly selective hA(3) adenosine receptors antagonists: new insights into structure-affinity relationship and receptor-antagonist recognition. J Med Chem, 2010, 53(8): 3361-3375.

[111] U A Boelsterli. Mechanistic Toxicology: the Molecular Basis of How Chemicals Disrupt Biological Targets. New York: Taylor & Francis. 2003: 76-77.

[112] Masi T, Cekanova M, Walker K, et al. Nitrosamine 4-(methylnitrosamino)-1-(3-pyridyl)-1-butanone-induced pulmonary adenocarcinomas in Syrian golden hamsters contain beta-2-adrenergic receptor single-nucleotide polymorphisms. Genes Chromosomes Cancer, 2005, 44(2): 212-217.

[113] Miller E C, Miller J A. Mechanisms of chemical carcinogenesis - nature of proximate carcinogens and interactions with macromolecules. Pharmacol Rev, 1966, 18 (1): 805-838.

[114] Kamataki T, Fujita K I, Nakayama K, et al. Role of human cytochrome P450 (CYP) in the metabolic activation of nitrosamine derivatives: application of genetically engineered Salmonella expressing human CYP. Drug Metab Rev, 2002, 34(3): 667-676.

[115] Mans B J, Calvo E, Ribeiro J M C, et al. The crystal structure of D7r4, a salivary biogenic amine-binding protein from the malaria mosquito anopheles gambiae. J Biol Chem, 2007, 282(50): 36626-36633.

[116] Boyland E, Nery R. Metabolism of urethane and related compounds. Biochem J, 1965, 94(1): 198-208.

[117] Berenblum I, Benlshai D, Haran-Ghera N, et al. Skin initiating action and lung carcinogeneeis by derivative of urethane (ethyl carbamate) and related compounds. Biochem Pharmacol, 1959, 2: 168-176.

[118] Dong L M, Marakovits J, Hou X, et al. Structure-based design of novel human Pin1 inhibitors (II). Bioorg Med Chem Lett, 2010, 20 (7), 2210-2214.

[119] Bailey M J, Dickinson R G. Acyl glucuronide reactivity in perspective: biological consequences. Chem-Biol Interact, 2003, 145(2): 117-137.

[120] Siraki A G, Chevaldina T, O'Brien P J. Application of quantitative structure-toxicity relationships for acute NSAID cytotoxicity in rat hepatocytes. Chem-Biol Interact, 2005, 151(3): 177-191.

[121] Gursky O, Fontano E, Bhyravbhatla B, et al. Stereospecific dihaloalkane binding in a pH-sensitive cavity in cubic insulin crystals. Proc. Natl. Acad. Sci. USA, 1994, 91(26): 12388-12392.

[122] Zheng Z, Dutton P L, Gunner M R. The measured and calculated affinity of methyl- and methoxysubstituted benzoquinones for the Q(A) site of bacterial reaction centers. Proteins Struct Funct Bioinform, 2010, 78(12): 2638-2654.

[123] Fujii-Kuriyama Y, Mimura J. Molecular mechanisms of AhR functions in the regulation of cytochrome P450 genes. Biochem Biophys Res Commun, 2005, 338(1): 311-317.

[124] Kliewer S A, Goodwin B, Dummy W T M. The nuclear pregnane X receptor: a key regulator of xenobiotic metabolism. Endocr Rev, 2002, 23(5): 687-702.

[125] Ekins S, Mirny L, Schuetz E G. A ligand-based approach to understanding selectivity of nuclear hormone receptors PXR, CAR, FXR, LXRa, and LXRb. Pharm Res, 2002, 19(12): 1788-1800.

[126] Lewis D F V, Jacobs M N, Dickins M, et al. Quantitative structure–activity relationships for inducers of cytochromes P450 and nuclear receptor ligands involved in P450 regulation within the CYP1, CYP2, CYP3 and CYP4 families. Toxicology, 2002, 176(1-2): 51-57.

[127] Kreiss K, Gomaa A, Kullman G, et al. Clinical bronchiolitis obliterans in workers at a microwave-popcorn plant. n Engl J Med, 2002, 347: 330-338.

[128] Hubbs A F, Cumpston A M, Goldsmith W T, et al. Respiratory and olfactory cytotoxicity of inhaled 2,3-pentanedione in sprague-dawley rats. Am J Pathol, 2012, 181(3), 829-844.

[129] Anderson S E, Franko J, Wells J R, et al. Evaluation of the hypersensitivity potential of alternative butter flavorings. Food Chem Toxicol, 2013, 62: 373-381.

[130] Sieburth S M, Manly C J, Gammon D W. Organosilane insecticides. Part I. Biological and physical effects of isosteric replacement of silicon for carbon in etofenprox and MTI-800. Pestic Sci, 1990, 28(3): 289-307.

[131] Sieburth S M, Langevine C N, Dardaris D M. Organosilane insecticides. Part II. Chemistry and structure–activity relationships. Pestic Sci, 1990, 28(3): 309-319.

[132] Sokolowska-Gajda J, Freeman H S, Reife A. Synthetic dyes based on environmental considerations: 1. Iron complexes for protein and polyamide fibers. Text Res J, 1994, 64(7): 388-396.

[133] Calogero F, Freeman H S, Esancy J F, et al. An approach to the design of nonmutagenic azo dyes: 2. Potential replacements for the benzidine moiety of some mutagenic azo dyestuffs. Dyes Pigments, 1987, 8: 431-447.

[134] Voutchkova A M, Osimitz T G, Anastas P T. Toward a comprehensive molecular design framework for reduced hazard. Chem Rev, 2010, 110(10): 5845-5882.

[135] Lavoie E T, Heine L G, Holder H, et al. Chemical alternatives assessment: enabling substitution to safer chemicals. Environ Sci Technol, 2010, 44(24): 9244-9249.

[136] Zolinger, Azo dyes and pigments, in Color Chemistry: Syntheses, Properties and Applications of Organic Dyes and Pigments (3rd ed). Weinheim: Wiley-VCH Verlag & Co, 2003: 165-241.

[137] Boethling R S, Sommer E, DiFiore D. Designing small molecules for biodegradability. Chem Rev, 2007, 107(6): 2207-2227.

[138] Tunkel J, Howard P H, Boethling R S, et al. Predicting ready biodegradability in the Japanese ministry of International trade and Industry test. Environ Toxicol Chem, 2000, 19(10): 2478-2485.

[139] Trudgill P W. Microbial Degradation of the Alicyclic Ring: Structural Relationships and Metabolic Pathways, in Microbial Degradation of Organic Compounds. New York: Marcel Dekker. 1984: 131-180.

[140] Britton L N. Microbial Degradation of Aliphatic Hydrocarbons, in Microbial Degradation of Organic Compounds. New York: Marcel Dekker. 1984: 89-129.

[141] Simonich S L, Federle T W, Eckhoff W S, et al. Removal of fragrance materials during U. S. and European wastewater treatment. Environ Sci Technol, 2002, 36(13): 2839-2847.

[142] Behechti A, Schramm K W, Attar A, et al. Acute aquatic toxicities of four musk xylene derivatives on daphnia magna. Water Res. 1998, 32(5): 1704-1707.

[143] Gao J, Ellis L B M, Wackett L P. The university of minnesota biocatalysis/biodegradation database: improving public access. Nucleic Acids Res, 2010, 38: D488-D491.

[144] Wasserscheid P, van Hal R, Bösmanna A. 1-n-Butyl-3-methylimidazolium ([bmim]) octylsulfate—an even 'greener' ionic liquid. Green Chem, 2002, 4: 400-404.

[145] Gathergood N, Scammells P J, Garcia M T. Biodegradable ionic liquids. Green Chem, 2006, 8: 156-160.

[146] Frade R F M, Afonso A M C. Impact of ionic liquids in environment and humans: An overview. Hum Exp Toxicol, 2010, 29(12): 1038-1054.

[147] Pernak J, Syguda A, Mirska I, et al. Choline-derivative-based ionic liquids. Chem Eur J, 2007, 13(24): 6817-6827.

[148] Petkovic M, Ferguson J L, Gunaratne H Q N, et al. Novel biocompatible cholinium-based ionic liquids—toxicity and biodegradability. Green Chem, 2010, 12: 643-649.

[149] Lambert S, Wagner M. Environmental performance of bio-based and biodegradable plastics: the road ahead. Chem Soc Rev, 2017, 46: 6855-6871.

[150] Nikolić M A L, Gauthier E, Colwell J M, et al. The challenges in lifetime prediction of oxodegradable polyolefin and biodegradable polymer films. Polymer Degradation and Stability, 2017, 145: 102-119.

[151] Tan Z, Yi Y, Wang H, et al. Physical and degradable properties of mulching films prepared from natural fibers and biodegradable polymers. Appl Sci, 2016, 6: 147-157.

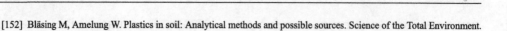

[152] Bläsing M, Amelung W. Plastics in soil: Analytical methods and possible sources. Science of the Total Environment. 2018, 612: 422-435.

[153] Ghaffarian V, Mousavi S M, Bahreini M, et al. Biodegradation of cellulose acetate/poly (butylene succinate) membrane, Int J Environ Sci Technol, 2017, 14 (6): 1197-1208.

[154] Prudnikova S V, Vinogradova O N, Trusova M Y. Specific character of bacterial biodegradation of polyhydroxyalkanoates with different chemical structure in soil. Dokl Biochem Biophys, 2017, 473: 94-97.

[155] Woodruff M A, Hutmacher D W. The return of a forgotten polymer-polycaprolactone in the 21st century. Prog Polym Sci, 2010, 35 (10): 1217-1256.

[156] Sikorska W, Musiol M, Nowak B, et al. Degradability of polylactide and its blend with poly[(R,S)-3-hydroxybutyrate] in industrial composting and compost extract. Int Biodeterior Biodegrad, 2015, 101: 32-41.

[157] Ashby J, Tennant R W. Chemical structure, Salmonella mutagenicity and extent of carcinogenicity as indicators of genotoxic carcinogenesis among 222 chemicals tested in rodents by the U. S. NCI/NTP. Mutat Res, 1988, 204: 17-115.

[158] Arcos J C, Argus M F. Chemical Induction of Cancer. Structural Bases and Biologic Mechanism, Vol. IIA, Polynuclear Aromatic Hydrocarbons. New York: Academic Press. 1974.

[159] Arcos J C, Argus M F. Chemical Induction of Cancer. Structural Bases and Biologic Mechanism, Vol.IIB, Aromatic Amines and Related Compounds. New York: Academic Press. 1974.

[160] Arcos J C, Woo Y T, Argus M F. Chemical Induction of Cancer. Structural Bases and Biologic Mechanism, Vol. IIIA, Aliphatic Carcinogens. New York: Academic Press. 1982.

[161] Woo Y T, Lai D L, Arcos J C, et al. Chemical Induction of Cancer. Structural Bases and Biologic Mechanism, Vol. IIIB, Aliphatic and Aromatic Halogenated Carcinogens. Orlando FL: Academic Press. 1984.

[162] Ashby J,Tennant R W. Definitive relationships among chemical structure, carcinogenicity and mutagenicity for 301 chemicals tested by U.S. NTP. Mutat Res, 1991, 257: 229-306.

[163] Ashby J. International Commission for Protection Against Environmental Mutagens and Carcinogens. Two million rodent carcinogens? The role of SAR and QSAR in their detection. Mutat Res, 1994, 305 (1): 3-12.

[164] Calow P. Ecological risk assessment: risk for what? How do we decide? Ecotoxicol Environ Saf, 1998, 40 (1-2): 15-18.

[165] Giesy J P. Hormesis - does it have relevance at the population-, community or ecosystem-levels of organization? Hum Exp Toxicol, 2001, 20 (10): 517-20.

[166] Suter G W, II Barnthouse L W, Bartell S M, et al. Ecological Risk Assessment (2nd ed). Boca Raton CRC Press, 2007.

[167] Suter GW, II Norton S B, Fairbrother A. Individuals versus organisms versus populations in the definition of ecological assessment endpoints. Integr Environ Assess Manag, 2005, 1 (4): 397-400.

[168] Lawton J H, Brown V K. Redundancy in ecosystems, in Biodiversity and Ecosystem Function. New York: Springer. 1993:255-268.

[169] Baskin Y. Ecosystem function of biodiversity. Bioscience, 1994, 44 (10): 657-660.

[170] Estes J A, Tinker M T, Williams D, et al. Killerwhale predationon sea otters linking oceanic and nearshore ecosystems. Science, 1998, 282 (5833): 473-476.

[171] Micheli F, Halpern B S. Low functional redundancy in coastal marine assemblages. Ecol Lett, 2005, 8 (4): 391-400.

[172] Calabrese E J, Baldwin L A. Performing Ecological Risk Assessments. Boca Raton: Lewis Publishers, 1993.

[173] Power M, McCarty L S. Fallacies in ecological risk assessment practices. Environ Sci Technol, 1997,31(8): A370-A375.

[174] Belgers J D M, Van Lieverloo R J, Van der Pas L J T, et al. Effects of the herbicide 2,4-D on the growth of nine aquatic macrophytes. Aquat Bot, 2007, 86(3): 260-268.

[175] Paul E, Johnson S, Skinner K M. Fish and invertebrate sensitivity to the aquatic herbicide AquaKleen. J Freshw Ecol, 2006, 21(1): 163-168.

[176] Peterson H G, Boutin C, Martin P A, et al. Aquatic phyto-toxicity of 23 pesticides applied at expected environmental concentrations. Aquat Toxicol, 1994, 28(3-4): 275-292.

[177] Ritter S K. Fluorochemicals go short. Chem Eng News, 2010, 88(5): 12-17.

[178] Conder J M, Hoke R A, De Wolf W, et al. Are PFCAs bioaccumulative? A critical review and comparison with regulatory lipophilic compounds. Environ Sci Technol, 2008, 42(4): 995-1003.

[179] Armitage J M, MacLeod M, Cousins I T. Comparative assessment of the global fate and transport pathways of long-chain perfluorocarboxylic acids (PFCAS) and perfluorocarboxylates (PFCS) emitted from direct sources. Environ Sci Technol, 2009, 43(18): 5830-5836.

[180] De Silva A O, Tseng P J, Mabury S A. Toxicokinetics of perfluorocarboxylate isomers in rainbow trout. Environ Toxicol Chem, 2009, 28(2): 330-337.

[181] Chu S G, Letcher R J. Linear and branched perfluorooctane sulfonate isomers in technical product and environmental samples by in-port derivatization-gas chromatography-mass spectrometry. Anal Chem, 2009, 81(11): 4256-4262.

[182] Houde M, Czub G, Small J M, et al. Fractionation and bioaccumulation of perfluorooctane sulfonate (PFOS) isomers in a lake ontario food web. Environ Sci Technol, 2008, 42(24): 9397-9403.

[183] Eriksen K T, Raaschou-Nielsen O, Sorensen M, et al. Genotoxic potential of the perfluorinated chemicals PFOA, PFOS, PFBS, PFNA and PFHxA in human HepG2 cells. Mutat Res, 2010, 700(1-2): 39-43.

[184] Newsted J L, Beach S A, Gallagher S P, et al. Acute and chronic effects of perfluorobutane sulfonate (PFBS) on the mallard and northern bobwhite quail. Arch Environ Contam Toxicol, 2008, 54(5): 535-545.

[185] Smith A G. Toxicology of DDT and Some Analogues, in Handbook of Pesticide Toxicology (3rd ed). Burlington: Elsevier. 2010: 1975-2032.

[186] Kurihara N, Miyamoto J, Paulson G D, et al. Chirality in synthetic agrochemicals: bioactivity and safety considerations. Pure Appl Chem, 1997, 69(6): 2007-2025.

[187] Gallivan G J, Surgeoner G A, Kovach J. Pesticide risk reduction on crops in the province of ontario. J Environ Qual, 2001, 30(3): 798-813.

[188] Novak R J, Lampman R L. Public Health Pesticides, in Handbook of Pesticide Toxicology (3rd ed). Burlington: Elsevier. 2010: 231-256.

[189] Casida J E. Pest Toxicology: the Primary Mechanisms of Pesticide Action, in Handbook of Pesticide Toxicology (3rd ed). Burlington: Elsevier. 2010: 103-117.

[190] Duke S O, Powles S B. Glyphosate: a once-in-a-century herbicide. Pest Manag Sci, 2008, 64(4): 319-325.

[191] Barnes K A, Sinclair C R, Watson D H. 食品接触材料及其化学迁移. 宋欢主编, 林勤保, 译. 北京: 中国轻工业出版社, 2011.

[192] 上海市质量技术监督局. 食品接触材料及制品质量安全实务. 上, 总论、塑料类、橡胶类分册. 上海: 复旦大学出版社, 2016.

[193] 上海市质量技术监督局. 食品接触材料及制品质量安全实务. 下, 涂料类、洗涤剂消毒剂类、其他类分册. 上海: 复旦大学出版社, 2016.

[194] 郑建国. 绿色车用涂料有毒有害物质检测技术. 杭州: 浙江大学出版社, 2014.

[195] 沈永嘉. 有机颜料-品种与应用(第二版). 北京: 化学工业出版社, 2007.

[196] 李东光. 涂料配方与生产(四). 北京: 化学工业出版社, 2011.

[197] 李桂林, 马静. 环境友好涂料配方设计. 北京: 化学工业出版社, 2007.

[198] 管世龙. 涂料化学与工艺学. 北京: 化学工业出版社, 2013.

第 7 章
可再生资源的高效利用与可持续发展

7.1 绿色化学与可持续发展

7.1.1 绿色化学的概念及其基本原理

化学在社会经济发展中起着非常重大的作用，但在提高人们生活质量，促进科学、文化发展的同时带来了空气、水污染等环境问题。"解铃还须系铃人"：绿色化学从源头上用化学方法或者其他技术减少或者消除对人类健康和生态环境有害的原料、催化剂、产物、副产物和溶剂。1998 年，P. T. Anastas 和 J. C. Warner 提出了绿色化学十二条原则[1]：防止污染优于污染之后再处理、原子经济性、低毒化学合成、安全化学品、绿色溶剂或助剂、能量效率设计、使用可再生原料、减少衍生化、催化反应(催化剂比化学计量试剂优越)、可生物降解设计、防止污染的快速实时分析、防止安全事故的化学。另外，还提出绿色化学的 3R 宗旨：第一是 Reduction——减量，即减少"三废"排放；第二是 Reuse——重复使用，如工业过程中的催化剂等；第三是 Recycling——回收，可以有效实现省资源、少污染、减成本的要求。绿色化学的意义在于它能通过减少化学过程中内在的危害而使社会的发展具有可持续性。绿色化学是可持续发展经济和社会的关键，是实现可持续发展战略的重要组成部分。绿色化学基本原则是开发环境友好的产品及生产过程的指南。众所周知，社会可持续发展的关键问题之一是碳资源生产、利用及循环，中国学者提出了"绿色碳科学"，主要关注内容包括石油加工、液体燃料生产、基于煤和甲烷的产品以及二氧化碳和生物质转换成燃料与化学品等[2]。绿色化学不回避问题，依靠化学科学解决问题，迎接挑战。科学研究工作者开发零排放的原子经济反应、清洁的步骤经济工艺、太阳能利用技术、可再生资源高效利用技术、精准的化学合成反应。进一步认识分子科学原理，借助已发展的科学技术，推动基础研究的突破，才有可能在更高层次上解决面临的问题，如实现资源的高效、清洁利用，治理环境污染等。

7.1.2 可持续发展的概念及其基本原则

1987 年，世界环境与发展委员会在《我们共同的未来》报告中第一次提出并阐述了可持续发展的概念[3]。可持续发展是指经济、社会、资源和环境保护协调发展，它们是一个密不可分的系统，既要达到发展经济的目的，又要保护好人类赖以生存的自然资源和环境，使子孙后代能够永续发展和安居乐业。人口、能源、食物、全球变化和资源的耗竭是社会可持续发展的五个主要挑战。可持续发展原则包括公平性、持续性、共同性三大原则。

公平性原则认为人类各代都处在同一生存空间，对这一空间中的自然资源和社会财富拥有同等享用权，应该拥有同等的生存权。

持续性原则是指人类经济和社会发展不能超越资源和环境的承载能力。在"发展"的概念中还包含着制约因素，最主要的限制因素是人类赖以生存的物质基础——自然资源与环境。因此，持续性原则的核心是人类经济和社会发展不能超越资源与环境的承载能力，从而真正将人类的当前利益与长远利益有机结合。

共同性原则是指可持续发展是超越文化与历史的障碍来看待全球问题的。它所讨论的问题是关系到全人类的问题，所要达到的目标是全人类的共同目标。只有全人类共同努力，才能实现可持续发展的总目标，从而将人类的局部利益与整体利益结合起来。

7.2 可再生资源利用与环境影响

自然资源是自然界中广泛存在，能被人类用于生产和生活的物质和能量总称（图 7.1）[4]。自然资源包括气候资源、水资源、土地资源、森林资源、生物资源、矿产资源、能源资源、海洋资源。从可再生的角度看，自然资源分为两大类，称为可再生资源和不可再生资源。可再生资源是指被人类开发利用后，可以继续利用或者在可预见的时间内可以再生，或是可以循环使用的自然资源，如风能、太阳能、地热能、生物质能等。广泛存在的二氧化碳，也被认为是可再生资源。与可再生资源相对应的是不可再生资源，在相当长的时期内不可能再生，如矿产资源、土壤资源、能源资源（煤和石油）等。

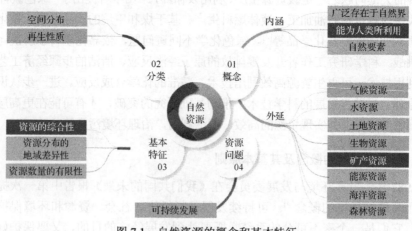

图 7.1 自然资源的概念和基本特征

开发和利用可再生资源是经济、社会和环境效益的环境保护新举措。可再生资源不会耗竭，是可以持续存在的。使用可再生资源可以缓解资源危机，同时可以减少环境污染，缓解环境压力。但可再生资源也并非取之不尽，用之不竭，一旦开发利用的强度超过资源自我更新和再生能力，资源将出现退化和解体现象[5]。所以，我们也需要建立可再生资源开发利用与环境保护协调发展机制。

7.2.1 可再生资源的合理利用

可再生资源的开发利用对环境资源而言并非完全无害。为实现可持续发展和保护环境资源的目的，人类对资源的需求要有所节制，合理控制对资源的需求总量。要在对资源需求总量不放纵的前提下，鼓励可再生资源的开发应用。若在对资源需求总量不加以合理控制，对常规资源不加以限制的情况下，鼓励可再生资源的开发利用必然会加重对环境资源的危害。从环境保护的角度考虑，应该在合理控制资源需求总量的前提下，鼓励和支持可再生资源的开发利用。

7.2.2 可再生资源的利用与可能引发的环境问题

从可再生资源最终产品及使用过程所排放的污染物如二氧化碳、硫化物来看，与煤炭、石油等常规资源(耗竭型碳基能源)相比较，可再生资源的确是清洁能源或污染很小的能源。但我们也要考察和关注可再生能源开发利用过程的每一个环节。虽然可再生能源的最终产品是清洁的或污染小得多，但是其产品的产业过程也会排放大量的污染物，对生态环境构成威胁。虽然生物质能在缓解空气污染、治理有机废弃物、保护生态环境方面都有着明显的效果，但是生物质产品的生产过程本身，却存在很大的污染风险。例如，燃料乙醇的生产过程不但要消耗大量的水资源，在生产过程中还会产生大量废气、废渣和废液。如果直接排放，不仅会对环境造成极大的污染，同时也会造成资源上的极大浪费。太阳能电池制造过程也会排放有害物质。地热能利用中，温泉水中溶有有害物质等。所以，在可再生资源的利用过程中，首先要关注环境保护问题。下面我们将分别介绍生物质、二氧化碳、水资源以及太阳能资源的转化和利用。可再生资源的地热能、海洋能和风能将不在此介绍。

7.3 生物质转化利用

7.3.1 生物质的定义和特点

生物质是指一切直接或间接通过绿色植物光合作用而产生的各种有机体，包括了世界上所有的动物、植物和微生物，以及由这些生物产生的排泄物和代谢物。

通过现代科学技术开发利用生物质的历史不长，还处在不断深入和完善的阶段。在各种可再生资源中，生物质能是独特的，它以生物质为载体，可以转化为

常规的固体、液体或气体燃料。因此，对生物质利用的过程可以看作是光合作用
中能量和物质转换的逆过程(图 7.2)。

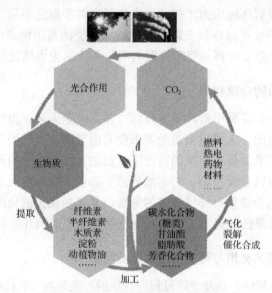

图 7.2　生物质资源的可再生原理

7.3.2　生物质的丰富多样性及应用

生物质资源的数量庞大，形式繁多，通常划分为两大类：一是植物资源生物
质，二是有机废弃物生物质(图 7.3)。

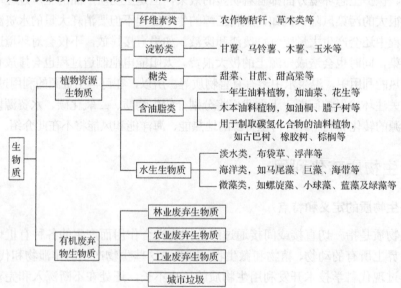

图 7.3　生物质的多样性

1. 植物资源生物质

1) 含纤维素类的生物质资源

纤维素是地球上最丰富的多糖化合物，广泛存在于植物中。全世界每年生产纤维素及半纤维素总量达 850 亿吨[6]。纤维素生物质主要指各种植物残体及其利用过程中产生的固体废弃物，主要包括农作物秸秆、草木类以及森林工业废弃物。

2) 含淀粉类的生物质资源

淀粉是自然界植物体内存在的一种高分子化合物，由成百上千个葡萄糖分子通过 α-1, 4-糖苷键聚合而成的大分子。淀粉属于碳水化合物，在自然界中含量仅次于纤维素。植物通过光合作用将二氧化碳和水转化成葡萄糖，葡萄糖等再经过各种生物化学反应，最终生成淀粉等多聚糖。淀粉类生物质是燃料乙醇的主要生产原料，包括薯类、粮谷类、野生植物类和农产品加工的副产品等。其中，薯类主要有甘薯、马铃薯、木薯等；粮谷类有玉米、大米、高粱等；野生植物有橡子、土茯苓等；农产品加工副产物有米糠、麸皮、各种粉渣等。

下表中列出几种植物干料含淀粉含量百分含量(表 7.1)[7]:

表 7.1　几种植物干料中淀粉含量

植物名称	甘薯	马铃薯	木薯	玉米	大米	高粱	橡子	土茯苓
淀粉含量/%	65～68	63～70	63～74	65～66	65～72	63～65	49～60	55～60

可见，这些原料中均含有较高的淀粉组成。从成分看，这些原料都是非常理想的燃料乙醇的生产原料。但在实际应用中，还需要考虑原料资源潜力和可持续性。

3) 含糖类的生物质资源

糖类生物质是一种可以直接提供单糖和双糖的原料植物，与淀粉类植物相比，加工过程中可以省去淀粉水解工作，糖主要存在于茎秆中的植物，如甘蔗和甜高粱，也有储存于根茎中的植物，如甜菜。糖用甜菜根的含糖量很高，一般可以达到 15%～20%，是制糖工业和乙醇工业的主要原料[7]。

4) 含油脂类的生物质资源

某些植物的种子以及果实中蓄积脂肪酸和甘油三酯(油脂)，通过压榨或萃取等方式提取的油脂可用作食品和工业原料。此类提供油脂的植物称为油类生产型植物[7]，包括一年生油料植物，如油菜、花生、大豆等；木本油料植物，如油桐、腊子树、光皮树、文冠树、黄连木和小桐子等，它们的含油量都在 40% 以上，还有用于制取碳氢化合物的木本油料植物(又称能源植物),如古巴树(也称柴油树)、橡胶树、棕榈、油楠、绿玉树、黄鼠和树海桐(也称石油果)。

5) 水生生物质资源

水生生物质是指被人类利用的,湖泊、河流、海洋中水生生物所产生的有机物质[7],大部分为天然产物,一部分则通过人工养殖获得。水生生物质主要包括藻类植物,如海洋性的马尾藻、巨藻、海带等;淡水生的布袋草、浮萍等;微藻类的螺旋藻、小球藻、蓝藻以及绿藻等。

一般来说,植物性生物质是很好的非传统原材料。由于这些原料分子中都含有大量的氧原子,用它来取代石油为起始原料可以消除污染严重的氧化步骤。而且,基于这些起始原料的合成,操作过程危害性也小得多。目前,许多植物性生物质资源已经被转化为产品(图 7.4)[8]。

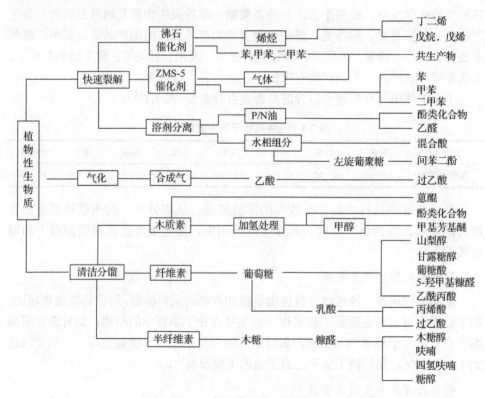

图 7.4　植物性生物质的利用

2. 有机废弃物类生物质

有机废弃物类生物质也是一种可再生资源,种类范围从传统生物质的薪柴、农作物秸秆、稻壳、粪便以及生活废弃物，到现代着眼于可进行规模化利用的生物质，如林业或其他工业的木质废弃物、制糖工业与食品工业的作物残渣、城市的有机垃圾。有机废弃物类生物质作为一种能源物质，具有减少二氧化碳排放的特性，以及洁净性和分散性等重要特点。其主要组成部分包括纤维素、半纤维素、木质素和提取物等。其类型包括林业废弃生物质、农业废弃生物质、工业废弃生物质以及城市垃圾。

　　欧美国家在 20 世纪 80 年代，积极推进有机废弃物甲烷发酵的尝试，处理流程如图 7.5 所示[9]。甲烷发酵罐根据固体的含量分为湿式、干式两种；也可以根据混合方式分为完全混合、推流式混合；根据操作温度分为中温(35～40℃)和高温(50～58℃)两种模式。

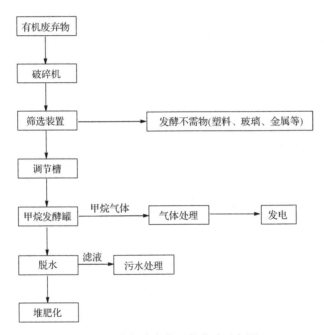

图 7.5　有机废弃物甲烷发酵示意图

7.3.3　生物质的能源地位

　　在能源的分类中，生物质能被归为新能源。能源的大体分类如表 7.2 所示。生物质能是人类最早利用的能源之一，具有分布广、可再生、成本低等优点。现阶段，生物质能约占全球能源供给的 10%，其中约三分之二的生物质资源应用在发展中国家。

表 7.2　能源分类[10]

类别		常规能源	新能源①
一次能源②	可再生	水能	生物质能、太阳能、风能、潮汐能、海洋能
	非再生	原煤、原油、天然气	油质岩、核燃料
二次能源③		焦炭、煤气、电力、氢气、乙醇、汽油、柴油、液化气、沼气、木炭等	

①新能源是指在新技术基础上加以开发利用的能源，与之相对应的是被人们广泛利用的能源，后者称为常规能源或传统能源。

②一次能源是指从自然界取得后未经加工的能源。

③二次能源是指经过加工与转换而得到的能源。

7.3.4　生物质能转化利用技术

人类对生物质能的利用已有悠久的历史，在漫长的时间里，总是以直接燃烧的方式利用它的热量。直到 20 世纪，特别是近一二十年，人们的能源与环境保护意识普遍提高，生物质能的研究和利用才有了快速的发展。纵观国内外已有的生物质能利用技术，包括五大类：直接燃烧技术、热化学转化技术、生物转换技术、液化技术以及有机垃圾处理技术[10]，如图 7.6 所示。

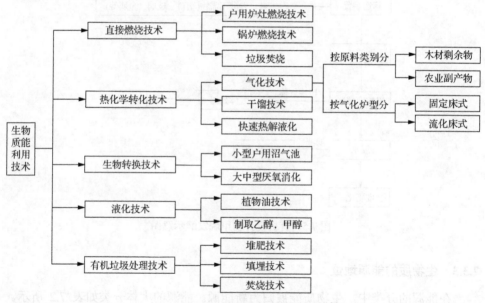

图 7.6　生物质能利用技术

截至 2015 年，我国生物质利用情况如图 7.7 所示，主要包括生物质气化生产沼气和天然气、生物质液化生产生物乙醇和生物柴油、生物质作为固体燃料以及生物质发电几个方面。生物质固体燃料年利用量达到 1000 万吨，热电联产规模达800 万千瓦。生物质能利用的所有转化途径中，生物质发电的规模最大。2015 年，生物质发电在整个生物质能利用中占44%[10]。

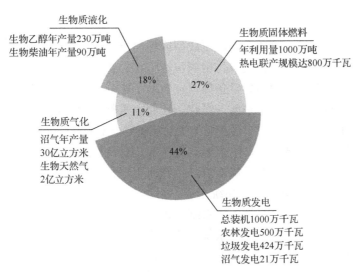

图 7.7　2015 年我国生物质利用情况

在图 7.6 五种生物质能利用技术中，我们重点介绍直接燃烧技术、热化学转化技术、生物转换技术、液化技术利用生物质可再生资源，有机垃圾处理技术不在此总结。

1. 生物质直接燃烧技术

生物质燃烧泛指生物质类物质(农作物、秸秆、锯末、花生壳、稻壳等)进行燃烧。生物质燃烧技术分为直接燃烧技术和生物质成型燃烧技术[10]。直接燃烧可以分为炉灶燃烧、锅炉燃烧、垃圾焚烧。炉灶燃烧是最原始的利用方法，它的投资最小，但效率较低，燃烧效率在 15%～20%。锅炉燃烧采用了现代化锅炉技术，适用于大规模利用生物质，主要优点是效率高，并且可以实现工业化生产；主要缺点是投资高，不适用于分散的小规模利用，生物质必须相对比较集中才能采用该技术。垃圾焚烧也是采用锅炉技术处理垃圾，但由于垃圾的品位低、腐蚀性强，所以它的技术要求更高，投资更大，从能量利用的角度，它也必须规模较大才比较合理。生物质成型燃烧中，燃料体积小、密度大、储运方便，并且使用方便，燃烧持续稳定、周期长、燃烧效率高，是一种清洁能源。但我国的成型燃料的压制设备不成熟，成本较高，目前只是用作采暖、炊事及其他特定用途的燃料，使用范围也有待拓展。国外，如日本、美国及欧洲一些国家和地区的生物质成型燃烧设备已经定型，并形成了产业化，在加热、供暖、干燥、发电等领域已经普遍推广应用[9]。

2. 生物质热化学转化技术

1) 生物质气化

生物质气化是指生物质原料压制成型或经简单的粉碎加工处理后，在欠氧条件下，在气化炉中进行气化裂解，得到可燃气体并进行净化处理而获得产品气的过程。其原理是在一定的热力学条件下，借助于部分空气(或氧气)和水蒸气的作用，使生物质的高聚物发生热解、氧化、还原、重整反应，热解伴生的焦油进一步热裂化或催化裂解为小分子烃类化合物，获得含一氧化碳、氢气和甲烷的气体。生物质由纤维素、半纤维素、木质素、惰性灰(无机物)组成，含氧量和挥发成分高，焦炭的活化性强，相对于煤而言，生物质更适合气化。生物质气化技术一般工艺如图7.8所示，主要有四大系统组成，分别为进料系统、气体反应器(气化炉)、气化气体净化系统和气化气体处理系统。进料系统包括生物质进料、空气进料、水蒸气进料及其控制。气体净化系统主要是除去产出气体中的固体颗粒、可冷凝物及焦油。后处理系统主要是气化气进一步转化利用的装置，如发电、制取液体燃料等装置。

图7.8　生物质气化工艺一般流程

生物质气化主要包括气化反应、合成气催化变换和气体分离净化过程。气化转化的重点是气体组分和收率的调整与控制。生物质气化与下面介绍的热解不同，气化过程需要气化介质，通常为空气，气体热值也较低，一般为 $4\sim6MJ/m^3$；热解过程通常不需要气化剂，其产物有气、固、液三种产品，气体热值也较高，一般为 $10\sim15MJ/m^3$。气化过程伴随热解过程，热解是气化的第一步。生物质气化的目的是得到洁净的产品气。生成的可燃气体主要用于发电、制取液体燃料等。

2) 生物质热解

所谓热解就是利用热能打断大分子量有机物、碳氢化合物的分子键，使之转变为含碳原子数目较少的低分子量物质的过程。生物质热解是生物质在完全缺氧条件下，产生液体(生物油)、气体(可燃气)、固体(焦炭)三种产物的生物质热降解过程(图7.9)。按温度、升温速率、停留时间和颗粒大小等实验条件可将热解分为炭化(慢热解)、快速热解和气化。通常，较低的加热温度和较长物料停留时间有利于炭的生成，高温和较长停留时间会增加生物质转化为气体的量，中温和短停留时间对液体产物增加最有利。热解与气化相比，具有以下几个方面的特点：第一，热解的一次产品包括固相、液相和气相三种，其中，气相产品可直接用作燃料气，液相产品经过一定的加工处理后可替代用作化工产品，固相产品可用作化工生产所需的生物质炭等。在热解时，采用不同的加热温度和时间，可方便调节这三种产物的比例。第二，从总能量利用上来看，热解效率最高，可以达到99%。第三，热解装置简单，一次性投资少，常压下温度范围为 500～900℃，易于局部推广。

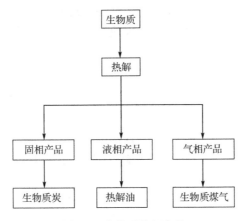

图 7.9　生物质热解产品

　　另外，所有生物质热解的技术路线与实验装置都必须考虑两个关键问题：第一是固体生物质在反应器内如何运动，第二是导热性很差的生物质如何被加热至高温。根据固体生物质运动方式，热解装置划分为以下几种：

　　(1)固定床反应器：包括移动床反应器、充填床反应器，热解过程中生物质颗粒不运动或者轻微运动。

　　(2)流化床反应器：包括喷流床反应器、引射床反应器，生物质颗粒在反应器内作流化运动。

　　(3)循环床反应器：生物质颗粒在整个装置内作循环运动。

　　(4)旋转式反应器：包括旋转锥反应器和涡旋反应器，生物质颗粒受离心力作用而旋转运动。

　　(5)回转式反应器：包括回转窑反应器和旋转螺旋反应器，生物质颗粒受机械转动力作用而作单向沿轴运动。

　　(6)混合式反应器：常用的固定床与流化床叠加运行以催化焦油制取气体的装置属于此类反应器。

　　根据加热源与实验原料是否直接接触，热解装置分为直接热解、间接热解、混合加热式热解。

　　3)热化学法生产生物油燃料

　　油气资源的稀缺性已经引起了世界范围内的关注，各国也采取相应措施来减小对进口能源的依赖。因而，可替代的生物质能源如生物乙醇、生物柴油等得到了高度的发展[11]。生物柴油替代传统的汽油应用范围很广。除了澳大利亚、德国和加拿大广泛利用动物脂肪来获得生物柴油之外，生物柴油主要还是通过植物，如大豆、油菜、蓖麻、棕榈以及向日葵等植物的油脂获得，因而生物柴油的冷流性差，热氧化稳定性以及水解稳定性都不太理想。生物柴油有很多益处，但距离到实际应用中去替代传统的能源，还有很远的路要走。不过我们也正在通过化学修饰，或者加入添加剂来改善这些缺陷。我们可以用热化学法来生产生物柴油(图 7.10)。

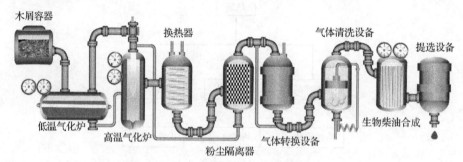

图 7.10　生物柴油生产示意图

3. 生物质液化技术

生物质液化技术分为生物化学法和热化学法。生物化学法主要是指采用水解、发酵等手段将生物质转化为燃料乙醇。生物质热化学法液化技术根据其原理主要分为快速热解液化和加压液化，两种技术都有 20 多年历史。

1) 快速热解液化

生物质快速热解液化是在传统热解基础上发展起来的一种技术，相对于传统热解，它采用了超高加热速率、超短产物停留以及适中的裂解温度，使生物质中的有机高聚物分子在隔绝空气的条件下迅速断裂为短链分子，使固体产物和气体产物降到最低限度，从而最大限度地获得液体产品。这种液体产品被称为生物油，为棕黑色黏性液体，热值达到 20～22MJ/kg，可直接作为燃料使用，也可经精制成为化石燃料的替代物。

2) 加压液化

生物质加压液化是在较高压力下的热转化过程，温度一般低于快速热解。该法始于 20 世纪 60 年代，美国的 Appell 等将木片、木屑放入碳酸钠溶液中，用 CO 加压至 28MPa，使原料在 350℃下反应，结果得到 40%～50%的液体产物。近年来，人们不断尝试采用氢加压、使用溶剂(如四氢萘、醇、酮等)及催化剂等手

段，使液体产率大大增加，甚至可以达到 80% 以上，液体产物的高位热值可达到
25～30MJ/kg，明显高于快速热解液化。超临界液化是利用超临界流体良好的渗透
能力、溶解能力和传递特性而进行的生物质液化，最近一些欧美国家正在积极开
展这方面的研究工作。与快速热解液化相比，加压液化还处于实验室阶段，但其
反应条件相对温和，对设备的要求也不苛刻，在规模化开发上有很大潜力。

4. 生物质生物转化技术

1) 生物化学法生产甲烷

甲烷发酵又称为厌氧发酵，是在无氧条件下，通过多种微生物的生物作用，
将含有有机物的生物质分解，最终生成甲烷和二氧化碳的过程。在甲烷发酵过程
中，纤维素、蛋白质等高分子有机物被各种消化细菌分解生成有机酸和氢气，再
经厌氧产甲烷菌转化生成甲烷。甲烷发酵是靠微生物作用，其反应在常温常压下
进行。甲烷发酵与好氧发酵不同，发酵过程中氧气的存在反而会对反应产生严重
的抑制。甲烷发酵的生物能源转换技术与酒精发酵技术也是不同的，其特征是可
以将纤维素等许多有机原料分解。

甲烷发酵的过程大致分为水解、产酸、产甲烷三个过程，如图 7.11 所示。

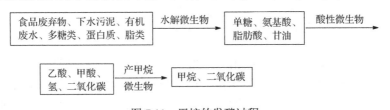

图 7.11 甲烷的发酵过程

2) 生物化学法生产氢气

在厌氧条件下进行发酵的厌氧型微生物中，存在产生氢气的菌种。根据制备
氢气反应所需生物酶的不同，可以把制氢反应分成以下两种：一种是适用氢化酶
进行的制氢过程，反应式如式(7.1)所示；另一种则是利用固氮酶进行的制氢过程，
反应式如式(7.2)所示。

$$\text{氢化酶 (hydrogenase)}: \quad 2H^+ + X^{2-} \rightleftharpoons H_2 + X \tag{7.1}$$

$$\text{固氮酶 (nirogenase)}: \quad 2H^+ + 2e^- + 4ATP \longrightarrow H_2 + 4ADP + 4Pi$$
$$\text{(腺苷三磷酸)} \qquad \text{(核苷酸)} \quad \text{(磷酸根)}$$
$$\tag{7.2}$$

3) 生物化学法生产燃料乙醇

工业上生产乙醇的主要方法分为化学合成法和生物发酵法两大类，化学合成

法是采用乙烯水合反应来合成乙醇。目前，乙醇生产主要是糖质作物(甜菜、甘蔗等)和淀粉质作物(玉米、小麦、土豆等)直接发酵，以及纤维质原料(农作物秸秆)的水解-发酵。

糖质作物直接发酵。葡萄糖和果糖等糖类物质在酵母等微生物的作用下分解生成乙醇和二氧化碳。如式(7.3)所示，100g 葡萄糖可以生成 51.1g 乙醇和 48.9g 二氧化碳。

$$C_6H_{12}O_6 \longrightarrow 2\,C_2H_5OH + 2\,CO_2$$
$$100\ g \qquad\qquad 51.1\ g \qquad\qquad 48.9\ g \tag{7.3}$$

淀粉、纤维素和半纤维素等碳水化合物不经水解直接发酵存在一定的难度，大多数乙醇发酵菌没有水解多糖的能力，在乙醇生产过程中，一般通过化学或者生物方式将原料降解为单糖再发酵。淀粉首先通过淀粉酶或酸的作用被逐步降解，其最终水解产物是葡萄糖。其水解过程反应式见式(7.4)和式(7.5)。最后，如前所述，葡萄糖转化为乙醇和二氧化碳。

$$(C_6H_{10}O_5)_n + n\,H_2O \xrightarrow{\text{酸或淀粉酶，水}} \alpha\text{-}1,4\text{-寡聚葡萄糖} \tag{7.4}$$

$$\alpha\text{-}1,4\text{-寡聚葡萄糖} \xrightarrow{\text{酸或淀粉酶，水}} n\,C_6H_{10}O_5 \tag{7.5}$$

纤维质原料结构复杂，一般由纤维素、半纤维素和木质素组成。纤维素是由 D-吡喃型葡萄糖基(失水葡萄糖)组成，简单分子式为 $(C_6H_{10}O_5)_n$。半纤维素指在植物细胞壁中与纤维素共生、可溶于碱溶液，遇酸后比纤维素易于水解的那部分植物多糖。一种植物往往含有几种由两或三种糖基构成的半纤维素，其化学结构各不相同。半纤维素是一类物质的名称。构成半纤维素的糖基主要有 D-木糖、D-甘露糖、D-葡萄糖、D-半乳糖、L-阿拉伯糖、4-氧甲基-D-葡萄糖醛酸及少量 L-鼠李糖、L-岩藻糖等。木质素广泛存在于植物体中，是一种无定形的、分子结构中含有氧代苯丙醇或其衍生物结构单元的芳香性高聚物。

纤维素水解前常用物理、化学、物理化学结合法和生物法对原料进行预处理以破坏纤维素、半纤维素之间的连接，降低纤维素的结晶度，提高水解效率。原料经过处理，结构变得疏松，木质素部分去除，纤维素和半纤维素更多地暴露在表面，有利于进一步水解为单糖。纤维素原料主要通过酸法和酶法进行水解，水解反应式如式(7.6)和式(7.7)所示。

$$(C_6H_{10}O_5)_n + n\,H_2O \xrightarrow{\text{酸或淀粉酶，水}} \beta\text{-}1,4\text{-寡聚葡萄糖} \tag{7.6}$$

$$\beta\text{-1,4-寡聚葡萄糖} \xrightarrow{\text{酸或淀粉酶，水}} n\,C_6H_{10}O_5 \tag{7.7}$$

半纤维素中木聚糖的水解反应式如式(7.8)所示。

$$(C_5H_8O_4)_m \xrightarrow{\text{弱酸，水}} mC_5H_{10}O_5\text{(木糖)} \tag{7.8}$$

7.4　二氧化碳的利用

7.4.1　二氧化碳的分子结构和物化性能

1. 分子结构

二氧化碳俗称碳酸气，又名碳酸酐。二氧化碳属于典型的直线形三原子分子结构，其结构简式为 O＝C＝O。由于二氧化碳分子中碳氧键的键长为 116.3pm，介于碳氧三键(一氧化碳分子中碳氧三键 112.8pm)和碳氧双键(乙醛中碳氧双键的键长为 124pm)之间，因此它已经具有一定程度的三键的特征。有报道认为，在二氧化碳分子中间可能存在离域的大 π 键，即碳原子与氧原子除了形成了两个 σ 键之外，还形成了两个三电子四中心的大 π 键。二氧化碳的电子结构特性使其具有多种活化反应式，不仅可以和金属原子形成不同形式的配位化合物，还可以与富电子试剂发生成键反应。

2. 物理性质

二氧化碳是无色气体，在较低浓度时无味，但是当浓度较高时有刺激性的酸味。二氧化碳的三相点压力大约在 518kPa，温度为–56.6℃，在压力低于 518kPa 时不能以液态存在。在标准状态下，二氧化碳密度为 $1.98kg/m^3$，约为空气的 1.5 倍。其临界点为 7432kPa 和 31.26℃[12]。在高于临界温度和临界压力下，二氧化碳性质会发生突变，其密度接近于液体，黏度接近于气体，而扩散系数为液体的 100 倍，具有很好的溶解能力，可以溶解多种物质。

3. 化学性质

二氧化碳是一种弱酸性氧化剂，能与一些碱性氧化物发生反应。另外，二氧化碳又是较强的配体，能以多种配位形式和金属配位。金属配合物固定活化二氧化碳的原理在于设计并合成分子或原子状态的金属配合物及簇合物，利用这些物质作为催化剂，以热、光或电能作能源，使二氧化碳高效活化，并使其发生反应生成有机化合物。二氧化碳是极其重要的小分子，但由于惰性大使其化学固定和转化受到限制，从近期的研究结果来看，当二氧化碳和过渡金属配合物作用后，二氧化碳有可能被活化利用。另外，生物体内的二氧化碳固定、同化以及水合等重要生化过程都与配合物固定二氧化碳的过程相关。如金属氢氧化物/氧化物配合物催化活化二氧化碳的过程与生命体内碳酸酐酶催化二氧化碳成为碳酸氢化物的作用有着相当紧密的联系。

二氧化碳能够被许多金属配合物活化，如 Cu、Zn、Cr、Fe、Co、Sn、Al、W 等。配位方式之一是二氧化碳作为独立的配体通过碳原子或者氧原子与一种金属直接配位生成单、双或多核配合物(图 7.12，Ⅰ～Ⅴ)；另一种方式是二氧化碳直接插入到金属配合物的某个键上(图 7.12，Ⅵ)[13]，这是过渡金属配合物固定二氧化碳的主要途径，这种插入反应是产生催化活性并转化二氧化碳的第一步，极为重要。二氧化碳的插入位置主要在 M—C、M—H、M—S、M—O、M—P、M—N 等化学键中。插入可以是正常方式进行，即碳原子与化学键中较富电子的一端连接成键，也可以按照所谓的反常方式进行，碳原子与较贫电子的一端连接形成具有M—C 键的化合物。20 世纪 90 年代，科研工作者对二氧化碳和金属配合物的作用形式进行了全面综述[14,15]，总结了二氧化碳和金属配合物的多种作用模式和反应类型。

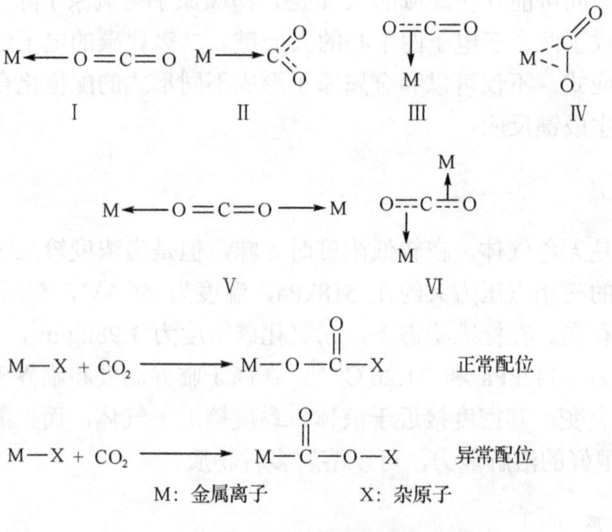

图 7.12   金属-CO_2 配位化合物结构类型

目前作为人类社会主要能源和化学原料来源的化石资源储量日益减少并迈向枯竭，可再生资源的开发成为人类社会可持续发展的必由之路。二氧化碳作为一种无毒无害、廉价易得、自然界储量巨大的理想 C_1 合成子正逐渐为人们所重视。在具有资源化利用潜力的同时，二氧化碳又被视为主要的温室气体，它反射可见光却强烈吸收红外和远红外射线，在大气层内起到保温的作用。至 2010 年 4 月，大气层内的二氧化碳浓度已经达到 391ppm[16]。因此，发展高效的物理和化学转化方法实现二氧化碳的综合利用，从环境保护角度考虑，也有十分重大的意义。

二氧化碳的利用方法是以二氧化碳作为碳氧资源化学固定为小分子化合物、高分子材料以及固定为能源化学品。二氧化碳的物理捕集、化学捕集、填埋、利用不在此总结。

7.4.2 二氧化碳作为碳氧资源化学固定为小分子化合物

利用二氧化碳合成有机小分子是二氧化碳化学反应中备受关注的研究方向，相关反应有望使二氧化碳成为合成能源化学品的主要 C_1 资源(图 7.13)[17]。除了著名的二氧化碳合成尿素反应，制备碳酸酯也备受人们关注。其他反应如制备甲醇和甲烷，重整制备合成气及烃能源分子也受到重视。

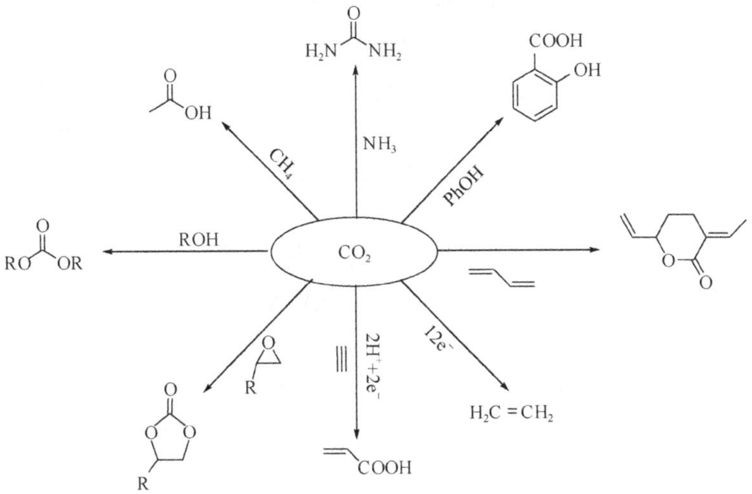

图 7.13 CO_2 作为 C_1 资源与小分子发生的化学反应

1. 利用二氧化碳生产尿素

1)尿素简介

尿素又称脲或者碳酰二胺(NH_2CONH_2)，其含氮量达 46.67%，是使用最为广泛的农业肥料。其 pH 为中性，适用于各类土壤和各种作物。目前，约90%的尿素用于农业肥料。另外，尿素也是重要的化工原料，其产量的10%用于工业生产来生产多种化工产品及精细化学品，如三聚氰胺、脲醛树脂、水合肼及氨基磺酸等。

2)尿素合成反应原理

俄国化学家巴扎罗夫于 1868 年发现的甲铵脱水反应是现代工业生产尿素的合成基础[18]。工业上是以液氮和二氧化碳作为合成尿素的原料，其合成反应式见式(7.9)。

$$2 NH_3 (l) + CO_2 (g) \xrightleftharpoons{高温高压} NH_2CONH_2 (l) + H_2O (l) \tag{7.9}$$

该反应是一个放热反应，不过尿素的合成并不是由氨和二氧化碳一步直接合成的，而是先生成中间产物氨基甲酸铵（NH_2COONH_4，简称甲铵），然后氨基甲酸铵失去一分子水生成尿素，反应式见式(7.10)。

$$2 NH_3 (l或g) + CO_2 (g) \longrightarrow NH_2CONH_4 (s) \xrightarrow{熔融}$$
$$NH_2CONH_4 (g) \xrightleftharpoons{} NH_2CONH_2 (l) + H_2O (l) \tag{7.10}$$

3) 尿素工业发展现状

尿素的工业发展经历了漫长的过程。1824 年，德国化学家 Fvriedrich Wöhler 用氰酸与氨反应生成了尿素，成为现代有机化学兴起的标志。1932 年，美国杜邦公司直接用合成法合成尿素氨水，1935 年开始生产固体尿素，未反应物氨基甲酸铵以水溶液形式返回合成塔，形成了现代水溶液全循环法的雏形。这期间，德国、英国、美国相继建成了一批具有相当规模的连续非循环法尿素工厂。后来出现了半循环和高效半循环工艺，工艺改进的方向集中在如何回收未反应的氨和二氧化碳[19]。在 20世纪 50 年代，水溶液全循环法尿素开始实现了工业化。目前，传统的水溶液全循环法尿素生产技术在发源地欧洲几乎遭到淘汰，但在我国发展迅速，工艺设计、设备制造基本实现国产化。据统计，我国现有中、小型尿素装置 190 套，总产能约为 2000万吨/年。目前，世界上发展了很多新的尿素生产新技术。迄今，国内尿素节能增产及改扩建工程已采用的先进工艺有二氧化碳气提法、氨气提法、双塔工艺、蒙特爱迪生等压双循环法。2014 年，应用在尿素生产上的二氧化碳达到 90Mt。

2. 二氧化碳制备环状碳酸酯

1) 环状碳酸酯简介

碳酸丙烯酯是极性化合物，用途广泛[15]，溶解能力很强，是优良溶剂。碳酸丙烯酯可用作分离混合物的萃取剂或者添加剂，也可用作金属的抽提和清洁材料，还可用作化妆品的添加剂。在化学反应中，碳酸丙烯酯可用来代替不易操作的环氧化物，在烷氧基化反应中有着广泛的应用；其广泛应用于聚合反应中，很容易和伯胺或仲胺反应，生成聚氨酯橡胶、尿素、塑料。另外，其下游产品可用作光盘材料、电解质、热硬化树脂等。基于其广泛的应用范围，碳酸丙烯酯的合成是目前一个比较热门的研究课题。

2) 加成法制备环状碳酸酯

通常，碳酸丙烯酯是由环氧化物和二氧化碳在高温高压和催化的条件下合成，且目前对该反应的研究已较为深入。三元环氧烷烃与 CO_2 生成环状碳酸酯的环加成反应如图 7.14 所示。二氧化碳与四元环氧化物可以制得六元环状碳酸酯。最近，烯烃氧化与二氧化碳一步法合成环状碳酸酯，合成路线短，成本有望低于环氧化物作为原料的路线。

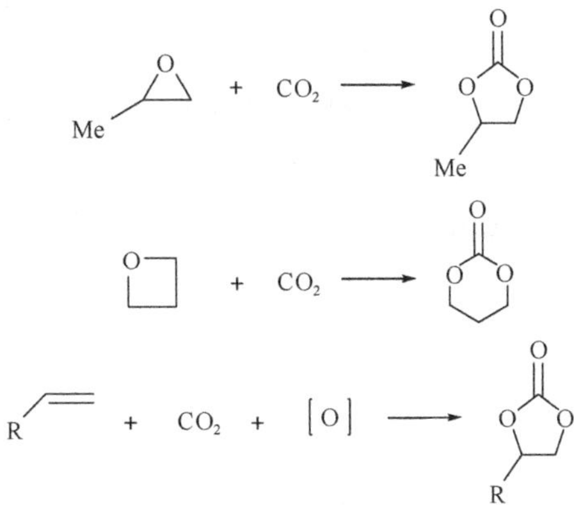

图 7.14　环状碳酸酯的合成路线

二氧化碳和环氧丙烷合成碳酸丙烯酯反应，已经开发了很多的均相或非均相催化剂，主要活性催化组分包括碱金属盐、季铵盐、有机碱及碱性氧化物、过渡金属配合物和离子液体等。我们按照均相和非均相催化剂类型分别介绍。

a) 均相催化剂

(1) 季铵盐催化剂。

季铵盐是催化环氧烷烃和二氧化碳合成环状碳酸酯的有效催化剂。已普遍接受的季铵盐催化反应中，催化剂对环氧化物的活化有两种模式 (A 和 B)[20]。催化机理如图 7.15 所示：催化剂阳离子对环氧化物的活化、负离子对环氧烷烃位阻小的碳原子的亲核进攻使环氧化物开环、CO_2 的插入反应、分子内成环以及季铵盐负离子的离去等过程。

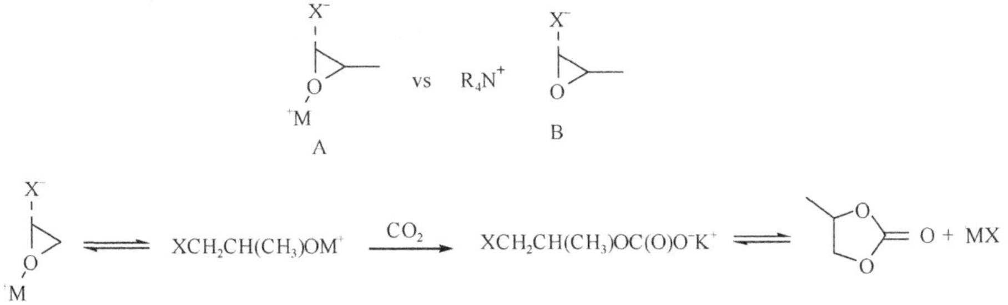

图 7.15　季铵盐催化环氧烷烃和 CO_2 的环加成反应机理

目前，工业上环状碳酸酯主要由季铵盐 (如 Et_4NBr) 和碱金属盐 (如 KI) 催化合成，两种催化剂催化活性高，在工业上有着广泛的应用。但是季铵盐等易溶于环状碳酸酯，不利于催化剂的循环使用，产物的提纯难度也非常大。

以四丁基卤代铵盐作为催化剂，在常压条件下，由环氧化物和 CO_2 反应合成环状碳酸酯[21]。结果表明，CO_2 与环氧化物的环加成反应可以在四丁基卤代铵盐作为溶剂和催化剂的条件下有效地进行，反应主要受阴离子的亲核性和阳离子的结构调控，阳离子位阻越大，阴离子离去能力、亲核性越大，催化剂的催化活性就越高。

多氟取代的季鏻盐被应用于催化环氧化物和 CO_2 反应合成环状碳酸酯。该类催化剂具有很长的氟链，在 CO_2 中有较好的溶解度，而在产物中的溶解度很小。产物生成后与超临界二氧化碳相分离，反应结束后产物可以在维持反应压力的条件下从反应器底部放出；而催化剂可以保留在超临界二氧化碳相，进一步补充反应物（环氧化物）进行新一轮的反应[22]，如图 7.16 所示。

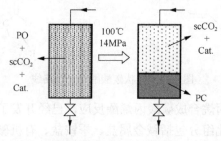

图 7.16 可溶于二氧化碳的鏻盐催化剂[Rf_3RPI]反应体系的相行为及分离策略

三苯基鏻铵盐（PPN 盐）也可用于碳酸酯的催化合成，在低压（0.5 MPa）条件就表现出很好的催化效果[23]。

(2) 金属有机配合物。

1973 年，R. J. DePasquale 等首次报道了 Ni(0) 配合物催化二氧化碳和环氧化物制备环状碳酸酯的工作[24]，在 100℃下，环氧乙烷与二氧化碳反应，环状碳酸酯选择性大于 95%。近年来，Cr 和 Co 的配合物研究报道的比较多，例如，W. J. Kruper 等利用卟啉 Cr(III) 有很好的效率，转化率超过 95%[25]（图 7.17）。配体上接有鎓盐的卟啉配合物双功能催化剂中，镁卟啉催化剂活性最高，催化转化数 TON 达到 100000[26]。

1a: R^1和R^2 = *trans*-$(CH_2)_4$–

1b: R^1=CH_3, R^2=H

1c: *trans*: R^1=R^2=Ph

1d: *meso*: R^1=R^2=Ph

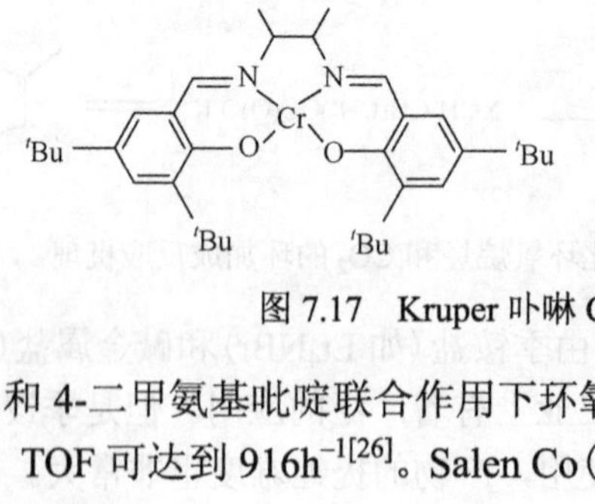

图 7.17 Kruper 卟啉 Cr(III)

Salen Cr 和 4-二甲氨基吡啶联合作用下环氧化物与二氧化碳反应的收率最高可达到 100%，TOF 可达到 916h^{-1}[26]。Salen Co(III) 催化剂成功实现了环氧化物的不对称开环和动力学拆分，ee 值高达 97%[27]。受此启发，Salen Co(III) 催化剂联合季铵盐催化二氧化碳和环氧丙烷反应可以制备光学活性的环状碳酸酯，ee 值达到 79%(图 7.18)[27]。

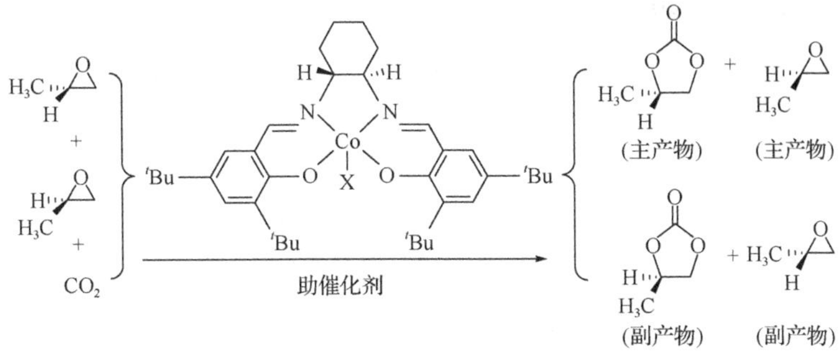

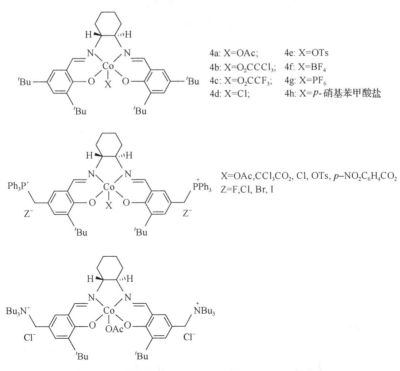

图 7.18　手性 salen Co 催化合成光学活性的碳酸酯

进一步对 salen 配体进行修饰取代，在侧基上引入季铵盐和季𬭚盐，得到了更高的催化活性，和较好的对映选择性(图 7.19)。在适宜的反应条件下，产物的收率可以达到 20% 以上，ee 值可以达到 75% 以上[28]。另外，利用手性 salen Co 配合物/手性离子液体简单混合物,合成得到的手性环状碳酸酯,ee 值可以达到 85% 以上[29]。

图 7.19　侧基上带季铵盐和季𬭚盐的 salen 催化剂

(3) 以离子液体为催化剂。

离子液体作为一种新兴的均相催化剂，催化该反应具有高收率、高选择性的特点。离子液体具有蒸气压低、毒性小、溶解二氧化碳的能力强等特点。常见的几种离子液体见图 7.20。

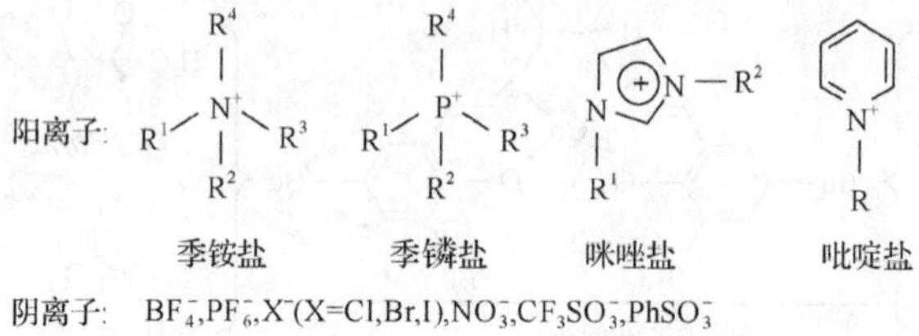

阳离子: 季铵盐　季鏻盐　咪唑盐　吡啶盐

阴离子: $BF_4^-, PF_6^-, X^-(X=Cl,Br,I), NO_3^-, CF_3SO_3^-, PhSO_3^-$

图 7.20　常见的几种离子液体

1-丁基-3-咪唑四氟化硼([C₄-mim]BF₄) 在 2.5MPa 二氧化碳下催化合成碳酸丙烯酯，反应 6h，以定量的收率得到了碳酸丙烯酯。该催化剂能够回收使用 4 次，仍能以大于 80%的收率得到目标产物[30]。

在 100℃、14MPa CO₂ 压力条件下，[C₈-mim]BF₄ 催化该反应，反应时间为 5min，收率达到 98%，选择性 100%[31]。离子液体结合锌离子来催化合成环状碳酸酯，将[C₄-mim]Cl 与卤化盐混合共催化碳酸苯乙烯酯的合成，发现当卤化盐是 ZnBr₂ 时催化效果最好，并提出了有关反应机理，如图 7.21 所示[32]。

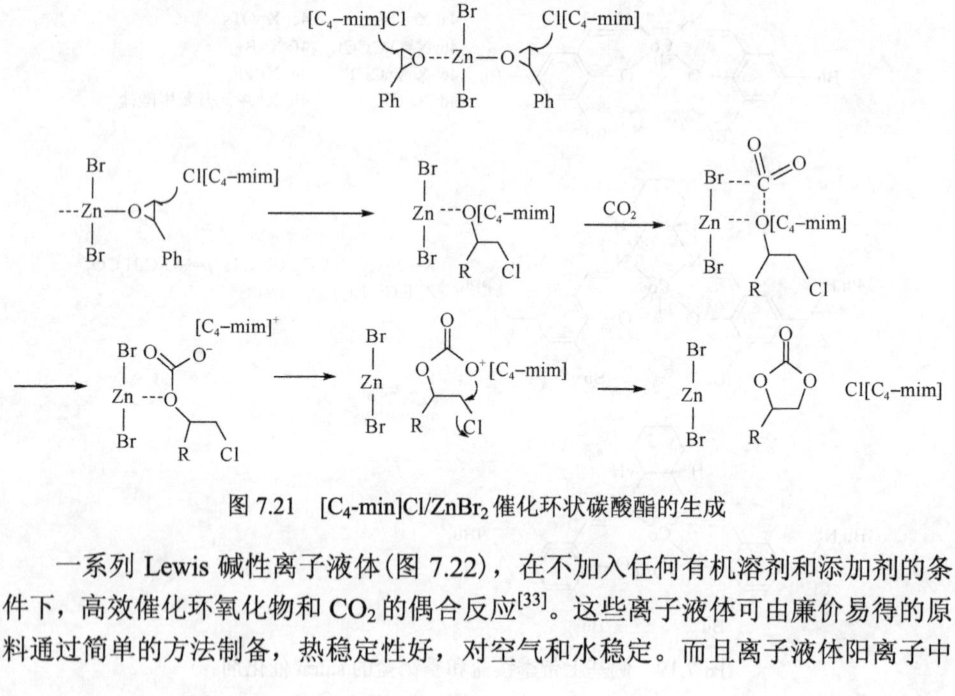

图 7.21　[C₄-min]Cl/ZnBr₂ 催化环状碳酸酯的生成

一系列 Lewis 碱性离子液体(图 7.22)，在不加入任何有机溶剂和添加剂的条件下，高效催化环氧化物和 CO₂ 的偶合反应[33]。这些离子液体可由廉价易得的原料通过简单的方法制备，热稳定性好，对空气和水稳定。而且离子液体阳离子中

的三级胺可能与 CO_2 反应生成氨基甲酸盐的形式，从而活化 CO_2。阳离子中与氮原子相连的氢可以与环氧化物中的氧原子形成氢键，增大 C—O 键的极性，使环氧容易开环。对不同离子液体的筛选结果表明，具有共轭结构并且正电荷密度大的阳离子更有利于稳定反应过程中生成的环氧开环的负离子中间体，因此阳离子的活性顺序为：$HDBU^+ > HTBD^+ \sim OMIm^+ > C_4DABCO^+ \sim C_8DABCO^+ > BMIm^+ > HHMTA^+$，阴离子的活性顺序与其亲核性和离去能力有关。[HDBU]Cl 的催化活性最好，在 140℃，CO_2 压力为 1MPa，离子液体用量为 1mol%的条件下反应 2h，产物的收率达到 97%，选择性＞99%。催化剂循环使用 5 次后催化活性和选择性基本保持不变。

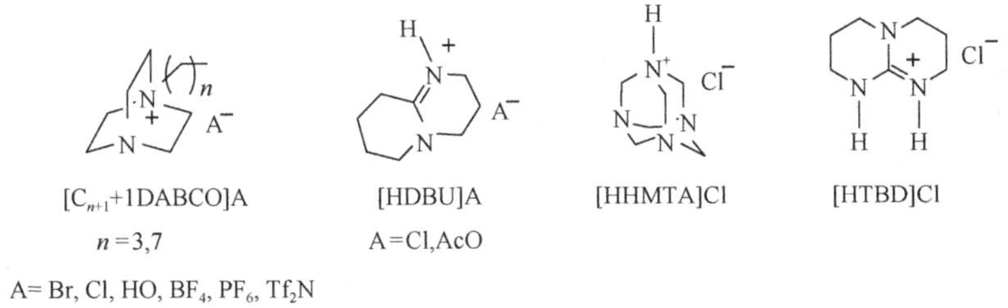
[C$_{n+1}$+1DABCO]A
n=3,7
A= Br, Cl, HO, BF_4, PF_6, Tf_2N
[HDBU]A
A=Cl,AcO
[HHMTA]Cl
[HTBD]Cl

图 7.22 Lewis 碱性离子液体

b) 多相催化剂

(1) 以镁铝氧化物为催化剂。

镁铝氧化物在 400～1000℃范围的不同温度下煅烧，并比较了同一条件下不同配比镁铝氧化物的催化活性(图 7.23)。当镁铝比为 5 时，在 400℃煅烧的氧化物的催化活性最好[34]。

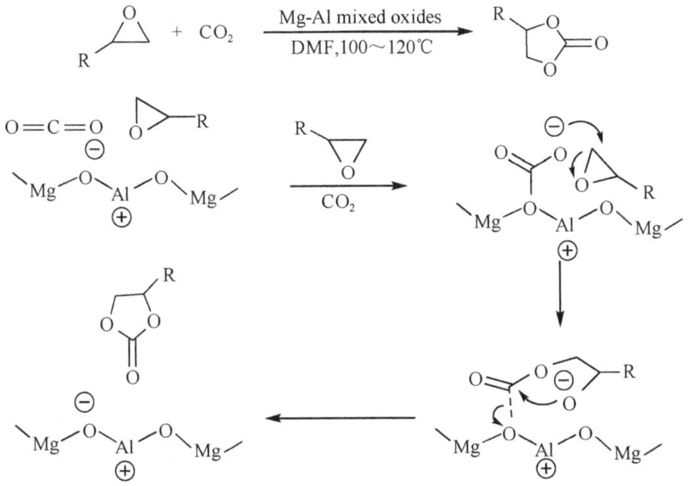
Mg-Al mixed oxides
DMF,100～120℃
CO_2

图 7.23 镁铝氧化物催化环氧化物和二氧化碳加成反应

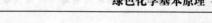

(2)以镧系元素的氯氧化物为催化剂。

镧系元素的氯氧化物可以高效催化碳酸丙烯酯的合成，SmOCl 的催化机理见图 7.24[35]。

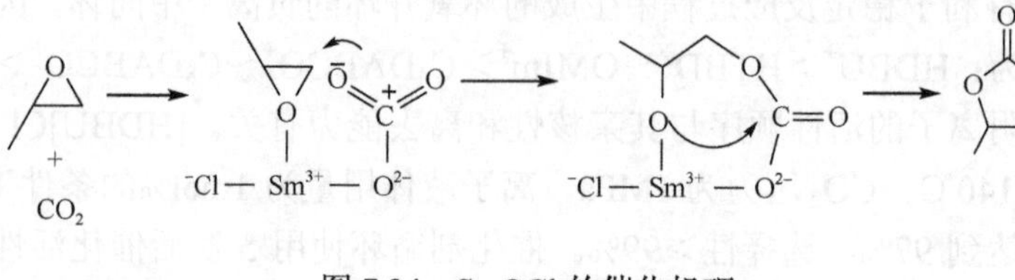

图 7.24　SmOCl 的催化机理

(3)杂多酸催化剂。

锌取代的夹心型含氧金属聚合物 $Na_{12}[WZn_3(H_2O)_2(ZnW_9O_{34})_2]\cdot46H_2O$ 催化环氧化物的加成反应。该催化剂具备非均相催化的优点[36]。

(4)负载型催化剂。

(a)分子筛负载催化。

分子筛负载铯催化碳酸乙烯酯的合成。该固体催化剂催化活性受固体基的强度、分子筛孔径及路易斯酸强度等的影响。在反应条件为 150℃、3.8MPa、3h 时，碳酸乙烯酯最高收率仅为 14%[37]。

(b)硅胶负载催化。

将 salen 型、卟啉型以及酞菁金属配合物与硅胶键连，既可保持其催化活性，又具有了非均相催化的优点，催化剂能够很好回收。由硅胶 MCM-41 负载 salenCo(Ⅱ)作催化剂(图 7.25)，反应物连续流动下催化碳酸乙烯酯的合成[38]。

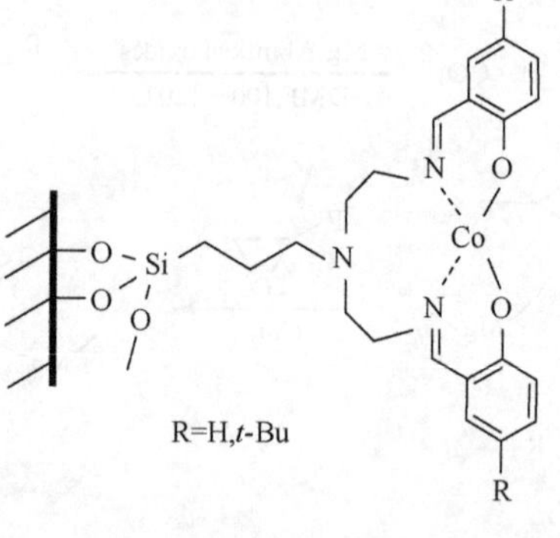

R=H,*t*-Bu

图 7.25　硅胶 MCM-41 负载 salenCo(Ⅱ)

当二氧化碳压力为 12.5MPa，反应温度为 110℃，二氧化碳与环氧乙烷流速为 2∶1，并在环氧乙烷中添加 0.1mol%正丁基溴化铵(*n*-Bu₄NBr)作为共催化剂的条件下，环氧乙烷最高转化率为 85.6%。

将 salen 型金属配合物键连在硅胶上，还有其他的键合方式[38]。如图 7.26 所示，也有非常好的效果。

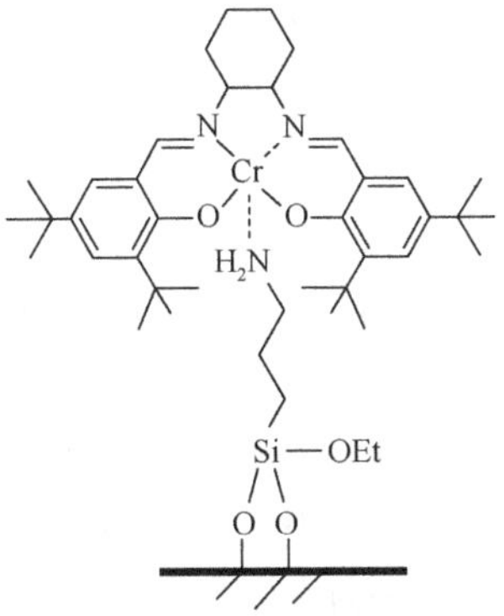

图 7.26　Salen 型金属配合物与硅胶键连的两种方式

这种键合方式也被应用在 MCM-41 负载呔菁上(图 7.27)，实现了呔菁类化合物的回收利用[39]。

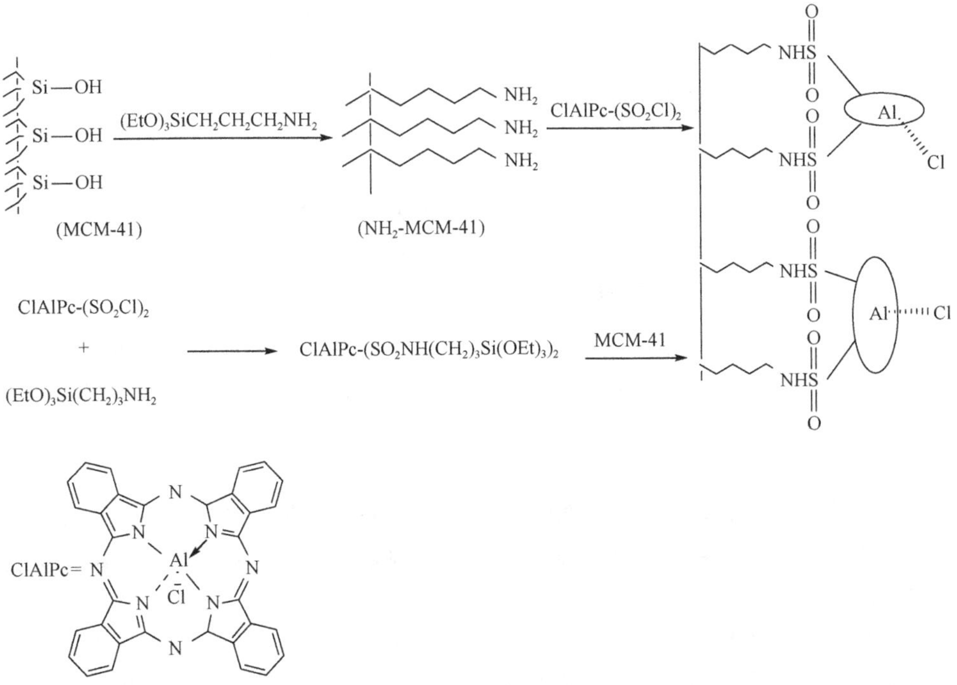

图 7.27　MCM-41 负载呔菁

利用二氧化碳和环氧丙烷催化制备环状碳酸酯的研究已经进行了半个多世纪，几十年来，已经成功开发了很多高效的催化剂。近年来，由于二氧化碳的排放量逐年增加，越来越多的科学家关注二氧化碳的活化和利用。二氧化碳和环氧丙烷催化制备环状碳酸酯是化学固定二氧化碳一个行之有效的方法。因而这个研究领域一直很活跃，前面我们介绍了不少新颖催化剂。另外，碳酸丙烯酯是重要的化工产品，有着广泛的用途。随着现代工业的发展，碳酸丙烯酯的需求量越来越大。2014 年，应用在链状碳酸酯生产上的二氧化碳达到 60 万吨。

3) 烯烃氧化羧化法制备环状碳酸酯

利用烯烃和二氧化碳直接氧化合成环状碳酸酯是一条非常有潜力的合成路线[40,41]。有可能将原来的烯烃环氧化和羧化反应合并，从而可以利用来源广泛、价格相对低廉的烯烃直接来生产环状碳酸酯。一旦实现产业化，可以避免从产物中分离环氧化物的步骤。另外，这个方法不需要纯化二氧化碳中所含的分子氧。从机理上来看整个过程分两步进行，首先是烯烃氧化成环氧化物，然后环氧化物和二氧化碳发生反应生成环状碳酸酯(图 7.28)。

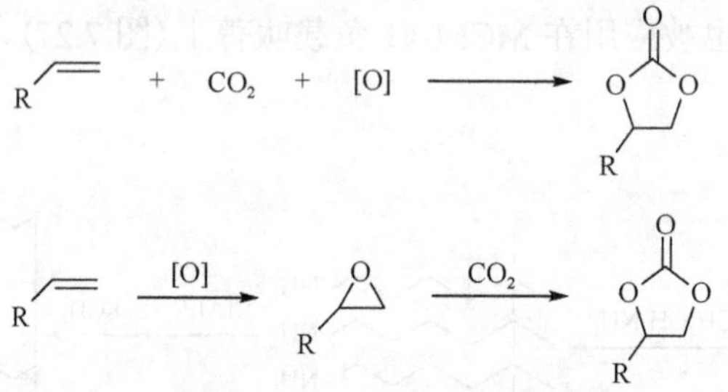

图 7.28　烯烃氧化羧化法合成碳酸酯

3. 二氧化碳固定为无机碳酸盐

人类利用二氧化碳生产无机碳酸盐，有着非常悠久的历史。其中所熟知的有石灰石(主要成分为碳酸钙)和纯碱(碳酸钠)。此外，碳酸镁、碳酸锌和碳酸钾等也是十分重要的碳酸盐。

石灰石的使用量非常大。全世界每年的水泥产量约为 25 亿吨[42]，水泥是由石灰石和黏土等混合，经高温煅烧制得。另外，石灰石也是生产玻璃的主要原料。

纯碱是制备玻璃的另一主要原料，在玻璃制造业上所消耗的量是纯碱产量的近 50%。

众所周知，无机碳酸盐材料一方面来源于矿石开采，另一方面来源于工业生产。通常，在生产过程中会涉及碳酸化步骤。工业生产无机碳酸盐，可以利用有二氧化碳排放的过程来生产。这样不仅减少了二氧化碳的排放量，也生产了有价值的碳酸盐。

1)利用二氧化碳制备纯碱

纯碱是重要的化工原料之一，广泛应用于日化、建材、化学工业、冶金、纺织、石油、国防、医药等领域，被誉为"工业之母"。制备纯碱的方法有吕布兰法、索尔维法以及侯氏制碱法。1791 年，法国医生吕布兰获得了制备纯碱方法的专利，利用氯化钠为原料制备纯碱。工业上生产纯碱通常使用索尔维制碱法和侯氏制碱法。下面我们主要介绍利用二氧化碳来生产纯碱的索尔维法以及侯氏制碱法。

(1)索维尔制碱法。

索维尔制碱法是比利时工程师索尔维于 1867 年发明的纯碱制取法。以氯化钠、碳酸钙(经煅烧生成生石灰和二氧化碳)、氨气为原料来制取纯碱。该过程在一个巨大的空心塔中完成。在塔底部，碳酸钙受热释放出二氧化碳。塔顶部，饱和食盐水和氨水被注入塔中。二氧化碳从下往上的鼓泡过程中，与氨气和水生成碳酸氢铵。当碳酸氢铵和氯化钠这两种可溶性盐混合在一起时，由于碳酸氢钠溶解度较小，在溶液中有较高浓度的钠离子和碳酸氢根离子，就会有碳酸氢钠的晶体析出。析出的碳酸氢钠经洗涤煅烧就可以形成纯碱产品，并释放出二氧化碳和水。碳酸钙煅烧的副产品氧化钙可与水反应得到氢氧化钙。氢氧化钙与生产碳酸氢钠主要副产物氯化铵反应，重新生成氨气，进入循环反应。由于索尔维制碱法循环利用了氨，原料为廉价的盐水和石灰石，以氯化钙为唯一废弃物，实现了连续生产。食盐的利用率也较高。1990 年，全世界 90%的纯碱都由该法生产。

索维尔制碱法的生产流程如图 7.29 所示[43]。

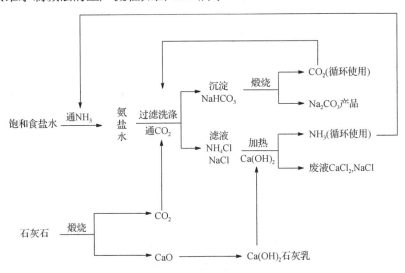

图 7.29　索尔维制碱法的工艺流程

(2)侯氏制碱法。

我国科学家侯德榜先生为了进一步提高食盐的利用率，改进索尔维制碱法在生产中生成大量氯化钙废弃物不足之处，继续进行工艺探索。首先，将制碱和制氨的生产联合起来，氨和二氧化碳直接由氨厂提供，二氧化碳是合成氨厂用水煤气制取氢气的废气。其次，在滤液中加入食盐固体，并在 30～40℃ 下向滤液中通入氨气和二氧化碳，使达到饱和、冷却，结晶析出氯化铵，得到干燥的氯化铵产品。其滤液被氯化钠饱和，又可以重新作为制碱原料。新的工艺将食盐的利用率从 50% 提到了 98%。制碱和制氨的联合，省去了石灰石煅烧产生二氧化碳和蒸氨的设备，从而节约了成本，大大提高了经济效益。1943 年被正式命名为"侯氏联合制碱法"[42]。

侯氏制碱法的生产流程示意图，如图 7.30 所示。

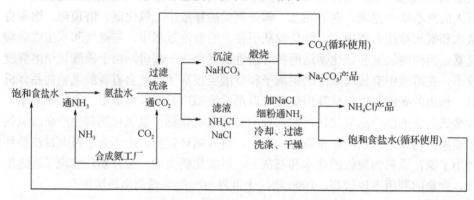

图 7.30　侯氏制碱法的工艺流程图

2) 利用二氧化碳制备纳米碳酸钙

生产碳酸钙的矿石原料有大理石、石灰石、方解石、文石等，工艺包括重质碳酸钙的制备和轻质碳酸钙的制备。

纳米碳酸钙的粒径介于 1～100nm，由于晶格结构和表面电子结构发生很大的变化，产生的普通碳酸钙不具备纳米效应，如体积效应、表面效应、量子尺寸效应和宏观量子轨道效应。纳米碳酸钙在补强性、透明性、分散性、触变性等方面都比普通碳酸钙有明显优势，与其他材料之间的微观结合也发生变化，从而在宏观上引起了变化。在橡胶、塑料、造纸、油墨、胶黏剂、造纸等工业领域具有巨大的应用前景。纳米碳酸钙的制备方法有复分解法和碳化法。下面简单介绍利用二氧化碳制备纳米碳酸钙的碳化法。

碳化法，首先将石灰石煅烧制得氧化钙和二氧化碳(窑气)，随后将氧化钙生成氢氧化钙，并在高剪切力下粉碎氢氧化钙悬浮液，通过多节旋液分离除去颗粒及杂质，再将二氧化碳通入氢氧化钙悬浮液。加入适当的晶型控制剂形成一定晶型的碳酸钙浆液，经表面处理、脱水、干燥、粉碎，制得纳米碳酸钙。根据碳化过程的不同，纳米碳酸钙的碳化法分为四种：间歇鼓泡碳化法、连续鼓泡碳化法、连续喷雾碳化法、超重力碳化法。

4. 二氧化碳固定为水杨酸

水杨酸分子式为 $C_6H_4(OH)COOH$，又名邻位羟基苯甲酸，最早用于合成阿司匹林。20 世纪 70 年代，水杨酸用于合成农药杀虫剂，并用于合成直接染料和酸性染料。因此，水杨酸是医药、香料、染料等精细化学品的重要原料。2014 年，利用在水杨酸生产上的二氧化碳总量达到 5000t。水杨酸的合成方法有苯酚法、邻硝基甲苯法、邻甲基苯磺酸法以及邻甲酚法。目前，工业上常用的方法是以苯酚、氢氧化钠和二氧化碳为原料的苯酚法。该法以二氧化碳的压力高低又可分为常压苯酚法和中压苯酚法[44,45]。

常压法：以苯酚为原料，与氢氧化钠反应制得酚钠，在常压下通入二氧化碳进行羧化反应，再用硫酸酸化得到水杨酸，如式(7.11)所示。

$$\text{〈〉—OH + NaOH} \longrightarrow \text{〈〉—ONa} \xrightarrow{CO_2} \text{〈〉—OH(COONa)} \xrightarrow{H_2SO_4} \text{〈〉—OH(COOH)} \tag{7.11}$$

该法的优点是常压操作，安全性好，设备投入也较少，适用于小规模生产，但是该方法的苯酚消耗较高，且苯酚单程转化率底，苯酚循环使用的能耗也比较高。

中压法：苯酚与氢氧化钠反应得到的酚钠在中压下进行羧化，生成苯酚甲酸钠，然后加压条件下进行分子重排，生成水杨酸钠，酸化后制得水杨酸，如式(7.12)所示。

$$\text{〈〉—OH + NaOH} \longrightarrow \text{〈〉—ONa} \xrightarrow[0.7\sim0.8MPa]{CO_2} \text{〈〉—OCOONa}$$

$$\xrightarrow[130\sim140℃]{异构化} \text{〈〉—OH(COONa)} \xrightarrow{H_2SO_4} \text{〈〉—OH(COOH)} \tag{7.12}$$

中压法中，苯酚的单程转化率高、成本低、产品质量好，是目前工业上采用的主要方法。

5. 二氧化碳制备碳酸二甲酯

碳酸二甲酯不仅可用作溶剂，还可以作为汽油、柴油等燃料的添加剂，由于在有机合成和高分子材料中的广泛应用，被称为有机合成的"基块"。

1)直接与甲醇反应制备碳酸二甲酯

碳酸二甲酯的主要合成路线有光气-甲醇法[46]、环状碳酸酯与甲醇的酯交换法[47]、一氧化碳和亚硝酸甲酯法[48]、甲醇的气相氧化羧化法[49]。目前，最常用的方法是利用氧气和一氧化碳氧化羧化甲醇，因为反应的混合物高度易燃，且甲醇和一氧化碳的毒性都很高，该方法的推广受到一定限制。利用甲醇和二氧化碳制备碳酸二甲酯，具有很高的原子经济性，仅仅损失一分子水，且该副产物没有污染，见式(7.13)。

$$CH_3OH + CO_2 \rightleftharpoons CH_3OC(O)OCH_3 + H_2O \qquad (7.13)$$

该反应是平衡反应，平衡常数和甲醇的转化率都很低，因此催化剂的设计相当重要。目前常用的催化体系包括烷基氧金属有机化合物、固体碱催化剂、乙酸盐催化剂、负载型金属催化剂、金属氧化物催化剂以及酸碱催化剂的组合。

2) 利用二氧化碳、甲醇和环氧化物一锅法生成碳酸二甲酯

碳酸二甲酯的合成方法主要采用两步法，先通过二氧化碳和环氧化物的加成反应生成环状碳酸酯，环状碳酸酯再与甲醇通过酯交换反应得到碳酸二甲酯。两步法通常需分离中间产物环状碳酸酯，而增加能耗。利用二氧化碳、甲醇和环氧化物一锅法合成碳酸二甲酯的方法备受关注[50-54]，见式(7.14)。

$$\underset{R}{\overset{O}{\triangle}} + CO_2 + CH_3OH \longrightarrow \underset{H_3CO}{\overset{O}{\|}} \underset{OCH_3}{\overset{}{}} + \underset{R}{\overset{HO \quad OH}{\diagup}} \qquad (7.14)$$

3) 利用二氧化碳和缩醛或原酸酯合成碳酸二甲酯

利用二氧化碳和甲醇直接制备碳酸二甲酯反应中，催化剂失活、热力学平衡及副产物——水引起的碳酸二甲酯水解等原因限制了该反应的发展。使用脱水衍生物(如缩醛或原酸酯)作为原料，可以避免水的不良影响[55]。但是缩醛一般价格昂贵，也制约了该方法的进一步发展，见式(7.15)。

$$\underset{Me}{\overset{Me}{>}}\!\!\!\times\!\!\!\underset{OMe}{\overset{OMe}{}} + CO_2 \xrightarrow[\substack{150\sim180℃ \\ 24h}]{催化Bu_2Sn(OMe)_2} \underset{(DMC)}{\overset{O}{MeO\|OMe}} + \underset{Me}{\overset{O}{\|}} Me \qquad (7.15)$$

$$+2MeOH$$
$$-H_2O$$

6. 二氧化碳制备丙烯酸(酯)

甲基丙烯酸(MAA)是生产甲基丙烯酸甲酯(MMA)及其衍生物的重要中间体，是目前工业上应用十分广泛的合成高附加值产品的关键原料。传统的甲基丙烯酸生产方式主要有丙酮-氰醇法、异丁烷选择氧化法和叔丁醇氧化法等[56]。这

些方法的毒性大、生产成本大、环境污染严重。用二氧化碳和丙烯合成甲基丙烯酸是原子经济性反应，在合成化学、碳资源利用和环境保护等方面有非常重要的意义。

以二氧化碳和丙烯直接固定合成甲基丙烯酸，关键在于活化二氧化碳和丙烯的定位选择性活化。钟顺和等设计了一系列的杂多酸金属氧化物，催化二氧化碳和丙烯反应合成了甲基丙烯酸，提出了如图 7.31 所示的反应机理。反应主要包括四步：①二氧化碳在催化剂表面吸附，形成桥式吸附态；②丙烯在催化剂表面吸附，形成分子吸附态；③催化剂同一活性中心上共吸附的丙烯的 C—H 键中氢亲电进攻吸附二氧化碳的氧形成羧酸根；④由于羧酸根和丙烯解离吸附态中碳的电负性不同，同一活性中心上共吸附的羧酸根亲核进攻丙烯解离吸附态的碳，生成甲基丙烯酸化合物，使得催化剂复原，实现催化循环。

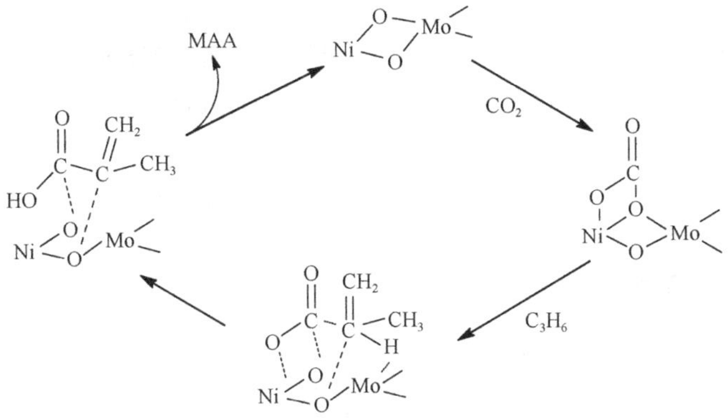

图 7.31　二氧化碳和丙烯合成甲基丙烯酸的反应机理

乙烯与 CO_2 直接羧化制备丙烯酸，至今仍无法实现丙烯酸的完整的催化循环。先前的研究表明，β-H 消除后无法还原消除是该类型反应发展的瓶颈，这是由 M—O 键的解离能量过高造成的。由密度泛函理论计算得出，M—O 键的延长有助于该步反应的顺利进行，于是开始尝试原位羧基化物的甲酯化，即先行的酯化过程断裂 M—O 键，同时为随后的 β-H 消除创造有利的环境。以碘甲烷(MeI)为甲基化试剂的实验表明[式(7.16)][57]，有 10%的丙烯酸甲酯生成，同时伴随着 3%的丙酸以及 11%的丙酸甲酯，并再生了 Ni(O)，证明了设计的可行性。MeI 的量对反应的进程存在较大的影响，逐步提高 MeI 的使用量随之而来的是丙烯酸甲酯收率的提高，但在以 MeI 作为溶剂的情况下反应效果却并没有明显提高。显然MeI 极大过量对反应也有抑制效果，其对 Ni(O) 的氧化加成被认为是主要的原因。而对温度影响的研究发现，提升温度有益于丙烯酸甲酯生成的同时会造成了产物的分解。虽然该体系存在诸多不足之处(收率低、非完整的催化循环等)，但其实现了第一例 β-H 消除得到丙烯酸(酯)的成功转化，具有重大的意义。

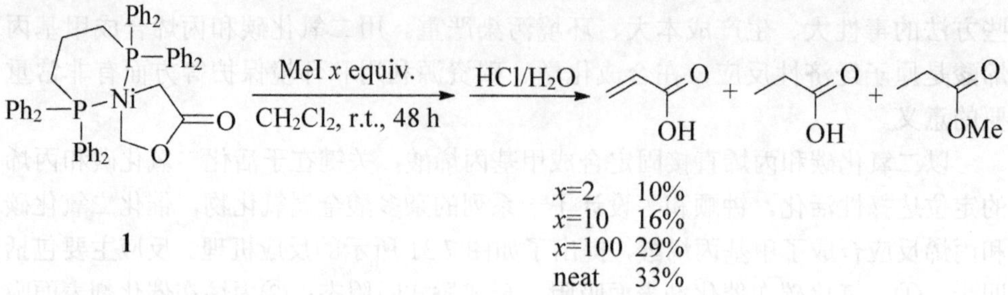

$$
\begin{array}{c}
x=2 \quad 10\% \\
x=10 \quad 16\% \\
x=100 \quad 29\% \\
\text{neat} \quad 33\%
\end{array}
$$

(7.16)

7. 二氧化碳制备异氰酸酯

异氰酸酯最初是由硫酸二烷基酯与氰酸钾的复分解反应制得的，目前光气法成为制备异氰酸酯的主要方法，并大规模应用于生产。光气是一种剧毒气体，一旦泄漏会对环境和人体造成严重危害，同时光气制备异氰酸酯是通过伯胺与光气反应制得，产生 4 倍量的氯化氢。在可持续发展的战略下，非光气法制备异氰酸酯是目前最受关注的异氰酸酯合成路线。非光气法制备异氰酸酯的一个重要反应是 N-取代氨基甲酸酯的热分解反应，这是一个利用二氧化碳的绿色途径，因为 N-取代的氨基甲酸酯可以通过碳酸二甲酯、环状碳酸酯和二氧化碳来制备，碳酸二甲酯和环状碳酸酯均可利用二氧化碳为原料进行制备，见式(7.17)。

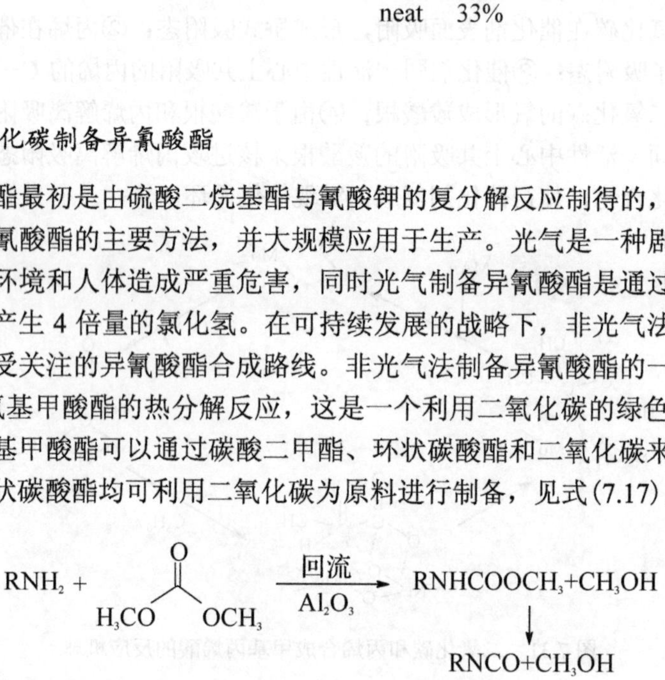

(7.17)

7.4.3 二氧化碳作为碳氧资源化学固定为高分子材料

在上一小节中，二氧化碳作为一种无毒、廉价、储量丰富的 C_1 资源，可固定为尿素、无机碳酸盐、有机碳酸酯、水杨酸、甲基丙烯酸等重要的化合物，为化工原料及精细品合成等领域的原料来源多元化提供了重要的选择。在这一小节中我们来讨论利用二氧化碳反应制备聚合物。从结构上看，二氧化碳是线性结构，二氧化碳处于碳的最高价态，热力学高度稳定，因此二氧化碳的均聚反应基本是不可能发生的，必须使其活化并具有聚合反应的活性，才能突破其热力学的制约。1969 年，S.Inoue 教授发现二氧化碳可以和环氧化物共聚，生成脂肪族聚碳酸酯，从而使二氧化碳作为合成高分子的原料成为可能[58]。

目前研究还发现，二氧化碳可以与炔烃、二卤代物、二元胺、烯烃、二炔、环硫化物、二烯烃、环氮化物等发生共聚或缩聚反应。此外，二氧化碳还可以制备聚氨酯和聚碳酸酯。

1. 二氧化碳和环氧化物共聚制备聚碳酸酯

在二氧化碳共聚物中，二氧化碳和环氧丙烷共聚生成的聚碳酸酯的研究最为深入（图 7.32），也是最有工业化价值的化合物。2014 年，用于生成聚碳酸酯的二氧化碳量达到 1.2Mt。

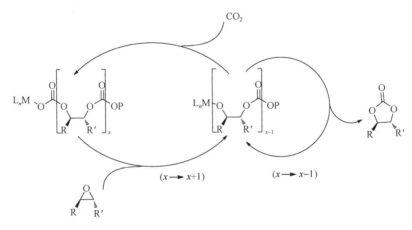

图 7.32　二氧化碳和环氧丙烷的共聚反应机理

自 1969 年 S.Inoue 首次发现二氧化碳-环氧化物共聚物以来，在各国科学家的不断努力下，二氧化碳与环氧化物共聚的催化剂取得了长足的发展，直接推动了二氧化碳-环氧化物共聚物在理论和应用方面的发展。二氧化碳与环氧化物共聚反应的催化剂分为均相催化剂和非均相催化剂两大类，如表 7.3 所示。

表 7.3　二氧化碳与环氧化物共聚反应催化剂

非均相催化剂	烷基锌-含多活泼氢化合物、金属羧酸盐、稀土三元催化剂、双金属氰化物、负载催化剂
均相催化剂	金属卟啉类（Al、Co 等）、锌酚化合物、β-二亚胺锌、金属 salen 配合物、手性脯氨醇类、均相稀土金属配合物、双核锌配合物

2. 二氧化碳共聚制备聚氨酯

聚氨酯是 1937 年由德国化学家 Bayer 率先合成的分子链中含有—N(H)C(O)—键的一类聚合物。传统方式主要通过多元醇与异氰酸酯的聚加成反应制得。目前，以二氧化碳为原料合成聚氨酯的方法也受到关注。例如，利用环氧化物和二氧化碳加成制得分子中含有两个或多个环状碳酸酯小分子/低聚物与二元胺/多元胺反应，合成聚氨酯。如式 (7.18) 所示，氨基与环状碳酸酯反应生成氨酯键的同时，在 β 碳上会生成一个羟基，羟基会与相邻的羰基发生氢键作用，增加聚氨酯的耐水解性和化学稳定性，其拉伸强度以及尺寸稳定性与传统方法制得的聚氨酯相近[59]。

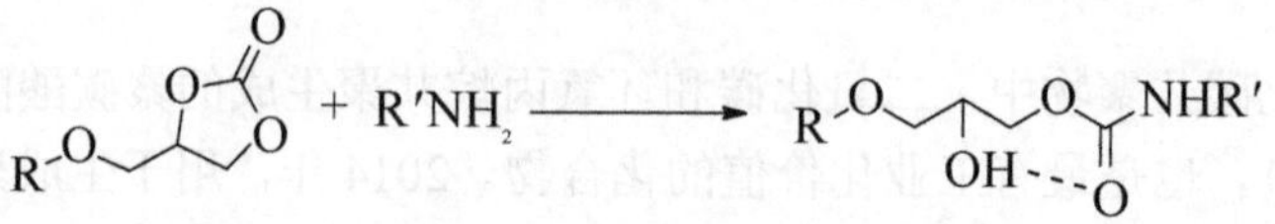

$$(7.18)$$

2012 年，Bähr 等[60]将柠檬烯中的双键经环氧化后，再与二氧化碳反应制备了双末端的柠檬烯环状碳酸酯，再与二元胺反应，生成聚氨酯，如图 7.33 所示。聚氨酯的分子量可以通过调节二元胺与柠檬烯环状碳酸酯的摩尔比进行控制，得到热固性聚氨酯；增加多元胺的官能度，可以同时提高聚氨酯的弹性模量和玻璃转变温度。

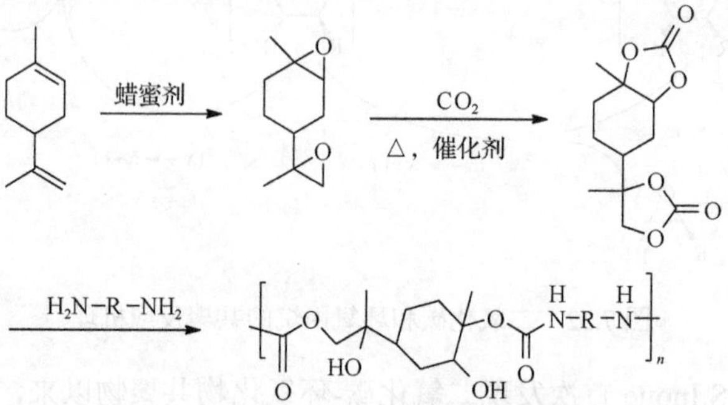

图 7.33　柠檬烯和二氧化碳制备聚氨酯

采用该二元环状碳酸酯与二元胺反应制备聚氨酯是一条绿色的合成路线。由于环状碳酸酯可通过环氧化物与二氧化碳进行环加成反应制得，且该反应目前已经研究得相当透彻，如环氧丙烷与二氧化碳反应制备碳酸丙烯酯已经可以满足大规模工业化的要求，因此该非异氰酸酯基合成聚氨酯从原料来源角度来看是有保障的。

自从 S.Inoue 教授发现二氧化碳可以合成高分子材料以来，近半个世纪，以二氧化碳-环氧丙烷共聚物为代表的聚碳酸酯已经实现了工业化生产。基于二氧化碳多元胺合成聚氨酯的研究也开始具有工业化价值。二氧化碳作为一种可再生资源固定为高分子的基础研究已经显现了非常强大的生命力，成为世界各国的科研机构和工业部门关注的主要研究方向之一。

7.4.4 二氧化碳作为碳氧资源化学固定为能源化学品

二氧化碳能够作为主要反应物参与许多化学反应，但从大规模利用考虑，二氧化碳加氢合成甲醇、甲酸、一氧化碳和甲烷等反应最具研究和应用价值，因为这些产品本来是大宗化学品，还与能源供应密切相关，尤其是甲烷和甲醇，能源价值非常显著。

1. 二氧化碳加氢制备甲醇

甲醇是重要的化工原料，也是一种燃料，全世界的年产量接近 5000t。目前工业上生产甲醇几乎都采用 CO 加压液化加氢的方法。主要原料是煤或者天然气，不仅投资较大，生产成本受煤和天然气价格的影响也较大。而二氧化碳来源广泛，价格低廉，其作为主要的温室气体，目前许多国家都已经制定了限制其排放的政策。因此，二氧化碳加氢制备甲醇，不仅可以制得甲醇这样的大宗能源化学品，而且能有效减排二氧化碳，是推动二氧化碳大规模综合利用的最重要途径之一[61]。

二氧化碳加氢合成甲醇的过程包含多个同时存在的反应，其主要副反应是二氧化碳还原成一氧化碳。主要的反应方程式及相关热力学数据如图 7.34 所示。

$$CO_2 \quad + \quad 3H_2 \longrightarrow CH_3OH \quad + \quad H_2O$$

$$\Delta H^\ominus(298K) = -49.01kJ \cdot mol^{-1} \qquad \Delta G^\ominus(298K) = 3.79kJ \cdot mol^{-1} \qquad \Delta n = -2$$

$$CO_2 \quad + \quad H_2 \longrightarrow CO \quad + \quad H_2O$$

$$\Delta H^\ominus(298K) = +41.17kJ \cdot mol^{-1} \qquad \Delta G^\ominus(298K) = 28.64kJ \cdot mol^{-1} \qquad \Delta n = 0$$

图 7.34 二氧化碳加氢合成甲醇

生成甲醇的反应，$\Delta n = -2$，是分子数减少的放热反应，$\Delta n = 0$，是分子数不变的生成一氧化碳的反应，是逆水汽变换反应，属于吸热反应。从热力学角度分析，温度升高有利于生成一氧化碳，不利于生成甲醇。因此，随着温度升高，甲醇的选择性会降低。为了提高甲醇的选择性，反应通常在比较低的温度进行，但二氧化碳具有一定的惰性，反应温度太低会导致生产甲醇的反应速率过慢，不能获得比较高的甲醇收率。目前，温度一般控制在 200～280℃，可获得最大收率。另外，如果增加压力，也有利于生成甲醇，但实际工作中压力的选择还必须要考虑设备的承受能力。

由于二氧化碳加氢合成甲醇的复杂性，从分子水平上认识这一反应机理尤为重要。目前一般有两种观点：第一种观点认为二氧化碳加氢通过逆水汽变换反应生成一氧化碳，然后加氢合成甲醇[62]；第二种观点认为二氧化碳直接加氢合成甲醇，不经过一氧化碳中间体，如图 7.35 所示。

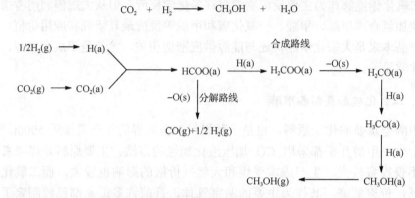

图 7.35　二氧化碳加氢直接合成甲醇

　　二氧化碳加氢合成甲醇通常有两种反应途径：第一种是甲酸盐途径，[HCOO] 的形成是决速步骤[63-66]。甲酸盐机理表明，一氧化碳可能由甲醇分解产生。S.E.Collins 等[67]采用原位傅立叶红外光谱研究了 Pd/β-Ga$_2$O$_3$ 催化剂催化加氢生成甲醇的中间体（图 7.36）。该反应遵循甲酸盐途径，经过[HCOO]、[H$_2$COO]、[CH$_3$O] 最终形成 CH$_3$OH。第二种途径是基于 DFT 计算，P.Liu 等[68]发现二氧化碳在硫化钼表面上通过[HOCO]中间体转成 CO，CO 再氢化成 HCO 自由基，随后再进一步氢化形成甲醇。

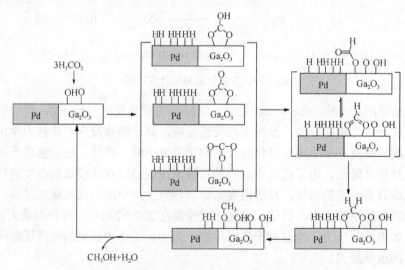

图 7.36　Pd/β-Ga$_2$O$_3$ 催化剂催化加氢生成甲醇

　　目前利用二氧化碳加氢制备甲醇的催化剂有两大类，一类是以 Cu 元素作为主要活性成分的 Cu 基催化剂，另一类是以贵重金属作活性组分的负载型催化剂。目前 Cu 基催化剂研究最多，综合性能最好。

2. 二氧化碳加氢制备甲酸

甲酸是最简单的脂肪酸，也是一种基本化工原料，主要由甲酸钠水解法、甲酰胺水解法以及甲醇羰基化法来合成。近年来，二氧化碳加氢合成甲酸受到人们关注。该反应是一个原子经济性 100%的反应，符合当代绿色化学发展趋势，已经成为二氧化碳活化和利用的重要研究方向[59]。

该反应的反应自由能为正值，是一个热力学不利的反应。即便在高压和较高温度下，反应也很难实现向二氧化碳加氢反应制备甲酸高效转化方向进行。要达到高效转化，首先要打破反应热力学平衡控制，一方面及时移去反应产物(如通过酯化反应或加入无机弱碱来中和生成的酸)[69]，另一方面要寻求合适的催化剂，因而开发高效的催化剂显得尤为重要。表 7.4 总结了目前用于二氧化碳加氢合成甲酸(盐)所开发使用的均相催化剂。

表 7.4　CO_2 加氢合成甲酸(盐)的催化剂

催化剂前驱体	溶剂	助剂	$p(H_2)/p(CO_2)$/MPa	T/℃	TON	TOF/h^{-1}
$RhCl(PPh_3)_3$	MeOH	PPh_3, NEt_3	2/4	25	2700	125
$Ru_2(CO)_5(dppm)_2$	Acetone	NEt_3	3.8/3.8	25	207	207
$CpRu(CO)(\mu\text{-}dppm)Mo(CO)_2Cp$	C_6H_6	NEt_3	3/3	120	43	1
$TpRu(PPh_3)(CH_3CN)H$	THF	NEt_3,H_2O	2.5/2.5	100	760	48
$TpRu(PPh_3)(CH_3CN)H$	CF_3CH_2OH	NEt_3	2.5/2.5	100	1815	113
$RuCl_2(PMe_3)_4$	$ScCO_2$	NEt_3,H_2O	8/14	50	7200	153
$RuCl(OAc)(PMe_3)_4$	$ScCO_2$	NEt_3/C_6F_5OH	7/12	50	31667	95000
$(\eta^6\text{-}arene)Ru(oxinato)$	H_2O	NEt_3	5/5	100	400	40
$(\eta^6\text{-}arene)Ru(bis\text{-}NHC)$	H_2O	KOH	2/2	200	23000	306
$[Cp^*Ir(phen)Cl]Cl$	H_2O	KOH	3/3	120	222000	33000
$PNP\text{-}Ir(III)$	H_2O	KOH, THF	3/3	120	3500000	73000
$Cp^*Ir(NHC)$	H_2O	KOH	3/3	80	1600	88
$NiCl_2(dcpe)$	DMSO	DBU	4/16	50	4400	20
$Si(CH_2)_3NH(CSCH_3)Ru$	C_2H_5OH	PPh_3, NEt_3	4/11.7	80	1384	1384
$Si(CH_2)_3NH(CSCH_3)RuCl_3(PPh_3)$	H_2O	IL	8.8/8.8	80	1840	920

在40℃、70h条件下，Ru水合配合物在酸性水溶液中催化二氧化碳加氢合成甲酸，TOF为55[70]。该水合配合物在酸性条件下和氢气生成氢化物，然后与二氧化碳生成甲酸盐配合物，最后生成甲酸(图7.37)。

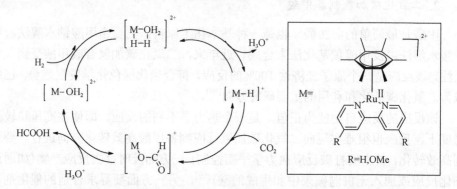

图7.37　Ru水合配合物在酸性水溶液中催化二氧化碳加氢合成甲酸

另外，负载催化剂催化实现二氧化碳制备甲酸的反应，也有不少研究。例如，碱性离子液体与硅胶负载的Ru配合物结合实现了甲酸的制备[69]。其中，离子液体具有非挥发性及适中的碱性，硅胶负载的Ru配合物具有选择性和活性。甲酸能通过加热收集得到(图7.38)。

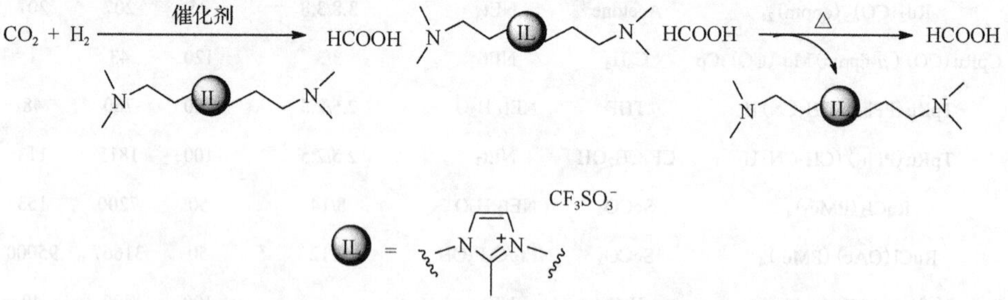

图7.38　碱性离子液体与硅胶负载的Ru配合物催化制备甲酸

3. 二氧化碳加氢制备一氧化碳

通过逆水汽变换反应将二氧化碳转化成一氧化碳是最有希望的二氧化碳的利用方法之一[71]。如式(7.19)所示。

$$CO_2 + H_2 \longrightarrow CO + H_2O \qquad (7.19)$$

事实上，逆水汽变换反应发生在很多过程中，另外，二氧化碳和氢气也在其他很多反应的混合物中存在。无论从经济的角度还是基础研究的角度来看，逆水汽变换反应都是值得研究的反应。目前，研究的最多的体系是 Cu 基体系。

4. 二氧化碳加氢制备甲烷

甲烷是天然气的主要组成部分，也是非常重要的化工原料，主要用于合成氨和甲醇。随着石油资源的匮乏，甲烷将来会成为基本化学品的主要碳源。目前，二氧化碳加氢合成甲烷已经引起了人们的关注。二氧化碳甲烷化有很多应用，包括制备合成气及天然气等。

二氧化碳甲烷化反应是由法国化学家 Paul Sabatier 首先发现，因此该反应又称为 Sabatier 反应[72]。其反应过程是将二氧化碳和氢气按照一定的比例通入装有催化剂的特殊反应器内，在一定的温度和压力下，生成甲烷和水[式(7.20)]。

$$CO_2 + 4H_2 \longrightarrow CH_4 + 2H_2O \qquad (7.20)$$

该反应为放热反应，适宜在较低温度下进行。通常这个过程控制在 177～527℃的温度范围内。当反应温度超过 595℃时，反应就会向反方向进行。为维持反应器内温度在要求的范围内，必须对反应器进行温度控制。二氧化碳甲烷化在热力学上是有利的，然而四价碳还原成甲烷是一个受动力学限制的过程，需要合适的催化剂来确保一定的反应速率和选择性[72]。

自从 Paul Sabatier 等报道了 Ni 催化二氧化碳甲烷化之后，已经发展了许多催化体系。H.Tropsch 比较了不同金属在不同温度下的甲烷化活性[73]，不同的金属活性顺序为：Ru＞Ir＞Rh＞Ni＞Co＞Os＞Pt＞Fe＞Mo＞Pd＞Ag。根据金属的重要性，这个顺序缩短为 Ru＞Ni＞Co＞Fe＞Mo。

对于 Ni 催化体系，载体的选择是重要研究内容之一，所采用的载体(表 7.5)通常是具有高表面积的氧化物，载体本身性质和载体与 Ni 之间的相互作用，决定了反应的活性、选择性等[74]。

表 7.5 不同方法制备的 Ni 催化剂及其 CO_2 甲烷化的活性比较

催化剂	制备方法	分散度/%	T/K	TON×10^3/s^{-1}
4.3% Ni/SiO$_2$-RHA	IE	40.7	773	17.2
4.1% Ni/SiO$_2$-gel	IE	35.7	773	11.8
3.5% Ni/SiO$_2$-RHA	DP	47.6	773	16.2
3.0% Ni/SiO$_2$	I	39.0	550	5.0

可能的二氧化碳甲烷化反应机理如图 7.39 所示。

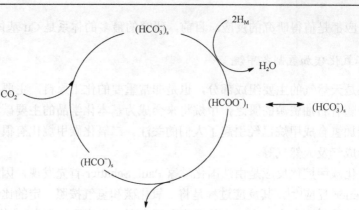

图 7.39 二氧化碳甲烷化反应机理

s-载体，M-金属，1-金属-载体界面

5. 二氧化碳加氢制备碳氢化合物

费托合成(Fischer-Tropsch process)又称 F-T 合成，是以合成气(一氧化碳和氢气的混合气体)为原料在催化剂和适当条件下合成液态烃或者碳氢化合物的工艺工程[75]。大致分为甲醇路线和非甲醇路线。甲醇路线是二氧化碳和氢气生成甲醇，然后甲醇逐步转变为汽油或者其他类型的碳氢化合物。由于是烯烃和氢气催化加氢的反应，甲醇路线的主要产物是轻烷烃。如式(7.21)～式(7.25)所示。

$$CO_2/H_2 \xrightarrow{\ Fe\cdot Zn\text{-}Zr\ } CH_3OH \tag{7.21}$$

$$CH_3OH \xrightarrow{\ Fe\cdot Zn\text{-}Zr\ } C_1,C_4 \tag{7.22}$$

$$CH_3OH \xrightarrow{\ HY\ } C_1,C_2,C_3,C_4,C_5 \tag{7.23}$$

$$C_3 + CH_3OH \xrightarrow{\ HY\ } i\text{-}C_4 \tag{7.24}$$

$$C_2 + C_3 \xrightarrow{\ HY\ } i\text{-}C_5 \tag{7.25}$$

非甲醇合成路线的二氧化碳氢化过程分成逆水汽反应和费托反应。氢化过程中，二氧化碳先还原为 CO 的反应，随后 CO 和氢气发生费托反应生成碳氢化合物，反应式见式(7.26)和式(7.27)。Co、Fe、Mn、Ce 化合物作为催化剂研究的较多。

$$CO_2 + H_2 \longrightarrow CO + H_2O \quad \Delta_r H_{573K}=38kJ \cdot mol^{-1} \qquad (7.26)$$

$$CO_2 + 2H_2 \longrightarrow \overset{H_2}{-C-} + H_2O \quad \Delta_r H_{573K}=-166kJ \cdot mol^{-1} \qquad (7.27)$$

二氧化碳的过度排放，带来了一系列的环境和气候问题，二氧化碳的利用已经成为世界各国科研工作者和工业界的研究热点，其中利用二氧化碳作为可再生资源转化为有用的燃料、能源化学品以及精细化学品是一套绿色环保的可持续发展路线。虽然二氧化碳是化学稳定的，但在一定条件下，通过化学活化，可以转化成具有价值的化学品和能源产品。尽管有些反应在实际应用和经济性上还有差距，但最终的突破指日可待。

7.5 水资源的利用

地球表面 71%被水覆盖，孕育和滋养着丰富多样的生命体。作为重要的可再生资源，水与我们的生活息息相关，用于饮用、灌溉、养殖、发电、工业生产、运输等。除此之外，水还可作为能源，用于解决由于化石能源的所造成的各种环境问题及不可持续性问题。这是因为水中含11%氢，可用于生产高能量密度的氢气。氢气不但含能高，而且燃烧产物是水，不排放任何温室效应气体，是污染物零排放。目前，氢气已被列为潜在的清洁能源燃料。除可用作燃料外，氢气还可用于氢燃料电池，用于各类电子设备及电驱动车。然而，目前氢气主要是利用热解化石燃料制备，不可持续。许多科研工作者研究从水中制取氢气，实现制氢的可持续性发展。目前，已发展了多种方法和技术，包括电解水制氢、光电化学分解水制氢、光催化分解水制氢、热化循环制氢、光生物分解水制氢、热解水制氢、辐解水制氢、配合物分解水等。

7.5.1 电解水制氢

水(H_2O)被直流电电解生成氢气(H_2)和氧气(O_2)的过程被称为电解水。很早就有关于电解水制氢的研究，是紧随电的发现和发展而出现的。早在 1789 年，Jan Rudolph Deiman 和 Adriaan Paets van Troostwijk 两人利用静电装置发电电解水[76]。1800 年，Alessandro Volta 发明了伏打电池，随即 William Nicholson 和 Anthony Carlisle 两人就利用伏打电池研究电解水[76]。随着 1869 年 Zénobe Gramme 发明直流发电机后，电解水受到更多关注。在 1888 年，Dmitry Lachinov 利用电解的方法实现氢气和氧气在工业上的制备(图 7.40)。

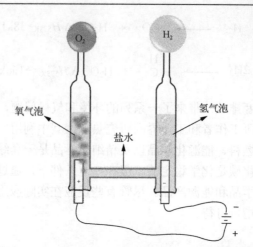

图 7.40　电解水示意图

在电解水时，阴阳电极发生两个不同的半反应。在阴极通过还原水产生氢气[式(7.28)]；在阳极则通过氧化水产生氧气[式(7.29)]。在标准大气压和温度下，阳极上析氧反应的电极电势为 1.23V，阴极上析氢反应的电极电势为 0.00V，因此在一个大气压和 25℃下，电解水所需要的理论最小电压为 1.23V。但是，实际上有效电解水需要的电压要高于这个理论最小电压。这是因为电解过程是动力学控制的，反应取决于很多因素，如活化能、离子的迁移(扩散)和浓度、导线电阻、表面位阻(包括气泡的形成，引起电极的阻隔)、熵等。实际操作中所使用的电压高出理论电压的电压称为过电位。

$$阴极(还原反应)：2\,H^+_{(aq)} + 2\,e^- \longrightarrow H_{2(g)} \qquad E^\ominus = +1.23\ V \quad (7.28)$$

$$阳极(氧化反应)：H_2O_{(l)} \longrightarrow O_{2(g)} + 4\,H^+_{(aq)} + 4\,e^- \qquad E^\ominus = +0.00\ V \quad (7.29)$$

$$总反应：2\,H_2O_{(l)} \longrightarrow 2\,H_{2(g)} + O_{2(g)}$$

目前，工业上制氢主要是利用化石资源热解制备的，成本较低。降低电解水的成本是科研工作者研究的重点。为此也发展出不同的技术，如高压电解水、高温电解水等。

高压电解水是指先将水加压，然后电解，产生的氢气压力可达 12～20MPa，所以无须再将氢气压缩[77]。压缩水所需的成本远低于直接压缩氢气的成本。这种压缩水所用的平均能耗约占总能耗的 3%。

高温电解水(100～850℃)是降低成本的另一个途径[78]。因为高温下电解反应的效率大大提高，而且加热所需的耗费低，所以高温电解水制氢比传统室温电解经济高效，但是所得氢气的成本仍然较高，无法与传统化石裂解制氢相匹敌。如果热源源自非化石资源(如太阳能、核能、地热等),同时电也来自于非化石资源(如太阳能、风能、核能等),高温电解水制氢才有可能在经济上可行。

7.5.2 光电化学分解水制氢

光电化学分解水制氢的过程和电解水类似[79]。过程如图 7.41 所示,太阳光激发硅电极表面的自由电子。这些电子经由导线传导至不锈钢铁电极,在此四个电子与四分子水反应生成两分子氢气和四个 OH⁻。OH⁻经电解液到达硅电极表面,与四个空穴反应生成四个光生电子,同时产生两分子水和一分子氧气。和电解水类似,利用光电化学分解水制氢,氢气和氧气分别在两电极上产生,所以无须再分离。不过,因为体系复杂,电荷传输、离子迁移等都影响分解效率。同时,硅电极很容易腐蚀,因而需要开发耐腐蚀的半导体电极。目前,研究开发耐腐蚀电极是该领域研究的一个重要研究方向。

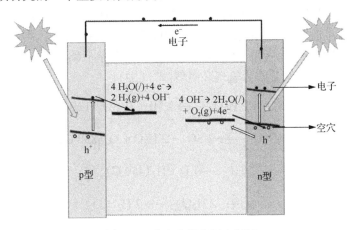

图 7.41　光电化学分解水制氢

7.5.3 光催化分解水制氢

光催化分解水反应类似于植物的光合作用,是人工模拟光合作用[80]。在光照的条件下,水在催化剂表面直接分解为氢气和氧气。与光电化学分解水制氢不同,光催化分解水制氢反应体系简单,直接将催化剂分散在水中,在光照条件下,水就在催化剂表面被分解为氢气和氧气。因为催化反应体系简单,所以和光电化学分解水制氢相比,光催化分解水制氢效率更高。在 pH = 0 时,分解水的最小带宽是 1.23eV,对应的光波长为 1008nm,因而理论上光催化剂分解水的光可至红外区,不过红外光下催化剂活性极低,几乎可以忽略。目前,利用 NaTaO₃/La 为催化剂,氧化镍为助催化剂,汞灯为光源,石英制反应器,每小时光解纯水产氢量为 19800μmol/h,产氧量为 9700μmol/h。催化分解水的量子效率最高已达到 56%,

即催化剂吸收 100 个光子中的 56 个用于有效分解水[80]。不过，因为成本的原因，工业应用光催化分解水制氢仍然在经济上不可行。目前，关于这个领域的研究重点有：①提高催化剂的稳定性，克服催化剂在反应过程中腐蚀溶解的问题；②提高催化剂对太阳光的利用效率，即扩大催化剂对光的使用范围，不仅仅包括紫外光，甚至利用可见光及红外光也能有效催化反应进行，这样就可利用太阳光来分解水制氢，可大大降低成本。

7.5.4　热化学循环制氢

　　许多化合物与水反应都能释放出氢气。例如，碱性条件下金属铝与水反应；$NaBH_4$ 与水反应。不过这些化学方法制氢不是可持续的，不是理想的方法。热化循环方法的净反应是将水分解制得氢气和氧气。目前，已发展出多种体系，原理类似。这里就以硫-碘循环为例来说明（图 7.42）[81]。首先，在 120℃下，单质碘（I_2）、二氧化硫（SO_2）和水发生氧化还原反应，得到 HI 和 H_2SO_4[式(7.30)]。HI 可以通过蒸馏或液液萃取分离出来；然后，在 830℃加热 H_2SO_4 分解，得到二氧化硫、水、氧气[式(7.31)]；而所得 HI 在 450℃分解，得到单质碘及氢气[式(7.32)]。三个反应的净反应就是水分解为氢气和氧气[式(7.33)]。

$$I_2 + SO_2 + 2\,H_2O \longrightarrow 2\,HI + H_2SO_4\,(120℃) \tag{7.30}$$

$$2\,H_2SO_4 \longrightarrow 2\,SO_2 + 2\,H_2O + O_2\,(830℃) \tag{7.31}$$

$$2\,HI \longrightarrow I_2 + H_2\,(450℃) \tag{7.32}$$

$$净反应：2\,H_2O \longrightarrow 2\,H_2 + O_2 \tag{7.33}$$

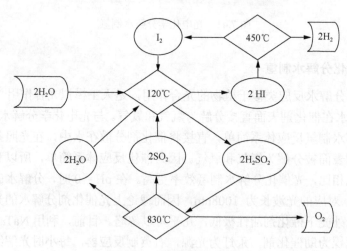

图 7.42　硫-碘循环分解水

硫-碘循环的最高操作工作温度约为 900℃，即实际操作时在 900℃ 分解硫酸。该法的热利用率为 41%，预计可达 50%；所有化合物都为流体(液体或气体)，适于连续操作；反应体系完全封闭(除排出氢气和氧气外)，没有副产物。但是，过程中的中间体具有腐蚀性，需要由先进的防腐材料制造设备。

除硫-碘循环外，目前已研究许多其他热化学循环体系。不同体系的最高操作温度的差异很大。例如，铜-氯循环的最高操作工作温度为 550℃，热利用率为 41%；锌-氧化锌循环的最高操作工作温度为 1900℃，热利用率为 44%；铁-氧循环的最高操作工作温度为 2200℃；热利用率为 42%。

利用廉价的太阳能、核能、地热等作为热源，热化学循环制氢是非常高效的制氢途径[82,83]。

7.5.5 光生物分解水制氢

光生物分解水制氢其实是利用生物制取氢气[84]。早在 1939 年，Hans Gaffron 在研究绿藻(*Chlamydomonas reinhardtii*)时发现，有时绿藻可以由产生氧气的正常光合作用转变为产生氢气的反应。不过 Hans Gaffron 最终没能明白这种变化的原因。此后，许多科学家也努力发掘，但都失败了。直到 20 世纪 90 年代，通过进一步研究发现，水藻由正常产氧的光合作用变为析氢，起关键作用的酶是氢化酶。当有氧气存在时，氢化酶就会失去作用；而当体系中有硫存在时，水藻在消耗硫时会阻止内部氧气流，为氢化酶起作用而创造了条件，使水藻产生氢气。光生物分解水制氢的条件比较温和，是非常绿色的制氢途径。目前，光生物分解水制氢技术仍在不断发展，但大多数只停留在实验阶段，开发经济、高效的光生物制氢技术是制氢技术的重要研究方向。

水作为可再生资源，不但在传统方面为人类的生存和发展起到无可替代的作用，而且当与太阳能、地热、风能、核能等结合，水还可以为我们高效经济地提供氢气，成为清洁廉价可持续的能源。

7.6 太阳能利用

太阳能是太阳内部连续不断的核聚变反应产生的能量。太阳能储量丰富且无污染性，具有独特的优势，被国际公认为未来最具竞争性的能源之一。如何有效利用太阳能自然成人们的解决能源危机的选项。目前，随着相关技术的发展，太阳能的利用迅猛发展，主要用于发电，包括光伏发电、太阳能热发电。此外，科学家们还研究了其他的太阳能利用方式，包括分解水制氢气、光催化还原二氧化碳、污水净化等。

7.6.1 分解水制氢气

利用太阳能分解水制取氢气是将太阳能转化为化学能的重要绿色途径，其方法和原理在前一节有详细的介绍，包括光电化学分解水制氢、光催化分解水制氢、光生物分解水制氢。此外，也可利用太阳热能作为热源，采用热化循环的方法分解水制氢。

7.6.2 光催化还原二氧化碳

绿色植物利用太阳能通过光合作用把二氧化碳和水转变为碳水化合物，同时释放出维系动物(包括人)生命的氧气[85]。绿叶给了科学家启示，利用类似的原理，采用人工方法将温室气体二氧化碳和水，转化为可供使用的碳氢能源化合物。

光催化还原二氧化碳基本原理为太阳光激发半导体光催化材料产生光生电子-空穴。空穴有很强的氧化能力，能将水氧化，产生氧气和质子；光生电子有很强的还原性能力，可将二氧化碳还原。通常还原产物有一氧化碳、甲酸、甲醛、甲醇、甲烷及含多个碳的烃类。反应过程在常温常压下进行，原料简单易得，直接利用太阳能无须耗费辅助能源，就可实现碳循环，因此是最具前景的二氧化碳转化方法。

二氧化碳光还原反应中单电子、两电子、六电子、八电子、十二电子及十四电子的还原电势及相应产物，反应式见式(7.34)～式(7.40)。

$$CO_2+2H^++2\ e^- \longrightarrow CO+H_2O \qquad E^0=-0.51\ V \qquad (7.34)$$

$$CO_2+2H^++2\ e^- \longrightarrow HCO_2H \qquad E^0=-0.58\ V \qquad (7.35)$$

$$CO_2+4\ H^++4\ e^- \longrightarrow HCHO+H_2O \qquad E^0=-0.48\ V \qquad (7.36)$$

$$CO_2+6\ H^++6\ e^- \longrightarrow CH_3OH+H_2O \qquad E^0=-0.39\ V \qquad (7.37)$$

$$CO_2+8\ H^++8\ e^- \longrightarrow CH_4+2\ H_2O \qquad E^0=-0.24\ V \qquad (7.38)$$

$$2CO_2+12\ H^++12\ e^- \longrightarrow C_2H_5OH+3\ H_2O \qquad E^0=-0.33\ V \qquad (7.39)$$

$$2CO_2+14\ H^++14\ e^- \longrightarrow C_2H_6+4\ H_2O \qquad E^0=-0.27\ V \qquad (7.40)$$

理论上只要合成禁带宽度与光的能量相匹配，导带和价带的位置与反应物的氧化-还原电位相匹配的半导体光催化剂就可以通过光催化反应来人工模拟植物的光合作用，以达到还原二氧化碳的目的。

目前，关于二氧化碳的还原研究主要集中在以二氧化钛为核心材料的表面修饰上。这是因为二氧化钛廉价、无毒和光稳定性好，且成分简单容易制备。但是，二氧化钛只能吸收占太阳能 4%的紫外光，因而太阳能利用效率低，限制了其应用。通过表面修饰或元素掺杂方式可将二氧化钛的光响应范围扩展到可见光区。然而，目前通过元素掺杂获得的可见光光催化材料，同样存在能量转化效率低的问题，而且稳定性变差。因此，需要开发直接对可见光响应的光催化材料[86]。

7.6.3 污水净化

许多工业废水中会含有毒性有机污染物以及难以直接生物降解的有机污染物。这些有机污染物种类和数量巨大，包括有机染料、酚、联苯、农药、化肥、烃类、塑化剂、洗涤剂、石油、油脂、医药、蛋白质、碳水化合物等[87]。这些污染物严重影响着生态环境，例如，一些有机染料可以吸收和反射阳光到水里面，干扰细菌的生长，致使细菌数量降低，不能有效分解水中杂质。如何高效降解有机污染物是人们关注的一个重要课题。深度氧化技术通过产生具有氧化能力的自由基，可有效降解有机污染物。根据自由基的产生方式和反应条件的不同，可将深度催化技术分为光化学氧化、催化湿式氧化、生化学氧化、臭氧氧化、电化学氧化、Fenton 氧化等。

由于光化学氧化可直接以太阳光为能源，在半导体光催化剂(TiO_2、ZnO、Fe_2O_3、CdS、GaP 及 ZnS)的作用下，把废水中的有机污染物降解，转化为可生物降解的或低毒有机物，甚至转化为完全无害的 CO_2 和 H_2O[87,88]。光催化氧化的机理是半导体在太阳光的照射下，发生电子跃迁产生光生电子-空穴，从而发生一系列反应。例如，光生电子可与溶解氧反应产生氧自由基；空穴从水中夺取电子，从而产生羟基自由基等(图 7.43)。

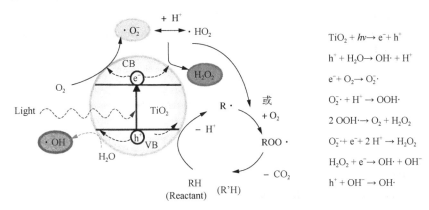

图 7.43　光化学氧化有机污染物净化水

7.7　可再生资源利用的展望

煤和石油等化石资源仍是当今社会的主要能源物质。随着历史的进程，大量消耗必将导致其枯竭，同时带来了非常严重的环境问题。因而，在当今社会，以化石资源为基础的现代工业化社会发展的模式是难以持续的。利用高效、清洁、可再生性资源，已成为维持社会可持续发展的紧迫任务。面对这样的现实，世界各国为解决自身乃至全世界的资源供应问题都在千方百计地寻找出路，多方采取措施。经过人们的共同努力，在可再生资源的开发和利用上取得了长足的进步。我们相信通过绿色化学技术，我们将创造更加美好的现代化生活，绿色资源将继续支撑人类社会的可持续发展。

参 考 文 献

[1] Anastas P T, Warner J C. Green Chemistry: Theory and Practice. New York: Oxford University Press, 1998: 30.

[2] He M, Sun Y, Han B. Green carbon science: scientific basis for integrating carbon resource processing, utilization, and recycling. Angew Chem Int Ed, 2013, 52(37): 9620-9633.

[3] 世界环境与发展委员会. 我们共同的未来. 北京: 世界知识出版社, 1989.

[4] 张家诚. 中国自然资源丛书(气候卷). 北京: 中国环境科学出版社, 1995.

[5] 张铁键. 环境可再生资源的开发和利用. 环境与生活, 2014(10): 138-139.

[6] 汪维云, 朱金华, 吴守一. 纤维素科学及纤维素酶的研究进展. 江苏理工大学学报, 1998(03): 20-28.

[7] 尹芳, 张无敌, 许玲等. 生物质资源综合利用. 北京: 化学工业出版社, 2017.

[8] 李朝军, 王东. 绿色化学理论与应用. 北京: 科学出版社, 2002.

[9] 陈冠益, 马文超, 颜蓓蓓. 生物质废物资源综合利用技术. 北京: 化学工业出版社, 2015.

[10] 袁振宏, 吴创之, 马隆龙. 生物质能利用原理与技术. 北京: 化学工业出版社, 2016.

[11] Zainal N A, Zulkifli N W M, Gulzar M, et al. A review on the chemistry, production, and technological potential of bio-based lubricants. Renew Sust Energ Rev, 2018, 82: 80-102.

[12] Soga K, Chiang W Y, Ikeda S. Copolymerization of carbon dioxide with propyleneimine. J Polymer Sci Polymer Chem Ed, 1974, 12(1): 121-131.

[13] Palmer D A, Van Eldik R. The chemistry of metal carbonato and carbon dioxide complexes. Chem Rev, 1983, 83(6): 651-731.

[14] Braunstein P, Matt D, Nobel D. Reactions of carbon dioxide with carbon-carbon bond formation catalyzed by transition-metal complexes. Chem Rev, 1988, 88(5): 747-764.

[15] Gibson D H. The organometallic chemistry of carbon dioxide. Chem Rev, 1996, 96(6): 2063-2096.

[16] Aresta M D A. Utilisation of CO_2 as a chemical feedstock: opportunities and challenges. Dalton Trans, 2007, 28: 2975-2992.

[17] Song Q W, Zhou Z H, He L N. Efficient, selective and sustainable catalysis of carbon dioxide. Green Chem, 2017, 19(16): 3707-3728.

[18] Tsipis C A, Karipidis P A. Mechanistic insights into the Bazarov synthesis of urea from NH_3 and CO_2 using electronic structure calculation methods. J Phys Chem A, 2005, 109(38): 8560-8567.

[19] Shen Z, Chen X, Zhang Y. New catalytic systems for the fixation of carbon dioxide. 2. Synthesis of high molecular weight epichlorohydrin/carbon dioxide copolymer with rare earth phosphonates/triisobutyl-aluminium systems. Macromol Chem Phys, 1994, 195(6): 2003-2011.

[20] Darensbourg D J, Holtcamp M W. Catalysts for the reactions of epoxides and carbon dioxide. Coord Chem Rev, 1996, 153: 155-174.

[21] Caló V, Nacci A, Monopoli A, et al. Cyclic carbonate formation from carbon dioxide and oxiranes in tetrabutylammonium halides as solvents and catalysts. Org Lett, 2002, 4(15): 2561-2563.

[22] He L N, Yasuda H, Sakakura T. New procedure for recycling homogeneous catalyst: propylene carbonate synthesis under supercritical CO_2 conditions. Green Chem, 2003, 5(1): 92-94.

[23] Sit W N, Ng S M, Kwong K Y, et al. Coupling reactions of CO_2 with neat epoxides catalyzed by PPN salts to yield cyclic carbonates. J Org Chem, 2005, 70(21): 8583-8586.

[24] De Pasquale R J. Unusual catalysis with nickel(0) complexes. J Chem Soc, Chem Commun, 1973(5): 157-158.

[25] Kruper W J, Dellar D D. Catalytic formation of cyclic carbonates from epoxides and CO_2 with chromium metalloporphyrinates. J Org Chem, 1995, 60(3): 725-727.

[26] Ema T, Miyazaki Y, Koyama S, et al. A bifunctional catalyst for carbon dioxide fixation: Cooperative double activation of epoxides for the synthesis of cyclic carbonates. Chem Comm, 2012, 48(37): 4489-4491.

[27] Jacobsen E N. Asymmetric catalysis of epoxide ring-opening reactions. Acc Chem Res, 2000, 33(6): 421-431.

[28] Chang T, Jin L, Jing H. Bifunctional chiral catalyst for the synthesis of chiral cyclic carbonates from carbon dioxide and epoxides. ChemCatChem, 2009, 1(3): 379-383.

[29] Zhang S, Huang Y, Jing H, et al. Chiral ionic liquids improved the asymmetric cycloaddition of CO_2 to epoxides. Green Chem, 2009, 11(7): 935-938.

[30] Peng J, Deng Y. Cycloaddition of carbon dioxide to propylene oxide catalyzed by ionic liquids. New J Chem, 2001, 25(4): 639-641.

[31] Kawanami H, Sasaki A, Matsui K, et al. A rapid and effective synthesis of propylene carbonate using a supercritical CO_2-ionic liquid system. Chem Comm, 2003(7): 896-897.

[32] Sun J, Fujita S-i, Zhao F, et al. Synthesis of styrene carbonate from styrene oxide and carbon dioxide in the presence of zinc bromide and ionic liquid under mild conditions. Green Chem, 2004, 6(12): 613-616.

[33] Yang Z Z, He L N, Miao C X, et al. Lewis basic ionic liquids-catalyzed conversion of carbon dioxide to cyclic carbonates. Adv Synth Catal, 2010, 352(13): 2233-2240.

[34] Yamaguchi K, Ebitani K, Yoshida T, et al. Mg–Al mixed oxides as highly active acid–base catalysts for cycloaddition of carbon dioxide to epoxides. J Am Chem Soc, 1999, 121(18): 4526-4527.

[35] Yasuda H, He L N, Sakakura T. Cyclic carbonate synthesis from supercritical carbon dioxide and epoxide over lanthanide oxychloride. J Catal, 2002, 209(2): 547-550.

[36] Sankar M, Tarte N H, Manikandan P. Effective catalytic system of zinc-substituted polyoxometalate for cycloaddition of CO_2 to epoxides. Appl Catal A Gen, 2004, 276(1): 217-222.

[37] Tu M, Davis R J. Cycloaddition of CO_2 to epoxides over solid base catalysts. J Catal, 2001, 199(1): 85-91.

[38] Lu X B, Xiu J H, He R, et al. Chemical fixation of CO_2 to ethylene carbonate under supercritical conditions: Continuous and selective. Appl Catal A Gen, 2004, 275(1): 73-78.

[39] Alvaro M, Baleizao C, Das D, et al. CO_2 fixation using recoverable chromium salen catalysts: Use of ionic liquids as cosolvent or high-surface-area silicates as supports. J Catal, 2004, 228(1): 254-258.

[40] Sun J, Fujita S-i, Zhao F, et al. A direct synthesis of styrene carbonate from styrene with the Au/SiO_2–$ZnBr_2/Bu_4NBr$ catalyst system. J Catal, 2005, 230(2): 398-405.

[41] Aresta M, Dibenedetto A. Carbon dioxide as building block for the synthesis of organic carbonates: Behavior of homogeneous and heterogeneous catalysts in the oxidative carboxylation of olefins. J Mol Catal A: Chem, 2002, 182-183: 399-409.

[42] 王献红. 二氧化碳捕集和利用. 北京: 化学工业出版社, 2016.

[43] Wisniak J. Sodium carbonate - from natural resources to Leblanc and back. Indian J Chem Technol, 2003, 10(1): 99-112.

[44] Luo J, Preciado S, Xie P, et al. Carboxylation of phenols with CO_2 at atmospheric pressure Chem Eur J, 2016, 22(20): 6798-6802.

[45] Lindsey A S, Jeskey H. The Kolbe-Schmitt reaction. Chem Rev, 1957, 57(4): 583-620.

[46] Drake N L, Carter R M. Some representative carbonates and carbo-ethoxy derivatives related to ethylene glycol. J Am Chem Soc, 1930, 52(9): 3720-3724.

[47] Tian J S, Wang J Q, Chen J Y, et al. One-pot synthesis of dimethyl carbonate catalyzed by n-Bu_4NBr/n-Bu_3N from methanol, epoxides, and supercritical CO_2. Appl Catal A Gen, 2006, 301(2): 215-221.

[48] Yamamoto Y, Matsuzaki T, Tanaka S, et al. Catalysis and characterization of Pd/NaY for dimethyl carbonate synthesis from methyl nitrite and CO. J Chem Soc, Faraday Trans, 1997, 93(20): 3721-3727.

[49] 赵强, 孟双明, 王俊丽, 等. 甲醇氧化羰基化合成碳酸二甲酯的研究进展. 精细石油化工, 2007, 4: 71-77.

[50] Bhanage B M, Fujita S-i, Ikushima Y, et al. Synthesis of dimethyl carbonate and glycols from carbon dioxide, epoxides and methanol using heterogeneous mg containing smectite catalysts: Effect of reaction variables on activity and selectivity performance. Green Chem, 2003, 5(1): 71-75.

[51] Fujita S-i, Bhanage B M, Aoki D, et al. Mesoporous smectites incorporated with alkali metal cations as solid base catalysts. Appl Catal A Gen, 2006, 313(2): 151-159.

[52] Cui H, Wang T, Wang F, et al. One-pot synthesis of dimethyl carbonate using ethylene oxide, methanol, and carbon dioxide under supercritical conditions. Ind Eng Chem Res, 2003, 42(17): 3865-3870.

[53] Chang Y, Jiang T, Han B, et al. One-pot synthesis of dimethyl carbonate and glycols from supercritical CO_2, ethylene oxide or propylene oxide, and methanol. Appl Catal A Gen, 2004, 263(2): 179-186.

[54] Li Y, Zhao X Q, Wang Y J. Synthesis of dimethyl carbonate from methanol, propylene oxide and carbon dioxide over KOH/4A molecular sieve catalyst. Appl Catal A Gen, 2005, 279(1): 205-208.

[55] Chu G H, Park J B, Cheong M. Synthesis of dimethyl carbonate from carbon dioxide over polymer-supported iodide catalysts. Inorg Chim Acta, 2000, 307(1): 131-133.

[56] Misono M, Nojiri N. Recent progress in catalytic technology in Japan. Applied Catalysis, 1990, 64: 1-30.

[57] Graham D C, Mitchell C, Bruce M I, et al. Production of acrylic acid through nickel-mediated coupling of ethylene and carbon dioxide—a DFT study. Organometallics, 2007, 26(27): 6784-6792.

[58] Inoue S, Koinuma H, Tsuruta T. Copolymerization of carbon dioxide and epoxide. J Polym Sci, 1969, 7(4): 287-292.

[59] Figovsky O L, Shapovalov L D. Features of reaction amino-cyclocarbonate for production of new type nonisocyanate polyurethane coatings. Macromolecular Symposia, 2002, 187(1): 325-332.

[60] Bähr M, Bitto A, Mülhaupt R. Cyclic limonene dicarbonate as a new monomer for non-isocyanate oligo- and polyurethanes (NIPU) based upon terpenes. Green Chem, 2012, 14(5): 1447-1454.

[61] Ma J, Sun N, Zhang X, et al. A short review of catalysis for CO_2 conversion. Catal Today, 2009, 148(3): 221-231.

[62] Weigel J, Koeppel R A, Baiker A, et al. Surface species in CO and CO_2 hydrogenation over copper/zirconia: On the methanol synthesis mechanism. Langmuir, 1996, 12(22): 5319-5329.

[63] Schilke T C, Fisher I A, Bell A T. In situ infrared study of methanol synthesis from CO_2/H_2 on titania and zirconia promoted Cu/SiO_2. J Catal, 1999, 184 (1): 144-156.

[64] Jung K D, Bell A T. Role of hydrogen spillover in methanol synthesis over Cu/ZrO_2. J Catal, 2000, 193 (2): 207-223.

[65] Chiavassa D L, Collins S E, Bonivardi A L, et al. Methanol synthesis from CO_2/H_2 using Ga_2O_3–Pd/Silica catalysts: Kinetic modeling. Chem Eng J, 2009, 150 (1): 204-212.

[66] Lim H W, Park M J, Kang S H, et al. Modeling of the kinetics for methanol synthesis using $Cu/ZnO/Al_2O_3/ZrO_2$ catalyst: influence of carbon dioxide during hydrogenation. Ind Eng Chem Res, 2009, 48 (23): 10448-10455.

[67] Collins S E, Baltanás M A, Bonivardi A L. An infrared study of the intermediates of methanol synthesis from carbon dioxide over $Pd/\beta\text{-}Ga_2O_3$. J Catal, 2004, 226 (2): 410-421.

[68] Liu P, Choi Y, Yang Y, et al. Methanol synthesis from H_2 and CO_2 on a Mo_6S_8 cluster: A density functional study. J Phys Chem A, 2010, 114 (11): 3888-3895.

[69] Zhang Z, Hu S, Song J, et al. Hydrogenation of CO_2 to formic acid promoted by a diamine-functionalized ionic liquid. ChemSusChem, 2009, 2 (3): 234-238.

[70] Hayashi H, Ogo S, Fukuzumi S. Aqueous hydrogenation of carbon dioxide catalysed by water-soluble ruthenium aqua complexes under acidic conditions. Chem Comm, 2004 (23): 2714-2715.

[71] Xiaoding X, Moulijn J A. Mitigation of CO_2 by chemical conversion: Plausible chemical reactions and promising products. Energy Fuels, 1996, 10 (2): 305-325.

[72] Fujiwara M, Kieffer R, Ando H, et al. Development of composite catalysts made of Cu-Zn-Cr oxide/zeolite for the hydrogenation of carbon dioxide. Appl Catal A Gen, 1995, 121 (1): 113-124.

[73] Fischer F, Tropsch H, Dilthey P. The reduction of carbon monoxide to methane in the presence of various metals. Brennst Chem, 1925, 6: 265-271.

[74] Chang F W, Kuo M S, Tsay M T, et al. Hydrogenation of CO_2 over nickel catalysts on rice husk ash-alumina prepared by incipient wetness impregnation. Appl Catal A Gen, 2003, 247 (2): 309-320.

[75] Caldwell L. Selectivity in Fischer-Tropsch Synthesis: Review and Recommendations for Further Work. Pretoria: Council for Scientific and Industrial Research, 1980.

[76] de Levie R. The electrolysis of water. J Electroanal Chem, 1999, 476 (1): 92-93.

[77] Drioli E, Giorno L. Encyclopedia of Membranes. Berlin: Springer, 2015.

[78] Zheng Y, Wang J, Yu B, et al. A review of high temperature co-electrolysis of H_2O and CO_2 to produce sustainable fuels using solid oxide electrolysis cells (SOECs): advanced materials and technology. Chem Soc Rev, 2017, 46 (5): 1427-1463.

[79] Fang M, Dong G F, Wei R J, et al. Hierarchical nanostructures: design for sustainable water splitting. Adv Energy Mater, 2017, 7 (23): 1700559.

[80] Kudo A, Miseki Y. Heterogeneous photocatalyst materials for water splitting. Chem Soc Rev, 2009, 38 (1): 253-278.

[81] Besenbruch G. General atomic sulfur-iodine thermochemical water-splitting process. Am Chem Soc, Div Pet Chem, Prepr; (United States), 1982, 27:1-53.

[82] Carrillo R J, Scheffe J R. Advances and trends in redox materials for solar thermochemical fuel production. Sol Energy, 2017, 156: 3-20.

[83] Al-Shankiti I, Ehrhart B D, Weimer A W. Isothermal redox for H_2O and CO_2 splitting-a review and perspective. Sol Energy, 2017, 156: 21-29.

[84] Happe T, Naber J D. Isolation, characterization and N-terminal amino acid sequence of hydrogenase from the green alga chlamydomonas reinhardtii. FEBS J, 1993, 214 (2): 475-481.

[85] 吴聪萍, 周勇, 邹志刚. 光催化还原 CO_2 的研究现状和发展前景. 催化学报, 2011, 32(10): 1565-1572.

[86] Chang X, Wang T, Gong J. CO_2 photo-reduction: insights into CO_2 activation and reaction on surfaces of photocatalysts. Energ Environ Sci, 2016, 9(7): 2177-2196.

[87] Wang C C, Li J R, Lv X L, et al. Photocatalytic organic pollutants degradation in metal-organic frameworks. Energy Environ Sci, 2014, 7(9): 2831-2867.

[88] Pirilä M, Saouabe M, Ojala S, et al. Photocatalytic degradation of organic pollutants in wastewater. Top Catal, 2015, 58(14): 1085-1099.

第 8 章

绿色化学应用

随着人们环保意识的不断增强和科学家的不懈努力，许多新的绿色化学过程替代传统的工艺过程应用到了现代化工生产中。绿色化学应用的基本原则应符合绿色化学十二条原则，即起始原料绿色无毒、生产过程原子经济性高、污染少、替代产品更安全实用等。本章从绿色反应原料、绿色化学品、绿色反应条件及绿色合成路线四个方面分别举例说明绿色化学应用的进展。此外，美国"总统绿色化学挑战奖"是绿色化学应用的精华，也反映了绿色化学当前的发展方向与趋势。因此，在此对历届获奖项目进行了简单总结与分析，借以给予启迪。

8.1 绿色化学实例

8.1.1 绿色反应原料

对于一个化学反应来说，反应原料不仅从起点上决定了整个反应的绿色性，其选择也直接影响到反应方案的设计与选取。在绿色化学反应中采用的原料从来源上看应该是可再生的，从其本身的性质看应该是低毒、无毒的，从获取方式看应该是对环境无不利影响的。目前，化学合成中所用的原料主要来自于石油资源，其开采、运输、加工及使用过程都会对环境造成严重的危害，并且石油资源是不可再生的，终会有枯竭的一天。为了使化学合成在绿色化的前提下可持续地进行，开发来源广泛、无毒无害且可再生的原料成为当务之急。以生物质、CO_2、H_2、H_2O、O_2、N_2 等清洁可再生的原料为基础的化学合成被认为是未来绿色化学的重要发展方向之一，如图 8.1 所示。以下主要介绍近年来关注较多、发展较快的生物质和二氧化碳资源化利用情况。

图 8.1 以可再生原料为基础的化学合成

1. 生物质作为绿色原料

生物质作为非传统原料是通过光合作用得到的，具有无毒无害、取之不竭、用之不尽的优点,是继石油、煤炭、天然气等化石能源之后,当今全球第四大能源。近年来,随着生物技术、生物催化以及生物合成的高速发展,以生物基原料替代石油基原料进行高附加值化学品的合成引起了科学家的高度关注。但是在化学合成及化工生产中生物质往往不能直接被应用,必须将其转变为能够直接利用的小分子原料,目前生物质的利用仅占世界能源消耗总量的14%。因此如何有效地转化生物质是生物质利用的基础,也是绿色化学研究的重点之一。目前生物质的转化方法主要有化学热裂解法和生物降解法。

(1)化学热裂解法:这种方法是利用热等离子体液化、高压液化、固定床或流化床气化等技术将锯末、秸秆、稻壳等生物质转变为液体或气体。裂解后气体主要由CO、CO_2、H_2及部分小分子量的烃类组成,可在生产过程中回收循环利用;液体又称为生物油,是醇、醛、酮、酸、酚、萜和烯烃低聚物的混合物,含氧量较高为35%~40%,热值约22MJ/kg,热值仅为传统燃料油的一半以上,且化学稳定性较差,有腐蚀性,因此生物油与高品位的化石燃料还存在一定的差距。

(2)生物降解法:生物质的基本单元主要是各种糖类,其中葡萄糖占很大比例。在生物降解酶的作用下将生物质转化成单糖或低聚糖,并进一步在酶催化或化学催化作用下将这些糖类物质转化成高附加值的化学物质,能够实现生物质的高值化利用。粮食酿酒是生物降解法利用生物质的有效方式之一,生物发酵制备的乙醇来替代部分汽油用作汽车的燃料油已经得到推广使用并取得了良好的效果。这一应用不但利用了富余的粮食产品,而且生产过程对环境没有损害,是典型的生物质替代不可再生的化石原料的案例之一。

生物质通过生物降解生成的糖类物质,在制备日用化学品中是很好的替代原料。己二酸是重要的化工原料和有机合成中间体,主要用于合成尼龙66盐、聚氨酯类产品、工程塑料、食品添加剂,在医药、农药、香料、染料等方面也有广泛的应用[1, 2]。己二酸的传统合成路径中最为成熟的工艺是以苯为原料的环己烷氧化工艺,其己二酸产能约占世界总产能(2015年为450万吨)的90%。该工艺过程中,苯在镍或钯催化剂的作用下先通过完全加氢获得环己烷;环己烷经空气氧化成环己醇和环己酮的混合物(即酮醇油,又称KA油),转化率为5%~12%,选择性为70%~90%;然后在一定的温度压力下,以铜、钒作为催化剂,用浓度为63.5%硝酸氧化KA油得到己二酸,这一步KA油的转化率可高达100%,选择性达95%以上,反应历程如图8.2所示[3-5]。环己烷法工艺技术成熟,应用广泛,主要副产物有丁二酸和戊二酸,产品易分离,纯度高;但是本工艺使用了具有致癌作用的苯作为原料,且存在合成油单程转化率低、能耗高的缺点,同时硝酸对管道、设备腐蚀严重,并产生大量的破坏臭氧层和使地球气温上升的氮氧化物。

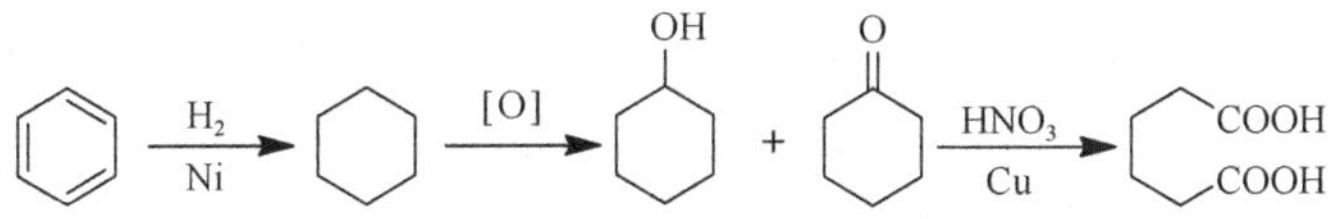

图 8.2 环己烷两步氧化法制己二酸

随着石油资源的日益枯竭和公众环保意识的不断加强，研究己二酸绿色合成工艺得到重视，高效清洁环保的新型化学、生物催化合成己二酸工艺不断被开发出来[6-11]。20 世纪末，J.W. Frost 等[12]利用 DNA 重组技术对大肠杆菌进行修饰，改变大肠杆菌中葡萄糖的代谢途径，使葡萄糖在大肠杆菌的生物催化作用下转化为顺，顺-己二烯二酸(粘糠酸)，粘糠酸通过化学催化加氢生成己二酸，反应历程如图 8.3 所示。使用葡萄糖代替苯的生物法己二酸合成路线，不仅利用了可再生资源，减少了毒性试剂的使用，而且该方法可以在水相进行，避免了大量挥发性有机溶剂的使用对环境产生危害。虽然使用不同的微生物种群及生物酶合成己二酸或其混合物的报道不断涌现[13-16]，对从葡萄糖到己二酸前体顺，顺-粘糠酸的生物合成研究也比较成功，但是顺，顺-粘糠酸到己二酸的过程需要通过贵金属铂催化氢化才能实现，增加了工艺成本，因此生物氧化工艺尚处于研究阶段。

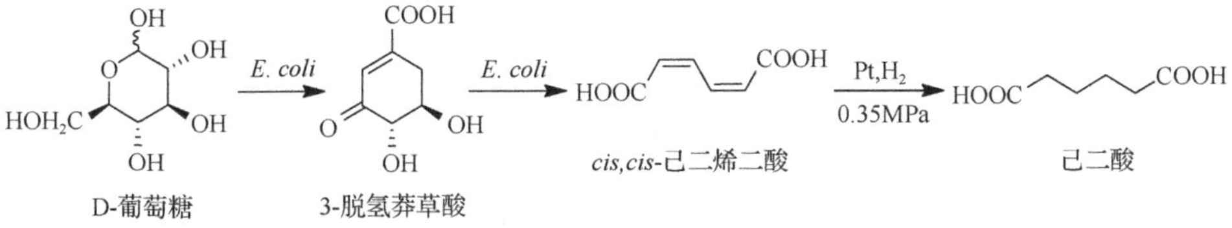

图 8.3 以葡萄糖为原料的己二酸合成路线

2. 二氧化碳作为绿色反应原料

CO_2 是一种来源广泛的无毒不可燃气体，可作为碳源或氧源合成各类化工产品，如碳酸酯、聚碳酸酯、羧酸化合物、噁唑啉酮、脲类衍生物以及能源产品甲酸、甲醇、甲烷等[17]。以 CO_2 为原料制备高值化学品有很多突出的优点：①CO_2 无毒不可燃，常用于替代剧毒或易燃易爆的化学原料，如光气、一氧化碳、异氰酸酯等；②与煤、石油相比，CO_2 是一种可再生原料，可以循环利用，符合当今社会可持续发展的需求；③CO_2 廉价易得，从 CO_2 出发可以制备很多性能优良、价格低廉的化学品，如有广泛用途的碳酸酯、聚碳酸酯等；④一定程度上减少了 CO_2 的排放，为抑制全球气候变暖提供一种可能。目前，以 CO_2 为原料制备尿素、甲醇、碳酸酯、聚碳酸酯和水杨酸等已经实现工业化生产。

以 CO_2 为原料替代 CO 或光气合成 DMC，是 CO_2 作为绿色反应原料参与化学合成最典型案例之一，如图 8.4 所示。DMC 的传统生产方法是以光气为原料，与甲醇反应先生成氯碳酸甲酯，氯碳酸甲酯进一步醇解得到 DMC。由于光气具有剧毒，且反应中会有毒性氯化氢释放，对设备腐蚀严重，光气醇解法合成 DMC 路线存在很大的安全和环境问题，现在已经逐渐被淘汰。EniChem、Dow 以及 UBE 公司先后开发出了以一氧化碳为原料的甲醇氧化羰基化法合成 DMC 的新路线。该路线以 CO 代替光气为原料，不仅避免了剧毒光气的使用，还避免了合成过程中大量氯化氢气体的产生，从而解决了设备腐蚀问题以及减少了后处理过程中大量碱的使用。但是 CO 依然具有一定的毒性，且高纯 CO 是煤制水煤气经脱硫、铜洗、脱碳、变压吸附等工艺过程得到的，过程中会产生大量固体废料，同时有废水和 3%～5%的副产物(草酸二甲酯)生成。另外，羰基化反应往往在其原料的爆炸极限区域内进行，因此对设备的安全和自动化控制要求比较高，且工艺流程长、设备投资大、成本高。

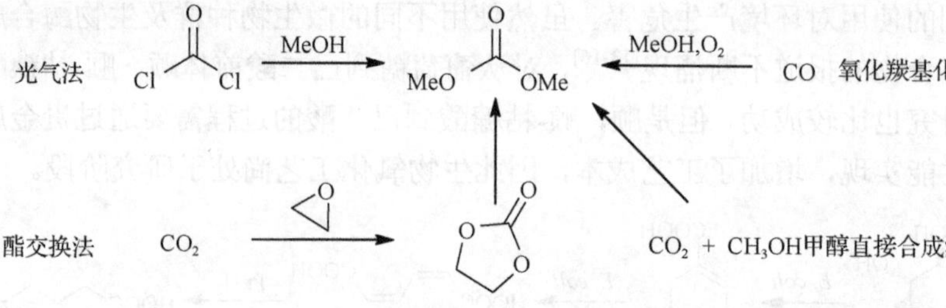

图 8.4　DMC 的几种合成路线

1991 年美国 Texaco 公司开发了以 CO₂、环氧乙烷和甲醇为原料制备 DMC 的酯交换法合成路线[21]，相比甲醇氧化羰基化路线，该路线的原料易得、工艺简单，是目前世界范围 DMC 生产的主要工艺。该路线由两步反应组成：CO₂ 与环氧乙烷在催化剂作用下首先生成碳酸乙烯酯(ethylene carbonate, EC)，EC 与甲醇进行酯交换反应得到 DMC 联产乙二醇。酯交换法所需的原料来源方便、原料成本低，总设备投资小，生产过程安全易控、操作方便。而且酯交换法生产中除了产物移出，基本上是全封闭循环过程，无三废排放，还可以将 CO₂ 变废为宝，是一条环境友好工艺。

另外，由 CO₂ 和甲醇直接合成 DMC，原子经济性 100%，被认为是最绿色的 DMC 生产路线，但由于热力学上的限制($\Delta G_{298K} = 26.21 kJ/mol$)，该反应平衡转化率很低，难以直接进行，目前该方法还处于实验室研究阶段。随着反应过程的强化以及绿色、高效催化剂的不断开发，相信在不久的将来，该绿色工艺会投入工业化生产。

CO₂ 作为泡沫塑料发泡剂也是其绿色应用的典型案例之一。过去生产聚苯乙烯泡沫塑料的发泡剂是氟利昂(氯氟烃、氢氯氟烃)或脂肪烃类。氟利昂虽然价格便宜、操作安全，但是其到达大气上层后，在紫外线照射下分解出氯原子自由基，氯原子自由基与臭氧发生反应，使臭氧发生分解，导致大气臭氧层耗损；脂肪烃类不会消耗臭氧，但是直接排放会在地球表面形成烟雾，增加人体患呼吸疾病的风险。陶氏化学公司开发出了一种以 100% CO_2 作为发泡剂生产聚苯乙烯泡沫塑料板包装材料的环境友好发泡剂技术，消除了氟利昂和脂肪烃带来的影响。除了环境效益，以 CO_2 作为发泡剂生产的聚苯乙烯韧性更强，使用寿命更长。

除此之外，通过贵金属催化剂作用可将 CO_2 催化加氢得到甲酸、甲醇、甲烷等能源产品；在铁、钼、铟等金属氧化物-分子筛双功能催化剂作用下，CO_2 直接加氢可制取高辛烷值汽油；以 CO_2 与环氧化物共聚可得到安全无毒、可生物降解的聚碳酸酯；CO_2 作为羰基源合成杂环化合物可用于医药、农药、染料等的合成等。总之，以 CO_2 作为绿色反应原料的化学合成是一条可以替代石油资源、实现碳循环的有效途径，是今后绿色化学发展及应用的主要方向之一。

8.1.2 绿色化学品

许多化学品尤其是精细化学品多数为终端产品，在使用过程中或使用后排放到环境中会直接导致环境污染或其他危害，或因长期残留在环境中给生态环境造成巨大的影响。例如，有机氯杀虫剂是人类最早使用的合成农药，曾在防治害虫方面发挥了巨大作用，但它们在环境中非常难降解，进入食物链最终会在动物脂肪内蓄积，当被人食用时，也就造成对人的危害。DDT 就是第一个显示出大范围危害的此类农药，DDT 在环境中的迁移和食物链中的积累如图 8.5 所示[22, 23]。因此，设计安全和可生物降解的精细化学品一直受到世界各国的重视。

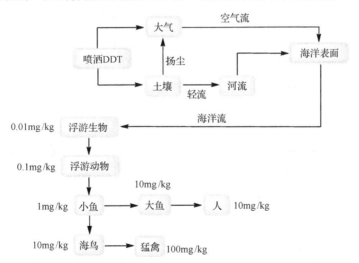

图 8.5 农药 DDT 在环境中的迁移和食物链中的积累

1. 绿色农药

Rohm&Haas 公司开发的杀虫剂二酰基肼——Confirm^{TM}(图 8.6)能有效地和选择性地控制鳞翅目害虫，而不会对人和生态环境产生明显有害的影响[24]。Confirm^{TM} 的杀虫机制非常独特，它是通过模拟昆虫体内一种被称为 20-羟基蜕化素的物质起作用，这种蜕化素可以诱发昆虫蜕皮(蜕皮阶段不能进食)并调控昆虫生长。Confirm^{TM} 能延长鳞翅目害虫的蜕皮过程，致使昆虫因停食、脱水死亡。但由于 20-羟基蜕化素对非节肢类动物没有此类生物作用，因此，Confirm^{TM} 对于各种益虫(蜜蜂、瓢虫、寄生蜂和脉翅目昆虫等)、食肉昆虫和寄生昆虫、植物、水生动物、哺乳动物都是安全的。Confirm^{TM} 不具有生物累积性和挥发性，是迄今为止发现的最具选择性、高效性和安全性的昆虫控制剂之一，该成果获得 1998 年的美国"总统绿色化学挑战奖"的设计更安全化学品奖。

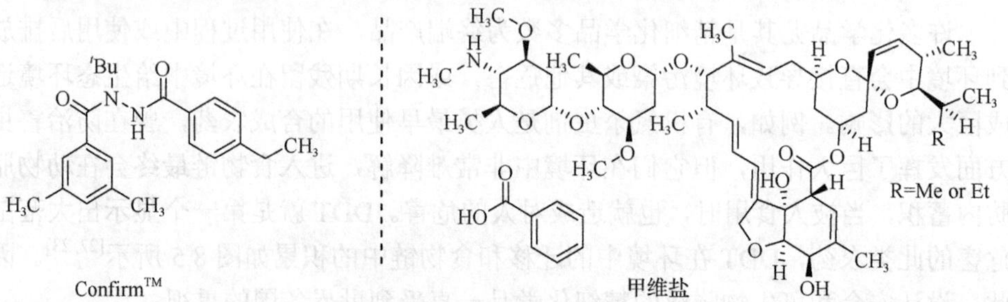

图 8.6　Confirm^{TM} 和甲维盐结构

我国南开大学研制的甲氨基阿维菌素苯甲酸盐(甲维盐，图 8.6)，是一种半合成抗生素类超高效绿色杀虫剂。与同系列产品相比，对鳞翅目的杀虫活性提高了1~3 个数量级。其作用机制也是通过抑制昆虫进食，但是甲维盐是通过增强神经质如谷氨酸和 γ-氨基丁酸的作用，使大量氯离子进入神经细胞，扰乱神经传导，发生不可逆转的麻痹，停止进食，在 3~4d 内达到最高致死率，在 10d 以上又会出现第二个杀虫致死率高峰，同时几乎不受风、雨等环境因素的影响。因其超高效、低毒(制剂近无毒)、低残留、无公害的特点，甲维盐广泛用于蔬菜、果树、棉花等多种农作物的害虫防治。

2. 绿色有机颜料

传统的色彩颜料是基于铅、铬、镉的无机颜料，这些重金属的使用对环境造成了巨大的污染。为了减少这些重金属的使用，多种高性能的有机颜料被开发出来。有机颜料虽然满足了性能需求，但也存在以下几个缺点：①像喹吖啶酮紫类的高性能有机颜料，价格昂贵，对于色彩反复调配是一个巨大的阻碍；②许多高性能有机颜料是以二氯对二氨基联苯或多氯代苯为基础进行生产的，且生产过程使用了大量的有机溶剂；③一些高性能有机颜料的生产需要大量的多聚磷酸，腐蚀设备，而且生成大量的磷酸盐废物。

Engelhard 公司通过"整合"的方式改变有机颜料的某些性能和色空间，或启用全新化学结构的新型有机颜料，开发了几种环境友好的整合的萘酚红和苯并咪唑酮类黄色有机颜料——Rightfit^{TM}偶氮颜料，代替了过去的镉黄、铬黄等重金属颜料，不但减少了人类健康和环境因暴露而受重金属威胁的危险，而且降低了高性能有机颜料的价格。Rightfit^{TM}颜料的结构、物理性质与广泛使用的食品着色剂类似，因此仅具有极低的潜在毒性，可用于食品包装纸的印染与食品间接接触。另外，这些颜料在水相中制备，避免了多氯中间体的产生和大量有机溶剂的使用。Rightfit^{TM}颜料还具有可分散性好、热稳定性和色强度高等优点。Rightfit^{TM}颜料的颜色种类也很多，从紫色到绿色、黄色都有，由于化学性能相近，这些颜料都相互兼容，可以联合使用得到任何所需的中间色调。因此，Rightfit^{TM}颜料在环境影响、色彩种类、性能特征和性价比等方面，都恰好满足要求，为饮料、食品、清洁剂和其他家庭耐用品等的市场包装，提供了环境友好的、附加值高的色彩来源。

3. 可降解聚碳酸酯塑料

塑料改善了我们的生活，但也给环境造成了很大的伤害。传统塑料主要成分是双酚 A 环氧树脂，在受热等条件下双酚 A 会脱离，若进入人体会对人体内分泌系统造成干扰。全球每年能生产出 15000 万吨塑料，其中只有一少部分能够被回收利用，大部分则被随意丢弃或填埋焚烧，造成了严重的白色污染和大气污染。G.W. Coates 教授开发了一类 Zn、Co 催化剂能够经济、高效的将 CO_2、CO、植物油和乳酸转化成聚碳酸酯塑料[25-27]，这些聚碳酸酯塑料具有环保无毒的特点，在一定条件下也可生物降解，图 8.7 是 Co 催化剂催化 CO_2 为原料合成聚碳酸酯的反应。中国科学院长春应用化学研究所王献红教授、大连理工大学的吕小兵教授以及中山大学的孟跃中教授也在 CO_2 为原料合成聚碳酸酯方面作出了重要的贡献[28, 29]。其中孟跃中教授开发的生产工艺合成效率高过世界最高水平的两倍，聚碳酸酯塑料成本降到 1.2 万元/吨，约为市场同类产品价格的 30%～40%。这种聚碳酸酯塑料利用 CO_2 作为原料不仅从源头上减少了污染，还可以变成日常使用的饮料瓶、快餐盒等，它还能通过生物降解，不必担心造成二次污染。

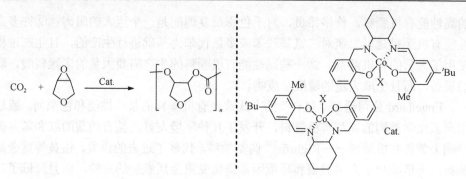

图 8.7　CO$_2$ 为原料合成聚碳酸酯

4. 钇离子电镀液

自 1976 年 PPG 公司首次将阳离子电镀技术应用到自动化工业以来，这种涂抹技术在如汽车工业防锈处理中得到非常广泛的应用。这项技术优点虽然很多，但是在电镀过程中需要加入少量的铅盐来增强金属表面的防腐性能，不可避免地对环境造成了危害，电镀废液的排放成了一个令人头痛的问题。PPG 公司通过研究发现采用钇离子替代铅离子，在薄层电镀方面完全能达到工业要求的防腐标准。钇的粉尘在空气中存在时比铅安全 100 倍，而且钇元素在地球表面广泛分布，比铅元素含量更丰富。电镀后经过烘烤，钇在金属表面形成一层氧化物，该氧化物完全无毒，不会对环境和人类健康造成任何危害。

钇用于电镀在环保方面的另一个贡献是在金属预处理时基本实现了低镍、无铬化。电镀前的金属预处理，其目的是为了增强镀层的黏合及提高防腐性能。传统做法是采用含镍和铬的溶液，镍铬废液成为一个严重的污染源。现在使用含钇的电镀液，完全剔除了铬，仅使用少量的镍，这一方法已实现了商业化。与使用铅离子电镀液相比，使用钇离子电镀液进行防锈保护每年将会减少使用 11.3t 铬、22.5t 镍，这对地球环境的保护将是重大的贡献。

5. 新型热敏纸

热敏纸广泛用于打印收银机收据、票券和各种标签等。热敏纸含有无色染料和酸性显影剂，在加热的条件下，染料被显影剂质子化，由白色转成黑色。目前在热敏纸中使用的显影剂多为双酚 A 和双酚 S，存在光照或热会破坏图像的问题。陶氏化学和科勒公司共同发明了一种不用显影剂的环保型热敏纸，该热敏纸有三层，最上面一层是 ROPAQUETM NT™-2900 聚合物不透明层，中间为着色层，底部为纸。不透明层包含中空的颗粒掩盖下层的着色层，着色层含有聚合物黏合剂和永久性颜料（如炭黑）。当对热印顶端的纸张施加热量时，部分中空颗粒破裂后变得透明,下层的着色层就变得可见。成像过程是物理变化而不是化学变化,避免了光照或长期存储褪色的问题。而且这款热敏纸兼容已有设备,消费者无须更换设备。

8.1.3　绿色反应条件

在一个化学反应中,反应条件(如催化剂、溶剂等)往往决定了整个反应的绿色化程度。因此,在追求高效的同时,化学家也不断探索了使用廉价无毒催化剂、非传统有机溶剂等绿色反应条件来进行化学合成。

1. 绿色催化剂

催化剂是化学反应与工业生产的基础,80%以上的化学化工过程需要使用催化剂。为了满足当今绿色化学的要求,催化剂不仅需要考虑其催化活性、选择性、寿命、成本等问题,也需要顾及环境因素。传统意义上的催化剂如浓硫酸、过渡金属等具有良好的催化性能,但是在使用后难以处理和回收,或多或少地对环境造成污染。发展绿色催化对于实现原子经济性反应、提高反应效率、降低能耗具有非常重要的意义。绿色催化剂应具有无毒无害、选择性好、催化活性高、反应条件温和、性能稳定、容易回收利用、制备方法简单、不造成环境污染等特点。

1) 固体酸催化剂

工业中使用的强酸一般是硫酸或盐酸等液体。但一些固体化合物也表现出酸性,能起到酸性催化剂的作用,这些固体就被称为固体酸。固体酸的类型一般有固载化酸(HF/Al_2O_3 等)、氧化物(Al_2O_3、Al_2O_3-SiO_2 等)、硫化物(CdS 等)、分子筛(x 沸石,β 沸石等)、杂多酸($H_3PW_{12}O_{40}$ 等)、阳离子交换树脂、天然黏土矿等。与固体酸类似的还有固体碱,如 Rb_2O 等碱金属氧化物、CaO 等碱土金属氧化物、γ-Al_2O_3-Na 类负载型碱金属等。固体酸碱催化剂的特点是其本身为固体,能够代替液体酸、碱进行催化;反应结束后易与产物分离,避免了使用传统酸碱催化剂对设备腐蚀严重、环境危害大的缺点。一些固体酸已经应用于工业生产,在烷基化、酯化等反应中显示出较好的催化效果。

比较突出的是,工业技术公司 CB&I 和特种化学品公司 Albemarle 联手发明的 AlkyClean 催化剂,用于生产烷基化油。烷基化油是一种理想的汽油原料,主要包括不含烯烃和芳烃、含硫低、辛烷值高的 C_8 支链烷烃,目前的传统生产工艺是酸催化的异丁烷和烯烃的偶联反应,全球每年产量约 1150 亿升。这种传统生产工艺的致命缺陷在于需要使用数十亿升的氢氟酸或硫酸,这些液体酸催化剂有毒且有腐蚀性,特别是氢氟酸,易挥发形成酸雾,致死范围约为 8.045km,1.5g 立即致死,给工厂的操作人员带来巨大的健康和安全风险。这些液体酸在使用之后,还必须再生或进行后处理，需要耗费额外的能量并产生额外的废物及污染。石化行业的专家们长期致力于寻找更好的催化剂来解决这些问题。

AlkyClean 催化剂是一种含铂氧化铝沸石，具有优化的孔径和酸性位点，可以选择性地生成高辛烷值的三甲基戊烷，而不是低辛烷值的二甲基己烷，并且这种催化剂对结垢不敏感，副产品产量极小。替代传统毒性大、腐蚀性强的液体酸催化剂，AlkyClean 具有使用安全、环境影响低的优点，是第一个用于商业规模生产的固体酸催化剂。

除了以上烷基化反应，固体酸催化剂还被广泛用于醇和酸的酯化反应、环己酮肟的 Beckmann 重排制己内酰胺、环己醇的分子内脱水制备环己烯等过程，如图 8.8 所示，避免了液体酸催化剂的使用。

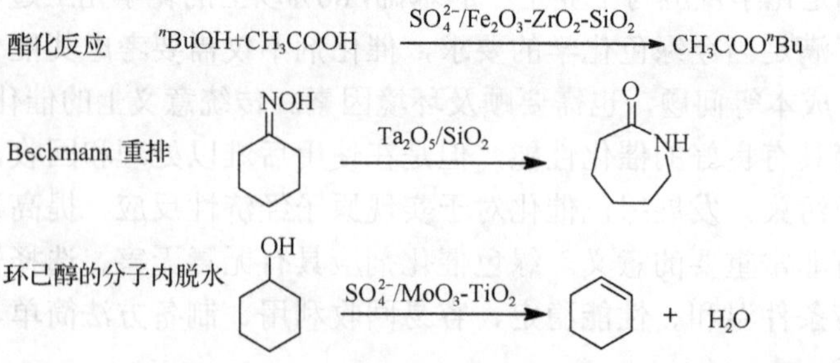

图 8.8　固体酸的其他应用举例

2) 廉价金属催化剂

目前，传统催化化学的核心是以金属催化为主。贵金属如钯、铂、铑和铱是用途广泛的高效传统金属催化剂，但这些金属在地壳中含量较少，价格昂贵。除此之外，提取这些金属的过程也对环境影响巨大。例如，提炼同样质量的贵金属与廉价金属，CO_2 排放量前者是后者的 6000 倍[30]。为了使催化变得性价比更高并适应可持续发展的需求，化学家希望用含量丰富的廉价金属来代替它们[31-33]。

普林斯顿大学的 Paul J. Chirik 教授一直致力于 Fe、Co、Ni 等廉价金属的开发[34, 35]，他的团队发现了一类新的铁配合物来催化烯烃的硅氢化反应（图 8.9），可用于生产在汽车轮胎、美发产品、厨房用具、涂料等领域具有广泛用途的有机硅化合物和聚合物。与被它们代替的铂催化剂相比，这些金属催化剂更廉价、更易使用、环境危害更少，而且活性、选择性和稳定性更好，反应混合物也不需要蒸馏以除去不需要的异构化副产物，这是铂催化剂经常需要面对的问题。如果所有的硅氢化反应都使用这种铁催化剂代替铂催化剂，每年能节省约 5.6t 铂和 900 000GJ 的能量，减少 8 500t 废物生成和 21 700tCO_2 排放[36-38]。

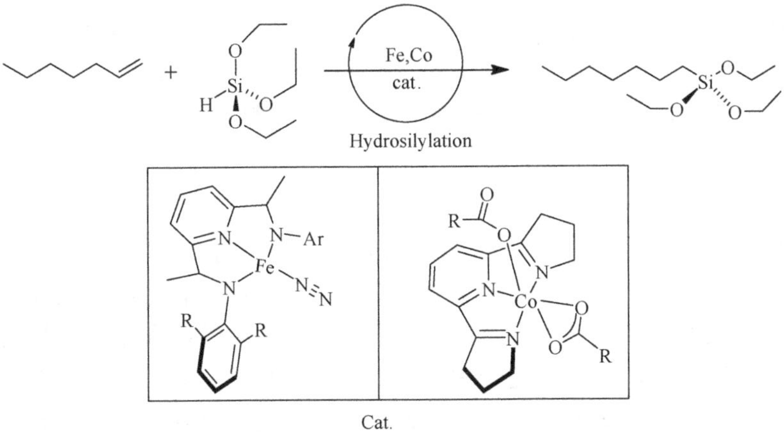

Hydrosilylation

Cat.

图 8.9　廉价金属催化的烯烃硅氢化反应

Chirik 还研发了以二亚胺吡啶为配体的铁催化剂，能在温和的加热条件下将简单的原料烯烃转化成环丁烷结构，如图 8.10 所示[39]。由于轨道对称性的限制，这种烯烃的[2+2]反应往往需要光照条件尤其是紫外光来激活，通过加热进行的[2+2]环加成还比较少见，仅局限于一些特殊的烯烃原料。Chirik 的这种廉价金属催化的方法为在加热条件下进行这个表面上看似简单而实际上非常具有挑战性的［2+2］反应带来了前所未有的适用范围，为利用市售烯烃等原料进行［2+2］加成反应提供非常方便而可靠的催化平台。

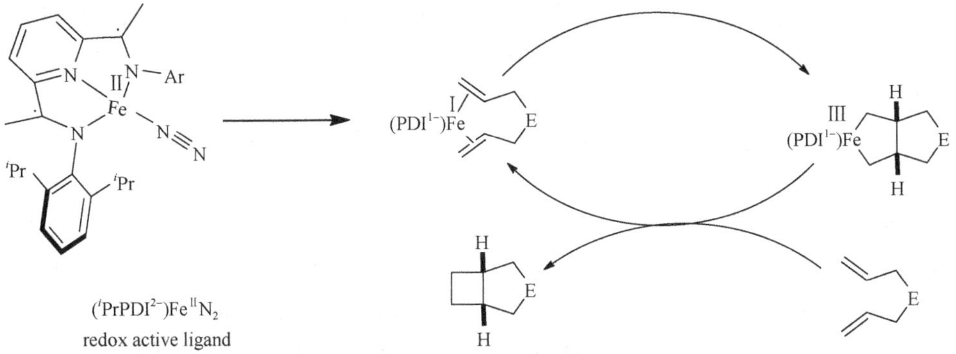

图 8.10　(^{i}PrPDI)FeN$_2$ 催化的不活泼烯烃的分子内[2+2]环化反应

Ir、Ru、Rh、Pd 和 Pt 等贵金属催化剂由于其特殊的电子结构和配位能力在多数加氢反应中扮演着很重要的角色，尤其是对 C=O 的加氢还原有着高效的催化活性[40-43]。2015 年，R. Kempe 等[44]报道了一种稳定的三嗪基配体 Co 催化剂，用于醛酮的加氢还原合成醇，该催化剂具有廉价易得、高效稳定、选择性好的特点，即使有碳碳双键存在的情况下也能选择性的还原碳氧双键。与贵金属 Ir 催化剂相比, 在低浓度的碱存在下, 这种 Co 催化剂具有更高的催化活性; 只有在很高的碱浓度下(20mol%), Ir 催化剂才表现出反应速率上的优势。除了 Fe、Co 催化剂, Ni[45-47]、Zn[48,49]等廉价金属化合物也不断被开发用于替代贵金属促进化学反应的进行, 在此不一一列举。

3) 酶催化剂

酶是一种由生物体产生的特殊蛋白质, 广泛存在于动、植物细胞及微生物中。它能够在温和条件下催化生物体内的各种反应, 有时能够完成一般化学方法难以完成的反应, 且具有催化效率高、立体选择性好和专一性强的优点, 同时可被生物降解, 可以说是一种真正的绿色催化剂。众所周知的生物固氮就是某些微生物在固氮酶的作用下吸收大气中的氮气, 将其转化成氨的过程, 这一生物行为不像工业合成氨那样需要消耗大量的能量, 不会降低土壤活性和对环境产生污染。全球每年约有 22.4 亿吨的氨态氮是通过微生物固氮实现的, 约占全球氮资源的 65%。

植物的光合作用是通过 ATP 合成酶、CO_2 还原酶等一系列酶的催化反应来进行有机物主要是糖类的合成, 它是自然界利用 CO_2 最多的一种方式。植物体的生长主要是依靠光合作用来进行有机物和能量的累积。受植物的光合作用的启发, 许多化学家和生物学家对基于光合作用的固碳行为进行了不懈的研究。

正如 8.1.1 中提到的, CO_2 是一种丰富无毒的 C_1 合成子, 如果能将其固定并转化成高附加值化学品或油品不仅可以缓解由于 CO_2 过量排放带来的全球变暖问题, 还可以获取工业原料。目前主要的固碳方法有化学固碳和生物酶固碳两种, 其中, 化学固碳可以获取更大范围的化学品, 但是往往需要的条件比较苛刻如高温高压或需要一些昂贵的金属催化剂才可实现; 酶催化的生物固碳方法为有效利用转化 CO_2 提供了一条温和高效、绿色友好的路线[50]。生物固碳主要又分为两类: 一类是细胞内酶催化, 如微藻固定烟气中的 CO_2 合成生物油[51,52]; 另一类是体外酶催化, 如体外仿酶催化还原 CO_2 制备甲酸、甲醇等[53-55]。值的关注的是, V. Müller 等报道的利用从醋酸杆菌中提取的 CO_2 还原酶(HDCR)还原 CO_2 得到甲酸的研究, 该反应以 H_2 作为还原剂直接进行还原[56]。随后, Aresta 等[57]分别利用甲酸还原酶($F_{ate}DH$)、甲醛还原酶($F_{ald}DH$)和甲醇还原酶(ADH)通过 3 步两电子还原过程将 CO_2 最终还原为 CH_3OH 产物; 并将酶还原 CO_2 与辅酶因子(NADH)重生两个过程串联, 以[$CrF_5(H_2O)$]$_2$-TiO$_2$ 作为光催化剂, [$CpRh(bpy)H_2O$]Cl_2 作为电子转移试剂, 将丙三醇的氢转移给 CO_2 还原过程产生的 NAD^+, 使之重生为 NADH, 继续进入 CO_2 的酶还原循环(图 8.11)。最终, 1 mol NADH 可以辅助产生高达 1000mol CH_3OH。

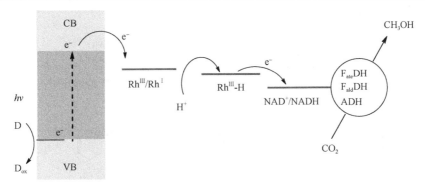

图 8.11　酶还原 CO_2 与 NADH 重生的串联过程

　　除了催化天然底物外，酶还能催化其他非天然底物的反应，例如，羟醛缩合反应[58, 59]、马氏加成反应[60]、Mannich 反应[61]、Michael 加成反应[62]、多组分串联反应[63-65]以及 α-氨基氰酰胺的不对称合成反应[66]等。对于一些天然酶不能催化的反应，科学家还尝试通过基因工程对酶进行改性来获取新的酶，将其用于生物催化过程以获取特定的化学品[67]。在这一方面，Scripps 研究所的 Chi-Huey Wong 教授做出了开创性工作。例如，其发明的用基因工程糖转移酶催化定位还原糖核苷酸合成低聚糖的方法已实现工业化，为临床提供了大量复杂的碳水化合物（图 8.12）[68]；酶催化烯醇酯的酯交换反应已成为酶催化合成光学纯羟基化合物最普遍、最常用的方法（图 8.12）[69]；重组醛缩酶催化不对称羟醛缩合反应开辟了一条合成单糖及相关化合物如唾液酸、L-型糖、亚氨基环多醇等的实用路线（图 8.12）[70]。Chi-Huey Wong 教授为酶催化工业奠定了坚实的基础，开辟了一个绿色合成的崭新领域，也因此获得了 2000 年美国"总统绿色化学挑战奖"的学术奖。

酶催化定位还原糖核苷酸合成低聚糖

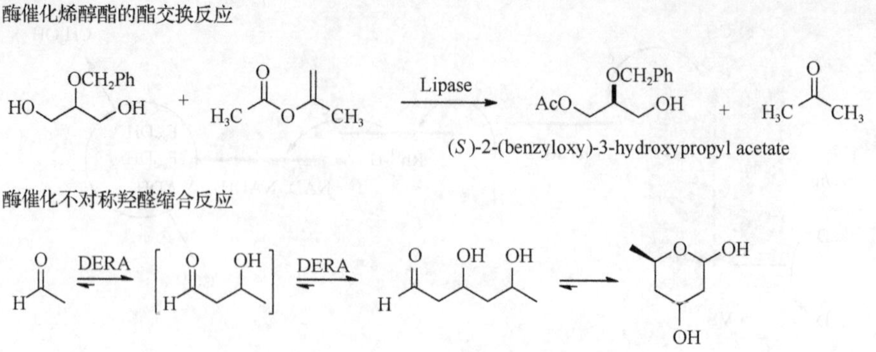

酶催化烯醇酯的酯交换反应

(S)-2-(benzyloxy)-3-hydroxypropyl acetate

酶催化不对称羟醛缩合反应

图 8.12　Chi-Huey Wong 开发的系列酶催化反应

　　生物酶具有人工合成催化剂所不能相比的催化效率，基于酶的前沿研究不断增多。一方面，科学家对酶进行模拟合成和修饰，另一方面，大量新型酶被发现。虽然这些酶在生物催化和化学合成等领域被广泛应用，但由于生物酶适用环境相对复杂，对其催化机理研究尚不明确，实际应用的生物酶转化反应仍相对较少，大部分仍然处于实验室研究阶段。

　　2. 绿色溶剂

　　传统有机反应需要使用大量的氟氯烃和挥发性有机溶剂，给生态环境造成巨大危害。一些复配型的化学品，如农药、涂料、油墨、胶黏剂、清洗剂等，虽然生产过程比较简单，但为了便于使用，往往要加入大量的有毒、有害、易燃、易爆等特征的挥发性有机物作为溶剂。使用后这些挥发性物质挥发至大气中，不仅造成了环境污染及对人体健康的危害，还造成了巨大的资源浪费，且在使用过程中存在安全隐患。因此，采用绿色溶剂，特别是水，代替有毒、有害的溶剂，或采用无溶剂体系、sc CO_2 体系已成为许多化学品合成的发展方向[71-73]。

　　1) 水相反应

　　与有机溶剂相比，水来源丰富、价廉易得、无毒无害、不可燃，作为化学反应的溶剂具有显著的优点，无疑是标准的绿色反应溶剂。但由于许多有机物难溶于水，并且部分试剂在水中分解，所以相当多的反应需要在无水条件下才能进行，这些都限制了水作为溶剂的使用。但水相反应是绿色化学的一个重要研究领域，目前水相反应的研究已涉及很多反应类型，如 Diels-Alder 反应、亲核加成和取代反应、转移加氢反应、聚合反应、自由基反应、光化学反应等[74-77]。

　　以水作溶剂的水相 Diels-Alder 反应是十分典型的例子。长久以来人们并没有意识到水可以作为 Diels-Alder 反应的溶剂，直到 1980 年，R. Breslow 等[78]发现 Diels-Alder 反应不但能够在水中进行而且反应速率比在有机溶剂中大得多，Diels-Alder 反应在几种常见有机溶剂和水中的反应速率如表 8.1 所示。研究表明，当非极性的反应物加入水中时，它们有相互连接到一起的趋势，以减小烃类-水的界面面积，这种"憎水效应"是水相促进 Diels-Alder 反应速率的主要因素；另外，水与反应过渡态之间的"增强氢键作用"也是水促进 Diels-Alder 反应、偶极加成反应等周环反应的因素[79, 80]。

表 8.1　Diels-Alder 反应在水和其他介质中的速率常数比较

编号	有机溶剂	$K_{water}/K_{solvent}$	参考文献
1	异辛烷	740(20℃)	[78]
2	甲醇	58(20℃)	[78]
3	乙腈	290(25℃)	[81]
4	异丙醇	57(25℃)	[82]

　　Claisen 重排反应是一个构筑新 C—C 键的有效方法，广泛用于有机化合物的合成。传统有机相 Claisen 重排反应往往需要较高的温度和较长的时间，因此会导致副反应的增加；与 Diels-Alder 反应类似，受憎水效应影响，水对 Claisen 重排也有很好的促进作用，因此利用水作为反应介质能够明显增加反应速率，降低其反应时间[83-85]。例如，Sharpless 等研究了不同溶剂对 4-氯-1-取代-萘酚 Claisen 重排反应的影响，室温下反应 5d 时间，在水溶液中能以 100%收率得到重排产物，而在无溶剂或有机溶剂中反应时得到相对较低的转化率，尤其在甲苯中的反应转化率才只有 16%，如图 8.13 所示[86]。最近，O. Acevedo 和 K. Armacost 利用 QM/MM 蒙特卡罗计算法研究了水对烯丙基萘基醚的 Claisen 重排反应的促进作用。通过对 16 种不同溶剂的计算模拟表明，水对该反应的促进来源于油/水界面上水通过增强的反相氢键对极性过渡态的稳定作用[87]。

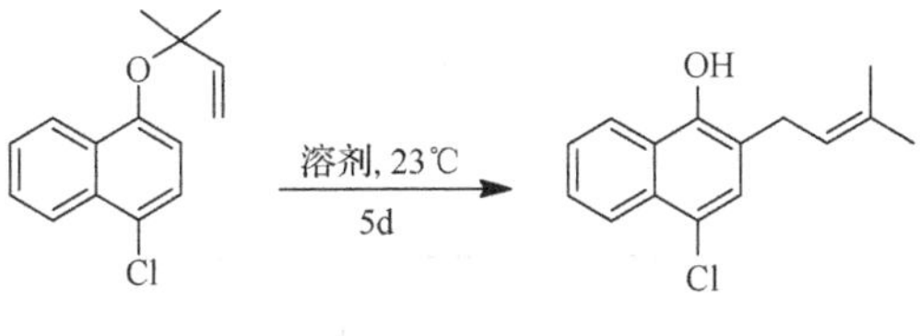

溶剂	收率/%
Toluene	16
MeOH	56
Neat	73
H$_2$O	100

图 8.13　不同溶剂对 4-氯-1-取代-萘酚 Claisen 重排反应的影响

　　水作为反应介质，对一些多元反应尤其是 Ugi 反应和 Passerini 反应也有显著的促进作用[88-91]。在 Passerini 反应中，将反应溶剂从甲酰胺、二氯甲烷换成水，反应转化率分别从 15%、50%提高到了 95%，且反应时间显著缩短，如果降低反应温度到 4℃，仅 2h 就可以基本反应完全，如表 8.2 所示。M. C. Pirrung 等认为这种促进作用除了"憎水效应"外，还跟反应物与反应介质之间的内聚能密度有关[90]。

表 8.2　不同溶剂对 Passerini 反应的影响

溶剂	反应时间/h	反应温度/℃	收率/%
CH₂Cl₂	18	25	50
DMSO	24	25	15
H₂O	3.5	25	95
H₂O	2	4	93
H₂O	5	50	91

CH_2Cl_2, $DMSO$, H_2O

研究表明，水对一些亲核开环反应尤其是环氧化物和氮杂化合物的开环有很好的促进作用[92-95]。Sharpless 等研究了不同溶剂对 N-(3-氯苯基)-哌嗪与环己二烯单环氧的亲核开环反应的影响[86]，如表 8.3 所示。当使用甲苯做溶剂时，50℃下反应 120h 后只有 10%的产物生成；使用乙醇作溶剂时，反应 60h 能得到 89%的收率；当使用水作为反应介质时，仅仅反应 12h 就可以得到跟用乙醇作介质反应时相当的收率，表明了水对该反应的促进作用。

表 8.3　不同溶剂对 N-(3-氯苯基)-哌嗪与环己二烯单环氧的亲核开环反应的影响

溶剂	浓度/(mol/L)	反应时间/h	收率/%
甲苯	1	120	<10
乙醇	1	60	89
水	3.88	12	88

除了对反应时间上的显著提高，水对反应的转化率和选择性也有一定的影响。例如，氧化苯乙烯和乙二胺的胺解反应在甲苯或乙醚等非极性溶剂中不反应，即使使用质子型溶剂乙醇时，反应一天时间也只得到了 50%的收率，异构比为($p_1 : p_2$) 45∶55。而当使用水作溶剂时，仅 14h 反应收率就可以达到 92%，且反应选择性提高(异构比 24∶76)，如表 8.4 所示[96]。

表 8.4　水对氧化苯乙烯和乙二胺胺解反应的转化率及选择性的影响

溶剂	反应时间/h	收率/%	异构比 (p_1 : p_2)
甲苯	48	—	—
乙醚	48	—	—
乙醇	24	50	45 : 55
水	14	92	24 : 76

另外，水与有机化合物之间的这种"憎水效应"也能增大 Wittig 反应[97, 98]、生物正交反应等其他有机反应的反应速率和选择性[99, 100]。而且，对某些反应来说，直接通过过滤或简单的萃取就可以得到纯的反应产品，节省了大量的有机溶剂和后处理操作，进而减小了能源消耗和环境危害。除了在化学理论研究方面取得了重大进展，水相反应在工业上也有广泛应用，如 Wacker 氧化反应、选择性氢氰化丁二烯、电化学还原葡萄糖制备山梨醇和甘露醇、电化学氧化糠醛合成麦芽酚等。

2）scCO$_2$

当物质（单质、化合物或混合物）的温度和压力均处于其临界温度（T_c）和临界压力（p_c）之上，且低于将其压缩为固体的压力之下时，该物质处于超临界状态。处于超临界状态的流体具有液体的密度、溶解能力和传热系数，以及气体的低黏度和高扩散性。超临界流体有多种，如二氧化碳、水、氨、乙烯、丙烯、乙烷、丙烷、戊烷、甲醇、乙醇等，其中 scCO$_2$ 是目前研究最为广泛的超临界流体，用 scCO$_2$ 代替有机溶剂已成为化学工业和相关领域降低废物生成的一个重要方法。表 8.5 为一些常用超临界流体的临界参数。

表 8.5　常用超临界流体的临界参数

流体名称	临界温度 T_c/℃	临界压力 p_c/MPa	临界密度 ρ_c/(g/cm^3)
二氧化碳	31.1	7.37	0.468
水	374.3	22.1	0.578
乙烯	9.9	5.03	0.227
乙烷	32.25	4.88	0.203
丁烷	152	3.8	0.228
戊烷	196	3.37	0.232
甲醇	240	8.0	0.272
苯	288.9	4.89	0.302
乙醇	240.4	6.14	0.276

scCO$_2$作为反应或分离介质具有以下优点：①CO$_2$安全无毒、来源广泛、价廉易得；②CO$_2$的临界点为 $T_c = 31.1℃$，$p_c = 7.38MPa$[101]，很容易达到，对设备要求不高，便于操作，有利于工业化生产；③scCO$_2$具有双极性，既可以溶解部分非极性物质，又可以溶解部分极性物质；④操作完成后 CO$_2$以气体的形式排放，无溶剂残留，便于产物的分离和后续的工艺过程；⑤可以任意比例与非极性气体混合，有利于加速反应，并为气体参与的反应提供安全的反应环境。scCO$_2$作为一种绿色溶剂，目前广泛用于萃取、色谱分离分析、超细颗粒制备、染色喷涂、反应介质等领域。

(1) scCO$_2$萃取技术。

萃取技术是实现物质分离的常用手段之一，经典的萃取方法需要大量的溶剂，常用溶剂有水、醇、醚、烃类等，其中，使用的有机溶剂如甲醇、乙醚等对人体有害。与这些传统萃取技术相比，超临界萃取技术可通过改变温度和压力的方法实现溶质的溶解能力几个数量级的改变，同时具有绿色、安全、无污染等优点，因此超临界萃取技术被主要应用于食品、香料及中草药等有效成分的提取[102-107]。

肉桂皮油是从肉桂中提取的一种重要天然香料，具有强心、健胃的功能。传统提取方法是用水蒸气蒸馏法，但该方法温度高，会使某些不稳定成分发生分解，影响肉桂皮油的品质。改用 scCO$_2$流体萃取技术，在 12MPa 的压力、45℃温度下，可以得到 3.43%的高质量的肉桂皮油，避免了蒸馏加热对某些成分的破坏，且比水蒸气蒸馏法的出油率高。香附油通常是从莎草的干燥根茎中用水蒸气蒸馏法或有机溶剂萃取法提取的，水蒸气蒸馏法出油率为 0.7%；而在 28～55℃、9～25MPa 下用 scCO$_2$萃取，出油率 2.6%以上，CO$_2$可连续循环使用。一般来说，scCO$_2$萃取的难易程度与 scCO$_2$对不同溶质的溶解能力有关，而 scCO$_2$对溶质的溶解能力又与溶质的极性、沸点和分子量密切相关。通常溶质的极性越小、沸点越低，越容易萃取。亲脂性、低沸点成分，如挥发油、烃、酯、醚、环氧化物以及天然植物和果实中的香气成分，可在 104kPa 以下萃取；化合物的极性基团(如—OH，—COOH 等)愈多，则愈难萃取，像糖、氨基酸类强极性物质的萃取压力则要在 $4×10^4$kPa 以上。另外，化合物的分子量愈小，愈易萃取。

除了食品、医药领域，scCO$_2$萃取技术在石油、煤炭的加工过程和环境污染治理等领域也有应用，尤其是重金属污染的修复方面。化工、采矿、金属冶炼及加工、轮船制造、农用杀虫剂以及生活污水等都会造成严重的重金属污染，如铅、镉、铬、汞等重金属进入水源或土壤。重金属具有难降解、易积累、毒性大的特点，是影响生态系统安全的一类重要污染物。因此，重金属污染的治理受到了化学、生态、环境科学等领域相关学者的重视。由于 scCO$_2$在萃取上的系列优点，利用 scCO$_2$来萃取金属离子被寄予厚望。但是，CO$_2$具有非极性特征且只能萃取电中性物质，因此它对极性物质特别是金属离子的萃取效率就很低。通过在 scCO$_2$

中加入极性携带剂(主要为直链烷醇,如甲醇、乙醇、辛醇等)或特定的表面活性剂(主要是全氟聚醚羧酸盐类和琥珀酸二(2-乙基己基)脂磺酸钠),来增加 $scCO_2$ 的极性,可实现 $scCO_2$ 对金属离子的萃取。对于无机金属离子来说,在萃取前或萃取过程中,通过引入合适的螯合剂(主要有二酮类化合物、冠醚或含硫、含氮、含磷的试剂),使得金属离子所带的电荷被中和,生成极性较小的配位化合物,溶入 $scCO_2$ 流体相中,从而使金属离子被萃取出来。

(2) $scCO_2$ 作为反应介质。

除了上面提到的一些特性外,$scCO_2$ 还因具有气体的扩散性和液体的密度而具有良好的传质速度和溶解度,而且在临界点附近时,压力稍微改变,介质的密度、黏度、扩散系数和极性等物理性质由接近于气体向接近于液体发生连续变化,所以可以通过改变压力来调控反应体系的扩散系数,从而达到控制反应的目的。因此,$scCO_2$ 作为反应介质可进行多种化学反应,如氧化反应、加氢反应、烷基化反应、羰基化反应、酶催化反应和聚合反应等[108-113]。以下简要举例对比说明 $scCO_2$ 作为反应介质的优越性。

乙酰丙酸加氢制备 γ-戊内酯是生物质转化形成汽油添加物的关键反应,以 $scCO_2$ 作为反应介质可以使反应体系形成一相,增加 H_2 和乙酰丙酸的接触,加速反应速率,提高反应转化率和选择性,如表 8.6 所示[114]。

表 8.6 $scCO_2$ 中乙酰丙酸催化加氢制备 γ-戊内酯

反应介质	转化率/%	选择性/%
$scCO_2$, 10MPa	98	97
无溶剂	78	93

1996 年,O. Reiser 等首次报道了 $scCO_2$ 中 $Pd(OAc)_2/PPh_3$ 催化的 2,3-二氢呋喃和碘苯的芳基化反应。动力学研究表明,催化剂在 $scCO_2$ 中不仅催化活性提高了 3 倍,而且由于金属与配体的协同作用增强使得催化剂稳定性增强,使得反应的转化数(turnover number, TON)和转化频率(turnover frequency, TOF)有了大幅的提高,如表 8.7 所示[115]。

除了增加反应的转化率,$scCO_2$ 对反应的选择性也有很好的调节作用。在 $Pd(OCOCF_3)_2/$三(2-呋喃)膦催化的分子内 Heck 反应中,$scCO_2$ 介质的使用减少了常规溶剂反应中易生成的分子内双键异构体产物,环外双键产物选择性高达 83%,如表 8.8 所示[116]。

表 8.7　scCO₂ 中 2,3-二氢呋喃和碘苯的芳基化反应

$$
\text{（2,3-二氢呋喃）} + PhI \xrightarrow[\text{THF, CH}_3\text{CN, 60℃}]{\text{Pd(OAc)}_2/\text{PPh}_3} \text{（产物 } p_1\text{）} + \text{（产物 } p_2\text{）}
$$

反应介质	催化剂用量/mol%	收率/%	TON	TOF
无溶剂	0.1	27	270	22
scCO₂, 8MPa	0.001	100	>100000	>833

表 8.8　scCO₂ 对分子内 Heck 反应选择性的影响

$$
\xrightarrow[\text{EtN}^i\text{Pr}_2]{\text{Pd(OCOCF}_3)_2, \text{ P(2-furyl)}_3} \text{（产物 } p_1\text{）} + \text{（产物 } p_2\text{）}
$$

反应介质	转化率/%	选择性/(p₁ : p₂)
无溶剂	95	71 : 29
乙腈	95	24 : 76
甲苯	85	45 : 55
scCO₂	95	83 : 17

CO₂ 在一个反应中不仅可以作为反应介质,还可以作为反应底物。1994 年 P. G. Jessop 小组首次报道了 Ru 络合物催化的 H₂ 和 CO₂ 在 scCO₂ 中合成甲酸的反应[117],如图 8.14 所示。该反应在 scCO₂ 中的反应速率比传统溶剂中要快一个数量级,初始 TOF 可达到 1400h⁻¹, TON 值为 7200。当反应体系中有甲醇、胺(氨)类等化合物时,可发生催化氢化反应合成甲酸甲酯和甲酰胺。在二甲胺存在下,合成 *N, N*-二甲基甲酰胺的收率达 99%, TON 值高达 420000。之所以该反应在 scCO₂ 中较其他有机溶剂有非常高的 TOF 值和 TON 值,得益于 scCO₂ 中的高 H₂ 浓度和传质速率。

3) 无溶剂反应

除了上述提到的水和 scCO₂ 为溶剂的方法,最环保的方法还是完全不用溶剂的无溶剂反应[118]。无溶剂反应,既包括经典的固-固反应,又包括气-固反应、液-固反应以及无溶剂的液-液反应,主要方法有研磨、光、热、微波以及超声等[119-121]。

无溶剂反应具有以下优点:①省去了反应介质收集、处理、再生的过程,减少了能量消耗;②生成的产物往往选择性和收率比较高,有些反应无需萃取、柱层析甚至重结晶等分离操作,减少了产品纯化中的溶剂浪费;③在整个反应过程中不使用任何溶剂,使得整个反应过程中反应物都保持一个很大的浓度,加快反应速率。一些反应方式,如微波、研磨等可以在短时间甚至几分钟内完成,工业上具有连续生产的潜力；④操作简单，设备成本较低，具有经济可行性[122]。

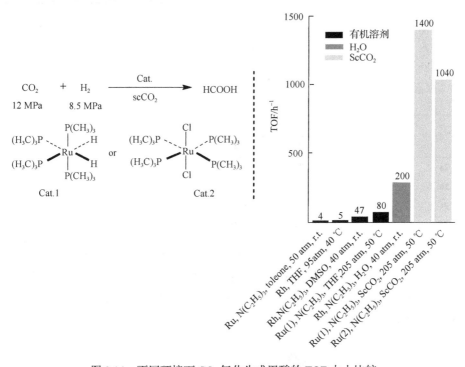

图 8.14 不同环境下 CO_2 氢化生成甲酸的 TOF 大小比较

对于一个反应来说，从原料到获得产品的绝大多数反应需要经历合成、分离或提纯的操作(97%)，只有少数可以在反应完成后直接得到纯的产品(3%)，这少数反应中很大一部分属于无溶剂反应[111]。相比溶剂法反应，无溶剂反应在合成方面具有很大的环境友好性，这一优越性从反应的环境因子[E-factor $=(m_{reactants}-m_{products})/m_{products}$]可以明显反映出来。例如，M.A.P. Martins 等比较了以 α, β-不饱和羰基化合物与甲基酰肼化合物为原料，分别在无溶剂微波辐射条件和甲醇作溶剂常规加热回流条件下，通过环缩合反应合成 4, 5-二氢吡唑化合物的过程，如表 8.9 所示[123]。从表中可以看出，用无溶剂微波法仅仅 6min 就可以得到跟传统溶剂回流法差不多甚至更高的收率。除了反应效率，单从反应过程看，无溶剂反应的环境因子均在 1 以下，而溶剂回流方法的环境因子则远远高出几十倍；如果加上产品分离过程的试剂消耗，无溶剂反应条件的平均环境因子(E-factor = 114)也要小于溶剂回流方法(E-factor = 188)，说明溶剂回流方法对环境的危害程度要远远大于无溶剂反应。

表 8.9 无溶剂条件的环合反应与甲醇溶剂法的 E 因子比较

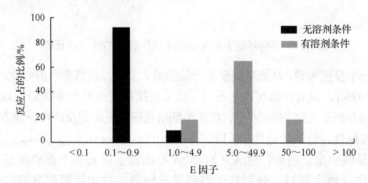

取代基	a	b	c	d	e
R^1	H	Me	Et	^nPr	^iPr
R^2	H	H	H	H	H
R	H	Me	Me	Me	Me

反应条件：1.无溶剂微波反应, 45W, 6min, 50~55℃
            2. 甲醇回流反应, 24h

产品	无溶剂微波法			甲醇回流法		
	反应时间/min	收率/%	E 因子	反应时间/h	收率/%	E 因子
2a	6	71	0.62	24	70	65.53
2b	6	70	0.78	24	72	60.60
2c	6	98	0.16	24	78	53.05
2d	6	92	0.28	24	75	52.73
2e	6	76	0.55	24	70	56.57

据统计，对于有机合成反应，多数无溶剂条件下进行的反应，其环境因子在 0.1~4.9，而有溶剂的反应其环境因子很大一部分在 5~100（图 8.15）[120]，可以明显看出无溶剂反应对环境的友好性。

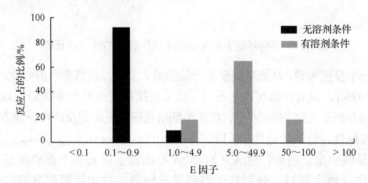

图 8.15 无溶剂反应和有溶剂反应在不同的 E 因子分区所占的比例

除了有机合成反应的无溶剂化趋势，一些材料如涂料、胶黏剂、油墨等也发展了无溶剂或低溶剂产品。传统的涂料需要使用大量苯、酮、酯类等有机溶剂，溶剂含量一般占到 50%或更多，大量挥发性的有机化合物（volatile organic compounds, VOC）会在涂料的使用过程中进入空气，危害环境。为适应环保的要求，一些高固成分涂料（低 VOC，非挥发性材料含量在 60%以上）、紫外光固化涂料、粉体涂料、无溶剂涂料等不断被开发出来。值得一提的是巴斯夫公司开发的紫外光固化涂料，其主要原料是流动性好的丙烯酸、甲基丙烯酸酯、丙烯酸醚等，另外还有光引发剂、添加剂，在辐射源的作用下引发固化，无需烤炉，在短时间内就可以完成固化过程，大大减少了能源消耗和有机溶剂的使用。作用机理是：在适当的 UV 照射下，引发剂分解产生自由基，自由基进一步引发含不饱和键的丙烯酸类衍生物单体间的聚合反应，通过链增长形成三维网状结构使材料最终交联固化。巴斯夫公司也因此获得了 2005 年美国"总统绿色化学挑战奖"的绿色反应条件奖。

胶黏剂是除了涂料外的另一种大量使用溶剂的大宗化工产品，广泛应用于家具、制鞋、建筑、装饰等行业。传统胶黏剂多数以苯、甲苯、酯、酮等为溶剂，对工作人员的身体和环境损害较大。近年来，聚醚型或聚酯型无溶剂胶黏剂因不使用挥发性有机溶剂，有利于人员施工、环境保护，具有良好的发展前景。整体来看，随着人们环保意识的加强，化学反应正逐渐向着绿色溶剂化、无溶剂化方向发展。

8.1.4 绿色合成路线

医药、农药、染料、液晶中间体等精细有机化学品的产品质量要求一般较高，而反应步骤一般较多，生产过程较复杂，溶剂和助剂用量大。因而，"三废"排放量大，环境污染和资源浪费严重，且往往所用原料毒性和危害也较大。据统计每吨精细化工产品平均至少需要各类化工原料 20t，即每吨产品约产生 19t 废料。有许多需求量大、附加值高、用途广、具有特殊功能的精细化学品就是因为污染问题没有解决只能停产。因此，开发有机化学品的绿色合成方法已是当今世界各国化工界和环境界最热门的研究课题之一。

1. 布洛芬绿色合成法(BHC 法)

布洛芬是新一代重要的非甾体消炎镇痛药物，自 20 世纪 70 年代末上市以来，以其疗效高、副作用小的特点而获得迅速发展。布洛芬的合成路线有很多，但实现工业化生产的只有 Boots 法和 BHC 法。Boots 合成路线是目前工业上合成布洛芬较为成熟的生产方法[124]，该合成路线是以异丁基苯为原料，经傅克反应生成对异丁基苯乙酮，再与氯乙酸异丙酯发生达村缩合，产物经碱水解、酸中和、脱羧反应生成 1-(4-异丁基苯基)丙醛，经肟化、水解制得布洛芬，或直接经氧化得到(图 8.16)。这条合成路线步骤烦琐、原料利用率低、耗能大，且有大量无机盐产生，成品的精制也很繁杂，生产成本高、污染较严重。

随后美国 Hoechest-Celanese 公司与 Boots 公司对 Boots 法进行改进，联合开发了 BHC 法，首先异丁苯与乙酸酐反应生成异丁基苯丙醛，再氢化还原成 1-(4-异丁基苯基)乙醇(IBPE)，最后通过 IBPE 的羰化反应来合成布洛芬。羰化反应步采用 $PdCl_2(PPh_3)_2$ 作催化剂，用量仅 0.067%(相对于 IBPE)，反应温度 130℃，CO

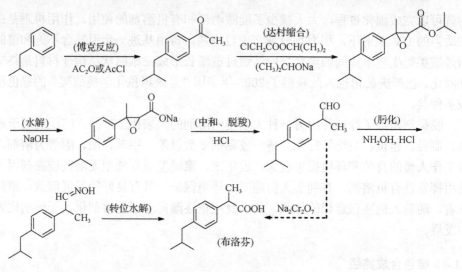

图 8.16 Boots 法合成布洛芬

压力 16.5MPa，IBPE 本身为溶剂或以甲乙酮为溶剂，在 10%～26% 的盐酸介质中反应 4h，转化率高达 99%，布洛芬的选择性为 96%。BHC 法将布洛芬合成的原子经济性由 Boots 法的 40% 大幅提高到 77%，如果将回收的乙酸计算在内，原子经济性高达 99%，是一个典型的原子经济性反应，而且工艺路线短，合成简单，无需使用大量溶剂和避免产生大量废物，对环境造成的污染小，合成路线见图 8.17。BHC 工艺被誉为绿色合成路线中的成功典范，并因此而获得 1997 年度美国"总统绿色化学挑战奖"的绿色合成路线奖。

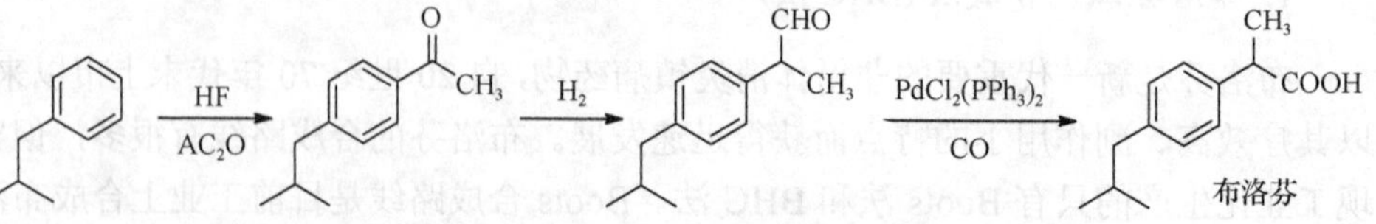

图 8.17 BHC 法合成布洛芬

2. 喹啉衍生物的绿色合成

喹啉杂环衍生物作为一种生物碱广泛存在于自然界中，其除了具有良好的生物药理活性，在荧光和磷光探针分子领域也具有重要的应用。另外，也可以作为高效的催化剂或配体，在手性分子合成中扮演着重要的角色。因此，如何绿色高效地合成具有喹啉骨架的衍生物一直是有机化学家追求的目标。

喹啉并吡咯二酮衍生物的合成已经有近三十年的历史，以氨基苯甲醛或马来酰亚胺衍生物为原料的环化或环加成反应是其常见的两种合成路线。但这两种路线为多步反应，合成效率低，并且往往需要使用金属催化剂和不易获得的原料，并产生一系列的副产物和废液。最近，美国麻省州立大学的张炜教授发展了以 2-叠氮苯甲醛和马来酰亚胺作为原料，一锅法微波合成喹啉并吡咯二酮的方法（图 8.18，路线 C），不使用任何催化剂、配体和非绿色试剂[125]。通过一系列绿色参数的评估，及与两条旧路线（图 8.18，路线 A、路线 B）的比较，从多角度、多层面证实了该合成工艺的简易高效和环境友好。

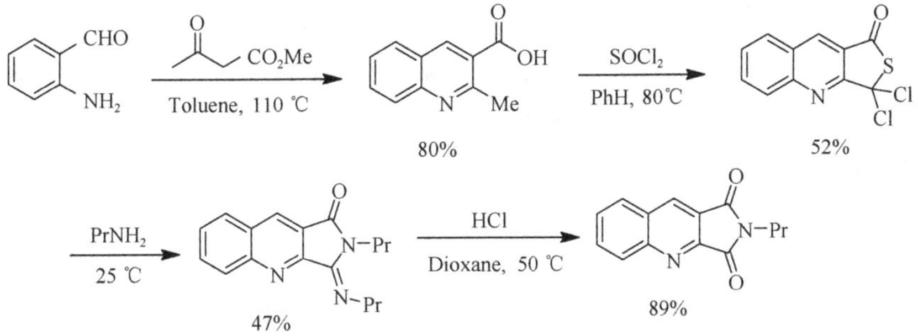

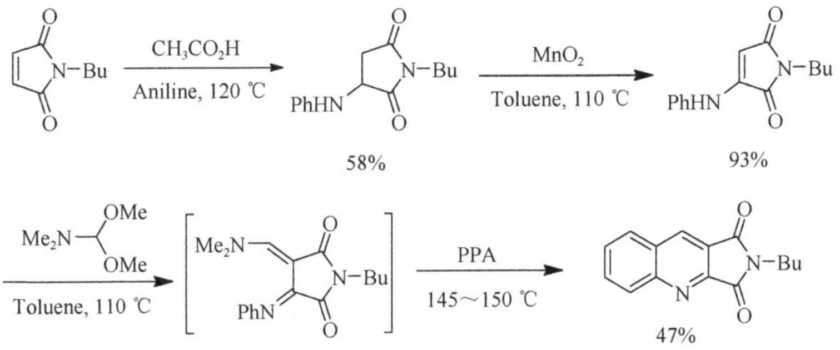

图 8.18　喹啉并吡咯二酮衍生物的合成方法

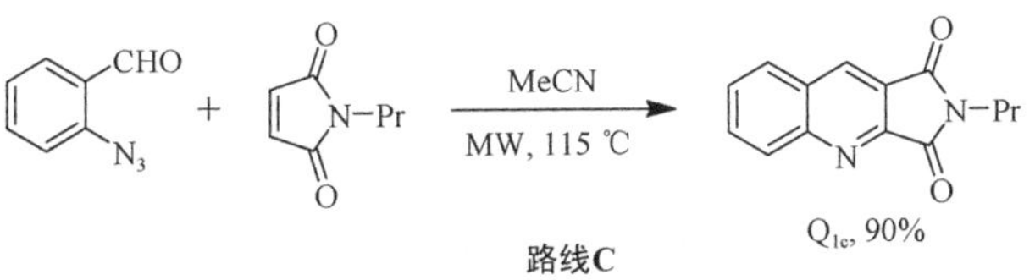

从表 8.10 可以看出，尽管 C 路线并没有利用全部的原子，但其原子经济性（AE）和原子效率（AEf）分别为 83.92%、75.53%，依然高于其他两条路线（路线 A：AE=57.98%，AEf =11.10%；路线 B：AE = 69.58%，AEf =17.64%），而且导致其原子利用率不足 100%的副产物是水和氮气，并不会造成环境问题。所列参数中，反应质量效率（RME）包括了所有反应物的质量、产物的收率以及纯化过程中溶剂

的使用等因素，评价比较全面，是评价该反应最有意义的指标之一。路线 C 的 RME 为 72.0%，而 A 路线只有 1.98%，路线 B 也不过 15.8%，足以看出 C 路线的绿色性。其他绿色评价如过程质量强度(PMI)、E-factor、溶剂强度(SI)等也表明路线 C 更绿色友好，具体评价指标见表 8.10。

表 8.10   合成喹啉并吡咯二酮衍生物 Q_{1c} 的三条路线的绿色参数

路线	反应步数 [2]	收率 [1]/%	AE[1]/%	AEf[1]/%	RME[1]/%	PMI[2]/(g/g)	E-factor[2]/(g/g)	SI[2]/(g/g)
A	4	19	57.98	11.10	1.98	389.67	388.67	250.44
B	3	25	69.58	17.64	15.8	794.31	793.31	877.81
C	1	90	83.92	75.53	72.0	18.26	17.26	14.56

1. 数值越大反应路线越绿色；2. 数值越小绿色评价越高。

3. 亚氨基双乙酸二钠的绿色合成

亚氨基双乙酸二钠是生产非选择性的环境友好除莠剂的重要中间体。新合成路线之前的路线是众所周知的 Strecker 合成路线，原料是氨气、甲醛和氢氰酸，如图 8.19 所示。其中，氢氰酸是剧毒品，对工人、环境存在很大的危险。这一路线每生产 7kg 产品会产生 1kg 废物，这些废物多数含有微量的氰化钾和甲醛，排放前必须进行处理。

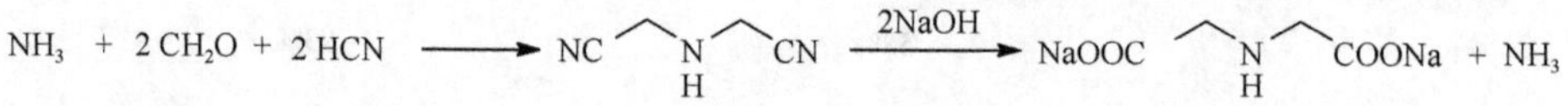

$$NH_3 \;+\; 2\,CH_2O \;+\; 2\,HCN \longrightarrow NC\!-\!\!\!\!\underset{H}{N}\!\!\!\!-\!CN \xrightarrow{2NaOH} NaOOC\!-\!\!\!\!\underset{H}{N}\!\!\!\!-\!COONa \;+\; NH_3$$

图 8.19   合成亚氨基双乙酸二钠的 Strecker 路线

Monsanto 公司开发并应用了一条 Cu 催化剂催化的二乙醇胺脱氢合成亚氨基双乙酸二钠的生产路线，如图 8.20 所示。该路线避免了传统 Strecker 合成过程中氢氰酸剧毒物质的使用以及氰化物、甲醛等废弃物对人体、环境造成危害。

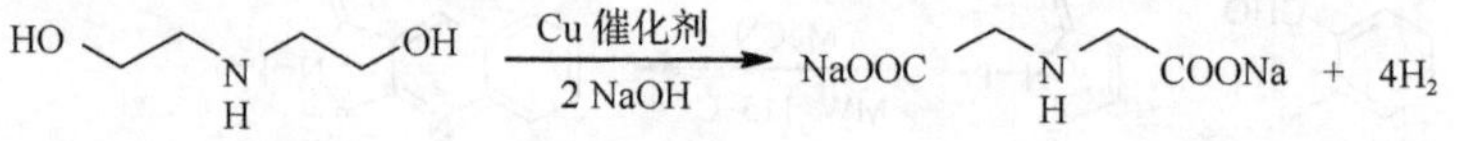

$$HO\!-\!\!\!\!\underset{H}{N}\!\!\!\!-\!OH \xrightarrow[2\,NaOH]{Cu\ 催化剂} NaOOC\!-\!\!\!\!\underset{H}{N}\!\!\!\!-\!COONa \;+\; 4H_2$$

图 8.20   Cu 催化剂催化的二乙醇胺脱氢合成亚氨基双乙酸二钠路线

8.2   美国"总统绿色化学挑战奖"简介

由美国环境保护局、美国国家科学院、美国国家科学基金、美国化学会、美国白宫等联合设立的"总统绿色化学挑战奖"(presidential green chemistry challenge awards)，用于奖励对"绿色化学"做出突出贡献的个人、团体和组织，鼓励化学家设计和改进化学品与化工生产过程，使其对环境更加友好、经济效益提高，体现了对将绿色化学原理应用到化学的设计、加工和应用过程而产生的技术的重视。该奖项从 1995 年开始设立，在华盛顿国家科学院每年颁发一次，是化学领域唯一的总统级科学奖，其评选标准涉及人身健康、环境有益、科学创新性和应用价值等方面。奖项分为：绿色合成路线奖(greener synthetic pathways)、绿色反应条件奖(greener reaction conditions)、绿色化学品设计奖(the design of greener chemicals)、小企业奖(small business)、学术奖(academic)等 5 项。2015 年起，新增了一个奖项–气候变化奖(specific environmental benefit: climate change)。在 2017 年新公布的获奖名单中，共有四个团体和一位学者获此殊荣。另外，气候变化奖被取消，并且已有 21 年历史的美国"总统绿色化学挑战奖"改名为"绿色化学挑战奖"。以下对 2017 年获奖项目及其创新与价值作简要介绍[126]。

　　2017 年美国"总统绿色化学挑战奖"的"绿色合成路线奖"授予了默克公司，以表彰其对抗病毒药物 Letermovir 合成路线的改进。Letermovir 是美国食品及药物管理局和欧洲药物管理局认证的产品，正处于三期临床实验阶段，用于治疗在人群中广泛传播并威胁免疫功能低下患者生命的巨细胞病毒感染。但合成 Letermovir 的总收率只有 10%，而且后期手性拆分过程需要使用 9 种不同的溶剂，在 C—H 活化的 Heck 反应中需要高负载量的钯催化剂(10mol%)，溶剂和试剂也难回收，因此，Letermovir 的合成成本很高，难以大规模推广。默克公司将改进重点放在了提高插入不对称喹唑啉环的效率上，利用 6 种新的非对称反应引入立体中心，最小限度地利用保护基，以在分子水平上防止废弃物产生。最终通过高通量的方法筛选出了一种新颖的 Aza-michael 方法，利用低价、稳定、易再生的金鸡纳碱为相转移催化剂，实现了这种不对称的转变，合成路线如图 8.21 所示[127]。对新合成路线的生命周期评价显示，总收率在 60%以上，PMI 下降 73%，原材料成本下降 93%，碳足迹和水用量分别减少 89%和 90%，并减少超过 1.5 万吨的废物，这在经济和环保两方面都有巨大的贡献。在制药行业中，该生产工艺代表了可持续的、产业化工艺的最先进水平。

　　安进和巴赫姆公司因改进了多肽固相合成技术，使 Etelcalcetide(慢性肾病患者甲状旁腺亢进的治疗药物，图 8.22)的生产过程更绿色，获得了"绿色反应条件奖"。改进后的多肽合成技术将反应步骤从 5 步减少为 4 步，并且每一步更优化，生产效率提高了 5 倍，消耗的化学溶剂量减少了 71%，生产成本降低了 76%，时间缩短 56%，可有效减少 Etelcalcetide 的供应风险，增加利润。利用该技术，预计每年将减少了 1440m³ 或更多的废物，其中包括 750m³ 的废水。

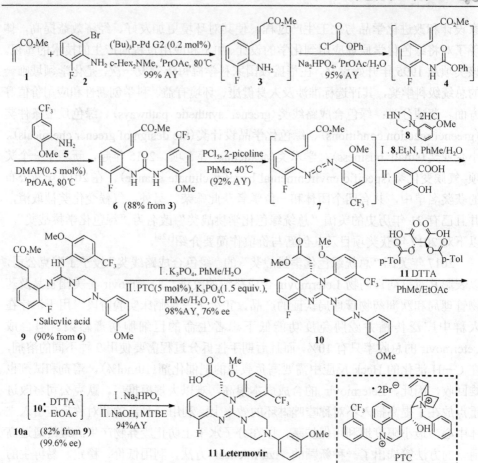

图 8.21　默克公司开发的 Letermovir 高效合成路线

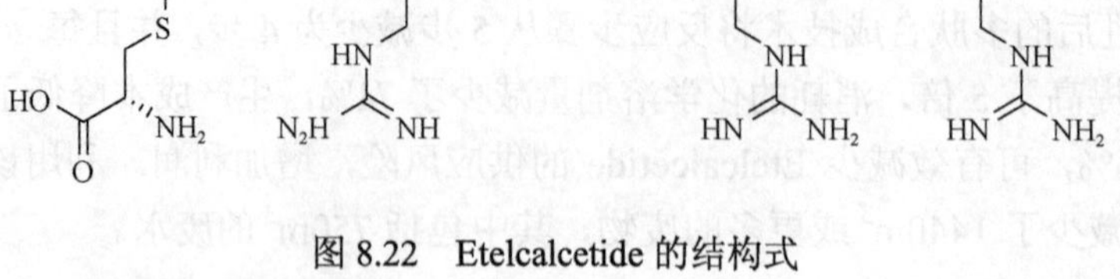

图 8.22　Etelcalcetide 的结构式

　　陶氏化学和科勒公司共同发明了创新型的热敏纸，为可持续成像技术做出了卓越贡献，荣获"绿色化学品设计奖"，详见 8.1.2 中 5，在此不赘述。

"小企业奖"授予了在电池开发方面做出贡献的 UniEnergy 技术公司。目前锂离子电池因其比容量、自放电性和性价比等方面的良好性能，在短期电能储备上广泛应用。但是，锂离子电池随着使用时间增长而电储存能力下降，且工作温度范围受限(−20～60℃)、循环使用寿命短，因此在长期使用时不具有竞争力。UniEnergy 技术公司与太平洋西北国家实验室合作开发并商业化了一款先进的钒液流电池，其能量密度是现有液流电池的 2 倍，且工作温度范围更广，能够在地球上的每个角落稳定持续工作，使电能的储存更便捷、高效。值得一提的是，这种钒液流电池的电解质是氯化物，比传统的硫酸盐更稳定；溶剂是水，使用过程中不易降解；电池本身不易燃，而且可以循环使用。

"学术奖"授予了宾夕法尼亚大学的 Eric J. Schelter 教授，他在从消费品中回收稀有金属方面作出了突出贡献。镧、镥、钪、钇等贵金属是现代科技，尤其是电子技术不可缺少的重要金属物质。但由于其丰度低、难以分离，使得稀土在开采、精炼和提纯过程中不但需要大量的水、酸、有机溶剂和能量消耗，还产生大量的氢氟酸、有机物以及放射性废物(包括铀、钍以及它们的衰变产物)，给环境带来严重的污染。难分离也是这些稀有金属回收利用的主要阻碍，目前的回收利用率只有 1%。Schelter 教授的团队发展了一类有机配体，能络合稀土金属阳离子(图 8.23)，并且其络合并二聚的平衡常数随稀土金属阳离子半径的不同而不同，因此能够轻松地从混合物中分离出稀有金属[128]。

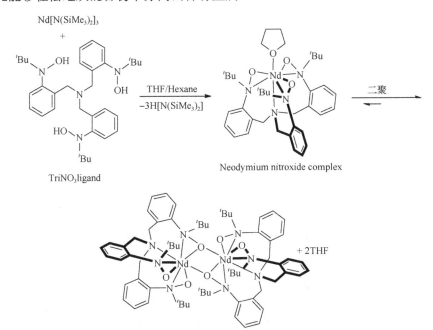

图 8.23　三脚架型氮氧有机配体及与金属钕离子络合二聚过程

这些创新分别从更优化的合成路线、提高原子经济性、更安全的化学品、高能源效率、高效催化剂、低制造成本等方面体现了绿色化学的原则，对健康和环境更安全，最终这些产品及其生产过程会刺激经济增长，实现经济和环境的"双赢"。

　　整体看来，美国"总统绿色化学挑战奖"现已颁发 22 届共 114 个项目(获奖项目汇列于表 8.11)，其中关于生物酶催化领域的相关奖项有 25 项、生物质利用方面 22 项、CO_2 利用领域 10 项，其他像高效催化剂、原子经济性反应、减少重金属污染、开发新能源等也是被广泛关注和认可的领域。对获奖项目分析表明，生物技术、原子经济性反应、新型催化剂、绿色溶剂、低毒的高分子材料、试剂的回收利用等将成为绿色化学的发展趋势，而以丰富易得的可再生资源为原料的绿色合成是绿色化学发展的关键。随着绿色化学的理念日益深入人心，相信更多绿色化学的成果将造福于人类。

表 8.11　美国"总统绿色化学挑战奖"

年份	奖项	获奖者	获奖项目
1996	绿色合成路线奖	Monsanto 公司	开发并应用了一条新的二乙醇胺脱氢合成亚氨基双乙酸二钠(DSIDA)的生产路线，避免了传统 Strecker 合成过程中 HCN 剧毒物质的使用以及氰化物、甲醛等废弃物对人体、环境造成危害
	绿色反应条件奖	Dow 化学公司	开发了用 CO_2 替代氟氯烃作为生产聚苯乙烯泡沫塑料发泡剂技术，并使之得到了商业应用
	绿色化学品设计奖	Rohm & Haas 公司	环境友好海洋生物防腐剂，用于船舶表面防海洋动植物附着，选出 4,5-二氯 2-正辛基 4-异噻唑啉-3-酮代替三丁基氧化锡
	小企业奖	Donlar 公司	发明了两条高效的途径来制备热聚天冬氨酸盐(TPA)。TPA 具有经济可行、高效和可生物降解的优点，可代替聚丙烯酸
	学术奖	Taxas A & M 大学的 M. Holtzapple 教授	把废生物质转化为动物饲料、化学品与燃料(用石灰水或高压低温液氨处理纤维素，使其膨化，再微生物降解)
1997	绿色合成路线奖	BASF 与 Hoechst 合营公司(BHC)	该公司开发了一条生产布洛芬的新合成过程。该项新技术只包含三个催化反应步骤，原子利用率大约为 80%
	绿色反应条件奖	Imation 公司	开发应用的 Dry View 成像技术，使用光热法曝光胶片，显影只需加热，无需化学显影剂和定影液
	绿色化学品设计奖	Albright & Wilson 公司	开发了四羟甲基硫酸磷盐(THPS)杀菌剂，具有较高的抗微生物性、较低的毒性、在环境中迅速降解和没有生物累积的特点
	小企业奖	Legacy System 公司	开发了一种湿法处理技术——Cldstrip 冷却臭氧氧化过程，来清除硅晶片上有机物，清洁蚀刻电路板，降低了使用 Piranha 溶液清洗带来的大气、土壤和水污染问题
	学术奖	North Caolina at Chapel Hill 大学的 Desimone 教授	开发能溶于超临界二氧化碳的表面活性剂，用于微电子和光谱清洗

续表

年份	奖项	获奖者	获奖项目
1998	绿色合成路线奖	Flexsys America 橡胶制品公司	开发了用碱促进硝基苯和苯胺的直接偶联合成 4-氨基二苯胺的新工艺，避免了传统工艺中大量无机盐和少量有机物废水的产生以及大量氯气的储存和使用
	绿色反应条件奖	Argonne 国家实验室	开发的以碳水化合物为原料合成高纯度乳酸乙酯及其他乳酸酯工艺。具有成本低、能耗小、高效和高选择性的优点，避免了传统生产过程中大量含盐废弃物的产生
	绿色化学品设计奖	Rohm & Haas 公司	发明了二酰基肼 Confirm^{TM} 杀虫剂，提供了一种更安全有效的选择性害虫控制技术
	小企业奖	Pyrocool 技术公司	研制开发了 Pyrocool FEF 灭火剂，该灭火剂由高度可降解性的非离子型表面活性剂、阴离子表面活性剂和两性表面活性剂与水混合而成，极大地降低了对人类健康和环境造成的潜在的长期危害
	学术奖	(A) Stanford 大学的 B. M. Trost 教授 (B) Michigan State 大学的 K. M. Draths 和 J. W. Frost 两位教授	(A) B.M.Trost 详细阐明了评论化学过程的一套新标准，包含选择性和原子经济两个方面；(B) K.M.Draths 和 J.W. Frost 以无毒害的葡萄糖作为起始原料，采用生物催化过程来合成己二酸和邻苯二酚，称为 Draths-Frost 合成法，其中葡萄糖来源于可再生的碳水化合物的淀粉、半纤维和纤维素。另外，该方法以水作为主要的反应溶剂，反应条件温和，反应过程中不产生有毒中间体和对环境有破坏作用的副产物
1999	绿色合成路线奖	Lilly 实验室	设计出了一条更有效、更少废弃物的步骤经济性方法来制备一种抗痉挛药物，避免了大量溶剂使用和污染物产生
	绿色反应条件奖	Naclo Chemical 公司	发展了一种水基过程生产带电聚丙烯酰胺，用于造纸工业、加工应用和废水处理
	绿色化学品设计奖	Dow Agrosciences	开发了 Spinosad 高选择性、环境友好杀虫剂，对毛虫、苍蝇有害，对环境和哺乳动物很低的毒性，在环境中不累积、不挥发
	小企业奖	Biofine 公司	发展了一种废弃纤维转化成乙酰丙酸的新技术，在 300～220℃用大约 15min 反应即可完成。原料可以是造纸废物、城市固体垃圾、不可循环使用的废纸、废木材甚至农业残留物
	学术奖	Carnegie Mellon 大学的 Collins 教授	发展了一系列 Fe (III) 配位化合物，增强过氧化氢的氧化能力，低温下(55℃)活化 H_2O_2，选择漂白木浆并去除木质素残留物
2000	绿色合成路线奖	Roche Colorado 公司	开创出一条高效合成抗病毒药 Cytovene 的工艺。该工艺在采用无毒原料和溶剂、减少有害排放、提高反应效率等方面都成功地贯彻了绿色合成的基本原则
	绿色反应条件奖	Bayer 公司	开发了一种环境友好、性能优良的以水为载体的双组分聚氨基甲酸酯涂料，生产和使用过程中挥发性有机物减少了 50%～90%，有毒空气污染物减少了 50%～99%，从涂层释放出的化学副产物也明显减少
	绿色化学品设计奖	Dow AgroSciences	开发了一种新型高选择性无残留农用杀虫剂 hexaflum 及白蚁诱饵系统方法，通过抑制昆虫角质素合成，使其在脱皮时死亡，对环境和人身健康的影响很小

续表

年份	奖项	获奖者	获奖项目
2000	小企业奖	Revlon 公司	发明了 Enbirogluv 玻璃印花技术，不需要烘烤，原料不含重金属，成分有生物降解性，美观耐用
	学术奖	Scripps 研究所的 Chi H. Wong 教授	在酶催化有机合成领域做出了开创性工作，如发明了用基因工程糖转移酶催化定位还原糖核苷酸合成低聚糖的方法、酶催化烯醇酯的酯交换反应、重组醛缩酶催化不对称羟醛缩合反应等，为酶催化工业奠定了坚实的基础，开辟了一个绿色合成的崭新领域
2001	绿色合成路线奖	Novozymes 公司	开发了酶法处理棉织物的生物精炼加工工艺，比传统氢氧化钠加工工艺降低了 40%的污染，减少了 30%~50%的用水量
	绿色反应条件奖	Bayer 公司	开发的环境友好型螯合剂——氨基二琥珀酸盐，对三价铁、二价铜和钙具有很好的吸附能力，且易于降解
	绿色化学品设计奖	PPG 公司	在薄层电镀方面采用钇离子替代铅离子，避免了铅对环境造成危害，并且在金属预处理时基本实现了低镍、无铬化
	小企业奖	EDEN 生命科学股份有限公司	开发了 harpin(无毒性蛋白质)技术,用于激发植物自然分泌防御系统来抵抗病虫害，但对有机体无任何副作用，并且 harpin 能被紫外线和微生物分解，不会成为生物堆集物，也不会污染地下水
	学术奖	Tulane 大学的李朝军教授	开发了在空气和水中应用的过渡金属催化剂，用以水相反应，为传统上只能在惰性气体和有机溶剂中进行的有机合成反应开辟了一个崭新的领域
2002	绿色合成路线奖	Pfizer 公司	开发了合成抗抑郁症药物活性成分舍曲林的新工艺，将原有的三步变为一步，大大减少了污染，提高了工人的安全性
	绿色反应条件奖	Cargill Dow LLC	开发了以玉米葡萄糖为原料合成聚乳酸的新工艺
	绿色化学品设计奖	Chemical Specialties 公司	开发的碱性铜四元化合物(ACQ)可以代替常用木材防腐剂铬酸砷酸铜(CCA)。ACQ 的毒性比 CCA 小得多，但可以有效地保护木材，防止木材干燥腐朽、被白蚁和蛀虫等蛀蚀
	小企业奖	田纳西州纳舒厄的 SC Fluids 公司	成功开发超临界二氧化碳溶液清洗保护层技术，该技术采用超临界二氧化碳替湿法化学处理技术，除去半导体晶片成型过程中残留的隔光涂层、抗蚀剂及处理过程中的残留物质
	学术奖	匹茨堡大学的贝克曼 Eric J. Beckman 教授	设计并制备出非氟亲 CO_2 的聚醚、聚硅氧烷等共聚物添加剂，使 CO_2 成为更有用的溶剂
2003	绿色合成路线奖	Süd-Chemie 公司	开发了"固体氧化物催化剂合成的无废水工艺"，能够达到零废水排放、零硝酸盐排放，没有或很少 NO_x 释放，同时大大减少了水和能量的消耗
	绿色反应条件奖	DuPont 公司	利用可再生资源经生物催化生产 1,3-丙二醇技术，第一次将可再生资源大量转化成一种化学品，不仅经济可行，而且具有环境价值
	绿色化学品设计奖	Shaw Industries 公司	发明了衬里由沥青、聚氯乙烯、聚氨酯制造的"EcoWorx (tm)地毯片"

续表

年份	奖项	获奖者	获奖项目
2003	小企业奖	AgraQuest 公司	开发了一种高效、环境友好的生物杀真菌剂 Serenade(r)，对有益的生物体和非针对目标都没有毒性，对使用者和地下水都很安全
	学术奖	布鲁克林技术大学的 Richard A Gross 教授	开发的"温和、选择性聚合的新选择——脂肪酶催化聚合"，降低了聚合反应活化能，因此减少了能量消耗
2004	绿色合成路线奖	Bristol-Myers Squibb 公司	成功开发了通过植物细胞发酵制备抗癌药 Taxol 主成分紫杉醇的绿色工艺
	绿色反应条件奖	Buckman 国际股份有限公司	开发的新型促进纸张循环利用的 Optimyze(r) 酶技术，解决了去除纸制再生过程中的"黏胶"污染问题
	绿色化学品设计奖	Engelhard 公司	开发出大批性能优良且环境友好的 Rightfit™ 偶氮颜料，代替了过去由镉、铬、铅等制造的镉黄、铬黄等颜料，减少了重金属的使用对人类健康和环境的危险
	小企业奖	Jeneil 生物表面活性剂公司	成功生产了系列鼠李糖脂生物表面活性剂产品。这些生物表面活性剂具有良好的乳化、湿润、去垢、起泡等性能，并且它们的毒性极低，易于生物降解
	学术奖	佐治亚州技术学院的 Charles A. Eckert 和 Charles L. Liotta 教授	以友好可调溶剂，如超临界二氧化碳、近临界水及二氧化碳去溶胀有机流体等，取代传统化学溶剂，用于化学反应和分离过程
2005	绿色合成路线奖	(A) Archer Daniels Midland Company 和 Novozymes 公司 (B) Merck 公司	(A) 通过 Lipozyme 酶催化酯交换反应生产低游离脂肪酸油脂 NovaLipid 技术 (B) 重新设计并高效合成了药物 Emend 的活性成分 Aprepitanto，该药物对化学疗法引起的恶心、呕吐等症状具有很好的效果
	绿色反应条件奖	BASF 公司	发明了一种新的聚氨酯-丙烯酸酯低聚体底漆体系，与传统的聚氨酯技术相比该底漆性能更佳。另外，通过廉价紫外灯的近紫外光，甚至日光的照射，底漆在数分钟内固化，无需烤炉，大大减少了能源消耗
	绿色化学品设计奖	Archer Daniels Midland Company	发明了一种可减少乳胶涂料挥发性有机物的、非挥发性的反应性聚结剂 Archer RC™
	小企业奖	Metabolix, Inc.公司	利用工程化的微生物来完成酶催化反应，以生物技术高产率、高再生率地制备天然塑料聚羟基烷酸酯，并成功开发了商业化工艺
	学术奖	亚拉巴马州大学的 Robin D. Rogers 教授	开发了一种使用离子液体溶解和加工纤维素为高级新材料的平台策略
2006	绿色合成路线奖	Merck 公司	开发出用 β-氨基酸制备 2-型糖尿病药物 Januvia™ 的活性成分 Sitagliptin 的绿色合成路线，该路线缩短了反应步骤，大量减少污染物的产生，且提高了近 50% 的总收率
	绿色反应条件奖	Codexis 公司	采用先进的基因技术，开发了一种基于酶催化的过程用于合成麻醉药 Lipitor® 的关键构件分子。这一新的酶过程比以往的合成过程更快捷、高效，在收率得到提高、工人安全得到改善的同时，还减少了废物的排放、溶剂的使用以及对纯化设备的需求

续表

年份	奖项	获奖者	获奖项目
2006	绿色化学品设计奖	S. C. Johnson & Son (SCJ) 公司	研发出了 Greenlist™ 系统，该系统用来评估其产品中各成分对环境和人类健康的影响，通过该系统遍及全球的 SCJ 的化学家和产品配方设计师们很快就能判断出其产品成分的环境等级
	小企业奖	Arkon 和 NuPro 技术公司	开发了苯胺印刷工业中对环境安全的溶剂，如甲酯、萜烯衍生物以及高度取代的环烯烃等，并研发了其循环利用方法
	学术奖	密苏里-哥伦比亚大学的 Galen J. Suppes 教授	从天然丙三醇合成出生物基的丙二醇和合成聚羟基化合物的单体。提升了丙三醇的附加值，降低了生物柴油的生产成本
2007	绿色合成路线奖	美国俄勒冈州立大学的 Li Kaichang 教授、哥伦比亚 Forest 公司和 Hercules 公司	对自然界大量存在的、可再生的大豆蛋白中的部分氨基酸进行改性，联合开发了一种新的环境友好的木材加工黏合剂，使工厂有毒污染物的排放减少了 50%～90%
	绿色反应条件奖	Headwaters 技术公司	开发了一种制备 Pt-Pd 催化剂 NxCat™ 的新技术，这种催化剂可以将氢气和氧气直接催化合成双氧水，不需要传统工艺使用的危险品，水是该工艺唯一的副产物
	绿色化学品设计奖	Cargill 公司	可再生的生物质资源为原料合成出己内酯多元醇用以替代石油基多元醇，与传统生产技术相比，这一技术将使生产聚氨酯泡沫产品的能耗降低 23%，减排二氧化碳 36%
	小企业奖	NovaSterilis 公司	发明了采用 CO_2 和一种过氧化物的灭菌新技术，减小了使用环氧乙烷或 γ 射线辐照的现有灭菌技术对病人身体产生毒害以及其他安全隐患
	学术奖	德克萨斯州大学的 Krische M. J. 教授	使用手性的氢转移催化剂，开发了一种新的催化氢转移反应，用于碳碳键的形成。利用新的反应方法合成的复杂有机分子具有更高的对映选择性，且避免了因使用传统有机试剂所带来的危险
2008	绿色合成路线奖	Battelle 公司	联合 AIR 公司和俄亥俄州大豆委员会合成了以大豆为原料的墨粉，其性能与传统墨粉相比没有任何差别，但墨粉容易从纸张上脱除；另外，新工艺可节省大量的能源和减少二氧化碳的排放
	绿色反应条件奖	Nalco 公司	开发了 3D TRSASR 技术来持续监控循环冷却水的状况。这种技术节省了水和能源，减少了水处理药剂用量，并且降低了外排水对环境的危害
	绿色化学品设计奖	DowAgro Sciences	开发了一种绿色化学合成法来生产新的杀虫剂，即 Spinetoram 杀虫剂，可以替代有机磷酸酯杀虫剂，增强天然产物的防害能力，且用量和毒性都很低，所以对环境的影响远低于现有的杀虫剂
	小企业奖	SiGNa 化学公司	将活性碱金属吸附在多孔金属氧化物中开发了纳米级吸附技术，同时保留了碱金属的活性，又使碱金属的储存、运输和处理更加安全
	学术奖	美国密歇根州立大学的 Robert E. Maleczka Jr 与 Milton R. Smith 教授	开发出了复杂硼酸酯类化合物的合成新技术。反应条件温和且产生废物量小，反应过程清洁，无需溶剂，且副产物只有氢气

续表

年份	奖项	获奖者	获奖项目
2009	绿色合成路线奖	Eastman 化学公司	开发了一种无需溶剂的生物催化工艺来生产化妆品和个人护理产品所需的酯类组分,生产过程中不再需要使用强酸和可能存在危害的溶剂
	绿色反应条件奖	CEM 公司	生产的创新型快速测定蛋白质分析仪,不需高温,不使用有害化学物就可以准确测定蛋白质
	绿色化学品设计奖	宝洁和 Cook Composites & Polymers 两家公司	开发出一种 "Chemp MPS" 新配方,用生物源的 Sefose 油替代石油源溶剂,可以将醇酸树脂涂料溶剂量减少到原来的一半
	小企业奖	Virent 能源系统有限责任公司	研发出一种能将糖转化成传统碳氢燃料的绿色合成途径——BioForming 催化工艺。该工艺用水相催化法,仅需少量的外部能量,便可将糖、淀粉或植物纤维制成汽油、柴油和航空燃料,减少了对化石燃料的依赖
	学术奖	卡内基梅隆大学的 Krzysztof Matyjaszewski 教授	成功研发了一种使用铜催化剂和环境友好型还原剂的"原子转移自由基聚合"替代工艺,开辟了一条生产聚合材料的绿色新途径
2010	绿色合成路线奖	Dow 化学和 BASF 公司	合作开发了新型的过氧化氢作为氧化剂合成环氧丙烷的新路线,产率高,且副产物只有水,对环境负面影响小
	绿色反应条件奖	Merck 和 Codexis 公司	将合作开发的改性转氨酶用于西他列汀的第二代绿色合成,不仅减少了废物,提高了产量和安全性,还节省了大量金属催化剂
	绿色化学品设计奖	Clarke 公司	开发了 Natular 牌可控释放的杀幼虫剂,是第一个用于控制蚊子幼虫的化学杀幼虫剂,且用量低于传统合成杀虫剂用量的 2~10 倍,而它的毒性比有机磷酸酯杀虫剂低 2~15 倍,既不会长期存在于环境中,也不会毒害野生动物。另外,其生产过程也摒弃了有环境危害的原料和工艺
	小企业奖	LS9 公司	研发了一个技术平台,通过一个成本优化、简单、高效的一步发酵工艺来生产各种先进生物燃料和可再生化学品
	学术奖	加利福尼亚大学洛杉矶分校廖俊智教授团队	他们利用生物技术开发了利用 CO_2 合成长链醇的方法,实现了 CO_2 的循环利用
2011	绿色合成路线奖	Genomatica 公司	利用先进的基因工程开发了一种使糖类发酵生成 1,4-丁二醇的微生物新技术,利用这种微生物大规模生产 1,4-丁二醇的成本非常低廉,能耗减少 60%,二氧化碳排放量减少 70%
	绿色反应条件奖	Kraton Performance Polymers	使用较少的溶剂合成了一系列无卤素、高渗透性的聚合物膜——NEXAR™,同样条件下,利用 NEXAR™ 反渗透膜可以比传统膜多纯化 100 倍的水,从而节省 70%的膜成本和 50%的能耗
	绿色化学品设计奖	Sherwin-Williams 公司	研发了一种新颖的、低 VOC 水基醇酸-丙烯酸涂料制备技术,这类涂料同时具有醇酸类涂料的良好涂装性能和丙烯酸类涂料的低挥发性
	小企业奖	BioAmber 公司	研发了用生物基原料发酵法替代石油基原料方法生产琥珀酸,形成了一整套能够进行商业化规模生产的技术
	学术奖	加利福尼亚大学 Santa Barbara 分校 Bruce H. Lipshutz 教授	设计了一种安全的表面活性剂,能在水中形成微小的液滴,有机化合物溶解到这些液滴中进行高效的反应。他的成果终结了化工反应中对有机溶剂的依赖

续表

年份	奖项	获奖者	获奖项目
2012	绿色合成路线奖	加利福尼亚州大学的 Tang Yi 教授和 Codexis 公司	开发出一种有效的生物催化剂 LovD 生产辛伐他汀,用于心血管疾病的治疗。该技术避免了原工艺中数种有害化学品的使用
	绿色反应条件奖	Cytec Industries	开发了 MAXHT 拜耳方钠石阻垢剂,每年可以节省几十亿瓦热量,减少数百万磅的有害酸性废物
	绿色化学品设计奖	Buckman 国际公司	研发的 Maximyze 牌酶在无需添加其他化学品和能量的情况下,就能大大增加使木纤维相互结合在一起的纤丝的数量,进而改善木材的纤维结构,增强了纸的强度和质量,使造纸业使用更少的木纤维,可以利用更多的回收纸,从而降低生产成本
	小企业奖	Elevance 可再生科学公司	使用曾获诺贝尔奖的钼-钨复分解催化剂,分解天然油脂并重新组合成新的高性能绿色化学品。与石化技术相比,该技术显著降低了能源消耗量,减少了温室气体排放
	学术奖	(A)康奈尔大学的 Geoffrey W. Coates 教授; (B)斯坦福大学的 Robert M. Weymouth 教授和加利福尼亚圣何塞的 James L. Hedrick 博士	(A)研发了一系列催化剂将 CO_2 和 CO 转化为成可降解塑料制品,如聚碳酸酯 (B)开发了一组高活性、环保的良性非金属的有机催化剂,能够合成能被生物降解、具有生物相容性的塑料。有利于塑料瓶的回收利用,可大量减少塑料垃圾
2013	绿色合成路线奖	Life Technologies Corporation	设计了一种三步一锅法的合成路线来生产聚合酶链反应(polymerase chain reaction, PCR)实验药剂的化学物质,如 PCR 过程中合成 DNA 的独特结构——脱氧核糖核苷酸。这种合成路线同时消除了各种有害的试剂和溶剂的使用,包括氯化锌、三苯基膦、二甲基甲酰胺、二氯甲烷。与传统合成路线相比,有机溶剂的使用量减少 95%,其他危险废物减少 65%。通过提高反应的收率和选择性,过程 E 因子从约 3200 降低到 400
	绿色反应条件奖	Dow 化学公司	开发了一种预分散聚合物称为 EVOQUETM,包覆在 TiO_2 颗粒表面,提高 TiO_2 在涂料中分散性的同时,减少了 TiO_2 使用量,而 TiO_2 的生产是能源密集型的生产过程,因此用量减少的同时,废物的排放也随之减少
	绿色化学品设计奖	Cargill 公司	开发了植物油基 FR3™ 绝缘流体,用于代替石油基矿物油。这种流体不易燃烧,性能优越,毒性小,并具有较低的碳排放量
	小企业奖	Faraday Technology 公司	开发了一种三色电镀工艺,使用毒性小、非致癌性的三价铬,替代电镀槽中的六价铬。这种方法在保持铬镀层功能性优点的同时,大大减少了六价铬废物的产生
	学术奖	德拉瓦大学教授 Richard P. Wool	利用植物油、鸡的羽毛、亚麻等生物原料开发了几种新的高性能生物基材料,用于替代制造高性能的材料(如胶黏剂、复合材料、泡沫等)。与石油基材料相比,这些原料的生产消耗更少的能源和水,产生更少的有害物质,并且非常适合于大规模生产

续表

年份	奖项	获奖者	获奖项目
2014	绿色合成路线奖	Solazyme 公司	将藻类的产油机制和基因工程技术结合，筛选出了可产生独特油品的微藻，用于生产甘油三酯油，与传统生产的植物油相比，微藻油不受季节、地点、原料来源影响，且性能稳定
	绿色反应条件奖	QD Vision 公司	开发了更绿色的量子点合成法生产高效显示器件和照明产品，减少了高毒性溶剂的使用和镉的排放
	绿色化学品设计奖	Solberg 公司	发明了高效浓缩、不含卤素的 RE-HEALING™(RF) 泡沫灭火剂 RF 采用非氟化表面活性剂和糖类的混合物代替氟化表面活性剂，不仅灭火性能优越，更大大减少了对环境的影响
	小企业奖	Amyris 公司	利用自己的专利菌株，工业化规模地把糖类发酵成达到石油燃料标准的可再生柴油——金合欢烷
	学术奖	威斯康星大学-麦迪逊分校的 Stahl 教授	通过改进催化方法，用环境友好的氧气作为氧化剂来代替危险的化学品氧化剂用于有机合成，具有反应条件温和、选择性高的特点
2015	绿色合成路线奖	Lanza Tech.公司	发展了一种微生物发酵方法将 CO、CO_2 转化为乙醇、2,3-丁二醇等重要燃料。与以天然气、煤、石油等为原料的传统工艺相比，新方法的实施可以减少 70% 左右的温室气体排放
	绿色反应条件奖	Soltex 公司	通过 BF_3 与醇的络合，将其固定在氧化铝载体上作为固载型催化剂合成聚异丁烯，避免了传统合成方法中 BF_3 等具有腐蚀性的 Lewis 酸催化剂对仪器设备的腐蚀
	绿色化学品设计奖	Hybrid Coating Technologies 和 Nanotech Industries 公司	使用环状碳酸酯和胺替代传统的异氰酸酯和多醇，合成聚氨酯涂料和绝缘泡沫
	小企业奖	Renmatix 公司	用超临界水将植物纤维水解为糖，为进一步生产生物柴油和化学品提供了原料。与传统的酸催化方法、酶法等工艺比较，该技术具有清洁、高效、经济等优点
	学术奖	科罗拉多州立大学的 Eugene Y.-X. Chen 教授	设计的氮杂环卡宾类有机小分子催化剂在无金属催化的条件下实现了 5-羟甲基糠醛的自身缩合以及二甲基丙烯酸酯的聚合反应。反应的原子经济性均为 100%
	气候变化奖	Algenol 公司	开发出了基因增强的蓝藻菌株，可以在阳光和盐水的条件下高效地将空气和工业废气中的 CO_2 转化为乙醇和生物油等燃料
2016	绿色合成路线奖	CB&I 工业技术公司和 Albemarle 特种化学品公司	联手发明了 AlkyClean 固体酸催化工艺，用于生产烷基化油，具有清洁、安全的优点，避免了氢氟酸或硫酸等液体酸催化剂的使用带来的设备腐蚀、后处理耗能且产生大量废物污染等问题
	绿色反应条件奖	Dow AgroSciences	通过在聚脲微胶囊中封装氨单加氧酶抑制剂(nitrapyrin)，得到了水性 nitrapyrin 微胶囊悬浮剂 Instinct，将其与化肥或粪肥一起施用，可以防止土壤中的微生物将肥料中的铵转换成更容易流失的硝酸盐，同时也减少了由农业活动导致的温室气体 N_2O 的排放

续表

年份	奖项	获奖者	获奖项目
2016	绿色化学品设计奖&气候变化奖	Newlight Technologies	他们专有的细菌聚合酶可以将垃圾填埋场、堆肥沼气池或发电厂的碳排放废气与空气中的氧气反应，生产聚羟基脂肪酸酯聚合物(aircarbon)，且工艺温和、成本低、材料性能优越。
	小企业奖	Verdezyne 公司	在假丝酵母(Candida)菌株的基础上，设计了一种基因工程酵母菌，并开发出了一个三步酶促反应的好氧发酵技术平台，用来自植物油的月桂酸产生己二酸、癸二酸和十二烷二酸，这些二羧酸可进一步用于制备尼龙，并生产其他消费品。
	学术奖	普林斯顿大学的 Paul J. Chirik 教授	发现了一类新的铁、钴和镍的金属-配体催化剂催化硅氢化反应，用于生产有机硅化合物和聚合物。与传统的铂催化剂相比，这些更廉价，更易使用，环境危害更少，活性更好
2017	绿色合成路线奖	Merck 公司	使用低价、稳定、易再生的催化剂开发了 letermovir 抗病毒药物。整条合成路线在提高产率的同时，减少了 93%的原料成本、90%的用水和 89%的碳足迹，在环保和经济两方面都有耀眼表现
	绿色反应条件奖	Amgen & Bachem 公司	联手改进了多肽 etelcalcetide(慢性肾病患者甲状旁腺亢进的治疗药物)的固相合成技术。改进后的技术将反应步骤从 5 步减少为 4 步，生产效率提高了 5 倍，且消耗的化学溶剂量减少了 29%，生产时间减少44%，生产成本减少24%
	绿色化学品设计奖	Dow & Koehler 公司	共同发明了环保的创新型热敏纸，改进了传统底片暴露在阳光下或接近热源会破坏图像的缺点，为可持续成像技术做出了卓越贡献
	小企业奖	UniEnergy 技术公司	与太平洋西北国家实验室合作开发并商业化了一款先进的钒液流电池，其能量密度是现有液流电池的两倍，工作温度范围更广，使储存电能更便捷高效。另外，其电解质是氯化物，比传统电池中的硫酸盐更稳定；其溶剂是水，使用过程中不易降解，电池本身不易燃，而且可以循环使用
	学术奖	宾夕法尼亚大学 Eric J. Schelter 教授	发展了一类特定结构的有机配体，能够轻松地从消费品中分离回收贵金属元素(镧、镥、钪、钇等)

参 考 文 献

[1] 白颐. 国内外聚酰胺系列产品发展分析. 化学工业, 2008, 26(10): 3-8.

[2] 陈银生. 周亚明, 王霞. 己二酸市场状况及发展趋势. 江苏化工, 2005, 33(3): 69-71.

[3] 汪家铭. 己二酸生产技术与供需现状. 甘肃石油和化工, 2010, 24(4): 20-23, 31.

[4] 崔小明. 国内外己二酸的市场现状及发展前景. 精细与专用化学品, 2013, 21(1): 6-16.

[5] 杨彦松, 蹇建, 游奎一, 等. 合成己二酸工艺研究进展. 化工进展, 2013, 32(11): 2638-2643.

[6] Usui Y, Sato K. A green method of adipic acid synthesis: organic solvent- and halide-free oxidation of cycloalkanones with 30% hydrogen peroxide. Green Chem, 2003, 5(4): 373-375.

[7] Wang B, Zhang Z, Zhang X, et al. Efficient and convenient oxidation of cyclohexene to adipic acid with H_2O_2 catalyzed by H_2WO_4 in acidic ionic liquids. Chemical Papers, 2017, 1-7.

[8] Damm M, Gutmann B, Kappe C O. Continuous-flow synthesis of adipic acid from cyclohexene using hydrogen peroxide in high-temperature explosive regimes. ChemSusChem, 2013, 6(6): 978-982.

[9] Vyver S V D. Roman-Leshkov Y. Emerging catalytic processes for the production of adipic acid. Catal Sci Technol, 2013, 3(6): 1465-1479.

[10] Vardon D R, Franden M A, Johnson C W, et al. Adipic acid production from lignin. Energ Environ Sci, 2015, 8(2): 617-628.

[11] Sun D, Yamada Y, Sato S, et al. Glycerol as a potential renewable raw material for acrylic acid production. Green Chem, 2017, 19(14): 3186-3213.

[12] Draths K M, Frost J W. Environmentally compatible synthesis of catechol from D-glucose. J Am Chem Soc, 1995, 117(9): 2395-2400.

[13] Beerthuis R, Rothenberg G, Shiju N R. Catalytic routes towards acrylic acid, adipic acid and ε-caprolactam starting from biorenewables. Green Chem, 2015, 17(3): 1341-1361.

[14] Parthasarathy A, Pierik A J, Kahnt J, et al. Substrate specificity of 2-hydroxyglutaryl-CoA dehydratase from clostridium symbiosum: Toward a bio-based production of adipic acid. Biochemistry, 2011, 50(17): 3540-3550.

[15] Xu H, Andi B, Qian J, et al. The α-aminoadipate pathway for lysine biosynthesis in fungi. Cell Biochem Bioph, 2006, 46(1): 43-64.

[16] Burgard A P, Pharkya P, Osterhout R E. Microorganisms for the production of adipic acid and other compounds. 2011. US8062871.

[17] 何良年, 等. 二氧化碳化学. 北京：科学出版社, 2013.

[18] Wang M Y, Song Q W, Ma R, et al. Efficient conversion of carbon dioxide at atmospheric pressure to 2-oxazolidinones promoted by bifunctional Cu(II)-substituted polyoxometalate-based ionic liquids. Green Chem, 2016, 18(1): 282-287.

[19] Yu B, He L N. Upgrading carbon dioxide by incorporation into heterocycles. ChemSusChem, 2015, 8(1): 52-62.

[20] Wang M Y, Cao Y, Liu X, et al. Photoinduced radical-initiated carboxylative cyclization of allyl amines with carbon dioxide. Green Chem, 2017, 19(5): 1240-1244.

[21] Knifton J F, Duranleau R G. Ethylene glycol dimethyl carbonate cogeneration. J Mol Catal, 1991, 67(3): 389-399.

[22] Bengtson N S M, Waugh C A, Schlabach M. Metabolic concentration of lipid soluble organochlorine burdens in the blubber of southern hemisphere humpback whales through migration and fasting. Environ Sci Techno, 2013, 47(16): 9404-9413.

[23] DDT in the oceans. Chem Eng News, 1971, 49(25): 20.

[24] Office of pollution reovention and toxics. The presidenttial green chemistry challenge awards program. Summary of 1996 award entries and recipients. washington, DC, EPA, 744-L-96-001, July, 1996.

[25] Cohen C T, Chu T, Coates G W. Cobalt catalysts for the alternating copolymerization of propylene oxide and carbon dioxide: combining high activity and selectivity. J Am Chem Soc, 2005, 127(31): 10869-10878.

[26] Allen S D, Moore D R, Lobkovsky E B, et al. High-activity, single-site catalysts for the alternating copolymerization of CO_2 and propylene oxide. J Am Chem Soc, 2002, 124(48): 14284-14285.

[27] Byrne C M, Allen S D, Lobkovsky E B, et al. Alternating copolymerization of limonene oxide and carbon dioxide. J Am Chem Soc, 2004, 126(37): 11404-11405.

[28] Liu Y, Ren W M, He K K, et al. Crystalline-gradient polycarbonates prepared from enantioselective terpolymerization of meso-epoxides with CO_2. Nat Commun, 2014, 5: 55687.

[29] Ye L, Wei M R, Meng W, et al. Crystalline stereocomplexed polycarbonates: hydrogen-bond-driven interlocked orderly assembly of the opposite enantiomers. Angew Chem Int Ed, 2015, 54(7): 2241-2244.

[30] Yang C J. An impending platinum crisis and its implications for the future of the automobile. Energy Policy, 2009, 37(5): 1805-1808.

[31] Summerton L, Sneddon H F, Jones L C, et al. Green and Sustainable Medicinal Chemistry: Methods, Tools and Strategies for the 21st Century Pharmaceutical Industry, Burlington: The Royal Society of Chemistry, 2016, 192-202.

[32] Egorova K S, Ananikov V P. Which metals are green for catalysis? Comparison of the toxicities of Ni, Cu, Fe, Pd, Pt, Rh, and Au salts. Angew Chem Int Ed, 2016, 55(40): 12150-12162.

[33] Fürstner A. Iron catalysis in organic synthesis: a critical assessment of what it takes to make this base metal a multitasking champion. ACS Central Sci, 2016, 2(11): 778-789.

[34] Friedfeld M R, Margulieux G W, Schaefer B A, et al. Bis(phosphine) cobalt dialkyl complexes for directed catalytic alkene hydrogenation. J Am Chem Soc, 2014, 136(38): 13178-13181.

[35] Yu R P, Darmon J M, Milsmann C, et al. Catalytic hydrogenation activity and electronic structure determination of bis(arylimidazol-2-ylidene)pyridine cobalt alkyl and hydride complexes. J Am Chem Soc, 2013, 135(35): 13168-13184.

[36] Ritter S K. Green success stories: the 2016 presidential green chemistry challenge awards. Chemical & Engineering News, 2016, 94: 20-23.

[37] Tondreau A M, Atienza C C H, Weller K J, et al. Iron catalysts for selective anti-markovnikov alkene hydrosilylation using tertiary silanes. Science, 2012, 335(6068): 567-570.

[38] Holwell A J. Optimised technologies are emerging which reduce platinum usage in silicone curing. Platinum Metals Rev, 2008, 52(4): 243-246.

[39] Hoyt J M, Schmidt V A, Tondreau A M, et al. Iron-catalyzed intermolecular [2+2] cycloadditions of unactivated alkenes. Science, 2015, 349(6251): 960-963.

[40] de Vries J G, Elsevier C J. The Handbook of Homogeneous Hydrogenation. Weinheim: Wiley-VCH Verlag GmbH, 2008.

[41] Federsel C, Jackstell R, Beller M. State-of-the-art catalysts for hydrogenation of carbon dioxide. Angew Chem Int Ed, 2010, 49(36): 6254-6257.

[42] Thenert K, Beydoun K, Wiesenthal J, et al. Ruthenium-catalyzed synthesis of dialkoxymethane ethers utilizing carbon dioxide and molecular hydrogen. Angew Chem Int Ed, 2016, 55(40): 12266-12269.

[43] Wang D, Astruc D. The golden age of transfer hydrogenation. Chem Rev, 2015, 115(13): 6621-6686.

[44] Rösler S, Obenauf J, Kempe R. A highly active and easily accessible cobalt catalyst for selective hydrogenation of C=O bonds. J Am Chem Soc, 2015, 137(25): 7998-8001.

[45] Stoelzel M, Präsang C, Inoue S, et al. Hydrosilylation of alkynes by Ni(CO)₃-stabilized silicon(II) hydride. Angew Chem Int Ed 2012, 51(2): 399-403.

[46] Wang X, Liu Y, Martin R. Ni-catalyzed divergent cyclization/carboxylation of unactivated primary and secondary alkyl halides with CO₂. J Am Chem Soc, 2015, 137(20): 6476-6479.

[47] Juliá-Hernández F, Moragas T, Cornella J, et al. Remote carboxylation of halogenated aliphatic hydrocarbons with carbon dioxide. Nature, 2017, 545(7652): 84-88.

[48] Hu J, Ma J, Zhu Q, et al. Zinc(II)-catalyzed reactions of carbon dioxide and propargylic alcohols to carbonates at room temperature. Green Chem, 2016, 18(2): 382-385.

[49] Nogi K, Fujihara T, Terao J, et al. Carboxyzincation employing carbon dioxide and zinc powder: cobalt-catalyzed multicomponent coupling reactions with alkynes. J Am Chem Soc, 2016, 138(17): 5547-5550.

[50] Shi J, Jiang Y, Jiang Z, et al. Enzymatic conversion of carbon dioxide. Chem Soc Rev, 2015, 44(17): 5981-6000.

[51] Sharma Y C, Singh B, Korstad J. A critical review on recent methods used for economically viable and eco-friendly development of microalgae as a potential feedstock for synthesis of biodiesel. Green Chem, 2011, 13(11): 2993-3006.

[52] Shen Y. Carbon dioxide bio-fixation and wastewater treatment via algae photochemical synthesis for biofuels production. RSC Advances, 2014, 4(91): 49672-49722.

[53] Obert R, Dave B C. Enzymatic conversion of carbon dioxide to methanol: enhanced methanol production in silica sol-gel matrices. J Am Chem Soc, 1999, 121(51): 12192-12193.

[54] Yadav R K, Oh G H, Park N J, et al. Highly selective solar-driven methanol from CO_2 by a photocatalyst/biocatalyst integrated system. J Am Chem Soc, 2014, 136(48): 16728-16731.

[55] Wang X, Li Z, Shi J, et al. Bioinspired approach to multienzyme cascade system construction for efficient carbon dioxide reduction. ACS Catal, 2014, 4(3): 962-972.

[56] Schuchmann K, Müller V. Direct and reversible hydrogenation of CO_2 to formate by a bacterial carbon dioxide reductase. Science, 2013, 342(6164): 1382-1385.

[57] Baran T, Dibenedetto A, Macyk W, et al. the 12th International Conference on Carbon Dioxide Utilisation. Alexandria, June, 2013.

[58] Li C, Feng X W, Wang N, et al. Biocatalytic promiscuity: the first lipase-catalysed asymmetric aldol reaction. Green Chem, 2008, 10(6): 616-618.

[59] Branneby C, Carlqvist P, Magnusson A, et al. Carbon-carbon bonds by hydrolytic enzymes. J Am Chem Soc, 2003, 125(4): 874-875.

[60] Wu W B, Xu J M, Wu Q, et al. Promiscuous acylases-catalyzed markovnikov addition of n-heterocycles to vinyl esters in organic media. Adv Synth Catal, 2006, 348(4-5): 487-492.

[61] Li K, He T, Li C, et al. Lipase-catalysed direct Mannich reaction in water: utilization of biocatalytic promiscuity for C-C bond formation in a "one-pot" synthesis. Green Chem, 2009, 11(6): 777-779.

[62] Svedendahl M, Hult K, Berglund P. Fast carbon-carbon bond formation by a promiscuous lipase. J Am Chem Soc, 2005, 127(51): 17988-17989.

[63] Li L P, Cai X, Xiang Y, et al. The α-chymotrypsin-catalyzed Povarov reaction: one-pot synthesis of tetrahydroquinoline derivatives. Green Chem, 2015, 17(5): 3148-3156.

[64] Akai S, Tanimoto K, Kita Y. Lipase-catalyzed domino dynamic kinetic resolution of racemic 3-vinylcyclohex-2-en-1-ols/intramolecular Diels-Alder Reaction: one-pot synthesis of optically active polysubstituted decalins. Angew Chem Int Ed, 2004, 43(11): 1407-1410.

[65] He Y H, He T, Guo J T, et al. Enzyme-catalyzed domino reaction: efficient construction of spirocyclic oxindole skeleton using porcine pepsin. Catal Sci Technol, 2016, 6(7): 2239-2248.

[66] Vongvilai P, Linder M, Sakulsombat M, et al. Racemase activity of B. cepacia lipase leads to dual-function asymmetric dynamic kinetic resolution of α-aminonitriles. Angew Chem Int Ed, 2011, 50(29): 6592-6595.

[67] Franssen M C R, Steunenberg P, Scott E L, et al. Immobilised enzymes in biorenewables production. Chem Soc Rev, 2013, 42(15): 6491-6533.

[68] De Luca C, Lansing M, Martini I, et al. Enzymic synthesis of hyaluronic acid with regeneration of sugar nucleotides. J Am Chem Soc, 1995, 117(21): 5869-5870.

[69] Wang Y F, Lalonde J J, Momongan M, et al. Lipase-catalyzed irreversible transesterifications using enol esters as acylating reagents: preparative enantio- and regioselective syntheses of alcohols, glycerol derivatives, sugars and organometallics. J Am Chem Soc, 1988, 110(21): 7200-7205.

[70] Gijsen H J M, Wong C H. Unprecedented asymmetric aldol reactions with three aldehyde substrates catalyzed by 2-deoxyribose-5-phosphate aldolase. J Am Chem Soc, 1994, 116(18): 8422-8423.

[71] Farrán A, Cai C, Sandoval M, et al. Green solvents in carbohydrate chemistry: from raw materials to fine chemicals. Chem Rev, 2015, 115(14): 6811-6853.

[72] Jutz F, Andanson J M, Baiker A. Ionic liquids and dense carbon dioxide: a beneficial biphasic system for catalysis. Chem Rev, 2011, 111(2): 322-353.

[73] Hobbs H R, Thomas N R. Biocatalysis in supercritical fluids, in fluorous solvents, and under solvent-free conditions. Chem Rev, 2007, 107(6): 2786-2820.

[74] Butler R N, Coyne A G. Water: nature's reaction enforcer comparative effects for organic synthesis "in-water" and "on-water". Chem Rev, 2010, 110(10): 6302-6337.

[75] Zuo Y J, Qu J. How does aqueous solubility of organic reactant affect a water-promoted reaction? J Org Chem, 2014, 79(15): 6832-6839.

[76] Chanda A, Fokin V V. Organic synthesis "on water". Chem Rev, 2009, 109(2): 725-748.

[77] Kitanosono T, Masuda K, Xu P, et al. Catalytic organic reactions in water toward sustainable society. Chem Rev, 2017, DOI:10.1021/acs.chemrev.7b00417.

[78] Rideout D C, Breslow R. Hydrophobic acceleration of Diels-Alder reactions. J Am Chem Soc, 1980, 102(26): 7816-7817.

[79] Blake J F, Jorgensen W L. Solvent effects on a Diels-Alder reaction from computer simulations. J Am Chem Soc, 1991, 113(19): 7430-7432.

[80] Chandrasekhar J, Shariffskul S, Jorgensen W L. QM/MM Simulations for Diels-Alder reactions in water: contribution of enhanced hydrogen bonding at the transition state to the solvent effect. J Phys Chem B, 2002, 106(33): 8078-8085.

[81] Otto S, Blokzijl W, Engberts J B F N. Diels-Alder reactions in water: effects of hydrophobicity and hydrogen bonding. J Org Chem, 1994, 59(18): 5372-5376.

[82] Blokzijl W, Blandamer M J, Engberts J B F N. Diels-Alder reactions in aqueous solutions. Enforced hydrophobic interactions between diene and dienophile. J Am Chem Soc, 1991, 113(11): 4241-4246.

[83] Gajewski J J, Jurayj J, Kimbrough D R, et al. The mechanism of rearrangement of chorismic acid and related compounds. J Am Chem Soc, 1987, 109(4): 1170-1186.

[84] Repasky M P, Guimarães C R W, Chandrasekhar J, et al. Investigation of solvent effects for the claisen rearrangement of chorismate to prephenate: mechanistic interpretation via near attack conformations. J Am Chem Soc, 2003, 125(22): 6663-6672.

[85] Lubineau A, Augé J, Bellanger N, et al. Water-promoted claisen sigmatropic rearrangement using glyco-organic substrates. Chiral auxiliary-mediated induction. Tetrahedron Lett, 1990, 31(29): 4147-4150.

[86] Narayan S, Muldoon J, Finn M G, et al. "On water": unique reactivity of organic compounds in aqueous suspension. Angew Chem Int Ed, 2005, 44(21): 3275-3279.

[87] Acevedo O, Armacost K. Claisen rearrangements: insight into solvent effects and "on water" reactivity from QM/MM Simulations. J Am Chem Soc, 2010, 132(6): 1966-1975.

[88] Pirrung M C, Sarma K D. Aqueous medium effects on multi-component reactions. Tetrahedron, 2005, 61(48): 11456-11472.

[89] Pirrung M C, Sarma K D. β-Lactam synthesis by ugi reaction of β-keto acids in aqueous solution. Synlett, 2004, 2004(08): 1425-1427.

[90] Pirrung M C, Sarma K D. Multicomponent reactions are accelerated in water. J Am Chem Soc, 2004, 126(2): 444-445.

[91] Shapiro N, Vigalok A. Highly efficient organic reactions "on water", "in water", and both. Angew Chem Int Ed, 2008, 47(15): 2849-2852.

[92] Monceaux C J, Carlier P R. Regioselective synthesis of aniline-derived 1,3- and C_i-symmetric 1,4-diols from trans-1,4-cyclohexadiene dioxide. Org Lett, 2010, 12(3): 620-623.

[93] Morten C J, Byers J A, Van Dyke A R, et al. The development of endo-selective epoxide-opening cascades in water. Chem Soc Rev, 2009, 38(11): 3175-3192.

[94] Byers J A, Jamison T F. On the synergism between H_2O and a tetrahydropyran template in the regioselective cyclization of an epoxy alcohol. J Am Chem Soc, 2009, 131(18): 6383-6385.

[95] Vilotijevic I, Jamison T F. Epoxide-opening cascades promoted by water. Science, 2007, 317(5842): 1189-1192.

[96] Azizi N, Saidi M R. Highly chemoselective addition of amines to epoxides in water. Org Lett, 2005, 7(17): 3649-3651.

[97] El-Batta A, Jiang C, Zhao W, et al. Wittig reactions in water media employing stabilized ylides with aldehydes. synthesis of α,β-unsaturated esters from mixing aldehydes, α-bromoesters, and Ph_3P in aqueous $NaHCO_3$. J Org Chem, 2007, 72(14): 5244-5259.

[98] McNulty J, Das P. Aqueous Wittig reactions of semi-stabilized ylides: a straightforward synthesis of 1,3-dienes and 1,3,5-trienes. Tetrahedron Lett, 2009, 50(41): 5737-5740.

[99] Sletten E M, Bertozzi C R. Bioorthogonal chemistry: fishing for selectivity in a sea of functionality. Angew Chem Int Ed, 2009, 48(38): 6974-6998.

[100] Jewett J C, Bertozzi C R. Cu-free click cycloaddition reactions in chemical biology. Chem Soc Rev, 2010, 39(4): 1272-1279.

[101] Andrews T. The bakerian lecture: on the continuity of the gaseous and liquid states of matter. Philos Trans, 1869, 159: 575-590.

[102] de Melo M M R, Silvestre A J D, Silva C M. Supercritical fluid extraction of vegetable matrices: applications, trends and future perspectives of a convincing green technology. J Supercrit Fluid, 2014, 92(Supplement C): 115-176.

[103] Knez Ž, Markočič E, Leitgeb M, et al. Industrial applications of supercritical fluids: a review. Energy, 2014, 77(Supplement C): 235-243.

[104] da Silva R P F F, Rocha-Santos T A P, Duarte A C. Supercritical fluid extraction of bioactive compounds. TrAC Trend Anal Chem, 2016, 76(Supplement C): 40-51.

[105] Maqbool W, Hobson P, Dunn K, et al. Supercritical carbon dioxide separation of carboxylic acids and phenolics from bio-oil of lignocellulosic origin: understanding bio-oil compositions, compound solubilities, and their fractionation. Ind Eng Chem Res, 2017, 56(12): 3129-3144.

[106] Olmos A, Asensio G, Pérez P J. Homogeneous metal-based catalysis in supercritical carbon dioxide as reaction medium. ACS Catal, 2016, 6(7): 4265-4280.

[107] Gopalan A S, Wai C M, Jacobs H K. Supercritical Carbon Dioxide. Washington: American Chemical Society, 2003.

[108] Arai M, Fujita S, Shirai M. Multiphase catalytic reactions in/under dense phase CO_2. J Supercrit Fluid, 2009, 47(3): 351-356.

[109] Ciriminna R, Carraro M L, Campestrini S, et al. Heterogeneous catalysis for fine chemicals in dense phase carbon dioxide. Adv Synth Catal, 2008, 350(2): 221-226.

[110] Koch D, Leitner W. Rhodium-catalyzed hydroformylation in supercritical carbon dioxide. J Am Chem Soc, 1998, 120(51): 13398-13404.

[111] Anderson P E, Badlani R N, Mayer J, et al. Electrochemical synthesis and characterization of conducting polymers in supercritical carbon dioxide. J Am Chem Soc, 2002, 124(35): 10284-10285.

[112] Seki T, Baiker A. Catalytic oxidations in dense carbon dioxide. Chem Rev, 2009, 109(6): 2409-2454.

[113] Liu H, Jiang T, Han B, et al. Selective phenol hydrogenation to cyclohexanone over a dual supported Pd-Lewis acid catalyst. Science, 2009, 326(5957): 1250-1252.

[114] Yang W, Cheng H, Zhang B, et al. Hydrogenation of levulinic acid by $RuCl_2(PPh_3)_3$ in supercritical CO_2: the significance of structural changes of Ru complexes via interaction with CO_2. Green Chem, 2016, 18(11): 3370-3377.

[115] Hillers S, Sartori S, Reiser O. Dramatic increase of turnover numbers in palladium-catalyzed coupling reactions using high-pressure conditions. J Am Chem Soc, 1996, 118(8): 2087-2088.

[116] Shezad N, Clifford A A, Rayner C M. Suppression of double bond isomerisation in intramolecular Heck reactions using supercritical carbon dioxide. Tetrahedron Lett, 2001, 42(2): 323-325.

[117] Jessop P G, Ikariya T, Noyori R. Homogeneous catalytic hydrogenation of supercritical carbon dioxide. Nature, 1994, 368: 231-233.

[118] Walsh P J, Li H, de Parrodi C A. A Green chemistry approach to asymmetric catalysis: solvent-free and highly concentrated reactions. Chem Rev, 2007, 107(6): 2503-2545.

[119] Tanaka K, Toda F. Solvent-free organic synthesis. Chem Rev, 2000, 100(3): 1025-1074.

[120] Martins M A P, Frizzo C P, Moreira D N, et al. Solvent-free heterocyclic synthesis. Chem Rev, 2009, 109(9): 4140-4182.

[121] Rothenberg G, Downie A P, Raston C L, et al. Understanding solid/solid organic reactions. J Am Chem Soc, 2001, 123(36): 8701-8708.

[122] Cave G W V, Raston C L, Scott J L. Recent advances in solventless organic reactions: towards benign synthesis with remarkable versatility. Chem Commun, 2001, (21): 2159-2169.

[123] Martins M A P, Beck P, Machado P, et al. Microwave-assisted synthesis of novel 5-trichloromethyl-4,5-dihydro-1H-1-pyrazole methyl esters under solvent free conditions. J Braz Chem Soc, 2006, 17(2): 408-411.

[124] 于凤丽, 赵玉亮, 金子林. 布洛芬合成绿色化进展. 有机化学, 2003, 3(11): 1198-1204.

[125] Zhang X, Dhawan G, Muthengi A, et al. One-pot and catalyst-free synthesis of pyrroloquinolinediones and quinolinedicarboxylates. Green Chem, 2017, 19(16): 3851-3855.

[126] Stephen K R. 2017 Green chemistry challenge awards announced. C & EN Washington, June 9, 2017. https://www.epa.gov/newsreleases/epa-honors-winners-2017-green-chemistry-challenge-awards.

[127] Humphrey G R, Dalby S M, Andreani T, et al. Asymmetric synthesis of letermovir using a novel phase-transfer-catalyzed aza-michael reaction. Org Process Res Dev, 2016, 20(6): 1097-1103.

[128] Bogart J A, Lippincott C A, Carroll P J, et al. An operationally simple method for separating the rare-earth elements neodymium and dysprosium. Angew Chem Int Ed, 2015, 54(28): 8222-8225.

第 9 章
绿色化学的发展趋势

绿色化学作为未来科学发展的重要领域,旨在为化学科学和化学工业的发展提供一条可持续的道路,从而在满足经济发展需求的同时,与生态环境相协调,更好地适应人类社会发展需求。在过去几十年间,绿色化学备受关注,其在理论研究及工业应用方面都取得了长足发展,自身内涵及其原理得以不断丰富。然而,与生产工艺成熟的传统生产方式相比,基于绿色化学的生产方式的规模还很有限,无疑还处于初始阶段。因此,不断推进绿色生产方式的实际应用,有待于基于绿色化学基本原理的相关基础研究的突破,将其贯穿于反应设计、生产以及后处理等过程;并且,在相关政策的扶持下,发展与国情相适应的绿色产业,贡献于社会的可持续发展。

随着世界人口的不断壮大,绿色化学逐渐成为我们保护环境和自然资源免受进一步损耗的重要工具,它促使我们寻找更清洁、高效的方法利用现有资源;以安全、友好的方式开发新型资源。并以此来实现向现代社会提供清洁的能源,健康的食物,安全的化学品和药物等,实现资源的可持续利用。从中短期的发展目标来看,设计环境友好的合成方法并将其应用于实际生产生活中重要的产品,是推动绿色化学不断前进的持续动力。从长期目标来看,发展绿色化学的评价方法,有助于指导生活生产实践,并使得绿色化学的发展更加有据可依。本章将从资源的可持续利用、设计环境友好的合成方法、重视将绿色化学工艺应用于设计与合成重要化工产品、发展绿色化学评价方法并应用于实际四个方面加以阐述。

9.1 资源的可持续利用

绿色化学能支撑人类社会的可持续发展,供给人类赖以生存、源源不断的资源(食品、物资、能源),保护美丽清洁的环境。因此,充分、合理、高效利用现有资源,不断开发新的可替代资源,以保证人类对资源的永续利用,满足当代与后代发展的需要,使人类生活的环境更加清洁美好是开发利用资源的一种新型价值观。

9.1.1 传统化石能源的清洁高效利用

化石能源作为我国能源消费的主体,在可预见的将来仍将长期占据我国能源消费的主体地位。近年来,煤炭、石油等碳基能源过度以及不当使用导致的环境问题日益突出。而随着人们对绿色生态环境需求的提升,实现传统化石能源的转型升级，发展清洁低碳、安全高效的现代能源体系具有重要意义[1]。

煤是重要的化石能源，目前主要的利用方式是直接燃烧用于发电、取暖等，因此将煤转化为安全、经济、环保的电能，实现煤的高效、清洁燃烧利用极为重要。通过近年来技术的不断创新，我国已拥有世界上装机最多、技术最先进的百万千瓦火电机组，燃煤发电基本上已经实现了污染物的近零排放；另外，以煤为原料生产液体燃料、化学品、材料等引起了科学界极大的关注，发展煤制油、煤制天然气、煤制烯烃等现代煤化工，实现煤炭行业的转型升级。例如，我国的甲醇制丁烯联产丙烯技术(图 9.1)，甲醇经汽化、加热后进入流化床反应器，在催化剂作用下发生反应，生成富含高碳烯烃的产品气，再经热量回收、急冷水洗后进行压缩，然后进入分离精制单元分别得到丙烯、丁烯、混合芳烃等产品[2]。该技术从绿色化学原理上首次开发了专用催化剂及"低温"再生新工艺，拥有自主知识产权，技术指标先进，整体达国际先进水平，使我国煤炭转化利用技术获重大突破[3]。到目前为止，我国现代煤化工发展取得巨大进步，近几年，我们建成了世界首套年产百万吨级的直接液化煤制油装置[4]，标志着我国新型煤化工技术已经处于世界领先地位，已经从升级示范进入工业化生产和大规模产能扩张时期。但是也存在诸如装置投资高、资源消耗量大、CO_2 排放量大、"三废"处理难度大等问题[5]。因此我国现代煤化工发展应该继续推进，攻克技术难关，实现技术创新。

工艺流程示意图

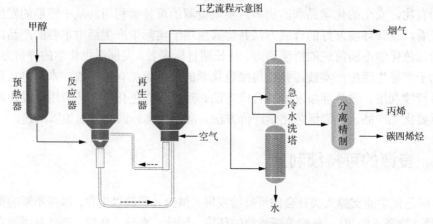

图 9.1　甲醇制丁烯联产丙烯技术 [2]

石油化工行业作为我国经济的关键产业，是我国能源、原材料和相关产品的重要来源。截止到 2016 年底，我国炼油能力为 7.5 亿吨/年，位居世界第二，占全球总产量的 15.5%，并且随着环保要求趋严，绿色低碳发展压力加大，中国炼油产品质量升级的步伐加快，发展绿色低碳成为行业的重要任务之一[6]。要实现可持续发展，就需要石油石化企业加快先进技术的开发，继续提升炼化一体化、清洁化、智能化和精细化水平，以更加合理的手段推动石油资源的清洁利用。可以从以下几方面着手：①加快油品质量升级的步伐，重点是突破大型烷基化、异构化成套技术，同时通过催化裂化技术进一步降低烯烃含量、提升辛烷值；②根据市场需求，灵活调整柴汽比，柴汽比不宜过度降低，炼厂应增加化工用油比例及柴汽比调整的弹性[6]；③炼油由燃料型炼厂加速向化工型炼厂转型，炼油增产、深度的炼油化工一体化融合、生产清洁燃料工艺技术的研究开发，实现过程清洁化，产品绿色化、高端化是石油化工行业发展的重要趋势。

为了合理利用人类所拥有的有限的含碳化石能源，必须实现高效率和低排放，因此碳资源的高效转化利用及循环利用是实现社会可持续发展的重要途径，也是一大难题[7]。何鸣元、孙予罕和韩布兴于2011年提出了绿色"碳科学"的理念，煤、石油和天然气等化石能源在利用过程中从原理上主要涉及三类碳化学键(碳碳键、碳氢键和碳氧键)的断裂和形成。通过对化石能源利用过程中所涉及的碳科学基础进行深入研究，可把握其碳化学键演变规律并实现基于碳原子经济性的优化，同时促进碳化学循环，最终实现化石能源的增效减排[8]。

9.1.2 可再生能源的高效利用

尽管全球石化能源供应量总体比较充足，但关键技术突破和生态环境保护的需求加快并推动了化石能源向新能源的转换。开发石化替代原料、发展战略性新兴产业成为能源绿色化的热点，世界能源消费正在迈入石油、天然气、煤炭和新能源"四分天下"的时代，新能源开发利用渐入"黄金期"，占一次能源消费结构的比重将大幅提升[9]。其中，太阳能、生物质能和风能备受关注。

太阳能是取之不尽、用之不竭的清洁可再生能源，其开发利用受到了世界范围内的广泛关注。太阳能的主要利用形式有太阳能的光热转换、光电转换以及光化学转换三种主要方式。一方面，太阳能发电作为21世纪最环保和利用效率高的新能源发电技术，其发展十分迅速。随着我国对太阳能发电技术研究的不断深入，目前我国最为成熟的发电技术主要是太阳能光伏发电技术和太阳能热发电技术[10]，值得一提的是，截至2015年9月底，我国光伏发电装机容量达到了$3.795\times10^6\text{kW}$[11]，预计到2030年，太阳能发电装机容量将超过$1\times10^8\text{kW}$，有望超过美国[9]。另一方面，模拟植物光合作用，将太阳能转化为化学能是解决当前能源短缺和环境问题的理想方案之一。近几年来，以洁净、节能、节约为目标的光化学引起了化学家极大的关注并且正在与材料、能源、生命、信息、环境等学科交叉融合，表现出旺盛的生命力和广阔的应用前景。光化学反应的原理是以光为激发手段，利用具有光吸收能力的金属配合物、有机染料或半导体等作为光敏剂或者催化剂，使其与底物发生诱导电子转移，生成底物的正离子自由基或负离子自由基，从而引发后续反应，实现多种多样的化学转化反应[12]。其中，太阳能分解水制氢由于其潜在的工业应用前景，是目前世界范围内最受关注的研究热点之一。通过光催化分解水制氢不仅能利用太阳能制取高燃烧值的氢能，氢能还可以与CO_2综合利用结合起来，在减少碳排放的同时生产高附加值的化学品，实现碳氢资源的优化利用[13]。目前，太阳能分解水制氢的研究取得了一系列重要进展。利用纳米粒子悬浮体系进行光催化分解水制氢，成本低廉、易于规模化放大，被认为是未来应用最可行的方式之一。最新报道的 $SrTiO_3$：La，Rh/Au/$BiVO_4$：Mo 光催化剂的太阳能到氢能的转化效率已超过 1.0%，与之前报道的光催化体系相比有了数量级的飞跃，使太阳能分解水制氢的规模化应用成为可能[13]。从世界范围来看，光反应这一极具挑战的研究领域目前主要面临着两个问题，一是大部分光反应需要使用昂贵且稀有的钌、铑、铱和铂等金属作催化剂；二是光催化效率普遍偏低。因此，如何高效、低廉、大批量地利用太阳能仍一直困扰着科学家，这就需要进一步探索光反应机理，在先进技术快速发展和基础科学问题认识不断提高的基础上，设计从实际反应短板出发的新型催化体系以促进光反应高效地进行。可以预期，光反应将在基础科学和应用研究方面取得重大的突破。

生物质能污染性低、分布广泛、总量丰富，具有广泛的应用性，是一种可再生的、理想的替代能源。近几年来，生物质能源的研究与开发成为世界重大热门课题之一，实现其清洁高效地转化为能源、化学品已经成为许多国家的重要发展战略。其中，木质纤维素是地球上最丰富的生物质资源，每年由光合作用生成的总量达到 1000~2000 亿吨。以木质纤维素为原料制备液体燃料和化学品，对于补充化石资源短缺和地区分配不均、减轻环境污染压力、实现经济可持续发展具有重大意义[14]。目前，各国在生物质资源化利用新技术尤其是以纤维素为原料制备高附加值化学品方面取得了一定的进展。例如，马萨诸塞州大学开发了一种以纤维素为原料利用催化快速热解过程一步法制备苯、甲苯和二甲苯的环境友好工艺[15]，该工艺不需要水和氢气，避免了废液产生。美国 Genomatica 公司开发出由 C_5 或 C_6 糖类和水为原料制取 1,4-丁二醇(1.4-butanediol, BDO)工艺，该工艺以木屑、废纸、农业废物等木质纤维素为原料的第二代 BDO 生产工艺提供了新途径[16]。我国在生物质资源化利用新技术方面取得了巨大成绩，但与发达国家相比存在一定的差距，在生物质高温空气气化、生物质液化、生物质制氢等工业技术方面有待进一步研发[17]。生物质利用真正的产业化发展还严重受制于生物质经济和高效转化利用的技术瓶颈。孙建中教授在第 395 次香山科学会议学术讨论会上指出，我国生物质能源研究新的技术战略，应该从系统生物学的角度，通过生物技术与工程技术的结合，构建从模拟自然生物系统开始并最终面向应用的一个技术集成的高效转化木质纤维素的仿生系统，进而使我国生物质高效转化利用在基础理论和核心技术方面实现根本突破，以促进我国生物质能源的产业化发展，同时为解决能源战略中的可持续问题提供理论基础和实验依据。

由于风能开发有着巨大的经济、社会、环保价值和发展前景，近 20 年来风电技术有了巨大的进步。截止到 2015 年 2 月底，我国并网风电装机容量首次突破 $1.0 \times 10^7 kW$，稳居我国第三大发电类型和世界风电装机首位[11]，预计到 2020 年，全国风力发电量将达到 $4.5 \times 10^{11} kW$，占总发电量的 5.3%，2030 年有望超过美国[9]。

从目前来看，我国在降低风力发电机成本、风机的大型化、变速恒频等先进风电技术方面的研究还有待进一步加强，但随着科技的进步，我国对风力发电的研究势必会更加深入。

9.1.3　替代性和可再生原料的利用

为了满足可持续发展的要求，重视原料绿色化具有战略意义，这主要包括无毒、无害原料以及替代性可再生原料的选择和利用。目前在替代性和可再生原料（如二氧化碳、氮气）利用方面的研究已经取得了一定的进展。

二氧化碳作为储量丰富、安全、新兴、可再生资源的代表，从绿色化学和可持续发展的角度考虑，设计二氧化碳既作为反应介质又是一种反应物，实现温和条件下二氧化碳的高效转化与利用，是当前绿色化学研究领域中最具挑战性的研究课题之一[18]。近些年来，随着科学技术的进步，对二氧化碳的理论以及应用方面的研究已经有了很大进展。通过化学转化实现对二氧化碳的资源化利用，获得如羧酸、酯类、环状碳酸酯、甲酰胺、氨基甲酸酯、噁唑烷二酮衍生物等高附加值的能源、材料及化工产品（图 9.2）引起来越来越多的关注[19]。

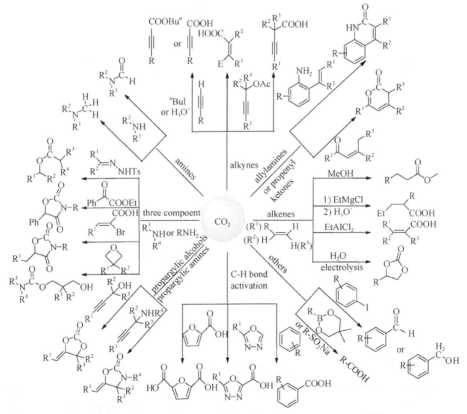

图 9.2　以二氧化碳为 C_1 合成子在有机合成的研究进展[19]

　　不过，二氧化碳的化学转化利用面临氢源、能源、成本以及高压反应条件等挑战。今后二氧化碳利用策略有待深入开展的主要研究方向如下：

　　(1)研发高活性催化剂。针对二氧化碳定向活化问题，开发基于活化原理的二氧化碳转化的高效催化体系(图 9.3)是二氧化碳利用的关键[20]。在探讨二氧化碳的催化活化机理及催化剂的结构、反应参数对二氧化碳活化规律的基础上，构建基于催化活化原理的二氧化碳化学转化的高效催化体系，尤其是发展新型环境友好的金属催化体系和基于协同活化作用的小分子催化体系，使其在温和条件下发挥高效作用。

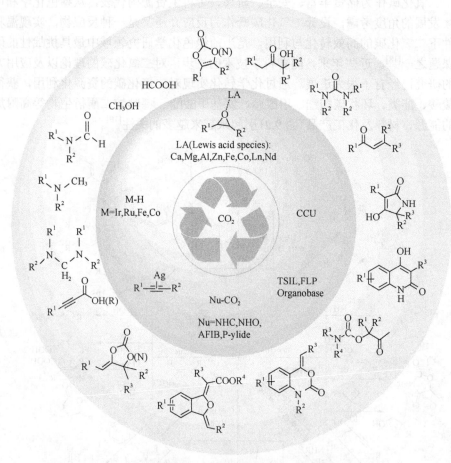

图9.3　二氧化碳高效、高选择性的、可持续的催化体系[20]

　　(2)制备高附加值产品。发现新反应以制备高附加值产品如杂环、平台化合物等，使复杂药物分子通过绿色方法合成成为可能。例如，以"亲核进攻、分子内环化"的策略为主线，通过二氧化碳构建更为复杂的杂环化合物，既增加了对二氧化碳催化转化的认识,又为含羰基杂环的绿色合成提供了新思路(图9.4)[21]。

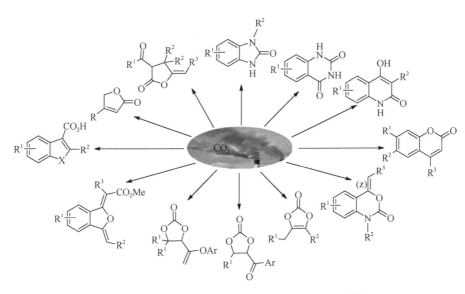

图9.4 以二氧化碳为起始原料合成杂环化合物[21]

(3)规模化生产的工业产品。由于二氧化碳内在的热力学稳定性和动力学惰性,目前仅有占总量0.1%的二氧化碳用于工业化生产[22]。因此需要不断完善系列碳酸酯、长链脂肪酸及其衍生物、丙烯酸酯、丁炔二酸、甲醇、一氧化碳等化学品的生产工艺,使其达到规模化生产。例如,何良年老师课题组设计和开发了可在离子液体、聚乙二醇、超临界二氧化碳等环境友好介质中使用的催化剂,发展了以二氧化碳为羰基化试剂的非光气路线的有机碳酸酯合成方法(图 9.5)[23]。该方法具有不需要使用外加有机溶剂、催化剂使用寿命长、产品分离简单、纯度高等特点,已经在工业生产中得到应用。

(4)二氧化碳的原位转化反应策略。将二氧化碳的吸收与资源化利用相结合,即利用吸收的二氧化碳作为反应的起始原料,避免脱附、压缩等耗能过程,使CO_2经过吸收和预活化后原位催化和转化为高附加值的化学品、能源及材料,实现原位催化反应过程。例如,可以采用经氨基甲酸盐或者碳酸盐的吸附路径对二氧化碳进行化学吸附,进而以二氧化碳为原料进行原位催化反应[24](图9.6)。改进吸收剂和吸收方法仅可在小范围内减少能量投入,而该原位催化反应策略,可以更大程度地节约二氧化碳的吸收和封存技术(carbon capture and storage, CCS)后续过程能耗。同时,原位催化反应也避免了高压二氧化碳参与反应时对设备的要求,将二氧化碳经固定、转化为高附加值的化学产品。

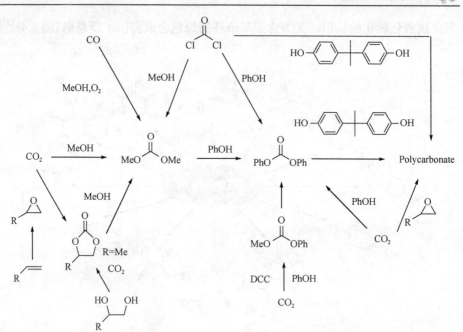

图 9.5　替代光气以二氧化碳为羧基化试剂的系列碳酸酯合成方法[23]

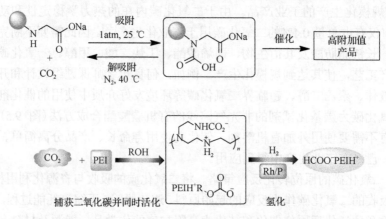

图 9.6　氨基甲酸盐/碳酸盐的吸附路径与二氧化碳原位催化反应[24]

(5) 二氧化碳的还原功能化策略。将二氧化碳的还原与官能团化(即 C—C、C—O 或 C—N 键形成)相结合,即二氧化碳还原与成键同时实现的策略快速发展,为二氧化碳的化学转化利用提供了新思路[25](图 9.7)。二氧化碳的还原功能化可以替代石油化工制备众多的化工产品,包括醇、醚、酯、亚胺、酰胺等。最近,何良年老师课题组提出了二氧化碳分级可控的还原策略,发现三甲铵乙内酯可作为高效、可持续的有机分子催化剂,用于胺和二苯基硅烷存在下二氧化碳的还原功能化反应,实现分级可控地还原二氧化碳到甲酸、甲醛和甲醇水平[26](图 9.8)。二氧化碳的还原功能化策略把二氧化碳还原和构筑 C—C、C—O 或 C—N 键结合起来,合成了多种通常来自于石油原料的化学品和储能材料,扩大了直接从二氧化碳获取化合物的范围,将会在一定程度代替现有的石油化学工业,具有巨大的发展潜力。

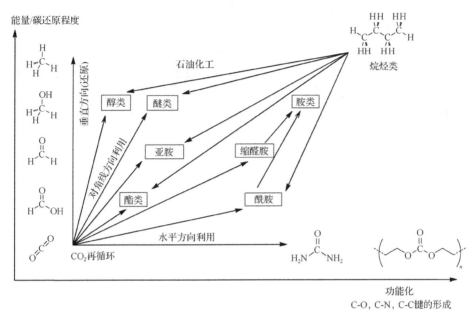

图 9.7 将二氧化碳转化为可替代性石油化学品的方法[25]

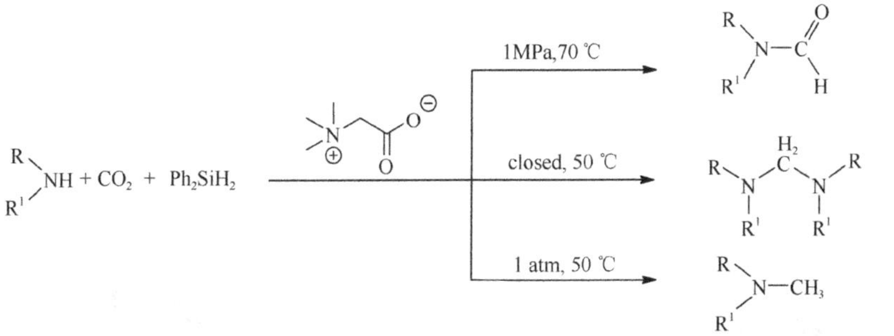

图 9.8 三甲基乙内铵催化二氧化碳还原功能化选择性得到甲酰胺、缩醛和甲胺[26]

(6)二氧化碳转化与酶催化、生物质利用、可见光能源等相结合策略。将二氧化碳与酶催化反应、生物质、可见光能源等可再生资源相结合的新型绿色化学反应也是未来二氧化碳利用的一个重要策略。例如,Schuchmann 和 Müller 发现了一种细菌脱氢酶可以直接催化二氧化碳的氢化(图 9.9)。他们演示了由氢气和二氧化碳以及合成气为原料生产甲酸作为唯一终端产品的全细胞系统。这一发现为高效的二氧化碳氢化反应开辟了生物技术的替代方法,既可以使用分离的酶,也可以采用全细胞催化[27]。中科院青岛生物能源与过程研究所示范了一种通过调控

RuBisCO(核酮糖-1,5-二磷酸羧化酶/加氢酶)的激活酶来增强细胞固碳活性,从而大幅度提升了工业产油微藻固定二氧化碳效率[28]。该工作在原理上并非仅仅瞄准RuBisCO 本身而是通过理性调控与设计 RuBisCO 活化酶,预计将成为设计和改造微藻光合固碳系统的高效策略之一。美国西部研究院研发出利用生物菌"吃掉"二氧化碳生产生物柴油新技术(图 9.10),他们采用过氧化氢酶(CAT)细菌氧化还原的无机物作为能源吸收二氧化碳,通过还原菌回收氧化的无机物形成共生系统,加工生产生物柴油。该技术可实现 1 t CO$_2$ 生产约 241L 生物柴油[29]。将二氧化碳与酶催化反应、生物质、可见光能源等相结合的策略可以实现原料绿色化、过程绿色化、产物绿色化,是未来绿色化学发展努力的重要方向之一。

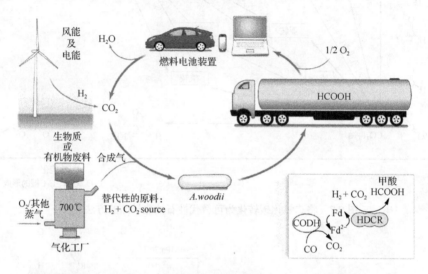

图 9.9　细菌二氧化碳还原酶催化的二氧化碳的直接和可逆氢化过程[27]

工业排放CO$_2$　　　微藻在培养过程中　　　微藻生物柴油利用
　　　　　　　　　　可固定大量CO$_2$

图 9.10　生物菌"吃掉"二氧化碳生产生物柴油新技术[29]

此外,氮气作为最丰富、最廉价的氮源,研究氮气在温和条件下的活化和转化是科学家长久以来关注的研究热点。但是近几十年来,以氮气为原料直接合成含氮有机化合物的报道十分有限,如何用化学方法模拟生物固氮过程,实现温和条件下氮气的固定和高效转化是人类面临的最具挑战性的重大研究课题之一,未来发展趋势将主要集中在配体的合理设计方面以及对固氮酶催化活性的深层次研究[30]。

在今后很长一段时间里，如何变废为宝，将工业废气、农业废物等变为有用的资源，将秸秆、树木、藻类等可再生原料转化为燃料，发展新的技术手段，高效转化利用仍是下一步发展的重要方向。

9.2 设计环境友好的合成方法

化学的发展大大提高了人类生活的水平，但随着社会进步，人们对化学的发展方式提出了更高的要求，未来绿色化学的发展目标也应立足于设计高效、精准、原子经济性的反应，从而简化实验步骤，使化学过程实现绿色可控、环境友好、经济可行。

9.2.1 发展高效合成方法

发展高效的合成方法顾名思义，就是通过合理的设计来提高化学反应中目标产物的收率，同时尽量少使用辅助材料和产生不必要的废物。默沙东公司(美国知名制药公司)的 Letermovir 是很有希望的抗病毒药物，目前正处于三期临床实验中。而 Letermovir 的生产过程也被称为研究医药工业可持续生产的绝佳案例。在生产初期，默沙东便计划寻找高效的合成路线。该研究团队用高通量的方法筛选出低价、稳定、易再生的催化剂[31]。该催化剂提高了收率，降低了93%的原料成本、90%的用水和 89%的碳足迹，在环保和经济两方面都有良好表现。该公司也凭借此方法获得了 2017 年美国"总统绿色化学挑战奖"的绿色合成路线奖。

9.2.2 发展"精准"化学合成方法

诺贝尔化学奖获得者野依良治 2009 年提出了未来化学的发展要求，即对合成化学的精准性控制，使合成化学具有百分之百的收率和百分之百的选择性且没有废弃物产生。现代合成的目标就是寻找更加精准的新一代物质转化途径，发展理想的新反应和新方法。过去的十年中有三次诺贝尔化学奖授予了合成化学的精准控制直接相关的金属有机方法学，体现了社会对精准控制的殷切期待。目前，由于合成手段的局限，合成工业达不到理想的精准要求，发展更加绿色、高效、高选择性的合成方法迫在眉睫。纵观化学科学近年来的发展，化学正在不断走向"精准"化，主要体现在合成化学在反应选择性(化学选择性、区位选择性、立体选择性)控制上走向精准化，利用单分子和单原子的操纵对化学反应进行精准控制以及利用自组装新方法实现分子层次上有序结构的精准构建[32]。

9.2.3 发展原子经济性反应

原子经济性，又称原子利用率，原子效率；是指原料或试剂中有百分之几的原子转化进入了目标产物。利用原子经济性对于反应的评价具有两个显著的优点：①最大限度地利用了原料；②最大限度减少了废物的排放，达到零排放。例如，以乙烯为原料来制备环氧乙烷的方法。传统方法使用氯醇法，反应中不但使用了高毒的氯气作为氧化剂，还在后续过程中使用大量的氢氧化钙来处理反应中间体，继而得到环氧乙烷。反应中使用到的氯气和氢氧化钙并没有进入环氧乙烷中，而是形成了副产物，这也就使得反应的原子利用率只有25%。而乙烯的直接氧化法，则是直接利用清洁的氧气作为氧化剂，一步实现了该反应，使反应的原子利用率达到了100%（图9.11）。

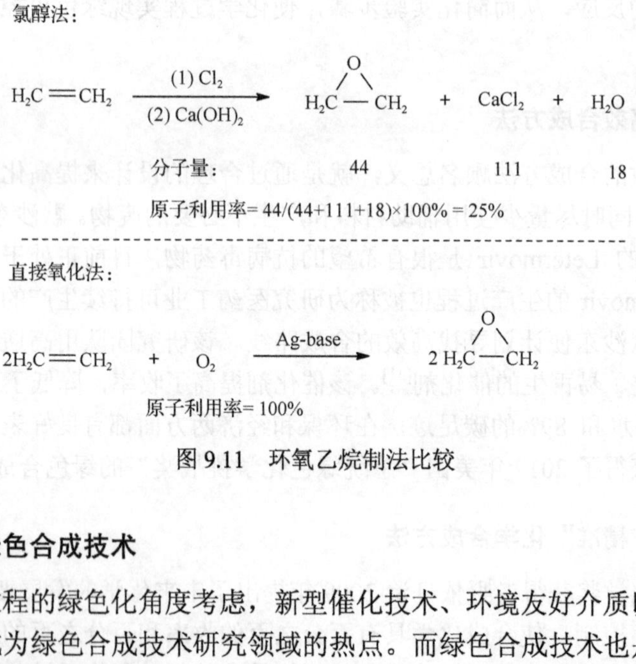

氯醇法：

$$H_2C=CH_2 \xrightarrow[(2)\ Ca(OH)_2]{(1)\ Cl_2} H_2C\overset{O}{\underset{}{\diagup\diagdown}}CH_2 + CaCl_2 + H_2O$$

分子量：　　　　　44　　　　　　111　　　　18

原子利用率=44/(44+111+18)×100% = 25%

- -

直接氧化法：

$$2H_2C=CH_2 + O_2 \xrightarrow{Ag\text{-}base} 2\ H_2C\overset{O}{\underset{}{\diagup\diagdown}}CH_2$$

原子利用率= 100%

图9.11　环氧乙烷制法比较

9.2.4　发展绿色合成技术

从化工过程的绿色化角度考虑，新型催化技术、环境友好介质以及高效反应过程都逐渐成为绿色合成技术研究领域的热点。而绿色合成技术也是未来化学科学和化学工业可持续发展的必由之路。

（1）绿色催化技术：如今，有超过90%的市售化学品是经历催化过程生产的，而催化剂也始终处于化学反应的核心地位。社会进步离不开化学学科发展，而能源环境日益短缺的现状，也对化学催化反应提出了新的要求。即在保证社会进步人类发展的前提下，尽最大的努力节约资源，保护环境[33]。绿色催化技术，就为解决该问题提供了新的思路。在绿色催化过程中，固相催化和负载化均相催化在反应后处理过程中的回收和再利用方面已经取得了可喜的成果。例如，西比埃（CB&I）公司和雅保（Albemarle）公司开发并且商业化了一种用于原理安全、环境影响低的生产烷基化油工艺技术的 AlkyClean 固体酸催化剂，成为世界上首个商业化规模的采用固体催化剂的烷基化工艺技术，于2015年8月投入生产，并由此获得了 2016 年美国"总统绿色化学挑战奖"[34]；负载化的均相催化剂铑催化剂也成功应用于甲醇和一氧化碳制备乙酸的大规模生产中[35]。但是如何通过发展新型高效、高稳定性催化剂，并且在生产过程中对环境无害，使催化剂不污染环境对化学家来讲是一个巨大挑战。此外，生物酶由于其在催化中高度专一性和精准性以及条件温和等优点，逐渐成为绿色催化领域的研究热点。化学家开始尝试一些有特色的催化反应的研究，发展生物酶催化技术。可以预见在不久的将来，随着基因工程、细胞工程、酶工程技术等生物技术的不断发展，科学家将能够制造出具有高稳定性和容忍性的微生物，并从中提取出所需要的酶。

(2)环境友好介质：70%以上的化学化工过程需要使用溶剂，其中大部分更是对环境和人体有毒有害的易挥发有机溶剂，因此开发无溶剂或环境友好介质是绿色化学的重要研究内容之一。在这一方面，水、离子液体、超临界流体、聚乙二醇等作为绿色环境友好溶剂以及无溶剂反应得到了广泛的研究和应用。但是这些绿色溶剂仍不可避免地遇到一些问题，例如，以水为反应溶剂，反应结束后往往需要使用大量的有机溶剂进行分离；大多数离子液体的生产成本高，离子液体中高沸点有机物难分离；超临界流体在合成化学中大规模应用的实例不多；无溶剂反应后一般需要溶剂对反应产物进行分离和纯化[36]。因此，无溶剂或环境友好介质仍有很大的发展空间，需要化学家综合考虑多种因素开发真正意义上的绿色溶剂反应。

(3)微波技术：微波在有机合成中的研究始于 1986 年[37]，引起了化学界的极大兴趣。近年来，由于微波技术加热速度快、效率高、成本低和环境效益好等独特的优越性在化学的各分支领域受到了广泛的关注。微波有机合成反应技术主要有三种：微波密闭合成技术、微波常压合成技术以及微波连续合成反应技术，并应用于酯化、Diels-Alder、Wittig、羟醛缩合、成环、催化氢化、放射性药剂等合成反应中。除此以外，微波技术还用于环境化学、石油工业、导航、通讯、国防和军事等领域并取得一定的成果[38]。目前来看，微波技术虽仍处于发展阶段，但已具备绿色化学的要求，加强基础理论研究以及资金投入，能够使微波技术更好地促进绿色化学的发展与进步。

9.2.5 发展经济可行的合成反应

化学反应在生活实际的应用是推动其发展的重要动力，而经济上的可行性又是其在生活中应用的重要考量标准。因此，发展相对廉价化学体系有利于促进化学科学的整体发展。一方面，可从原料和催化剂的选择方面入手，重视废弃物与可再生资源的利用，例如，发展化工废弃物的联产反应，将某一反应的副产物加以利用，变废为宝；发展光催化的反应，以减少化学反应中大量热能的投入。另一方面，通过对于反应原理上较为深入的认识，采用合理且相对廉价的手段设计催化剂，也可以使化学反应具有经济上的可行性。例如，传统的甲基丙烯酸甲酯的生产方法中使用丙酮作为起始原料，又用到了氢氰酸和硫酸，在生产后期的废水处理上增加了企业的成本；而利用丙炔作为起始原料，一氧化碳为羰基来源的生产方法不但大大提高了原子利用率，还做到了零排放，降低了企业在废弃物处理上的成本(图 9.12)。

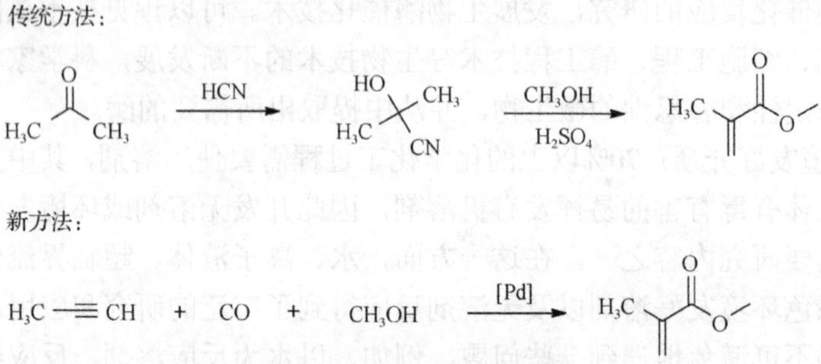

传统方法：

新方法：

图 9.12 甲基丙烯酸甲酯生产方法比较

9.3 绿色化学工艺的设计与应用

毫无疑问在工业过程中运用绿色化学原理的最终目的是从工业源头消除污染，使工业过程实现绿色、安全、高效，从而达到可持续发展的目的。实现化工过程绿色化，要求在设计绿色产品合成方法的同时考虑其在实际生产生活中的重要性以及在化工实际中的应用性。

然而，从目前来看，多数化学品包括其生产过程大多会对人类健康及生态环境产生不利影响，与绿色化学的基本要求相悖。因此，设计绿色合成路线生产无毒无害的化学添加剂、医药产品、可降解材料、清洁燃料等关乎人们日常衣食住行的安全化学品势必会成为未来绿色化学的热点发展方向。特别地，在化学制药与精细化工等行业，传统生产方法大多涉及多步合成，原子利用效率差，致使污染物、废弃物常常难以避免，这些行业更应该成为日后绿色化学工业发展重中之重。此外，在发展新型化学工艺合成绿色化学品的同时，也要考虑到对生产设备的性能提升，从而提高能量效率和生产效率，减少废气排放，实现化工生产整体过程的绿色化。

十二烷二酸(1,10-decanedicarboxylic acid, DDDA)作为一种用途广泛的工业原料，在高品质尼龙、黏合剂、涂料、腐蚀抑制剂、润滑剂、香料多个领域有重要应用。然而，传统的十二烷二酸工业生产方法将丁二烯三聚得环十二碳三烯，再经加氢制成环十二烷，再用硝酸氧化经过环十二烷酮而得十二双酸；或以环己烷为原料，在甲醇中与过氧化氢反应，制成烷氧基环己基过氧化物，再经开环、二聚，生成十二双酸甲酯，最后再皂化，可制得十二双酸(图 9.13)。这两种方法使用化石资源，生产条件严苛，工艺繁杂，污染和排放问题突出。可喜的是，Verdezyne 公司设计了一种基因工程酵母菌，通过三步酶促反应的好氧发酵过程以超过 140g/L 的速率氧化月桂酸，生产十二烷二酸。该生产方法通过设计合理使用生物催化剂极大的化简了合成步骤，提高了生产效率，使得生产条件更加温和、安全、节能，而且避免了传统方法中浓硝酸的使用以及随后的温室气体副产物一氧化二氮的产生。此方法利用生物基原料月桂酸可以替代石油基原料生产己二酸、癸二酸和十二烷二酸等二羧酸的化学中间体。其中，十二烷二酸的生产工艺首先得到了工业化应用来生产高品质的尼龙 6/12，Verdezyne 公司已经在中试设备中验证了该技术，现在正在马来西亚建造 BIOLON^{TM}（Verdezyne 公司的非石油基尼龙品牌）年产能 9000t 的工业生产设施。Verdezyne 公司也依靠这项技术获得了 2016年"总统绿色化学挑战奖"中的"小企业奖"[34]。在此建议我国设立专门的绿色化学相关奖项以表彰杰出工作者，并以此来鼓励更多的企业、组织和个人从事绿色化学的相关研究[39]。

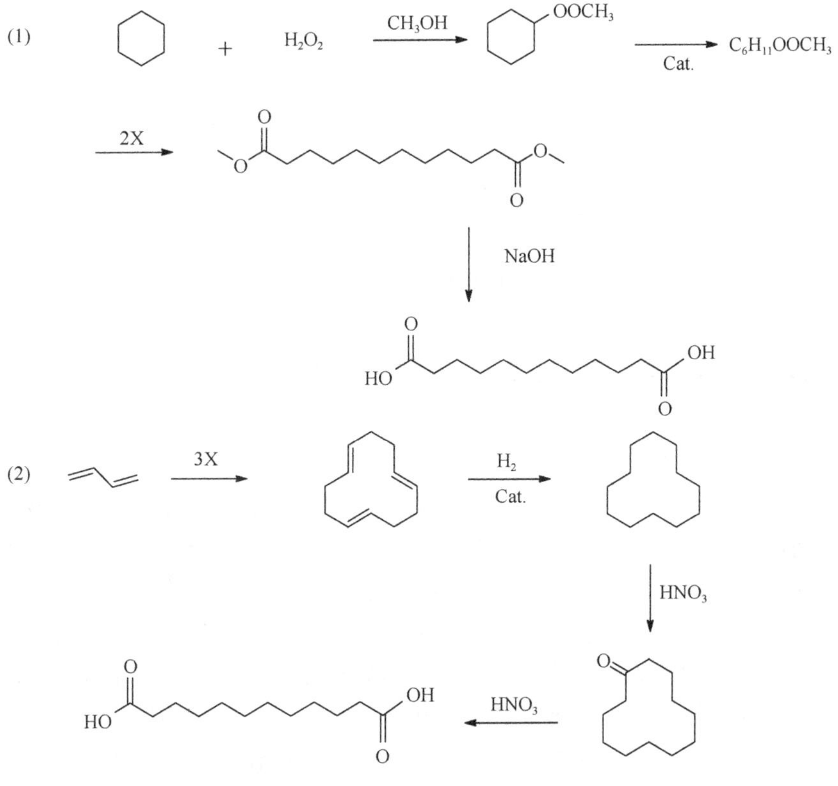

图 9.13　十二烷二酸的传统制备方法

    2,5-呋喃二甲酸是一种新兴的可再生原料,以它为主要原料生产的聚呋喃二甲酸乙酯(polyethylene furandicarboxylate,PEF)可以替代石油化工原料生产聚对苯二甲酸乙酯(polyethylene terephthalate,PET)来生产聚合物材料,从而使聚合物的生产原料向生物基原料转变。Yoshino 课题组利用由生物质原料木质素中提取的2-呋喃甲酸为起始原料,在熔融的碳酸铯作用下生产 2,5-呋喃二甲酸,该反应打通了将废弃物转化为重要工业原料的关键步骤。值得注意的是在该反应过程中铯盐并不消耗,可以循环利用(图 9.14)[40]。

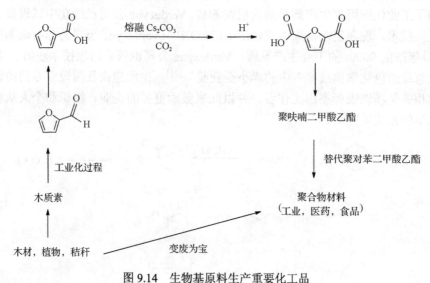

图 9.14　生物基原料生产重要化工品

9.4　绿色化学评价方法与应用

    现有的评价化学过程友好程度的测评方法主要包括环境因子、原子经济性、能量损耗率、环境商、环境泛因子、生命周期评估、工业三废的排放以及二次污染程度等[39]。这些评价方法,主要依赖于毒性数据积累,而进一步明确有毒物质的作用机理,才能从原理上避免有毒物质的使用与产生形成。而且,每种评价方法对于"有害性"的定义程度也有较大的差异。随着绿色化学的蓬勃发展,一套健全的绿色化测评理论也急需随之建立。可以预见,这套理论除了要包括涉及反应本身绿色化程度的原料、能源选取的可持续性、反应过程的原子经济性、催化过程的高效性、产品的可生物降解性能以及对于生产设备的要求等,还需要考虑到产品的生命周期、安全性、循环利用、对人类健康和生态环境的影响、回收利用成本等一系列实际问题。该测评方式需要在明确作用机理的前提下,给出综合性的判断。这需要我们在生产生活实际不断丰富完善该测评理论的各个方面,使其能够真实、准确地反映化学过程的绿色化程度以及该反应过程对于周边生态环境、人体健康的友好程度。并对各项影响因素综合评价进而量化得出某一化学过程的综合得分，建立如"可持续发展指数"的量化指标，从而对化学过程进行全面的绿色化评级分析。通过该理论指导绿色化学反应设计的实践，设计出更加符合人类可持续发展要求的绿色化产品(图 9.15)。

图 9.15　测评理论发展与生产实践的关系

如何破解能源短缺、环境恶化、极端气候频发等危及人类生存发展的问题，实现人类可持续发展，是 21 世纪科学技术领域最为关注的研究方向。我国能源以化石资源为主，其中煤炭占 75%，这是造成我国目前大气污染严重、大面积雾霾的主要原因。人类生存面临的挑战以及我国碳排放的严峻形势，只有通过大规模发展太阳能等可再生清洁能源，才能从根本上实现 CO_2 减排的目标，实现可再生能源发展和生态文明建设。太阳能制氢能够从根本上解决这一问题，科学利用太阳能是人类从根本上解决能源和环境问题的途径之一。"取之不尽、用之不竭"的太阳能是众所瞩目的新能源翘楚。进行光合作用的树叶是利用太阳能的"高手"，人类赖以生存和发展所需的氧气、食物和能源都来自于自然界的光合作用。如果能构建出高效、经济可行的人工光合系统利用洁净的太阳能，能源问题就能得到根本性解决。只有太阳能利用效率提高到足够好的程度才可与化石燃料竞争，目前离实际应用还有很大差距。所有这一切都有赖于以化学为中心的多学科协同的基础研究方面的突破。对此，我们有理由持乐观态度。

未来绿色化学的发展将依旧遵循可持续发展的理念，开发可再生原料，利用新型可再生能源，设计环境友好的合成工艺和安全的化工产品等。总而言之，作为有生命力的发展策略，绿色化学的发展理念也势必会随着科学技术及时代发展而不断进步，从而推动化学科学与化学工业的可持续发展。绿色化学是希望从源头上消除污染的化学，是力争在过程中保证安全的化学，是使得人类生活更加美好的化学，它是人类社会可持续发展的可靠方式。它需要社会各界和广大化学工作者的共同努力，从而将理念转化为现实，实现人与自然互利共促的发展。此外，美国"绿色化学总统挑战奖"包含学术奖、小企业奖、变更合成路线奖、绿色反应条件奖、设计绿色化学品奖、气候变化奖。这反映了政府支持的方向，代表了本领域的趋势，在一定程度上起了导向作用。

参 考 文 献

[1] 李振宇, 黄格省, 黄晟. 推动我国能源消费革命的途径分析. 化工进展, 2016, 35(01): 1-9.

[2] 上海碧科清洁能源技术有限公司. CMTX 技术综述. 上海市. 2014. http://www.cecc-tech.com/Item/488.aspx.

[3] 钱伯章. 甲醇制丁烯联产丙烯技术开发成功. 石油炼制与化工, 2015, 46(12): 19.

[4] 钱伯章. 我国成为世界上第一个实现煤直接液化工业化的国家. 炼油技术与工程, 2009, 39(2): 62.

[5] 胡徐腾. 我国化石能源清洁利用前景展望. 化工进展, 2017, 36(9): 3145-3151.

[6] 金云, 费华伟. 中国炼油工业现状与发展趋势. 国际石油经济, 2017, 25(5): 61-66.

[7] 何鸣元, 孙予罕, 韩布兴. 绿色碳科学发展. 科学通报, 2015, 60(16): 1421-1423.

[8] 何鸣元, 孙予罕. 绿色碳科学——化石能源增效减排的科学基础. 中国科学: 化学, 2011, 41(5): 925-932.

[9] 邹才能, 赵群, 张国生, 等. 能源革命: 从化石能源到新能源. 天然气工业, 2016, 36(1): 1-10.

[10] 李炬. 太阳能发电技术的研究发展分析. 中国战略新兴产业, 2017, (12): 17-18.

[11] 白文亭. 2017 年中国新能源重点细分行业发展现状、新能源行业发展趋势及投资前景分析. 电气时代, 2017, (2): 34-38.

[12] 丁奎岭, 肖文精, 吴骊珠. 有机光化学——辉煌之路. 化学学报, 2017, 75(1): 5-6.

[13] 李仁贵. 太阳能分解水制氢最近进展: 光催化、光电催化及光伏——光电耦合途径(英文). 催化学报, 2017, 38(1): 5-12.

[14] 张涛. 生物质催化转化的机遇与挑战. 中国化学会第 29 届学术年会摘要集——第十二分会: 催化化学, 中国化学会, 2014.

[15] 李雅丽. 以纤维素为原料制取 BTX 的简洁工艺. 石油化工技术与经济, 2009, 25(5): 62.

[16] 金栋. 全球生物基石油化工产品的开发现状. 乙醛醋酸化工, 2014(09): 32-36.

[17] 周义德, 王方, 岳峰. 我国生物质资源化利用新技术及其进展. 节能, 2004(10): 8-11.

[18] 何良年. 温和条件下二氧化碳的高值化利用. 中国化学会第 30 届学术年会摘要集——第三十三分会: 绿色化学, 中国化学会, 2016.

[19] Yuan G Q, Qi C R, Jiang H F, et al. Recent advances in organic synthesis with CO_2 as C1 synthon. Curr Opin Green Sustain Chem, 2017, 3: 22-27.

[20] Song Q W, Zhou Z H, He L N. Efficient, selective and sustainable catalysis of carbon dioxide. Green Chem, 2017, 19: 3707-3728.

[21] Yu B, He L N. Upgrading carbon dioxide by incorporation into heterocycles. ChemSusChem, 2015, 8(1): 52-62.

[22] Cokoja M, Bruckmeier C, Kühn F E, et al. Transformation of carbon dioxide with homogeneous transition-metal catalysts: a molecular solution to a global challenge? Angew Chem Int Ed, 2011, 50: 8510-8537.

[23] Liu A H, Li Y N, He L N. Organic synthesis using carbon dioxide as phosgene-free carbonyl reagent. Pure Appl Chem, 2012, 84, 3: 581-602.

[24] (a) Liu A H, Ma R, He L N, et al. Equimolar CO_2 capture by N-substituted amino acid salts and subsequent conversion. Angew Chem Int Ed, 2012, 51: 11306-11310; (b) Li Y N, He L N. In situ hydrogenation of the captured CO_2 to formate with polyethyleneimine and Rh/monophosphine system. Green Chem, 2013, 15: 2825-2829.

[25] Das Neves Gomes C, Jacquet O, Cantat T, et al. A diagonal approach to chemical recycling of carbon dioxide: organocatalytic transformation for the reductive functionalization of CO_2. Angew Chem Int Ed, 2012, 51: 187-190.

[26] Liu X F, Li X Y, He L N, et al. Betaine catalysis for hierarchical reduction of CO_2 with amine and hydrosilane to formamide, aminal and methylamine. Angew Chem Int Ed, 2017, 56: 7425-7429.

[27] Schuchmann K, Müller V. Direct and reversible hydrogenation of CO_2 to formate by a bacterial carbon dioxide reductase. Science, 2013, 342, 1382-1385.

[28] Li W, Wang Q T, Xu J, et al. Enhancing photosynthetic biomass productivity of industrial oleaginous microalgae by overexpression of RuBisCO activase. Algal Research, 2017, 27: 366-375.

[29] 郑宁来. 美国研发 CO_2 制生物柴油新技术. 炼油技术与工程, 2013, 43(12): 26.

[30] 李嘉鹏, 殷剑昊, 俞超, 等. 从氮气直接合成含氮有机化合物. 化学学报, 2017, 75(08): 733-743.

[31] Humphrey G R, Dalby S M, Tschaen D M, et al. Asymmetric synthesis of letermovir using a novel phase-transfer-catalyzed aza-michael reaction. Org Process Res Dev, 2016, 20(6): 1097-1103.

[32] 姚建年. 化学走向"精准"化. 中国科学院院刊, 2011, 26(01): 11-19.

[33] Zhou Q L. Transition-metal catalysis and organocatalysis: where can progress be expected? Angew Chem Int Ed, 2016, 55: 5352-5353.

[34] 程海涛, 申献双. 2016 年美国总统绿色化学挑战奖项目评述. 现代化工, 2011, 36(10): 1-3.

[35] Haynes A. Acetic acid synthesis by catalytic carbonylation of methanol. Top Organomet Chem, 2006, 18: 179-205.

[36] 中国科学院. 合成化学. 北京: 科学出版社, 2013.

[37] Gedye R, Smith F, Westaway K, et al. The use of microwave ovens for rapid organic synthesis. Tetrahedron Lett, 1986, 27(3): 279-282.

[38] 刘玉婷, 周英, 尹大伟, 等. 微波技术在化学化工上的应用. 化学世界, 2010, 51(08): 505-508.

[39] 何良年. 二氧化碳化学. 北京: 科学出版社, 2013.

[40] Banerjee A, Dick G R, Kanan M W, et al. Carbon dioxide utilization via carbonate-promoted C-H carboxylation. Nature, 2016, 531: 215-219.

[20] 比尔 K 12K X, cite 人 et al. Reaction pathway for hematite reduction of EO, with amine and hydroxylamine for formamide synthesis under flowing source Green Chem [J]. 2016, 19(1):32-55.

[27] 比尔 K 人, cite 人. 3, cite 人, et al. Hydrogenation of CO, to formate Lewis acid base carbon dioxide Chem, 2015, 18(2):32-55.

[28] 比尔 人, cite 人 5, cite 人 et al. Reduction of CO, to methanol catalyzed by a productivity of N-heterocyclic carbene by ... bifunctional Robust Catalysts. Adv. Reaction, 2013, 36(2):32-55.

[29] 比尔 S, CO2 3, cite 人. cite 人. PAA. Reaction... 人. 2013, 45(2):32-55.

[30] 2 cite 人 et al. cite 人 cite 人 cite 人 cite 人. cite cite 人 cite. Chem, 2011, 17(5):32-55.

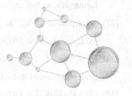

中英文缩写对照

缩略词/符号	英文全称	中文全称
ACGIH	American Conference of Governmental Industrial Hygienists	美国政府工业卫生行业协会
ACQ	alkaline copper quaternary	碱性季铵铜化合物
ADH-A	alcohol dehydrogenase	醇脱氢酶
ADME	absorption、distribution、metabolism、excretion	吸收、分布、代谢、排泄
AE	Atom Economy	原子经济性
AEf	Atom Efficiency	原子效率
AIChE	American Institute of Chemical Engineers	美国化学工程师学会
ANL	aspergillus niger lipase	黑曲霉脂肪酶
APAP	4-Acetamido phenol	扑热息痛
ATP	adenosine-triphosphate	三磷酸腺苷
BAF	bioaccumulation factor	生物富集系数
BaP	benzoapyrene	苯并芘
β-CD	cyclodextrin	β-环糊精
BCF	bioconcentration factors	生物浓缩系数
BDO	1.4-butanediol	1,4-丁二醇
BINAP	2,2′-bis(diphenylphosphino)-1,1′-binaphthalene	1,1′-联萘-2,2′-双二苯膦
[Bmim]BF$_4$	1-butyl-3-methylimidazolium tetrafluoroborate	1-丁基-3-甲基咪唑四氟硼酸盐
BOD	biological oxygen demand	生物需氧量
BPS	bisphenol S	双酚 S
BPA	bisphenol A	双酚 A
BVMO	Baeyer-Villiger monooxygenase	Baeyer-Villiger 单加氧酶
CAL-B	Candida Antarctica lipase B	假丝酵母脂肪酶
CAT	catalase	过氧化氢酶
CCA	chromated copper arsenate	铬化砷酸铜
CCl$_2$F$_2$	dichlorodifluoromethane	二氯二氟甲烷
CCS	carbon capture and storage	CO_2 的吸收和封存技术

缩略词/符号	英文全称	中文全称
CE	carbon efficiency	碳效率
CFC	chlorofluoro carbon	氟氯烃
COD	chemical oxygen demand	化学需氧量
CTD	chemical toxicity database	化学物质毒性数据库
CWRT	Center for Waste Reduction Technologies	废物削减技术中心
CYP	cytochrome	细胞色素
2,4-D	2,4-dicholrophenoxyacetic acid	2,4-二氯-苯氧乙酸
DABCO	1,4-diazabicyclo[2.2.2]octane	4-二氮杂二环[2.2.2]辛烷
dba	bis(dibenzylideneacetone)	双(二亚苄基丙酮)
DDDA	1,10-decanedicarboxylic acid	十二烷二酸
DDT	dichlorodiphenyltrichloroethane	滴滴涕，双对氯苯基二氯乙烷
DMC	dimethyl carbonate	碳酸二甲酯
DMF	N,N-dimethylformamide	N,N-二甲基甲酰胺
DOC	dissolved organic carbon	溶解有机碳
EC	ethylene carbonate	碳酸乙烯酯
ee	enantiomeric excess	对映体过量
E-factor	environment factor	环境因子
ELF	environment load factor	环境负担因子
EQ	environmental quotient	环境商
FA	factor analysis	因子分析法
2,5-FDCA	2,5-furandicarboxylic acid	2,5-呋喃二甲酸
FLPs	frustrated lewis pairs	受阻路易斯酸碱对
F-T	Fischer-Tropsch process	费托合成
GPO	glutathion peroxidase	谷胱甘肽过氧化物酶
GSH	glutathione	谷胱甘肽
GWP	global warming potential	温室效应潜值
HEWL	hens egg white lysozyme	母鸡蛋清溶菌酶
HFOs	hydrofluoroolefins	氢氟烯烃
HOMO	highest occupied molecular orbital	最高占据分子轨道
IBPE	1-(4-isobutylphenyl)ethanol	1-(4-异丁基苯基)-乙醇
LCA	life cycle assessment	生命周期评估
ICI	Imperial Chemical Industries Ltd	英国化学工业公司
LDHs	layered double hydroxides	层状双羟基复合金属氢氧化物
ILs	ionic liquids	离子液体
LC_{50}	lethal concentration 50	半数致死浓度
LD_{50}	median lethal dose	半数致死剂量

缩略词/符号	英文全称	中文全称
LUMO	lowest unoccupied molecular orbital	最低未占分子轨道
MAA	methacrylic acid	甲基丙烯酸
MI	mass intensity	质量强度
MLR	multiple linear regression	多元线性回归分析
MMA	methyl methacrylate	甲基丙烯酸甲酯
MP	mass productivity	质量生产率
NADPH	nicotinamide adenine dinucleotide phosphate	烟酰胺腺嘌呤二核苷酸磷酸
NAPQI	N-acetyl-para-benzoquinonimine	N-乙酰基-对苯并醌亚胺
NDO	naphthalene dioxygenase	萘双加氧酶
NHC	N-heterocyclic carbenes	氮杂环卡宾
NHPI	N-hydroxyphthalimide	N-羟基邻苯二甲酰亚胺
NRC	National Research Council	美国国家研究委员会
NTP	US National Toxicology Program	美国国家毒理学规划处
ODP	ozone depression potential	臭氧损耗值
OE	overall efficiency	综合效率
OECD	Organization for Economic Co-operation and Development	经济合作与发展组织
OctOSO$_3^-$	octylsulfate	辛基硫酸根
OLS-MLR	ordinary least squares multilinear regression	普通最小二乘多重线性回归
PBS	poly (butylene succinate)	聚丁二酸丁二醇酯
PC	propylene carbonate	碳酸丙烯酯
PCA	principal component analysis	主成分分析法
PCL	poly (ε-caprolactone)	聚己内酯
PEG	polyethylene glycol	聚乙二醇
PGA	penicillin G acylase	青霉素酰基转移酶
PEF	polyethylene furandicarboxylate	聚呋喃二甲酸乙酯
PET	polyethylene terephthalate	聚对苯二甲酸乙酯
PHA	poly (3-hydroxyalkanoate)	聚 3-羟基脂肪酯
PMI	process mass intensity	过程质量强度
PLA	poly (lactic acid)	聚乳酸
PLS	partial least squares regression	偏最小二乘回归
PO	propylene oxide	环氧丙烷
POCP	photochemical ozone creation potential	光化学臭氧形成潜势
ppb	part per billion	十亿分之一
PPC	polypropylenecarbonate	聚碳酸酯

续表

缩略词/符号	英文全称	中文全称
PPL	porcine pancreatic lipase	猪胰脂肪酶
ppm	part per million	百万分之一
PPN	bis (triphenylphosphine) iminium	双(三苯基膦)亚胺
QSAR	quantitative structure activity relationship	定量构效关系
QSDR	quantitative structure-degradation relationship	定量结构-降解性关系
QSTR/QSCarciAR	quantitative structure toxicity relationship/quantitative structure carcinogenicity-activity relationship	定量结构-毒性关系/定量结构-致癌活性关系
RDI	resource depletion index	资源耗竭系数
RME	relative mass efficiency	相对质量效率
RME	reaction mass efficiency	反应质量效率
RTILs	room temperature ionic liquids	室温离子液体
RfD	reference dose	参考剂量
RNS	reactive nitrogen species	活性氮
ROS	reactive oxygen species	活性氧
SAR	structure activity relationships	构效关系
SASA	solvent-accessible surface area	溶剂可达表面区域
scCO$_2$	supercritical carbon dioxide	超临界二氧化碳
SI	solvent intensity	溶剂强度
SOD	superoxide dismutase	超氧化物歧化酶
SR	stepwise regression	逐步回归法
TBAB	tetrabutylammonium bromide	四正丁基溴化铵
TBAI	tetrabutylammonium iodide	四正丁基碘化铵
TEMPO	2,2,6,6-tetramethylpiperidinooxy	2,2,6,6-四甲基哌啶氧化物
TGase	glutamine transaminase	谷氨酰胺转氨酶
TMSCN	trimethylsilyl cyanide	三甲基硅氰
TOF	turnover frequency	转化频率
TON	turnover number	转化数
TPA	tris (2-pyridylmethyl) amine	三(2-吡啶甲基)胺
VOC	volatile organic compounds	挥发性有机溶剂
WI	water intensity	水密度
ZeroEmission	—	零排放

《绿色化学基本原理》参编作者如下：

杜亚

马然

苗成霞

宋清文

王美岩

张帅

高健

李晓雅

李雨浓

乔畅

夏书梅

周智华